医疗建筑暖通空调系统
平疫结合设计

中国勘察设计协会建筑环境与能源应用分会
《暖通空调》杂志社
组织编写

中国建筑工业出版社

图书在版编目（CIP）数据

医疗建筑暖通空调系统平疫结合设计 / 中国勘察设计协会建筑环境与能源应用分会，《暖通空调》杂志社组织编写．—北京：中国建筑工业出版社，2023.10

ISBN 978-7-112-29162-5

Ⅰ.①医… Ⅱ.①中… ②暖… Ⅲ.①医院-采暖设备-通风系统-建筑设计 ②医院-空气调节系统-通风系统-建筑设计 Ⅳ.①TU834.2

中国国家版本馆CIP数据核字（2023）第176837号

责任编辑：张文胜
责任校对：芦欣甜

医疗建筑暖通空调系统平疫结合设计

中国勘察设计协会建筑环境与能源应用分会
《暖通空调》杂志社 组织编写

*

中国建筑工业出版社出版、发行（北京海淀三里河路9号）
各地新华书店、建筑书店经销
北京科地亚盟排版公司制版
建工社（河北）印刷有限公司印刷

*

开本：787毫米×1092毫米 1/16 印张：32¼ 字数：643千字
2023年10月第一版 2023年10月第一次印刷
定价：**118.00**元

ISBN 978-7-112-29162-5
（40939）

本书编审委员会

组织单位 中国勘察设计协会建筑环境与能源应用分会
《暖通空调》杂志社

主　　编 罗继杰（全国工程勘察设计大师，中国勘察设计协会建筑环境与能源应用分会，名誉会长）

执行主编 伍小亭（天津市建筑设计研究院有限公司，总工）
张　杰（北京市建筑设计研究院有限公司，总工）

主　　审 潘云钢（中国建筑设计研究院有限公司，总工）
戎向阳（中国建筑西南设计研究院有限公司，总工）

常务主编 胡竹萍（《暖通空调》杂志社，副主编）
杨爱丽（中国勘察设计协会建筑环境与能源应用分会，常务副秘书长）

副 主 编（排名不分先后）
李著萱（中国中元国际工程有限公司，顾问总工）
陈焰华（中信建筑设计研究总院有限公司，总工）
张建中（宁夏建筑设计研究院有限公司，董事长）
黄孝军（华蓝设计（集团）有限公司，总工）
褚　毅（吉林省建苑设计集团，总工）
黄世山（安徽省建筑设计院有限公司，总工）
张水弟（海南省设计研究院有限公司，总工）
刘承军（《暖通空调》杂志社，主编）

编审委员（排名不分先后）
高　峰[1]　孙　丽　侯桂英　姜　政　孙　苗
凌　雲　张再鹏　朱　喆　何　焰　方　宇
刘　东　于晓明　任照峰　夏旭辉　刘付伟
张　兵　代苏义　梁　飞　刘　沛　胡　洪
陆琼文　徐　征　高　峰[2]　刘蕙兰　何先翔
王吉军

---

① 天津市建筑设计研究院有限公司。

② 安徽省建筑设计院有限公司。

参编单位（排名不分先后）

天津市建筑设计研究院有限公司
北京市建筑设计研究院有限公司
中国中元国际工程有限公司
中信建筑设计研究总院有限公司
宁夏建筑设计研究院有限公司
安徽省建筑设计院有限公司
海南省设计研究院有限公司
吉林省建苑设计集团
华蓝设计（集团）有限公司
中国建筑西南设计研究院有限公司
山东省建筑设计研究院有限公司
中国建筑设计研究院有限公司
华东建筑设计研究院有限公司
上海建筑设计研究院有限公司
威海市建筑设计院有限公司
广州市城市规划勘测设计研究院
同济大学
北京戴纳实验科技有限公司
皇家空调设备工程（广东）有限公司
皇家动力（武汉）有限公司
广东申菱环境系统股份有限公司
重庆海润节能技术股份有限公司
广东美的暖通设备有限公司
妥思空调设备（苏州）有限公司
青岛海尔空调电子有限公司
昆山开思拓空调技术有限公司
南京天加环境科技有限公司
珠海格力电器股份有限公司

支持单位（排名不分先后）

广州同方瑞风节能科技股份有限公司
康斐尔过滤设备（上海）有限公司
青岛江森自控空调有限公司
上海新晃空调设备股份有限公司
烟台宝源净化有限公司

爱美克空气过滤器（苏州）有限公司
苏州安泰空气技术有限公司
上海新浩佳新节能科技有限公司
上海泰恩特环境技术有限公司
美埃（中国）环境科技股份有限公司

各章（节）负责人、主笔人、参编人

第 1 章　概述

负 责 人　伍小亭（天津市建筑设计研究院有限公司，总工）
主 笔 人　伍小亭（天津市建筑设计研究院有限公司，总工）
　　　　　高　峰（天津市建筑设计研究院有限公司，机电研发中心执行技术总监）

第 2 章　相关知识与平疫结合设计原则

负 责 人　李著萱（中国中元国际工程有限公司，顾问专业总工）
主 笔 人　李著萱（中国中元国际工程有限公司，顾问专业总工）
参 编 人　孙　丽（威海市建筑设计院有限公司，副总经理）
　　　　　侯桂英（青岛大学附属医院，感染管理部主任）
　　　　　姜　政（青岛大学附属医院平度院区，副院长）
　　　　　孙　苗（中国中元国际工程有限公司，医疗二院科技质量中心主任、机电所副所长）
　　　　　凌　雲（深圳市特区建工科工设计院机电事业部，总经理 / 总工程师）

第 3 章　暖通空调系统设计

负 责 人　陈焰华（中信建筑设计研究总院有限公司，总院总工程师）
主 笔 人　陈焰华（中信建筑设计研究总院有限公司，总院总工程师）
参 编 人　张再鹏（中信建筑设计研究总院有限公司，建科院副总工）
　　　　　雷建平（中信建筑设计研究总院有限公司，总院副总工兼建科院院长）
　　　　　朱　喆（上海建筑设计研究院有限公司，副总工）
　　　　　何　焰（上海建筑设计研究院有限公司，暖通专业总工）
　　　　　方　宇（中国建筑西南设计研究院有限公司，副总工）
　　　　　刘　东（同济大学，教授）
　　　　　胡竹萍（亚太建设科技信息研究院有限公司，副编审）
　　　　　于晓明（山东省建筑设计研究院有限公司，总工）
　　　　　任照峰（山东省建筑设计研究院有限公司，副总工）
　　　　　夏旭辉（中信建筑设计研究总院有限公司，机电三院副总工）
　　　　　刘付伟（中信建筑设计研究总院有限公司，机电三院副总工）
　　　　　张　兵（中信建筑设计研究总院有限公司，机电一院副总工）

褚　毅（吉林省建苑设计集团有限公司，总工）

第 4 章　暖通空调系统监控与运维

负 责 人　黄孝军（华蓝设计（集团）有限公司，副总工）

主 笔 人　黄孝军（第 4.1 节，第 4.2 节）（华蓝设计（集团）有限公司，副总工）

参 编 人　代苏义（北京戴纳实验科技有限公司，技术经理）

梁　飞（第 4.2.2.6 节，第 4.3.3 节）（北京戴纳实验科技有限公司）

孙　丽（第 4.3.1，第 4.3.2 节，第 4.3.4 节）（威海市建筑设计院有限公司，副总经理）

李著萱（第 4.3.4 节）（中元国际工程设计研究院有限公司，顾问总工）

第 5 章　暖通空调系统常见技术与设备

负 责 人　张　杰（北京市建筑设计研究院有限公司，总工）

主 笔 人　刘　沛（第 5.1 节）（北京市建筑设计研究院有限公司，副总工）

胡　洪（第 5.2 节）（上海建筑设计研究院有限公司，副总工）

陆琼文（第 5.3 节）（华东建筑设计研究院有限公司，副总工）

方　宇（第 5.4 节）（中国建筑西南设计研究院有限公司，副总工）

徐　征（第 5.5，5.6 节）（中国建筑设计研究院有限公司，副总工）

参 编 人　雷　维（第 5.1，5.5 节）（重庆海润节能技术股份有限公司，副总裁）

顾　华（第 5.2 节）（上海新浩佳新节能科技有限公司，总经理）

闫恒文（第 5.2 节）（上海泰恩特环境技术有限公司，技术支持总监）

姚　钢（第 5.3 节）（皇家空调设备工程（广东）有限公司，总经理）

张学伟（第 5.3 节，5.4 节）（广东申菱环境系统股份有限公司，总工）

骆名文（第 5.3 节）（广东美的暖通设备有限公司，研发中心主任）

付松辉（第 5.3 节）（青岛海尔空调电子有限公司，总经理）

杨　兵（第 5.3 节）（南京天加环境科技有限公司）

卢莉莎（第 5.3 节）（珠海格力电器股份有限公司，部长助理）

侯东明（第 5.3 节）（广州同方瑞风节能科技股份有限公司，总经理）

王忠魁（第 5.3 节）（青岛江森自控空调有限公司，技术经理）

许　骏（第 5.3 节）（上海新晃空调设备股份有限公司，总工）

陈　鑫（第 5.4 节）（康斐尔过滤设备（上海）有限公司，产品经理）

杨云涛（第 5.4 节）（烟台宝源净化有限公司，技术经理）

陈路刚（第 5.4 节）（爱美克空气过滤器（苏州）有限公司，高级行业经理）

陈　玲（第 5.4 节）（美埃（中国）环境科技股份有限公司，技术总

经理）

迟海鹏（第 5.5 节）（北京戴纳实验科技有限公司，总经理）

朱启明（第 5.6 节）（妥思空调设备（苏州）有限公司，市场 / 技术负责人）

于英娜（第 5.6 节）（昆山开思拓空调技术有限公司，总经理）

王　欢（第 5.6 节）（苏州安泰空气技术有限公司，副总经理）

褚　芳（第 5.6 节）（上海埃松气流控制技术有限公司，技术部经理）

丁欢庆（皇家动力（武汉）有限公司，技术总顾问）

第 6 章　医用气体系统设计

负 责 人　黄世山（安徽省建筑设计院有限公司，副总工）

主 笔 人　黄世山（安徽省建筑设计院有限公司，副总工）

参 编 人　高　峰（安徽省建筑设计院有限公司）

第 7 章　工程设计案例

负 责 人　张建中（宁夏建筑设计研究院有限公司，董事长）

主 笔 人　张建中（宁夏建筑设计研究院有限公司，董事长）

参 编 人　刘蕙兰（宁夏大学，教授）

王吉军（宁夏建筑设计研究院有限公司，高级工程师）

何先翔（宁夏建筑设计研究院有限公司，工程师）

附录 1　平疫结合医院室内设计参数

负 责 人　张水弟（海南省设计研究院有限公司，总工）

主 笔 人　张水弟（海南省设计研究院有限公司，总工）

附录 2　严寒地区传染病医院、负压（隔离）病房最小换气次数选取建议

负 责 人　褚　毅（吉林省建苑设计集团有限公司，总工）

主 笔 人　褚　毅（吉林省建苑设计集团有限公司，总工）

参 编 人　付宏伟（吉林省建苑设计集团有限公司，教授级高级工程师）

孙正伟（吉林省建苑设计集团有限公司，高级工程师）

刘晓俐（吉林省建苑设计集团有限公司，高级工程师）

附录 3　平疫结合医院暖通空调设计说明要点

负 责 人　张水弟（海南省设计研究院有限公司，总工）

主 笔 人　张水弟（海南省设计研究院有限公司，总工）

附录 4　平疫结合医院暖通空调常用设备

负 责 人　胡竹萍（亚太建设科技信息研究院有限公司）
　　　　　杨爱丽（中国勘察设计协会建筑环境与能源应用分会，常务副秘书长）

参 编 人　李丽萍（亚太建设科技信息研究院有限公司）
　　　　　于松波（亚太建设科技信息研究院有限公司）
　　　　　刘学民（亚太建设科技信息研究院有限公司）
　　　　　郭晓芳（亚太建设科技信息研究院有限公司）
　　　　　张　静（亚太建设科技信息研究院有限公司）
　　　　　吕一帆（亚太建设科技信息研究院有限公司）

前 言

面对眼前高高摞起的书稿清样，回顾2年多来几易其稿的撰写历程，感慨良多。这是一本定位于医疗建筑平疫结合暖通空调设计方法的专著，反映了暖通人面对疫情挑战的责任担当、科学精神、大胆探索与实践总结。撰写此书的动议缘于2020年4月14日由中国勘察设计协会建筑环境与能源应用分会罗继杰会长主持召开的医疗建筑暖通空调平疫结合设计线上沙龙。该沙龙邀请了8位医疗建筑暖通设计经验丰富并主持过收治“SARS”及“新冠”患者医院暖通设计的设计院总工，深入探讨了医疗建筑通风设计如何实现平时高效运行、疫情期间快速转换以及如何降平疫转换代价等。

沙龙既是技术探讨，更是经验交流，特别是“实战”中摸索出的独到见解的分享。基于此，大家一致认为有必要编写一本聚焦于医疗建筑暖通空调平疫结合设计的书籍，以期为医疗建筑暖通空调设计师、医院建设管理者以及设备厂商的设计、实施、产品研发等工作提供借鉴。之后，8位专家基本成为了本书编委会的核心力量。

2020年12月20日，“医疗建筑暖通空调系统平疫结合设计”第一次工作会议在海南省三亚市召开，确定了中国勘察设计协会建筑环境与能源应用分会和《暖通空调》杂志社为本书的联合主编单位。组成了由罗继杰大师担任主编，伍小亭总工和张杰总工为执行主编，各地区代表性设计院总工、专家组成的编委会。并特邀中国建筑西南设计研究院戎向阳总工和中国建筑设计研究院潘云钢总工担任主审。本书于2023年6月完成终稿，期间共召开了9次编委会全体会议和分章节编制会议。

本书编写期间，医疗设施建设时间紧任务重，编委会的各位专家大多承担着紧张繁重的设计与现场实施协调工作，常需通宵达旦。即便如此，他们高质量地完成了各自承担的编写工作，同时将这两年多来关于医疗建筑暖通空调平疫结合设计的理论思考、技术措施与正反两方面经验进行了提炼和总结，使本书内容源于最新的实践与反馈，因此具有较高的实用价值。

本书共7章和4个附录，章目名称、负责编者姓名及所在单位分别是：第1章概述、伍小亭（天津市建筑设计研究院有限公司）；第2章相关知识与平疫结合设计原则、李著萱（中国中元国际工程有限公司）；第3章暖通空调系统设计、陈焰华（中信建筑设计研究总院有限公司）；第4章暖通空调系统监控与运维、黄孝军（华蓝设计（集团）有限公司）；第5章暖通空调系统常见技术与设备、张杰（北京市建筑设计研究院有限公司）；第6章医用气体系统设计、黄世山（安徽省建筑设计院有限公司）；第7章工程设计案例、张建中（宁夏建筑设计研究院有限公司）；附录1平疫结合医院室内设计参数、张水弟（海南省设计研究院有限公司）；附录2严寒地区传染病医院、负压（隔离）病房最小换气次数选取建议、褚毅（吉林省建苑设计集团有限公司）；附录 3 平疫结合医院暖通空调设计说明要点、张水弟（海南省设计研究院有限公司）；附录 4 平疫结合医院暖通空调常用设备、胡竹萍（亚太建设科技信息研究院有限公司）。

第 1 章从医疗设施“平疫结合”的必要性与意义、规划、概念与重点、技术可行性与经济可行性 4 方面进行了全面阐述。第 2 章介绍了原则性规定。第 3 章详细介绍了具体设计方法，相应的设备设施解决方案见第 5 章。第 4 章从两个维度分别介绍了监控目标、监控原理图、监控内容及其策略：第一个维度是系统形式，如全空气定风量空调系统、全空气变风量空调系统、风机盘管（FCU）+ 新风的空调系统、多联机（或分体空调）+ 新风的空调系统、智能通风系统；第二个维度是各个区域，如发热门诊、医技科室、手术部、住院部（含重症监护病房）、卫生通过区域、保障系统用房、PCR 实验室，第 4 章同时介绍了通风空调系统的运维内容及要点。第 6 章介绍了医用气体系统设计，包括气源、管路及终端、监测报警系统。

近十几年来，我国医院建设高速发展，用于医院暖通空调系统的技术与产品也有了长足进步，出现了新的系统形式和设备，特别是 IT 系统、变频调速技术与空调通风设备的融合，为暖通空调平疫工况的调控提供了重要支撑，其中也不乏专门为疫情防控研发的新设备。本书编委会对这些成果进行了系统调研、梳理总结，其成果呈现在第 5 章中，并以附录形式做了补充，供工程建设选用。

在第 7 章撰写过程中，本书编委会征集了 40 多家平疫结合医院项目案例，通过评审，从中甄选了 26 个项目案例，包括新建项目、改造项目，基本涵盖了各类典型气候区的平疫结合医院及重大疫情救治基地，涉及相关技术措施的探索和多种新技术新设备的应用，这些案例各有特点，其设计方案、系统形式、表达方式不尽相同，各地政策规定也存在差异。应该指出的是，案例真实地反映了特殊时期各地和不同专家对平疫结合医院暖通空调系统的思考与实践，相当程度上反映了我国医疗建筑暖通空调平疫结合设计的技术特点和设计水平。

三年多以来，暖通人肩负着神圣使命，发挥专业技术优势，高质量完成了医疗设施建设任务，对这些阶段性技术成果进行优化提升，初步建立了暖通空调平疫结合技术体系，同时也为我国正在规划建设的紧急医学救援基地以及重大传染病防治基地建设奠定了坚实的技术基础。本书的成果既是对过往的总结，更是对未来的激励，希望暖通人再接再厉、更创辉煌！

医疗建筑暖通空调平疫结合相关技术涉及专业多、范围广，书中疏漏之处在所难免，敬请读者批评指正。

罗继杰　伍小亭　张　杰

目 录

第1章

概　　述

所谓平疫结合医疗设施，是指呼吸道传染病疫情发生时，医疗设施可以在较短时间内转为疫情患者救治功能；反之，非疫情时，提供常态化医疗服务，或特定公共建筑使用功能；平疫结合医疗设施包括平疫结合医院与公共建筑。本书内容主要聚焦于“医院建筑平疫结合暖通空调设计”。

平疫结合医疗设施的建设应由政府公共医疗主管部门主导，其关键在于城市/区域层面的合理规划，包括平疫结合医疗设施的总规模、转换时间要求以及不同转换时间要求的平疫结合医院在总量中的占比等。

“医院建筑平疫结合暖通空调设计”的总原则，应为在保证“平疫”功能兼顾的前提下，尽量减小为实现平疫结合而增加的建筑面积，尽量减少仅在疫情期间运行的设施与设备，尽量避免为兼顾疫情运行需要而导致平时运行能耗的显著增高。

需要指出的是从社会管理层面，国家对医疗设施提出了“平急结合”要求，即医疗设施应围绕疫情、重大事故、自然灾害等突发紧急状态具有“平急转换”功能，其中，疫情特指呼吸道传染病。显然平疫结合属于“平急结合”的重要组成，并且聚焦于控制医院建筑诊疗空间呼吸道传染疾病传播的被动环境营造，因此，围绕平疫结合展开论述，更符合本书的写作目的。

1.1　医疗设施平疫结合的必要性与意义

就人类到目前为止对自然界的认知而言，病菌、病毒普遍存在且“永远”存在于人类的生活环境中，由其引起的人类传染病疫情发生的可能性也必然与人类持久相伴且具有时间与空间上的不确定性。这种不确定性要求社会具有常态或准常态化应对类似呼吸道传染病疫情的硬件设施与软件能力。

无需分析即可推断，完全独立设置常态化应对疫情医疗设施的做法既不现实，也不可取。正确的做法应是建设数量合理且响应时间有别的平疫结合医疗设施。

本书所谓医疗设施，泛指平时和疫情期间承担医疗服务功能或疫情控制辅助功能的建筑，包括传染病医院和综合医院传染病区与非传染病区、方舱医院、各类隔离点等；所谓平疫结合，指这类建筑不仅要用于疫情期间，而非疫情期间也要正常使用，只是功能不同而已，如方舱医院、各类隔离点等，将转为非医疗使用功能。以下分析将表明，医疗设施平疫结合的必要性与意义。

1.1.1 显著提高公共医疗体系应急反应能力

所谓“提高疫情应急反应能力”是对疫情暴发初期而言的，因为无论是“非典”，还是“新冠”，由于主要通过呼吸道传播并具有“突发性”特征，导致普遍出现了在疫情发生初期，由于既有公共医疗资源无法及时全数收治危重疫情患者，而造成疫情早期患者死亡率的升高和疫情得不到迅速控制的严重状况。

之所以会出现当呼吸道传染病疫情发生时，公共医疗资源不足的问题，主要原因之一在于此类疫情病毒以超细液滴（microdroplets）形成可在常规空气环境中较长时间存活的气溶胶，并“借助”空气通过呼吸道使患者致病，于是空气成为其主要的传播媒介和传染途径。而以往所有医院（包括传染病医院或综合医院的传染病区）的建筑布局和空调通风系统（空气环境控制系统）是按常态医疗服务要求设计建设的，不满足严格控制病毒经由空气在医院 / 病区不同区域间传播的要求，无法在一旦发生疫情时，满足“即刻”收治疫情患者的要求，必须先行建（改）造。

虽然利用城市既有传染病医院与综合医院的呼吸道传染病区，实施满足收治患者所需的改造工程量小、时间短，几乎可以在疫情发生后的较短时间内就具备收治疫情患者的能力，但问题在于，相对疫情患者数量，它们的收治能力（接诊人数）非常有限。这是因为，以往各城市的传染病数量较少，综合医院传染病区规模有限，致使无论中小型城市还是大型或特大型城市的呼吸道传染病床位数相对具有暴发与快速传播特征的呼吸道传染病疫情的收治需求，显著不足，无法及时尽数收治疫情患者和迅速控制疫情发展。

由于传染病医院数量较少和综合医院呼吸道传染病区规模有限的原因，一旦发生疫情，便以最快的速度“临疫”改造（扩建）既有传染病医院和综合医院传染病区，甚至非传染病区，同时“抢建”临时性疫情患者收治医院。

尽管我国具有令世人瞩目的基建速度和强大的社会资源动员能力，但即便如此，“临疫”改造（扩建）既有传染病医院和综合医院的传染病区所需的时间通常不会少于 5 天，而“抢建”临时性疫情应急医院所需的时间至少也要 10 余天，并且真正实现正常接诊所需要的时间会更长。虽然从施工速度而言，5～10 天的时间已属“神速”，但相对于“疫情”的发展速度，这一时间仍显漫长。因此，从保障人民生命与健康角度，我们需要有一定规模（床位）的，平时提供常态医疗服务，一旦类似呼吸道传染病疫情时，能“即刻”投入疫情医疗服务的医疗设施，即平疫结合医疗设施，以实现在突发疫情时，既可以显著提高疫情患者，特别是疫情初期危重患者的收治能力、迅速控制疫情发展，又能够在疫情结束后很快恢复常态医疗服务。

不言而喻，建设一定规模的平疫结合型公共医疗设施，将使我国城市 / 地区公共医疗体系应对类似呼吸道传染病疫情时，应急反应能力显著提升，或者说应对突发公共卫生事件能力的显著提升。

1.1.2 降低公共医疗体系“平疫”兼顾的代价

理论上，如果不计代价，公共医疗设施完全可以做到及时（常态化）应对突发传染病疫情，最简单的做法是并行设置足够规模的常态和疫情医疗设施，并且让疫情医疗设施始终处于“热备”状态，此做法，虽能时时保证“平疫”两种状态的医疗服务需求，但代价巨大，体现为社会医疗设施建设投资的巨额增加、“疫情”医疗设施长期闲置而造成投资沉淀以及保证其“热备”状态的能源消耗、维护与管理成本，显然，以此种做法实现公共医疗体系“平疫”兼顾，不可取。

公共医疗体系应对呼吸道传染病疫情的经历表明：虽然“临疫”改建和“抢建”患者收治医院，对挽救患者生命健康和控制疫情发展起到了极为重要的作用，尽管“临疫”改建和“抢建”患者收治医院和相关医疗设施的速度已近“极致”，还是出现了疫情暴发初期患者收治能力不足的现象。

如何使公共医疗设施既能应对以空气途径传播为主的呼吸道传染病疫情在时间与空间上的不确定性，提高疫情初期的患者，特别是危重患者的收治能力，迅速控制疫情发展，又不至于在非疫情期间（平时）完全闲置，甚至拆除，或虽未闲置、未拆除，但平时使用时，相对常态医疗要求，医院建筑空间使用效率显著降低、室内环境控制设备多有闲置、运行能耗增加，是政府公共卫生管理部门，医疗建筑规划、设计、建设以及运行管理者必须面对的挑战。不言而喻，应对这一挑战的正确做法应是，公共医疗设施总量中的一部分按代价合理的平疫结合原则建设，实现“永久性”公共医疗设施“平疫”合理兼顾。如此，可以称其为平疫结合医疗设施。

平疫结合医疗设施平时提供常态医疗服务，而一旦发生类似呼吸道传染病疫情时，能“即刻”投入疫情医疗服务。如此，既能保证疫情患者及时就医、迅速控制疫情发展，又可以显著缩短既有传染病医院和综合医院传染病区的“临疫”改造（扩建）时间，大幅缩减疫情应急医疗设施建设规模、缓解其施工时间压力并为保证其设计与施工质量创造必要的时间条件。

前述所谓平疫结合医疗设施可以在发生疫情时“即刻”投入疫情医疗服务表述中

的“即刻”并非严格意义上的“即刻”，而是相对非平疫结合医疗设施投入疫情医疗服务所需的“临疫”改造（扩建）时间而言。分析表明，设计合理的平疫结合医疗设施，其对应的转为疫情状态运行所需时间，可以做到最长不多于72h，最短可少于24h。不可否认的是，“即刻”程度越高。实现平疫结合的代价也就越高。因此需要综合多种因素，确定每个平疫结合医疗设施的最长允许“转换”时间，避免千篇一律，以降低平疫结合的代价。

研究与分析表明，基于平疫结合理念设计的医院，其实现平疫结合功能的增量投资与社会代价远低于在疫情发生之后临时改造既有传染病医院和综合医院传染病区与新建大规模疫情应急医疗设施。而且在城市/地区合理布局建设平疫结合型医疗设施可以显著提升当地在突发疫情时，及时收治病患、迅速控制疫情发展的能力。另外，在平疫结合技术措施得当时，还有可能收到以较低的能耗增量换取平时状态下医院感染控制标准的提高。

综上所述，一个城市/区域建设一定规模（床位），且设计合理的平疫结合医疗设施，从全社会与长远角度看，可以显著降低公共医疗体系“平疫”兼顾的代价。

1.1.3 平疫结合医疗设施——政府要求与现状

历经过往疫情，可以深切地感受到建设平疫结合医疗设施的必要性与迫切性，而且，依托我国目前的国力和医疗建筑技术和装备水平，完全有能力建设高水平的平疫结合型公共医疗体系，显著提高应对突发疫情时的患者收治能力、传染控制与医疗保障水平。

令人欣慰的是，国家与地方已经充分认识到提前规划建设平疫结合公共卫生防控体系的重要性，陆续启动了一批平疫结合三甲医院项目、国家/区域医疗救治中心等平疫结合型医疗设施的建设，图1-1所示为3个在建的区域性平疫结合医疗中心项目。同时，为规范平疫结合综合医院可转换病区设计，国家卫健委规划发展与信息化司于2020年7月30日印发了《综合医院平疫结合可转换病区建筑技术导则（试行）》，为综合医院平疫结合设计提供了依据。

由于公共医疗设施中的方舱医院、各类隔离点等，平时为非医疗使用功能，且疫情时，大多仅作为隔离功能使用，部分兼具轻症患者治疗功能，相应的平疫结合技术措施要求与平时和疫情时均为医疗功能的传染病医院和综合医院传染病区且疫情时必须承担危重症患者治疗的医院相比，差异明显且复杂程度较低。所以本书重点将聚焦于平疫结合医院，包括传染病医院、综合医院传染病区（楼）以及综合医院可转换病区。

图1-1 3个在建的区域性平疫结合医疗中心项目

目前平疫结合医院相关的系统性设计标准、规范以及技术措施（指南）尚不完善；对类似呼吸道传染病的空气途径感染控制至关重要的室内环境设计参数（如室内空气相对湿度、最小新风换气次数以及区域间空气压力梯度值等）设定、空调与通风系统形式选择、专用设备开发以及转换控制策略等，均在不断地研究与摸索之中。另外，由于我国幅员辽阔，不同的气候区、不同的经济发展水平、不同的医疗设施基础条件等均可能造成“虽然医疗建筑环境控制要求相同或相近，但适宜的‘平疫结合’措施可能有所不同”现象的出现。

已经建成和正在建设的平疫结合医院的空调与通风系统设计，已经体现出了“百花齐放”的特征。从满足平疫结合需求的角度，其中既不乏室内空气环境参数设定合理、空调与通风系统形式正确、“平疫转换”措施得当的优秀设计，但在这几方面多有瑕疵的设计也并不鲜见。因此，非常有必要对平疫结合型医院的暖通空调设计及时进行总结，包括：分析室内空气环境设计参数的合理取值，探索适宜的平疫结合空调通风系统形式与转换策略，应用、开发与推广平疫结合专用空气处理设备等。

综上，实现公共医疗设施的平疫结合不仅十分必要，而且意义重大；平疫结合医疗设施的建设已经开始纳入政府相关部门的规划，并且出台了若干指导平疫结合医疗设施设计、建设的技术措施；设计师也正在不断积累平疫结合医院与医疗设施的设计经验。

以下将基于本节分析和不断积累的平疫结合医院设计实践，从宏观角度分析平疫结合型医疗设施的规划要求，定义与平疫结合相关的概念，梳理若干重点问题，探讨平疫结合程度的评价方法以及符合平疫结合功能要求的暖通空调设计原则。

1.2 平疫结合型医疗设施规划

为了在全社会范围内科学配置医疗资源，从长期角度实现合理代价的"平疫"兼顾，力争当类似呼吸道传染病疫情发生时，公共卫生体系能从容应对，首先需要由政府主导不同层面的平疫结合医疗设施顶层规划（设计），并且落实在城市总体发展规划中。

1.2.1 指导思想

对于某座城市/某个地区，并非所有的医疗设施均需按平疫结合要求建设，而是应根据该城市/地区在上一层面社会发展规划中的定位、自身人口数量、本地公共医疗设施的现状以及对未来类似呼吸道传染病疫情暴发特征的科学预测等综合因素，由当地政府公共医疗管理部门统筹规划平疫结合医疗设施建设。

城市/地区层面平疫结合医疗设施体系通常由平疫结合型传染病医院、改建综合医院传染病区、新建区域医疗中心、新建综合医院传染病区等构成，其规划的指导思想应是：既要保证其有效应对已知传染特征疫情发生时的患者收治的能力并对传染途径与之类似的未知疫情具有一定的患者收治能力韧性，同时应尽量减少对常态医疗服务能力的影响，又不至于因过度建设平疫结合医疗设施而造成社会资源浪费与"不当"的财政负担。

平疫结合医疗设施规划的主要内容应包括：确定当地平疫结合医疗设施疫情期间的总收治规模（疫情患者床位数）和数量；布局平疫结合医疗设施的坐落街区；从全社会疫情控制层面，规定所有平疫结合医疗设施各自在疫情期间的医疗角色定位与允许的最长"平疫转换"时间。

1.2.2 规划的基本原则

分析表明，社会层面的平疫结合医疗设施体系规划时，必须优先考虑将传染病医院/综合医院传染病区纳入其中，因为这将有助于优化城市/区域平疫结合医疗设施布局、降低实现平疫结合目标的增量投资、缩短应对疫情的最长响应时间（或最长"平疫转换"时间），具体表现在：

1. 有助于优化城市 / 地区平疫结合医疗设施布局

城市 / 地区和医院个体建设两个层面的平疫结合医疗设施布局优化的出发点在于，通过合并设置医疗流程与感染途径类似的医院 / 病区，控制传染性疾病，特别是具有类似呼吸道传染病疫情传染特征的呼吸道传染病的传播范围，缩短医院由“平时运行”状态转入“疫情运行”状态所需的时间。

城市 / 地区层面，可以在不降低疫情收治能力（床位数）的前提下，首先减少城市 / 地区平疫结合医疗设施的总数量（设施个数）；其次，由于合并设置具有传染性疾病环境风险的医疗设施，而降低其“规划布点”难度，并利于提高城市 / 地区的疫情控制效率。

在平疫结合医院个体建设层面，统筹确定纳入平疫结合医疗设施的所有传染病医院和综合医院传染病区各自的平疫结合建设规模、最长“转换”时间要求以及其在城市 / 地区疫情控制体系中的“医疗角色”定位，从而避免平疫结合医疗设施建设的盲目性。另外，从医院个体规划层面，还应明确在“园区”型医院中，宜独立设置传染病楼及相应配套建筑，以形成传染病诊治单元以及与之呼应的院区“隔离”通道布局。

2020 年 1 月 20 日国家卫生健康委员会发布公告，决定将新型冠状病毒感染纳入法定传染病乙类管理，采取甲类传染病的预防、控制措施，说明呼吸道传染病疫情的防控应按照甲类传染病的防控要求执行。而国家甲类传染病防控要求中就包括了对传染病医院 / 综合医院的传染病区的建筑与环境控制要求。由此可知，从有效控制医疗设施对其周边环境潜在病毒传播风险角度出发，传染病医院与收治病患的医院在城区中的坐落位置要求应是相近，甚至是相同的。

2. 有助于降低城市 / 地区平疫结合医疗设施投资

社会层面的平疫结合医疗设施规划时，优先考虑将传染病医院 / 综合医院传染病区纳入其中，对降低城市 / 地区平疫结合医疗设施的投资的贡献，同样体现在城市 / 地区与医院个体建设两个层面上。

城市 / 地区层面，由于“合并同类项”减少了平疫结合医疗设施的总数量（设施个数），所以降低了总的建设用地、建筑规模（面积）和机电设施设备投入，继而也就减少了城市 / 地区建设平疫结合医疗设施所需的总投资。

医院个体建设层面，无论是传染病医院，还是综合医院的传染病楼 / 区，其实现平疫结合功能的增量投资之所以能显著降低，是因为收治患者的医院 / 病区，其空气途径感染控制所要求的建筑布局、室内空气环境控制参数和气流组织要求、空调通风系统设置原则等与非平疫结合时的要求较接近，特别是与呼吸传染病医院 / 病区的常态要求就更加接近。例如发热、呼吸道门诊与呼吸道传染病收治医院 / 病区对建筑布局的要求就是相近甚至相同的，即必须是“三区两通道”，如图 1-2 所

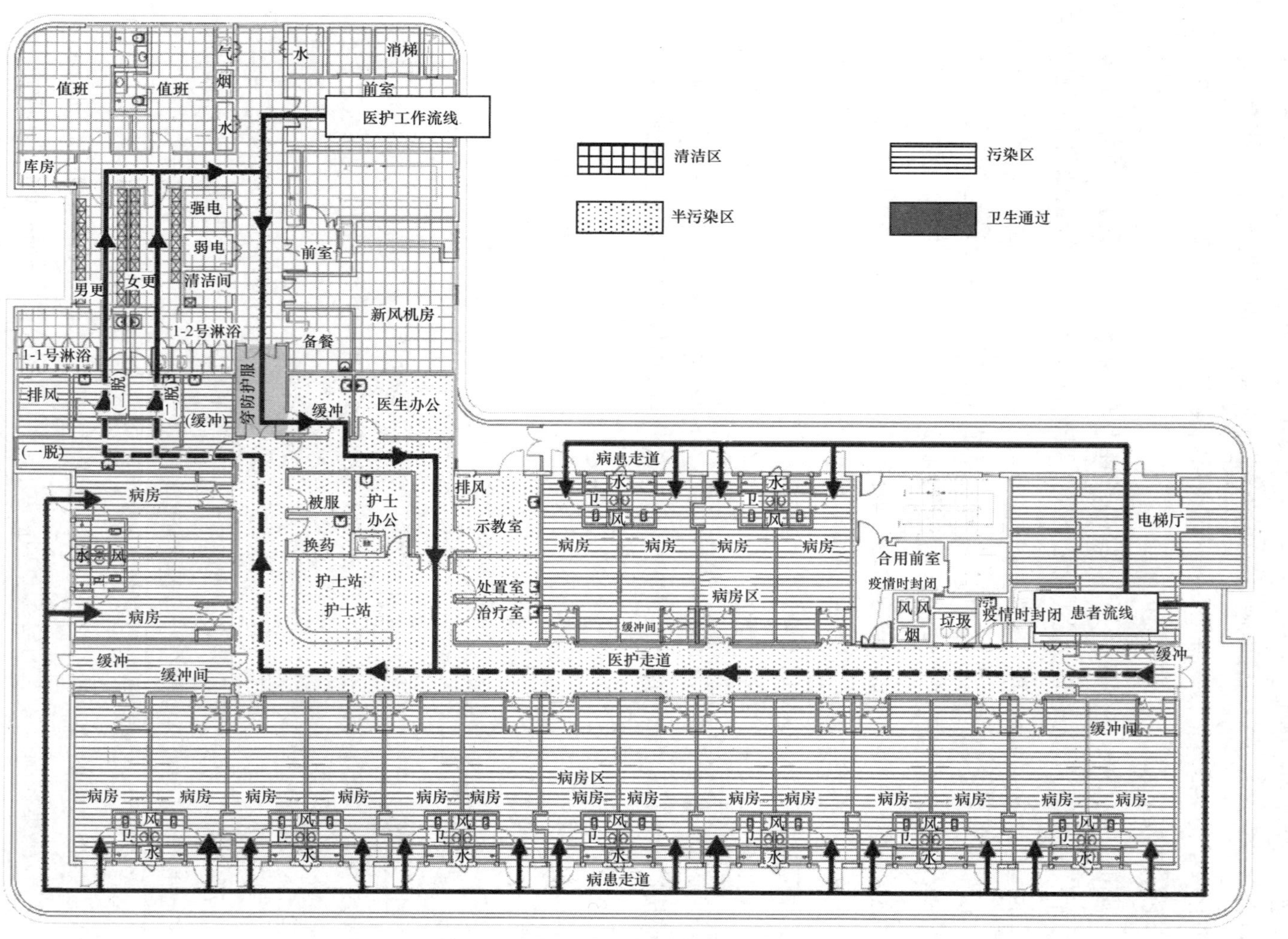

图1-2 某呼吸道传染病医院病房层“三区两通道”示意

示，同时其不同区域的最小新风换气次数要求，除污染区与病房区平时使用状态与疫情使用状态有所不同外，其余均相同，见表1-1。反之，欲使非传染病医院或综合医院的非发热病区与呼吸道传染病区满足平疫结合结合使用要求，则经济上额外付出的代价要大得多，这是由于建筑布局及其环境控制系统须按感染控制标准高得多的收治疫情患者医疗设施实施或预留“临疫”改造（建）条件所造成的。例如，综合医院非传染病区建筑布局本无严格的“三区”物理分隔要求，其环境控制的最小新风换气次数也仅为2h^{-1}，欲使其符合平疫结合要求，不仅会使投资增加较大，而且会造成建筑与环境控制系统的利用效率降低。

呼吸道传染病医院／病区各区域“平、疫”使用状态新风量需求　　表1-1

区域类型	最小换气次数（h^{-1}）	
发热、呼吸道门诊	平时使用状态	疫情使用状态
半清洁区	6	6
半污染区	6	6
污染区、病房区	6	12
非病房区	6	6

3. 有助于缩短应对疫情的响应时间

因为常规传染病医院和综合医院中的常规传染病区按平疫结合要求建设时，其“平时”运行状态与“疫情”运行状态相近，由“平时”运行状态转换为“疫情”运行状态需要的时间较短，所以，按此理念建设的平疫结合医疗设施对于潜在的疫情暴发风险，始终处于较高的“临战”水平，同时也为“临疫”建设的应急型医疗设施赢得相对合理的施工与调试时间。

1.2.3 “平疫转换”时间T的合理确定

“平疫转换”时间T（以下简称T）应理解为，平疫结合医疗设施由“平时”运行状态转换为“疫情”运行状态所需的最大时间。从科学决策的角度，T值应由医疗设施所在城市／地区的卫生健康主管部门根据相关规划与管理措施规定，医疗设施建设方以此作为上限值，根据自身条件决定是否可以采用更小的T值。

虽然T越小，应对疫情的响应速度就越快，越有利于在疫情发生初期对更多的患者实施救治并迅速控制疫情发展，但更小的T意味着更高昂的平疫结合经济代价（投资与运行费用），当要求平疫结合医疗设施具有平时运行状态“瞬时”转换为疫情运行状态的功能时，代价最高。从疫情控制规律与社会成本角度，要求所有平疫结合医疗

设施均遵循统一 T 值显然不合理。正确的做法应是，统筹确定每个平疫结合型医疗设施各自应遵循的 T 值，并以此作为其设计条件。

合理的 T 值应根据过往的类似疫情控制经验、对未来可能发生的类似疫情病毒传播特征的研究、城市 / 地区人口规模以及经济社会发展水平等因素，统筹考虑病患收治、疫情控制、新技术与新设备的采用以及经济承受力等综合确定。但无论如何不能要求所有的平疫结合医疗设施均具有平时运行状态"瞬时"转换为疫情运行状态的功能。如此，不仅会付出过大的经济代价，同时也不符合疫情发展规律要求的患者收治能力的形成特征。

由于平疫结合型医疗设施的设计多了 T 值这个设计约束条件，因此其设计除应符合常规的医院设计规范、标准外，还应根据公共卫生管理部门规定的具体 T 值，合理确定与之匹配的"平疫转换"技术措施。设计阶段应估算拟采用的"平疫转换"技术措施所需的转换实施时间是否与规定的 T 值吻合。在满足 T 值要求的前提下，应尽量减少非疫情期闲置的设施与设备并尽量避免为满足疫情期间运行需要而导致平时运行能耗的显著增加。

表 1-2 中 T 值是笔者经历的既有传染病医院和综合医院非传染病区改造、"抢建"传染病医院新增病区的设计与现场施工和调试实践，并结合相关分析，尝试提出的。其中转换时间 T 用于"约束"设计，而不同 T 值平疫结合医院的数量占比，逻辑上应由政府相关部门在平疫结合公共医疗设施规划中提出。对应表 1-2 中 T 值的建筑布局转换方式、建筑环境控制系统设置与转换措施，有如下概念性分析：

（1）"即可"——对于建筑，仅需通过启闭诊疗区相应的建筑内门便可满足"疫情"工况空气途径感染控制的建筑分区要求，无需任何施工作业。对于空调通风系统，"平时"与"疫情"工况共用一套系统，根据"共用"方式的不同，仅需进行自动或手动工况转换操作，如共用风机时，自动改变风机转速；风机分置时，手动或自动调节工况转换风阀，将风道切换至"疫情"运行风机，两种方式均无需进行任何安装性操作。

（2）"$T≤24h$"——对于建筑，同（1）。对于空调通风，系统设置形式基本与（1）相同，但需要少量的安装性操作，如负压病房回风口加装高效过滤器，排风出口安装过滤消杀装置等，但高效过滤器、过滤消杀装置需要库存，即需即取。

（3）"$24h<T≤72h$"——对于建筑，可能需要有限的变化建筑分隔操作，以符合"疫情"工况所需的建筑分区要求。

对于空调通风，安装性操作工作量与以上（2）相近，但不要求"临疫"安装设备必须库存，即需即取，只要保证项目所在地能快速采购（48h 内供货）即可。

（4）"$72h<T≤120h$"——对于建筑，允许相对工作量较大的变化建筑分隔操作，

以符合“疫情”工况所需的建筑分区要求。对于空调通风，风道系统“平、疫”合用，风机分设，“疫情”运行的风机“临疫”安装，所有仅在“疫情”运行的设备“临疫”采购，但到货时间应≤72h。

以上4项转换时间要求，包括设备安装、系统转换、针对“疫情”要求的系统性能调试以及控制软件调整等所需的时间，即在规定转换时间内，空调通风系统实现满足“疫情”工况的正常运行。

区域平疫结合医院中，不同 T 值要求医院数量占比　　表1-2

转换时间 T	“即刻”	$T \leq 24h$	$24 < T \leq 72h$	$72h < T \leq 120h$
数量占比（%）	20	30	30	20

总之，无论是 T 值，还是各不同 T 值要求平疫结合医院在城市 / 区域平疫结合医院总数量中的占比（%）的确定，是需要综合考虑多种因素的复杂问题，目前未见相关研究成果。因此，本节给出的分析及建议仅供读者参考。

1.3 平疫结合——相关概念与重点关注

为了更好地理解本书内容，需要对与平疫结合相关的概念进行简单梳理，以了解其确切含义，从而更好地指导平疫结合医院暖通空调设计。

本节也将尝试对平疫结合设置原则、量化的“平疫转换”时间 T 以及不同 T 值要求平疫结合医院在城市 / 区域平疫结合医院总量中的占比等重点问题，提出建议。

1.3.1 相关概念

1. “平”——平疫结合中的“平”，指公共医疗设施，在没有政府公共卫生管理机构认定的疫情发生时的运行 / 使用状态，简称“平时状态”。此状态下，医疗流程无超出现行国家标准《传染病医院建筑设计规范》GB 50849 和《综合医院建设计规范》GB 51039 相关规定外的特别感染控制要求。

2. “疫”——平疫结合中的“疫”，指公共医疗设施，在发生政府公共卫生管理机构认定的疫情时的运行 / 使用状态，简称“疫情状态”。此状态下，医疗流程有超出现行国家标准《传染病医院建筑设计规范》GB 50849 和《综合医院建筑设计规范》GB 51039 相关规定外的特别感染控制要求。

3. 平疫结合——社会医疗体系与医疗设施将“平”“疫”两种运行 / 使用状态要求的硬、软件设施综合考虑与设置，以实现在发生政府公共卫生管理机构认定的疫情时，能迅速转为“疫情”状态运行/使用模式。

对社会医疗体系而言，平疫结合意味着以“平时状态”的管理构架和医疗设施为基础，迅速转换为“疫情”状态运行模式，并在疫情结束后，很快恢复为“平时”状态运行模式。

对公共医疗设施而言，平疫结合意味着以“平”“疫”两种使用状态要求有机融合的建筑布局和机电系统为依托，在允许的转换时间内，迅速转换为“疫情”状态使用模式，并尽量减少对常态医疗服务的影响。

4.“疫情”——本书针对的疫情，特指像呼吸道传染病疫情，其重要特征为空气途径传播。

5.“平疫转换时间”T——平疫结合医疗设施由“平时”状态转换为“疫情”状态所需的最长允许时间。

6. 平疫结合医疗设施——“疫情”期间为“疫情”医疗救治功能或“疫情”控制辅助功能，非疫情期间为常态医疗功能或非医疗功能的建筑，包括平疫结合医院与平疫结合公共建筑，前者始终为医疗使用功能，后者在疫情结束后，转为非医疗功能使用。本书内容仅涉及平疫结合医院。

1.3.2 重点关注

1. 本书平疫结合设计对象

本书书名为《医疗建筑暖通空调系统平疫结合设计》，这里“医疗建筑”应理解为具有平疫结合使用特征的公立医院建筑，包括新建与改造项目，不涉及仅在疫情期间承担医疗服务功能或疫情控制辅助功能的建筑，如方舱医院、医疗隔离点等。

虽然，仅在疫情期间承担医疗服务功能或疫情控制辅助功能的建筑，广义上也可称为“医疗建筑”，但由于常态为非医疗功能，其“平疫转换”特征和“平”“疫”皆为医疗功能的医院建筑差异很大，且平疫结合的前提迥异，故本书对此基本未涉及。

综上，本书平疫结合设计对象为具有平疫结合使用特征的公立医院建筑暖通空调系统。

2. 暖通空调系统平疫结合设计的关键着眼点

本章1.1节已经从城市/区域公共医疗体系与医疗设施个体两个层面，基于平疫结合的必要性与意义，初步分析了平疫结合的目的，但并未指出医院暖通空调系统实现平疫结合的关键着眼点。此问题的提出，是基于“如果不计代价，单纯从技术角度，医院暖通空调系统实现‘平疫结合’并不难”这一不言而喻的结论，但这样的平疫结合，往往代价很大。

以上认识是平疫结合医院暖通空调设计的关键着眼点所在，即在保证“平”“疫”两种状态使用功能的前提下，对平疫结合技术措施进行优化，而非仅限于“合规”，以保证平疫结合医院暖通空调系统做到“平时节能高效、疫时安全可靠”。此处所谓优化，是指在相同的平疫结合约束条件、医疗流程、室内空气环境设计参数以及 T 值下，从技术可行的多个方案中，寻找其中可靠性较高、系统寿命周期成本较低且转换和运维、管理较便利的方案。这就是医院暖通空调系统实现平疫结合的关键着眼点，同样也是医院整体实现平疫结合的着眼点。

简言之，平疫结合医院暖通空调系统的设计，应在保证使用功能的前提下，追求相对较低的系统寿命周期成本，同时兼顾功能可靠性与转换、运维、管理的便利性。

3. 疫情病毒传播特征与暖通空调系统设计

因为本书第 2 章将对诱发呼吸道传染病病毒的传播特征有更详细的介绍，所以本节对此仅做简单介绍。

了解疫情病毒的传播特征与相应的患者医疗流程，是平疫结合医院暖通空调设计“技术正确”的前提；是系统形式选择、技术措施采用、系统参数设定、设备与控制系统配置的重要依据。

到目前为止，无论是国际上卫生组织，还是我国公共卫生管理机构就“新冠”病毒主要传播特征给出的描述，可以综合表达为：“新冠”病毒以超细液滴（microdroplets）形成可在常规空气环境中较长时间存活的气溶胶，并“借助”空气通过呼吸道使患者致病，于是空气成为其主要的传播媒介和传染途径。

呼吸道传染病病毒的空气传播特征决定了平疫结合医院暖通空调系统的设计重点在于，确保空气在病区内不同功能空间和不同标准感染控制区域间的正确流向、空气压力梯度和足够的通风量。

4. 标准、规范、导则与“院感”要求

本小节标题中的“标准、规范、导则”指与平疫结合医院暖通空调系统设计相关的设计标准、规范、导则；“院感”要求，指医院感染管理科室针对性的感染控制管理要求。

平疫结合医院暖通空调系统设计不仅要符合相关设计标准、规范、导则的规定，还应高度重视院方的“院感”管理要求，否则会出现系统设置与“院感”管理的矛盾，如功能区域间的空气流动组织、空气压力梯度值以及风道系统消毒要求等。实践中，设计人员往往容易忽略“院感”管理要求对平疫结合医院暖通空调系统设计的重要性。

由于新冠病毒感染不包含在《传染病医院建筑设计规范》GB 50849 所规定的传染病项目中，更不包含在《综合医院建筑设计规范》GB 51039 中感染疾病门诊项目中，所以仅根据这两个规范的有关条文设计、建设、运行的医院，因其建筑布局、室内空气环境控制参数和气流组织以及空调与通风系统设置等均不能保证疫情使用状态，全过程与全面感染控制（包括患者对非患者、患者对患者、患者对医护人员、医院对于周边环境等的感染风险），所以需要在实施相应改造后，方可接诊疫情患者。

显然，不能仅根据上述两个医院建筑设计规范进行医疗建筑平疫结合暖通空调设计。为使平疫结合医院的设计“有法可依”，也为了改造和新建的平疫结合医院符合疫情医疗流程“特殊”的“院感”控制要求，国家相继出台了《综合医院平疫结合可转换病区建筑技术导则（试行）》《新型冠状病毒感染的肺炎传染病应急医疗设施设计标准》T/CECS 661 等。因此，现阶段平疫结合医院设计，仅就感染控制的范畴，主要依据的标准、规范包括但不限于以下几种：

（1）《传染病医院建筑设计规范》GB 50849；

（2）《综合医院建筑设计规范》GB 51039；

（3）《综合医院平疫结合可转换病区建筑技术导则（试行）》；

（4）《新型冠状病毒感染的肺炎传染病应急医疗设施设计标准》T/CECS 661。

除上述相关标准、规范外，随着对呼吸道传染病传播特征认识的深入、平疫结合医院设计经验的积累、平疫结合医院疫情使用情况的反馈等，还会有新的相关标准、规范出台，以及对原有相关标准、规范的修订，暖通空调设计人员对此应及时关注。

5. 有关设计的几点提示

本书第 3 章有对平疫结合医院暖通空调系统设计原则的详细讨论，这里“有关设计的几点提示”是针对平疫结合医院暖通空调系统设计容易忽视的若干问题而言。自 2003 年“非典”疫情至今，尽管我们已经完成一些平疫结合医院的建设，积累了一定的设计经验，但参与本书写作的、有着丰富平疫结合医院设计经验与经历的暖通设计师，仍然认为有必要强调以下有关医疗建筑平疫结合暖通空调系统若干设计问题的重要性。

（1）重视平疫结合暖通空调系统的高可靠性要求

由于通常情况下，除手术室、中心供应室、ICU 及洁净病房等“工艺”性空调系统外，医院其他暖通空调系统多为满足人的舒适和基本卫生健康需求而设置，因其故障造成的短暂停用，不会产生严重后果，至多只是短时间内的不舒适。正因为此设计人员往往容易忽视医院非“工艺”性通风空调系统可靠运行的重要性，而这种忽视对平疫结合医院，后果可能会很严重，因为平疫结合医院暖通空调系统，特别是通风系统同时肩负着控制病毒由空气途径传播的“重任”。

对于平疫结合医院的通风空调系统，其可靠性意味着“除非存在不可抗力因素，否则应始终能够正常运行”，然而要实现这样的可靠性，必须有相应的系统形式和风机设备配置保证，因此必须在设计阶段对其有足够的重视。实践表明，平疫结合通风空调系统的可靠性主要体现在其备用风机的设置，即当一台风机故障时，其余风机能满足系统的风量、风压要求。

现实情况是，平疫结合医院的通风空调系统的风机设置大多与舒适性空调一样，一个系统仅配置一台风机，很少考虑备用，一旦出现故障，系统“停摆”。一旦发生在疫情期间，其后果可能会非常严重。反之，若设计重视了平疫结合通风空调系统的可靠性需求，合理设置了备用风机，一旦某台风机出故障，便可自动投入备用风机。

综上所述，在疫情期间通风空调系统的首要功能是空气途径感染控制，要求风系统具有很高的可靠性，需要在设计阶段予以重视。

（2）理解保证空气压力梯度的目的、重视“风平衡”分析计算

设计实践中，常出现“教条”地遵守相关标准规定的不同功能区域间空气压差数值要求，并认为压差数值越大越安全，甚至出现过某些区域设计空气压差达40～50Pa的案例。这种现象的产生原因，往往在于设计人员并未十分理解保证功能区域间空气压力梯度的目的，以及过大“压差值”的弊病。

从抑制病毒空气途径传播的角度来看，保证功能区域间空气梯度的目的，首先是保证不同功能区间空气的正确流向，即从清洁区流向污染区，表现为正确的区域间空气压差关系；其次，尽量降低区域分界处（如门洞）空气的“反向”扰动，表现为保证合理的压差值。但过大的压差值会造成空间有组织送/排风量与渗透进/出风量的失衡、房间门开/闭的困难以及在门框等缝隙处出现啸叫声等。

平疫结合医院通风空调系统调试中，经常出现的一种情况是，调出符合设计规定的不功能区域间空气压差值，非常不容易，即便设置了各种先进的风量自动调节装置，亦如此。究其原因，往往是设计对各个功能区（房间）的风平衡分析计算不够重视。此处风平衡分析计算指通过分析计算使功能区（房间）的机械送、排风量间的差值（±）等于维持设计要求与相邻区域的压力梯度关系与压差值产生的渗透（渗进/渗出）风量的代数和。

综上所述，正确理解保证不同功能区域间空气压力梯度的目的、重视风平衡分析计算是平疫结合医院通风空调系统实现抑制病毒空气途径传播功能的关键。同时，认为设置了先进的风量自动调节装置就不必进行详细的风平衡分析计算的观点是错误的。

（3）重视“合用风机”风系统的运行工况分析

“合用风机”风系统，是目前平疫结合医院通风空调系统中较常见的做法。所谓“合用风机”风系统，指“平”“疫”两种运行工况下，不仅风管系统合用，而且风机亦为合用，只是用变频调速风机代替工频风机，以满足“平”“疫”两种运行工况对应的风量、风压要求，如“平时”运行状态 $6h^{-1}$ 换气送风、“疫情”运行状态 $12h^{-1}$ 换气送风。

以上这种系统可能存在的问题，一是“平时”状态，变频风机不能持续稳定运行，因为相对“疫情”状态，风量和风阻的显著下降，导致风机以极低频率（转速）运行，不安全；二是虽然理论上可以认为加大“平时”状态风阻，使风机运行频率不致过低，以保证安全，但这种做法的问题在于，“平时”状态下，相对为“平时”运行另设风机，风机电耗显著增加。

指出“合用风机”风系统可能存在的问题，不等于这种形式的风系统绝对不可用，只是强调当采用时，应先进行“平”“疫”两种状态的运行工况分析，包括：风量、风阻、风机长期最低频率、所选变频风机允许的最低长期运行频率以及相应的综合效率等。如分析结果表明，“合用风机”“平时”状态能够长期安全运行，且相对独立设置“平时”运行风机，电耗增加较少时，则可以采用“合用风机”的风机设置方式。

总之，虽然“合用风机”风系统利于空调通风系统平疫结合的实现，机房占用的空间相对小些，但不能忽视其可能存在的问题，因此强调事先分析的重要性。另外，随着系统的创新与产品的技术进步，目前不可行，不等于将来不可行。

（4）重视新技术、新产品的合理采用

随着近十几年来我国医院建设的高速发展，用于医院暖通空调系统的技术与产品也有了长足的进步，特别是 IT 系统、变频调速技术与空调通风设备的融合，出现了新的系统形式和设备。

随着平疫结合医院暖通空调系统的出现、PCR 实验室及加强型 2 级生物实验室在传染病医院和综合医院内的设置，对通风系统提出了“抑制病毒空气途径感染”的功能要求。这种功能要求促进了精确可靠的通风系统末端调节装置的发展与应用，如各种形式的压力无关型定风量阀、变风量阀，它们的采用对保证不同功能区域间正确的空气压力梯度和压差值，简化通风系统调试与保证运行效果起到了至关重要的作用；“催生”了有别于传统集中式机械送排风系统的不同形式的动力分布式通风系统，用末端 EMC 风机代替风量调节阀，解耦了各个通风末端间的风压干扰，同时降低了通风系统能耗；而可视化的自动控制系统，既能实现通风系统的工况转换，又能及时发出故障报警，还能实时观察空气压力梯度和压差值。

总之，技术与产品的进步会使医院暖通空调系统的功能实现更精准；对工程中难以避免的设计要求与工程实际的不吻合，更具包容性；对未来可能出现的使用要求变化，更具弹性；同时，在同样的运行环境与效果下，相对传统方式，可以降低能耗。因此，必须重视新技术、新产品的合理采用。

1.4 平疫结合——技术可行性与经济可行性

从工程角度来看，任何功能的实现都需要兼顾技术可行性与经济可行性，而技术可行是前提，否则，经济可行无从谈起。另外，某种意义上，技术可行，也会改善经济可行性。

1.4.1 技术可行性

从技术角度来看，任何类型的医院（综合医院、传染病医院、专科医院）都具有建成平疫结合医院的可能性。但不同类型医院实现平疫结合付出的经济代价显著不同。

之所以说任何类型的医院都具备有条件建成或改造成平疫结合医院的可能性，这是因为医院的“平”“疫”两种运行状态都未离开其医疗建筑的本质，即两种运行状态所基于的建筑基本布局与室内空气环境控制系统架构是相近的，由此带来的好处是：可以用较短的时间和较低的经济代价，将满足“平时”运行状态的医院建筑布局与室内空气环境控制系统提升改造为满足“疫情”运行要求。由于“疫情”运行要求的建筑条件与环境控制系统严于或高于“平时”运行，所以医院平疫结合亦可以更直接理解为医院建筑布局与室内空气环境控制系统的平疫结合，其逻辑是以“平时”运行状态要求的建筑布局与室内空气环境控制系统为基础，针对“疫情”运行要求，对其进行完善、补充和调整。

对随时待命型平疫结合医院，所谓完善、补充和调整是“显性”的，即进入疫情运行时，其建筑布局无需进行改造施工，仅需调整活动分隔（主要是各通道门）的启闭；其室内空气环境控制系统也仅需简单地进行部件（如高效过滤器）安装和风阀切换操作。对非随时待命型平疫结合医院，它们则是“隐性”的，即进入疫情运行前，其建筑布局与室内空气环境控制系统均可能需要不同程度的改造施工。其改造项目、实施方法及工作量由设计人员根据允许的最长“平疫转换”时间 T 通过恰当的设计确定，并在设计文件中表达。T 值越大，投入疫情运行前需要进行的改造项目越多，但其平时运行状态的建筑面积与室内空气环境控制系统利用率会相对提高，运行能耗会相对降低。图 1-3 所示为某传染病医院病房层的“平”“疫”两种状态下的建筑布局，直观地表明了建筑平面的“平疫转换”，其转换工作仅为对某些房间门的封闭。

随着对医疗设施内部抑制病毒空气途径传播重要性认识的提高，未来完全有可能适度提高医院平时运行状态的空气途径传播控制标准，这将主要体现在常态下建筑布局的改变和室内空气环境控制要求的提高。譬如，建筑布局上，综合医院的非传染病区按准“三区两通道”模式进行建筑布局、呼吸道传染病医院 / 病区采用严格的“三区两通道”模式进行建筑布局，而室内空气环境控制，则提高呼吸道传染病医院 / 病区平时运行状态的标准。这样将不仅降低平疫结合的难度、临疫改造的工作量以及“平疫转换”所需的时间，同时也提高了医院平时运行状态的病毒空气途径传播的感染控制标准。

对于传染病医院平疫结合，主要体现在病房区，其次是手术部、ICU 以及医技区域等；对于综合性医院平疫结合，主要体现在门诊首层门诊大厅、病房区、手术部、ICU 以及医技区域等。

以上简单分析表明，任何类型的医疗设施都有使其具有平疫结合功能的技术可行性，所不同的只是基础条件不同，改造代价不同。既然医疗设施实现平疫结合不存在技术障碍，则我们需要重点关注的是如何使平疫结合代价合理。

1.4.2 经济可行性

相对于仅考虑“平时”状态，医院实现平疫结合对建造成本与平时运行能耗的影响因素主要包括：

1. 建筑面积增加

医院所需的建筑面积，在常态医疗功能相同的前提下，相对非平疫结合，体现在以下两方面：

（1）呼吸道传染病患者诊疗流程要求严格按“三区两通道”原则进行建筑布局——划分清洁区、限制区（半清洁区）、隔离区（半污染区和污染区）、相邻区域之间缓冲设施（卫生通过）以及独立设置的医护与病患通道。这样无论是相对传染病医院 / 综合医院传染病区的常规感染控制分区，还是相对非传染病医院 / 综合医院传染病区，其所要求的建筑面积都会有不同程度的增加。

（2）送风与排风系统数量更多、划分更细，基于抑制病毒空气途径传播控制要求的空气过滤处理步骤更多，要求更严格，因此所需的设备机房面积也会有所增大。

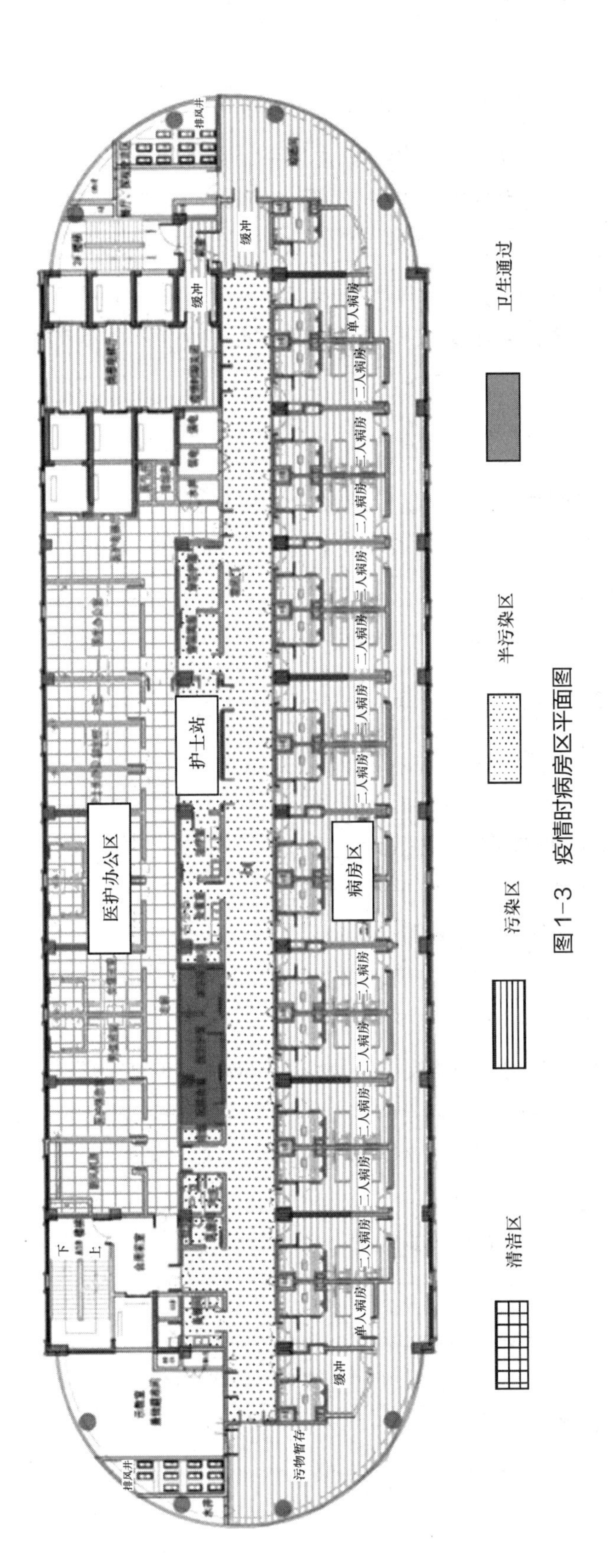

图 1-3 疫情时病房区平面图

2. 建筑层高要求有所增加

由于“疫情”运行状态需要的空调通风系统数量的增加，并且某些系统的送、排风量会比平时运行状态大许多，以新风需求为例，“疫情”运行状态时的风量是平时运行状态的2～3倍；而排风量，则由于“疫情”运行状态要求更高的区域间·空气压差控制值，所以其与平时运行状态的差异更大。显然，空调通风系统数量的增加与送、排风量的显著提高势必要求更大的建筑吊顶空间，而这必然要求加大建筑层高，增加建筑造价。

3. 空调与通风系统数量增加

由于必须按不同感染控制分区分别设置相应的空调送/回风与机械送/排风系统以及感染控制标准的强化，造成其系统数量增多且布局分散、新风量和排风量增大、空气过滤净化标准提高等。

4.“平时运行”能耗增高

当空调系统和机械送排风系统不具备完全按“平时”与“疫情”两种运行状态分别设置时，有时不得不采用一套系统同时兼顾“平”“疫”两种运行状态的设置形式，这样往往会造成通风机在“平时运行”时效率降低，运行能耗增加。

上文第1～3项中的影响因素无疑会增加建筑结构、装修与机械送排风系统、空调系统的投资，成为实现医疗设施平疫结合功能必须承担的“额外”建设成本；第4项则为必须承担的“额外”的能耗与运行费用。

虽然付出额外的建设成本和可能增加的“平时”运行能耗是医疗设施实现平疫结合功能必须承担的经济代价，但通过对于若干平疫结合医疗设施项目案例的概预算分析表明，病房床位数相同的前提下，平疫结合相对非平疫结合医院/病区的投资增加通常为15%～40%，运行能耗增加通常为5%～15%。这里需要说明的是，以上给出的建设投资与运行能耗增加幅度包括了本节前述影响因素（第1～4项）所涉及的各项建设成本与运行能耗增量。

以上分析结果表明，依据我国目前的经济发展水平，一部分医院按平疫结合建设与运行，在经济上是完全可以接受的。不仅如此，因为这里分析得出的建设投资与运行能耗增加幅度是就医院本身而言的，而从宏观角度来看，由于平疫结合医院只是全社会医疗设施总量中的一部分，所以站在城市/地区角度，医疗设施实现平疫结合的经济可行性更无需怀疑。

影响平疫结合医疗设施经济可行性的主要因素包括医疗设施功能属性、最大允许

“平疫转换”时间 T 以及平疫结合设计水平等。总体上，医疗设施功能越趋于收治呼吸类传染病患、允许 T 值越大、平疫结合设计水平越高，则建设投资与运行能耗增加幅度越小。

1.4.3 基于技术经济可行性的平疫结合实施策略

尽管前述分析表明，将一部分医院建成平疫结合形式，无论在技术上还是经济上均具可行性，但具体实施仍需根据城市 / 地区规模、定位、经济发展水平、疫情预测研究成果以及公共医疗设施布局要求等制订相应的建设规划与建设标准，使平疫结合医疗设施布局合理、规模适当、建设科学、转换灵活。其重点在于：

（1）根据过往疫情经验，预测区域内未来类似疫情发生时，可能的最大接诊量、感染人数增长规律以及重症率数值；

（2）根据最大接诊量、感染人数增长规律、重症率数值预测结果，分析确定疫情不同时期的区域接诊能力需求，并据此确定平疫结合医院的总建设规模（总的收治能力）和不同级别平疫结合响应要求医院的分配比例（不同 T 值平疫结合医院在总量中的比例）；

（3）从平疫结合实现难度与经济代价角度来看，不同类型功能属性医院或医院的一部分纳入平疫结合医疗设施的先后顺序宜为：呼吸类传染病专科医院→传染病专科医院→综合医院的传染病门诊部及病房→综合医院整体→专科医院。

总之，尽管之前的分析证明了医疗设施平疫结合在技术、经济两方面的可行性。但适宜的平疫结合技术措施与精细化的设计，是以相对较低代价实现医疗设施平疫结合的重要保证。

1.5 本 章 小 结

本章结合过往疫情的经验和教训，指出了公共医疗设施应考虑平疫结合的必要性。从城市 / 地区与医院建筑两个层面，说明了科学规划对合理布局平疫结合医疗设施的重要性；定义解释了医院暖通空调系统平疫结合的相关概念；分析了医院建筑平疫结合暖通空调设计的几项关注重点；从技术与经济两方面简单论证了我国公共医疗设施实现平疫结合的可行性。

总之，本章所要表达的观点是：一部分医院建成平疫结合医院非常有必要；平疫结合医院的建设，应有政府层面的顶层规划；平疫结合医院，技术、经济两方面均可行；医疗建筑平疫结合暖通空调设计应以“抑制空气途径病毒感染”为核心，以降低平疫结合代价为关键着眼点，重视平疫结合医院通风空调系统设计中容易忽视的几个设计点，设计新技术、新产品的合理应用。

第 2 章

相关知识与平疫结合设计原则

传染病医院、平疫结合医院设计中，暖通专业不仅仅应该知晓医院感染控制对暖通专业的设计要求、了解平疫结合医院及其应急转换的设计原则，还应了解相关传染病及其传染病传播的有关知识，采用科学技术思想及专业知识。

室内空气质量关系着传染病区内的医护人员、患者的身心健康，无论是设计人员、运行人员还是施工人员，都有必要了解医疗工艺、实现防止微生物污染室内环境的受控要求，使设计、建造、运行中具备实现传染病区及相关区域必须保证的环境空气有序控制的能力和条件，达到实现医院传染源有效控制的目的，降低院内发生病毒传播、扩散细菌感染的风险，使院内环境干净、安全，满足患者治病、医护人员工作需要的条件。

2.1 术　语

微生物

微生物是一切肉眼看不见或看不清的微小生物的总称，是个体微小（一般<0.1mm）、构造简单的低等生物。

致病微生物

致病微生物是指能引起人、动物和植物生病的致病性微生物。能感染人的微生物超过 400 种，它们广泛存在于人的口、鼻、咽、消化道、泌尿生殖道以及皮肤中。

病原体

能引起疾病的微生物和寄生虫的统称。微生物占绝大多数，包括病毒、衣原体、立克次体、支原体、细菌、螺旋体和真菌；寄生虫主要有原虫和蠕虫。病原体属于寄生性生物，所寄生的自然宿主可能是动物、植物或人。

病毒

病毒是一类有基因、有繁殖和进化过程，并占据着特殊的生态学地位的生物实体；是一种非常微小、结构极其简单的生命形式；是一类比较原始的、有生命特征的、能够自我复制和严格细胞内寄生的非细胞生物。

感染

病原体和人体之间相互作用、相互斗争的过程。

传染

传染是指来自宿主的体外病原体引起、通过一定方式从一个宿主到另一个宿主个体的感染。

宿主（寄主）

宿主（寄主）是指为寄生生物包括寄生虫、病毒等提供生存环境的生物。寄生生物通过寄居在宿主的体内或体表，从而获得营养，寄生生物往往损害宿主，使其生病甚至死亡。

传播途径

传播途径是指病原体离开传染源到达另外一个易感者的途径。

飞沫传播

飞沫传播是指带有病原微生物的飞沫核（>5μm），在空气中短距离（1m 内）移动到易感人群的口、鼻黏膜或眼结膜等导致的传播。

空气传播

空气传播是指带有病原微生物的微粒子（≤5μm）通过空气流动导致的疾病传播。

接触传播

接触传播是指病原体通过手、媒介物直接或间接接触导致的传播。

传染链

传染链是指在医院内传播感染的三个环节，即感染源、传播途径和易感人群。

隔离

隔离是指采用各种方法、技术，阻隔病原体从患者及携带者传播给他人的措施。

清洁区

清洁区是指呼吸道传染病诊治区、病房区中，没有患者血液、体液等病原微生物污染，且传染病患者不应进入的区域。包括医务人员的值班室、卫生间、男女更衣室、浴室以及储物间、配餐间等。

半污染区

半污染区是指位于传染科室内污染区与清洁区之间、有可能被病原微生物（血液、排泄物、传染病人呼出的气体）污染的区域，也称为潜在污染区。如病人可能接触的医护办公室、治疗室、化验室、影像室、内走廊及出院卫生处置室等。

污染区

污染区是指呼吸道传染病诊治的病区中传染病患者和疑似传染病患者的病房和接受诊疗的区域。包括病室、处置室、污物间以及患者入院、出院处理室；还包括被病源血液、体液、分泌物、排泄物污染物品暂存和处理的场所。

两通道

两通道是指呼吸道传染病诊治的病区中的医务人员通道和患者通道。医务人员通道、出入口设在清洁区一端，患者通道、出入口设在污染区一端。

负压病区（房）

传染科室病区内，通过特殊通风装置，使病区（病房）的空气按照由清洁区向污染区流动，使病区（病房）内的压力低于室外及邻室压力。负压病区（房）排出的空气需经处理，确保对环境无害。负压病房分为Ⅰ级、Ⅱ级。

负压隔离病房

特指综合医院中，为防止不同病源之间的交叉感染，而采用平面空间分隔并配置全新风直流空气调节系统控制气流流向，保证室内空气静压低于周边区域空气静压，并采取有效卫生安全措施防止交叉感染或传染的病房。

缓冲间

缓冲间指不同的清洁或防护等级区、房间之间的过渡区域。传染病诊治区域中是清洁区与半污染区之间的过渡、半污染区与污染区之间设立的两侧均设置门的小室，或为医务人员的准备间，并形成卫生安全屏障的间隔小室。

卫生通过

位于不同卫生安全等级之间，进行更衣、沐浴、换鞋、洗手等卫生处置的通过式空间。

呼吸科重症监护病房（RICU）

收治呼吸衰竭、以感染为主的各种类型的休克病人监护病房。

床单位消毒

对患者住院期间、出院、转院、死亡后所用的床及床周围物体（被褥、床垫、枕芯、毛毯等）表面进行的清洁与消毒。

对医院的被褥、床垫、枕芯、毛毯等床单位消毒灭菌使用的方法包括：① 将消毒床罩（消毒袋）取出打开，平铺在待消毒的床上。② 将待消毒的床单、被褥、枕芯等物件装入消毒床罩中，并将入口扎好。③ 将消毒器推至床边适合位置，把消毒器的气管从机器上摘下，并把消毒床罩气嘴打开，然后将气管头插入打开的气嘴中。④ 将附件袋中电源线取出插在机座上，将另一头插入附近的电源插座上。⑤ 打开消毒器背面上方的电源开关。此时，控制面板数码管发亮，机器进入待机状态。⑥ 床单位消毒：进行单床位消毒时，可根据放入消毒袋内消毒物品的多少调节进气量和时间，以消毒袋完全鼓起为准，一般情况下，1～3 挡所需要充气时间小于 90min，4～8 挡所需充气时间大于 60min，就能可达到消毒效果。⑦ 双床位消毒：当同时对双床位进行消毒时，所需气量、消毒时间参数设置和操作方法与床单位消毒方式相同。

终末消毒

传染源离开疫源地后，对疫源地进行的一次彻底的消毒。如传染病患者出院、转院或死亡后，对病室进行的最后一次消毒。

平疫结合转换

平疫结合转换：是指平时作为普通护理单元，疫情暴发时，经较少的改造工程量，在较短的时间内即可改造为应急救治病区或普通传染病房的医院部分或全部病房建筑。

平急结合转换

平急结合转换：指平时作为一般公共设施、场所，但可以应急转换为高效应对突发事件、疫情防控、公共安全事件、防灾救灾等突发重大任务的应急医疗设施。

2.2 微　生　物

2.2.1 微生物特性

病原微生物是发生传染病的根本原因。没有病原微生物，传染病就无法发生。微生物家族成员庞杂，病毒和细菌均在微生物大家庭成员中。

微生物广泛存在于自然界中，其形体微小、数量繁多、肉眼看不见，需借助于光学显微镜或电子显微镜放大数百倍、上千倍才能观察到这些低等生物体。

微生物由于其体形极为微小，因而导致了一系列与其密切相关的重要特性：

（1）体积小、表面积大，自然形成一个巨大的营养物质吸收面、代谢废物的排泄面和环境信息的交换面。

（2）营养吸收快、转化快，分解乳糖、合成蛋白的能力比动植物强，呼吸速率高。

（3）在合适空间、营养和代谢物等的环境和条件下生长旺、繁殖快。危害人、动物和农作物的病原微生物或会使食物霉变的有害微生物，极可能对人和动物造成极为严重的损失和祸害。

（4）微生物具有任何高等动植物都无法比拟的灵活适应能力和代谢调节机制，微生物比动植物的对恶劣极端环境条件（温度、湿度、酸碱度、辐射等）的适应性更强。

（5）微生物的个体一般是单细胞、简单多细胞，甚至是非细胞的。其繁殖快、数量多和可与外环境直接接触等，可在短时间内产生大量的变异后代。微生物的变异实质是其核酸（即遗传物质）的改变。

（6）微生物因其体积小、质量轻和数量多，只要环境、条件适宜可以到处传播、广泛分布。其多样性体现在：物种多样性、生理代谢多样性、代谢产物多样性、遗传基因多样性、生态系统（互生、共生、寄生、抗生和猎食等）类型多样性。

（7）微生物分类。微生物分为细菌、病毒、真菌、放线菌、立克次氏体、支原体、衣原体、螺旋体（表2-1）。有益微生物可广泛涉及食品、医药、工农业、环保、体育等诸多领域；有害微生物中的病毒、细菌可能使人类、动物植物致病。

微生物分类　表2-1

分类方法	分类特点	说明
体积（微小）	微米级（μm）	光学显微镜下可见（细胞）

续表

分类方法	分类特点	说明
体积（微小）	纳米级（nm）	电子显微镜下可见（细胞器、病毒）
构造（简单）	单细胞	—
	简单多细胞	—
	非细胞（分子生物）	—
进化地位低	原核类	细菌（真细菌、古菌）、放线菌、蓝细菌、支原体、立克次氏体、衣原体等
	真核类	真菌（酵母菌、霉菌、蕈菌）、原生物、显微藻类
	非细胞类	病毒、亚病毒（类病毒、拟病毒、朊病毒）

注：细胞器（organelle）是细胞质中具有特定形态结构和功能的微器官，也称为拟器官或亚结构。其中质体与液泡在光镜下即可分辨，其他细胞器一般需借助电子显微镜方可观察。细胞器一般认为是散布在细胞质内具有一定形态和功能的微结构或微器官。

在漫长的生物进化过程中，病原体与宿主甚至可以是相互依存、相互斗争的，有些微生物、寄生虫与人体宿主之间达到了相互适应、互补损害对方的共生状态。科学家发现，在漫长的进化中，蝙蝠被人冠名为“行走的病毒库”，它甚至能够携带上百种病毒而能够保持很好的免疫力；人类可以利用有益菌抑制有害菌；利用生物技术处理污染等为人类和环境造福。

2.2.2 病毒及特性

病毒是一种没有完整细胞结构的微小亚显微粒子，可以利用宿主细胞系统复制病毒，且并不具备细胞结构，无法独立生长和复制。但病毒可以感染具有细胞的生命体，并在活体细胞中具有遗传、复制等生命特征。

病毒主要由核酸（长链）和蛋白质外壳组成。中心是核酸（DNA 或 RNA），外面包着一层有规律排列的蛋白质外壳，称为衣壳；其化学组成还包括脂类和糖。有些病毒还有囊膜和刺突。病毒的基因同其他生物的基因一样，可能发生突变和重组的基因演化。

病毒的基本特征：

（1）形体极其微小，必须在电子显微镜下才能观察；

（2）不是细胞；

（3）每一种病毒只含一种核酸，不是 DNA（脱氧核糖核酸）就是 RNA（核糖核酸）；

（4）自身既不能产能酶系，也无蛋白质和核酸合成酶系，只能利用宿主活细胞内现成的代谢系统来合成自身的核酸和蛋白质成分；

（5）对一般抗生素不敏感，但对干扰素敏感。

病毒是非生命体，具有高度的寄生性，完全依赖宿主细胞的能量和代谢系统获取生命活动所需的物质和能量。病毒一旦离开宿主细胞，将停止活动，成为一个大化学分子，逐渐失去活性的病毒最终成为蛋白质结晶。病毒只有遇到宿主细胞才能通过吸附进入细胞，在宿主细胞中进行病毒复制、装配和释放子代病毒，显示典型的生命体特征。所以病毒是介于生物与非生物之间处于“生命边缘的生物体”。

病毒的复制即增值：病毒只能在活细胞中进行复制，以病毒基因为模板，在活细胞产生的具有催化活性和高度选择性有机物酶的作用下，分别合成病毒基因及蛋白质，再组装成完整的病毒颗粒。

换言之，离开细胞或其体内的蛋白质结构及其空间被破坏，病毒都将会逐渐失去活性，直到失去生命力。失去活性的病毒不能够继续吸收细胞中的营养成分来供给自己使用。死亡、失去活性后的病毒是不会再重新获得生命能力、继续增值新的病毒。病毒的活性越高，其生命力越强、被感染和被传染的能力越强。病毒活性的持久性与所处环境的条件有一定关系。一般来说，温度越高、越干燥，病毒越容易失去活性；温度越低、越潮湿，病毒的活性越持久。

蝙蝠具有超强的病毒携带能力，被称为“行走的病毒库”，它身上能携带4000多种病毒，其中包括埃博拉出血热病毒、马尔堡病毒、亨德拉病毒、尼帕病毒、冠状病毒和狂犬病病毒等。蝙蝠不会直接把病毒传播给人类，而是首先传播给与人类密切接触的野生动物，包括穿山甲、麝香猫等，最后传播给人类，导致严重的呼吸道等疾病。新发现的冠状病毒与蝙蝠携带的冠状病毒有85%以上的同源性。

常见的呼吸道病毒感染疾病有：流行性感冒、麻疹、水痘、风疹、流行性腮腺炎、“非典”、“新冠”、MERS（中东呼吸综合征），高致病性禽流感等。

2.2.3　细菌及特性

（1）狭义的细菌是指细胞细短（直径约0.5μm，长度为0.5～5μm）、结构简单、胞壁坚硬，多以二分裂方式繁殖的水生性较强的原核生物。

（2）细菌主要由细胞膜、细胞质、细胞壁、细胞质等部分构成，有的细菌还有荚膜、鞭毛、菌毛等特殊结构。

（3）细菌的营养方式有自养及异养，其中异养的腐生细菌是生态系中重要的分解者，使碳循环能顺利进行。部分细菌会进行固氮作用，使氮元素得以转换为生物能利用的形式。一些细菌只需要二氧化碳作为它们的碳源，通过光合作用从光中获取能量的，称为光合自养生物。那些依靠氧化化合物中获取能量的，称为化能自养生物。另外一些细菌依靠有机物形式的碳作为碳源，称为异养生物。

（4）腐败细菌可能导致食物、植物腐烂变质，甚至引起动物植物病害。

（5）细菌一般对抗生素敏感。

（6）细菌繁殖方式为裂殖或芽殖。裂殖多为二分裂，也有三分裂或复分裂，分裂成两个、三个或多个细菌。芽殖是生物由母体的一定部位生出芽体，芽体逐渐长大并与母体分离，形成独立生活的新个体的生殖方式。

常见的呼吸道细菌性感染有：白喉、百日咳、肺结核、细菌性脑膜炎、双球菌流脑等。

2.2.4 细菌与病毒的区别

病毒和细菌在人们的生活中无处不在。而病毒和细菌不同的是，病毒必须寄生在细胞中才能够存活，所以一般病毒在死亡之后不会重新复活。

而在人和动物的身体内外、自然界中有大量细菌聚集，在温暖、潮湿和富含有机物质的地方，几乎无处不是各种细菌的活动之处。只要温湿度、有机物等条件适宜，细菌可以随处繁殖。

2.2.5 冠状病毒

冠状病毒是自然界广泛存在的一类病毒，因该病毒形态在电子显微镜下观察类似王冠而得名（图 2-1）。截至目前发现，冠状病毒仅感染脊椎动物，可引起人和动物呼吸道、消化道和神经系统等疾病。

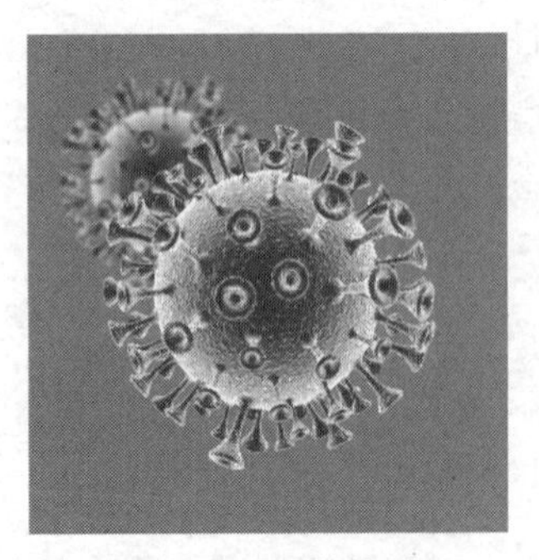

图 2-1 冠状病毒

注：2019 新型冠状病毒，由世界卫生组织 2020 年 1 月命名为 2019-nCoV；国际病毒分类委员会 2020 年 2 月 11 日命名为 SARS-CoV-2。

人感染了冠状病毒后常见体征有呼吸道症状、发热、咳嗽、气促和呼吸困难等。病毒可能会伤及心肌等（参考世界卫生组织指导文件）在较严重的病例中，感染可导致肺炎、严重急性呼吸综合征、肾衰竭，甚至死亡。新型冠状病毒引发的重症疾病较难治疗。但许多症状是可以处理的，因此需根据患者临床情况进行治疗。此外，对感染者的辅助护理可能非常有效。做好自我保护的措施：保持基本的手部卫生，与他人保持必要的距离，在公共场所和卫生间佩戴口罩，坚持安全饮食习惯和增加免疫力等。

COVID-19 是由 SARS-CoV-2 病毒引起的一种传染病。由世界卫生组织文件可知，大多数感染此病毒的人会出现轻度至中度呼吸系统疾病，但有些人可能会患重症并需要医护。老年人以及患有心血管疾病、糖尿病、慢性呼吸系统疾病或癌症等基础病的人较易发展为重症。任何年龄、任何人都可能会生病、患重症或死亡。

2.2.6 病毒变异

本节前面谈到了病毒的重要特性，在活体细胞中病毒具有遗传、复制等生命特征，那么为何病毒还会发生变异呢?

由于各种原因致使病毒的遗传物质发生可能的改变。病毒在复制过程中，其基因在遗传的基础上也会发生变异。

许多化学和物理因素均可以诱发突变。除类病毒外，病毒可以说是生命体中最简单的成员。病毒的遗传密码或基因组主要集中在核酸链上，当核酸链发生任何变化都会影响其后代的特性表现。实际上，病毒的基因组在增殖过程中时时刻刻都自动地发生突变。其中大多数突变是致死性的，只有少数病毒能生存下来。病毒在一次感染中，一个病毒粒子要增殖几百万次，存在产生突变的机会。病毒的自然变异是非常缓慢的，但这种变异过程可通过外界强烈因素的刺激而加快变异速度。

新冠病毒从被发现以来多次发生变异，世界卫生组织（WHO）采用希腊字母目前已命名了 11 种变异毒株；阿尔法（α）、贝塔（β）、伽马（γ）、德尔塔（δ）、拉姆达（λ）、奥密克戎（O）等。

2022 年下半年，奥密克戎毒株的特点表现为突变点巨多，大量突变意味着可能会降低人体疫苗免疫功能，比德尔塔病毒更具传染性。

2022 年 12 月 22 日新浪看点发布信息，根据世界卫生组织的信息，奥密克戎的各种亚变体已经有 300 多种，而在 2022 年底的联防联控机制发布会上，中国疾病预防控制中心专家指出，进入我国的奥密克戎变体就超过了 130 种。

在我国流行的奥密克戎进化分支成分及主要流行区域详见表 2-2。

典型奥密克戎进化分支成分及主要流行区域表　　表 2-2

城市	主要毒株	城市	主要毒株
北京	BF.7、BA.5.2、BA.2.76	合肥	BA.5.2、BF.7
上海	BA.2、BF.7、BA.5.2	青岛	BA.5.2
广州	BA.5.2	昆明	BA.5.2
深圳	BF.7、BA.2.76、BA.2.2	沈阳	BA.5.2
成都	BA.5.2	济南	BA.5.2、BF.7

续表

城市	主要毒株	城市	主要毒株
重庆	BA.5.2	无锡	BA.5.2、BF.7
杭州	BA.5.2、BF.7	厦门	BA.5.2
西安	BA.5.2	福州	BA.5.2
郑州	BA.5.2、BF.7	石家庄	BF.7
南京	BA.5.2	徐州	BA.5.2、BF.7
天津	BA.5.2、BF.7	珠海	BA.5.2
长沙	BA.5.2	兰州	BA.2.76、BA.5.2、BF.7
东莞	BA.5.2	乌鲁木齐	BA.5.2
宁波	BA.2、BA.5.2	呼和浩特	BF.7
佛山	BA.5.2	三亚	BA.5.2、BA.5.1.3

注：不完全统计。

2.2.7 微生物感染

1. 感染

无论细菌还是病毒，都可能导致动植物致病，引起感染的病原体可来自宿主体外，也可能来自宿主体内（包括在黏膜腔内移行移位或潜伏在组织器官）。

感染和来自宿主体外的传染过程必须具备三个因素，即病原体、人体和它们所处的环境，三者之间此消彼长。

一般来说病毒容易侵入人的黏膜系统，一旦人感染了病毒，呼出的气体、身体的汗液及血液等体液、排泄物、分泌液均会携带病毒，与他人接触时，可能通过口腔、鼻腔、眼睛等黏膜系统或手接触及媒介接触时感染他人；也有食入不洁或携带病毒食物（动物）被感染的情形。

2. 病原体感染的各种表现

微生物感染可能是不引起任何组织损伤的隐性感染，也可能是导致组织损伤、引起病理改变和临床表现的显性感染；又可能是停留在入侵部位或侵入较远的部位继续生长繁殖、能携带病毒并排出病原体，成为传染源的病原携带者；还可能是病原感染人后，寄生于某部位，当人体免疫功能下降时可引起显性感染的潜伏（潜在）性感染。

感染致病能力包括：

（1）病原体侵入人体内的生长、繁殖或复制的能力——侵袭力；

（2）毒素（包括内、外毒素）和其他毒力因子的毒力；

（3）入侵病原体的数量，一般与致病能力成正比；不同的传染病入侵病原体的致病最低病原数量存在较大差异；

（4）病原体因外界环境、药物、遗传等因素发生的变异性。

2.3　传染病的发生与流行

2.3.1　传染和传染病的流行条件

传染是由另外宿主病原体引起的感染。传染病的流行需要三个基本条件：传染源、传染途径和人群易感性。所谓传染链即由这三者共同组成。三者同时存在，并相互联系，传染就会发生。传染链的存在是具备病毒、细菌感染的生物学基础，因感染在人群中蔓延，缺少其中任何一个环节，传染都不可能发生。

2.3.2　传染源

传染源指体内有病原存在、繁殖并能将病原体排至体外的人和动物，包括患者、隐性感染者、病原携带者、受感染的动物。

2.3.3　传播途径

传播途径指病原体离开传染源到达另一个易感者的途径，同一种传染病可以有多个传播途径。

传播途径包括呼吸道传播、消化道传播、接触传播、虫媒传播、血液体液传播、医源性传播等。

呼吸道传染病包括腮腺炎、猩红热、百日咳、流行性乙型脑炎、甲流等。消化道传染病包括细菌性痢疾、伤寒等。接触传播的疾病包括艾滋病毒（HIV）、梅毒螺旋体、淋病等。虫媒传播疾病包括恙虫病、疟疾等。血液体液传播疾病包括乙肝、丙肝、HIV 等。医源性感染疾病包括艾滋病、乙型肝炎。

按照传播链的关系，传播途径又分为水平传播和垂直传播。

水平传播：呼吸道传播、消化道传播、接触传播、虫媒传播、血液及液体传播、医源性传播等。

垂直传播：婴儿出生前先天性感染的母（父）婴垂直感染。

依据《医院隔离技术规范》WS/T 311—2009 中的定义，医院发生院内传播有如下三种传播方式：

（1）空气传播：带有病原微生物的微粒子（≤5μm），通过空气流动导致的疾病传播。

（2）飞沫传播：带有病原微生物的微粒子（>5μm），在空气中短距离（1m 内）移动到易感人群的口、鼻黏膜或眼结膜等导致的疾病传播。

（3）接触传播：病原体通过手、媒介物直接或间接接触导致的疾病传播。

《新型冠状病毒肺炎诊疗方案（试行第九版）》修订了以前发布的新冠病毒传播途径：

（1）经呼吸道飞沫和密切接触传播是主要的传播途径。

（2）在相对封闭的环境中经气溶胶传播。

（3）接触被病毒污染的物品后也可造成感染。

原始毒株特性主要表现为通过呼吸道飞沫传播或密切接触传播。经过数次变异，相对疫情暴发初期，重症患者和患者死亡的比率明显下降，变异呈现新冠病毒毒性渐弱；同时发现“在相对封闭的环境中长时间暴露于高浓度气溶胶情况下中存在经气溶胶传播的可能”，病毒变异相对原始毒株传染性在增强。

香港淘大花园“非典”期间发生过“粪便传播”的全链条传播，2022 年 9 月底至 10 月上旬在通州发生的“某驿站”隔离点疫情隔层无规律扩散，经研究人员现场勘查测试，均发现当室内通风措施不当且污水扣封闭不好，立管干涸时，病毒可能会由“粪口”通过污水管道扩散传播。

2.3.4 人群易感性

对某种传染病缺乏特异免疫力的人称为易感者，易感者在某一特定人群中的比例决定该人群的易感性。当易感者在某一特定人群中的比例达到一定水平，若又有传染源和合适的传播途径时，则很容易发生该传染病流行。

2.4 对传染病的控制管理

我国一直非常重视传染病的预防和防治疗工作，1955 年就制定了《传染病管理办法》，有效控制了鼠疫、霍乱等烈性传染病、麻风病等。1978 年 9 月又颁布了《急性传染病管理条例》。1988 年经历了上海暴发甲肝传染病疫情后，《中华人民共和国传染病防治法》于 1989 年 2 月 21 日首次颁布；2003 年“非典”疫情得到控制后，通过总结传染病防治实践和非典疫情控制经验，全国人大常委会于 2004 年 8 月《中华人民共和国传染病防治法》进行了首次修订，内容从41条增加至80条；为完善国务院对传染病病种的调整制度，全国人大常委会于2013年6月29日对个别条文进行修正；2020年，再次完善立法宗旨，将坚持总体国家安全观、保障人民群众生命安全和身体健康写入该法中，强调坚持政府主导、依法防控、科学防控、联防联控、群防群控的防控原则，内容从80条增加至100条。

《中华人民共和国传染病防治法》确立了对传染病实行分类管理的原则，划分了甲类、乙类和丙类三类法定传染病。《中华人民共和国突发事件应对法》规定，按照社会危害程度、影响范围等因素，对自然灾害、事故灾难、公共卫生事件造成的突发事件进行分级，分为特别重大（Ⅰ级）、重大（Ⅱ级）、较大（Ⅲ级）和一般（Ⅳ级）四级，确定国家建立统一领导、综合协调、分类管理、分级负责、属地管理为主的应急管理体制。根据这两部法律以及突发公共卫生事件应急条例、国家突发公共卫生事件应急预案、突发公共卫生事件分级标准等法规、文件，对有关传染病实施分级分类（甲类、乙类、丙类）防控管理。

《中华人民共和国传染病防治法》明确规定："国家对传染病防治实行预防为主的方针，防治结合、分类管理、依靠科学、依靠群众""对乙类传染病中传染性非典型肺炎、炭疽中的肺炭疽和人感染高致病性禽流感，采取本法所称甲类传染病的预防、控制措施。"因此，2022年年底之前乙类的"新冠"实施甲类传染病预防。直至2022年12月26日国务院应对新型冠状病毒感染疫情联防联控机制综合组发布联防联控机制综发〔2022〕144号文件，宣布从2023年1月8日对新冠病毒感染从"乙类甲管"调整为"乙类乙管"。《中华人民共和国传染病防治法》还规定"医疗保健机构必须按照国务院卫生行政部门的有关规定，严格执行消毒隔离制度，防止医院内感染和医源性感染。"

传染病的预防或限制主要是针对传染和传染病的流行条件加以控制和限定的综合性措施：

（1）控制传染源。及时发现及管理传染源，只有早期发现传染源，才能采取有效措施进行管理，限定传染源的个体及其可能被传染的人群，对传染源迅速隔离收治及限制对易感人群的接触；

（2）切断传染链。对接触传染源或与传染源共时空可能的潜在传染源"应检必检"、进行隔离观察；对已经污染或可能已经污染的场所进行封闭管理和专业消毒灭菌。

（3）保护易感人群。采取必要的防护性措施（戴口罩、手套、防护眼镜，勤洗手等），对关键人群（医护人员、从事餐饮业人员、物流及快递人员、冷鲜食品搬运加工等）在疫情期间定期监测，对易感人群注射疫苗等。

2.5 医疗机构感染预防控制

控制医源性感染是为防止医院内暴发流行性传染病的重要举措。SARS 病毒和 COVID–19 病毒疫情，都引起医疗机构对感染预防控制的充分重视。国家、行业、地方也分别编制了相关标准，各医疗机构按照各级疾控中心或“联防联控”的工作部署和《医院隔离技术规范》WS/T 311–2009 等规定实施了管理，各级卫生行政部门、医疗机构、医务人员应对诊疗中可能存在的医院感染、医源感染及相关的危险因素进行识别和预防、诊断、采取控制管理措施。国家卫生健康委员会对相关全国、各地卫生防疫部门负责本地管辖区域内的医院感染管理实施监督；要求各地方联防联控机构落实常态化疫情防控工作有关要求，规范医疗机构诊疗流程，落实门急诊预检分诊制度。

医疗机构严格执行《医院隔离技术规范》WS/T 311–2009，是保证医护人员健康的基本要求，不发生传染病在医疗机构传播，也是保证院内传染病人和其他体弱的易感之间不发生交叉感染的重要保障。

2.5.1 实施传染源的控制

实施传染源控制是控制医院内部传播传染风险的必要措施，从这一角度了解落实分诊、早期识别和源头控制（隔离疑似感染、病毒感染患者）十分必要，对于不同的区域和对象采取不同的解决方案：

（1）针对所有患者采取标准预防措施，保证必要的新风换气量；

（2）对传染病患者、疑似病毒感染病例实施经验性的预防措施；针对空气、飞沫和接触传播，酌情采取空气传播预防措施等；

（3）形成必要的空气屏障、不同区域的压力梯度，使传染风险受控；

（4）通过其他的消毒和防护措施减少传染风险。

2.5.2 实施行政管理控制

建立医疗机构的感染管理责任制、感染管理的规章制度和工作标准，有效预防和控制医源感染；建立并执行行之有效的隔离制度，防止传染病病源、耐药菌、条件致病菌等病原微生物的传播。

（1）隔离应遵循“标准预防”和“基于疾病传播途径的预防”原则。

（2）实施对微生物源的环境和工程控制：区域划分应明确、标识清楚；建筑布局应符合医院卫生学要求，并应具备隔离预防的功能。

（3）对高危险区域的医患人员实施严格的传染源限制的控制。医务人员需要经过隔离与防护知识的培训，且为其在高危险区域中保证提供合适、必要的防护用品（口罩、手套、面罩、隔离或防护服、防水围裙、套鞋、帽子等），让他们正确掌握常见传染病的传播途径、隔离方式和防护技术，熟练掌握操作规程。对病患限制活动区域，一切活动仅限于自己的负压病房（污染区）和必须的、不与普通病患混用的专用负压医技用房中；当存在可能的病患之间的其他疾病交叉感染或经空气传播高风险大时，应单独隔离在负压隔离病房中。病患在病情允许时均应佩戴定期更换的医用口罩。

（4）对感染高危区隔离的管理要求：

1）应根据《医院感染管理办法》《医院隔离技术规范》WS/T 311 等，结合本医院的实际情况，制定隔离预防制度并实施；

2）对传染病患者（包括隔离患者）集中管理，严格执行探视制度；

3）采取有效措施，管理感染源、切断传播途径和保护易感人群。医务人员的手卫生应符合现行行业标准《医务人员手卫生规范》WS/T 313；

4）隔离区域的消毒应符合现行行业标准《医疗机构消毒技术规范》WS/T 367；

5）对医院的空气质量管理应符合现行行业标准《医院空气净化管理规范》WS/T 368。

2.5.3　医疗机构院区内建筑布局与隔离要求

（1）医院建筑区域划分：根据患者获得感染危险性的机会和程度，将医院分为4个区域。

1）低危险区域：包括行政管理区、教学区、图书馆、生活服务区等。

2）中等危险区域：包括普通门诊、普通病房等。

3）高危险区域：包括感染疾病科（门诊、病房）等。

4）极高危险区域：包括手术室、重症监护病房、器官移植病房等。

（2）隔离要求：

1）明确服务流程，保证污、洁分开，防止因人员流程交叉、物品流程交叉导致感染；同一危险区域等级的科室宜相对集中布置。

2）高危险、极高危区域与普通病区和生活区分开，并宜相对独立，应能独立闭环管理，保证医院对感染控制的要求，从平面布局上保证服务流程顺畅的同时必须避免洁、污不分，不得存在交叉感染的流程和平面布局。严格控制、限制传染源在限定的专门区域内进行诊治。传染源及可能被污染的人流、物流不得进入其他科室及区域。不应跨越不同危险级别设置通风系统，防止区域间的交叉污染。

1. 对呼吸道传染病区的建筑布局与隔离要求

（1）总平面布置

1）应设置在相对独立的区域、远离儿科病房、重症监护病房和生活区。设置独立的入口、出口，单独进、出病区。

2）按照清洁区、半污染区和污染区（三区），设立两通道和三区之间的缓冲间，为减少区域之间空气反向流通，连锁缓冲间两侧的门不应同时开启。

3）经空气传播的隔离病区，设置的负压隔离病房的气压宜为 -30Pa，缓冲间的气压宜为 -15Pa。

（2）隔离要求

1）严格医疗流程和三区两通道管理，界限清晰，标识明显。

2）室内有良好的通风设施；各区按照现行行业标准《医务人员手卫生规范》WS/T 313 的要求，安装非手触式开关的流动水洗手池。

3）疑似患者应单独安置。

4）受条件限制的医院，同种疾病患者可安置于一室，两病床之间距离不少于 1.1m。

5）新风换气次数不少于患者人均 60L/s 及换气次数 $6h^{-1}$ 的较大值。

2. 对经呼吸道重症的负压Ⅱ级病室及负压隔离病房的建筑布局和隔离要求

对于传染性强或需要气管切开（含插管）操作的病室或 RICU，相对第 1 项所述的负压病区而言，其被传染或不同传染病之间交叉感染风险较高时，对建筑布局和隔离的要求更为严苛。

（1）建筑布局

1）应设病室及缓冲间，通过缓冲间与病区走廊相连。病室采用负压通风，上送风、下排风；病室内送风口应远离排风口，排风口应置于病床床头附近，排风口下缘靠近地面但应高于地面 10cm。门窗应保持关闭。

2）负压病房排风管道上可设置电动风量密闭调节阀，整定排风量，使病房的排风量不受压力波动影响；送风管可设置电动风量密闭调节阀、过变风量阀；同时应保证与邻室的压力梯度要求。

3）负压病室内应设置独立卫生间，并设有流动水洗手和卫浴设施。配备室内对讲设备。

（2）隔离要求

1）病房病人应设置单间。

2）送风应经过粗、中效过滤，排风应经过高效过滤处理，新风换气次数不少于 $12h^{-1}$ 及每人 120L/s 的较大值。

3）应在入口设置与邻室的压差传感器，用来检测并显示负压值，或用来自动调节不设定风量阀的通风系统的送、排风量。Ⅱ级负压病房的邻室压差宜为 -10～-5Pa。

4）综合医院中的负压隔离病房病室的气压宜为 -30Pa，缓冲间的气压宜为 -15Pa。

5）应保障通风系统正常运转，做好设备日常保养。

6）患者出院应单独对病房、床位及携带物品进行消毒处理。

3. 普通病区的建筑布局与隔离要求

（1）建筑布局

在病区的末端，应设一间或多间隔离病室。

（2）隔离要求：

1）感染性疾病患者与非感染性疾病患者宜分室安置。

2）受条件限制的医院，同种感染性疾病、同种病原体感染患者可安置于一室，病床间距宜大于 0.8m。

3）病情较重的患者宜单人间安置。

4）病室床位数单排不应超过 3 床；双排不应超过 6 床。

4. 门诊的建筑布局与隔离要求

（1）建筑布局

1）普通门诊应单独设立出入口，设置问询、预检分诊、挂号、候诊、诊断、检查、治疗、交费、取药等区域，流程清楚，路径便捷。

2）儿科门诊应自成一区，出入方便，并设预检分诊、隔离诊查室等。

3）感染疾病科门诊应符合国家有关规定。

（2）隔离要求

1）普通门诊、儿科门诊、感染疾病科门诊宜分开挂号、候诊。

2）诊室应通风良好，应配备适量的流动水洗手设施和 / 或配备速干手消毒剂。

3）建立预检分诊制度，发现传染病患者或疑似传染病患者，应到专用隔离诊室或引导至感染疾病科门诊诊治，可能污染的区域应及时消毒。

5. 急诊科（室）的建筑布局与隔离要求

（1）建筑布局

1）应设单独出入口、预检分诊、诊查室、隔离诊查室、抢救室、治疗室、观察室等。

2）有条件的医院宜设挂号、收费、取药、化验、X线检查、手术室等。

3）急诊观察室床间距应不小于1.2m。

（2）隔离要求

1）应严格预检分诊制度，及时发现传染病患者及疑似患者，及时采取隔离措施。

2）各诊室内应配备非手触式开关的流动水洗手设施和/或配备速干手消毒剂。

3）急诊观察室应按病房要求进行管理。

6. 发热门诊

发热门诊是为处置、观察不明原因的发热病人，为及时发现、转运隔离传染病患者并上报而设立的。由于发热原因不明，发热患者可能潜在病毒和细菌感染，为杜绝交叉感染、避免医护人员被动感染，需要对发热门诊区域进行隔离防护。

（1）选址

发热门诊应设置于医疗机构独立区域的独立建筑，标识醒目，具备独立出入口。医院门口、门诊大厅和院区内相关区域要设立醒目的指示标识，内容包括发热门诊方位、行走线路、接诊范围及注意事项等。发热门诊硬件设施要符合呼吸道传染病防控要求，与普通门（急）诊及医院其他区域间设置严密的硬隔离设施，不共用通道，通道之间不交叉，人流、物流、空气流严格物理隔离。新建发热门诊外墙与周围建筑或公共活动场所间距不小于20m。

（2）发热门诊布局

发热门诊内要规范设置污染区和清洁区，并在污染区和清洁区之间设置缓冲间。各区和通道出入口应设有醒目标识。各区之间有严密的物理隔断，相互无交叉。患者专用通道、出入口设在污染区一端，医务人员专用通道、出入口设在清洁区一端。

1）污染区：主要包括患者专用通道、预检分诊区（台）、候诊区、诊室（含备用诊室）、留观室、污物间、患者卫生间；挂号、收费、药房、护士站、治疗室、抢救室、输液观察室、检验及CT检查室、辅助功能检查室、标本采集室、污物保洁和医疗废物暂存间等，其中挂号与取药可启用智能挂号付费及自动取药机等来替代。

2）候诊区：应独立设置，按照候诊人员间距不小于1m的标准设置较为宽敞的空间，三级医院应可容纳不少于30人同时候诊，二级医院应可容纳不少于20人同时候诊，发热门诊患者入口外预留空间用于搭建临时候诊区，以满足疫情防控需要。

3）诊室：每间诊室均应为单人诊室，并至少设有1间备用诊室，诊室面积应尽可能宽敞，至少可以摆放1张工作台、1张诊查床、1个非手触式流动水洗手设施，每间诊室安装至少 1 个 X 光灯箱，配备可与外界联系的通信工具。新建的发热门诊应至少设置 3 间诊室和 1 间备用诊室，每间诊室净使用面积不少于 $8m^2$。

4）留观室：三级医院留观室应不少于 10～15 间，二级医院留观室不少于 5～10 间，其他设置发热门诊的医疗机构也应设置一定数量的留观室。留观室应按单人单间收治患者，每间留观室内设置独立卫生间。

5）清洁区：主要包括办公室、值班室、休息室、示教室、穿戴防护用品区、清洁库房、更衣室、浴室、卫生间等。清洁区要设置独立的工作人员专用通道，并根据工作人员数量合理设置区域面积。

6）缓冲间：污染区和清洁区之间应至少设置 2 个缓冲间，分别为个人防护用品第一脱卸间和第二脱卸间。每个缓冲间应至少满足 2 人同时脱卸个人防护用品。缓冲间房门密闭性好且彼此错开，不宜正面相对，开启方向应由清洁区开向污染区。

（3）通风排风及空调

1）发热门诊的空调系统应独立设置，设新风系统。当空调通风系统为全空气系统时，应当关闭回风阀，采用全新风方式运行。

2）禁止使用的空调系统：无高效回风处理（或无安全合理的杀毒系统）的循环回风的空气空调系统，没有新风的任何形式空调，带绝热加湿装置的空调系统，以及其他既不能开窗，又无新风和排风系统的空调系统。

3）设集中空调系统的各区应独立设置。每周应对空调回风滤网清洗消毒 1～2 次，对空调冷凝水集中收集，消毒后排放。如发现病例，应在病患转出后，及时对空调进行彻底消毒。

4）发热门诊所有业务用房窗户应可开启，保持室内空气流通。候诊区和诊室要保持良好通风，必要时应加装机械通风装置。通风不良的，可通过不同方向的排风扇组织气流方向从清洁区缓冲间污染区。

（4）消毒隔离设备

1）所有功能空间均应设手卫生设施，洗手设施应使用非手触式洗手装置。

2）应配置符合空气或气溶胶消毒设施和其他有效的清洁消毒措施，以及符合消毒产品卫生安全评价标准的消毒器械。

（5）信息化设备

具备与医院信息管理系统互联互通的局域网设备、电子化病历系统、非接触式挂号和收费设备、可连接互联网的设备、可视对讲系统等。

（6）发热门诊管理

1）发热门诊要提级管理，由分管医疗工作的副院长负责。要安排经验丰富的医务人员承担预检分诊工作，对所有患者及其陪同人员查验健康码或健康行程码、测量体温、询问流行病学史、症状等，指导患者及其陪同人员对其流行病学史有关情况的真实性签署承诺书，并将患者合理有序分诊至不同的就诊区域（或诊室）。发热门诊医务人员要指导患者及其陪同人员在健康条件允许的情况下，规范佩戴医用防护口罩、做好手卫生、保持 1m 安全距离。

2）发热门诊要 24h 开诊，并严格落实首诊负责制，医务人员不得以任何理由推诿患者。

3）要对所有就诊患者进行血常规检测，必要时进行胸部 CT 和病毒抗体检测。

4）发热门诊要采取全封闭就诊流程，挂号、就诊、交费、标本采集、检验、辅助检查、取药、输液等所有诊疗活动在发热门诊独立完成。

5）接诊医生发现可疑病例须立即向医院主管部门报告，医院主管部门接到报告应立即组织院内专家组会诊，按相关要求进行登记、隔离、报告，不得允许患者自行离院或转院。当留观室数量不能满足临床诊疗需要时，需另外设置隔离留观区。

6）发热门诊实时或定时对环境、空气进行清洁消毒，并建立终末清洁消毒登记本或电子登记表，登记内容包括：空气、地面、物体表面及使用过的医疗用品等消毒方式及持续时间、医疗废物及污染衣物处理等。

7）发热门诊区域的医疗设备、物体表面、布草、地面、空气及空调通风系统的消毒和医疗废物的处置，应符合《医疗机构消毒技术规范》《医疗废物管理条例》和《医疗卫生机构医疗废物管理办法》等相关规定，并有相应的工作记录。

8）污水排放和医疗废物与生活垃圾的分类、收集、存放与处置应符合《医疗废物管理条例》《医疗卫生机构医疗废物管理办法》《医疗废物包装物、容器标准和标识》《医疗废物分类目录》等相关法规的要求。

2.5.4 风量平衡与排风量

风量平衡设计在医院特别是传染病医院是保证通风效果的必要措施。但风量平衡往往不被设计人员重视，甚至存在错误的观点，认为内区封闭空间排风、送风选一即可，致使不少建成的医院建筑内区通风质量不能达到标准要求，因没有进风、排风的空气平衡而丢失通风量和效果。当围护结构密封性能很好的负压环境仅有机械排风没有补风，排风量和渗透风量无法平衡时，排风量会大大减小；同样，正压环境只有新风没有排风，新风量效果也不能保证。

各区域应根据是否有净化、空调要求及是否存在污染，根据新风量和需要保持的压差平衡关系推算排风量或新风量，有关计算和设备选型计算，详见其他有关章节。

2.6　医疗工艺流程

医院空调、通风风量和各区及房间的压力梯度与工艺流程相关，《医疗机构内新型冠状病毒感染预防与控制技术指南（第三版）》提出了诊疗流程，《医务人员进出隔离病区流线布局流程示意图》见图 2-2、图 2-3。

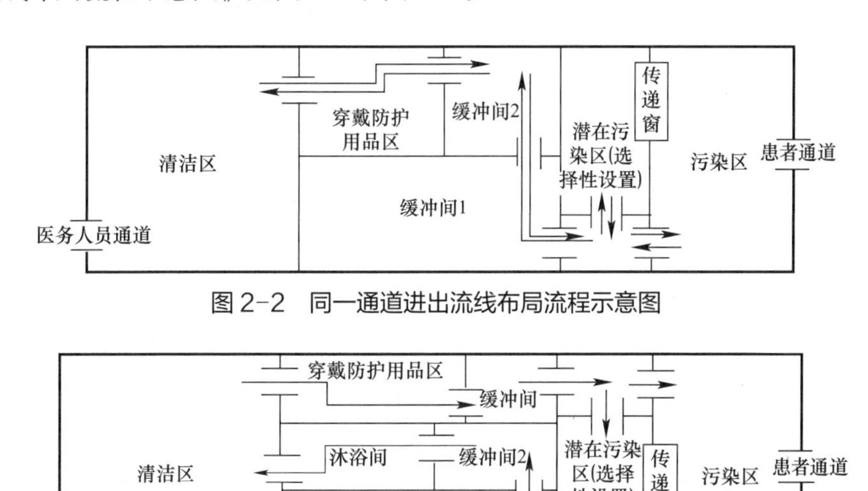

图 2-2　同一通道进出流线布局流程示意图

图 2-3　不同通道进出流线布局流程示意图

图 2-2、图 2-3 注：

1. 半污染区（潜在污染区）包括有相应功能用房设置和无功能用房设置两种基本形式。有相应功能用房设置的，原则上与污染区之间不设置人员出入口，物品通过符合设计要求的传递窗传递；无相应功能用房设置的，仅起通道和缓冲作用，可与规范设置的脱除防护用品房间或缓冲间合并设置。

2. 综合考虑满足诊疗救治、降低医务人员暴露风险、提升管理效率、合理控制成本等方面需要，对各功能用房在清洁区、半污染区、污染区的设置推荐如下：①清洁区：宜设置更衣室、淋浴间、医生办公室、会议（会诊）室、清洁区库房、人员休息室及用餐区等；②半污染区：可设置护士站、治疗准备室、库房、配液室等；③污染区：宜设置病区（室）、处置室、设备间（物品准备间）、污物间、标本存放间、患者配餐间、患者活动区等。半污染区未设置功能用房时，护士站、配液室、库房等宜在污染区设置。

3. 规章制度、工作流程、人员诊疗行为和防护用品使用应当与各功能用房实际设置所在区域管理要求一致。

2.7　平疫结合设计

本节的重点在于介绍平疫结合“平急结合”设计与通风空调相关联的设计要求和

内容，对应介绍接诊定位、转换时间、医疗能力、设备配置、管线安装和拆改等实现平疫结合转换、“平急结合”设计。

2.7.1 公共卫生防控救治能力建设方案

国家发展改革委、国家卫生健康委、国家中医药局三部委联合发布的《关于印发公共卫生防控救治能力建设方案的通知》中提出，聚焦公共卫生特别是重大疫情防控救治能力短板，调整优化医疗资源布局，提高平战结合能力，强化中西医结合，集中力量加强能力建设，补齐短板弱项。国家发展改革委、国家卫生健康委、国家中医药局制定了《公共卫生防控救治能力建设方案》(以下简称《建设方案》)，并要求认真遵照执行。

《建设方案》聚焦了公共卫生特别是重大疫情防控救治能力短板，明确提出了调整优化医疗资源布局，提高平战结合能力的建设目标，其中的两条原则是：坚持平战结合。既满足“战时”快速反应、集中救治和物资保障需要，又充分考虑“平时”职责任务和运行成本，推动公共卫生和疾病预防控制体系改革发展；坚持防治协同。着眼疾控机构、传染病医院、综合性医院和基层医疗卫生机构的整合协同，促进资源梯次配置、开放共享，实现预防和医疗协同发展。

建设目标：依托综合实力强，特别是感染性疾病、呼吸、重症等专科优势突出的高水平医院（含中医医院、重大疫情救治基地），承担危重症患者集中救治和应急物资集中储备任务，能够在重大疫情发生时快速反应，有效提升危重症患者治愈率、降低病亡率。

建设要求：各地选择具备一定基础的现有医疗机构进行建设，充分利用现有设施，优先将承担国家紧急医学救援队伍建设任务的医院纳入支持范围，在《综合医院建设标准》《中医医院建设标准》基础上，有针对性地合理提高标准，做好流线设计，具备应对突发公共卫生事件一级响应所需的救治能力。在加强基础设施建设的同时，组建高水平重大疫情救治专业技术队伍（含中医应急医疗队伍），加强应急储备和日常实战演练，承担区域内重大疫情救治和培训任务，辐射带动区域公共卫生应急救治和人才储备能力提升。

《建设方案》提出，推进公共设施平战两用改造，借鉴方舱医院和人防工程改造经验，提高大型体育场馆、展览馆（会展中心）等公共设施建设标准，在相关设施新建或改建过程中充分考虑应急需求，完善场地设置、通风系统、后勤保障设计，预留管道、信息等接口和改造空间，具备快速转化为救治和隔离场所的基本条件。

2.7.2 平疫结合综合性设计原则

针对上述《建设方案》，国家卫生健康委办公厅、国家发展改革委办公厅2020年7月30日印发了《综合医院平疫结合可转换病区建筑技术导则（试行）》（以下简称《导则》），为综合医院平疫结合建设提供了可借鉴的具体、操作性强的技术措施。

《导则》适用于“重大疫情救治基地”建设项目，其他平疫结合项目、承担疫情救治任务的定点医院可参考执行。同时要求综合医院平疫结合可转换病区的建设还应符合国家和地方现行的有关标准、规范的规定。

《导则》规定应当结合当地医疗资源布局，将疫情救治定点医院设定列入区域卫生健康规划中。由此可见，“疫情救治定点医院”以及平疫结合转换医院的规模和功能与当地医疗资源布局有关、与救治定点医院的救治条件有关，在设计方案阶段应当听取当地医管规划部门的规划意见，切不可想当然。

《导则》要求各级卫生健康行政部门当结合当地医疗资源布局，将疫情救治定点医院设定列入区域卫生健康规划中。在制订呼吸道传染病应急预案的基础上，明确各级医疗机构功能定位，以“平战结合、分层分类、高效协作”为原则，构建分级分层分流的城市传染病救治网络。疫情救治定点医院与公共卫生机构应建立联防联控机制，平时做好公共卫生科研相关工作，加强应急储备、日常实战演练和培训任务。重大疫情发生时快速反应，承担区域内重大疫情患者集中救治任务。

综合医院平疫结合建设应当选择独立院区或现有院区内相对独立的区域、建筑，作为平疫结合区承担重大疫情应急救治任务。平疫结合区应当兼顾平时与疫情时的医疗服务内容，充分利用发热门诊、感染疾病科病房等建筑设施。

1. 对新建平疫结合区的总体要求

（1）新建平疫结合区应当从总体规划、建筑设计、机电系统配置上做到平疫结合，满足结构、消防、环保、节能等方面的规范、标准要求。在符合平时医疗服务要求的前提下，满足疫情时快速转换、开展疫情救治的需要。

（2）改造建设的平疫结合区应当按照“完善功能、补齐短板”的原则，在对现有院区功能流程合理整合的前提下，结合实际情况，因地制宜，合理确定平时及疫情时的功能设置，开展针对性建筑设施改造，以及疫情时快速转换方案。

（3）平疫结合区应当严格按照医疗流程要求，做好洁污分流、医患分流规划，确保合理组织气流，避免流线交叉。预留功能转化基础条件，制订转化方案。转化方案应当施工方便、快捷，宜选择可拼装的板材等材料快速完成由平时功能向疫情时功能的调整。

（4）应当充分利用信息化、智慧化手段，提升综合医院平疫结合的智慧化运行管理水平，加快推进医院信息与疾病预防控制机构数据共享、业务协同，加强智慧型医院建设。

2. 规划布局要求

（1）平疫结合区应当相对独立，其住院救治功能区域应当与其他建筑保持必要的安全距离，并符合现行国家标准《传染病医院建筑设计规范》GB 50849 的有关规定。同时与医院其他功能区域保持必要、便捷联系。

（2）平疫结合区疫情期间宜设置独立的出入口，便于区域封闭管理。出入口附近宜设置救护车辆洗消场地，满足疫情时车辆、人员的清洗、消毒等需要。

（3）平疫结合区附近预留用地，并预留机电系统管线接口，满足疫情时快速扩展的需要。

（4）医疗垃圾、生活垃圾暂存用房等设施应当设置在常年主导风向下风向，与医疗业务用房保持必要的安全距离。

3. 建筑平面布局规定

（1）平疫结合区应当结合实际，合理配置与所承担任务匹配的门急诊、检验、检查、手术、重症监护、住院等医疗功能，兼顾平时使用。部分功能可采取移动设施或通过临时搭建的方式实现。

（2）平疫结合区应当合理划分清洁区、半污染区及污染区，合理规划医护人员、患者、清洁物品、污染物品流线。

（3）急诊部、门诊部、发热门诊主入口附近宜设置必要场地，满足疫情时人流分诊、筛查需要。

（4）平疫结合区的门诊功能区应当与发热门诊有机组合（要求详见 2.6.3 节）。

（5）平疫结合医技区的影像、检验、手术、重症监护等医技科室的设置与建设在满足疫情时救治功能的同时，应当充分提高平时利用效率：可统筹安排清洁区、半污染区、污染区，统一组织人流、物流流线。因此但凡有呼吸道传染病患者有可能出入、经过、治疗的区域都应当具备平疫结合转换条件，符合疫情期间呼吸道传染病区和病房的建筑及空调通风的要求。

（6）住院部的平疫结合区，平时宜作为感染疾病科病房，有效提高平时利用效率，应设相对独立的出入口。采用“三区两通道”的布局方式，可统筹安排清洁区、半污染区、污染区，各病房宜设置卫生间和医护缓冲间。

（7）后勤保障：新建综合医院设备机房应当预留设备容量和空间，疫情时可以增加设备、扩大容量，满足应急医疗设施建设等需求；平疫结合区宜设置独立的设备机房和设施，满足疫情期间独立运转需要；应当根据承担职责设置必要的库房，满足防疫物资储存的需求；应当设置独立的医疗垃圾和生活垃圾暂存区域，并预留疫情时相对独立的传染性医疗垃圾暂存间；宜预留相对独立的太平间空间，疫情时可独立使用。

2.7.3　供暖通风与空气调节

1. 一般规定

（1）平疫结合区应当根据医院在区域重大疫情救治规划中的定位，相应采取符合平疫转换要求的通风空调措施。

（2）通风空调系统应当平疫结合统筹设计，尽量避免“平”“疫”两套系统共存。

（3）平疫结合区应当设置机械通风系统。机械送风（新风）、排风系统宜按清洁区、半污染区、污染区分区设置独立系统。当系统分三区设置有困难时，清洁区应当独立设置，污染区和半污染区可合用系统，但应单独设置分支管，并在两个区总分支管上设置与送、排风机连锁的电动密闭风阀。

（4）平疫结合区的通风、空调风管应当按疫情时的风量设计布置。

（5）平疫结合区的通风、空调设备机房布置应当满足疫情时设备安装、检修的空间要求；通风、空调设备按平时使用设置。

（6）疫情时通风系统应当控制各区域空气压力梯度，使空气从清洁区向半污染区、污染区单向流动。

（7）平疫结合区疫情时清洁区最小新风量宜为 $3h^{-1}$，半污染区、污染区最小新风量宜为 $6h^{-1}$。

（8）清洁区新风至少应当经过粗效、中效两级过滤，过滤器的设置应当符合现行国家标准《综合医院建筑设计规范》GB 51039 的相关规定。疫情时半污染区、污染区的送风至少应当经过粗效、中效、亚高效三级过滤，排风应当经过高效过滤。

（9）送风（新风）机组出口及排风机组进口应当设置与风机联动的电动密闭风阀。

（10）送风系统、排风系统内的各级空气过滤器应当设压差检测、报警装置。设置在排风口部的过滤器，每个排风系统最少应当设置 1 个压差检测、报警装置。

（11）半污染区、污染区的排风机应当设置在室外，并设在排风管路末端，使整个管路为负压。

（12）半污染区、污染区排风系统的排出口不应临近人员活动区，排风口与送风系统取风口的水平距离不应小于 20m；当水平距离不足 20m 时，排风口应当高出进风口，并不宜小于 6m。排风口应当高于屋面且不小于 3m。为防止极端大风天气排风口受风压影响，排风出口应设锥形风帽高空排放。

（13）清洁区、半污染区房间送风、排风口宜上送下排，也可上送上排。送风、排风口应当保持一定距离，使清洁空气首先流经医护人员区域。

（14）疫情时的负压隔离病房及重症监护病房（ICU）应当采用全新风直流式空调系统；其他区域在设有新风、排风的基础上宜采用热泵型分体空调机、风机盘管等各室独立空调形式，各室独立空调机安装位置应当注意减小其送风对室内气流的影响。

（15）半污染区、污染区空调的冷凝水应当分区集中收集，并采用间接排水的方式排入污废水系统统一处理。

（16）应当根据项目所在地点和规划要求，考虑安装时间要求，“平疫转换”涉及隐检工程施工的部位，应留足够的快速拆改及安装空间。空调、新排风管道宜结合疫情转化考虑尺寸，但需要考虑风机在不同工况下使用的可行性和合理性，不同工况风量差异悬殊时，或考虑双风机并联平时交替运行，疫时联合使用，也可按平时风量安装风机，或疫时更换风机，满足疫时风量要求。

（17）室内空调温湿度要求：传染病医院各部门的温湿度设置应符合表 2-3 的要求。

主要用房室内空调设计温度、湿度　　表 2-3

房间名称	夏季		冬季	
	干球温度（℃）	相对湿度（%）	干球温度（℃）	相对湿度（%）
病房	26～27	50～60	20～22	40～45
诊室	26～27	50～60	18～20	40～45
候诊室	26～27	50～60	18～20	40～45
各种试验室	26～27	45～60	20～22	45～50
药房	26～27	45～50	18～20	40～45
药品储藏室	22	60 以下	16	60 以下
放射线室	26～27	50～60	23～24	40～45
管理室	26～27	50～60	18～20	40～45

注：1. 疫情时考虑到医护人员穿隔离服、防护服的影响，夏季室内温度比表中宜低 2～3℃。
2. 临时设施轻症病房和冬季湿度较高地区的Ⅰ级病房可以不考虑上述湿度要求。

（18）室内供暖温度要求：位于供暖地区无空调系统的传染病医院，应设集中供暖。供暖方式宜采用散热器供暖。各种用房室内供暖设计计算温度应满足表 2-4 的规定。

主要用房室内供暖设计温度　表 2-4

房间名称	室内供暖设计温度（℃）
病房	20
诊室	18
候诊室	18
各种试验室	20
药房	18
药品储藏室	16

（19）用于负压病区及有病毒污染区域房间的集中排风及空调机组排风段的应设置紫外线对中、高效过滤器进行消杀。对过滤器进行足够时间的消毒后，方可进行更换及维护。紫外线杀毒功能不应在正常运行时使用，应设置联动保护。

（20）新风及空调送风系统不应采用任何“化学药剂消毒”的方式，为防止静电类过滤器因意外断电或失效，Ⅱ级负压病房、隔离病房、手术室不得选用静电类过滤器，如选用静电类过滤器，其产品性能必须满足国家相关标准的要求，并通过第三方实验室认证，NO_X、CO_2 不应超标，并配置安全报警装置。

2. 门急诊部及医技科室

（1）平疫结合区的门急诊区，其污染区平时设计最小新风量宜为 $3h^{-1}$，疫情时最小新风量宜为 $6h^{-1}$。

（2）平疫结合区的 DR、CT 等放射检查室，平时新风量不宜小于 $3h^{-1}$，疫情时不宜小于 $6h^{-1}$。

（3）PCR 实验室各房间应当严格控制压力梯度，空气压力依次按标本制备区、扩增区、分析区顺序递减，分析区应为负压。PCR 通风系统宜自成独立系统，疫情时宜按增强型二级生物安全实验室设计。

3. 住院部

（1）平疫结合区的护理单元平时宜微正压设计，疫情期间应当转换为负压。平疫结合的病房送风、排风系统不得采用竖向多楼层共用系统。

（2）平时病房最小新风量宜为 $2h^{-1}$，疫情时病房新风量按以下设计：

1）负压病房最小新风量应当按 $6h^{-1}$ 或 60L/s 床计算，取两者中较大者；

2）负压隔离病房最小新风量应当按 $12h^{-1}$ 或 160L/s 计算，取两者中较大者。

（3）病房双人间送风口应当设于病房医护人员入口附近顶部，排风口应当设于与送风口相对远侧病人床头下侧。单人间送风口宜设在床尾的顶部，排风口设在与送风口相对的床头下侧。

（4）平时病房及其卫生间排风不设置风口过滤器。疫情时的负压病房及其卫生间的排风宜在排风机组内设置粗、中、高效空气过滤器：负压隔离病房及其卫生间、重症监护病房（ICU）排风的高效空气过滤器应当安装在房间排风口部。

（5）疫情时，负压病房与其相邻相通的缓冲间、缓冲间与医护走廊宜保持不小于5Pa的负压差。每间负压病房在疫情改造时宜在医护走廊门口视线高度安装微压差显示装置，并标示出安全压差范围。

（6）病房内卫生间不做更低负压要求，只设排风，保证病房向卫生间定向气流。

（7）每间病房及其卫生间的送风、排风管上应当安装电动密闭阀，电动密闭阀宜设置在病房外。

4. 重症监护病房

（1）平疫结合的重症监护病房平时宜正压设计，疫情期间应当转换为负压。

（2）呼吸科平时重症监护病房最小送风量应当按 $12h^{-1}$ 计算。疫时病房多于2名患者时，风量应按每人120L/s送清洁空气。空调系统设粗、中、高效三级过滤，高效过滤设在送风口。

（3）重症监护病房平时宜采用全空气系统，气流组织为上送下回，回风口设置在床头部下侧，并设置中效过滤器。疫情期间转换为全新风直流空调系统，利用平时回风口转换为疫情期间的排风口，口部尺寸应当按疫情期间排风量计算，口部结构应能方便快捷安装高效过滤器。

（4）空调机组、排风机“平疫共用”，利用平时全空气空调系统转化为全新风直流空调系统，空调机组应当考虑其冷、热盘管容量及防冻措施等；排风机设置变频设计，并选用性能曲线陡、风压变化大、风量变化小的风机，按疫情需求设置。

5. 手术室

平疫结合区手术部，平时手术室按正压设计。手术部根据需要应当至少设置一间可转化为负压的全新风直流手术室，并一对一设置洁净手术部用空调机组，避免疫情时使用可能引发的交叉感染风险，疫情时的排风管及排风机平时宜安装到位。疫情时负压手术室顶棚排风入口以及室内回风口处均安装高效过滤器，并在排风出口处设止回阀，关断回风管，打开排风管，启动排风机。手术室设计应当符合现行国家标准《医院洁净手术部建筑技术规范》GB 50333的有关规定。

2.7.4 动力式分布系统

采用动力分布式系统，一是为了保证管网平衡，二是为了满足房间风量要求不同时的风量变化。进行合理新风或送风系统划分，可以避免由于系统划分不合理所造成的严重管网不平衡。下列情况宜采用动力分布式系统：

（1）各个末端用户新风量需求不一致、使用时间不确定时；

（2）各支路仅通过风管设计难以水力平衡时；

（3）室内人员有自主控制新风需求时；

（4）当条件受限，风机近端新风量大的送风点需与远端新风量小的送风点合为同一系统时；

（5）有平疫结合转换要求、难以平衡不同工况风量时。

2.7.5 医用气体

1. 医用气体气源

（1）供平疫结合区使用的医用氧气、医用空气可与医院其他区域合用气体站房，气体站房应当有扩建端；预留疫情时扩建余地满足疫情时气体用量要求。

（2）应保证采集的气源符合标准，排放的医用废气、废液、固废不应对医院及周边环境产生影响。

负压吸引站真空系统站房应布置在医院污染区内，防护要求与按照传染病区的防护等级一致；呼吸道传染病区（房）应设置独立负压吸引站。

负压吸引泵站真空吸引机组排放气体应进行处理后再排入大气。负压吸引泵站真空吸引机组的废液应集中收集并经过处理后再排放。

（3）医用氧气、医用空气气源站房应当远离医院污染区域。

（4）平疫结合区应当在污染区设置独立的医用真空泵专供其使用，且医用真空泵的设置应当能满足疫情期间最大用量要求。

（5）平疫结合区需要的其他医用气体，可根据使用特点，统筹考虑平时与疫情时的使用。呼吸道传染病区（房）氧气可以与其他传染病氧气共用一个气源时，传染病氧气供应主管道应设阻断装置。如单独设置气源，独立气源设备供气量应当满足疫情期间最大用量。

（6）平疫结合区医用空气、医用真空气源设备计算流量，按照国家标准《医用气体工程技术规范》GB 50751 附录 B 中的有关参数。医用氧气气源流量计算应当从末端患者需求出发，综合考虑使用有创、无创呼吸机及经鼻高流量等设备时需要的最大氧气流量。

（7）平疫结合区真空泵不应使用液环式真空泵。真空泵吸入口应当设置细菌过滤器，过滤器应当有备用。医用真空泵的排放气体应当经消毒处理后方可排入大气，排气口不应位于医用空气进气口的上风口附近，与空调通风系统进风口的间距不得小于20m且不低于地面5m。医用真空系统产生的医疗废弃物应当按《医疗废物管理条例》的要求统一处理。

（8）新建医用空气压缩机宜采用全无油压缩机系统，并应当设置细菌过滤器。

（9）医用气体供应源应当设置应急备用电源，并设置独立的配电柜与供电系统连接。

2. 医用气体管道阀门及终端

（1）平疫结合区医用气体管道应当由气源处单独接出。

（2）平疫结合区医用气体管道支干管管径均应能满足疫情时峰值流量供应需求。

（3）当疫情发生时，可根据需要适当提高平疫结合区供气压力至0.45～0.55MPa，以加大管道气体流通量，满足终端用量及使用压力要求。

（4）进入污染区的医用氧气、医用空气、其他气体的供气主管上应当设置止回装置，止回装置应当靠近污染区。医用真空管道以及附件不得穿越清洁区。

（5）医用气体管道穿墙、楼板、建筑物基础及各不同功能分区时应当设套管，套管内气体管道不应有焊缝与接头，管道与套管之间应当采用不燃材料填实，套管两端应当有封盖。

（6）输送医用气体用无缝铜管材料与规格，应当符合现行行业标准《医用气体和真空用无缝铜管》YS/T 650的有关规定。输送医用气体用不锈钢无缝钢管除应符合现行国家标准《流体输送用不锈钢无缝钢管》GB/T 14976、《医用气体工程技术规范》GB 50751相关规定。

（7）平疫结合区医用氧气、医用空气管道均应进行10%的射线照相检测，其质量不低于Ⅲ级。

（8）医用气体管道均应做100%压力试验和泄漏性试验。

（9）医用气体终端在设备材料供应允许的情况下尽量规范统一，以免由于终端接口不统一造成的误插事故。

（10）平疫结合区各科室医用气体终端设置数量应当满足不间断使用需求。

（11）各种医用气体的供气压力应符合表2-5的规定。

（12）各种医用气体单个终端的消耗量计算应符合表2-6的规定。

各种医用气体的供气压力　表 2-5

医用气体	供气压力（MPa）
氧气	0.4～0.45
氧气（呼吸道传染病）	0.4～0.55
氧化亚氮	0.35～0.40
负压真空吸引	-0.07～-0.03
压缩空气	0.45～0.95
氮气	0.8～1.10
氩气	0.35～0.40
二氧化碳	0.35～0.40

各种医用气体单个终端的消耗量　表 2-6

项目	氧气（L/min）	真空吸引（L/min）	压缩空气（L/min）
门诊	5～6	10～30	20
一般病房	3～4	10	15
手术室	10～20	30	60
重症监护病房	8～10	30	20
呼吸道传染病病房	15～40	30	20

注：有特殊用气设备时，应按特殊设备用气量计算。

3. 医用气体监测报警系统

（1）平疫结合区医用气体监测报警系统应设置气源、区域报警器和压力、流量监测，报警信号、压力、流量监测信号应接至楼控系统或医用气体集中监测报警系统。

（2）平疫结合区在护士站或有其他人员监视的区域设置医用气体区域报警器，显示该区域医用气体系统压力，同时设置声、光报警。

2.8 本章总结

本章围绕设计人员在做传染病医院和平疫结合转换设施的通风空调设计中可能存在的认识误区、困惑及暴露的问题，描述了与病原微生物的相关知识和医疗机构感染预防控制要求，介绍了作为暖通空调设计师应该了解的医疗工艺、平疫结合可转换病区及应急设施设计的基本原则等，旨在帮助设计师有针对性地提出暖通空调设计解决方案。一个合理的设计方案不该是“人云亦云”。鉴于综合医院平疫结合的要求，不仅关注平时的节能、节约运行的要求，并且转换疫情模式时应能迅速实施。对疫情可能增加的设施提供迅速转换条件，这样才能适应特别重大级别公共卫生事件的管控要求，迅速收治传染性强且感染病毒严重危及生命的病人，对甲类管理的潜在感染“密接”实施密切观察，尽快控制传染源，尽快阻止疫情迅速蔓延。医疗设施内加强空气流及方向组织、保证必要的空气质量，使病毒和细菌在医院内得到有序控制和抑制，这是医院设计中暖通空调专业的设计目标，只有知其然且知其所以然，才可能和其他专业协调好、共同提出医疗建筑设施的疫情防控技术方案。有针对性地解决问题，才能根据需求做好设计。

本章参考文献

［1］ 李兰娟，任红. 传染病学［M］. 9版. 北京：人民卫生出版社，2018.

［2］ 王小纯. 病毒学［M］. 北京：中国农业出版社，2007.

［3］ 周德庆. 微生物学教程［M］. 4版. 北京：高等教育出版社，2020.

［4］ 中华人民共和国卫生部. 医院隔离技术规范：WS/T 311-2009［S］. 北京：中国标准出版社，2009.

［5］ 中国建筑文化研究会医院建筑与文化分会，黄锡璆，许钟麟. 应急医疗设施工程建设指南［M］. 北京：中国计划出版社，2021.

［6］ 中华人民共和国住房和城乡建设部. 传染病医院建筑设计规范：GB 50849-2014［S］. 北京：中国计划出版社，2015.

暖通空调系统设计

3.1 平疫结合设计原则及对暖通空调系统的要求

3.1.1 平疫结合设计原则

1. 传染病医院的平疫结合设计

传染病医院是收容、救治传染病病人的主要机构，是对各类传染病患者进行综合诊断与治疗的医疗机构，在我国传染病救治体系中承担着重要角色，是突发公共卫生事件医疗救治体系的重要组成部分。

国家发展改革委等发布的《公共卫生防控救治能力建设方案》要求，以“平战结合、分层分类、高效协作”为原则，构建分级分层分流的城市传染病救治网络，直辖市、省会城市、地级市要建有传染病医院或相对独立的综合性医院传染病区，实现100%达标，作为区域内重大疫情中西医结合诊治、医护人员培训的主体力量。人口较少的地级市指定具备条件的三级综合性医院作为传染病定点收治医院。既满足“战时”快速反应、集中救治和物资保障需要，又充分考虑“平时”职责任务和运行成本，推动公共卫生和疾病预防控制体系改革发展。

但需要注意和引起重视的是，在没有疫情时，大多数传染病医院的病人极少，根本无法维持医院的正常运转。因此，传染病医院也存在平疫结合的问题，在平时应兼顾负担周边居民的非传染病医疗服务任务。与综合医院的平疫结合设计不同的是，传染病医院是完全按照《传染病医院建筑设计规范》GB 50849来设计的，只是平时可以用来接诊普通病人，此部分区域应与其他接收传染病人的建筑保持必要的安全距离，设置独立的出入口。

2. 平疫结合医院的平疫结合设计

《综合医院平疫结合可转换病区建筑技术导则（试行）》中规定，在制定呼吸道传染病应急预案的基础上，重大疫情救治基地建设项目应当兼顾平时与疫情时的医疗服务内容，从总体规划、建筑设计、机电系统配置上做到平疫结合，满足结构、消防、环保、节能等方面的规范、标准要求。在符合平时医疗服务的前提下，满足疫情时快速转换、开展疫情救治的需要，应充分利用发热门诊、感染疾病科病房等建筑设施。

因此，平疫结合医院设计首先必须理清平疫结合医院的功能构成和医疗流程与普通医疗设施的不同之处，然后按照“分区分级防控、平疫结合、灵活转换、可持续发展”的设计原则，明确规划布局及医疗流程，再针对具体情况制定相关设计技术措施，为实现疫情时的功能和流程创造有利条件。

与传染病医院平疫结合设计不同的是，综合医院是在满足平时医疗救治需求的基础上来进行疫情时的转换和结合的，除感染楼应严格按照《传染病医院建筑设计规范》GB 50849来设计外，其他区域的设计应主要执行《综合医院建筑设计规范》GB 51039，平疫结合区域在转换时应参照《传染病医院建筑设计规范》GB 50849来设计并能够满足传染病的隔离和防护要求。正因为要满足平时、疫时两种工况的要求，平疫结合医院的设计又具有传染病医院或综合医院单独设计时所不需要考虑的特殊问题，特别是转换空间及转换流线的设置、通风空调系统及进排风井道和路由的设置等，它们对建筑面积、功能布局、建筑层高、工程造价都会产生极大的影响。

另一方面，正因为综合医院主要是在满足平时医疗救治功能的基础上进行疫情时的转换，因此从规划、方案创意到建筑设计，都应该根据其所在地区的气候条件、医院性质以及医疗流程进行周密的思考和布局，以绿色建筑和可持续发展的理念优先采用被动式建筑节能技术（如城市风道的利用、项目区域风光热环境的营造、通过内庭院增加自然通风及自然采光的组团式建筑布局、气候条件适合的地区引入和利用穿堂风、增强清洁区域的新风稀释效应、屋顶花园与景观设计等）。以使主要建筑物具有良好的朝向，建筑物间距应满足卫生、日照、采光、通风、消防等要求；对排放的废水、废气、噪声、废弃物应按国家现行有关标准和环境保护的规定妥善处理。通过采用被动式技术还不能满足舒适性或医疗要求时，再经多方案比较后确定在全院或局部区域实施供暖与通风、普通空调或净化空调，根据资源条件优先采用可再生能源利用技术和电力来满足空调冷热源及生活热水需求，构建绿色低碳、高效安全的智慧建筑能源利用系统，充分降低医院建筑的碳排放，为“碳达峰、碳中和”目标的实现作出积极贡献。

下文以武汉航天城同济医院建设项目为例进行相关说明，该项目位于武汉市新洲区双柳产业新城，拟设置1500张床位，分两期实施。其中一期工程床位数为1000张（包含传染病床位200张），建筑面积为207678m^2。项目定位为平疫结合的三级甲等综合医院、区域医疗示范中心。

（1）分区明确、分级响应的空间布局

根据基地特点、城市空间关系及医疗管控策略，方案将用地从西至东分为三大块：西侧的传染病区、中部的综合医疗区、东侧的行政后勤区，各区之间被宽阔的绿化隔离带分隔，分区明确；建立一条南北向的轴线，串联核心功能区；建立一条东西向的轴线，串联医疗区和后勤区。总体规划呈现“三区、两轴、两带”的规划结构（图3-1）。

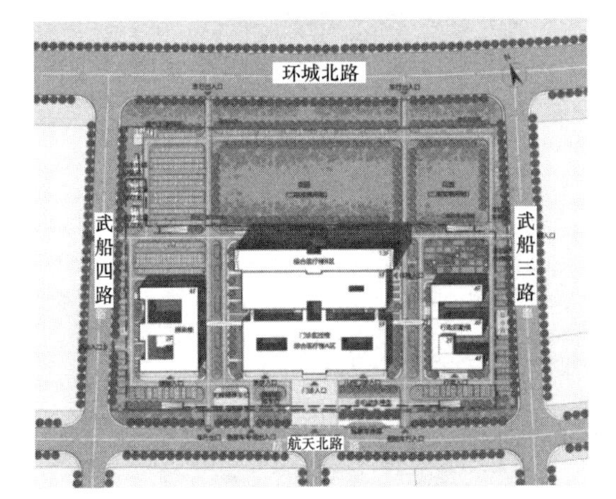

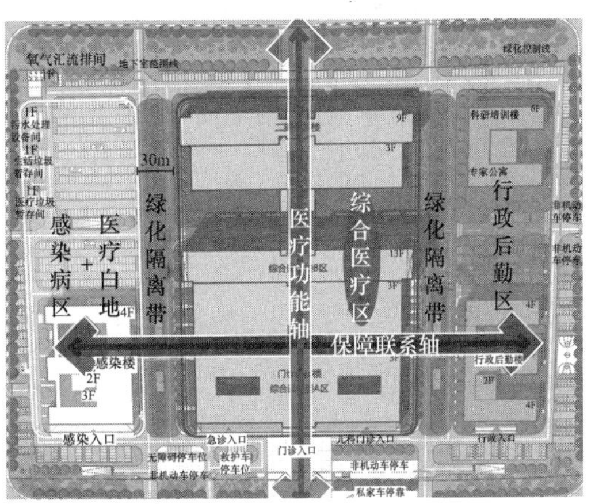

图3-1 一期总平面图、规划结构

在这样的规划布局下，院区可实现分级分区防控，根据疫情规模逐级开放，弹性应对不同程度的突发疫情。第一阶段为三、四级响应，投入西侧感染楼的40张床位，满足一般疫情下的患者救治需求；第二阶段为二级响应，投入感染楼的200张床位；第三阶段为一级响应，投入综合医疗区的800张床位、传染病区的200张床位，满足区域级疫情的患者救治需求（图3-2）。在二、三、四级响应时，通过绿化隔离带和临时围挡将院区划分为隔离区、一般综合医疗区和后勤保障区。隔离区独立成区，不影响其他区域的运行。在一级响应时，整个院区投入传染病患者的救治中，院区划分为隔离区及限制区。各区都有单独的出入口，确保医患流线分离、洁污流线不交叉。

在感染楼北侧设置停车区，辅以市政管线接口，可用于应对公共卫生紧急事件、群死群伤突发事件，具体用途包括设置方舱病房、应急指挥场所、分诊筛查设施、无接触核酸检测设施以及用于救护车洗消和应急物资周转。该区域的利用可与不同应急方案灵活结合（图3-3）。

（2）灵活转换的医疗工艺流程

1）感染楼与急诊部的灵活转换

感染楼位于场地西南角，处于城市下风向，设有独立出入口，便于疫情发生后与其他医疗区域隔离。感染楼采用“E”字形布局，每栋楼相对独立，在端部通过连廊

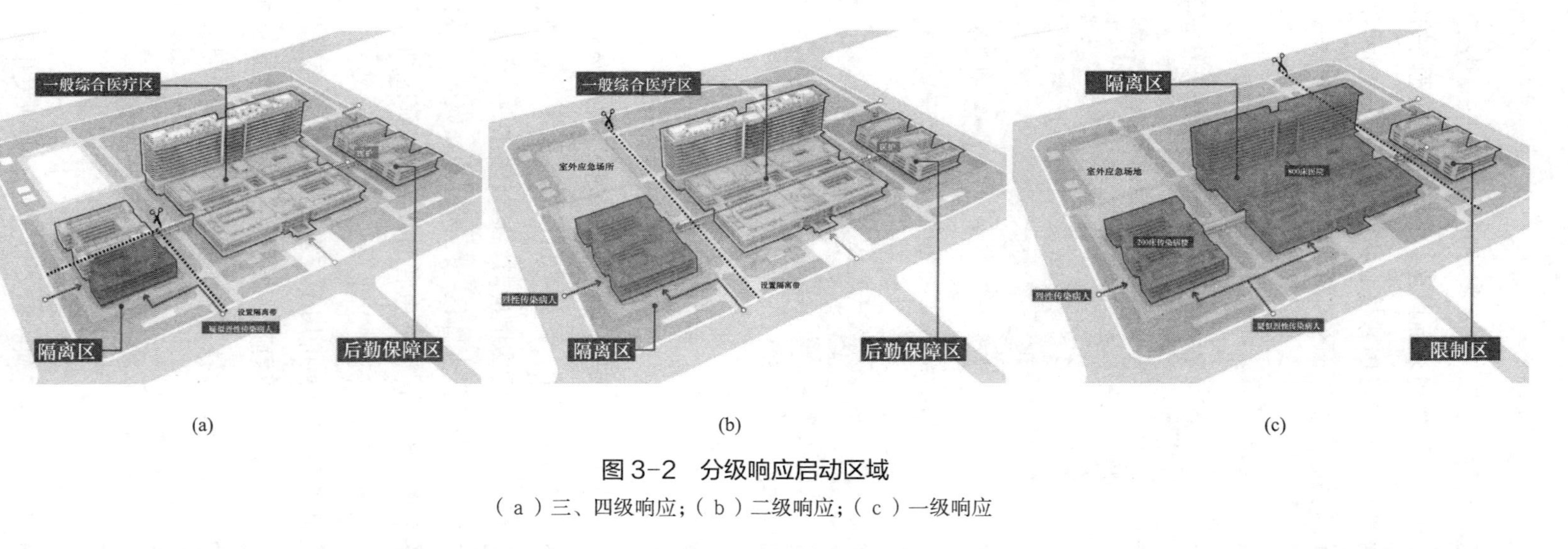

(a) (b) (c)

图 3-2　分级响应启动区域

（ a ）三、四级响应；（ b ）二级响应；（ c ）一级响应

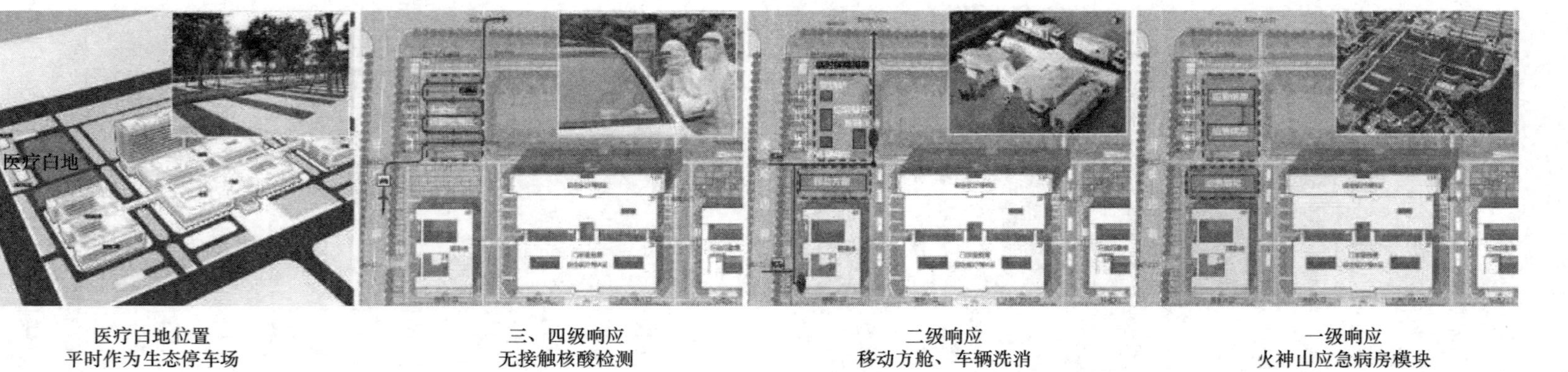

医疗白地位置
平时作为生态停车场

三、四级响应
无接触核酸检测

二级响应
移动方舱、车辆洗消

一级响应
火神山应急病房模块

图 3-3　预留场地的多种可能

相连，便于在应急情况下建立安全有序的分级响应。感染楼与急诊部邻近布置，在疫情扩大时，可将急诊与发热门诊统一管理。疫情发生后，按照“人车分流、医患分流、患患分流、洁污分流”的原则组织人流、物流、车流；院区入口处设置预检分诊，当发现疑似患者后，通过院区道路将其送入感染楼，不经过门诊处，以避免更多人员的感染（图 3-4）。

2）医技科室的灵活转换

考虑到疫情期间对放射科室的需求，放射科采用“双入口”模式，平时患者通过主医疗街到达候诊大厅；疫情发生后，发热门诊患者和急诊患者可通过独立的门厅直接进入放射科，方便患者就医而不影响其他区域的使用，降低其他区域感染风险。

考虑疫情期间对检验科的大量需求，检验科采用“双窗口”标本送检模式，平时患者通过主医疗街到达检验科候诊大厅；疫情发生后，发热门诊和急诊的检验标本可通过专门的电梯直接送至基因扩增实验室（PCR 实验室），方便标本检验而不影响其他区域的使用。

3）住院楼预留转换条件

考虑到平时的使用需求，住院楼采用自然通风、采光，未采用传染病房的“三区两通道”，而是预留了转换条件，疫情发生后可快速转换。住院病区采用双通道，分为患者通道和医护通道。疫情发生后，通过对医护人员办公区的辅助房间如库房、办公用房的门的开关方式调整进行快速改造，可形成医护人员的卫生通道，实现清洁区、半污染区、污染区的物理分隔，从而形成“三区两通道”，快速将普通病区改造转换为传染病负压病区，达到医患分流、洁污分离的目的。

患者通过住院楼患者电梯到达病区入口。病区共设置 42 个床位，包括 2 个双人间、4 个单人间、1 个重症监护间、10 个三人间。医护进入流线：住院医护从北侧医护电梯进入清洁区。清洁区设置值班室、清洁织物存放间，医护通过一更、二更、缓冲间进入半污染区，半污染区设置医生办公室、示教室，再经过三更、缓冲间进入到污染区。医护退回路线：医护经过缓冲间、一脱、二脱进入半污染区，再通过缓冲间、三脱进入清洁区。

住院部疫时的医疗基本流程如图 3-5 所示。某平疫结合医院病房平时 / 疫时标准层建筑平面如图 3-6、图 3-7 所示。

3.1.2　对通风空调系统的要求

平疫结合区域通风空调系统的设计应当根据第 2 章的建筑规划及布局、疫情响应和转换要求、医疗工艺与科室设置、建筑功能和使用需要，按照《传染病医院建筑

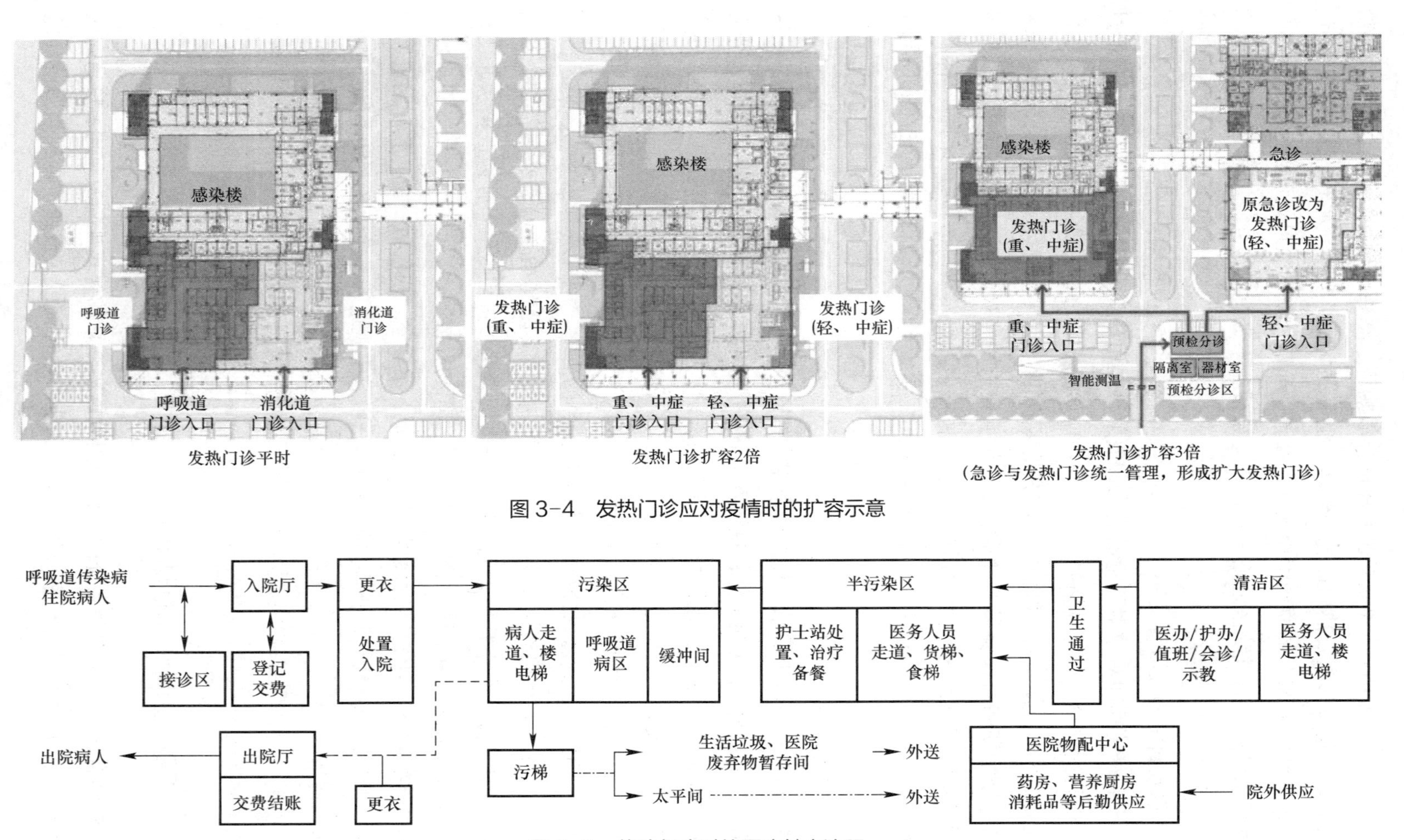

图 3-4　发热门诊应对疫情时的扩容示意

图 3-5　住院部疫时的医疗基本流程

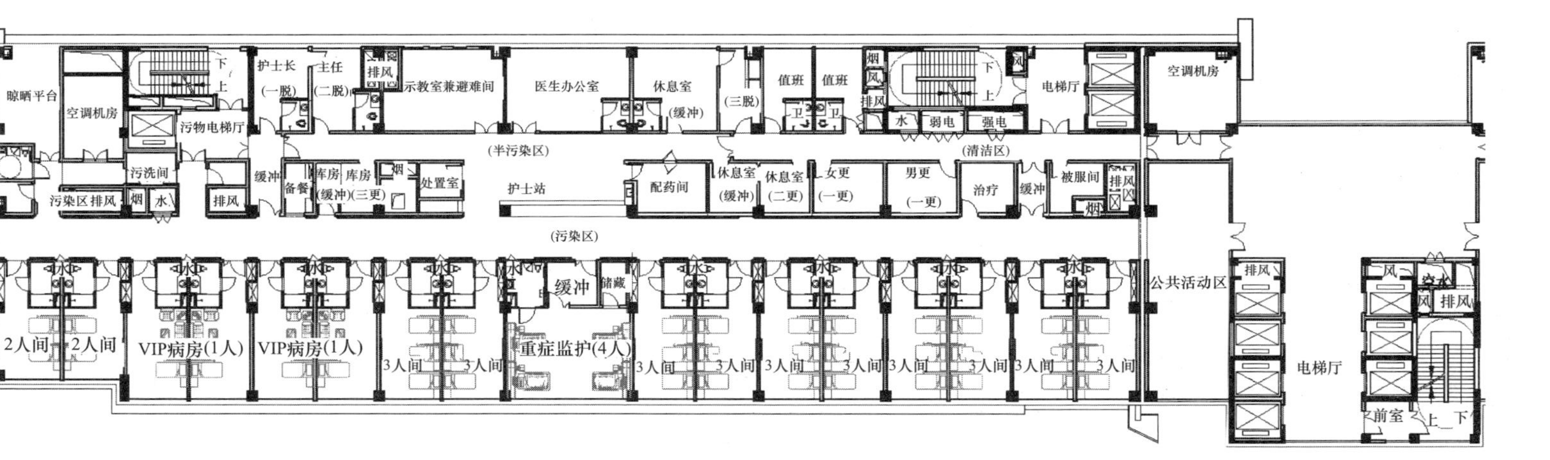

图 3-6 某平疫结合医院病房平时标准层建筑平面

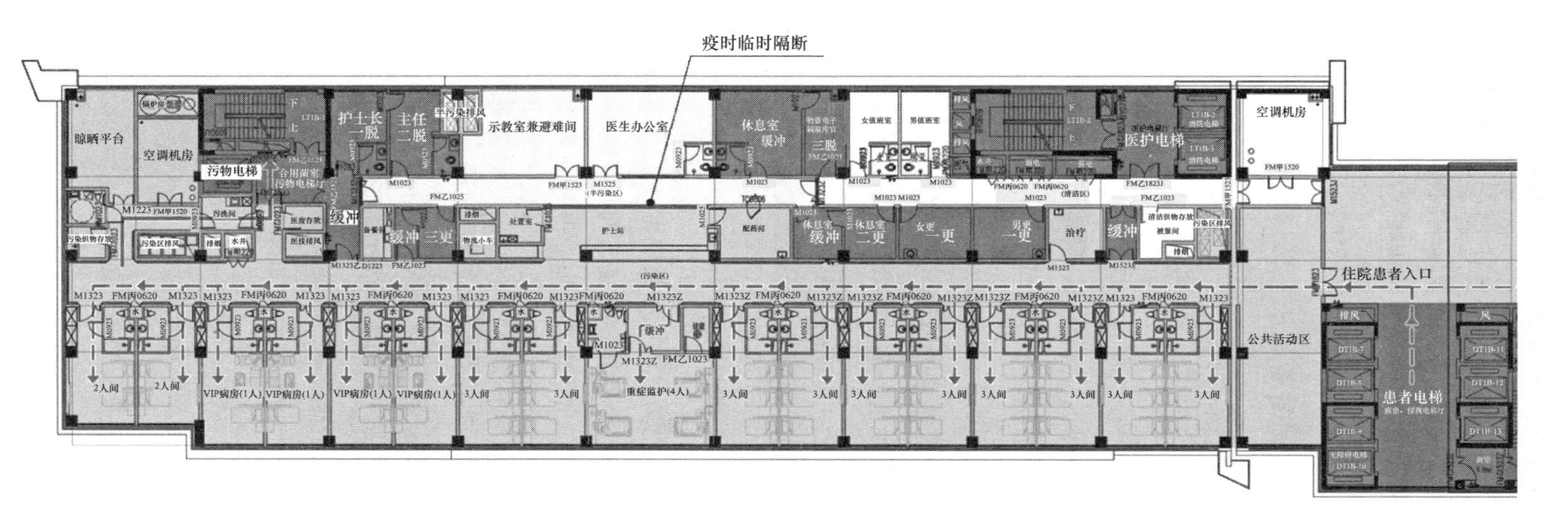

图 3-7 某平疫结合医院病房疫时标准层建筑平面

设计规范》GB 50849、《综合医院平疫结合可转换病区建筑技术导则（试行）》等有关标准规范的规定，选取符合平疫转换要求的通风空调系统形式、压力控制和气流组织、空气过滤装置、冷热源及末端设备等。设计应把握的原则是既严格执行相关医疗建筑技术规范，坚持规模适宜、功能适用、装备适度，又应该贯彻节能环保、绿色低碳的设计理念，以保证通风空调系统在实际运行过程中既安全可靠又稳定经济，实现可持续发展。

1. 通用要求

平疫结合区域应当根据医院在区域重大疫情救治规划中的定位和医疗工艺及科室设置，相应采取符合平疫转换要求的通风空调系统形式和技术措施。通风空调系统应当进行平疫结合的统筹设计，避免“平”“疫”两套系统共存。因疫情时通风换气次数远大于平时，平疫结合区域的通风、空调风管应当按疫情时的风量设计布置，通风、空调设备机房布置应当满足疫情时设备安装、检修的空间要求；通风、空调设备宜按平时使用要求设置，但应统筹考虑疫情时的快速转换措施。

平疫结合区域通风空调系统设计需满足普通病房、负压病房和负压隔离病房的不同标准规范要求。采取弹性的设计原则，在保证通风空调系统平时运行经济性及舒适性的前提下，采用快速简易、经济适用的转换技术措施，使通风空调系统的温湿度、新排风量、洁净度、压力梯度及气流组织等满足疫情时传染病的使用要求。

2. 系统划分

平疫结合区域应当根据各个气候区的实际情况及使用要求设置适宜的供暖、机械通风和空调系统。机械送风（新风）、排风系统宜按清洁区、半污染区、污染区分区独立设置。当系统分区独立设置确有困难时，清洁区应当独立设置，普通负压病防区的半污染区和污染区可合用系统，但应单独设置分支管，并在两个区总分支管上设置与送、排风机连锁的电动密闭风阀。

机械送、排风系统应使平疫结合区域符合定向气流组织原则，空气压力从清洁区至半污染区至污染区依次降低，清洁区应为正压区，污染区应为负压区。清洁区送风量应大于排风量，污染区排风量应大于送风量。

为增强系统安全和可靠性，保证系统调试和运行时各房间达到要求的设计参数，污染区病房建议以医护单元进行新风、排风系统的设置，原则上一套新风、排风系统负担的病房不超过 8 间。

3. 通风空调系统形式

（1）空调新风、排风系统

空调新风及排风系统根据风机动力系统的差异可分为动力集中式和动力分布式系

统，动力分布式系统根据主风机设置情况又可分为有主风机式和无主风机式两种。各系统主要分类及图示如表 3-1 所示。

空调新风、排风系统分类　　表 3-1

<table>
<tr><th>系统形式</th><th colspan="2">主要分类</th><th>图示</th></tr>
<tr><td rowspan="2">动力集中式</td><td colspan="2">末端带自平衡风阀</td><td> 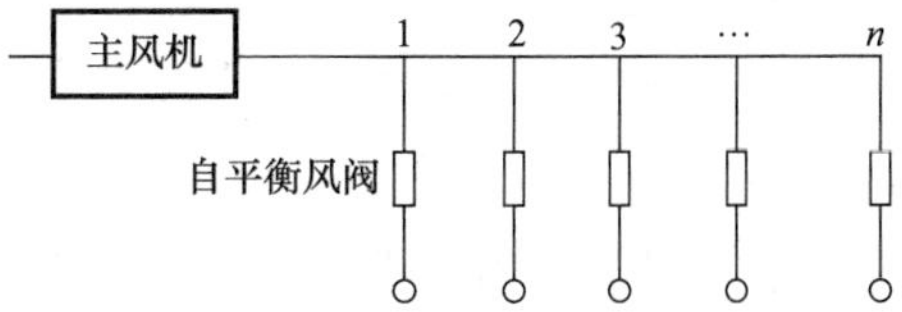主风机　1　2　3　…　n
自平衡风阀</td></tr>
<tr><td colspan="2">★末端带可调阀门</td><td> 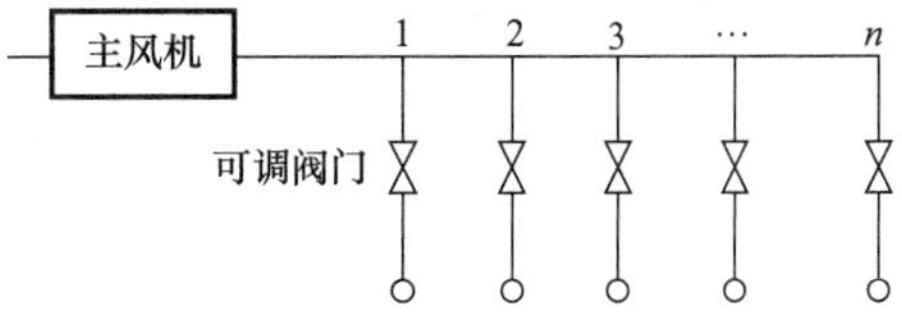主风机　1　2　3　…　n
可调阀门</td></tr>
<tr><td rowspan="5">动力分布式</td><td rowspan="3">有主风机</td><td>定风量（主风机、支路风机均不可调速）</td><td rowspan="3"> 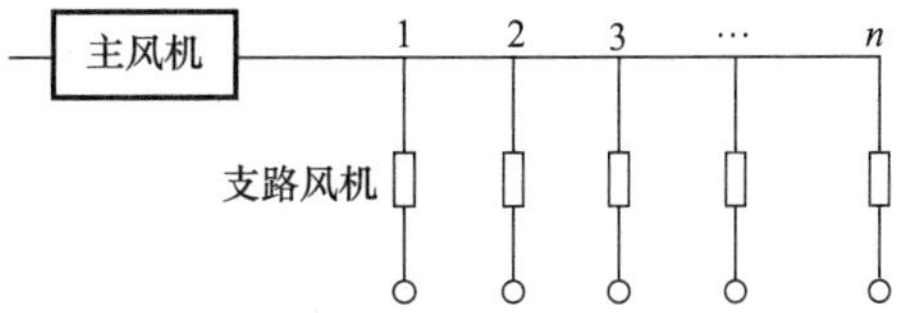主风机　1　2　3　…　n
支路风机</td></tr>
<tr><td>部分末端变风量（部分支路风机可调速）</td></tr>
<tr><td>★所有末端变风量（所有支路风机均可调速）</td></tr>
<tr><td rowspan="2">无主风机</td><td>定风量</td><td rowspan="2"> 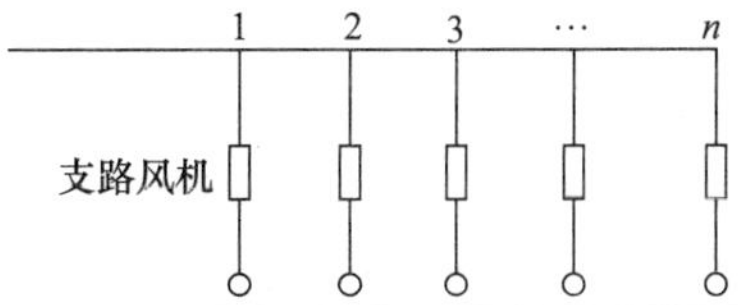1　2　3　…　n
支路风机</td></tr>
<tr><td>变风量</td></tr>
</table>

注：1. ★表示适用于负压隔离病房通风系统。
2. 两种系统新风机出口和排风机入口均应设与风机联动的电动密闭阀。

动力集中式通风系统由主风机及可调风阀组成，其中主风机一般采用变频或调速电机来实现风量变化，末端支风管设置压力无关型风量调节阀。风量调节阀配置压差传感器，可以根据房间的压差变化自动同步调节阀门开度及风机运转工况，同时风管压力波动不会导致其他房间压差值的变化。

动力分布式通风系统是指所设计的新风、排风系统采用主风机和自带动力的末端变风量模块作为送风及排风的动力。主风机余压承担干管的阻力，末端变风量模块承担对应支管的阻力，变风量调节模块配置压差传感器，可以根据房间的压差变化自动同步调节送排风量，满足房间的换气次数及压差值的设定需求。

动力集中式通风系统、动力分布式通风系统的工作原理及性能特点详见本书第 5 章。平疫结合区域空调新风、排风系统风量均很大，平时、疫时运行能耗均很高，有条件时应设置排风热回收系统。为了避免排风污染新风，排风热回收应采用安全可靠的方式，应通过技术经济比较，确定是否采用及采用何种热回收方式。排风热回收系统的设置方式及选用设备的形式也均详见本书第5章。

（2）空调末端形式

普通综合医院的空调末端主要采用风机盘管或其他末端+新风系统，风机盘管或其他末端是回风工况运行，应用于平疫结合区域时应满足《综合医院建筑设计规范》GB 51039-2014第7.1.11条“集中空调系统和风机盘管机组的回风口必须设初阻力小于50Pa、微生物一次通过率不大于10%和颗粒物一次计重通过率不大于5%的过滤设备”的要求。疫情后相关设备生产厂家开发了众多类型高效低阻空气过滤器，可以根据功能要求及设计需要选用，过滤器的类型及选用要求详见本书第5章。

根据相关规范，负压隔离病房及重症监护病房（ICU）应当采用全新风直流式空调系统；其他区域在设有新风、排风的基础上宜采用风机盘管、分体式空调器、多联机、直膨式空调机等各室独立的分散式空调形式，各室独立空调机安装位置应当注意减小其送风对室内气流的影响。

平时空调新风与风机盘管或其他末端送风分别送入病房，风机盘管承担室内冷、热负荷，新风只承担新风负荷；疫时新风机组承担系统新风本身及室内冷热负荷总和。

负压隔离病房采用全新风直流系统时，各房间的温湿度很难实现独立调控，这是确定空调方案时需要重点考虑的一个问题。目前解决的方案有很多种，既能兼容平时与疫时的需求，又可实现各房间的独立调控。其中一种较为简捷的方案是空调末端采用风机盘管+新风系统+新风再冷（热）：新风系统能够进行平疫转换，满足两种工况风量需求；疫时新风负担冬夏两季各房间基本冷（热）负荷，采用“定风量变送风温度”的运行模式；新风支管采用电动定风量阀与再冷（热）盘管串联，疫时利用再冷（热）盘管进行冷却（加热）来调整各房间室内送风温度，从而满足各房间的舒适性要求，平时不运行；风机盘管按平时工况冷、热负荷选型，疫时不运行。

平疫结合区域各功能房间的空调系统形式汇总如表3-2所示。

典型房间空调系统形式一览表　　表3-2

建筑类型	空调形式	平疫转换措施
负压病房	风机盘管或其他末端+新风	新风机组、定风量阀的风量平疫转换
负压隔离病房	风机盘管或其他末端+新风	新风机组风量平疫转换，风机盘管或其他末端疫时不运行，电动定风量阀平疫转换+再冷（热）盘管
ICU病房	全新风净化空调	新、回风工况平疫转换
手术室	全新风净化空调	新、回风工况平疫转换
医技用房	风机盘管或其他末端+新风	新风机组、定风量阀的风量平疫转换

4. 空调冷热源及水系统

（1）空调冷热负荷

应根据平时功能房间使用要求及疫时可转换功能房间的设计参数分别进行冷热负荷计算。平疫结合医院的空调负荷特点：一是平时和疫时因新风量变化和差异导致的空调新风负荷差别很大；二是不同类型和定位的平疫结合医院，其转换的区域和功能房间会有差异。因此应根据具体工程项目的特点进行平时使用区域和疫时可转换区域的详细负荷计算，并由此确定空调冷热源及水系统方案。不同气候区因室外供暖、通风、空调设计计算参数差异较大，其冷热负荷应根据本地的气象参数进行详细计算。

（2）空调冷热源

冷热源的装机容量应按平时、疫时两种工况进行计算，并取其较大值进行冷热源系统设计，或预留疫时快速扩容冷热源装机容量的可行性。冷热源设备的配置和系统设计应充分考虑平时夜间负荷、疫时不同响应机制下空调冷热负荷的变化和适应情况。

对于采用集中冷热源的大型综合性医院，往往是部分院区、部分科室、部分楼层进行平疫转换，疫情时无关科室都会停诊，应根据具体项目的情况综合研判平时、疫时冷热源的装机容量。表 3-3、表 3-4 是武汉某平疫结合医院平时、疫时的空调负荷计算表。

武汉某平疫结合医院平时空调负荷计算表　　表 3-3

	功能分区	建筑面积（m^2）	冷负荷（kW）	热负荷（kW）	生活热水负荷（kW）
一期	传染病楼	16741	2913	1908	3600
	住院楼	38062	4187	2664	
	门诊	20243	2429	1437	
	医技非净化	22084	2341	1590	
	医技净化	6190	2501	1262	
	行政楼（多联机）	4295	520	314	
	营养食堂	2118	280	157	
	一期合计（不含多联机）	105438	14651	9018	

武汉某平疫结合医院疫时空调负荷计算表　　表 3-4

	功能分区	疫情使用建筑面积（m^2）	冷负荷（kW）	热负荷（kW）	生活热水负荷（kW）
一期	传染病楼	16741	4353	3683	3600
	住院楼	34250	7878	5480	

续表

	功能分区	疫情使用建筑面积（m^2）	冷负荷（kW）	热负荷（kW）	生活热水负荷（kW）
一期	门诊	4000	920	640	3600
	医技非净化	9500	2185	1520	
	医技净化	4065	2162	1162	
	行政楼（多联机）	4295	520	314	
	营养食堂	2118	280	157	
	一期合计（不含多联机）	70674	17776	12642	

需要注意的是，我国幅员辽阔，涵盖了严寒地区、寒冷地区、夏热冬冷地区、夏热冬暖地区、温和地区五个建筑热工分区，不同区域的气候特点导致对空调制冷或供暖的需求及由此引起的空调冷热负荷差异极大，因此冷热源的设置应该根据不同建筑热工分区及具体项目的定位与使用功能进行实际研究和分析，采用适合的冷热源供应形式与配置方案。

（3）空调水系统

空调水系统应按照各功能分区分别设置环路，其中疫时使用的功能区域的水系统宜设置独立的环路，并应按疫时 / 平时的最大负荷确定水管的管径，保证两种运行工况下均能满足使用要求。平疫转换时会造成水系统管网的水力特性发生变化，应重点关注水系统方面变化特性及预留解决措施。

需要注意的是，为满足新风机组在 50%～100% 风量下正常使用和经济性的需要，表冷器需单独选型，应校核“平”“疫”两种工况，并应防止迎面风速过高时出现机组带水情况。在机组防冻设计方面，应通过电动调节阀对流量进行调节，冬季工况水阀保证最小开度 30%，以防止换热器冻伤。表冷器选型时应优化换热器管程数，校核平时和疫时盘管的水流速不低于 0.6m/s，防止流速过低时冻伤盘管。

5. 负压病房与负压隔离病房

《新型冠状病毒肺炎诊疗方案（试行第九版）》将新型冠状病毒肺炎（COVID-19）临床上分为轻型、普通型、重型、危重型四种类型，治疗上则根据病情确定隔离管理和治疗场所。轻型病例实行集中隔离管理，如病情加重，应转至定点医院治疗；普通型、重型、危重型病例和有重型高危因素的病例应在定点医院集中治疗，其中重型、危重型病例应当尽早收入 ICU 治疗，有高危因素且有重症倾向的患者也宜收入 ICU 治疗。《公共卫生防控救治能力建设方案》中要求每省份建设 1～3 所重大疫情救治基地，承担危重症患者集中救治和应急物资集中储备任务。原则上按照医院编制床位的 10%～15%（或不少于 200 张）设置重症监护病床（ICU），设置一定数量负压病房和负压手术室。另外，各地根据实际情况，在每个城市选择 1～2 所现有医疗机构进行改扩建，原则上 100 万人口（市区人口，下同）以下城市，设置病床 60～100 张；100 万～500 万人口城市，设置病床 100～600 张；500 万人口以上城市，设置病床不少于 600 张。已达到传染病医疗救治条件的地区，不再建设。原则上重症监护病区（ICU）床位占比达到医院编制床位的 5%～10%。武汉疫情暴发期间，世界卫生组织于 2020 年 3 月 1 日发布的疫情报告称："大约 80% 患者症状较轻，14% 左右发展为严重疾病，5% 左右属于重症病例。"平疫结合医院的设计应依据以上建设原则，重症监护病区（ICU）或负压隔离病房的设置数量应该进行适当控制，不应盲目扩大设置范围。

《新型冠状病毒感染的肺炎传染病应急医疗设施设计标准》T/CECS 661-2020 关于负压隔离病房的定义为：采用空间分隔并配置全新风直流空气调节系统控制气流流向，保证室内静压低于周边区域空气静压，并采取有效卫生安全措施防止交叉感染和传染的病房。该标准第 4.0.8 条：住院病房应为负压病房，负压隔离病房根据需要设置。（复杂病情患者、病情危重或具有超级传播特性的患者应单独处于单人负压隔离病房，增加换气次数避免干扰其他患者，降低感染医务人员的风险。）其要求与《传染病医院建筑设计规范》GB 50849-2014 第 7.4 节、《医院负压隔离病房环境控制要求》GB/T 35428-2017 的内容基本一致。

平疫结合医院设计适用的三本主要标准规范对负压病房与负压隔离病房的不同设置要求如表 3-5 所示。

负压病房、负压隔离病房设置要求　表 3-5

设置要求	负压病房	负压隔离病房
收治患者	普通型、重型	重型、危重型有高危因素且有重症倾向的患者
最小新风量	按 $6h^{-1}$ 或 60L/（s·床）计算，取两者中较大者①；应为 $6h^{-1}$②	按 $12h^{-1}$ 或 160L/s 计算，取两者中较大者①；应为 $12h^{-1}$②；宜为 10～$15h^{-1}$，人均新风量不应小于 $40m^3/h$③
空调形式	循环过滤式空调系统①②	全新风直流式空调系统①②③
空气过滤	疫情时送风应经过粗效、中效、亚高效三级过滤①	送风应经过粗效、中效、亚高效三级过滤①②
过滤器设置位置	宜在排风机组内设置粗效、中效、亚高效三级过滤①	高效空气过滤器应安装在房间排风口部①②③
压差控制要求	疫情时负压病房与其相邻相通的缓冲间、缓冲间与医护走廊宜保持不小于 5Pa 的负压差①	与其相邻、相通的缓冲间、走廊压差，应保持不小于 5Pa 的负压差②③
	建筑气流组织应形成从清洁区至半污染区至污染区有序的压力梯度②	
送、排风量	排风量应大于送风量 $150m^3/h$②	按控制压力值的风量平衡计算确定②③

①为《综合医院平疫结合可转换病区建筑技术导则（试行）》的要求；②为《传染病医院建筑设计规范》GB 50849-2014 的要求；③为《医院负压隔离病房环境控制要求》GB/T 35428-2017 的要求。

需要注意的是，与前述空调冷热源选择类似，平疫结合区域新风换气次数普遍较大，因不同建筑热工分区气候特点导致的空调制冷或供暖的需求及由此引起的空调新风冷热负荷差异极大，特别是严寒地区热源容量需求与运行能耗巨大。一方面应根据具体项目在区域公共卫生防控体系建设中的定位，严格和适度地设置负压隔离病房的数量：另一方面，严寒地区的空调通风系统也需要通过针对性的研究找到切实可行的具体措施，不能只是强调通风净化而忽略室内温度与能源消耗等代价。因此针对严寒地区提出以下建议，供参考：

（1）《公共卫生防控救治能力建设方案》要求，县级医院按照编制床位的 2%～5% 设置重症监护病床（负压隔离病房），在城市中重症监护病区（负压隔离病房）床位占比为医院编制床位的 5%～10%。结合疫情暴发时需要配置的负压隔离病房情况和病毒不断变异后其毒性下降重症大幅减少的趋势，建议平疫结合医疗建筑对负压隔离病房采用下限进行配置。

（2）加强负压病房特别是负压隔离病房换气次数对降低传染风险的相关研究，医护人员均是按三级防护要求进入负压病区，是否还需要过大的换气次数来防止医护人员的感染，应经研究给出综合权衡后的合适的换气次数。

（3）负压隔离病房采用 $12h^{-1}$ 换气只是减少了稀释室内污染物浓度所需的时间，但过大的换气次数会导致空气干燥、微风速大、初投资高、运行能耗巨大、很难落地执行等问题。建议在严寒地区采用全新风直流系统并维持一定负压值的情况下，换气次数可适当降低至 $6～10h^{-1}$。

（4）确定合理的压差，可减少通风量从而减少换气次数，降低空调通风系统的能耗。

（5）通过相关研究，提出优化的气流组织方案，在合理的换气次数下尽量提高通风效率。

（6）加强局部净化对污染源头控制的有效性研究，以尽量降低换气次数，节省能源。

具体讨论和典型工程案例分析详见本书附录 2。

6. 定向气流及压力梯度

平疫结合区域机械送、排风系统应使医院内空气压力从清洁区至半污染区、污染区依次降低，清洁区应为正压区，污染区应为负压区，形成空气从清洁区向半污染区、污染区单向流动。所以清洁区送风量应大于排风量，污染区排风量应大于送风量。

由表 3-5 可知，《传染病医院建筑设计规范》GB 50849-2014 对呼吸道传染病区等负压病房的压差并没有提出控制要求，只是要求“建筑气流组织应形成从清洁区至半污染区至污染区有序的压力梯度”（第 7.3.2 条）和“污染区每个房间排风量应大于送风量 $150m^3/h$”（第 7.3.4 条），其条文说明则做了进一步解释：实现并维持负压、使气流流入房间所必需的最小压差非常小（约 0.25Pa），大于这个压差，都符合要求，但较大的压差可能难于实现，使用时获得的实际负压大小取决于送风、排风量差和房间围护结构的密闭程度，如果房间密封得好，负压大于最小值 0.25Pa 容易实现；如果房间密封不好，为了获得较高的负压，所需的送风、排风量差可能会超过通风系统设计的能力。排风量大于送风量的 10%，大多数情况下，应该实现至少 0.25Pa 的负压。如果最小负压值没有实现，应该检查房间的泄漏情况（如通过门、窗、穿越的管道缝隙及墙体的泄漏），并应该采取措施来封堵。根据国内有关单位实测，150m^3/h 的风量差是为了保证最小压差下流过门缝的空气最低的要求（国外推荐值 85m^3/h）。

已经建成的负压病房的运行调试和实际运行检测结果表明，以上表述是客观和实事求是的。在没有详实的实际工程调试和运行检测数据的支撑时，呼吸道传染病区等负压病房的设计应该按照《传染病医院建筑设计规范》GB 50849-2014 的要求执行，而不是盲目的要求负压病房也执行负压隔离病房的压差控制要求。

平疫结合区域负压隔离病房压力控制值如图 3-8（引自《医院负压隔离病房环境控制要求》GB/T 35428-2017），这与《传染病医院建筑设计规范》GB 50849-2014 第 7.4.8 条的要求“负压隔离病房与其相邻、相通的缓冲间、走廊压差，应保持不小于 5Pa 的负压差”是一致的。

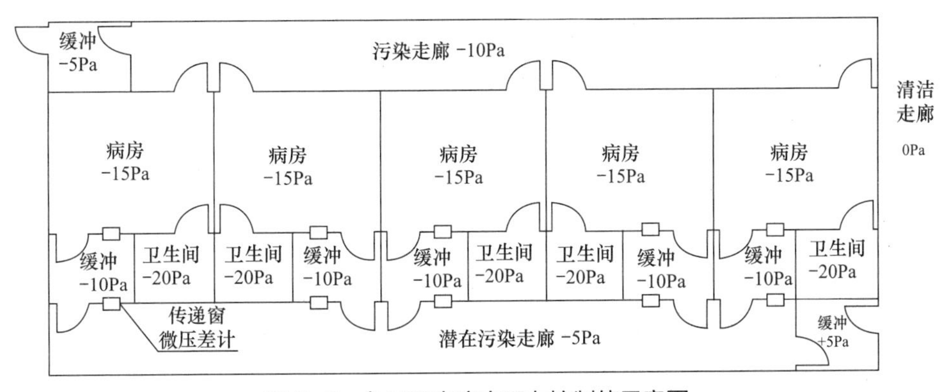

图 3-8　负压隔离病房压力控制值示意图

负压隔离病房门口或便于观察处应设置可视化压差检测和显示装置，并标志明显的安全压差范围指示，能够让用户随时了解病房压力情况，掌握病区压力梯度保障情况。压差检测和显示装置宜带远程显示接口。

有关研究表明，为保证病人的舒适性，应设置合理的压力梯度，不应追求过大的压力差。过大的压力差容易造成处于压力最低处的病人不适，既会增加相应的送、排风量差和建造成本，并且系统调试和维护保养的难度也会加大。

平疫结合区域排风机与送风机应连锁。清洁区应先启动送风机，再启动排风机；

半污染区、污染区应先启动排风机，再启动送风机；各区之间风机启动先后顺序应为清洁区、半污染区、污染区。

7. 风量平衡

（1）送、排风量计算

风量平衡计算直接关系到平疫结合区域和病房送、排风量数值的选取和压差的形成，因此应按各类型病房的不同要求进行详细计算。《传染病医院建筑设计规范》GB 50849-2014 第 7.3.4 条对呼吸道病区（负压病房）的要求为："清洁区每个房间送风量应大于排风量 150m³/h，污染区每个房间排风量应大于送风量 150m³/h"，以保证建筑气流形成从清洁区至半污染区至污染区有序的压力梯度。

负压隔离病房的送、排风量则应按维持房间要求的负压值进行详细计算，病房及卫生间排风风量 = 房间送风风量 + 所有门窗渗入风量之和 − 所有门窗渗出风量之和 + 维持房间负压值的压差补给风量。

建议采用《建筑防烟排烟系统技术标准》GB 51251-2017 的计算方法计算门窗缝隙泄漏风量，其计算式为：

$$L = 0.827 \times A \times \Delta P^{1/2} \times 1.25 \times N_2 \tag{3-1}$$

式中 A——每扇门的有效漏风面积，m^2，门缝宽度取 2～4mm；

ΔP——计算漏风量的平均压力差，Pa；

1.25——不严密处附加系数；

N_2——漏风门的数量。

需要注意的是，相同压差下门窗缝隙大的渗透风量就大，病房的门建议采用气密性自动门或气密性平开门，窗户采用气密封窗。门窗气密性能主要由特定压差下单位缝长空气渗透量和单位面积空气渗透量指标反映，可参考《建筑幕墙、门窗通用技术条件》GB/T 31433-2015 第 5.2.2.1 条有关门窗气密性能的规定。

（2）建筑门窗要求

为维持病房特别是负压隔离病房室内压力及病房与相邻、相通房间之间的压差，建筑围护结构的密封性是关键，因此建筑设计时需注意以下问题：

1）除普通工作区外，病区房间内门均为非木质门，均不采用密闭门，缓冲间与门下边通常留有 10mm 左右的缝隙，以防开关门时，造成室内外压差波动较大。

2）病区通向室外的门有密闭性要求。因疫情时病房为负压，为避免病房夏季出现"热风渗透"、冬季出现"冷风渗透"，影响室内舒适性，其通向敞开式患者走道的外阳台门应采用密闭门。其外窗应采用双层玻璃的 6 级密闭窗，疫情时不开窗，必要时由专人开窗。其漏风量需符合现行国家标准《建筑外门窗气密、水密、抗风压性能检测方法》GB/T 7106 的规定。

（3）气密性检查

工程施工时，通风空调系统设备和阀门、风管等应严格按照设计性能要求购置，并严格按照标准规范和施工工艺要求施工安装，尽量降低系统的实际运行阻力。工程项目完工后，在通风空调系统调试前应逐项检查各区域所有房间的气密性能，如房间吊顶内墙体与梁板、墙体上管线洞口及套管、顶棚风口与风管连接、设备与风管连接等各部位节点封堵（或连接）的气密性情况，重点应核实各类电动风阀、常闭排烟阀、排风机入口连锁电动密闭阀以及各类穿墙洞口及套管等类似跨区联通、室内外连通部位的密闭和封堵情况，若发现密封不到位处应严格整改。管道穿墙可采用防火发泡砖 + 防火密封胶或防火涂层板 + 矿棉 + 防火密封胶的封堵方式。

8. 平疫转换措施

空调通风系统在进行平疫转换时，因使用要求的差异，空调通风机组风量、机外余压差异较大，常规空调机组很难适应平疫转换的要求，为满足两种工况的快速转换需要，应开发和设计新型的智能化控制和调节的数字化平疫结合空调通风机组。高效过滤器的安装、维护是需要引起重视的问题，它直接决定了平疫转换的速度和使用功能的保证度。否则疫情来临时，很可能无法做到快速有效转换。数字化平疫结合空调通风机组的工作原理和相关性能详见本书第 5 章。

下文以排风机组为例，简要介绍平时、疫时两种工况的转换措施。一是更换风机的方案。按照平时、疫时不同工况的参数分别选用风机，平时运行小风机，疫时快速更换为大风机，疫时风机采用变频技术来适应运行中过滤器阻力变化。二是并联风机的方案。采用 2 台（或多台）高效节能 EC 风机（采用数字化无刷直流外转子电动机的离心式风机），平时使用时单台风机运行，2 台风机交替使用，互为备用；疫时 2 台风机同时运行；在进行设备选型时，需对 EC 风机的性能参数进行比选，重点关注风量与全压、功率间的关系，保证风机“平”“疫”期间各项参数指标满足设计要求。需要注意的是，因排风机组均设置在屋面，一定要选用室外型机组，机组的电机防护等级及机组特别是控制柜的防雨措施一定要规范到位。

（1）排风机组设置方式

1）更换风机方案

更换风机方案如图 3-9 所示，排风机组的技术要求：①机组内配置粗效、中效、高效三级过滤，过滤器分别带压差计，现场能显示风阻和 BA 输出信号（干接点），过滤器均采用抽屉密封式结构，平时可根据需要配置，疫情时能快速插入。②大风机变频运行，抽屉密封式结构，平时储备在设备间，疫时快速更换。③小风机定频运行，抽屉式密封结构，供平时使用，疫时快速更换为大风机。④机组自带（变频）控制柜，能显示风量、风压、转速、过滤器压差、电流及功耗等参数，具备过滤器压差、故障、无风、超流报警等功能。控制柜内嵌于机组内。⑤控制系统含就地控制、远程 BA、手动控制等功能，机组能实现平疫工况定时切换运行功能。

2）并联风机方案

并联风机方案如图 3-10 所示，排风机组的技术要求：①机组内配粗效、中效、高效三级过滤，过滤器分别带压差计，现场能显示风阻和 BA 输出信号（干接点），过滤器均采用抽屉密封式结构，疫时能快速插入。②采用 2 台 EC 直流直联风机，变频范围 5～100Hz。③机组自带（变频）控制柜，能显示风量、风压、转速、过滤器压差、电流及功耗等参数，具备过滤器压差、故障、无风、超流报警等功能。控制柜内嵌于机组内。④机组能实现“平”“疫”工况快速切换，就地控制、远程 BA、手动控制等功能，机组能实现“平”“疫”工况定时切换运行功能。

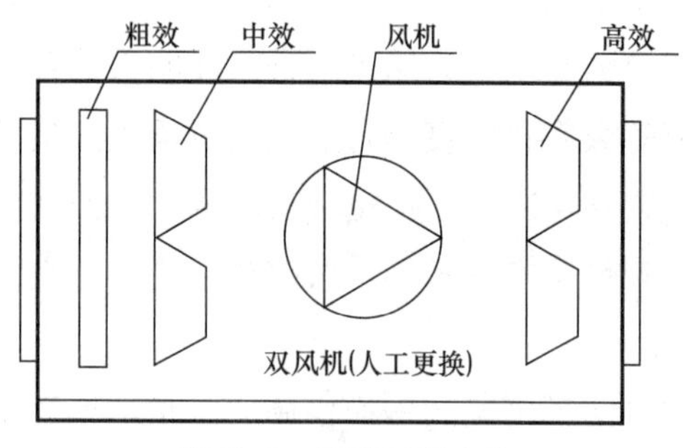

图 3-9　更换风机方案

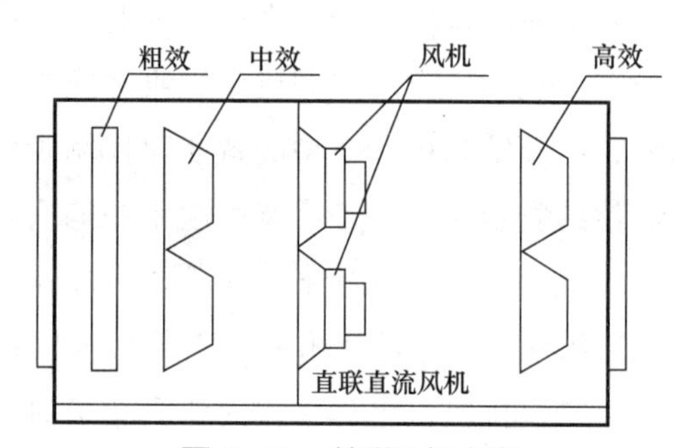

图 3-10　并联风机方案

（2）排风系统形式

《综合医院“平疫结合”可转换病区建筑技术导则（试行）》第 6.3.1 条要求平疫结合的病房送风、排风系统不得采用竖向多楼层共用系统。为了满足该条规定，大部分平疫结合病房楼设置了集中的排风井，排风井内设置多根风管，每根风管仅承担某一楼层的排风，屋面的排风风机集中设置。该排风系统形式带来的问题是：①屋面排风设备过于繁杂而集中，管井内排风管众多且过于密集，标准层送、排风管多而大，即过多占用建筑面积，又给设计和施工带来较大的难度；②对于改造项目，则需要增加集中管井、楼面开洞、复核屋面荷载、压低吊顶高度，改造难度更大，甚至很难满足使用需求。根据实际工程经验，建议采用以下排风竖井设置方案：

1）水平分设排风竖井

水平分设排风竖井如图 3-11 所示，排风井由集中改为分散，风井设置位置与普通医院病房相同，尽可能布置在病房卫生间附近。选择其中的一处或多处风井作为某一层的排风井，例如，图中四层与五层共用一个排风竖井，六层与七层共用另一个排风

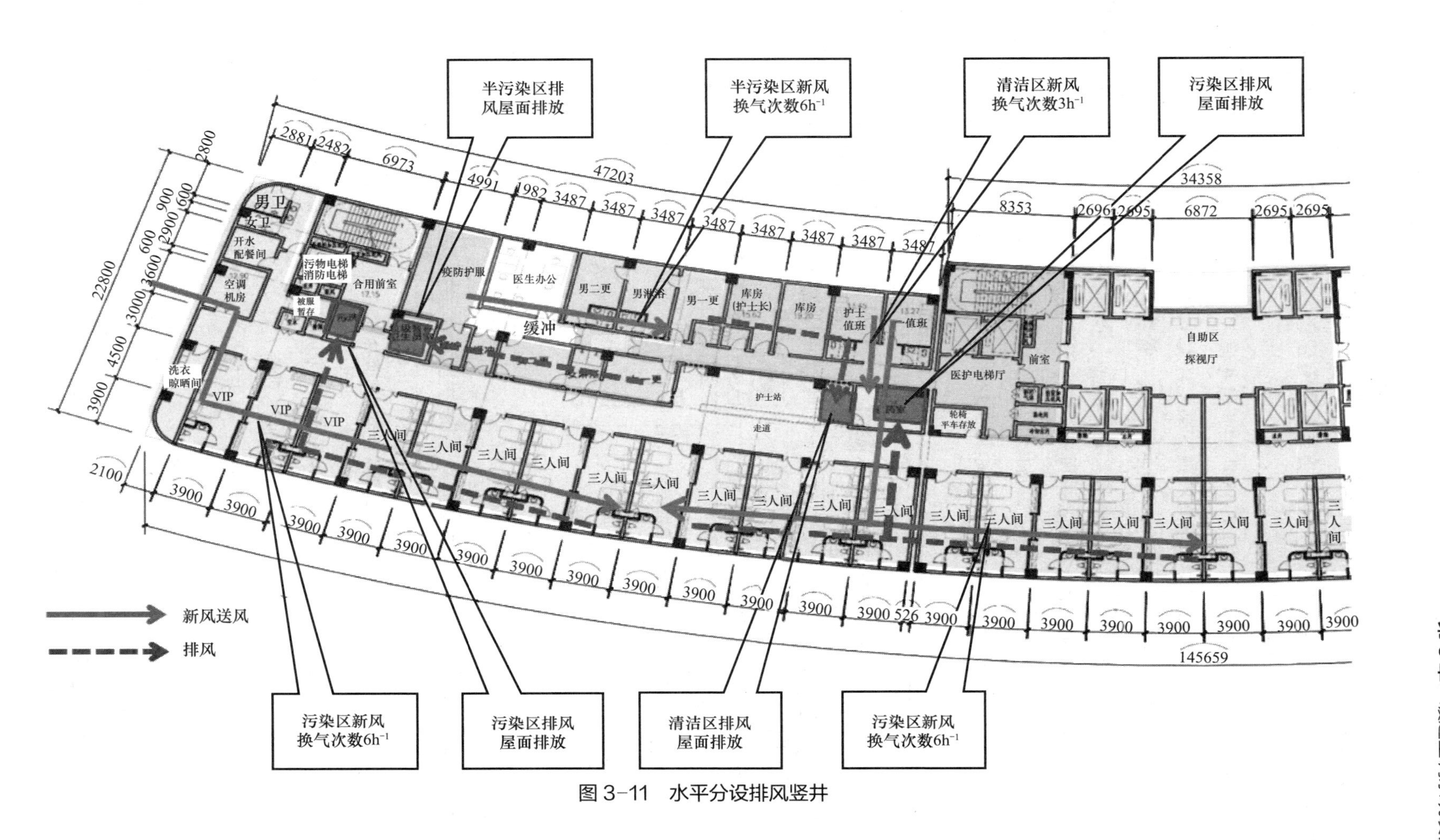

图3-11　水平分设排风竖井

竖井。该方案既能满足相关标准的规定，同时风井分散布置后，方便标准层和屋面的管线优化和综合，感染楼适合采用这种方式，既有建筑的平疫转换改造也特别适用。

2）垂直两层共用排风竖井

垂直转换方式如图 3-12、图 3-13 所示，风井设置位置与普通医院病房相同，与水平分设排风竖井方案不同的是，垂直转换方案允许上下相邻两层共用一套排风系统，每个排风竖井只承担临近的 2 个房间（卫生间排风立管数量与普通医院相同，管井略大）或 4 个房间（卫生间排风立管数量减少，管井加大）的排风。平时可只安装卫生间排风口，疫情时增设房间内的排风立管及排风口。该方案方便屋面排风设备的有序布设，且两个相邻排风系统可以共同设置一台备用排风机组，有利于降低建设成本和合理利用有限的屋面空间，“平”“疫”工况的快速转换和既有建筑改造也较容易实现。

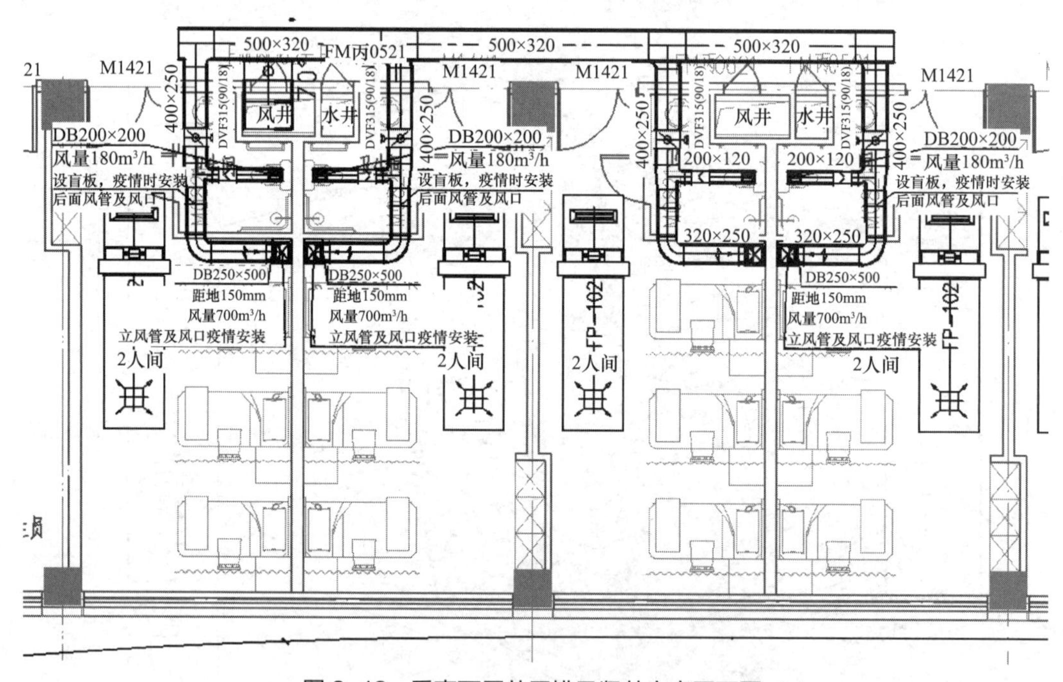

图 3-12 垂直两层共用排风竖井方案平面图

适用于转换楼层较少的普通病房楼。对于普通非传染病房的平疫转换，疫情时，通常将整栋建筑用于接收同一类病人，其他类型病人都会进行转移，适当的允许两层共用一套排风系统，并不会造成交叉感染。对于存在不同楼层接收不同类型病人的场合，则不应采用该方案。

9. 空气过滤器

通风空调系统的过滤器设置问题是保证平疫结合医院运行安全的关键问题，应根据

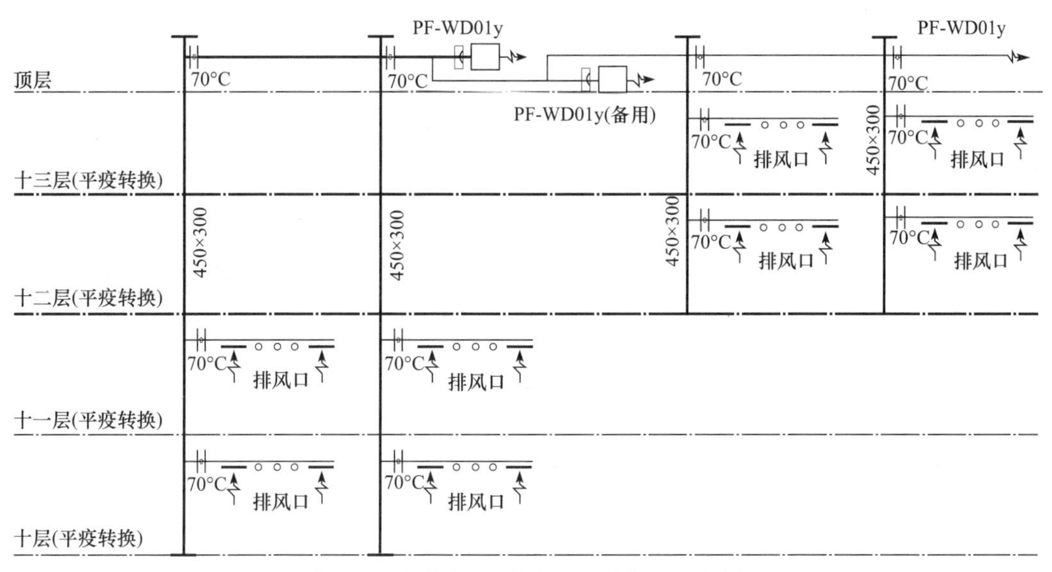

图 3-13 垂直两层共用排风竖井方案立面图

相关标准规范要求严格执行。但是不同标准规范的要求略有差异，而且部分功能房间的相关规定缺失，表 3-6 为疫时各区域空调通风系统空气过滤器的配置要求。

疫时各区域空调通风系统空气过滤器的配置要求 表 3-6

区域	送风	排风	回风
清洁区	粗效 + 中效①	粗效	粗效 + 中效②
门诊区	粗效 + 中效 + 亚高效①	粗效 + 中效 + 高效①	粗效 + 中效②
医技检查区	粗效 + 中效 + 亚高效①	粗效 + 中效 + 高效①	粗效 + 中效②
负压病房	粗效 + 中效 + 亚高效①	粗效 + 中效 + 高效①	粗效 + 中效②
负压隔离病房	粗效 + 中效 + 亚高效①③	高效①③	
负压手术室	粗效 + 中效 + 高效④	高效④	

①《综合医院“平疫结合”可转换病区建筑技术导则（试行）》第 6.1.8 条：“清洁区新风至少应当经过粗效、中效两级过滤。疫情时半污染区、污染区的送风至少应当经过粗效、中效、亚高效三级过滤，排风应当经过高效过滤。”第 6.3.4 条：“疫情时的负压病房及其卫生间的排风宜在排风机组内设置粗、中、高效空气过滤器；负压隔离病房及其卫生间、重症监护病房（ICU）排风的高效空气过滤器应当安装在房间排风口部。”门诊区、医技检查区的排风参照此条要求。

②《综合医院建筑设计规范》GB 51039-2014 第 7.1.11 条：“集中空调系统和风机盘管机组的回风口必须设初阻力小于 50Pa、微生物一次通过率不大于 10% 和颗粒物一次计重通过率不大于 5% 的过滤设备。”其条文说明：“如采用中效一级以上过滤器，使用风量在额定风量 60% 以下，一般能达到本条规定的要求。”

③《传染病医院建筑设计规范》GB 50849-2014 第 7.4.2 条：“负压隔离病房的送风应经过粗效、中效、亚高效过滤器三级处理。排风应经过高效过滤器过滤处理后排放。”

④ 详见《医院洁净手术部建筑技术规范》GB 50333-2013。

值得注意的是，《传染病医院建筑设计规范》GB 50849-2014 第 7.4.2 条条文说明强调：负压隔离病房的病人一般体质较弱，内部散发的污染物主要为致病病原体。空调送风设置粗、中、亚高效过滤器三级过滤，送入洁净的空气，一是为防止带入其他致病病菌，影响病人；二是防止大量灰尘进入，给内部的致病病原体带来寄生体或携带体。由于送入的是洁净的空气，在 $12h^{-1}$ 风量下，隔离病房内是净化的环境，排风只需设置高效过滤，阻隔病房内产生的灰尘和病菌，我国的洁净专家经过实验证明，高效过滤器可阻隔绝大部分的灰尘及其附着的病菌。即排风口只需设置高效过滤器，但高效过滤器应设置相应的保护。参照此条，半污染区、污染区的排风均可只设粗效 + 高效过滤器即可。

粗效、中效、亚高效空气过滤器过滤效率应分别不低于国家标准《空气过滤器》GB/T 14295-2019 的 C2、Z3、YG 类要求：高效空气过滤器的效率应不低于国家标准《高效空气过滤器》GB/T 13554-2020 的过滤效率级别 40 类要求。各级别空气过滤器的性能及选用要求详见本书第 5 章。

10. 加湿系统与冷凝水排放

普通病区舒适性空调系统对湿度无严格要求，平时或疫时作为传染病房使用时空调系统宜设置加湿装置，满足《传染病医院建筑设计规范》GB 50849-2014 规定的房间湿度要求（表 3-7）。特别是负压隔离病房和重症监护病房，根据《新型冠状病毒肺炎诊疗方案（试行第九版）》治疗措施，重症患者治疗手段包括氧疗、有创机械通气等，需要氧疗和气管切开手术的患者需要湿润的空气，因此应设置加湿系统。加湿宜采用蒸汽加湿、高压微雾加湿等方式，不得采用水淋式加湿和电加湿方式。没有设置集中空调的平疫结合区域，宜采用移动的蒸汽加湿器，以满足室内湿度要求。

主要功能用房室内空调设计温度、湿度要求　　表 3-7

房间名称	夏季		冬季	
	干球温度（℃）	相对湿度（%）	干球温度（℃）	相对湿度（%）
病房	26～27	50～60	20～22	40～45
诊室	26～27	50～60	18～20	40～45
候诊室	26～27	50～60	18～20	40～45
各种试验室	26～27	45～60	20～22	45～50
药房	26～27	45～50	18～20	40～45
药品储藏室	22	60 以下	16	60 以下
放射线室	26～27	50～60	23～24	40～45
管理室	26～27	50～60	18～20	40～45

病房内半污染区和污染区空调的冷凝水应当分区集中收集，并采用间接排水的方式排入污废水系统统一处理。冬季无冷凝水期间应采取措施防止污染物通过冷凝水管交叉感染。

11. 自动控制要求

平疫结合区域既要满足平时工况下空调通风系统的高效运行，又要确保疫时工况的快速转换和满足疫时的负压运行要求，因此其空调通风系统的自动控制就极为重要，既要简捷可靠、转换快速，又要确保安全有效、满足使用要求。根据现行的平疫结合设计标准规范要求，平疫结合区域的智能化设计重点为护理单元、重症监护病房、负压手术室、生物安全实验室等特殊功能区域的信息设施系统、信息化应用系统、建筑设备监控系统、公共安全系统和医院整体的智能化集成系统，以及物联网、人工智能助力疫情救治的技术应用。下文简单梳理了平疫结合区域空调通风系统的自动控制要求，自动控制系统的控制策略、技术路径和系统设计详见本书第 4 章。

平时空调通风系统应根据使用情况确定各个区域的运行时间，疫情期间，为了保证各区域间的压力控制要求，应保持 24h 连续运行。

（1）负压病区压差控制

《传染病医院建筑设计规范》GB 50849−2014 中明确规定：负压隔离病房应设置压差传感器，在病房门口或便于观察处应设置房间压差检测和显示装置，以监测与其相邻、相通的缓冲间、走廊应保持不小于 5Pa 的负压差。负压病房应在病房门口或便于观察处设置微压差计，并标志明显的安全压差范围指示。建筑设备监控系统应监视污染区、半污染区的压差，当压差超出安全范围时应声光报警，以便维护人员及时处理。

负压病房所有房间的新风、排风支管上均设置双工况电动定风量阀的定送 + 定排模式。负压隔离病房所有房间的排风支管上应设置流量反馈型电动变风量阀，卫生间排风口设置电动定风量阀；送风设双工况电动定风量阀定风量运行，排风根据设定的压差值动态调整其风量，变风量运行。负压病区的压差控制措施及智能化自动控制系统设计详见本书第 4 章。

（2）新风、排风机组调速控制

动力集中式系统一般采用定静压法控制方式。在新风或排风系统风管上游约 1/3 处设置压力传感器，PLC 控制器根据测得的压力值与设定值的偏差，通过调节 EC 风机电压（0～10V）来调整风机转速，实现设置压力传感器处的压力恒定，满足系统设计资用压力，克服下游风道的阻力损失。

建议采用一体化数字新风机组与排风机组，并自带控制柜，每个新风及排风系统的变风量控制、监测报警等独立完成，并预留 RS 485 通信接口接入建筑设备监控系统。

动力分布式系统的智能化自动控制要求详见本书第 5 章。

（3）平疫工况室内温度控制

负压病房和负压隔离病房的空调通风设备与系统，应采用自动控制方式。负压手术室和 PCR 实验室的空调通风设备与系统应采用自动控制方式，并应监视和控制其温度、湿度及压差。

末端采用风机盘管 + 新风系统的负压病房，新风机组宜采用定温度送风，夏季新风处理到室内状态的等比焓线，不承担室内冷负荷；冬季按室内设计温度送风。PLC 控制器根据新风出口温度与设定温度的偏差对新风机组盘管上的电动调节阀进行比例积分调节，维持送风温度的恒定。同时，通过风机盘管三档温度调节器调节控制室内温度。

负压隔离病房空调系统采用全新风运行，风机盘管停止运行。为相对精确控制病房室内温度，宜选择几个典型病房设置温度传感器，PLC 控制器根据病房温度设定值与平均值的偏差对新风机组盘管上的电动调节阀进行比例积分调节，维持病房室内温度相对恒定。应注意夏季当室内冷负荷波动时，新风机组出风口温度不能低于室内设计工况下的露点温度，以避免送风口结露。

送风机、排风机应设置风机故障报警装置，应方便管理人员及时监视到故障报警信号。平时、疫时工况应能通过建筑设备监控系统进行快速切换。

（4）新、排风机组顺序控制

平疫结合区域排风机与送风机应连锁。疫时启动通风系统时，清洁区先启动送风机，再启动排风机；关停时，先关闭排风机，再关闭送风机。半污染区、污染区先启动排风机，再启动送风机；关停时先关闭送风机，再关闭排风机。各区之间风机启动先后顺序应为：清洁区、半污染区、污染区。

（5）室内环境监控

在医院内人员密集及感染控制要求严格的场所（如发热门诊、负压手术室、重症监护病房、负压隔离病房等），应设置温度、湿度、二氧化碳浓度、细颗粒物 $PM_{2.5}$ 浓度及菌落数等的监控装置，并将其监控系统纳入建筑设备监控系统。

（6）过滤器压差检测

送风系统、排风系统内的各级空气过滤器应设压差检测、报警装置。设置在排风口部的过滤器，每个排风系统最少应当设置 1 个压差检测、报警装置。各病区的压差检测和报警装置应能够通过弱电信号远程传送至护士站或者指定区域。

3.2　暖通空调系统设计

3.2.1　发热门诊

发热门诊是用于承担疑似患者的筛查、鉴别诊断和隔离观察的专用诊区，分为呼吸道传染门诊和非呼吸道传染门诊。综合医院发热门诊的新建或改扩建，宜按照平疫结合的原则规划建设，有效提高各类功能用房和设施设备的使用效率。发热门诊可设置在平疫结合医院的独立区域内，也可是一个独立的建筑物。发热门诊的功能布局按照“三区两通道”设置，即清洁区、半污染区、污染区、清洁通道、污染通道，其用房组成和区域归属如表 3-8 所示。发热门诊往往承担着重大疫情救治任务，其空调通风系统的设置必须与其平疫结合的作用相匹配。

发热门诊用房组成和区域归属　　表 3-8

功能分区	房间名称	区域归属
公共服务	患者入口区、分诊、候诊、患者卫生间、污物间	污染区
	挂号收费、药房、留观区的护士站、护理走道、消毒室	半污染区
诊查用房	诊室、治疗、化验、X 光室、抢救室	污染区
留观用房	观察室、隔离观察室	污染区
办公用房	医护更衣、办公、值班、卫生间	清洁区

注：房间名称、区域归属依据国家卫生健康委办公厅、国家发展改革委办公厅联合印发的《发热门诊建筑装备技术导则（试行）》和中国建筑工业出版社出版的《建筑设计资料集　第 6 分册　体育 · 医疗 · 福利》。

根据《公共卫生防控救治能力建设方案》第 2.3 条，发热门诊是平疫结合区域的重要组成部分，应当兼顾平时与疫时的医疗服务内容。因此，其室内设计温度、相对湿度、新风量、房间压差值等均应按照疫情期间使用的要求确定。该区域主要房间的室内设计参数如表 3-9 所示。平疫结合医疗建筑各功能区域和房间的室内设计参数应满足现行国家标准和规范的相关要求，较为完整的室内设计参数要求详见附录 1。

发热门诊室内设计参数　　表 3-9

房间名称	设计静压差（Pa）	夏季空调设计参数		冬季空调设计参数	
		温度（℃）	相对湿度（%）	温度（℃）	相对湿度（%）
观察室、隔离观察室	负（-）	24～26	50～60	20～22	40～45
诊室、抢救室	负（-）	24～26	50～60	20～22	40～45
候诊室	负（-）	26～27	50～60	18～20	40～45

续表

房间名称	设计静压差（Pa）	夏季空调设计参数		冬季空调设计参数	
		温度（℃）	相对湿度（%）	温度（℃）	相对湿度（%）
化验、检验室	负（-）	24～26	50～60	20～22	40～45
药房	负（-）	24～26	45～50	18～20	40～45
检查室	负（-）	24	50～60	20～22	40～45
卫生通过	负（-）	26	—	20～22	—
医护办公	正（+）	24～26	50～60	20～22	40～45

注：室内设计参数依据《传染病医院建筑设计规范》GB 50849-2014 和《综合性医院感染性疾病门诊设计指南》。

1. 发热门诊（呼吸道传染门诊）

（1）通风系统

平疫结合区域内的发热门诊应采用机械通风形式，确保清洁区为正压，污染区为负压，防止污染源从污染区扩散到清洁区。发热门诊的清洁区、半污染区、污染区的机械通风系统应独立设置，新风机组应设置在清洁区。

平时和疫时，发热门诊（呼吸道传染门诊）的最小新风量（换气次数）如表 3-10 所示。从表中可以看出，除了抢救、隔离观察室外，两个工况的数值相同或者差值较小，因此，新、排风系统可合设一套，系统风量按照疫情时的要求取值，设计可简化系统、降低投资。病房、留观室建议平时设置 2 套风量相同的空调新风机组和排风机组，风管系统合用，机组可以按照一用一备的方式运行，疫情期间两套系统同时开启。诊室、病房等数量较多时，建议分设若干套新风、排风系统，每套系统连接房间数量宜不超过 8 间，便于系统调试和运行管理。

发热门诊（呼吸道传染门诊）最小新风量（换气次数） 表 3-10

房间名称	平时	疫时
	最小新风量换气次数	最小新风量换气次数
诊室、候诊室、医技用房	$6h^{-1}$	$6h^{-1}$
抢救室、隔离观察室	$12h^{-1}$，可设回风	全新风直流式空调系统 $12h^{-1}$
医护办公	每人不应低于 $40m^3/h$ 或新风量不应小于 $2h^{-1}$	$3h^{-1}$

注：室内设计参数依据国家卫生健康委办公厅、国家发展改革委办公厅印发的《发热门诊建筑装备技术导则（试行）》《综合医院平疫结合可转换病区建筑技术导则（试行）》和国家标准《传染病医院建筑设计规范》GB 50849-2014。

排风量应根据房间的密闭性和静压差值通过计算确定。洁净度高的用房对洁净度低的用房应保持相对正压。该区域小房间的排风量也可依据《传染病医院建筑设计规范》GB 50849-2014 的规定选取：清洁区每个房间送风量应大于排风量 150m^3/h，污染区每个房间排风量应大于送风量 150m^3/h。

有局部排风需求的房间（如化验室、检验室等）应根据配置的工艺设备设置局部排风系统，并应考虑局部排风系统不同运行状态时，房间与周边环境的压力梯度控制。

污染区和半污染区的新风在疫情期间除设置粗效、中效过滤器外，还应设置亚高效过滤器，排风应当增设高效过滤器。可见，疫情时新风和排风过滤阻力均加大了，因此，在设计计算时风机压头应计入后续增加的过滤器的阻力，实施时，空间上应留有充足的亚高效或高效过滤器的安装位置，平时可不安装以减少运行能耗，疫情时快速安装后，满足使用要求。由于系统阻力的变化，新风、排风设备的设置详见前述的设置方式，在系统调试时，应按照两个工况分别进行调试，并记录存档，满足疫情时快速转换的要求。

挂号收费、药房、留观区的护士站、护理走道、消毒室等半污染区的气流组织可采用上送上排或上送下排方式，病房、诊室、诊查用房、留观室等污染区的气流组织应为上送下排。污染区房间排风口底部距地面不应小于 100mm，送风口应设置在医护人员工作区的上部，且送风、排风口应当保持一定距离，使清洁空气首先流经医护人员工作区域。排风口的设置位置应符合相关规定。

办公用房的新风根据《综合医院建筑设计规范》GB 51039-2014 的要求，至少设置粗效和中效两级过滤器，该配置也符合疫情期间对清洁区新风的过滤要求。

办公用房等清洁区的气流组织宜为上送上排。机械送风系统的新风入口应直接接至室外清洁处，新风入口上应设置电动密闭风阀，阀门应与风机连锁启闭，避免相邻系统间的窜风。机械排风系统的风机应设置在系统的末端，排风直接排至室外，排风机的入口同样应设置电动密闭风阀，阀门应与风机连锁启闭。

发热门诊污染区和半污染区直通室外的门不应设置空气幕。卫生间、污洗间只设排风系统，保证房间负压。卫生间排风应按照水平分区排风统一考虑，不应通过共用竖井跨区、跨层排风。化验室等污染较严重的场所应设局部排风系统。

（2）空调系统

为了给病人、身着防护服的医护人员提供较好的诊治环境，当机械通风系统无法满足室内温湿度要求时，发热门诊应设置空调系统。平疫结合医院内发热门诊的房间布局一般以小空间为主，相对较大的空间有门诊门厅、候诊区、医护走廊、患者走廊等。诊室、病房等小空间房间可设置风机盘管、多联机等空气处理设备，机械送风系统同时改为空调新风系统。空调末端的回风口应设置符合《综合医院建筑设计规范》GB 51039-2014 要求的过滤措施。X 光室、化验室等有医疗设备检测仪器房间的空调末端的选型，还需满足设备正常运行的要求。

门厅、候诊区、医护走廊、患者走廊等大空间宜采用独立的全空气定风量系统或者风机盘管、多联机 + 独立空调新风系统。全空气系统的新风量应满足平时、疫时工况的要求，排风系统应有对应的调节措施，回风管上应设有电动风阀，确保疫情期间该系统可转换为全新风直流式通风系统。严寒和寒冷地区冬季新风应设置防冻预热措施。

冬季采用供暖系统的发热门诊，应设集中供暖系统 + 新风系统。供暖方式宜设置散热器供暖，不宜采用地板供暖。新风应经过过滤和热湿处理，并采用可靠的防冻措施，保证新风可靠供给。

发热门诊空调系统的加湿方式应采用蒸汽加湿，不能用湿膜等绝热加湿。有集中空调的发热门诊可在空调箱内设置电热加湿器或者干蒸汽加湿器，对于无集中空调的小型发热门诊，宜采用移动的蒸汽加湿器满足室内湿度要求。

（3）系统控制

平时，发热门诊的空调和通风系统根据使用情况确定各个区域的系统运行时间，疫情期间，为了保证各区域间的压力控制要求应保持 24h 连续运行，新风机、排风机入口的电动密闭风阀应与设备连锁启停控制。送风系统、排风系统内的各级空气过滤器应当设压差检测、报警装置。设置在排风口部的过滤器，每个排风系统最少应当设置 1 个压差检测、报警装置。发热门诊的每套独立的机械送、排风系统应设置 1～2 个被控制房间与相邻房间的压差传感器，作为风机变频的参考信号，也作为平疫转换各区域空气压力梯度控制的依据，确保空气从清洁区向半污染区、污染区单向流动。

（4）节能路径

平时、疫时发热门诊的通风换气次数较大，空调系统在保证室内温湿度、压力梯度等必要的环境要求时，应采取节能措施，降低运行能耗。排风热回收、变频控制是发热门诊的主要节能路径，其中变频控制无论从平时、疫时系统风量与风压的不同，还是从平时运行节能来看均是必须采用的。

2. 发热门诊（非呼吸道传染门诊）

平时与疫时，发热门诊（非呼吸道传染门诊）最小新风量如表 3-11 所示。从表中可见，该区域大部分房间两个工况的最小新风量差值较大，考虑到平时、疫时房间压力值的控制要求和过滤器配置的差异，系统设计时应经过详细的风系统计算，确定系统的设置方式和设备选型。考虑系统经济性、管线空间的紧凑性，应采用平时、疫时两个工况的系统管路合用、设备分设的方案。应对平时、疫时不同要求进行的设备柔性设置、系统调试和控制要求同发热门诊区域（呼吸道传染门诊）。

平时，发热门诊（非呼吸道传染门诊）仅要求污染区的房间保持负压，每个房间的排风量应大于送风量 150m^3/h。疫情期间，发热门诊的排风量要求与发热门诊区域

（呼吸道传染门诊）相同，为了确保疫情时的使用要求，项目实施时应按照疫情期间的要求进行。同时，可采取预留设备和配件的空间、考虑不同产品的适用性、增加输送系统的可调节性等方法，满足平时使用的经济性和疫情期间的安全性要求。

发热门诊（非呼吸道传染门诊）最小新风量（换气次数） 表 3-11

房间名称	平时	疫时
	最小新风量换气次数	最小新风量换气次数
诊室、候诊室、观察室	$3h^{-1}$	$6h^{-1}$
医技科室	$6h^{-1}$	$6h^{-1}$
抢救室	$12h^{-1}$，可设回风	全新风直流式空调系统 $12h^{-1}$
医护办公	每人不应低于 $40m^3/h$ 或新风量不应小于 $2h^{-1}$	$3h^{-1}$

注：室内设计参数依据国家卫生健康委办公厅、国家发展改革委办公厅印发的《发热门诊建筑装备技术导则（试行）》《综合医院平疫结合可转换病区建筑技术导则（试行）》和国家标准《传染病医院建筑设计规范》GB 50849-2014。

该区域内的通风、空调系统设计、系统控制和节能路径同发热门诊（呼吸道传染门诊）。

综合医院诊室的空调系统形式主要有：风机盘管＋新风系统和风机盘管＋全空气系统。风机盘管＋新风系统是大多数医院诊室采用的空调形式，其优点是使用灵活、系统简单、造价低，缺点是风机盘管的过滤能力差，在《综合医院建筑设计规范》GB 51039-2014 中提出了风机盘管回风口加强过滤措施，诊室内的空气净化任务都由风机盘管承担。但在大型综合型医院，上千台风机盘管过滤网的维护和更换的费用和工作量是巨大的。

“风机盘管＋全空气系统”由风机盘管和空调箱两部分组成。空调箱全空气定风量系统承担诊室内较稳定负荷，如照明负荷、电脑等设备负荷和室内湿负荷，风量按室内换气次数 $6h^{-1}$ 确定，空调箱新风量可变，需要时诊室可实现全新风运行，排风量与新风量可同步变化。风机盘管主要承担人员显热负荷，当诊室内人员数量发生变化时，风机盘管起到“调峰”作用。诊室的空调风系统布置如图 3-14 所示，空调系统示意如图 3-15 所示。由于原则上风机盘管仅承担人员显热负荷，诊室内风机盘管无冷凝水产生或者仅少量冷凝水量，降低积水盘潮湿滋生细菌的风险。平时空调箱过滤器配置为粗效、中效，疫时过滤器配置为粗效、中效、亚高效。平时，由空调箱承担部分室内空气过滤的作用，可延长风机盘管过滤器

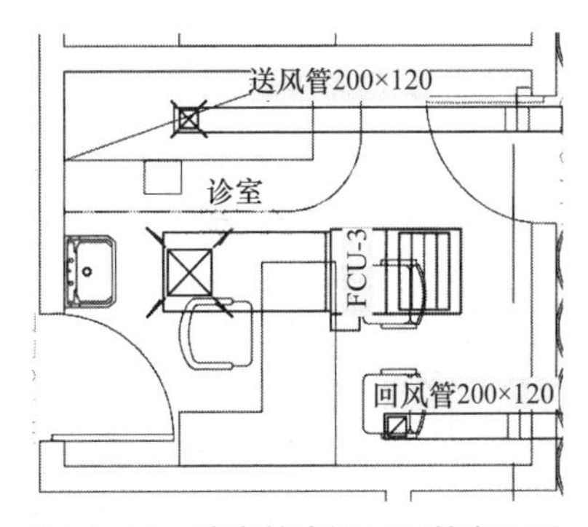

图 3-14 诊室的空调风系统布置图

的更换时间。

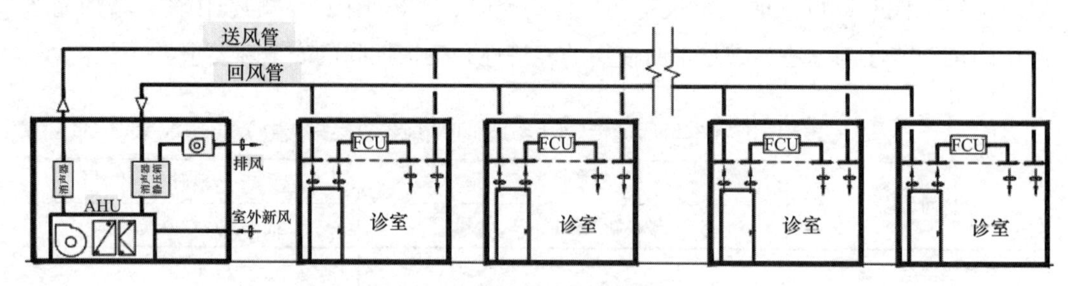

图 3-15 诊室的空调系统示意图

3.2.2 医技科室

1. 影像科（CT 室、MRI 室等）

医学影像技术是对疑似病变的部位以各种技术获得内部组织图像并提供量化数据供医生诊断和治疗的技术。医院的影像科一般是指以 X 射线成像技术为主，包括磁共振成像（以下简称 MRI）技术在内的科室。更广义的影像技术应用还包括核医学影像、超声影像、DSA 和 B 超介入治疗等，DSA 属于放射影像介入，一般设置于放射科；B 超介入设置于功能检查及超声科。本节对医院影像科使用普遍的放射检查、DSA 介入、磁共振（MRI）主要功能区通风空调平疫结合设计做介绍。

（1）平时通风空调系统设计

1）放射检查机房

放射检查设备主要包括 X 光机、CR、DR、CT、钼靶、DSA、数字胃肠等，都是通过 X 射线的照射来获取图像。

放射检查机房的室内环境特点：放射检查机房一般包括扫描间、控制室。扫描间设备工作时会产生 X 射线；设备机架会有一定散热量，设备的发热量与采购设备的具体情况相关，需关注设备风冷或水冷方式对房间空调负荷的影响；影像设备多数属于贵重设备，需避免系统漏水风险；多数设备存在待机散热负荷，很多设备会昼夜不关机；放射检查机房一般处于建筑内区，且设备持续散热，过渡季节仍需制冷，对于散热量较大的 CT 扫描间、DSA 设备间等，即使冬季也需要供冷。

放射检查功能用房一般按舒适性空调设计，并满足设备工艺的温度湿度控制要求；空调新风量可按每人不小于 $40m^3/h$ 或换气次数不小于 $2h^{-1}$ 考虑，取两者中的大值计算，平时排风量计算应满足有放射污染的扫描间保持适当负压，排风宜引至屋顶相对高处远离人员活动区排放；扫描间、控制室一般采用独立的多联机空调系统，满足全年灵活使用要求，且避免风机盘管水管系统漏水的风险；其新风系统冷源可以采用建筑集中空调大系统，放射检查机房新风系统宜独立设置，便于过渡季节和冬季利用新风自然冷却。放射检查机房一般设有气体灭火系统，应设置气体灭火后排风系统，排风量可按 5～6h^{-1} 计算，排风口、风阀设置及通风系统控制需满足有关规范要求。

DSA 介入诊疗采用微创侵入操作，存在一定的感染风险，医疗工艺会有一定的洁净措施要求，根据医院 DSA 介入诊疗对于患者感染风险控制的建设标准，可以采用Ⅲ级或Ⅳ级洁净辅助用房标准设置洁净空调。

2）磁共振（MRI）机房

磁共振 MRI 没有电离辐射，也没有核素放射性污染，多数磁共振机有液氦低温超导型（1.5T、3.0T 等），产生高强度磁场。磁共振机房一般包括磁体扫描间、控制室、设备间。由于磁共振机房设备昂贵，且磁体间、设备间对温湿度，特别是对相对湿度要求严格，任何时候都不能有冷凝水产生，因此磁共振机房的磁体间、设备间一般采用独立的恒温恒湿空调系统。

① 磁体间。房间温湿度需满足人员舒适性要求和磁体运行环境要求，磁体间设备散热量约为 3.0kW，与具体产品型号有关。磁体间的新风量按换气次数不小于 3h^{-1} 计算，采用集中空调系统冷热源热湿处理新风，新风应经粗效、中效、高中效过滤器过滤。磁体间送、排风一般采用上送上回气流组织，送风口宜设置在机架后面，以高效冷却机架，回风口设置在扫描床尾部上方。平时排风风量与新风量保持平衡，平时排风可采用下部排风。磁体间还需设置独立的事故排风系统，防止氦气泄漏造成室内人员缺氧窒息，事故排风量换气次数不小于 12h^{-1}，事故排风口应设置在靠近失超接口的吊顶上。排风机应安装在磁体间外，应在磁体间内靠近门口处及控制室内设置手动开关，排风机应与磁体间内氧气浓度探测器连锁。磁体间内的风管及其配件须采用非磁性材料（304 不锈钢或铝合金），管道穿墙处须由专业屏蔽公司计算和安装波导管，满足射频屏蔽的要求。

② 设备间及控制室。由于存在待机负荷，设备 24h 运行，磁体间、设备间一般采用独立的风冷单元式恒温恒湿空调机组，机组应采用双压缩机系统互为备用，提高可靠性，采用电极或电热式加湿器。控制室内主要设置磁共振机的控制台、电脑等，室内通风空调按普通舒适性空调设计即可。由于不与病人接触，此部分不存在平疫结合问题。

（2）平疫结合通风空调系统设计

疫情期间使用放射检查机房和磁共振（MRI）机房时，与病人接触的区域应按污染区对待，应按现行国家标准《传染病医院建筑设计规范》GB 50849 的要求进行通风空调系统的设计，机房扫描间、控制室的最小新风换气次数应为 6h^{-1}，扫描间的排风量使其对相邻相通的控制室等保持不小于 5Pa 的负压。空调新风管、排风管道及风口规格可按疫情时风量设计，空调新风机组设置粗效、中效、高中效过滤器，排风机应设置在系统末端，保持排风管道处于负压，疫情时排风机前宜设置粗效、中效、高效过滤器。新风机组、排风机组根据其“平”“疫”两种工况要求，按照前述的方式设置，满足平时或疫时系统不同风量要求，且适应空气过滤器阻力变化对系统风量的影响。放射检查机房应采用上部送风、下部排风的气流组织，排风口布置应有利于快速排出污染物和废热，新风口布置应有利于医护人员，应避免新风、排风短路和室内气流死角。排风口应引至屋顶高于屋面 3.0m 以上、采用倒锥形防雨风帽排至大气。新风系统各功能房间的支管宜设置电动双工况定风量阀、排风系统各功能房间的支管可设置电动双工况定风量阀或电动调节风阀，满足“平”“疫”不同工况运行时各房间新风量、排风量的要求。新风系统、排风系统扫描间支管上的电动双工况定风量阀均应能实现电动关闭，以单独关断进行房间消毒。

2. 功能检查、检验科

（1）功能检查室

1）平时通风空调系统设计

功能检查室主要包括心电图、运动平板试验、B 超 / 彩超、脑电图、肺功能等检查室及超声介入治疗室。这些房间的检查设备都是可移动或小型台式设备，发热量不大，其中散热量较大的是超声检查，约 1kW，对环境没有特殊要求，采用舒适性空调设计。

功能检查室大都为小空间房间，较多采用风机盘管加新风空调系统，检查室新风量按每人不小于 $40m^3/h$ 或换气次数不小于 $2h^{-1}$ 考虑，计算取两者中的大值；处于内区的候诊区面积较大时，宜采用全空气空调系统，有利于提高室内空气品质，过渡季节或冬季采用新风自然冷却。很多检查室处于内区，没有可开启外窗，应同时设置排风措施，与新风量平衡，内区的新风系统宜独立设置，过渡季节或冬季可以利用新风自然冷却。

2）平疫结合通风空调系统设计

疫情期间使用的功能检查室属于污染区的医技用房，新风、排风系统应结合污染区的分区进行独立设置。按《传染病医院建筑设计规范》GB 50849−2014 的要求，疫情使用时检查室、候诊区的最小新风换气次数应为 $6h^{-1}$。

（2）检验科

通过对病人血液、体液、粪便等标本的病原微生物（包括病毒、细菌、真菌、支原体、衣原体等）的检验，达到研究病情、寻找病因、追踪疗效、过敏试验等目的。医院检验科实验区域属于生物安全防护水平一级和二级，二级生物安全实验室分为普通型和加强型，根据生物安全评估报告确定哪些病原微生物实验在加强型 BSL−2 生物安全实验室（P2+）进行，更高生物安全风险的病原微生物实验应在疾控中心的P3、P4级专业生物安全实验室进行。

中心检验区包括常规检验、生化与免疫检验、全血细胞分析检验等项目，将一些轻微污染的检验项目集中在一起，便于资源共享，属于一级生物安全实验室的实验操作。仪器设备较多，包括各种分析仪、杂交仪、色谱仪、质谱仪等，很多采用流水线作业，建筑平面要求大开间，以适应使用需要。

中心检验区工艺操作会产生空气污染物，包括各种气溶胶、挥发性试剂、粉尘等，平时使用时建议最小新风量按换气次数不小于3h^{-1}设计，为防止污染相邻的区域，排风量建议按换气次数不小于4h^{-1}设计，与相邻区域保持负压。气流组织采用上送下排。标本通常在自动化仪器中检测，通风柜与生物安全柜使用较少，设计可预留1～2台Ⅱ级A2型生物安全柜及通风柜设置条件，光谱仪、色谱仪、质谱仪等设备的局部排风管可接入中心检验区排风系统的负压管道上。夏季室内设计温度可取24～25℃，比普通舒适性空调区略低，有利于标本质量。如果急诊的检验与中心检验合用空间，通风空调系统应按全天24h运行考虑，且由于大量设备尤其是流水线设备存在较大发热量，中心检验区过渡季乃至冬季也需要供冷，因此应结合当地气象条件选择空调系统形式，在夏热冬冷地区及寒冷地区，较多采用多联式空调系统作为冷源，新风系统的热湿处理采用集中冷热源。夏热冬暖地区医院有全天24h集中冷源时，可以采用集中冷源。

疫情期间使用的检验科实验室，应根据医疗工艺洁污分区、医患分区和工艺流线情况，确定各功能房间与相邻相通房间压差和合理的空气定向流动，高效快速排出室内污染物。疫情时污染区各功能房间的最小新风换气次数应不小于6h^{-1}。

3. 中心（消毒灭菌）供应室

中心供应室是医院内承担各科室所有重复使用诊疗器械、器具和物品清洗、消毒、灭菌以及无菌物品供应的部门，其建筑平面布局和通风空调系统设计均应满足现行国家标准《综合医院建筑设计规范》GB 51039的要求。

疫情时传染病区需送往中心供应室清洗消毒的复用诊疗用品，应在传染病区就地进行预消毒处理和封装后送至消毒供应中心，避免转运过程发生污染风险。

4. 病理科

病理科与检验科都是分析诊断研究科室，一些二级及其以下等级不高的医院和一些专科医院，常常将病理并入检验科。病理科的主要工作内容是组织检查和细胞学检查，分为尸体解剖检查（尸检）、活体组织检查（活检，包括术中冰冻切片）、细胞学检查。采用的主要技术包括免疫组织化学检查、特殊染色、原位杂交、基于PCR技术的基因突变检测和基因测序等。

病理科在建筑平面布局上划分为病理实验区和办公管理区。病理实验区包括：收件、取件、组织脱水处理、切片制作、细胞学处理、特殊染色、免疫组织化学、分子病例、原位杂交、试剂保存等。办公管理区按一般舒适性空调及通风要求设计。

病理科实验区各实验室使用各种溶液，使用的甲醛、苯、二甲苯、甲酰胺、氯仿、丙酮、甲醇等是有毒有害的致癌物、易燃易爆挥发性溶液，为保护操作人员的健康，病理科实验室采用的通风柜很多，在取材台、解剖台、标本柜还设有局部排风设施，设计初期应充分了解科室的使用需求，预留通风柜的排风管道竖井。病理科实验室排风应采用高空排放，通风柜等的排风由风管引至屋顶，经设置在屋顶的排风机、高出屋面 3.0m 以上的倒锥形防雨风帽排至大气，排风口应远离人员活动区和进风口，涉及有毒有害的 I 类致癌物的通风柜排风应设置活性炭过滤吸收装置。

病理科实验区空调以舒适性空调为主，空调系统可设置风机盘管加新风系统，其中免疫组化、分子病理实验室原位杂交的仪器设备较多，存在设备散热量（2～3.5kW），需考虑过渡季节空调制冷需求，这两个房间可设置独立的分体式空调器。空调新风系统与全室排风系统、通风柜排风系统与补风系统应做风量平衡计算，补风系统也应类似空调新风做热湿处理，病理科实验区应相对邻室保持负压。

疫情期间使用的病理科，应按呼吸道医技科室标准进行通风空调设计，最小新风量换气次数不应小于 $6h^{-1}$，应确定各功能房间与相邻相通房间压差和合理的空气定向流动，高效快速排出室内污染物，有效稀释室内污染物浓度，避免交叉污染。

高度生物危险等级病理解剖用房应符合现行国家标准《生物安全实验室建筑技术规范》GB 50346 的有关规定。

5. PCR 实验室

PCR 的全称为 Polymerase Chain Reaction，即聚合酶链式反应，又称多聚酶链式反应。PCR 实验室又称基因扩增实验室，或称病原微生物核酸扩增实验室，广泛存在于疾控、医疗、科研、教学等机构。

关于 PCR 实验室的布局，目前不再绝对地规定具体形式，而是强化“风险管理”的理念，提出了“在风险评估的基础上”，可“集中布置”或“分散布置”。由于我国分散式实验室的案例较少，本书主要介绍集中式 PCR 实验室的相关设计要求。

（1）设计依据及分区要点

主要设计依据：《病原微生物实验室生物安全管理条例》，《实验室　生物安全通用要求》GB 19489，《病原微生物实验室生物安全通用准则》WS 233，《医疗机构临床基因扩增检验实验室管理办法》《新型冠状病毒实验室生物安全指南（第二版）》《医学生物安全二级实验室建筑技术标准》T/CECS 662 等。

按实验室活动和仪器类型的不同，实验室分为：

1）普通核酸扩增实验室；

2）实时荧光定量核酸扩增实验室（以使用实时荧光定量核酸扩增仪为代表，在同一设备完成核酸扩增和产物分析过程的实验室）；

3）一体自动化分析核酸扩增实验室（以使用一体自动化分析仪为代表，在同一设备完成样本制备、核酸扩增和产物分析过程的实验室）；

4）其他涉及核酸扩增的实验室。

普通核酸扩增实验室通常设置 4 个工作区，即试剂准备区、样本制备区、核酸扩增区和产物分析区。实时荧光定量核酸扩增实验室通常设置 3 个工作区，即试剂准备区、样本制备区和扩增分析区。一体自动化分析核酸扩增实验室通常设置 2 个工作区，即试剂准备区和自动检测区。其他涉及核酸扩增的实验室，根据活动需要和仪器设备条件等因素设置工作区。

核酸扩增实验室中除了核酸提取、扩增、产物分析相关的设备之外，涉及生物安全的重要设备是生物安全柜。目前许多实验室误以为用Ⅱ级 B2 型全外排的生物安全柜最为安全，但由于Ⅱ级 B2 型生物安全柜的排风量为维持实验室负压所需排风量的多倍，其启停对室内压力控制影响很大，存在一定安全隐患。实际上Ⅱ级 A2 型生物安全柜已经能满足工作需求，因此推荐“生物安全柜宜采用Ⅱ级 A2 型”。如有超量的有毒有害或放射性物质，建议采用Ⅱ级 B 型生物安全柜。

（2）各工作区功能及相关通风空调要求

PCR 实验室设计的关键是两个控制：即控制病原污染，保证生物安全；控制核酸污染，保证结果准确。

样本制备间是 BSL-2 实验室，应有通风换气的条件；扩增分析间有核酸污染的隐患，需设置排风装置。设计机械通风系统时，应控制送、排风比例，维持各房间的压力要求，保证空气按要求定向流动。

PCR 实验室的各工作区均无洁净度要求，但有洁净度的设计对延长生物安全柜排风高效过滤器的寿命是有益的。对于采用集中空调系统（全空气系统）严格进行压力控制的实验室，样本制备区可按空气洁净度级别 7～8 级（其他各工作区根据建设要求确定是否设计空气洁净度）全新风直流式空调系统，集中送风，分区独立排风（试剂准备区、样本制备区应分别独立排风；核酸扩增区和产物分析区可分别独立排风，也可合并排风）。

试剂准备区可设为常压或正压状态。样本制备区空调系统设计应满足相应的生物安全要求，应依据国家相关主管部门发布的病原微生物分类名录，在风险评估的基础上，确定实验室的生物安全防护水平，符合《实验室　生物安全通用要求》GB 19489、《生物安全实验室建筑技术规范》GB 50346、《病原微生物实验室生物安全通用准则》WS 233 的相关规定。样本制备区的压力应不高于相邻工作区；核酸扩增区与样本制备区相邻时，其压力设置宜与样本制备区持平；产物分析区与其他工作区相邻时，其压力应低于相邻工作区。在核酸扩增区进行模板加入时，应采取措施避免加样中过程受到污染及其所产生的气溶胶的扩散。若单独设置模板加入区域，应采取避免加样过程中产生的气溶胶扩散的措施。设计为负压的工作区，气压应由走廊向缓冲间、核心工作间方向递减，形成定向气流趋势。设有压差的房间，其气压与相邻房间的压差不应小于 10Pa（负压），可通过排风装置、集中空调通风系统或其他方式实现。设有内部共用走廊的实验室，走廊内的通风空调宜按常压设计。

PCR 实验室关键房间技术指标如表 3-12 所示。

PCR 实验室关键房间技术指标　　表 3-12

区域	房间名称	最小换气次数（h^{-1}）	建议房间面积（m^2）	温度（℃）	相对湿度（%）	压力（Pa）	噪声（dB）	平均照度（lx）
PCR 走廊	—	6	适用	18～27（宜 23 左右，或 18～26 可调）（穿防护服，超过 23，很热）	30～70	0	≤60	150
试剂准备区	核心工作间	12	不小于 15	18～27	30～70	20（常压）	≤60	300
	缓冲间	12	一般不超过核心工作间的 1/8	18～27	30～70	10（常压）	≤60	200
样本制备区	核心工作间	12	＞24	18～27	30～70	-20	≤60	300
	缓冲间	12	3	18～27	30～70	-5	≤60	200
扩增分析区	核心工作间	12	＞14	18～27	30～70	-20	≤60	300
	缓冲间	12	3	18～27	30～70	-10	≤60	200

（3）案例

不同案例的集中式 PCR 实验室平面图如图 3-16～图 3-18 所示。

6. 手术部

手术部是医院中最重要的医技科室之一，是为病人进行手术或抢救生命的场所。手术部一般包括洁净手术室、洁净辅助用房、非洁净辅助用房和设备用房等各类辅助用房。

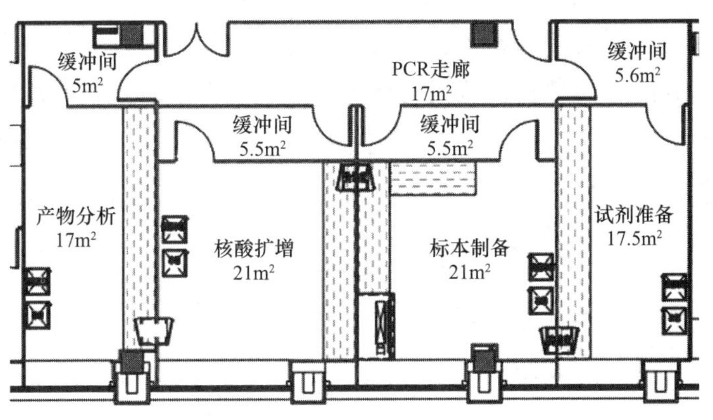

图 3-16　案例 1 平面图

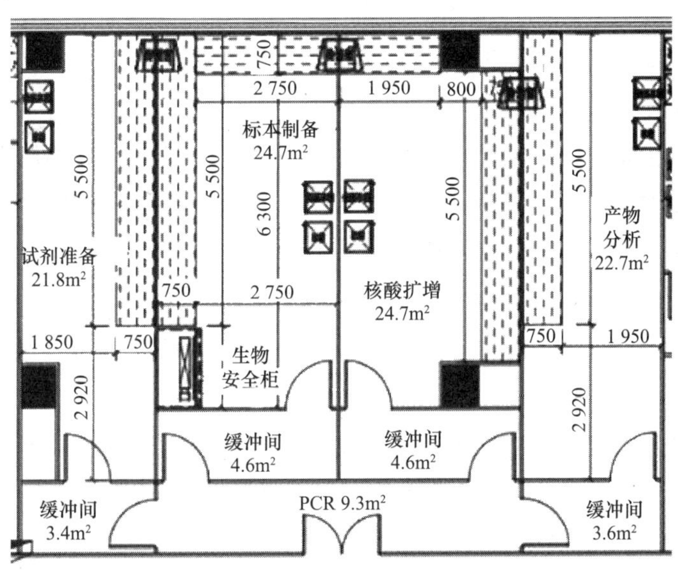

图 3-17　案例 2 平面图

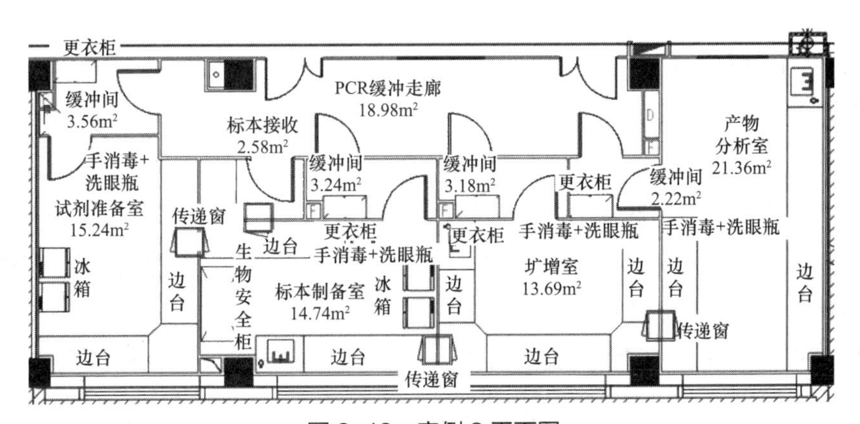

图 3-18　案例 3 平面图

发生疫情时，某些急症病人仍需要进行手术，如某些肿瘤病人、心肌梗死病人等，其手术不能拖延，否则会影响患者生命安全。这些病人当中，大部分为非呼吸道传染病患者，仍有部分同时为呼吸道传染疾病患者。疫情发生时，有上述功能需求的手术部需要考虑“平”“疫”结合，平时满足普通手术患者的需求，发生疫情时能满足呼吸道传染疾病患者的手术需求。该区域主要房间的室内设计参数如表3-13所示。

手术室主要房间的室内设计参数　　表3-13

房间名称	温度（℃）	相对湿度（%）	允许噪声级［dB（A）］
手术室	21～25	30～60	50
辅房及走道	21～26	30～60	60

注：负压手术室洁净等级为Ⅲ级，走道及辅房为Ⅳ级。

手术部中可以考虑平疫转换的手术室主要有正负压转换手术室和负压手术室。

（1）正负压转换手术室

正负压转换手术室是医院手术部中常见的一种手术室形式。该类型手术室平时正压运行，承担普通洁净手术；当有呼吸道传染疾病患者需要手术时，切换为负压手术室。正负压转换手术室一般设计为Ⅲ级。

正负压转换手术室需要相对独立设置，但与手术部其他功能区又要保持必要便捷的联系；需要设置独立的出入口，便于区域封闭管理。当手术部在独立建筑设置时，应预留部分发展空间。

需要注意的是，除手术部区域需要考虑呼吸道传染疾病患者单独出入口，还需要考虑患者从建筑外进入正负压转换手术室的转运路径。

1）正负压转换手术室典型布置

正负压转换手术室一般包括前准备室、后准备室、正负压转换手术室、器械室、库房等。前后准备室同时作为缓冲室，如图3-19所示。

2）正负压转换手术室送、回风及排风设计

《医院洁净手术部建筑技术规范》GB 50333-2013第8.1.14条规定：负压手术室顶棚排风口入口处以及室内回风口入口处均必须设高效过滤器，并应在排风出口处设止回阀，回风入口处设密闭阀。正负压转换手术室，应在部分回风口上设高效过滤器，另一部分回风口上设中效过滤器；当供负压使用时，应关闭中效过滤器处密闭阀，当供正压使用时，应关闭高效过滤器处密闭阀。

根据对规范条文的理解，负压手术室、在负压工况运行的正负压转换手术室均可以利用回风，只是需要在回风上设置高效过滤器。

所以正负压转换手术室一般有两种设计方式：一种是负压工况利用回风的方式；

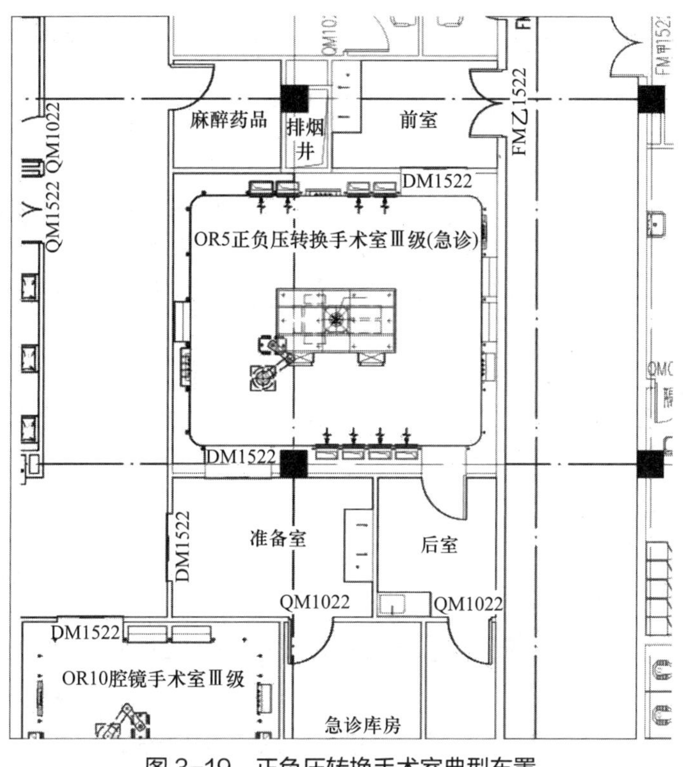

图 3-19 正负压转换手术室典型布置

另一种是负压工况采用全新风空调方式。两种方式的区别主要在于回风、排风系统的设置有所不同。第一种方式，手术室下部两侧同时设置有中效过滤器回风口及高效过滤器回风口，顶部设中效过滤器排风口。正压工况运行时，关闭高效过滤器回风口，利用中效过滤器回风口，回风与新风混合后进入空调机组，排风利用顶棚上设置的中效过滤器排风口，排风量与回风量之和小于送风量，其差值为渗透风量，在手术室形成正压；负压工况运行时，关闭中效过滤器回风口，利用高效过滤器回风口，回风与新风混合后进入空调机组，同时回风管引出排风管接排风机组，排风量大于新风量，在手术室内形成负压。第二种方式，手术室内下部两侧同时设置中效过滤器回风口及高效过滤器排风口，顶部设中效过滤器排风口。正压工况运行同第一种方式；负压工况运行时，关闭中效过滤器回风口，利用高效过滤器排风口，排风管直接接排风机组。空调机组全新风运行，排风量大于空调机组送入的新风量，手术室形成负压。此外，送风一般采用高效送风天花。

上述两种方式相比较而言，第一种方式有利于节能，但系统复杂，调试困难。另外需要指出的是第一种方式正压工况回风，以及负压工况回风、新风和排风均通过管道连接，容易造成不同系统间空气泄漏。第二种方式则系统简单，调试控制方便，安全可靠，其缺点是全新风运行，不利于节能。由于正常运行中，负压手术很少，大部分还是正压工况运行，所以建议采用第二种方式为宜。正负压转换手术室空调系统原理如图 3-20 所示。

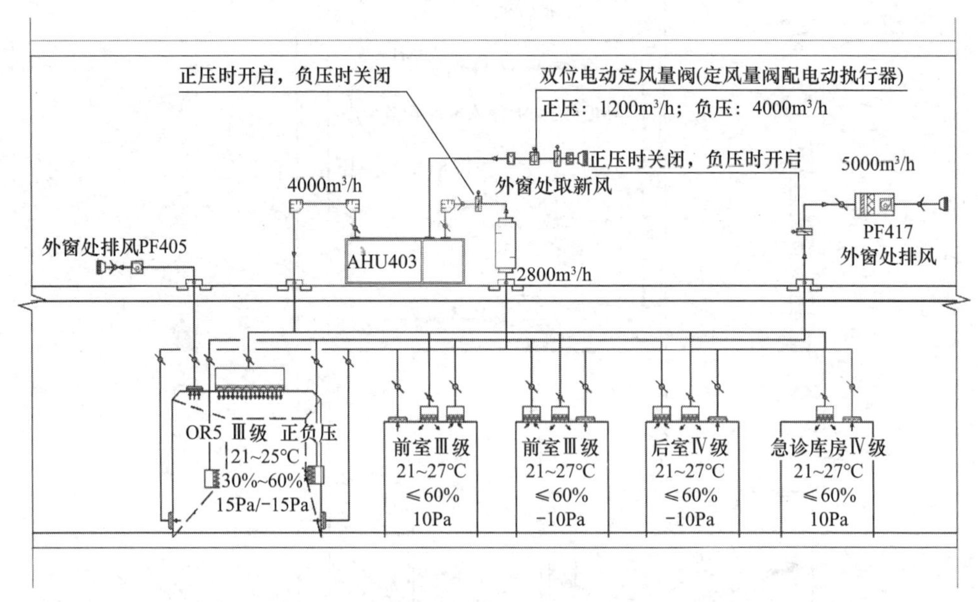

图 3-20 正负压转换手术室空调系统原理图

3）正负压转换手术室平疫转换设计

《综合医院平疫结合可转换病区建筑技术导则（试行）》第 6.5.1 条规定：平疫结合区手术部，平时手术室按正压设计。手术部根据需要应当至少设置一间可转换为负压的全新风直流手术室，供疫情时使用，疫情时的排风管及排风机平时宜安装到位。疫情时负压手术室顶棚排风入口以及室内回风口处均安装高效过滤器，并在排风出口处设止回阀，关断回风管，打开排风管，启动排风机。手术室设计应当符合现行国家标准《医院洁净手术部建筑技术规范》GB 50333-2013 的有关规定。

根据这条规定，平疫结合手术部应设置一个负压手术室，且负压手术室应全新风运行。所以手术部正负压转换手术室按平疫结合要求考虑时，应采用上述第二种方式进行设计，便于平疫转换。

采用上述第二种方式，按平疫结合理念设计时，手术室顶棚设置高效送风天花，两侧下部分别设置中效回风口、高效排风口，顶棚设置中效排风口。平时运行策略同上。发生疫情需要转换时，仅进行简单的调试即可满足疫情要求。

如采用上述第一种方式，按平疫结合理念设计时，手术室顶棚设置高效送风天花，两侧下部分别设置中效回风口、高效回风口（疫情时作为高效排风口使用），顶棚设置中效排风口。中效排风口接正压工况用排风机。高效回风口与中效回风口均设电动密闭阀，共用回风管，与新风管通过阀门汇合，接空调机组进风口。空调机组出风口接手术室高效送风天花。在回风管上通过密闭阀接出排风管，接至排风机组。排风机组设两台，分别满足平时负压工况排风及疫情时负压手术室全新风运行时的排风需求。平时（未发生疫情）运行方式同上述描述。发生疫情时，回风管接新风管处的密闭阀关闭，顶棚排风系统关闭，回风管接出的排风机组关闭平时负压工况排风机组，开启疫情用排风机组。系统转为全新风运行，排风通过高效排风口（平时作为高效回风口）、排风管（平时为回风管）、疫情排风机组排出室外。疫情排风机组排风量大于空调机组送入的新风量，故手术室形成负压。

（2）负压手术室

与正负压转换手术室相比，负压手术室相对简单，不需要考虑正压使用的情况。负压手术室同样需要独立设置，也需要与其他功能区保持必要及便捷的联系；需要设置独立的出入口，便于区域封闭管理。其要求与正负压转换手术室要求类似。

1）负压手术室典型布置形式

负压手术室典型布置同正负压转换手术室。

2）负压手术室送、回风及排风设计

负压手术室与正负压转换手术室的最大不同在于不需要考虑正压手术，所以顶棚不设置中效排风口，下部不设置中效回风口。与正负压转换手术室一样，负压手术室有两种设计方式：一种是负压工况利用回风的方式；另一种是负压工况采用全新风空调方式。第一种方式，手术室下部两侧设置高效过滤器回风口，顶部设高效过滤器排风口。高效过滤器回风口回风与新风混合后进入空调机组。顶部高效排风口排风通过排风管接排风机组，排风量大于新风量，在手术室内形成负压。第二种方式，手术室内下部两侧设置高效过滤器排风口。利用高效过滤器排风口排风，排风管直接接至排风机组。空调机组全新风运行，排风机组排风量大于空调机组送入的新风量，手术室形成负压。这两种方式，送风均采用高效送风天花。

两种方式使用情况的对比与正负压转换手术室基本一致，还是以采用第二种方式为宜。

3）负压手术室平疫转换设计

根据平疫转换设计要求，负压手术室应全新风运行。负压手术室如采用上述第二种方式设计，有利于平疫转换。

如采用上述第二种方式，按平疫结合理念设计时，手术室顶棚设置高效送风天花，两侧下部设置高效排风口。平时运行策略同上。发生疫情需要转换时，仅进行简单的调试即可满足疫情要求。

如采用上述第一种方式，按平疫结合理念设计时，手术室顶棚设置高效送风天花，两侧下部设置高效回风口（疫情时作为高效排风口使用），顶棚设置高效排风口（平时负压手术时使用）。高效回风口通过回风管与新风管通过阀门汇合，接空调机组进风口。空调机组出风口接手术室高效送风天花。在回风管上通过密闭阀接出排风管，接至疫情用排风机组（疫情时使用）。疫情用排风机组满足疫情时负压手术室全新风运行时的排风需求。平时（未发生疫情）运行方案同前文描述。发生疫情时，回风管接新风管处密闭阀关闭，顶棚排风系统关闭，回风管接出的疫情排风机组开启。系统转为全新风运行，排风通过高效排风口（平时作为高效回风口）、排风管（平时为回风管）、疫情排风机组排出室外。疫情排风机组排风量大于空调机组送入的新风量，故手术室形成负压。

3.2.3 住院部

如 3.1.1 节所述，平疫结合医院设计一般按传染病区（感染楼）、综合医疗区（住院楼）进行分类分级设置，根据疫情的发展情况启用不同的响应机制，分期投入不同的病房按照疫情工况进行使用。

传染病区（感染楼）一般设有非呼吸道传染病区、呼吸道传染病区、负压隔离病区、重症监护（ICU）病区等，但是在平时非疫情期间，为了提高病床的利用率，非呼吸道传染病区、呼吸道传染病区、负压隔离病区都会作为普通病房使用，因此都会存在平疫转换使用的问题。

综合医疗区（住院楼）一般设有普通病区、重症监护（ICU）病区等，平时作为普通病房或确定的功能使用，疫情时则转换为呼吸道传染病区使用。

住院部平疫结合区域各病区平疫转换模式如下：①平时普通病房转换为疫时呼吸道传染病房；②平时非呼吸道传染病房转换为疫时呼吸道传染病房；③呼吸道传染病房平时作为普通病房或非呼吸道传染病房使用；④负压隔离病房平时作为普通病房或非呼吸道传染病房使用；⑤负压隔离病房平时作为呼吸道传染病房使用。

住院部平疫结合各功能房间室内空调设计参数如表 3-14 所示。

住院部各功能房间室内空调设计参数　　表 3-14

房间名称	夏季		冬季		允许噪声级[dB（A）]
	温度（℃）	相对湿度（%）	温度（℃）	相对湿度（%）	
负压病房	24～25	50～60	20～22	40～45	45
负压（隔离）病房	24～25	50～60	18～20	45～50	45
医护办公	25～26	50～60	18～20	35～40	45

表 3-15 为普通病区、非呼吸道传染病区、呼吸道传染病区、负压隔离病区新风量、排风量一览表，由表可以看出，平时和疫时新风量、排风量差别较大，特别是考虑不同的过滤器设置要求，平时和疫时新风、排风系统的风压差别更大。

为便于和实现各房间的风量平衡，每层负压病房区的空调新风系统及排风系统所负担的病房数量不宜大于 8 间，每层负压隔离病房区的空调新风系统及排风系统所负担的病房数量不应大于 6 间。

各病区平时、疫时新风量、排风量一览表　　表 3-15

换气次数 / 病房名称	新风换气次数（平时）	新风换气次数（疫时）	排风量
普通病房	每人不应低于 $40m^3/h$，或 $2h^{-1}$①	$6h^{-1}$③	平疫结合区的护理单元平时宜微正压设计②
非呼吸道传染病房	$3h^{-1}$③	$6h^{-1}$③	排风量应大于送风量 $150m^3/h$③
呼吸道传染病房	$6h^{-1}$③	$6h^{-1}$	排风量应大于送风量 $150m^3/h$
负压隔离病房（平时作为普通病房使用）	$3h^{-1}$	$12h^{-1}$③	按控制压力值的风量平衡计算确定②③
负压隔离病房（平时作为呼吸道病房使用）	$6h^{-1}$	$12h^{-1}$	按控制压力值的风量平衡计算确定

①为《综合医院建筑设计规范》GB 51039-2014 的要求；②为《综合医院平疫结合可转换病区建筑技术导则（试行）》的要求；③为《传染病医院建筑设计规范》GB 50849-2014 的要求。

负压隔离病区因排风量较大，且排风系统不得采用竖向多楼层共用系统，半污染区、污染区的排风机应当设置在室外。根据实际工程的经验，为减少送排风竖井对建筑空间的占用，负压隔离病房区宜设置在传染病区（感染楼）的顶部，其建筑层高宜为 4.2～4.5m，负压病房的建筑层高宜为 4.05～4.2m。

为保证平疫转换的快捷性、使用的安全性和可靠性，建议传染病区（感染楼）非呼吸道传染病区、呼吸道传染病区按平时 / 疫时两种运行工况进行互换（均为负压病房，只是新风量、排风量的差别），普通病区疫时则转换为呼吸道传染病区（负压病房）。比较麻烦的是负压隔离病区，平时若作为普通负压病房使用则存在负压隔离、呼吸道及非呼吸道三种运行模式和工况的转换。

平疫结合医疗建筑的新（排）风量，相对于普通综合医院有明显增加，新风负荷增加，则运行能耗相应增加。大多数情况下，新风负荷占总负荷的 30%～70%（冬季占比更大，直流式系统尤甚），若按排风热回收装置效率 50%～70% 计算，可使整个建筑在设计日下的总负荷减少 15%～50%（冬季往往更明显）。因此，有必要在确保安全的情况下采用适宜的排风热回收技术。但我国幅员辽阔，室外空气状态差异较大，平疫结合区域的使用情况也存在一定的差异，选择何种排风热回收方式或装置，应根据所在气候区和工程的实际情况进行排风热回收系统全年的技术经济比较。排风热回收系统或装置的选择详见本书第 5 章。

1. 普通病区

（1）新风系统

由表 3-11 可知，普通病区所有区域平时新风量应按每人不应低于 40m³/h，或新风量换气次数不应小于 $2h^{-1}$ 设计。而疫情时清洁区新风量需转换为换气次数不小于 $3h^{-1}$，半污染区、污染区新风量需转换为换气次数不小于 $6h^{-1}$。普通病区的设计应满足现行国家标准《综合医院建筑设计规范》GB 51039 的相关要求。

《综合医院平疫结合可转换病区建筑技术导则（试行）》要求平疫结合的病房送风、排风系统不得采用竖向多楼层共用系统（第 6.3.1 条）；机械送风系统宜按清洁区、半污染区、污染区分区设置独立系统。当系统分三区设置有困难时，清洁区应当独立设置，污染区和半污染区可合用系统，但应单独设置分支管，并在两个区总分支管上设置与送风机连锁的电动密闭风阀（第 6.1.3 条）。所以，当半污染区面积较小时，可与污染区共用新风系统，半污染区和污染区单独设置分支管，在两个区总分支管上设置与新风机组连锁的电动密闭阀门。

具备条件时，建议新风系统分层、分区独立设置，新风空调机房应设置在清洁区。

所有房间的新风支管上应设置双工况电动定风量阀，可进行换气次数由 $2h^{-1}$ 到 $3h^{-1}$ 或者 $6h^{-1}$ 的转换，同时双工况电动定风量阀可电动关闭，起到电动密闭阀的作用，疫时可替代电动密闭阀实现病房消毒时需要关闭的使用要求。若清洁区较小，新风量可按照 $3h^{-1}$ 进行设计，平疫转换时清洁区无需进行转换，新风管支管可采用手动对开多叶调节阀。各类阀门的性能应符合现行行业标准《建筑通风风量调节阀》JG/T 436 的相关要求。

因只存在由普通病区转换为呼吸道传染病区两种工况，为保证平疫转换的快捷性、使用的安全性和可靠性，建议新风、排风支管上均设置双工况电动定风量阀的定送 + 定排模式，新风支管和排风支管上的双工况电动定风量阀根据设计风量调整至相应档位，当进行平疫转换时，所有的新风机组、排风机组及双工况电动定风量阀均应电动调整至疫时开关及档位。

平时及疫时清洁区新风应设粗效、中效两级过滤，过滤器的设置应符合现行国家标准《综合医院建筑设计规范》GB 51039 的相关规定。疫时半污染区、污染区的新风应经过粗效、中效、亚高效三级过滤，风机盘管、多联机室内机或分体空调器应设置中效以上的高效低阻过滤器。

由于半污染区、污染区平时和疫时换气次数不同，新风量差别较大，且空气过滤级别要求不同，导致系统阻力差别较大，所以新风系统空调机组有条件时宜设置两台（可互为备用）或采用智能控制数字化空调新风机组，新风机组的配置及性能详见本书第 5 章。清洁区新风机组仅风量有变化，其余功能段相同，可采用变频或者双速风机，满足平疫转换的运行要求。严寒和寒冷地区冬季新风应设置防冻预热措施。

（2）排风系统

排风量应按保持卫生要求和各功能房间合理压力梯度进行详细计算。

平时及疫时清洁区使用的排风系统宜屋面排放，也可平层排放：疫情时普通病房转换为呼吸道传染病病房，半污染区、污染区排风系统应分层、分区设置，排风机组应设置在排风管道末端，宜在屋面集中设置。根据《综合医院平疫结合可转换病区建筑技术导则（试行）》第6.1.3条的规定，当半污染区面积较小时，可与污染区共用排风系统，半污染区和污染区应单独设置分支管，并应在两个区总分支管上设置与排风机组连锁的电动密闭阀门。

病房下部和卫生间上部均设置排风口及相应的双工况电动定风量调节阀，平时病房内排风系统仅开启在卫生间上部设置的排风口，病房内无需排风；疫时病房及卫生间均应开启排风系统，卫生间不做更低负压要求，只需保证病房向卫生间的定向气流。卫生间有条件时，排风口宜设置在下部。

除病房外其他区域排风支管上宜设置双工况电动定风量阀，可以根据需要转换排风量，同时双工况电动定风量阀可电动关闭，起到电动密闭阀的作用。若清洁区新风量是按照 $3h^{-1}$ 换气次数进行设计，则相应的排风系统也无需转换，清洁区排风支管也可采用手动对开多叶调节阀。

平时和疫时清洁区使用的排风系统无需过滤装置，排风一般至屋面排放。疫时使用的半污染区、污染区排风系统应设置粗效、高效过滤装置，一般设置在排风机组入口处，排风口应当高出屋面不小于3m，风口应设倒锥形防雨风帽高空排放。

平疫结合区域所有半污染区、污染区排风系统的排出口不应临近人员活动区，排风口与送风系统取风口的水平距离不应小于20m；当水平距离不足20m时，排风口应当高出进风口，并不宜小于6m。

因半污染区、污染区平时和疫情时由于换气次数不同，排风量差别较大，且空气过滤级别要求不同，导致系统阻力差别较大，所以排风机组有条件时宜设置两台（可互为备用）或采用智能控制数字化排风机组，排风机组的配置及性能详见本书第5章。清洁区排风机组可采用变频或者双速风机，满足两种工况的运行要求。各楼层或系统排风机组集中设置在屋顶时，宜采用相同型号的排风机组，既方便维护管理，又可共同设置一台备用排风机组，以利于故障时的快速切换。

（3）气流组织与空调形式

病房内空调末端一般采用风机盘管加新风系统，送风方式根据建筑平面布置可采用侧送或者顶送。病房内的下排风管应结合建筑平面统一设置，尽量减小对房间布置的影响（图3-21、图3-22）。

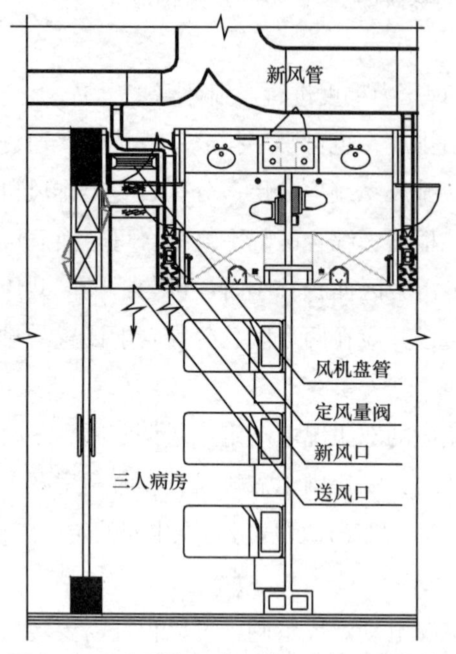

图 3-21　典型普通病房送风和新风布置图

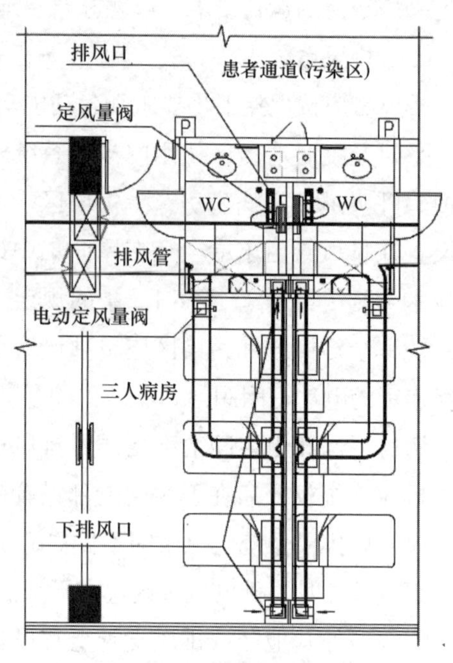

图 3-22　典型普通病房排风布置图

病房双人间或三人间送风口应当设于病房医护人员入口附近顶部，排风口应当设于与送风口相对远侧病人床头下侧。单人间送风口宜设在床尾的顶部，排风口设在与送风口相对的床头下侧。

从保护医护人员的角度，负压病房的送风应先流经医护人员常规站位区域，使医护人员呼吸区的空气相对清洁，排风应能快速排走病人呼出的污染空气，减少病房内污染空气的回流，风口底部距地面 100mm，风速不宜大于 1.0m/s。

（4）平疫转换

为便于管理和平疫工况的快速转换，宜在每层护士站设置相应的自动控制系统。控制系统能够远程控制为本层服务的新风机组、排风机组、风机盘管、温湿度传感器及压差传感器并显示相关设备的工作状态。双工况定风量阀在半污染区走道相应病房入口设置调节器，调节器带远程控制装置，既可以就地控制，也可以在护士站集中控制。

送风（新风）机组出口及排风机组进口应当设置与风机联动的电动密闭风阀，新风系统、排风系统按照对应的“三区”独立运行。

新风系统、排风系统内的各级空气过滤器应设压差检测、报警装置。各病区的压差监测和报警装置应能够通过弱电信号远程传送至护士站或者指定区域。

为了保证平疫结合通风空调系统的可靠性，非疫情期间每个月宜按疫情工况进行一次运行，以检查各送、排风系统是否能正常运行。

2. 非呼吸道与呼吸道传染病区

如前所述，传染病区（感染楼）非呼吸道传染病区、呼吸道传染病区均可以按平时、疫时两种运行工况进行互换，既非呼吸道传染病区疫时转换为呼吸道传染病区，呼吸道传染病区平时可以转换为非呼吸道传染病区，或两者在平时都可以作为普通病房使用。

（1）新风系统

由表3-11可知，非呼吸道传染病区、呼吸道传染病区因为设置数量少，平时作为非呼吸道传染病区或普通病区使用时新风量可按照换气次数不小于$3h^{-1}$进行设计；疫时清洁区新风量按换气次数不小于$3h^{-1}$设计，半污染区、污染区新风量按换气次数不小于$6h^{-1}$设计。

《传染病医院建筑设计规范》GB 50849-2014第7.14条指出：医院内清洁区、半污染区、污染区的机械送，排风系统应按区域独立设置。所以，平时与疫时新风系统均应分层、分区设置，新风空调机房应设置在清洁区，新风系统的设置不得采用《综合医院平疫结合可转换病区建筑技术导则（试行）》第6.1.3条的特例情况，即当系统分三区设置有困难时，污染区和半污染区也不可合用系统。

所有房间的新风支管上应设置双工况电动定风量阀，可进行换气次数由$3h^{-1}$到$6h^{-1}$的转换，同时双工况电动定风量阀可电动关闭，起到电动密闭阀的作用。清洁区新风量平时疫时均为$3h^{-1}$，不存在转换，新风管支管可采用手动对开多叶调节阀。

平时及疫时清洁区应设粗效、中效两级过滤，半污染区、污染区新风应经过粗效、中效、亚高效三级过滤，风机盘管、多联机室内机或分体空调器应设置中效以上的高效低阻过滤器。

平时及疫时半污染区、污染区新风系统空调机组设置同前述普通病房。清洁区新风机组不存在平疫转换要求，按相关标准规范要求设计即可。

（2）排风系统

排风量应按照保持卫生要求和各功能房间合理压力梯度详细计算，且至少应满足《传染病医院建筑设计规范》GB 50849-2014第7.2.2条、第7.3.4条“污染区每个房间排风量应大于送风量$150m^3/h$”的要求。

《传染病医院建筑设计规范》GB 50849-2014第7.14条指出“医院内清洁区、半污染区、污染区的机械送，排风系统应按区域独立设置”，所以平时和疫时排风系统均应分层、分区设置，平时及疫时清洁区使用的排风系统宜屋面排放，也可平层排放；半污染区、污染区的排风系统应分层、分区设置，排风机组应设置在排风管道末端，宜在屋面集中布置。排风机组宜集中在屋面，排风系统的设置不得采用《综合医院平疫结合可转换病区建筑技术导则（试行）》第6.1.3条的特例情况，即当系统分三区设置有困难时，污染区和半污染区也不可合用系统。

病房和卫生间排风口及排风管上阀门的设置同前述普通病区，推荐新风、排风支管上均设置双工况电动定风量阀的定送 + 定排模式。但按照《综合医院平疫结合可转换病区建筑技术导则（试行）》第 6.3.7 条的要求："每间病房及其卫生间的送风、排风管上应当安装电动密闭阀，电动密闭阀宜设置在病房外。"

平时和疫时清洁区使用的排风系统无需过滤装置，排风一般至屋面排放。根据《综合医院建筑设计规范》GB 51039-2014 第 7.1.14 条的规定："核医学检查室、放射治疗室、病理取材室、检验科、传染病病房等含有害微生物、有害气溶胶等污染物质场所的排风，应处理达标后排放"，所以半污染区和污染区平时排风仍需设置处理措施，不过规范对具体采用何种措施并没有明确规定，建议半污染区、污染区排风在排风机组入口处设置粗效、高效过滤装置，排风口应当高出屋面不小于 3m，风口应设倒锥形防雨风帽高空排放。

若半污染区、污染区平时排风系统设置粗效、高效过滤装置，则清洁区、半污染区、污染区平时和疫时排风机组仅风量不同，均可采用变频或者双速（EC）风机，满足平疫转换的运行要求。

（3）气流组织与空调形式

非呼吸道及呼吸道传染病房气流组织与空调形式同普通病区。不同的是，每间病房及其卫生间的送风、排风管上安装的电动密闭阀宜设置在病房外（图 3-23、图 3-24）。

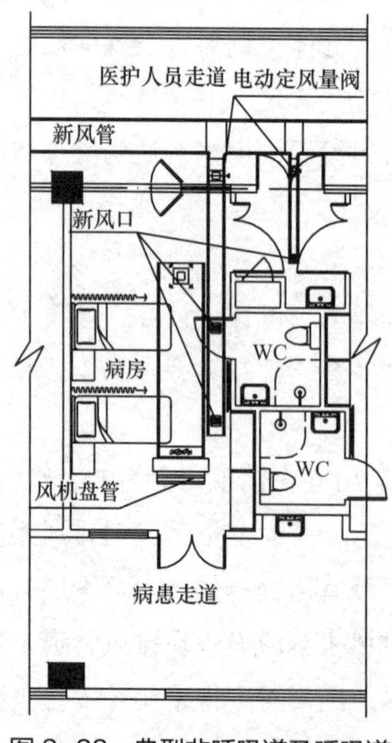

图 3-23　典型非呼吸道及呼吸道传染病房送风和新风布置图

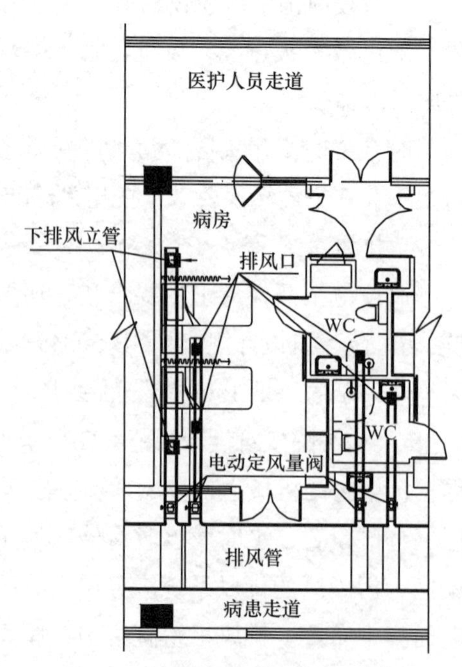

图 3-24　典型非呼吸道及呼吸道传染病房排风布置图

（4）平疫转换

平疫转换措施同前述普通病区。

3. 负压隔离病房

如前所述，由于平时负压隔离病房使用较少，为了提高病房的利用率，负压隔离病房在平时可以作为呼吸道疾病及非呼吸道疾病的救治病房，因此其建设及通风空调系统设置应具备灵活性和可扩展性，做到平疫结合，具备快速在三种病房工况之间相互转换的条件。既能满足平时的治疗功能，又能适应重大疫情救治任务的需要。

（1）新风系统

《综合医院平疫结合可转换病区建筑技术导则（试行）》第6.3.2条规定：负压隔离病房最小新风量应当按$12h^{-1}$或160L/s计算，取两者中较大者，所以负压隔离病房作为平时非呼吸道传染病房、呼吸道传染病房，平时和疫时新风换气次数应分别满足$3h^{-1}$、$6h^{-1}$、$12h^{-1}$，存在三种工况转换关系。

负压隔离病房新风系统应分层、分区设置，新风空调机房应设置在清洁区。平时送风经过粗效、中效两级处理即可，从节约成本、降低能耗的角度出发，平时亚高效过滤器可以不安装到位，但应预留疫情时快速安装的条件。

所有房间的新风支管上应设置多工况电动定风量阀，可进行换气次数由$3h^{-1}$、$6h^{-1}$和$12h^{-1}$的转换，同时多工况电动定风量阀可电动关闭，起到电动密闭阀的作用。所有房间的排风支管上应设置流量反馈型电动变风量阀，卫生间排风口设置电动定风量阀。送风定风量运行，排风根据设定的压差值动态调整其风量，变风量运行。

负压隔离病房各辅助区域如污染走廊、半污染走廊、缓冲间、卫生间的新、排风量应按维持各房间压差及风量平衡进行计算确定。

由于三种工况的风量不同，空气过滤级别要求不同，导致系统阻力差别较大，所以新风系统空调机组、排风系统排风机组宜分别设置。新风机组、排风机组的风机可以采用双速风机、双风机或EC风机等形式来满足平时和疫时的需要。为满足三种运行模式并兼顾平时长期运行节能的需要，武汉金银潭医院负压隔离病房设置了2台空调新风机组，其中1台为采用EC风机的变频机组，1台为定频机组。作为负压隔离病房的全新风直流式及呼吸道传染病房模式下运行的空调新风机组采用EC风机。作为负压隔离病房时按全新风直流式空调方式运行，新风量按$12h^{-1}$设计；呼吸道模式时新风量按$6h^{-1}$设计。新风经粗效、中效、亚高效过滤器三级处理后送入室内，送风口设置在病床上部。负压隔离病房平时作为普通非呼吸道及呼吸道病房使用时，采用风机盘管加新风的方式。当负压隔离病房平时用于呼吸道病房时，新风由变频空调新风机组提供，新风量为$6h^{-1}$：当负压隔离病房平时作为普通非呼吸道病房使用时，开启平时使用的定频空调新风机组，新风量按 $3h^{-1}$ 设计，设置粗效和中效过滤。

为了避免空气过滤器积尘以及围护结构随着时间延长密封性下降等对系统风量、压差的影响及施工和运行过程中产生的不可避免影响，新风机组、排风机组风量和压力应考虑一定的余量，过滤器终阻力时的送、排风量应能保证各区压力梯度的要求。

（2）排风系统

负压隔离病房排风量应按保持卫生要求和各功能房间合理压力梯度进行详细计算。

排风系统应分层、分区设置，排风机组应设置在屋顶。《医院负压隔离病房环境控制要求》GB/T 35428−2017 第 4.3.9 条要求排风口应远离进风口和人员活动区域，并设在高于半径 15m 范围内建筑物高度 3m 以上的地方，应满足距离最近的建筑物的门、窗、通风采集口等的最小距离不少于 20m。

负压隔离病房排风应经过高效过滤器（口）过滤处理后排放，高效过滤器（口）应设置在病房下部。一般设置在靠近床头的位置，底部距离地面不应小于 100mm，以在源头阻隔病毒，防止污染风管，引起扩散。高效过滤器（口）应自带扫描检漏装置、压差测量装置及消毒口。

负压隔离病房平时作其他病房使用时应预留高效过滤器（口）的位置及垂直立管位置，高效排风口平时可以不安装，仅设置中效过滤器；作为负压隔离病房使用时需增设高效过滤器（口）。卫生间的排风口有条件时应尽量设置在下部，条件不允许时可以设置在上部。

（3）气流组织及空调方式

负压隔离病房的送风口与排风口布置应符合定向气流组织原则。送风口一般设置在房间上部，可以根据需要设两处，建议采用可调双层百叶。排风口设置在病床床头附近的下部，排风口应设高效过滤器。室内应形成清洁送风首先流过医护人员区域，再流向患者，最后在患者床头下侧进入排风口，形成定向气流并就近尽快排除污染空气（图 3−25）。

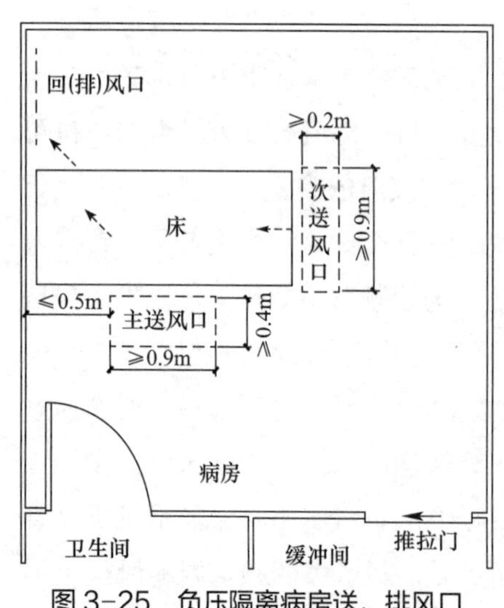

图 3−25　负压隔离病房送、排风口示意图

为了兼顾平时非呼吸道疾病和呼吸道疾病的使用，降低运行能耗，负压隔离病房可以设置风机盘管，风机盘管按相关要求设置低阻中效以上过滤器，宜设置远程控制接口并采用网络型温控器，疫情发生时可以在护士站远程锁定关闭风机盘管。平时收治非呼吸道疾病时，开启风机盘管及定频新风机组，定频新风机组提供 $3h^{-1}$ 新风

量。平时收治呼吸道疾病时，开启风机盘管及变频新风机组，变频（EC）新风机组提供 $6h^{-1}$ 新风量。疫情作为负压隔离病房使用时，护士站远程关闭病房内风机盘管，同时变频（EC）新风机组按 $12h^{-1}$ 新风量运行。

（4）平疫转换

病房层的新风系统及排风系统均采用水平转换系统或垂直转换系统。为便于各房间的风量平衡，每层病房区的空调新风系统及排风系统所负担的病房（包括其卫生间、缓冲间）数量不应大于 6 间。

为便于管理和“平”“疫”各工况的快速转换，应在每层护士站设置相应的自动控制系统。控制系统能够远程控制为本层服务的新风机组、排风机组、风机盘管、温湿度传感器及压差传感器并显示相关设备的工作状态。多工况定风量阀在半污染区走道相应病房入口应设置相应的调节器，调节器带远程控制装置，既可以就地控制，也可以在护士站集中控制。

新风系统、排风系统内的各级空气过滤器应设压差检测、报警装置。各病区的压差监测和报警装置应能够通过弱电信号远程传送至护士站或者指定区域。

为保证各区域内的压差值，减少漏风量，风管宜采用角钢法兰连接，不宜采用共板法兰连接。病房内应尽量减少无关管道的穿越，新风支管不应采用软风管连接。

机械送风系统的新风入口应直接接至室外清洁处，新风机组出口应设置电动密闭风阀，阀门与风机连锁启闭，避免相邻系统间的窜风。机械排风系统的风机应设置在系统的末端，排风直接排至室外，排风机的入口同样应设置电动密闭风阀，阀门与风机连锁启闭。

为了保证平疫结合通风空调系统的可靠性，平疫结合医院的通风空调系统在非疫情期间宜每个月按疫情工况运行一次，以检查各送、排风系统是否运行正常。

3.2.4 重症监护病区

1. 通风空调系统设计要求

重症监护病区（以下简称 ICU 病区）是医院集中监护和救治重症患者的专业病房，“平疫转换”ICU 病区污染区的暖通空调系统建设标准不应低于负压隔离病房的标准，同时参考 ICU 病区相关建设标准来综合确定。

《洁净手术部和医用气体设计与安装》07K505 将 ICU 病区归为Ⅲ级洁净辅助用房，净化级别为Ⅲ级，换气次数取 10～$13h^{-1}$。考虑到负压隔离病房的新风量不小于 $12h^{-1}$，因此“平疫转换”型 ICU 病区污染区的空调系统应采用全新风净化空调系统，净化级别为Ⅲ级，换气次数取 $12h^{-1}$。平时最小新风量取 $3h^{-1}$，病区保持微正压，疫情时切换到全新风工况运行，病区保持负压。平疫转换措施如图 3-26 所示。

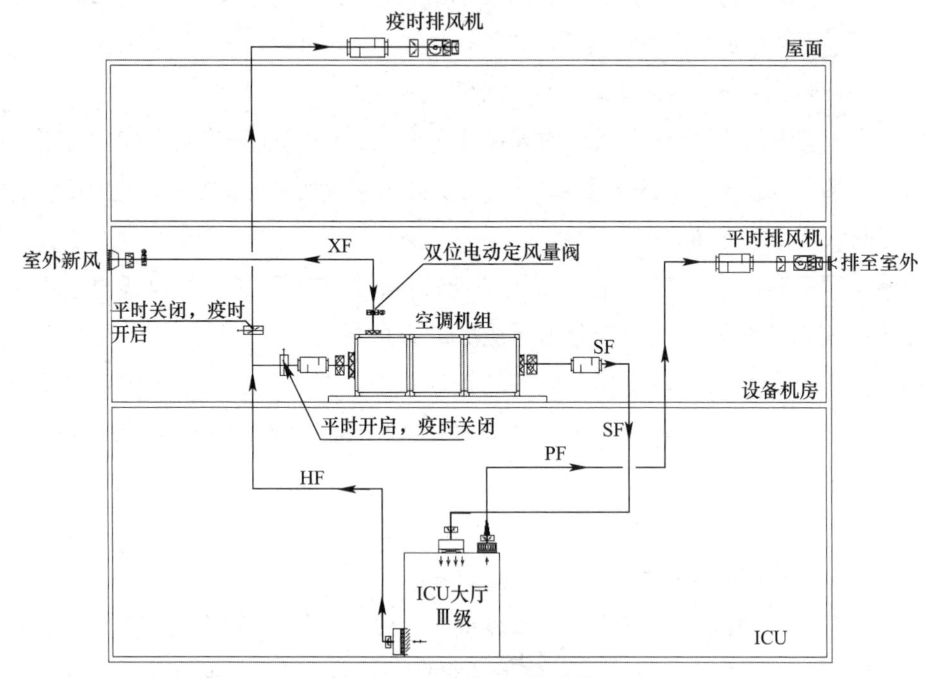

图 3-26 ICU 平疫转换措施

空调系统主要设计参数如表 3-16 所示。

ICU 病区空调系统主要设计参数表　　表 3-16

选项	参数
室内温、湿度	22～26℃，40%～65%
净化级别	Ⅲ级
换气次数（h^{-1}）	12
新风量（h^{-1}）	平时 3，疫时 12
排风量（h^{-1}）	平时 2，疫时按风量平衡计算确定
压力等级	治疗室、污洗间、纤支镜室等污染房间为 -25Pa；ICU 大厅为 -20Pa；缓冲间为 -10Pa；半污染区为 -5Pa；清洁区为 5Pa

“平疫转换”ICU 病区的清洁区、半污染区可不执行净化空调标准，新风量设计标准参考现行国家标准《医院洁净手术部建筑技术规范》GB 50333 中洁净辅助用房的要求、《洁净手术部和医用气体设计与安装》07K505 中洁净辅助用房的要求和《传染病医院建筑设计规范》GB 50849 中呼吸道传染病区的要求，并取某较大值做为设计标准，新风量设计标准宜为 $6h^{-1}$。

2. 室内气流组织

ICU净化区的室内气流组织宜按《负压隔离病房建设简明技术指南》的相关规定执行：

（1）单床送风口布置方案如图3-27所示，床边设主送风口，床尾设次送风口，主送风口送风量占总送风量的2/3，可降低医护人员被感染的风险，次送风口可起到隔断病人呼出或喷嚏发出的气流的作用，可减少污染物在室内的扩散。

（2）多床送风口布置方案如图3-28所示，当床位布置较紧凑时，可分别将送、排风口进行合并设置。当床位布置较分散时，则优先采用单床送风口布置方案。

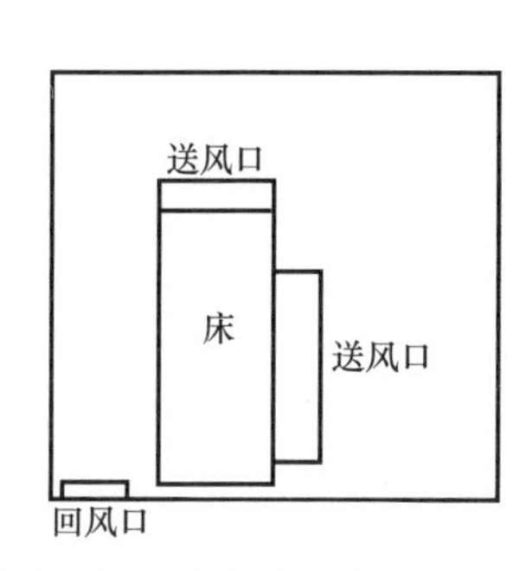

图3-27 单床送排风口布置方案

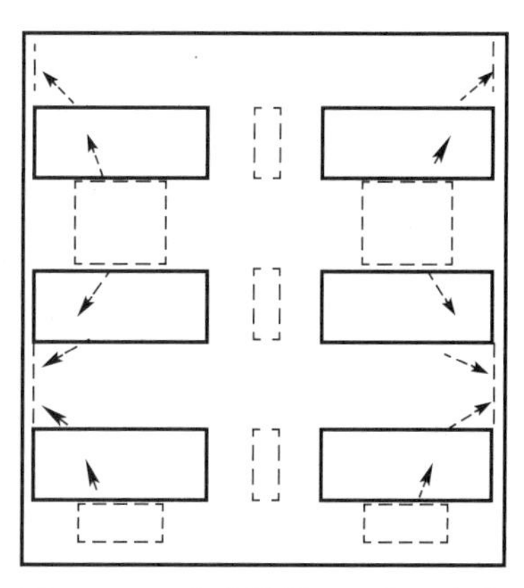
图3-28 多床送排风口布置方案

送、排风口布置注意事项如下：

（1）主、次送风口面积比宜为2：1～3：1。

（2）主送风口与床头距离不应大于0.5m，长度不宜小于0.9m，宽度不宜小于0.4m；次送风口与床尾距离不应大于0.3m，长度不宜小于0.9m，宽度不宜小于0.2m。

（3）主送风口风速不宜大于0.3m/s。

（4）排风口上边沿距离地面不大于0.6m，下边沿距离地面不小于0.1m，风速不应大于1m/s。

3. 空气过滤措施

综合分析《综合医院平疫结合可转换病区建筑技术导则（试行）》、《传染病医院建筑设计规范》GB 50849、《综合医院建筑设计规范》GB 51039对ICU病区空调、通风系统空气过滤的要求，ICU病区的空气过滤标准汇总如表3-17所示。

ICU 病区空气过滤标准一览表　　表 3-17

建筑类型	洁净分区	新风机组内	回风口处	送风口处	室内排风口处	排风机组内	室外排风口处
“平疫转换”ICU 病区	清洁	粗效 + 中效					
	半污染	粗效 + 中效 + 亚高效				粗效 + 中效 + 高效	
	污染	粗效 + 中效 + 亚高效		高效	高效		止回阀

3.2.5 卫生通过室

1. 卫生通过室流程

卫生通过室是平疫结合医院的重要组成部分，设在不同卫生安全等级区域之间，是医务人员进行换鞋、更衣、淋浴、洗手等卫生处置的通过式空间。卫生通过室包括进入卫生通过室（以下简称进入室）和退出卫生通过室（以下简称退出室），从清洁区进入污染区或半污染区时应设置进入卫生通过室，从污染区退出到清洁区或半污染区时应设置退出卫生通过室。

医务人员从清洁区进入污染区之前，应先经过戴口罩、穿衣（隔离衣、防护服）过程；医务人员从污染区进入清洁区之前，应先经过脱衣（隔离衣、防护服）、脱口罩、淋浴、更衣等过程；医务人员从清洁区进入半污染区之前，应先经过戴口罩、穿衣（隔离衣）过程；医务人员从半污染区进入清洁区之前，应先经过脱衣（隔离衣）、脱口罩、淋浴、更衣等过程。查阅相关资料可以发现，疫情发生之前的卫生通过室关注的主要是人员和物品的流程，而非通风措施，与通风系统相关的措施仅是设置缓冲间。疫情发生后要求医务人员需要同时穿防护服和隔离服，因此卫生通过室的流程应以满足感染防控需求为第一要务进行设置。但在实际工程应用中，由于受到建筑平面方案的影响、对感染防控要求不一致的理解及使用习惯的影响，卫生通过室的流程、房间名称、房间面积尚未完全统一，还需要相关各方达成共识，从感染防控角度进一步优化完善。

2. 通风系统设计原则

（1）设计原则及目标

卫生通过室通风系统的设计原则：设置合理的送、排风系统，并进行气流组织优化，保证室内的压力梯度和气流流向。

卫生通过室通风系统的设计目标：降低医务人员在室内穿脱防护服等防护用品操作时的被感染风险，同时减少室内的潜在污染物对外部环境的污染。

（2）隔离控制措施

为了避免污染物通过空气传播和保护医务人员的安全，平疫结合医院应考虑必要的隔离措施。隔离措施包括屏障隔离、气流隔离、缓冲隔离、负压隔离等。其中负压隔离是气流隔离的一种，通过在两个相连通房间之间建立空气的梯度压差，使房间空气压力由较清洁一侧向污染一侧降低，从而防止由于某种因素的带动使污染通过房间的缝隙由污染一侧进入防止污染一侧。缓冲隔离是利用屏障隔离、压差隔离及气流缓冲稀释的综合性隔离措施，通过缓冲间来实现。

（3）卫生通过室隔离控制措施

进入室是医务人员穿防护服的空间，属于清洁区，其隔离控制的要点是：①维持室内一定的正压，避免半污染区或污染区的污染物渗入；②提高房间的自清洁能力，稀释潜在的污染物。可采取的隔离措施包括；负压隔离、稀释措施。

退出室是医务人员脱防护服等防护措施的空间，由于防护服表面带有污染物，脱防护服的过程会扰动室内气流，引起污染物的二次扩散，尤其是一脱间二次污染的风险最高，二脱间的污染风险较低，因此可认为退出室基本属于污染区，只是一脱、二脱的污染程度有差异。其隔离控制的要点是：①维持室内一定的负压，避免污染物渗出到相邻的清洁区和半污染区；②采用定向流通风，形成自上而下、自二脱到一脱的定向流，减少污染物的二次扩散，降低室内的污染物浓度；③不应采用局部净化措施干扰室内的定向流。可采取的隔离措施包括：负压隔离、定向流送排风等。

缓冲间的隔离效果显著，在压力值为 -5Pa 时，增加一间缓冲间，其隔离效果可提高近 20 倍，比单纯采用加大压差的控制方法更好，因此卫生通过室宜充分利用缓冲隔离措施，有条件时，可采取下列加强隔离措施：①在一脱与二脱之间设置缓冲间，可显著减少一脱的污染物向二脱扩散，有利于形成自二脱到一脱的比较稳定的定向流。②虽然污染走道与一脱都属于污染区，但是两者的污染程度没有相关数据支撑，无法确定两者之间合理的气流流向，因此建议在一脱与污染走道之间设置缓冲间，并将缓冲间设置成正压，气流同时向一脱和污染走道渗透，可减少一脱与污染走道之间的相互影响。显然这两类缓冲间的隔离控制要点是不同的，第一类缓冲间的隔离控制要点是形成定向流，由上游的较清洁的空气稀释和补充下游房间，例如图 3-29 中的缓冲 2；第二类缓冲间的隔离控制要点是形成双向气流隔离，即由第三股清洁的空气稀释和补充双向房间，例如图 3-29 中的缓冲 1。

按以上隔离措施优化后的卫生通过室流程如图 3-29 所示，其进入流程为：清洁区→更衣→一更→二更→缓冲 4→污染区，退出流程为：污染区→缓冲 1→一脱→缓冲 2→二脱→缓冲 3→淋浴→更衣→清洁区。卫生通过室通风点位及压力控制值如图 3-30 所示，其中缓冲 1、缓冲 3、缓冲 4 设置送风，一脱及淋浴设置排风。设有通风点位的房间应进行空气压力控制，未设置通风点位的房间不进行空气压力控制，可利用门缝渗透风自然形成压力梯度。

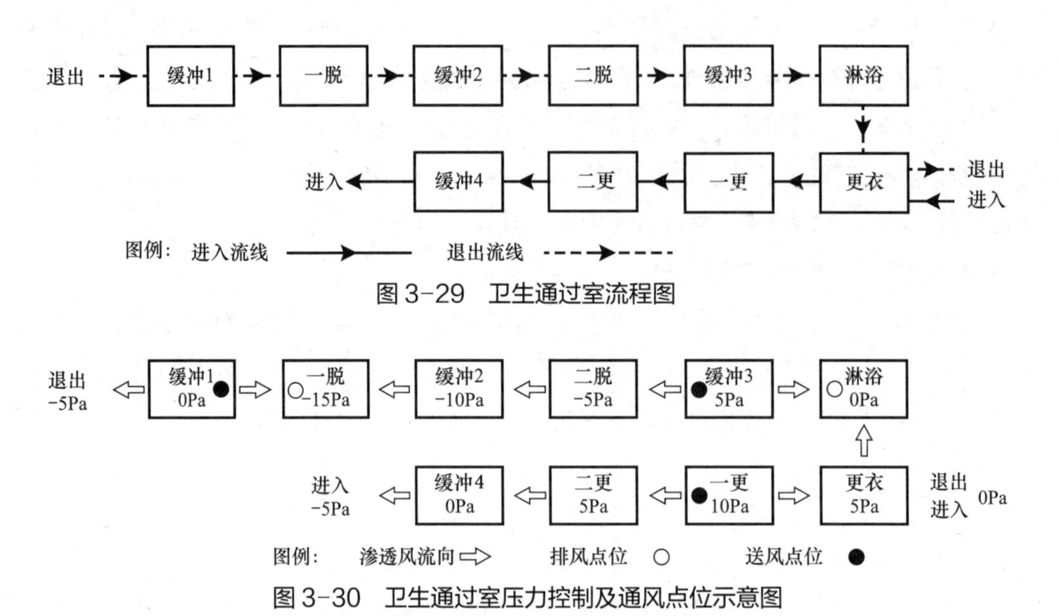

图 3-29 卫生通过室流程图

图 3-30 卫生通过室压力控制及通风点位示意图

（4）通风量计算

1）门缝渗透风量计算

为了方便工程设计人员快速计算门缝的渗透风量，指导卫生通过室的风量计算，建议根据《建筑防烟排烟系统技术标准》GB 51251-2017 第 3.4.7 条的相关规定进行计算，计算公式见式（3-1）。

典型门缝渗透风量计算结果如表 3-18 所示，对于门底不留缝、缝隙宽度为 3mm 的 1m×2m 单开门，其渗透风量为 150m^3/h，与《传染病医院建筑设计规范》GB 50849-2014 给出的送、排风量差值一致，因此可以认为该公式计算的数据基本符合实际情况。

典型门缝渗透风量计算结果一览表　　表 3-18

门形式	门宽（m）	门高（m）	缝隙宽度（mm）	压差（Pa）	渗透风量（m^3/h）
单开门（门底留缝）	1	2	2～4	5	166～250
单开门（门底不留缝）	1	2	2～4	5	100～200
双开门（门底留缝）	1.3	2.3	2～4	5	245～381
双开门（门底不留缝）	1.3	2.3	2～4	5	158～316

注：门底留缝按 10mm 计算。

需要注意的是，淋浴间的排风量不能太大，排风量太大极易抽成负压。可以在淋浴间至清洁区的门下部留 10mm 的缝隙，同时淋浴间的排风量按满足卫生需求的下限设计。卫生通过室的气流流向是向污染区和清洁区渗透风，因此卫生通过室的总送风量应大于总排风量，才能保证合理的气流流向。

2）卫生通过室气流组织

一脱属于污染区，且其隔离控制的关键是采用定向流通风，形成自上而下、自二脱到一脱的定向流，因此一脱的室内气流组织可执行负压隔离病房的相关标准和措施。一脱的排风口应设置在房间下部，风口上边沿应不高于地面 0.6m，下边沿应不低于地面 0.1m。

3.2.6　保障系统

1. 洗衣房

洗衣房的主要设备包括全自动洗涤脱水机、全自动烘干机、全封闭干洗机、自动熨平机、真空熨台、空压机等，绝大多数设备需接入蒸汽，洗衣设备散热负荷包括电动设备负荷、蒸汽凝结负荷两方面。除了工艺设备排风外，还需设置全面排风系统，可按 $5h^{-1}$ 计算，以排出散发到房间的蒸汽、水汽和热量。

洗衣房相对邻室为负压，送风量可按排风量的 90% 计算，送风分为两部分：一部分为岗位送风，另一部分为平衡排风的补充送风。在熨烫、整理区等工作人员位置相对固定的区域设置岗位送风，这部分送风应经过冷却（夏季）、加热（冬季）处理，夏季、冬季都可以处理到 20℃左右送风，以创造工作区局部的舒适性环境。补充送风夏季可不经冷却，严寒和寒冷地区冬季则需适当加热后送入房间。

洗衣房在操作区域上也划分为清洁区与污染区，通风设计气流组织应使气流由清洁区流向污染区，因此补风系统应设置在清洁区，工艺设备排风和全面排风系统设置在污染区。

平疫结合医院传染病院区的被服应在隔离洗衣间消毒洗涤，隔离洗衣间的排风系统应独立设置，且应保持可靠负压，排风应经高效过滤后引至屋面 3m 处采用倒锥形防雨风帽排至大气，且应远离进风口和人员活动区。

2. 太平间

太平间包括停尸房、尸检、美容、告别等房间，通常设置在地下，应设置机械通风系统，停尸房排风量可按 $3h^{-1}$ 计算，美容室一般兼作死者清洗，异味较大，排风量可按 $6h^{-1}$ 计算；尸检情况比较复杂，如果涉及病理解剖，应在解剖室专门的解剖台操作。尸检房间排风量应不小于 $6h^{-1}$。以上房间均按相对邻室负压设计。

疫情时传染病太平间应按照疾控部门的防疫隔离要求执行，有关通风系统设置、空气过滤净化消毒、空气定向流动和房间空气压力控制应满足有关规定。

3. 解剖室

解剖室一般在太平间临近设置，属于病理科，尸体解剖包括脏器保存、标本制作、切取组织标本分析死亡原因；脏器保存和标本制作一般就近设置，切取的组织标本则送至病理科检查，尸体解剖在解剖台上进行。

解剖室应采用独立的全新风直流式空调系统，新风量按换气次数不小于 $12h^{-1}$ 计算，解剖室应设置独立的机械排风系统，解剖室相对邻室保持负压，宜采用专用排风解剖台，房间设置下部排风口。解剖室排风应引至屋顶室外 3m 高处由倒锥形防雨风帽排至大气，且应远离人员活动区和进风口，排风系统宜设置活性炭过滤吸附装置。

疫情时传染病尸体解剖室应按照疾控部门的防疫隔离要求执行，有关通风系统设置、空气过滤净化消毒、空气定向流动和房间空气压力控制应满足有关规定。

4. 医疗废物暂存间

医疗废物暂存间是医院专门用来暂时存放从医疗废物产生地点收集来的医疗废物的场所，以等待医疗废物集中处置单位收集转运出医疗机构做进一步无害化处置。

医疗废物暂存间与生活垃圾存放地应分开；应有良好的通风条件，应设置空气消毒设备，如安装紫外线灯管等，以保障空气消毒效果；病理性医疗废物应存放在低温贮藏设备中；医疗废物属于危险废物，医疗废物暂时贮存柜（箱）应每天消毒一次，尽量做到日产日清。暂存间室内温度不宜超过 20℃，应设有夏季空调降温措施。

疫情时传染病区的医疗废物暂存间应单独设置，有关隔离防护措施应按照疾控部门的要求执行，有关通风系统设置、空气过滤净化消毒、空气定向流动和房间空气压力控制应满足有关规定。

本章参考文献

[1] 国家发展改革委，国家卫生健康委，国家中医药管理局. 公共卫生防控救治能力建设方案［Z］. 2020.

[2] 中华人民共和国住房和城乡建设部. 传染病医院建设标准：建标：173-2016［S］. 2016.

[3] 中华人民共和国住房和城乡建设部. 综合医院建设标准：建标：110-2021［S］. 2021.

[4] 中华人民共和国住房和城乡建设部. 传染病医院建筑设计规范：GB 50849-2014［S］. 北京：中国计划出版社，2015.

[5] 国家卫生健康委办公厅，国家发展改革委办公厅. 综合医院平疫结合可转换病区建筑技术导则（试行）［Z］. 2020.

[6] 环境保护部. 社会生活环境噪声排放标准：GB 22337-2008 [S]. 北京：中国环境科学出版社，2008.
[7] 中华人民共和国住房和城乡建设部. 综合医院建筑设计规范：GB 51039-2014 [S]. 北京：中国计划出版社，2015.
[8] 国家卫生健康委办公厅，国家发展改革委办公厅. 发热门诊建筑装备技术导则（试行）[Z]. 2020.
[9]《建筑设计资料集》编委会. 建筑设计资料集 [M]. 北京：中国建筑工业出版社，1994.
[10] 黄中. 医院通风空调设计指南 [M]. 北京：中国建筑工业出版社，2019.
[11] 中华人民共和国住房和城乡建设部. 民用建筑供暖通风与空气调节设计规范：GB 50736-2012 [S]. 北京：中国建筑工业出版社，2012.
[12] 胡仰耆. 改进医院暖通空调设计的思考——读美国《医疗保健设施设计与建设指南》有感 [J]. 暖通空调，2014（6）：56-60.
[13] 中华人民共和国国家卫生健康委员会. 医疗机构门急诊医院感染管理规范：WS/T 591-2018 [S]. 北京：中国标准出版社，2018.
[14] 国家卫生健康委员会办公厅，国家中医药管理局办公室. 新型冠状病毒肺炎诊疗方案（试行第九版）[Z]. 2022.
[15] 中华人民共和国住房和城乡建设部. 生物安全实验室建筑技术规范：GB 50346-2011 [S]. 北京：中国建筑工业出版社，2011.
[16] 中华人民共和国国家质量监督检验检疫总局. 实验室 生物安全通用要求：GB 19489-2008 [S]. 北京：中国标准出版社，2008.
[17] 中华人民共和国卫生和计划生育委员会. 病原微生物实验室生物安全通用准则：WS 233-2017 [S]. 北京：中国标准出版社，2017.
[18] 国家卫生健康委办公厅. 新型冠状病毒实验室生物安全指南（第二版）[S]. 2020.
[19] 中国工程建设标准化协会. 医学生物安全二级实验室建筑技术标准：T/CECS 662-2020 [S]. 北京：中国工程建设标准化协会，2020.
[20] 中华人民共和国卫生和计划生育委员会. 医院洁净手术部建筑技术规范：GB 50333-2013[S]. 北京：中国计划出版社，2013.
[21] 中国工程建设标准化协会. 新型冠状病毒感染的肺炎传染病应急医疗设施设计标准：T/CECS 661-2020 [S]. 北京：中国工程建设标准化协会，2020.
[22] 中华人民共和国国家质量监督检验检疫总局. 医院负压隔离病房环境控制要求：GB/T 35428-2017 [S]. 北京：中国标准出版社，2017.
[23] 中国中元国际工程公司. 洁净手术部和医用气体设计与安装：07K505 [S]. 北京：中国计划出版社，2007.
[24] 许钟麟. 负压隔离病房建设简明技术指南 [M]. 北京：中国建筑工业出版社，2020.
[25] 中华人民共和国国家质量监督检验检疫总局. 环境空气质量标准：GB 3095-2012 [S]. 北京：中国环境科学出版社，2012.
[26] 公安部四川消防研究所. 建筑防烟排烟系统技术标准：GB 51251-2017 [S]. 北京：中国计划出版社，2017.
[27] 中国医学装备协会医院建筑与装备分会. 综合性医院感染性疾病门诊设计指南 [M]. 北京：2020.
[28] 中南建筑设计院股份有限公司，中信建筑设计研究总院有限公司. 大型公共设施平战两用设计

规范：DB 42/T 1616-2021 [S]．2021.

[29] 中华人民共和国国家质量监督检验检疫总局．建筑幕墙、门窗通用技术条件：GB/T 31433-2015 [S]．北京：中国标准出版社，2015.

[30] 中华人民共和国国家市场监督管理总局．建筑外门窗气密、水密、抗风压性能检测方法：GB/T 7106-2019 [S]．北京：中国标准出版社，2019.

[31] 中华人民共和国国家市场监督管理总局．空气过滤器：GB/T 14295-2019 [S]．北京：中国标准出版社，2019.

[32] 中华人民共和国国家市场监督管理总局．高效空气过滤器：GB/T 13554-2020 [S]．北京：中国标准出版社，2020 .

[33] 刘奕奕，熊汉武，等．分区分级防控、平疫结合——武汉航天城同济医院的设计方案 [J]．中国医院建筑与装备，2022（9）.

[34] 宋涛，彭凯，李环环，等．云景山医院平疫结合可转换病区通风空调系统设计与控制 [J]．暖通空调，2021（9）：88-98.

暖通空调系统监控与运维

4.1 概　　述

4.1.1 暖通空调系统监控及运维的需求特点

相对于常规的医疗建筑，平疫结合的医疗建筑暖通空调系统设计，其监控及运维方面的需求特点主要体现在平时和疫情时两种不同工况下，由于室内换气次数（或新风量）、气流组织及压差、空气品质的要求不同，为保证室内设计参数满足要求，如何对风机、阀门及过滤器等进行监控、平疫转换及运行管理。平时，普通门诊用房、普通病房及医技科室各房间的室内空气压力一般不做具体要求，微正压即可，主要是保证室内的温湿度及换气次数（或新风量）满足要求，按规范要求设计的新风量基本都能满足健康要求；疫情时，除了要保证室内的温湿度及新风量满足要求，最重要的是满足各不同区域压力和相邻区域压力梯度的要求，考虑到各个室内设计参数之间会相互影响，调试及运行时应优先保证各房间的压力梯度和换气次数满足要求，其次才是温度、湿度满足要求。

为便于管理和平疫工况的快速转换，通风空调系统宜在每个护理单元设置一套自成一体的监控系统，设置监控电脑及操作面板，操作面板带液晶显示屏。该监控系统需兼顾“平”“疫”两种工况，能够远程控制为本护理单元服务的新风机组（或送风机）、排风机组、空调末端，以及风阀、水阀、变频器等，并显示温度及湿度、压差、污染物浓度等各种传感器的数据，并显示相关设备、阀门及过滤器的工作状态，设备及阀门平时可以就地控制，疫情时必须在护士站集中控制，为缩短平疫转换时间，要求平时也要在护士站集中控制。

本章的监控与运维内容只涉及通风及空调系统，不涉及空调系统冷热源及防烟排烟部分，后面这两部分内容的监控及运维，平时与疫情时完全一样，不再阐述。

4.1.2 主要控制目标及内容

医疗建筑暖通空调系统的控制目标是保证“平”“疫”两种工况下的室内温度及湿度、新风量及室内换气次数、气流组织及压差、空气品质等均满足要求，主要监控内容有：启停风机、风机变频、启闭或调节风阀及水阀，以及风机与风机、风机与风阀间的连锁控制，监测室内温湿度、静压差、污染物浓度、过滤器两侧的压差等。具体内容如下：

1. 室内空气温度及湿度

平疫结合的医疗建筑各个区域室内的空气温湿度，平时与疫情时的要求基本一样，具体数值详见前述章节。需要注意的是疫情期间，污染区及潜在污染区内，由于医护人员需要穿防护服工作，夏季室内温度宜适当降低1~2℃。同时，由于“平”“疫”两种工况下大多数区域的换气次数及新风量不一致，设计时需考虑到其冷热负荷的变化对设备（包括空调主机及空调末端）选型及控制的影响。对于各个区域室内的空气温湿度，中央空调系统是通过自动调节空调末端设备来实现的；直膨式空调机组、多联机及分体空调，则由空调机自带的控制系统进行自动控制，一般采用就地控制，很少采用集中控制。

2. 室内换气次数（或新风量）

平时，医疗建筑大部分区域的换气次数一般为2~3h^{-1}，疫情时，发热门诊、医技用房及普通负压病房的潜在污染区及污染区需要达到6h^{-1}以上，而负压隔离病房及ICU病房等则要求在12h^{-1}以上，同时要求全新风运行。为满足“平”“疫”两种工况下不同的换气次数要求，设计一般采用不同的送、排风机或者通过风机变频来实现，则需要暖通空调的监控系统能根据设计要求在不同的风机及其风阀间进行转换，或者通过调节风机的频率来实现。由于平疫结合的项目，平时及疫情时一般会采用同一套通风空调系统，如果平时与疫情时采用不同的风机，则还需要开启或关闭相应的风阀来满足“平”“疫”两种工况下换气次数及新风量的要求。

各房间的换气次数，监控时以保证气流组织的流向正确为依据，一般不计量各房间具体的风量。

3. 气流组织（或压差）

平时，除传染病医院的污染区及潜在污染区外，其余的医疗建筑各区域都要求室内为微正压；疫情时，单个护理单元需采用“三区两通道”的布置，除清洁区仍需要正压外，潜在污染区及污染区均要求为负压，且要求空气压力梯度从清洁区到潜在污染区，再到污染区逐级降低。为满足“平”“疫”两种工况下不同的压差要求，平时要求正压的区域采用机械送风量大于机械排风量的策略，而疫情时需要保证负压的区域，则需通过调节，使机械排风量大于机械送风量来实现。

为满足“平”“疫”两种工况下不同的气流组织要求，平时各个区域的风机一般不需要连锁启停控制，疫情时为保证气流组织，需要连锁控制各护理单元的清洁区、潜在污染区及污染区的送、排风机的启停顺序。

4. 室内空气品质

平时，除手术室、ICU病房及特殊的医技用房外，门诊及急诊用房、普通病房及非呼吸道传染病房、普通医技用房对室内空气洁净度要求不高，其通风及空调系统均只需要设置粗效、中效过滤器即可，对室内的颗粒物及污染物浓度一般也不进行检测及控制。疫情时，有需要的区域可以对室内的空气颗粒物及污染物浓度进行检测，新风或送风系统应增设亚高效过滤器，排风系统也应增设高效过滤器。过滤器的增加，除了增加风系统的阻力，也改变了系统的管路特性，监控及运维方面，也相应需要增加高效过滤器两端的压力检测及超压报警，并及时清洗及更换过滤器。

4.1.3 实现控制目标的难点

上述4个控制对象中，最难实现的是气流组织（或压差）。举例来说，如果要保证房间负压，则需要调节该房间的机械排风量大于机械送风量，相差的风量大小及房间的气密性决定了房间的压差大小，但由于设计时一套通风系统往往负担多个房间，在调节某个房间的风量时，该房间的通风系统负担的其余房间的风量会发生变化，从而影响到整个通风系统的调试。疫情时，对一个护理单元来说，要保证气流从清洁区流向潜在污染区，再到污染区，则不仅需要调试好各个区域内各房间的机械送风量和机械排风量，还需要统筹考虑各个相邻区域的风量差，以及风机的启停顺序。疫情时，急诊及病房区域一般会要求通风空调系统24h不间断运行，加上高效过滤器运行过程中容易脏堵从而造成阻力增加，进而影响整个通风系统的管路特性，造成房间的风量变化，这些也会影响该护理单元的气流组织及房间的压差。

除了气流组织及压差，如果同一个区域“平”“疫”两种工况时要求的换气次数相差很大，而设计一般采用一套通风及空调系统来兼顾“平”“疫”两种工况，从以往经验来看，仅通过一台风机变频调节来满足不同的换气次数要求很难实现，此时还需要调节阀门或启停不同的风机来满足要求。

考虑到“平”“疫”两种工况下，室内空气品质要求不一样，如果仅从节约投资及过滤器失效两方面考虑，则平疫结合项目的高效过滤器有些平时可以不安装，但是在发生疫情时要在较短时间内安装及调试好，难度非常大，所以建议仅疫情时使用的高效过滤器平时也应该一次性安装到位，并调试好，然后可以把过滤器拆下来密封好（也可以不拆，疫情时根据情况更换），待疫情时再安装上去。

温湿度控制方面，由于疫情时全空气系统需要全新风运行，而风机盘管+新风或多联机+新风等其他空调系统，疫情时如果要关闭风机盘管或多联空调，改由新风机组来负担室内全部的空调负荷，相当于疫情时空调系统改成了全空气变风量系统。这样做一方面疫情时的冷热负荷要比平时大很多，另一方面，如果通过调节新风量大小来满足室内温湿度要求，则改变送风量就会导致室内的压差变化，此时要实时调节机械排风量来满足压差要求，很难调试成功。所以疫情时建议不要采用调节新风量大小的方式来满足室内温湿度要求。

4.1.4 现状及技术发展趋势

目前，新建医疗建筑的空调系统，其监控系统一般采用自动控制方式；中央空调系统的空调末端就地控制，一般采用 DDC 直接数字控制系统，主要控制的参数是室内温湿度；中央空调系统的冷热源采用一套机房群控系统，将冷水机组、空调水泵、冷却水泵及冷却塔的风机等集中控制；直膨式空调机组、多联机空调及分体空调均由厂家自带自动控制系统，主要控制的参数是室内温湿度；相对而言，全空气变风量空调系统的自动控制系统比较复杂，其室内温湿度是通过调节变风量末端装置来实现的，同时空调送风机采用变频调节来适应系统的风量变化。

目前，新建医疗建筑的通风系统，其监控系统一般有现场手动控制风机启停，也有采用远程启停控制风机的方式，风机采用变频控制的不多。随着变频器价格的逐渐降低，风机采用变频控制也逐渐增多。

目前，通风及空调系统的监控一般都要求各区域自成一体，同时将暖通空调系统所有设备及阀门等的监控集合为一套集中的自动监控系统，再并入整个建筑的中央监控系统里，中央监控系统一般只检测通风及空调系统的运行状态、运行参数，故障报警等，不进行控制。监控系统的连接目前以有线连接为主，采用无线连接的项目也逐渐增多。

未来随着物联网、大数据应用技术的发展，以及自动控制技术的完善，暖通空调系统的监控将向智能化、云计算、大数据控制等方向发展，监控手段会更加方便快捷。

4.2 监测与控制

4.2.1 通风空调系统的监测与控制

1. 全空气定风量空调系统

全空气定风量空调系统在平疫结合的医疗建筑中，主要用在门诊大厅、手术室及大开间的医技用房（如 CT 室、MRI 室等），其采用的空调机组目前主要有 3 种形式：一种是带表冷器的柜式空气处理机，一种是直膨式空调机组，还有一种是由表冷器与直膨式组合的双冷源的空调机组。一套全空气定风量空调系统往往只负担一个房间。

（1）监控目标

全空气定风量空调系统平时一般保持送风量不变，送风机一般不配变频器，带表冷器的柜式空气处理机组通过调节经过表冷器的水流量（直膨式空调机组由机组自带控制系统）来保证房间所要求的温度、湿度在一定范围内波动，从节能的角度出发，一般都会采用一定比例的回风，新风量一般手动调节，也可以根据室内外空气的温湿度采用自动调节新、回风的比例，可全新风运行且要满足最小新风量要求，此时室内为微正压，具体压差不做要求。

疫情时，全空气定风量空调系统一般要求关闭回风阀，采用全新风运行，室内温湿度的要求跟平时一样，用于潜在污染区及污染区时，房间要求负压，需增设机械排风系统，排风系统上设置有粗效、中效、高效三级过滤器，为调试方便，排风机一般采用变频控制。

（2）监控原理图

根据上述监控目标的要求，列举一个门诊大厅采用带表冷器的全空气定风量空调系统平疫结合监控原理图，如图 4-1 所示。

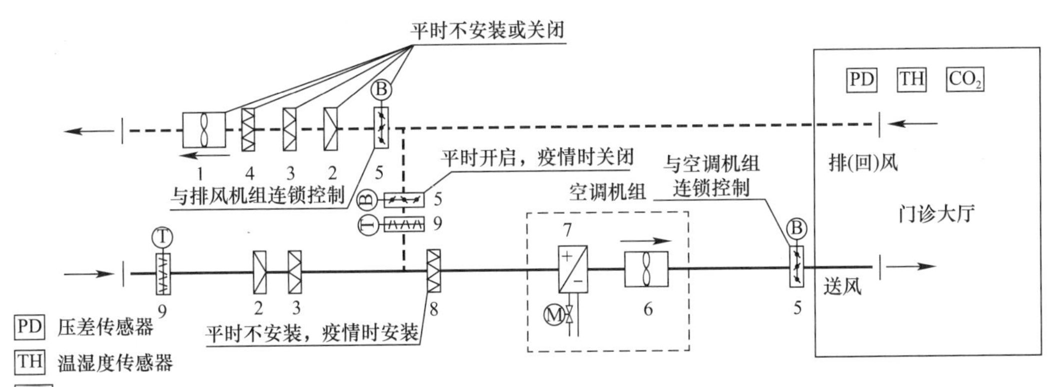

图 4-1　带表冷器的全空气定风量空调系统平疫结合监控原理图

1—排风机；2—粗效过滤器；3—中效过滤器；4—高效过滤器；5—电动密闭阀；6—空调机组送风机；7—表冷器；8—亚高效过滤器；9—电动风量调节阀

（3）监控内容及其策略

全空气定风量空调系统平时与疫情时在控制策略及其对检测参数的要求，以及空调系统在传感器、执行器等设置上的要求，区别较大，除了需设置常规的空调机组及风机的运行状态检测、故障报警、手 / 自动状态检测、现场 / 远程启停控制，以及各个风阀或水阀门的启闭状态检测、风机与电动密闭风阀的联锁启停控制、风阀或水阀的开度控制外，其余的监控内容及策略如表 4-1 所示。

全空气定风量空调系统的监控内容及其策略　　表 4-1

监控对象	平时			疫情时		
	控制策略	需检测的参数	执行机构设置	控制策略	需检测的参数	执行机构设置
送风量	保持不变	无	空调机组的送风机配变频器①	保持不变	无	空调机组的送风机配变频器①
新风量	根据室外空气参数调节新风及回风阀比例，同时要保证最小新风量	室外空气的温度、湿度	新风及回风调节阀	全新风，关闭回风阀	与平时一样	与平时一样
温、湿度	控制送风温、湿度来满足室内温、湿度要求	送风及室内空气的温度、湿度	电动两通比例积分调节水阀②	与平时一样	与平时一样	与平时一样
室内气压	微正压，新风量大于机械排风量	无	无	负压，机械排风量大于新风量	室内外气压差	排风机变频控制器、电动风量调节阀③
排风量	一般不需要设机械排风	无	无	必须设机械排风	室内外气压差	排风机变频控制器、电动风量调节阀

① 采用全空气定风量空调系统的区域，其平时与疫情时房间的换气次数如果一样，此时空调机组的风机可不设变频器（也可以设，因为疫情时增加了亚高效过滤器）；当平时与疫情时换气次数不一样时，如果通过计算采用风机变频能满足要求，则优先推荐采用变频调节，平时把两种工况调试好，把风机的运行频率记录下来，“平”“疫”转换时就按调试好的频率运行即可；如果通过风机变频无法满足平疫两种工况的换气次数要求，则需要平时与疫情时分别设置各自的风机，不同的工况下运行各自的风机，同时开、关相应的风阀。

② 平疫结合的医疗建筑的大多数区域不需要精确控制室内空气湿度，此时带表冷器的空调机组只需要调节空调水管上的电动两通调节阀的开度即可，如果需要精确控制室内空气湿度，则空调机组应设置有再热及加湿装置，根据室内的相对湿度变化，同时调节电动两通比例积分调节阀的开度及再热装置或加湿装置。

对于房间室内的温度、湿度监控，平时与疫情时的要求基本一致，但是由于疫情时需要全新风运行，这样会大幅增加空调系统的负荷，只按平时工况选择的空调机组是无法满足疫情时需求的，有条件时可以采用一套双冷源空调机组来满足“平”“疫”两种工况的需求，或者按疫情时的工况及负荷来选择空调机组，这样平时就需要通过风机变频来调节送风量以满足室内温度、湿度要求。

随着人们对疫情的认识不断加深，以及净化消毒过滤产品的发展，对于全空气定风量空调系统，疫情时是否一定要全新风运行，目前也有部分专家持不同意见，认为可以通过对回风进行过滤及消毒来代替全新风对室内空气的稀释作用，这样设计起来会相对简单一些。

③ 排风风机一般采用变频自动控制（或者采用电动风量调节阀），运行过程中通过检测空调房间与相邻区域的压差值，输入信号到控制器，将实测值与设定值进行比较，根据比较情况输出信号到变频器，自动调节排风机的运行频率（或者电动风量调节阀的开度），维持机械送、排风量差恒定，从而保证房间的负压满足要求。

续表

监控对象	平时			疫情时		
	控制策略	需检测的参数	执行机构设置	控制策略	需检测的参数	执行机构设置
室内空气品质	送风管上设粗、中效两级过滤器	送风管上各个过滤器两侧的压差	无	送风管上设粗、中、亚高效三级过滤器[①]，排风管上设粗、中、高效三级过滤器	送风及排风管上各个过滤器两侧的压差，空气洁净度[②]	送风及排风管上要设电动密闭风阀[③]

2. 全空气变风量空调系统（VAV）

全空气变风量空调系统在平疫结合的医疗建筑中，主要用在病房、门诊及小开间的医技用房（如检查室、治疗室等区域），考虑到平疫转换方便，其变风量末端装置平时及疫情时应该采用同一套设备，这样的话，就要求全空气变风量空调系统一般适用于“平”“疫”两种工况的换气次数一样的场合，如平时为呼吸道传染病房，疫情时作为负压病房的情况。其采用的空调机组与全空气定风量空调系统一样，一套全空气变风量空调系统一般要负担多个房间。

（1）监控目标

平时，全空气变风量空调系统空调机组的风机采用变频控制，各个房间所要求的温度及湿度是由各房间的变风量末端装置通过调节送入该房间的空调风量来保证的，从节能的角度出发，一般都会采用一定比例的回风，可全新风运行且要满足最小新风量要求，此时室内为微正压，具体压差不做要求。

疫情时，全空气变风量空调系统一般要求关闭回风阀，采用全新风运行，平时与疫情时的换气次数一般不变，具体要求详前面的章节，室内温湿度的监控与平时一样，用于潜在污染区及污染区时，各房间要求负压，需增设机械排风系统，排风系统上设置有粗效、中效、高效三级过滤器，为调试方便，排风机一般会采用变频控制。

（2）监控原理图

根据上述内容，列举一个平时与疫情时均为医技用房采用的带表冷器的全空气变风量空调系统平疫结合监控原理图，如图 4-2 所示。

---

① 清洁区的送风管上只设粗、中效过滤器，污染区及半污染区的送风管上要设粗、中、亚高效过滤器；当过滤器两侧的压差监控报警时，则需要清洗或更换过滤器。

② 室内洁净度是通过设计及运维来保证，无法像空气静压差及温湿度那样通过实时调节进行控制，只能是监测到室内颗粒物、浮游菌等的浓度超标时，自动报警，提醒维护人员清洗或更换过滤器。

③ 在房间不需要空调或需要进行消毒时，要关闭该房间的送、排风管上的电动密闭阀，在消毒完成后如果需要继续使用空调时，再开启电动密闭阀。

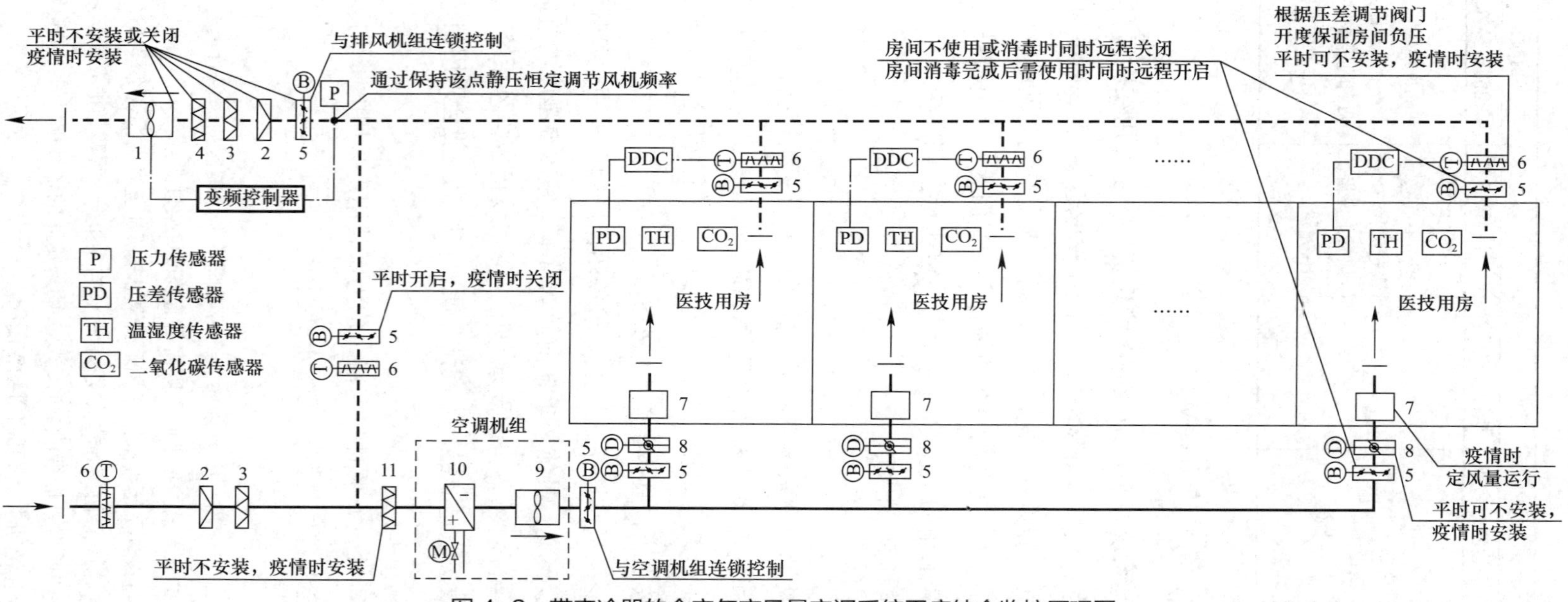

图 4-2 带表冷器的全空气变风量空调系统平疫结合监控原理图

1—排风机；2—粗效过滤器；3—中效过滤器；4—高效过滤器；5—电动密闭阀；6—电动风量调节阀；7—变风量末端；8—定风量阀；9—空调机组送风机；10—表冷器；11—亚高效过滤器

（3）监控内容及其策略

全空气变风量空调系统平时与疫情时在控制策略及其对检测参数的要求，以及空调系统在传感器、执行器等设置上的要求，有所不同，除了需设置常规的空调机组及风机的运行状态检测、故障报警、手 / 自动状态检测、现场 / 远程启停控制，以及各个风阀或水阀门的启闭状态检测、风机与电动密闭风阀的联锁启停控制、风阀或水阀的开度控制外，其余的监控内容及策略如表 4-2 所示。

3. 风机盘管（FCU）+ 新风的空调系统

风机盘管（FCU）+ 新风的空调系统在平疫结合的医疗建筑中，主要用在病房、门诊及小开间的医技用房（如检查室、治疗室等区域），各房间分别独立设置风机盘管，共用一台新风机组。一套风机盘管 + 新风的空调系统要负担多个房间。

全空气变风量空调系统的监控内容及其策略　表 4-2

监控对象	平时			疫情时		
	控制策略	需检测的参数	执行机构设置	控制策略	需检测的参数	执行机构设置
送风量	根据室内温、湿度变化调节	送风量及室内空气的温度、湿度	变风量末端装置、空调机组的送风机配变频器①	保持不变	室内空气的温度、湿度	定风量阀、空调机组的送风机配变频器①
新风量	根据室外空气参数调节新风及回风阀比例，同时要保证最小新风量	室外空气的温度、湿度	新风及回风调节阀	全新风，关闭回风阀	与平时一样	与平时一样
温、湿度	由变风量末端装置自带的自动控制系统进行控制	送风量及室内空气的温度、湿度	变风量末端装置	由变风量末端装置自带的自动控制系统进行控制②	与平时一样	末端再热装置、空调机组的送风机配变频器

① 采用全空气变风量空调系统的区域，其平时与疫情时房间的换气次数是一样的，调试及运行时通过调节空调系统的变风量末端装置来满足房间的换气次数及最小新风量的要求。空调机组的送风机采用变频控制，可以采用定静压法、变定静压法、变静压法及总风量法等控制方式，实时调节风机频率来适应管路的阻力及风量变化。

② 疫情期间调试时，由于需要保证各房间的送风量不变，则不能调节变风量末端装置的送风量，可以采取再热方式来调节室内温湿度，当变风量末端装置没有再热功能或者采取再热方式仍无法满足要求时，则需要调节空调机组来满足要求，具体做法是：运行过程中，夏季当某房间的温度超过设定值时，调节空调机组使送风温度降低，而房间温度低于设定值时不调节；冬季时正好相反，当某房间的温度低于设定值时，调节空调机组使送风温度升高，而房间温度超过设定值时不调节。

续表

监控对象	平时			疫情时		
	控制策略	需检测的参数	执行机构设置	控制策略	需检测的参数	执行机构设置
室内气压	微正压，新风量大于机械排风量	无	无	清洁区正压，新风量大于机械排风量；半污染区及污染区负压，机械排风量大于新风量	室内外气压差	电动风量调节阀、排风机变频控制器①
排风量	一般不需要设机械排风	无	无	必须设机械排风	室内外气压差	电动风量调节阀、排风机变频控制器
室内空气品质	送风管上设粗、中效两级过滤器	送风管上各个过滤器两侧的压差	无	送风管上设粗、中、亚高效三级过滤器，排风管上设粗、中、高效三级过滤器	送风及排风管上各个过滤器两侧的压差，空气洁净度	送风及排风管上要设电动密闭风阀

（1）监控目标

平时，风机盘管 + 新风的空调系统平时一般保持新风量不变，新风风机一般不配变频器，房间所要求的温度及湿度可以在一定范围内波动，此时室内为微正压，具体压差不做要求。

疫情时，新风量一般比平时大很多，具体要求详见本书第 3 章。用于清洁区时，要求正压；用于半污染区及污染区时，各房间要求负压，需增设机械排风系统，排风系统上设置有粗、中、高效三级过滤器，为调试方便，排风机一般会采用变频控制。

（2）监控原理图

根据上述监控内容及其策略，列举一个平时为普通病房，疫情时为负压病房采用风机盘管 + 新风的空调系统平疫结合监控原理图，如图 4-3 所示。

（3）监控内容及其策略

风机盘管（FCU）+ 新风的空调系统平时与疫情时在控制策略及其对检测参数的要求，以及空调系统在传感器、执行器等设置上的要求，区别较大，除了需设置常规的

---

① 调试及运行时，如果全空气变风量空调系统的送风量根据室内负荷变化实时调节，则通过调节排风量来满足室内负压要求会比较困难，设计时应选用送风量不变，通过末端再热来调节室内温湿度的变风量末端装置。为保持各房间的负压，首先要保持各房间的送风量不变，同时在排风支管上设置电动风量调节阀，可根据房间的压差来自动调节电动风量调节阀开度以满足要求。排风风机一般采用定静压法对风机进行变频控制，运行过程中监测设在排风管上的静压传感器，将信号传到控制器，与设定值进行比较，根据比较情况输出信号调节风机频率。

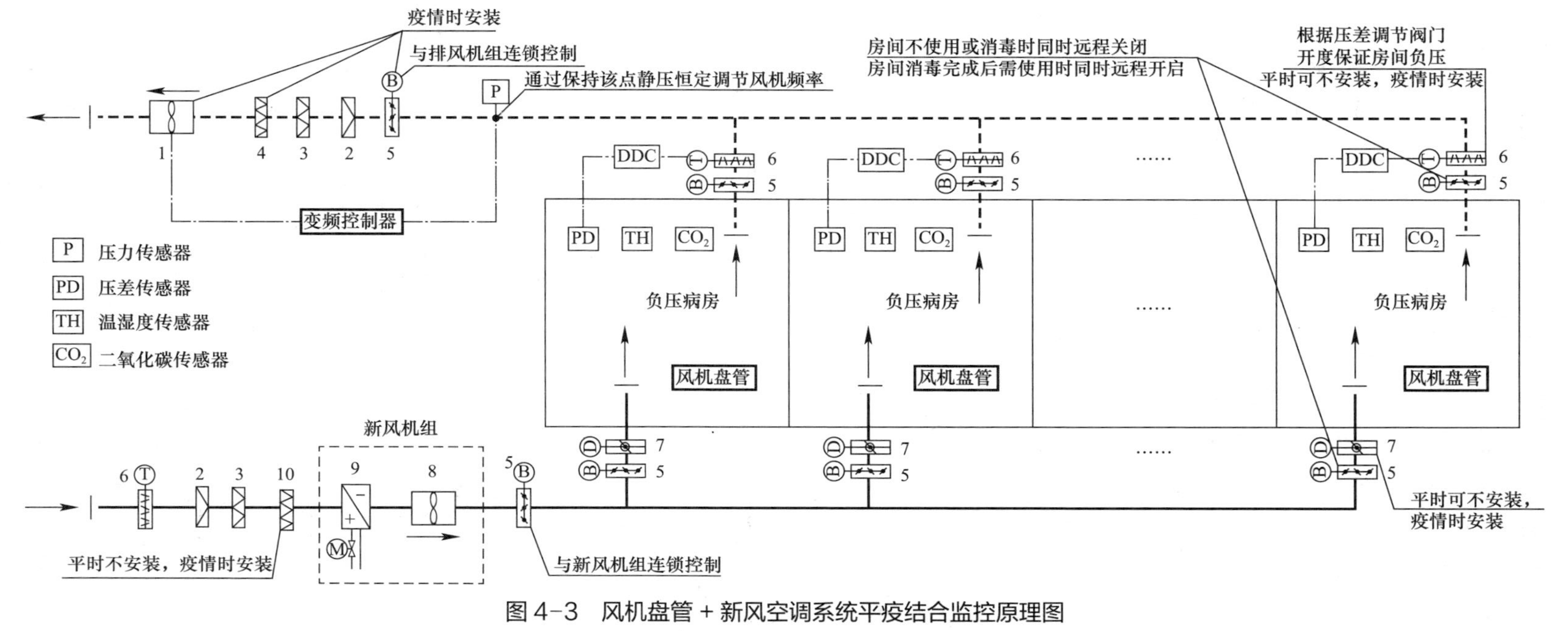

图 4-3　风机盘管 + 新风空调系统平疫结合监控原理图

1—排风机；2—粗效过滤器；3—中效过滤器；4—高效过滤器；5—电动密闭阀；6—电动风量调节阀；7—定风量阀；8—新风机组送风机；9—表冷器；10—亚高效过滤器

空调机组及风机的运行状态检测、故障报警、手/自动状态检测、现场/远程启停控制，以及各个风阀或水阀门的启闭状态检测、风机与电动密闭风阀的联锁启停控制、风阀或水阀的开度控制外，其余的监控内容及策略如表 4-3 所示。

风机盘管（FCU）+ 新风的空调系统的监控内容及其策略　　表 4-3

监控对象	平时			疫情时		
	控制策略	需检测的参数	执行机构设置	控制策略	需检测的参数	执行机构设置
送风量	保持不变	无	三速开关	与平时一样	无	与平时一样
新风量	保持不变	室外空气的温度、湿度	无	保持不变，但新风量比平时大很多	与平时一样	新风机变频控制器①
温、湿度	控制新风温度来保证房间的室内空气湿度要求，控制风机盘管的送风温度来满足房间的温度要求	室外空气、新风送风及室内空气的温度、湿度	新风机组的电动两通比例积分调节阀、风机盘管的空调水管上的电动两通阀	根据房间功能有所不同②	与平时一样	与平时一样
室内气压	微正压，新风量大于机械排风量	无	无	清洁区正压，新风量大于机械排风量；半污染区及污染区负压，机械排风量大于新风量	室内外气压差	定风量阀、电动风量调节阀、排风机变频控制器③

① 采用风机盘管 + 新风的空调系统的区域，调试时，测试好送入房间的新风量满足要求即可，运行时一般不需要计量各个房间及总的新风量。如果平时与疫情时房间的新风量相差较大，比如平时为普通病房时换气次数要求 $3/h^{-1}$，疫情时为负压隔离病房时换气次数要求 $12/h^{-1}$ 以上。此时新风机组的风机通过变频是无法满足“平”“疫”两种工况的换气次数要求，则需要平时跟疫情时分别设置风机，不同的工况下运行各自的风机，同时开、关相应的风阀；如果平时与疫情时换气次数相差不大，且疫情时可以运行风机盘管，则优先考虑采用新风机组的风机变频来满足要求。

② 疫情时，用于负压隔离病房及 ICU 重症监护病房的空调系统要求关闭平时运行的空调末端，采用全新风运行，此时室内的热湿负荷由新风负担，温湿度控制与全空气变风量空调系统一样；其余区域一般可以继续使用风机盘管，室内温湿度的监控与平时一样。

③ 调试及运行时一般保持送风量恒定，通过调节排风量来满足室内负压要求。各房间的送风支管上设置有定风量阀，排风支管上设置有电动风量调节阀，可根据房间的压差来调节电动风量调节阀以满足要求，排风风机采用变频自动控制，其监控策略与全空气变风量空调系统一样。

续表

监控对象	平时			疫情时		
	控制策略	需检测的参数	执行机构设置	控制策略	需检测的参数	执行机构设置
排风量	一般不需要设机械排风	无	无	必须设机械排风	室内外气压差	电动风量调节阀、排风机变频控制器
室内空气品质	新风管上设粗、中效两级过滤器	新风管上各个过滤器两侧的压差	无	新风管上设粗、中、亚高效三级过滤器，排风管上设粗、中、高效三级过滤器	新风及排风管上各个过滤器两侧的压差，空气洁净度	新风及排风管上要设电动密闭风阀

4. 多联机（或分体空调）+ 新风的空调系统

由于多联机 + 新风的空调系统与分体空调 + 新风的空调系统，其监控内容基本一样，所以合并在一起来讲。在平疫结合的医疗建筑中，使用区域与风机盘管 + 新风的空调系统一样，主要用在病房、急诊及小开间的医技用房等区域，各房间分别独立设置多联空调室内机（或分体空调），多台多联空调室内机共用一台多联空调室外机。一套多联机（或分体空调）+ 新风的空调系统一般要负担多个房间，为避免交叉感染，其新风机组不能采用整体式全热交换器，只能采用直膨式或分离式热回收新风机组，新风机组负担的房间不一定与多联空调室外机一致。

（1）监控目标

平时，多联机（或分体空调）+ 新风的空调系统一般保持新风量不变，新风风机一般不配变频器，各房间所要求的温度、湿度由多联机或分体空调自带的控制系统来满足要求，此时室内为微正压，具体压差不做要求。

疫情时，新风量一般比平时大很多，具体要求详见本书第 3 章，用于清洁区时，要求正压；用于半污染区及污染区时，各房间要求负压，需增设机械排风系统，排风系统上设置有粗、中、高效三级过滤器，为调试方便，排风机一般会采用变频控制。

（2）监控原理图

根据上述监控内容及其策略，列举一个发热门诊采用多联机 + 新风的空调系统平疫结合的监控原理图，如图 4-4 所示。

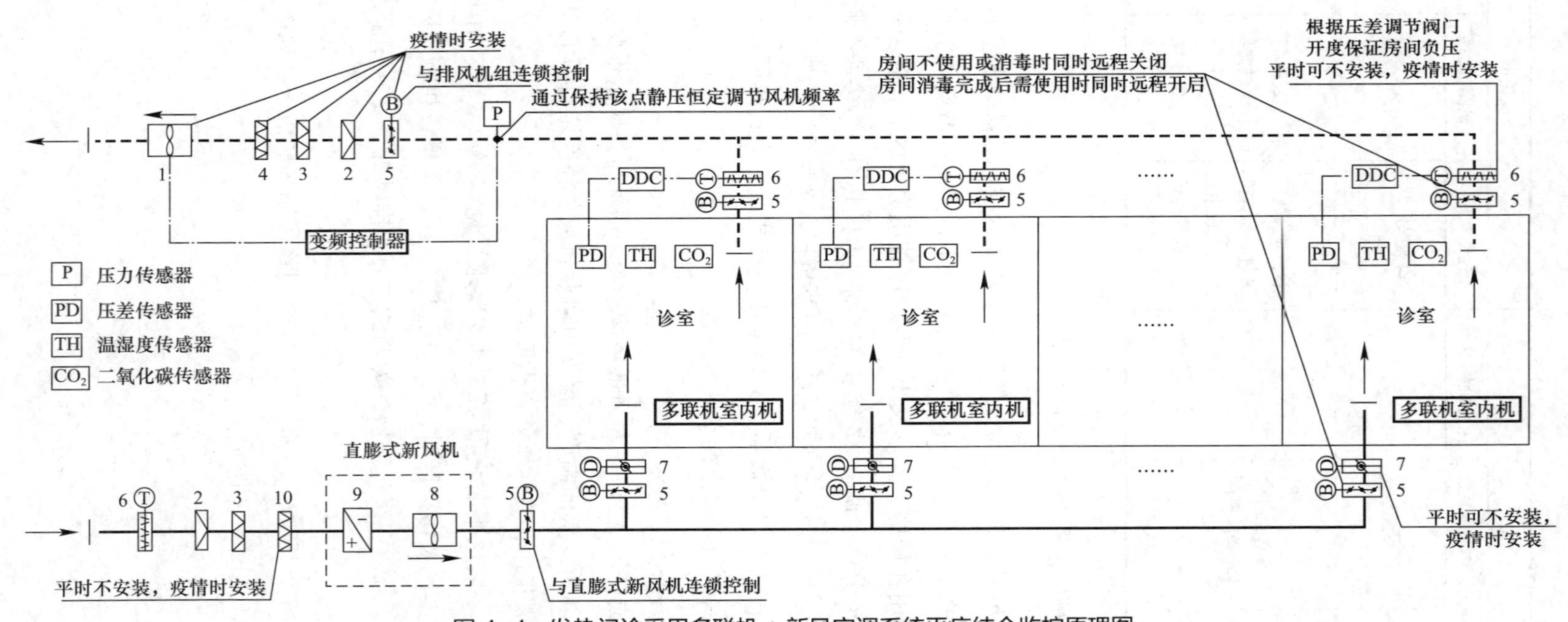

图 4-4 发热门诊采用多联机 + 新风空调系统平疫结合监控原理图

1—排风机；2—粗效过滤器；3—中效过滤器；4—高效过滤器；5—电动密闭阀；6—电动风量调节阀；7—定风量阀；8—直膨式送风机；9—氟盘管；10—亚高效过滤器

（3）监控内容及其策略

多联机（或分体空调）+ 新风的空调系统平时与疫情时在控制策略及其对检测参数的要求，以及空调系统在传感器、执行器等设置上的要求，区别较大，除了需设置常规的新风机组及风机的运行状态检测、故障报警、手 / 自动状态检测、现场 / 远程启停控制，以及各个风阀的启闭状态检测、风机与电动密闭风阀的联锁启停控制、风阀的开度控制外，其余的监控内容及策略如表 4-4 所示。

多联机（或分体空调）+ 新风的空调系统的监控内容及其策略　表 4-4

监控对象	平时			疫情时		
	控制策略	需检测的参数	执行机构设置	控制策略	需检测的参数	执行机构设置
送风量	由空调室内机自行调节	无	无	与平时一样	无	与平时一样
新风量	保持不变	室外空气的温度、湿度	无	保持不变，但新风量比平时大很多	与平时一样	新风机变频控制器①
温、湿度	控制新风温度来保证房间的室内空气湿度要求，控制空调室内机来满足房间的温度要求	室外空气、新风送风及室内空气的温度、湿度	新风机组及多联机（或分体空调）自带	根据房间功能有所不同②	与平时一样	与平时一样
室内气压	微正压，新风量大于机械排风量	无	无	清洁区正压，新风量大于机械排风量；半污染区及污染区负压，机械排风量大于新风量	室内外气压差	定风量阀、电动风量调节阀、排风机变频控制器③
排风量	一般不需要设机械排风	无	无	必须设机械排风	室内外气压差	电动风量调节阀、排风机变频控制器

① 采用多联机（或分体空调）+ 新风的空调系统的区域，其平时与疫情时房间的换气次数监控策略，与风机盘管 + 新风的空调系统一样。

② 疫情时如果能运行多联机或分体空调，则继续由多联机（或分体空调）进行自动控制，如果是负压隔离病房及 ICU 重症监护病房，则要求关闭多联机（或分体空调），采用全新风运行，各房间的室内冷热负荷由新风机组进行处理，由于此时新风量很大，通过调节送入室内的新风量完全能满足室内的温、湿度要求，其温、湿度的监控策略与上述的全空气变风量空调系统一样。

③ 采用多联机（或分体空调）+ 新风的空调系统的区域，其平时与疫情时房间的压差监控策略，与风机盘管 + 新风的空调系统一样。

续表

监控对象	平时			疫情时		
	控制策略	需检测的参数	执行机构设置	控制策略	需检测的参数	执行机构设置
室内空气品质	新风管上设粗、中效两级过滤器	新风管上各个过滤器两侧的压差	无	新风管上设粗、中、亚高效三级过滤器，排风管上设粗、中、高效三级过滤器	新风及排风管上各个过滤器两侧的压差，空气洁净度	新风及排风管上要设电动密闭风阀

5. 智能通风系统

智能通风系统的具体内容详见本书第 5 章，当通风系统不能满足室内舒适性要求，送风系统不负担或仅负担新风负荷时，则需要与空调系统联合使用；当送风系统作为空调机组使用，负担新风及室内的热湿负荷时，则不需要再配置空调系统。智能通风系统目前主要有两种形式，分别是动力集中式智能通风系统及动力分布式智能通风系统。顾名思义，动力分布式智能通风系统是每个房间（或区域）独立设置有送、排风机，同时多个房间还共用集中的送、排风机；而动力集中式智能通风系统是将房间（或区域）的风机改为定风量阀或电动风量调节阀，其余不变；通风系统加上智能控制，就形成了一套智能通风系统。

智能通风系统应用于需要精确控制房间的换气次数及室内空气气压的区域，如平时为负压病房，疫情时为负压隔离病房，其通过调节送风量来满足换气次数要求，调节排风量来满足房间的空气压差。

智能通风系统每个房间的送、排风机，以及集中的送、排风机一般采用直流无刷 EC 风机，均配置有变频器，可以实现风量无级调节。同时，为方便控制，一般将各房间送风支管上的送风机（或定风量阀）、密闭阀及控制器整合为一个送风智能模块，将排风支管上的排风机（或风量调节阀）、密闭阀及控制器整合为一个排风智能模块。

（1）监控目标

动力集中式智能通风系统的监控目标是保持每个房间的送风量及室内空气静压差不变，动力分布式智能通风系统的监控目标是保证每个房间的换气次数及室内空气品质满足要求，同时保持室内空气静压差不变。集中的风机根据管道的压力变化变频调节，平时与疫情时的具体要求及做法根据其服务的区域的要求定。

（2）监控原理图

根据上述监控内容及其策略，列举一个平时为负压病房，疫情时为负压隔离病房采用的动力分布式通风系统平疫结合的监控原理图，如图 4-5 所示。

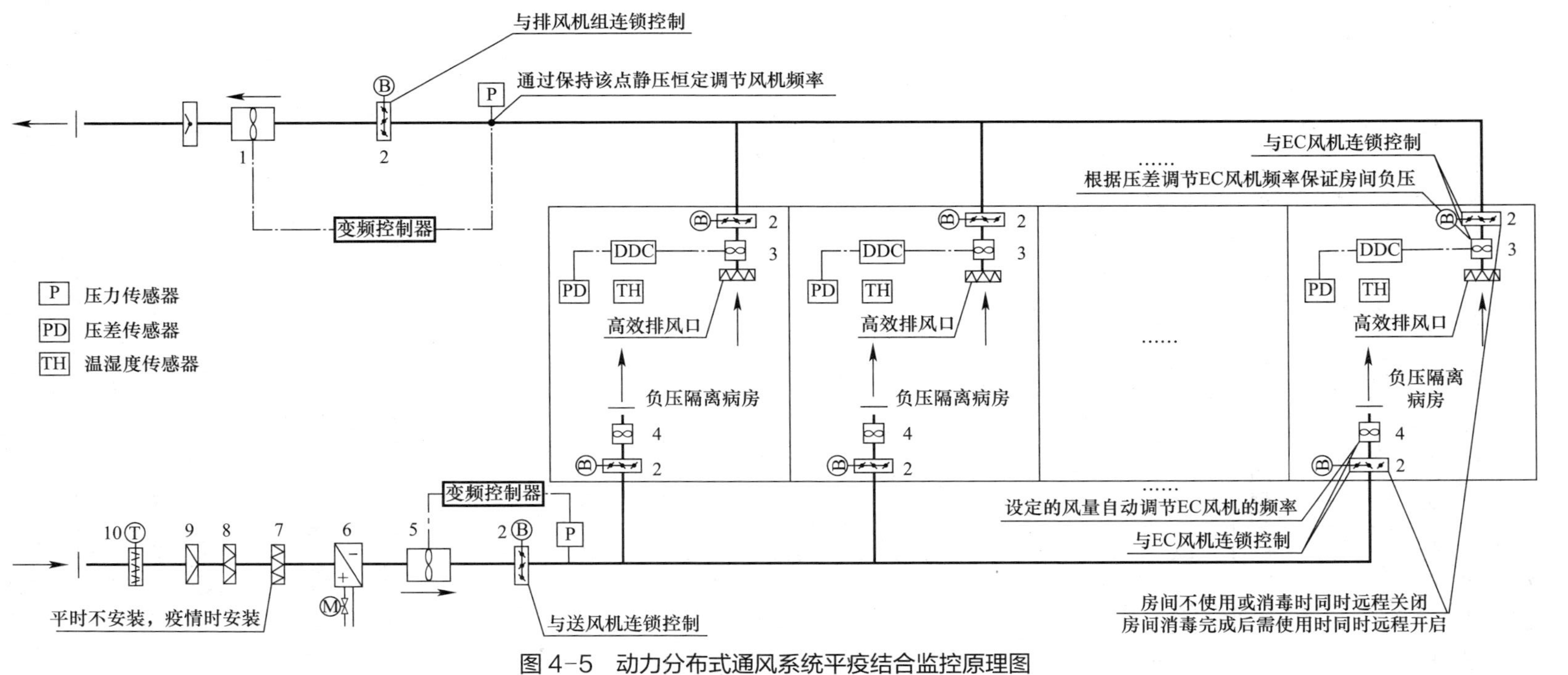

图4-5　动力分布式通风系统平疫结合监控原理图

1—排风机；2—电动密闭阀；3—支管排风机；4—支管送风机；5—送风机；6—表冷器；7—亚高效过滤器；8—中效过滤器；9—粗效过滤器；10—电动风量调节阀

（3）监控内容及其策略

智能通风系统平时与疫情时在控制策略及其对检测参数的要求，以及在传感器、执行器等设置上的要求，基本一样，除了需设置常规的风机的运行状态检测、故障报警、手 / 自动状态检测、现场 / 远程启停控制，以及各个风阀的启闭状态检测、风机与电动密闭风阀的联锁启停控制、风阀的开度控制外，其余的监控内容及策略如表 4-5 所示。

智能通风系统的监控内容及其策略　　表 4-5

监控对象	动力集中式			动力分布式		
	控制策略	需检测的参数	执行机构设置	控制策略	需检测的参数	执行机构设置
送风量	各房间恒定风量，送风机实时调节频率	送风量	定风量阀、风机配变频控制器①	与动力集中式一样	与动力集中式一样	房间及系统的送风机配变频控制器②
排风量	各房间排风量根据气压差实时调节，排风机实时调节频率	室内外气压差	电动风量调节阀、风机配变频控制器①	与动力集中式一样	与动力集中式一样	房间及系统的排风机配变频控制器③
温、湿度	新风或空调机组自带控制系统④	室外空气、新风送风及室内空气的温度、湿度	智能控制模块	与动力集中式一样	与动力集中式一样	与动力集中式一样
室内气压	清洁区正压，新风量大于机械排风量；半污染区及污染区负压，机械排风量大于新风量	室内外气压差	定风量阀、电动风量调节阀、风机变频控制器⑤	与动力集中式一样	室内外气压差	送风机、排风机变频控制器⑥

① 送风机（或排风机）采用定静压的方式控制风机频率，调试时记录下各房间的送风量均满足要求时的干管上某处的静压，运行过程中将此数值作为设定值，将监测到的静压值输入控制器，与设定值进行比较，根据比较情况输出电信号来调节风机频率，保持送风（或排风机）干管的静压不变。

② 房间的送风机频率根据房间的污染物浓度自动调节，同时要保证最小的送风量要求，系统的送风机频率调节与动力集中式一样。

③ 房间的排风机频率根据房间的室内外气压差自动调节，系统的排风机频率调节与动力集中式一样。

④ 当送风系统仅作为空调系统的新风使用时，控制策略与风机盘管加新风的空调系统一样；当送风系统作为空调机组使用，负担室内所有的热湿负荷时，其温湿度的监控策略与上述的全空气变风量空调系统一样。

⑤ 各房间的送风支管上设定风量阀，运行时保持送风量不变，排风支管上设置有电动风量调节阀，同时配智能控制模块，调试及运行时将房间空气静压差输入控制模块，与设定值进行比较，根据比较情况输出电信号来调节风阀开度，从而保持房间的空气静压差不变。

⑥ 各房间的送风支管上设送风机，同时配智能控制模块，运行时根据房间的污染物浓度自动调节，排风支管上设排风机，同时配智能控制模块，调试及运行时将房间空气静压差输入控制模块，与设定值进行比较，根据比较情况输出电信号来调节风机频率，从而保持房间的空气静压差不变。

续表

监控对象	动力集中式			动力分布式		
	控制策略	需检测的参数	执行机构设置	控制策略	需检测的参数	执行机构设置
室内空气品质	平时送风及排风管上设粗、中效两级过滤器，疫情时送风管上增设亚高效三级过滤器，排风管上增设高效过滤器	风管上各个过滤器两侧的压差	疫情时新风及排风管上要设电动密闭风阀，平时可以不设	与动力集中式一样	与动力集中式一样	与动力集中式一样

4.2.2 各个区域的监测与控制

1. 发热门诊

发热门诊的使用功能及通风、空调系统设置要求详见本书第3章，各房间的换气次数、室内温湿度、房间与相邻区域的压差、室内空气品质的监控等，根据不同的通风及空调系统，分别采取不同的监控措施，具体内容见4.2.1节，本章节主要介绍整个发热门诊区域的气流组织监控要求及做法。

按“三区两通道”设置的一个发热门诊区域的通风空调系统的监控内容由其所包含的清洁区、半污染区及污染区3个区域的监控内容构成一个自成一体的系统。

（1）气流组织的监控要求

平时，发热门诊如果作为普通门诊使用时，可以采用自然通风，对室内外空气静压差不做具体要求，设置有空调的新风系统时，根据《民用建筑供暖通风与空气调节设计规范》GB 50736-2012的要求，空调房间需保持微正压，各个区域之间的气流组织不做要求。平时，发热门诊如果作为非呼吸道传染病门诊使用，则清洁区可以采用自然通风，对室内外空气静压差不做具体要求，污染区及半污染区要求负压，同时要求整个区域的空气静压从清洁区→半污染区→污染区依次降低。平时，发热门诊如果作为呼吸道传染病门诊使用，则其气流组织的监控要求与疫情时一样。

疫情期间，发热门诊整个区域的空气静压要求从清洁区→半污染区→污染区依次降低，清洁区为正压区，半污染区及污染区为负压区，各相邻区域的最小静压差应不小于5Pa。

（2）气流组织的监控内容及策略

平时的传染病门诊及疫情期间的发热门诊，为保证整个门诊区域的气流组织满足要求，调试及运行时，首先要保证污染区为负压，在满足换气次数的前提下保持机械送风量不变，根据房间的压差调节机械排风量，使机械排风量大于机械送风量，如果排风量调到最大仍不能满足负压要求，则要减少机械送风量，直至压差满足要求为止；其次要保证清洁区是正压，清洁区一般不设机械排风，即使设，排风量也很小，此时开启新风机组，一般都能够满足正压要求；最后再调试半污染区，在满足换气次数要求的前提下保持机械送风量不变，根据房间的压差调节机械排风量，使为负压并使其负压值小于污染区，如果排风量调到最大仍不能满足负压要求，则要减少机械送风量，直至压差满足要求为止。需要注意的是，房间的压差除了与机械送、排风量的差有关系，还取决于房间的气密性，同时这里所指的压差值，均为房间的门窗关闭时的数值，开门时允许不保证压差。

新风送风机与排风机需设置连锁启停控制进行保护，清洁区的新风机（或送风机）与排风机的连锁控制程序如下：开机时，先开启新风机（或送风机），再开启排风机；关机时相反。半污染区或污染区的新风机（或送风机）与排风机的连锁控制程序如下：开机时，先开启排风机，再开启新风机（或送风机）；关机时相反。整个门诊区域开机的控制程序如下：清洁区的送风机→污染区与半污染区的排风机→污染区与半污染区的送风机→清洁区的排风机；关机时相反。

平时，发热门诊如果作为呼吸道传染病门诊或非呼吸道传染病门诊使用，则需要跟上述疫情期间时一样设置风机连锁启停控制；发热门诊平时如果作为普通门诊使用，由于对气流组织不做要求，则上述的风机连锁控制可以不做，但是考虑到为减少疫情转换时间，建议平时也一样设风机的连锁控制，同时要求平时把疫情时的气流组织调试好，以减少平疫转换时间。

（3）监控原理图

根据上述内容，以采用分体空调 + 新风的通风空调系统为例，平时为普通门诊，疫情时为发热门诊(呼吸道传染门诊)，其污染区的通风系统监控点位图如图 4-6 所示，采用其余类型的通风空调系统时，其监控系统可参考其他章节，并根据具体情况进行增减。

2. 医技科室

平疫结合医院的医技科室的使用功能及通风、空调设置要求详见本书第 3 章，由于手术室及 PCR 实验室与其他的医技科室的空调设计及其监控要求有所不同，本小节主要介绍除手术室及 PCR 实验室外的其他医技科室区域的监控要求及做法，手术室及 PCR 实验室的监控要求及做法分别详本节第 3 和第 7 条。

（1）气流组织的监控要求

平时，医技科室不作为传染病人使用时，空调房间需保持微正压，各个区域之间的气流组织不做要求。

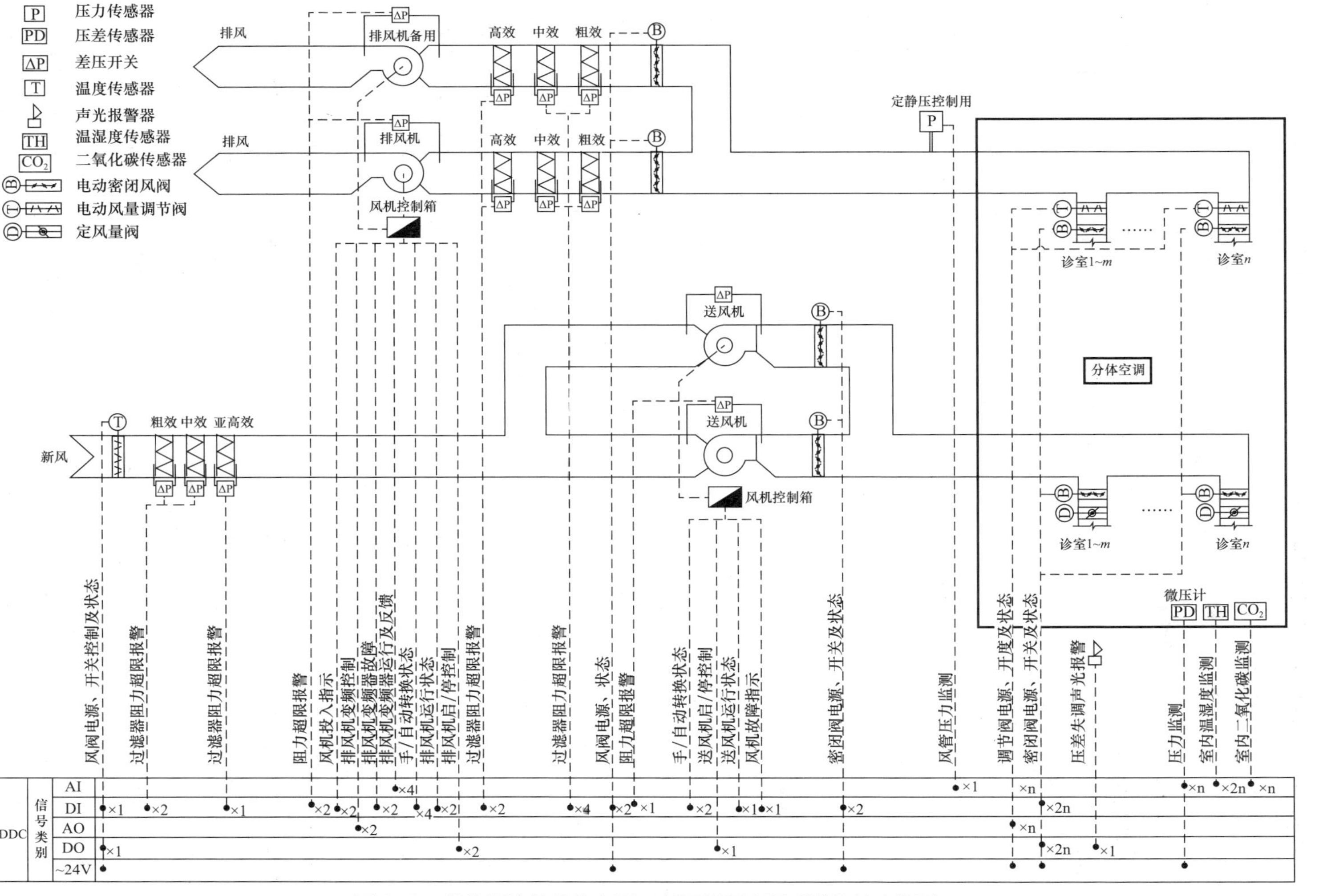

图4-6 发热门诊的分体空调+新风通风空调系统监控点位图

疫情期间，用于收治传染病人的医技科室属于污染区，要求室内保持负压，同时其所在的整个“三区两通道”护理单元的气流组织要求与上述发热门诊一样。

（2）监控内容及策略

医技科室的换气次数、室内温湿度、房间与相邻区域的压差、室内空气品质的监控根据不同的空调系统，分别采取不同的监控措施，具体见 4.2.1 节。

医技科室所在的整个“三区两通道”护理单元的气流组织监控内容及策略、风机连锁启停控制，与上述发热门诊区域一样，不再阐述。

（3）监控原理图

根据上述内容，以采用全空气变风量空调系统为例，污染区的医技科室的通风系统监控点位图如图 4–7 所示，采用其余类型的通风空调系统时，其监控系统可参考其他章节，并根据具体情况进行增减。

3. 手术部

（1）监控要求

医疗建筑平疫结合使用的手术室有正负压转换手术室及负压手术室两种，均采用全空气定风量空调系统，其室内空气温湿度平时与疫情时一样，换气次数及室内空气洁净度按照手术室的等级确定，平时与疫情时也一样。

正负压转换手术室平时要求手术室室内为正压，各区域的空气压力梯度从手术室到走道，再到室外逐级降低，手术室室内空气静压最高，与相邻房间最少不小于 5Pa。

平时及疫情时的负压手术室，以及疫情时的正负压转换手术室，参考现行国家标准《传染病医院建筑设计规范》GB 50849，为避免交叉感染，要求手术部各区域的空气压力梯度从清洁区到半污染区，再到手术室逐级降低，手术室室内空气静压最低，与相邻房间最少不小于 5Pa。

（2）监控内容及策略

平时和疫情时，负压手术室的监控内容完全一样，均为负压；正负压转换手术室的监控内容稍微有所不同，主要区别在于手术室室内外的空气静压差及气流组织要求不一样，正负压转换手术室平时手术室为正压，疫情时为负压，平时与疫情时正负压转换手术室区域的通风空调系统的监控内容如表 4–6 所示。

手术室的室内空气静压差、空气温湿度及换气次数的监控内容及策略，按 4.2.1 节第 1 条的全空气定风量空调系统的做，此处不再阐述。

平时与疫情时，手术室室内的空气洁净度监控完全一样，按照手术室的级别，有相应的洁净度要求，而其室内洁净度通过设计及运维来保证，无法像空气静压差及温湿度那样通过实时调节进行控制，只能是检测到室内颗粒物、浮游菌等的浓度超标时，

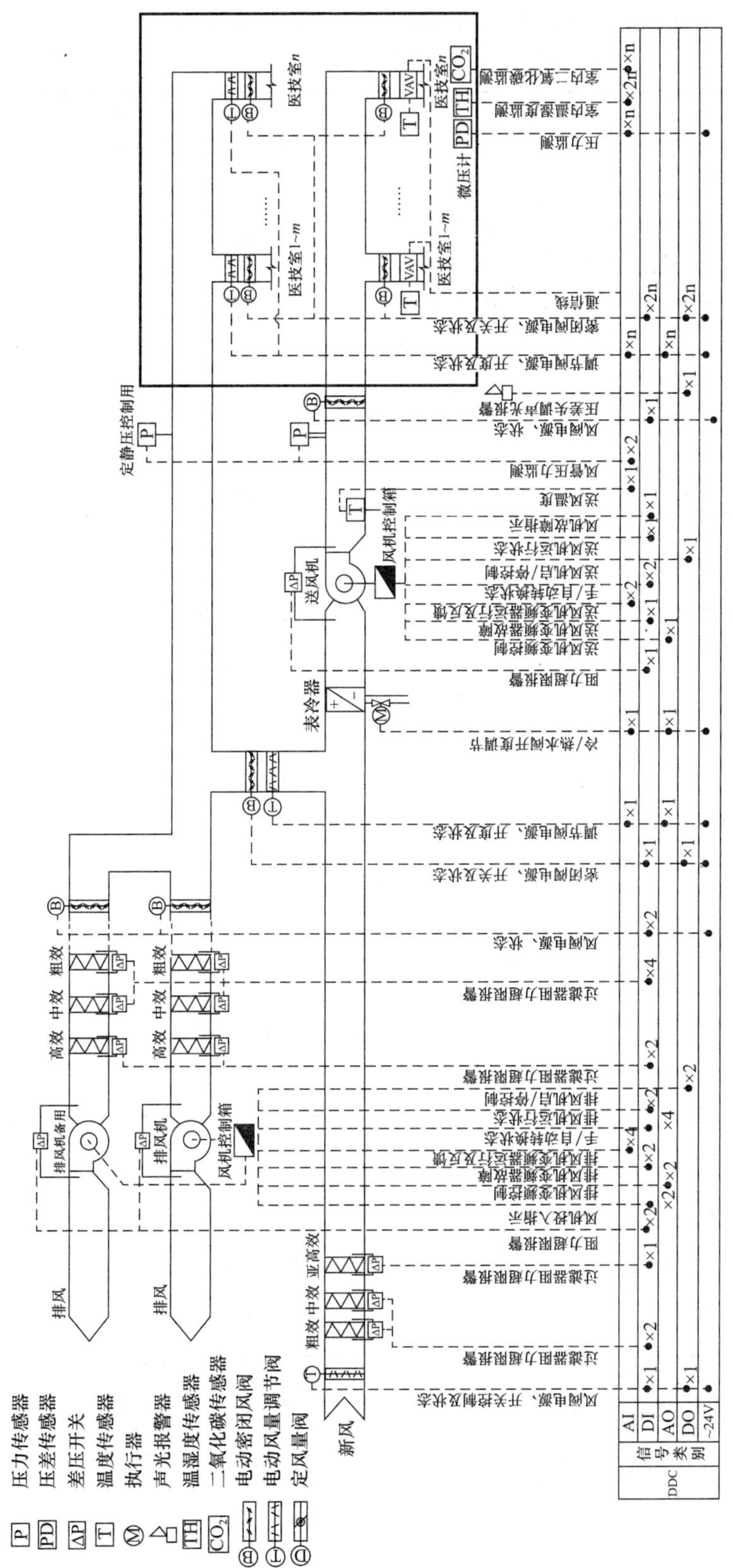

图 4-7　污染区医技科室的全空气变风量通风空调系统监控点位图

正负压转换手术室区域通风空调系统的监控内容　表4-6

类别	平时	疫时
需要监测的参数及状态	空调机组风机的运行状态、故障报警、手自动状态	空调机组风机的运行状态、故障报警、手自动状态，排风机的运行状态、故障报警、手自动状态、运行频率
	空调机组送风的温度、湿度以及各房间室内空气的温度、湿度，室外空气的温度及湿度	与平时一样
	手术室、缓冲间、医护走道、病人通道、护士站、医生办公室等各房间与相邻区域的室内外空气静压差	与平时一样
	风管上的粗、中、高效过滤器两侧压差，超压报警	与平时一样
	电动密闭风阀的开、关状态	与平时一样
	设置有防冻措施时，需检测防冻用的水阀及新风阀的开、关状态	与平时一样
	电动两通比例积分调节水阀的开度	与平时一样
	手术室室内的颗粒物、浮游菌等的浓度	与平时一样
		房间与相邻区域之间的室内空气静压差
需要控制的设备及执行机构	空调机组的现场/远程启停控制	空调机组及排风机的现场/远程启停控制，排风机变频器控制
	电动两通比例积分调节水阀的开度控制	与平时一样
	送风、回风干管上的电动密闭阀远程开、关控制	与平时一样
	空调机组的风机与电动密闭风阀的连锁启停	空调机组、排风风机与电动风阀的联锁启停
	防冻保护措施的风阀、水阀开关与风机的连锁启停	与平时一样
通过控制要满足的参数	房间的室内空气温湿度、空气洁净度	房间的室内空气温湿度、空气静压差、空气洁净度

自动报警，提醒维护人员清洗或更换过滤器。

手术室所在的整个“三区两通道”护理单元的气流组织监控内容及策略、风机连锁启停控制，与上述发热门诊区域一样，此处不再阐述。

（3）监控原理图

根据上述内容，以手术室采用双冷源空调机组，设置有盘管的防冻保护措施的全空气定风量空调系统为例，疫情时其空调通风系统的监控点位图如图4-8所示，采用其余类型的空调通风系统，其监控系统可根据具体情况进行增减。

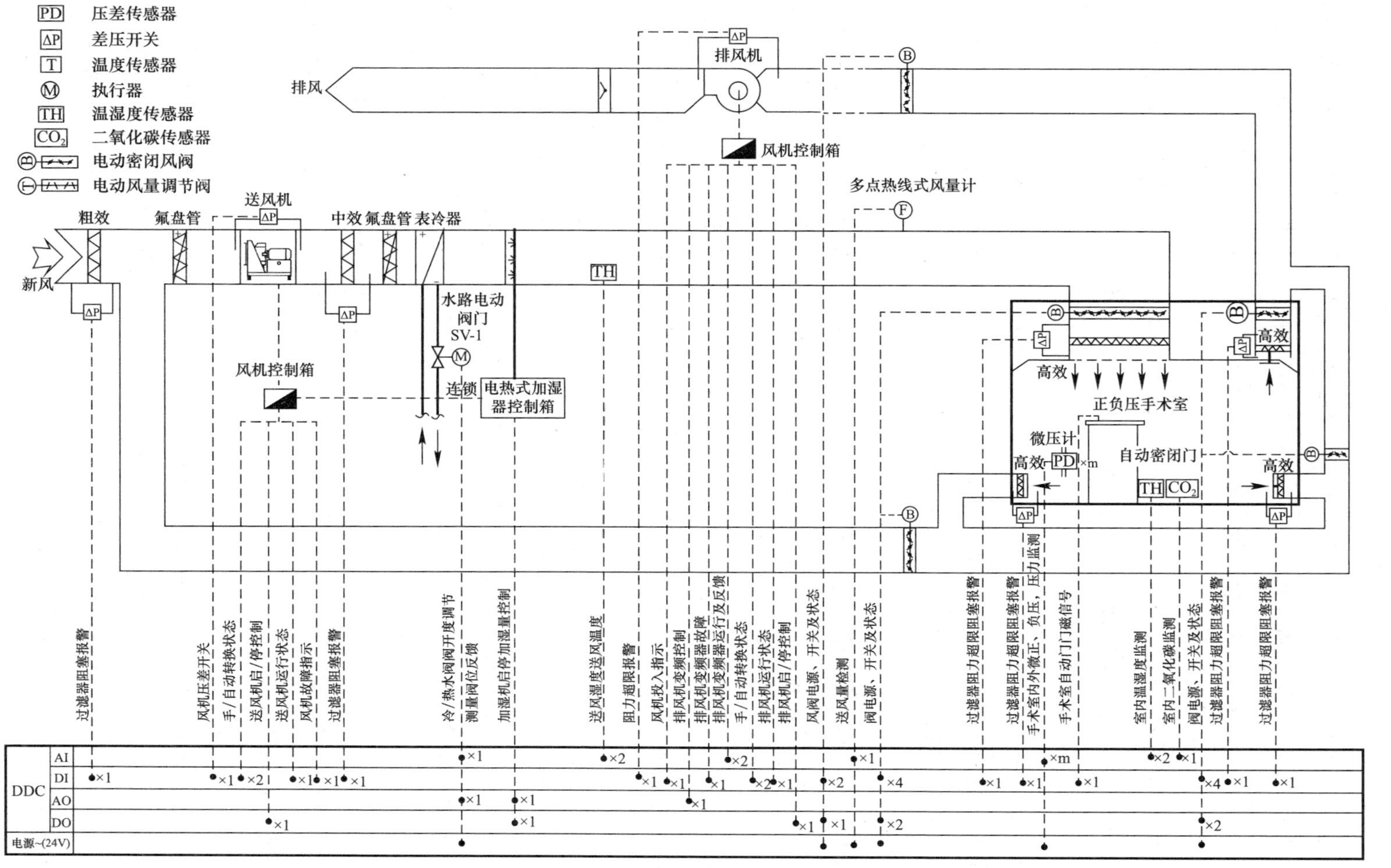

图 4-8 手术室的全空气定风量通风空调系统监控点位图

4. 住院部（含重症监护病房）

住院部（含重症监护病房）的使用功能及通风、空调设置要求详见本书第3章，各房间的换气次数、室内温湿度、房间与相邻区域的压差、室内空气品质的监控根据不同的空调系统，分别采取不同的监控措施，具体内容详见4.2.1节，本小节主要介绍整个区域的气流组织监控要求及做法。

住院部的通风空调系统按一个护理单元设置一套独立的监控系统，监控系统由其所包含的清洁区、半污染区及污染区3个区域的监控系统构成。

（1）气流组织的监控要求

平时，住院病房如果作为普通病房使用，可以采用自然通风，对室内外空气静压差不做具体要求，设置有空调的新风系统时，根据《民用建筑供暖通风与空气调节设计规范》GB 50736-2012的要求，空调房间需保持微正压，各个区域之间的气流组织不做要求。

平时，住院病房如果作为传染病房（包括非呼吸道传染病房及呼吸道传染病房）使用，则要求清洁区正压，污染区及半污染区负压，同时要求整个区域的空气静压从清洁区→半污染区→污染区依次降低。

疫情期间，住院病房区的空气静压要求从清洁区→半污染区→污染区依次降低，清洁区为正压区，半污染区及污染区（含筛查区）为负压区，各相邻区域的最小静压差应不小于5Pa。

（2）气流组织的监控内容及策略

平时，住院病房如果作为传染病房，或者疫情时的负压病房及负压隔离病房、重症监护病房，为保证气流组织满足要求，其所在的整个“三区两通道”护理单元的气流组织监控内容及策略、风机连锁启停控制，与上述发热门诊区域一样，此处不再阐述。

平时，住院病房如果作为普通病房使用，各个区域的气流组织不做要求，则可以不设风机连锁启停控制，但是考虑到为减少疫情转换时间，建议平时也一样设风机的连锁控制并调试好。

（3）监控原理图

根据上述内容，以采用风机盘管+新风的通风空调系统为例，平时为普通病房，疫情时为负压隔离病房区的清洁区、半污染区、污染区的通风系统监控点位图分别如图4-9～图4-11所示，采用其余类型的通风空调系统时，其监控系统可参考其他章节，并根据具体情况进行增减。

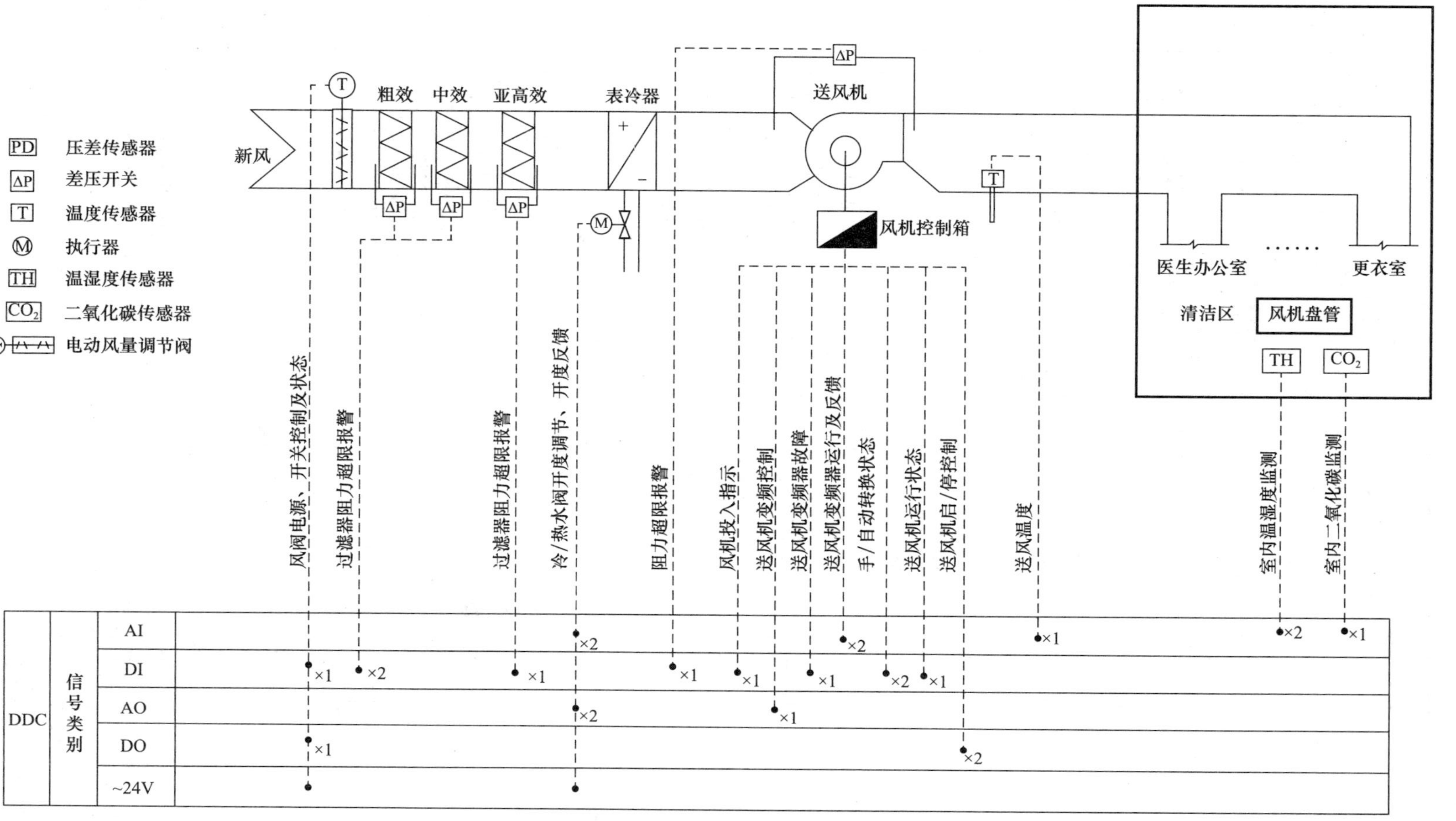

图4-9 负压隔离病房区的清洁区通风系统监控点位图

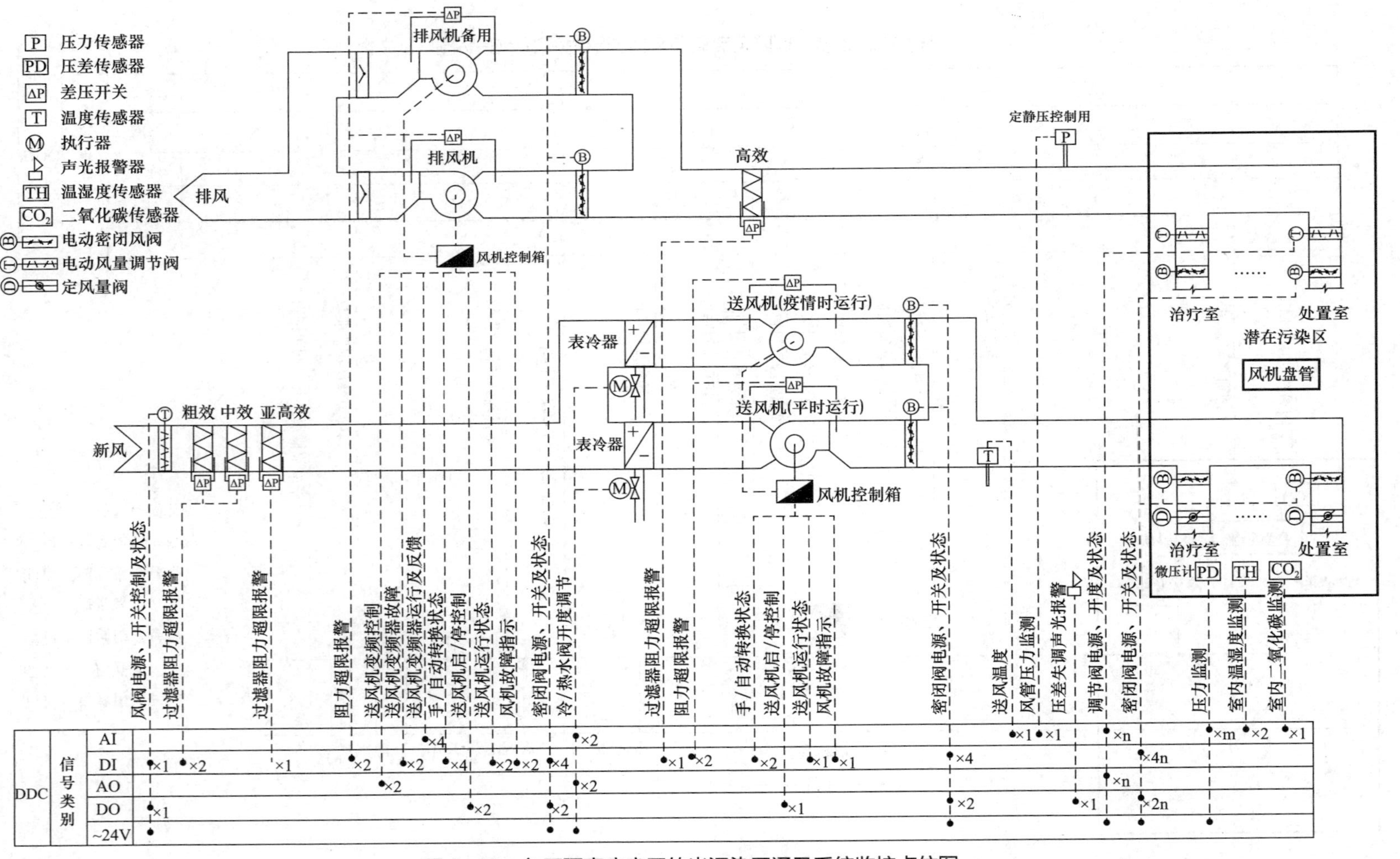

图 4-10 负压隔离病房区的半污染区通风系统监控点位图

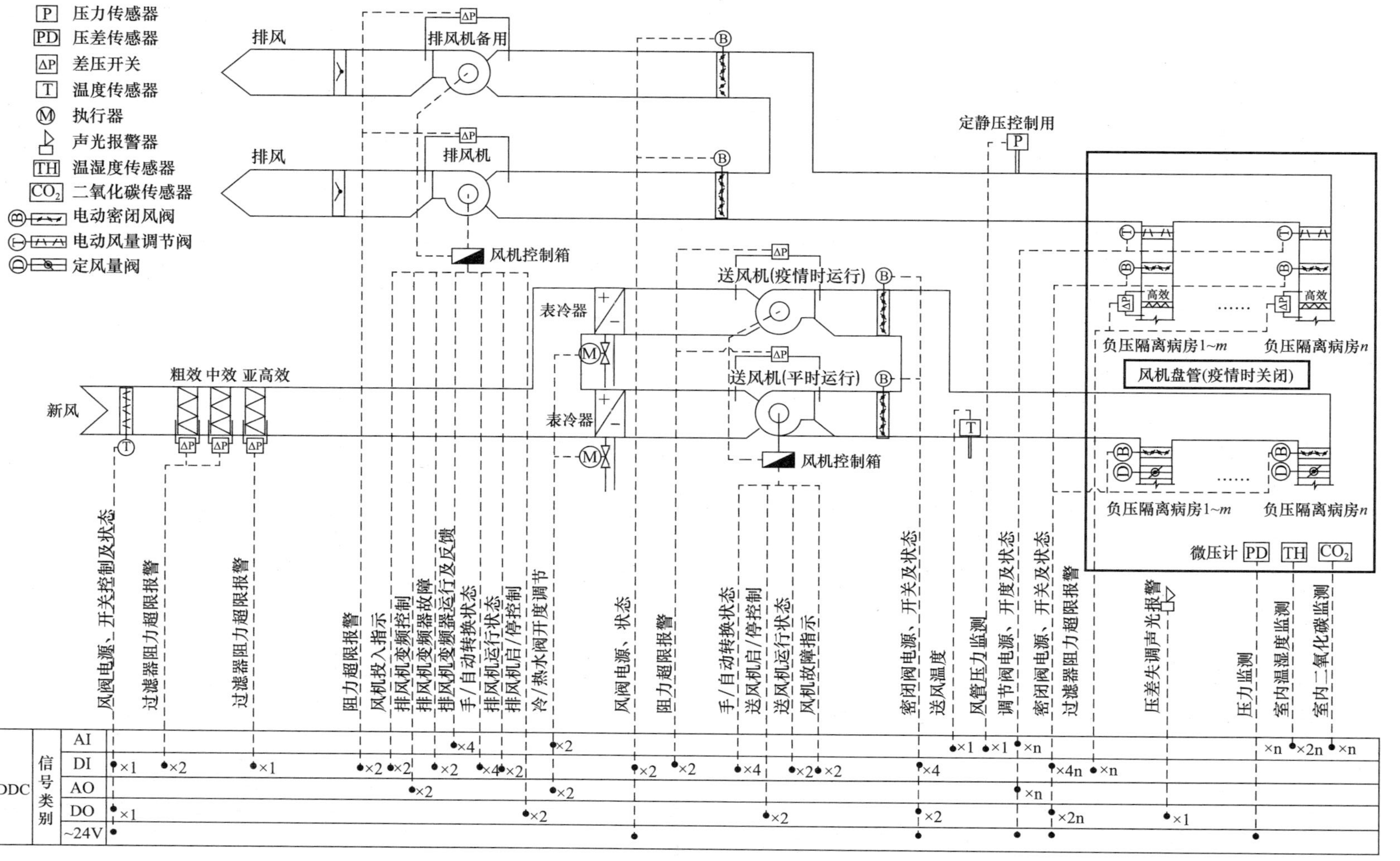

图 4-11 负压隔离病房区的污染区通风系统监控点位图

5. 卫生通过区域

卫生通过区域的使用功能及通风设置要求详见本书第 3 章，其通风系统监控的关键是通过设置合理的机械送、排风量和气流组织形式，保证该区域室内空气从清洁区流向半污染区（或污染区处），减少医护人员在卫生通过区域进行穿、脱防护服等防护用品操作时的感染风险，同时阻隔污染区的病毒对清洁区的污染。

（1）监控要求

平时，设置卫生通过区域的医疗建筑如果不作为传染病区使用，则该区域的气流组织可不做要求，各房间保持微正压；如果作为传染病区使用，则要求该区域的气流组织与疫情时一样，卫生通过进入区的穿防护服间需要保持正压，卫生通过退出区的脱防护服间需保持负压，不管是卫生通过进入区还是卫生通过退出区，必须保证空气从清洁区流向半污染区或污染区，各相邻区域的最小静压差应不小于 5Pa，需设压差计进行检测。

卫生通过区域内各房间的换气次数要求有所不同，其中卫生通过退出区的脱防护服间最大，必须要保证，其余房间稍小，具体数值详前面的章节，监控时以保证气流组织的流向正确为依据，一般不计量各房间具体的风量。

卫生通过区域内各房间的室内温湿度监控要求，疫情时与平时一样，一般只控制室内温度，湿度不进行控制，具体监控做法根据设置的空调系统详前面的章节。

卫生通过区域内发生感染风险最大的区域是卫生通过退出区的脱防护服间，该房间要求设下排风及高效过滤器，其余房间的室内空气洁净度需满足现行国家标准《建筑环境通用规范》GB 55016 的要求，一般不需要做具体的控制要求，平时与疫情时的要求一样。

（2）气流组织的监控内容及策略

平时，传染病区的卫生通过区域及疫情时的卫生通过区域，为保证整个区域的气流组织满足要求，该区域的送风机与排风机需设置连锁启停控制。当卫生通过区域单独设通风系统时，开机时要求先启动送风机，然后再启动排风机，关机时相反。如果卫生通过区域是与清洁区及半污染区（或污染区）共用通风系统，则其风机的连锁启停控制就按上述各个护理单元的连锁启停控制。

平时，设置卫生通过区域的医疗建筑如果不作为传染病区使用，该区域的气流组织不做要求，可以不设风机连锁启停控制，但是考虑到为减少疫情转换时间，建议平时也一样设风机的连锁控制。

6. 保障系统用房

保障系统用房的使用功能及通风设置要求详见本书第 3 章，这些房间平时及疫情时都应该保证室内负压，不同的是，平时的排风系统设粗、中效过滤器即可，疫情时如果用于呼吸道传染病人，则要求增设高效过滤器。

（1）监控要求

平时，保障系统用房要求室内为负压，但房间的具体压力不做要求；疫情时，保障系统用房要求室内为负压，与相邻区域的最小静压差应不小于 5Pa，需设压差计进行检测。

保障系统用房平时与疫情时的换气次数一样，监控时以保证气流组织的流向正确为依据，一般不计量房间具体的风量。

保障系统用房设置有空调系统时，其室内温、湿度监控要求，疫情时与平时一样，一般只控制室内温度，湿度不进行控制，具体监控做法根据设置的空调系统详见前面的章节。

（2）监控内容及策略

由于保障系统用房平时可不设高效过滤器，疫情时要求设高效过滤器，加上其排风量一样，所以平疫结合的保障系统用房宜采用排风机变频控制来满足“平”“疫”两种工况的要求。运行时监测房间的负压值，将信号输入控制器，与设定值进行比较，当数值有偏差时输出电信号，调节排风机的电机频率，以满足房间的压差满足要求。

疫情时为保证保障系统用房的气流组织满足要求，该区域的送风机与排风机需设置连锁启停控制，开机时要求先启动送风机，然后再启动排风机，关机时相反。

平时，保障系统用房如果不作为传染病区使用，则可以不设风机连锁启停控制，但是考虑到为减少疫情转换时间，建议平时也一样设风机的连锁控制。

7. PCR 实验室

PCR 实验室即临床基因扩增实验室，采用 PCR 技术用于临床基因诊断。PCR 实验室一般由 3 间或 4 间功能检测室组成：试剂贮存和准备区、标本制备区、扩增反应混合物配制和扩增区、扩增产物分析区，每个功能检测区设置有独立缓冲间。

（1）监控要求

PCR 实验室平时与疫情时的监控要求完全一样。

1）气流组织及压差：要保证试剂准备区为正压，扩增区和扩增产物分析区为负压，并保持一定的压力梯度，避免扩增后的气溶胶污染前区。

2）室内温湿度：根据其所采用的空调系统形式设置，具体内容详见前面的章节。

3）换气次数及室内空气品质：PCR 实验室需要符合生物安全 2 级实验室标准，其空调通风系统多设计成全新风空调系统，换气次数大于 $12h^{-1}$，室内空气洁净度不做要求，平时与疫情时一样。

（2）监控内容及策略

PCR 实验室平时和疫情时的监控内容完全一样，其通风空调系统的监控内容如表 4-7 所示。

PCR 实验室通风空调系统的监控内容　　表 4-7

类别	监控内容
需要监测的参数及状态	新风机组风机的运行状态、故障报警、手自动状态、运行频率
	排风风机的运行状态、故障报警、手自动状态、运行频率
	空调机组风机的运行状态、故障报警、手自动状态、运行频率
	各房间与相邻区域的室内外空气静压差
	新风机组、空调机组送风的温度、湿度以及各房间室内空气的温度、湿度
	新风机组、排风机组管道静压
	新风、排风风管上的过滤器压差，超压报警
	设置有防冻措施时，需检测防冻用的水阀及新风阀的开、关状态
	主风管及各支管上的电动密闭阀的开、关状态
	电动两通比例积分调节水阀的开度
	实验室内的颗粒物、浮游菌等的浓度
	送风高效过滤器的阻力、排风废气处理过滤器的阻力
	房间的换气次数
需要控制的设备及执行机构	空调机组风机的现场 / 远程启停控制、变频器控制
	新风机组风机的现场 / 远程启停控制、变频器控制
	排风风机的现场 / 远程启停控制、变频器控制
	风管的电动密闭阀的现场 / 远程启闭控制
	新风机组、空调机组、排风风机与电动风阀的联锁启停
	变频新风机组、排风机组风机频率给定
	生物安全柜、房间变风量阀
	电动两通比例积分调节水阀的开度控制
	防冻保护措施的风阀、水阀开关与风机的联锁启停
需要控制的参数	各房间的室内外空气静压差
	各房间的室内空气温度及湿度
	房间的换气次数
	通风柜面风速
	房间的室内空气洁净度

1）室内外空气静压差及气流组织的监控策略

① 采用全新风空调系统时，根据设计的最小换气次数，设定新风阀的开度或新风

机的运行频率，疫情时可以加大换气次数运行。

② 通风系统一般采用定送变排模式运行。新风设置定风量阀，保证环境的换气次数，排风采用带压差传感器反馈的变风量阀，精确控制房间的送排风风量差，从而控制各个房间的压力梯度稳定。

2）各房间室内的温度、湿度监控策略

每台新风机组设置一个温湿度控制器，设定一个恒定的新风送风湿度及温度，该温湿度夏季与冬季应有不同的要求。在新风送风管上设置温湿度传感器，对新风送风温湿度进行监控，同时将数据输入到空调系统 DDC 或 PLC 控制器，与设定值进行比较，经过运算，夏季优先控制湿度。由湿度控制器输出信号，控制新风机组表冷器回水管上的电动两通比例积分调节阀的开度，使新风降到露点温度，降低新风绝对含湿量。再由温度控制器输出信号，控制新风机组再热盘管回水管上的电动两通比例积分调节阀的开度或控制电加热的启停。冬季由湿度控制器输出信号，控制加湿段的加湿量，从而使新风机组的送风温湿度维持恒定。

当采用直膨式空调机组时，则要求直膨式空调机组自带自动控制系统，能根据实验室内及建筑物室外的温度变化，在保持送风风量不变的情况下，通过运算，再由控制器输出信号，自动调节空调机组的压缩机频率或启停，得到维持房间的室内空气温度不变时需要的送风温度。

3）PCR 实验室室内空气洁净度监控策略

PCR 实验室室内洁净度通过设计及运维来保证，无法像上面的空气静压差及温湿度那样通过实时调节进行控制，只能是检测到室内颗粒物、浮游菌等的浓度超标时，自动报警，提醒维护人员清洗或更换过滤器。

4）连锁启停及保护控制

新风送风机、排风机主风管上设置有电动风阀的，电动风阀要与风机连锁控制，风机开、风阀开，风阀关、风机关。排风机要先于新风机开启，晚于新风机关闭。

5）操作及显示要求

新风机组、空调机组及排风机组采用集中原则，控制器设置在空调机房内或中控室内，工作人员方便操作的地方。

（3）监控原理图

根据上述内容，PCR 实验室通风空调系统的监控点位图如图 4-12 所示。

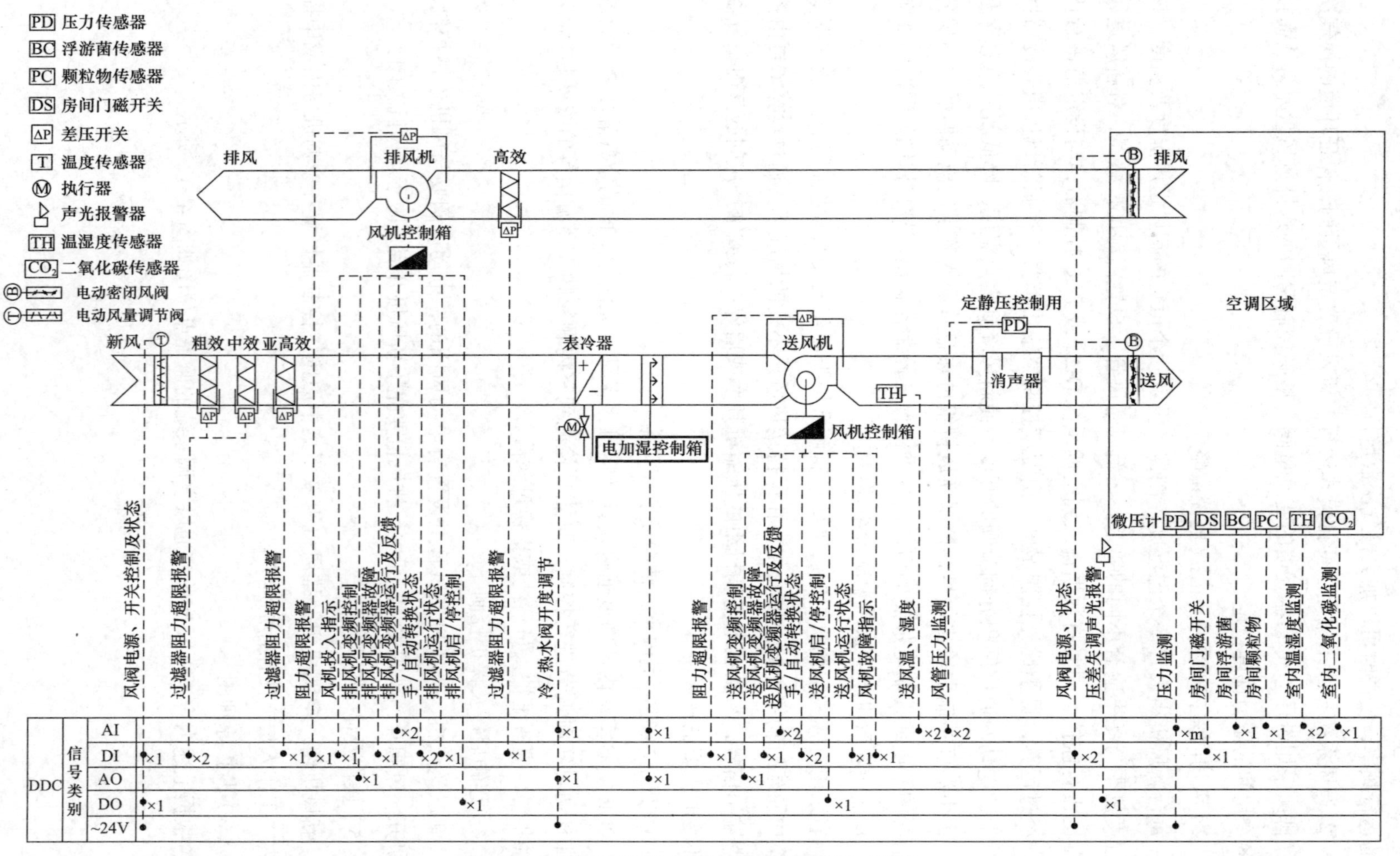

图 4-12 PCR 实验室通风空调系统控制点位图

4.3　通风空调系统的运维

4.3.1　通风空调系统的运行与调试

（1）通风空调系统应对设备进行单机运转，合格后方可进行系统调试。

（2）应依据设计文件要求进行系统调试，当设计文件未做说明，疫情工况时，清洁区采用定送变排满足房间正压要求；半污染区及污染区也是采用定送变排满足房间负压要求。

（3）疫情工况时负压区按照压力递增顺序依次调试：

1）病房→缓冲间→医护通道（病人通道）→卫生通过；

2）医技科室→缓冲间→准备操作室→医护通道→卫生通过。

（4）疫情工况时清洁区按照压力递减顺序依次调试：医护工作区→卫生通过。

（5）疫情工况时空调通风系统设备启动顺序：

1）检查排风机与送风机连锁是否正常；

2）清洁区应先启动送风机，再启动排风机；污染区及半污染区应先启动排风机再启动送风机。

（6）疫情工况时各区之间设备启动顺序为：清洁区、半污染区、污染区。

（7）平时工况运行措施：负压区转换为正压区，送风系统按照平时工况运行，关掉房间内排风支管阀门，排风系统按照平时工况运行。

（8）过渡季或冬季关断污染区、半污染区空调机组冷凝水排出管上的阀门，防止没有冷凝水排出时空气进入系统。

4.3.2　通风空调设备的清洗与消毒

（1）金属风道一般不需要清洗，采用保持过滤器正常工作来满足房间的洁净度要求，如果需要清洗，则应采用能在风道内正常工作的清洗设备和捕集装置进行干式清洗。

（2）风管应先清洗后消毒，再清洗。可采用化学消毒剂喷雾消毒，金属管壁首选季铵盐类消毒剂，非金属管壁首选过氧化物类消毒剂，但化学消杀可能产生二次空气污染时，应考虑措施防止造成维护人员和室内人员的伤害。

（3）空调机组可使用负压吸尘器去除部件表面污染物的干式清洗方法，也可使用带一定压力的清水或中性清洗剂配合专用工具清除部件表面污染物的湿式清洁方式。必要时用联合使用干式和湿式方式。风机盘管宜采用湿式清洗。

（4）空气处理机组、表冷器、加热器、加湿器、风口的消毒首选季铵盐类消毒剂，应先清洗后消毒，再清洗，采用擦拭或喷雾消毒方法。

（5）过渡季或冬季关断污染区、半污染区空调机组冷凝水排出管上的阀门，防止没有冷凝水排出时空气进入系统。

（6）过滤网、过滤器、冷凝水盘应先清洗，后消毒，再清洗，采用浸泡消毒方法，部件过大不宜浸泡时可采用擦拭或喷雾消毒方法。消毒剂首选季铵盐类。

4.3.3 过滤器的运行与管理

（1）疫情时新风机组粗效过滤网宜每7天清洗并做消毒处理，平时根据具体情况进行清洗。

（2）疫情时回风口过滤网，宜每周清洁清洗一次，每年更换一次。如遇特殊污染，及时更换，并用消毒剂擦拭回风口表面。

（3）粗、中效过滤器在系统使用前和运行后阻力超压时应进行清洗清洁，保证过滤效率，过滤器破损或失效时应及时更换。

（4）一次性粗效过滤器阻力超过设计初阻力50Pa或使用超过2个月进行及时更换。

（5）一次性中效过滤器阻力超过设计初阻力60Pa或使用超过4个月进行更换。

（6）亚高效过滤器超过设计初阻力120Pa或使用1年进行更换。

（7）末端高效过滤器：

1）高效过滤器宜每年检查一次，当阻力超过设计初阻力160Pa或使用超过3年进行更换。排风口高效过滤器，如遇特殊传染病污染需及时更换。

2）排风高效过滤器宜加粗效过滤器，过滤掉绒毛、毛发等大颗粒物。

3）疫情时排风高效过滤器更换前宜进行原位消毒；原位消毒可以通过排风高效风口实现，也可以在房间送排风管之间增加消毒设备来实现，拆下的过滤器应按医用垃圾的规定处理。经过消毒的空气过滤器不应造成室内空气的二次污染。

4）疫情时高效过滤器垃圾不大于容器容量的3/4，使用有效的封口方式，及时封闭包装过滤器。

4.3.4 通风空调系统的运维与管理

1. 日常维护检修

针对新风机组、空调机组、排风机、多联机空调、风机盘管、轴流式通风机、控制器等按计划完成日维护项，并在维护保养记录本上记录。

2. 进度控制及保证措施

（1）对所有机组、设备建档，整理记录投入使用日期，确定需要维护仪器的类别及数量，确定质保期内需监督厂商进行维护的仪器类型及数量，严格按照计划维护方案进行维护、维修、记录。

（2）针对日检、周检、月检、年检分类，保证每个检修环节均有足够的检修人员。

（3）根据设备维护计划方案，由技术负责人负责把具体工作落实到专业负责人。

（4）对检修过程中发现的问题及时报告记录，并告知业主相关部门，办理相关维修、清洗手续。

（5）所需设备、仪器相关易损件建档做记录及时报备业主相关部门，进行提前采购，对于低值易损件由维保公司提前采购，以保证备品备件的充足。对于进口或定制等采购周期长的易损件做到提前采购备用。

（6）对于采购的易损件仓储区充分考虑取、用、运输等因素，提前规划。

（7）提前准备好设备、仪器维护、维修过程中可能用到的工机具、消耗材料等必备品。

3. 检修计划

针对通风系统、空调系统，根据各系统具体设备仪器类型分别制定详细检修方案。一般情况下，空调机组及新风机组每年全面检修2次，提前制定详细检修方案，每次对机组配件进行全面清洁、检查、更换（如果需要）。送、排风机每年全面检修1次，提前制定详细检修方案，每次对风机进行全面润滑、线路检查、配件更换等。

4. 计划检修进度控制及保证措施

（1）提前分类确定仪器、设备检修日期，提前制定检修计划。

（2）检修前期，现场保证有足够的人员，如果人员不够，则提前增派人员。

（3）检修前确定消耗品及备件是否有足够使用量，如果没有则提前安排采购。

（4）检修前，检查检修所需工机具是否质量及数量能满足使用要求。

（5）检修前由技术负责人统一安排各专业具体分工任务，保证检修流程有条不紊地进行。

（6）保证现场所有人员均是经验丰富的维保人员。

（7）检修完成后，进行调试，试运行，能正常使用后方可完成检修，汇报业主部门进行验收。

（8）对检修过程中出现的状况整理归纳，避免再次出现同样问题。

（9）严格执行维保技术方案，对设备、仪器分类完成日常检修项，保证需日检设备每天、周、月、年都能完成日检、周检、月检、年检。

（10）每天为一个周期，保证所需日检设备及仪器均能完成一轮日检修维护。

（11）每周为一个周期，保证所需周检设备及仪器均能完成一轮周检修维护。

（12）每月为一个周期，保证所需周检设备及仪器均能完成一轮月检修维护。

（13）每年为一个周期，保证所有设备每年均能完成多次日常维护、周维护、月维护及年维护。

针对通风空调系统运行维护制定详细计划，详见表4-8。

通风空调系统运行维护计划 表4-8

序号	设备类型	检修周期	维护检修项
1	新风机组	日检	1. 检查任何异常噪声和振动； 2. 检查电气及控制箱，检查有发黑的接头； 3. 检查温度及压力表功能正常； 4. 检查开关阀的开启大小是否合适； 5. 报告任何异常情况
		月检	1. 检查任何异常噪声及振动； 2. 记录电机启动电流； 3. 观察运行电流； 4. 检查电气接线及元件状态； 5. 检查启动接触器； 6. 目测管线的支撑及连接； 7. 检查并紧固螺栓螺母，按规定操作； 8. 清洁尼龙或铝制空气过滤器； 9. 更换纸质空气过滤器； 10. 清洁出气口及回风口； 11. 清洁设备内部表面，去处碎屑及冷凝物； 12. 清洁烟雾报警器，如果有安装； 13. 清洁风扇及电机外壳，去除铁锈并重新油漆； 14. 检查盘管有无漏水； 15. 检查并清洁排水管，以避免堵塞或漏水； 16. 测试体积调节装置，并检查柔性接头； 17. 检查风扇螺栓松紧合适；检查风扇转动正常，润滑轴承； 18. 检查加热器表面有无退色或其他异常情况，及时发现过热情况； 19. 模拟风量减少，测试风量传感器； 20. 模拟加热器过热，测试温控自动断开； 21. 检查绝缘保温材料； 22. 检查设备及冷水管有无冷凝物； 23. 当设备固定时，动作阀门；

续表

序号	设备类型	检修周期	维护检修项
1	新风机组	月检	24. 检查自动互锁装置及安全装置； 25. 清洁冷水系统的过滤器； 26. 测量并记录主要运行参数，包括电流，冷水出入压力； 27. 检查设备外壳，机架，电气控制面板有无锈蚀，如果有，用刷子清洁，并重新油漆； 28. 润滑减振器； 29. 当设备有任何改动或调整时，通知设备操作人员； 30. 提交维护报告及改善工作的建议
		半年检	1. 实施月维护； 2. 当设备固定后，操作开关，确认动作顺畅及完全关断； 3. 提交维护报告及改善工作建议
		年检	1. 实施月维护； 2. 去除隔振器的润滑脂，重新进行润滑； 3. 检查所有的接线端子及电气元件； 4. 清洁润滑风扇及电机轴承； 5. 检查电机和风扇连接； 6. 检查风扇叶片，去除灰尘；如有需要，进行油漆； 7. 用碱性溶液从两侧冲洗盘管； 8. 更换高效过滤器； 9. 更换风机的皮带； 10. 用红外温度计测量电机轴承温度； 11. 用红外温度计测量电气接头； 12. 测量电机的绝缘电阻及其他元件； 13. 查看是否需要更换风扇和电机； 14. 提交维护报告
2	排风机	日检	1. 检查任何异常噪声和振动； 2. 检查电气及控制箱，检查有发黑的接头； 3. 报告任何异常情况； 4. 如果没有安装自动系统，应每4h做运行记录
		周检	—
		月检	1. 检查任何异常噪声及振动； 2. 记录电机启动电流； 3. 检查电气接线及元件状态； 4. 检查启动接触器； 5. 目测管线的支撑及连接； 6. 检查并紧固螺栓螺母，按规定操作； 7. 清洁粗、中效过滤器； 8. 清洁出气口及回风口； 9. 清洁设备内部表面，去除碎屑及冷凝物； 10. 清洁风扇及电机外壳，去除铁锈并重新油漆； 11. 测试体积调节装置，并检查柔性接头； 12. 检查风扇螺栓是否松紧合适。检查风扇转动是否正常，润滑轴承；

续表

序号	设备类型	检修周期	维护检修项
2	排风机	月检	13. 检查叶轮杂质并清除； 14. 检查叶轮的磨损状况； 15. 检查风机隔出密封情况； 16. 清理风机机壳、进气箱； 17. 模拟风量减少，测试风量传感器； 18. 模拟加热器过热，测试温控自动断开； 19. 检查绝缘保温材料； 20. 检查设备及冷水管有无冷凝物； 21. 检查自动互锁装置及安全装置； 22. 检查三角带松紧情况； 23. 检查设备外壳，机架，电气控制面板有无锈蚀，如果有，用刷子清洁，并重新油漆； 24. 润滑减振器； 25. 当设备有任何改动或调整时，通知设备操作人员； 26. 提交维护报告及改善工作的建议
		半年检	1. 实施月维护； 2. 更换轴承润滑油； 3. 检查膨胀节的磨损情况； 4. 检查联轴器的性能； 5. 检查机箱、风扇是否生锈并涂防锈漆； 6. 检查是否需要更换三角带； 7. 提交维护报告及改善工作建议
		年检	1. 实施月维护； 2. 检查电器元件及接头是否完好； 3. 检查各轴承期间是否需要更换润滑油； 4. 检查进口消声器是否需要清洗； 5. 检查吸声片是否安装紧固； 6. 检查地脚螺栓是否松动； 7. 提交维护报告
3	风机盘管 / 多联机空调	日检	1. 检查有无任何异常噪声和振动； 2. 检查有无漏水； 3. 检查有无漏油； 4. 排泄储水罐里多余的水； 5. 检查电气控制箱内有无接头变黑； 6. 检查压力表功能正常； 7. 报告任何异常情况
		周检	—
		月检	1. 检查有无任何异常噪声及振动； 2. 记录压缩机启动电流，报告任何异常情况； 3. 检查电气元件动作正常； 4. 检查，清洁，调整并润滑控制元件，包括接触器、轴承、电磁阀等；

续表

序号	设备类型	检修周期	维护检修项
3	风机盘管 / 多联机空调	月检	5. 检查电气接线及元件； 6. 检查启动接触器，如需要进行更换； 7. 目视检查管线支撑及连接； 8. 润滑风机及电机轴承； 9. 润滑露在外面的阀杆，以避免生锈； 10. 检查金属部件有无锈蚀，用刷子清洁并重新油漆； 11. 检查时间继电器、安全装置等的设定值，如有错误，重新设置； 12. 清洁进气过滤器，或进行更换（如需要）； 13. 排放冷凝水，检查自动排水装置的设置； 14. 打开压力容器，清洁并检查； 15. 检查安全阀； 16. 检查自动控制装置的动作顺序是否正常； 17. 检查螺栓松紧是否合适； 18. 检查电机固定及皮带松紧状态； 19. 检查管线； 20. 调节压力阀的设置； 21. 检查安全阀的状态； 22. 确认能自动停机； 23. 润滑减振器； 24. 当设备有任何改造或调整后，通知设备操作人员； 25. 测量并记录主要的操作参数，包括压缩机电流、气压等，确认在规定范围内； 26. 提交维护报告及改善工作建议
		半年检	1. 当设备固定后，操作开关，确认动作顺畅及完全关断； 2. 检查管线内的滤网
		年检	1. 检查附属设备，如驱动电机、阀门等； 2. 检查温度传感器、压力表、流量表的读数是否正确； 3. 去除减振器的油脂，并重新润滑； 4. 更换油过滤器及干燥剂； 5. 检查进气、出气阀门有无泄漏； 6. 更换垫圈； 7. 检查皮带轮； 8. 紧固螺栓； 9. 检查油箱； 10. 更换压缩机润滑油； 11. 验证气体容器； 12. 清洁油及水滤网； 13. 用红外测温仪，检查电气接头； 14. 测量电机的绝缘电阻及其他元件； 15. 提交维护报告
4	DDC\PLC 控制器	月检	1. 模块运行温度测量； 2. 机柜风扇清洁灰尘

续表

序号	设备类型	检修周期	维护检修项
5	传感器	年检	1. 对温湿度要求高的房间，其系统的温湿度传感器进行第三方标定校准； 2. 对于有压差要求高的房间，其系统的压差传感器进行第三方标定校准
6	平疫转换	半年检	对于有平疫转换功能设计的系统，应定期进行系统运行工况切换试验

本章参考文献

[1] 刘国林. 建筑物自动化系统 [M]. 北京：机械工业出版社，2002.

[2] 赵文成. 中央空调节能及自控系统设计 [M]. 北京：中国建筑工业出版社，2018.

[3] 中华人民共和国卫生部. 公共场所集中空调通风系统清洗消毒规范：WS/T 396-2012 [S]. 北京：中国标准出版社，2012.

[4] 中华人民共和国卫生部. 公共场所集中空调通风系统卫生规范：WS 394-2012 [S]. 北京：中国标准出版社，2012.

[5] 中华人民共和国住房和城乡建设部. 空调通风系统运行管理标准：GB 50365-2019 [S]. 北京：中国建筑工业出版社，2019.

[6] 中华人民共和国国家卫生和计划生育委员会. 医院中央空调系统运行管理：WS 488-2016 [S]. 北京：中国标准出版社，2016.

[7] 中华人民共和国国家质量监督检验检疫总局. 空调通风系统清洗规范：GB 19210-2003 [S]. 北京：中国标准出版社，2003.

[8] 中华人民共和国国家质量监督检验检疫总局. 医院消毒卫生标准：GB 15982-2012 [S]. 北京：中国标准出版社，2012.

[9] 国家技术监督局，中华人民共和国卫生部. 室内空气中二氧化碳卫生标准：GB/T 17094-1997 [S]. 北京：中国标准出版社，1997.

[10] 中华人民共和国卫生部. 医疗机构消毒技术规范：WS/T 367-2012 [S]. 北京：中国标准出版社，2012.

[11] 中华人民共和国住房和城乡建设部. 传染病医院建筑施工与验收规范：GB 50686-2011 [S]. 北京：中国计划出版社，2011.

[12] 中华人民共和国国家质量监督检验检疫总局. 洁净手术室用空气调节机组：GB/T 19569-2004 [S]. 北京：中国标准出版社，2004.

[13] 中华人民共和国卫生部. 医院空气净化管理规范：WS/T 368-2012 [S]. 北京：中国标准出版社，2012.

[14] 中华人民共和国卫生部. 医院隔离技术规范：WS/T 311-2009 [S]. 北京：中国标准出版社，2009.

[15] 中华人民共和国卫生部. 公共场所集中空调通风系统卫生学评价规范：WS/T 395-2012 [S]. 北京：中国标准出版社，2013.

[16] 中华人民共和国住房和城乡建设部. 洁净室施工及验收规范：GB 50591-2010 [S]. 北京：中国建筑工业出版社，2010.

[17] 国家市场监督管理总局. 消毒器械灭菌效果评价方法：GB/T 15981-2021 [S]. 北京：中国标

准出版社，2021.

[18] 中华人民共和国国家质量监督检验检疫总局. 室内空气中臭氧卫生标准：GB/T 18202-2000 [S]. 北京：中国标准出版社，2001.

[19] 中华人民共和国国家质量监督检验检疫总局. 医院负压隔离病房环境控制要求：GB/T 35428-2017 [S]. 北京：中国标准出版社，2018.

[20] 国家市场监督管理总局. 室内空气质量标准：GB/T 18883-2022 [S]. 北京：中国标准出版社，2022.

第 5 章

暖通空调系统常见技术与设备

5.1 智能通风系统

5.1.1 动力集中式智能通风系统

1. 系统形式及分类

（1）系统形式

动力集中式智能通风系统是指输送空气的动力集中在主干管上，由智能控制系统自动完成风量控制，保证系统风量的通风系统形式。系统由新风或排风主风机、末端风阀、风口、配套控制系统及低阻力的风管系统组成（图 5-1）。一台送风机或排风机提供整个管网的动力，将空气按设计需要风量通过风管送至各房间，或从各房间吸入空气，通过管网集中排至外。

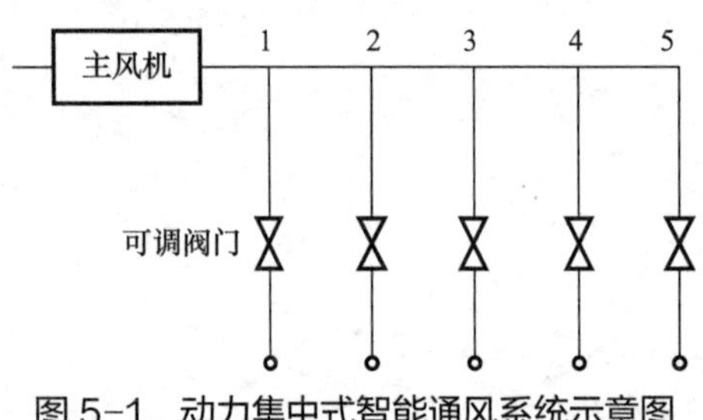

图 5-1　动力集中式智能通风系统示意图

动力集中式通风系统的动力是集中的，往往一个系统承担了许多独立空间的送风或排风，风机的余压是根据最不利环路确定的。

（2）系统分类

动力集中式通风系统分为定风量和变风量两种形式。定风量形式中，系统（或房间）送风量稳定在某个数值；变风量形式中，系统风量可以调节变化，系统（或房间）送风量可以稳定在不同的数值。

1）动力集中式定风量系统

对于定风量系统，通常由主风机和系统末端的定风量阀组成，如图 5-2、图 5-3 所示。末端采用自平衡风口或普通风口加定风量阀，风机采用直流无刷风机，在风机出风口处设置风量传感器，按设计要求设定需要控制的风量，当风量传感器检测到风机送风量偏离设定风量值时，将信号反馈至风机控制器，控制器根据需求调节风机电机转速，控制风机送风量为设定风量。

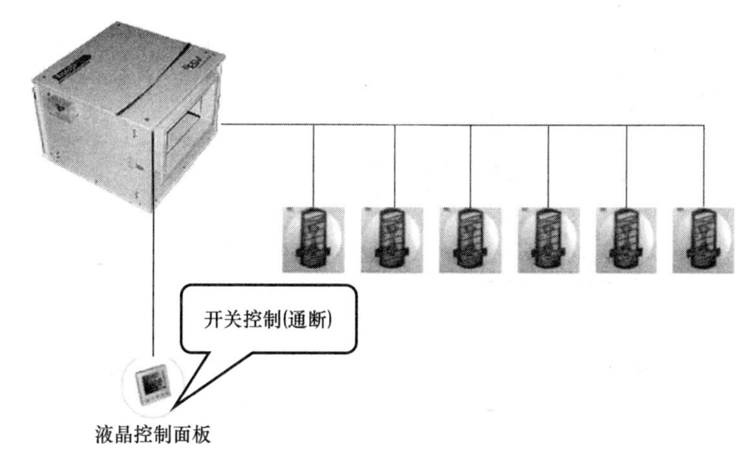

图 5-2　动力集中式定风量通风系统

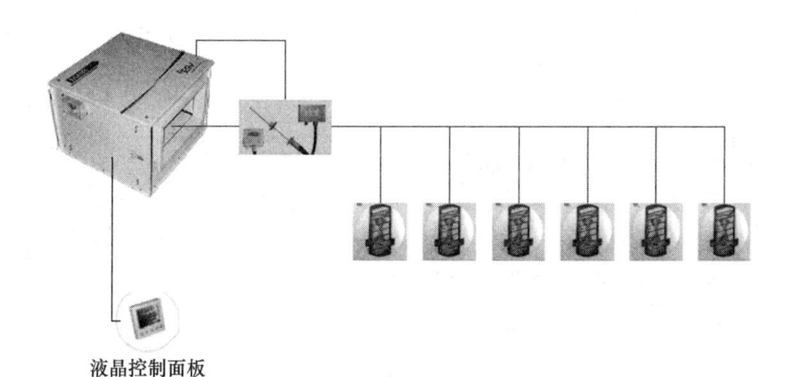

图 5-3　动力集中式定风量通风系统——自平衡自适应

2）动力集中式变风量系统

动力集中式变风量系统如图 5-4 所示。动力集中式变风量系统在应用过程中存在两种情形：一种情形是系统服务区域风量需求变化一致，此时可调节主风机；另一种情形是在各个末端设置变风量风阀，根据末端的风量需求通过风机和变风量风阀进行调节。动力集中式通风系统可实现双速（多速）的工况调节，一方面满足常规新风量的需求，同时也可以满足过渡季节的通风需求。

动力集中式变风量系统可以采用空气品质传感器集中控制的控制方式，如图 5-5（a）所示，也可以通过预设风机运行风量曲线的控制方式进行控制，如图 5-5（b）所示。

当采用空气品质传感器系统时，传感器监测室内空气品质，根据空气品质按需自动调节主风机风量，使室内空气品质满足要求。这种调节属于反馈调节方法，由图 5-5（a）可以看出，从 0∶00 到 24∶00，风量动态调节，实现了按需无级调节。

当采用预设风机运行曲线控制时，可由软件设定运行曲线，也可以根据实际需要修订各时段运行比例。这种调节属于前馈调节方法，需要对末端风量的需求有较好的

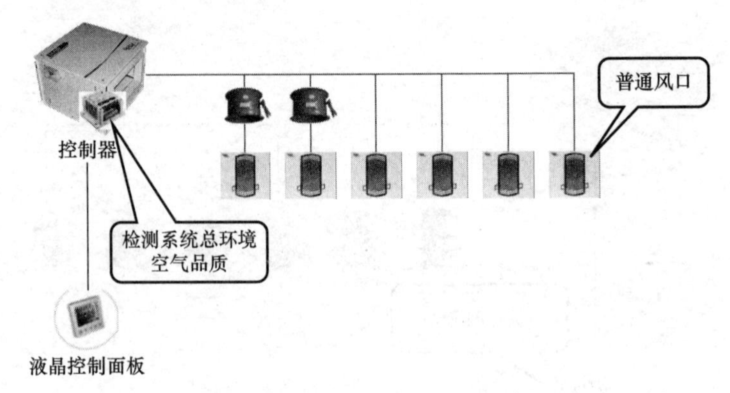

图 5-4　动力集中式变风量系统图

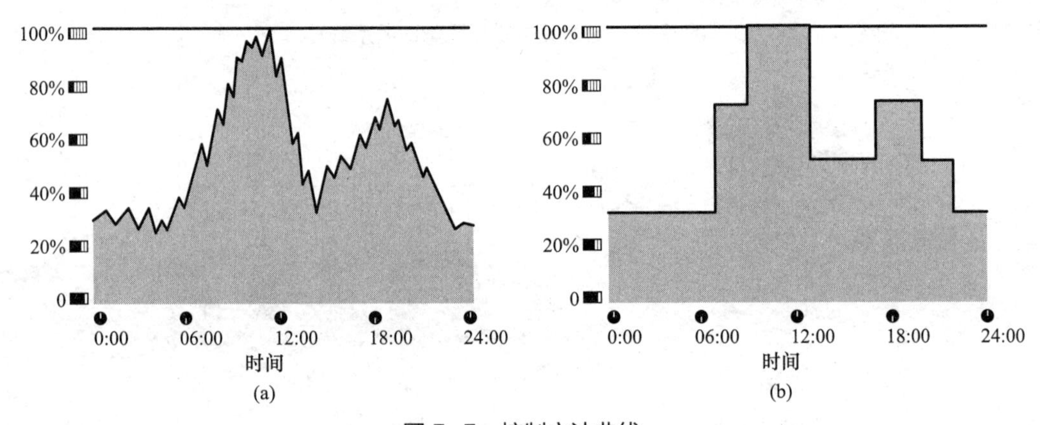

图 5-5　控制方法曲线

（a）传感器控制曲线；（b）预设曲线控制

把握。从图 5-5（b）可以看出，从 0∶00 到 24∶00，风量是在阶跃地调节，在某段时间内风量会保持相对稳定。

2. 工作原理及特点

（1）工作原理

空气品质传感器将检测的室内空气状况转化成数字信号，同步传递到该通风系统的新、排风主机，新、排风主机根据信号智能调节风机的转速，从而满足用户末端的风量需求。整个通风系统的风量通过新、排风主机统一调节。

（2）系统特点

动力集中式通风系统可以实现通风系统智能化运行，从而满足受控区域的空气品质要求。其不足之处在于无法实现单个房间（末端）风量的控制，无法准确实现风量的按需供应，节能效果弱于动力分布式智能通风系统。

3. 应用场合及技术参数

动力集中式通风系统主要应用于医院门诊医技楼、养老院、实验楼、商用建筑及地产等建筑。其主要技术规格如表 5-1 所示。

动力集中式通风系统主要技术规格　表 5-1

产品	参考产品名称	技术规格
新风主机	数字化节能空气处理机组	采用 EC 无刷直流电机，无级调速，自带 0～10V 通信接口，按需配置功能段（表冷，加湿，电热，过滤等），自带智能控制器，与排风联动
排风主机	数字化节能风机	采用 EC 无刷直流电机，无级调速，自带 0～10V 通信接口
末端定风量阀	定风量调节模块	
控制系统	智能集中控制系统	采用上位机，集中控制软件

4. 案例及应用效果

（1）项目概况：山东省博兴县某医院门诊医技病房楼，总建筑面积为 62509m^2（其中地上 53249m^2，地下 9260m^2）。

（2）系统类型：动力集中式变风量系统，主要应用于门诊大厅、门诊药房、急诊大厅、出入院办理、放射科、超声科、儿科、检验科、妇产科、内镜中心、中医科、透析中心及五官科等科室。

（3）应用效果：门诊医技区域采用动力集中式通风系统，通过监控排风主风管中空气污染物浓度，按需调节新、排风主风机风量，有效改善室内空气环境。从节能角度分析，基于 24h 运行的能耗综合分析来看，动力集中式智能通风系统（选用 EC 直流无刷风机）相对于传统通风系统（选用交流定频风机）的节能率可达 30%。

1）门诊大厅环控效果

门诊大厅人员密度变化大，不同日、每日的每个时段都有较大差异（图 5-6），基于此特点宜采用 CO_2 作为空气环境控制指标。

采用动力集中式变风量系统后，门诊大厅区域实测 CO_2 浓度为：410mg/L＜CO_2 浓度＜900mg/L［空气环境控制指标：CO_2 浓度＜1000mg/L（参照《室内空气质量标准》）］。

2）门诊大厅节能效果

将动力集中式变风量系统（选用 EC 直流无刷风机）与传统通风系统（选用交流定频风机）做能耗对比：

① 本项目门诊大厅新、排风机组的额定风量均为 3000m^3/h，所选用功率如表 5-2 所示。

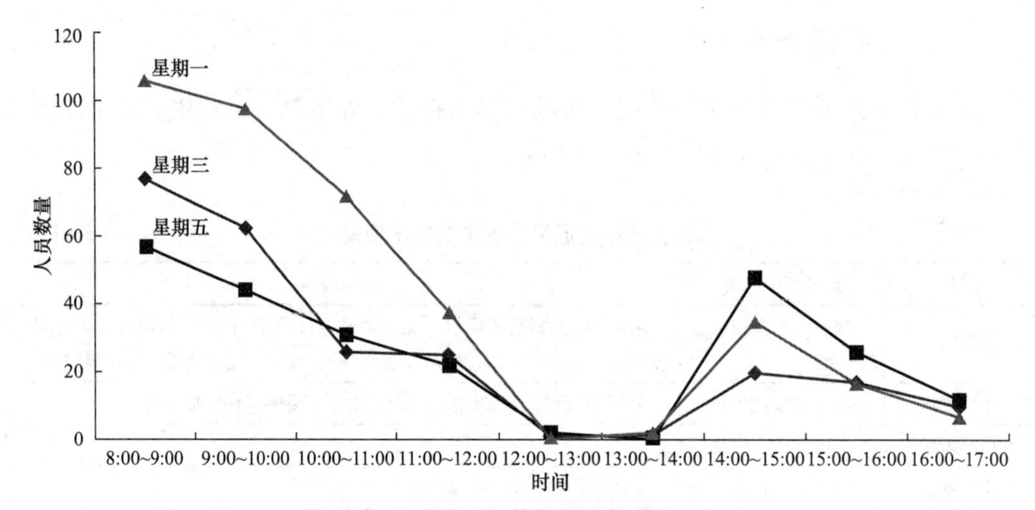

图 5-6 门诊大厅挂号缴费处人员变化

新、排风机组功率 表 5-2

系统类型	新风机组额定功率（kW）	排风机组额定功率（kW）	总额定功率（kW）
动力集中式变风量系统	0.91	0.59	1.50
传统通风系统	1.10	0.75	1.85

② 新、排风机能耗分析

动力集中式变风量系统：通风系统的运行时间每年按 365d 计算，门诊大厅每日运行时间按 12h 计算。系统年运行能耗：1.50 × 12 × 365 × 0.75=4927.5kWh［0.75 为主机智能调速功效比（数据为本项目能耗采集分析）］。

传统通风系统：通风系统的运行时间每年按 365d 计算，门诊大厅每日运行时间按 12h 计算。系统年运行能耗：1.85 × 12 × 365=8103.0kWh。

综上可知：新、排风机运行能耗节能率约为 39.1%。

③ 空调能耗分析

传统交流风机采用定风量运行；EC 直流无刷风机可实现 0～100% 无级调速，能够自动检测室内污染物浓度调节机组运行风量，实现按需供应，机组调速功效比为 0.75。同时，当新风机组风量变化时，机组所需空调负荷也会变化。下面按夏季工况和冬季工况分别进行系统节能分析：

a. 夏季工况

根据滨州市（博兴县隶属滨州市）室外设计参数，参照《医院通风空调设计指南》的相关负荷数据，经计算 1000m^3/h 新风量处理到室内等焓状态点需 9.8kW 冷负荷，则夏季工况，门诊大厅新风总冷负荷为：3000 ÷ 1000 × 9.8=29.4kW。

空调系统夏季的运行时间每年按 90d，门诊大厅每日运行时间按 12h 计算。本项目夏季空调冷水系统能效比约为3.5。

夏季工况，门诊大厅的动力集中式变风量系统相对于传统通风系统，节约空调负荷能耗：（29.4÷3.5×12×90）×（1−0.75）=2268kWh。

b. 冬季工况

根据滨州市（博兴县隶属滨州市）室外设计参数，参照《医院通风设计指南》的相关负荷数据，经计算1000m^3/h新风量处理到室内设计工况，则冬季新风热负荷需10.4kW热负荷，则冬季工况，门诊大厅新风总冷负荷为：3000÷1000×10.4=31.2kW。

空调系统冬季的运行时间每年按90d，门诊大厅每日运行时间按12h计算。本项目冬季空调热水系统能效比约为3.0。

冬季工况，门诊大厅的动力集中式变风量系统相对于传统通风系统，节约空调负荷能耗：（31.2÷3.0×12×90）×（1−0.75）=2808kWh。

④ 新、排风系统综合节能分析

门诊大厅新、排风系统从风机节能和空调负荷节能分析可知，每年总节能量约为：8103.0−4927.5+2268+2808=8251.5kWh，综合节能率约为29%。

5.1.2　动力分布式智能通风系统

1. 系统形式及分类

（1）系统形式

动力分布式智能通风系统由主风机（Main Fan）、支路风机（Branch Fan）（或分布风机 Distributed Fan）、动力分布式控制器、智能通风控制器、空气品质传感器/压差传感器、人性化的控制面板、智能化的集中控制台及风口和低阻抗的管网组成（图5−7）。

（2）系统分类

根据是否有实体通风管道分为有风管的动力分布式智能通风系统和无风管的动力分布式智能通风系统。在某些情况下，动力分布式智能通风系统可以全部或部分没有实体风管，依靠建筑空间作为流通通道。把这种无风管的动力分布式智能通风系统称为广义的动力分布式智能通风系统，把有风管的动力分布式智能通风系统称为狭义的动力分布式智能通风系统。

根据输送空气的性质，可以将动力分布式智能通风系统分为动力分布式新风系统和动力分布式排风系统。以新风系统为例，动力分布式新风系统根据主风机设置情况可分为有主风机和无主风机的动力分布式新风系统。

有主风机的动力分布式新风系统根据风量可变特性，可分为定风量、末端部分变风量和末端全变风量的新风系统，三种系统形式如图5−8～图5−10所示。

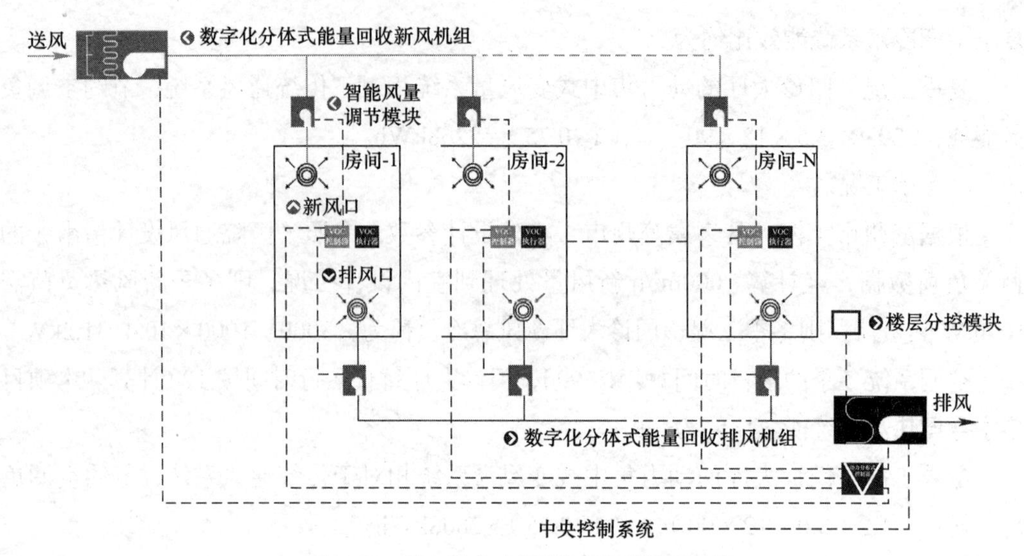

图 5-7　动力分布式智能通风系统示意图

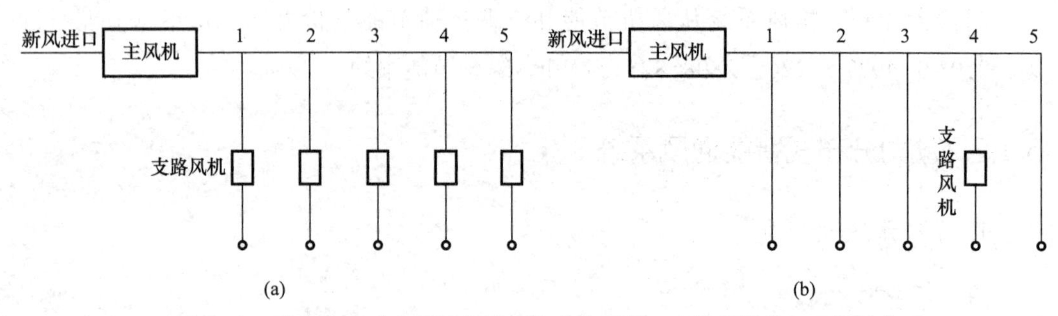

图 5-8　动力分布式定风量新风系统（主风机、支路风机均不可调速）

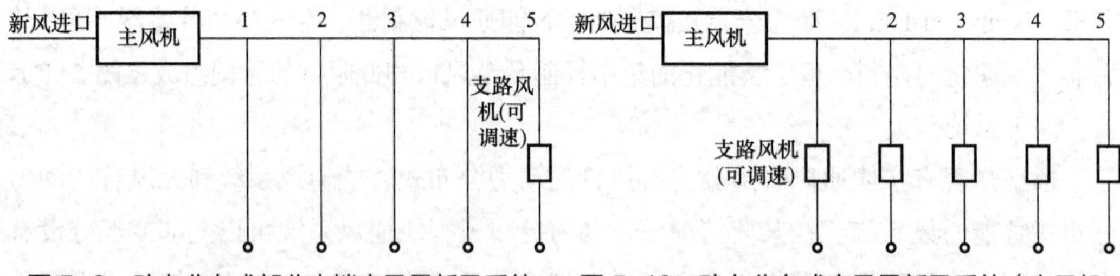

图 5-9　动力分布式部分末端变风量新风系统（图中支路风机 5 可调速）

图 5-10　动力分布式变风量新风系统（主风机、所有末端支路风机可调速）

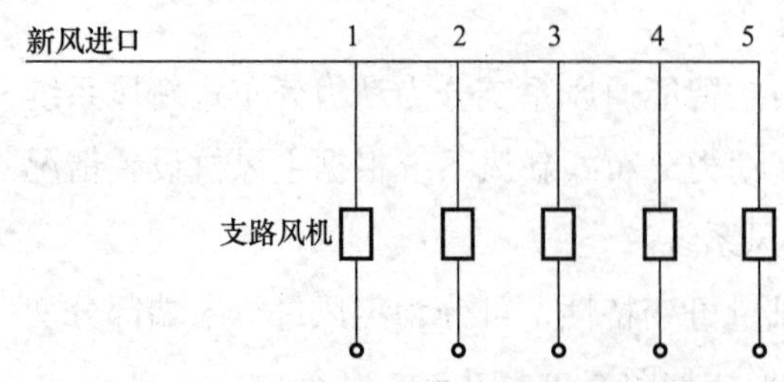

图 5-11　无主风机的动力分布式新风系统

无主风机的动力分布式新风系统根据风量可变特性，可分为定风量新风系统和变风量新风系统。依据支路风机是否调速分为定风量系统和变风量系统，系统形式如图 5-11 所示。

实际上，动力分布式智能通风系统中

的动力可分为风机产生的机械动力和重力产生的作用力。重力产生的作用力主要由于通风道内外空气密度差及相应高差而产生，这在竖向通风管道中可明显体现出，只要竖向通风道中的空气密度与外界有差异且具有一定的高差，则产生重力驱动力，这样就会在竖向通风道中依次形成串联的重力产生的动力分布式智能通风系统。风机产生的机械动力和重力产生的作用力的不同主要体现在：风机产生的机械动力与风量不是线性关系，可以认为是一元二次关系；而重力产生的作用力与风量无关系，是一水平的直线关系。

2. 工作原理及特点

（1）工作原理

动力分布式智能通风系统（Distributed Fan Ventilation System）是空气流动的动力分布于干管和支管上而形成的智能通风系统，如图 5-12 所示。也就是除了主风机外，在各个支路上也分别设有支路风机，支路风机可根据所负担区域的实际需求进行调节，主风机根据各个末端的新风需求的总和或干管定静压方式进行调节。主风机承担干管输送，末端分布风机承担对应支管的输送，而且“分布风机”并非必须设在末端，可以设在支路上任何便于安装、检修的地方。每个支路风机所负责的区域可实现自主独立调节新风量，这种系统节省了风阀阻力能耗。

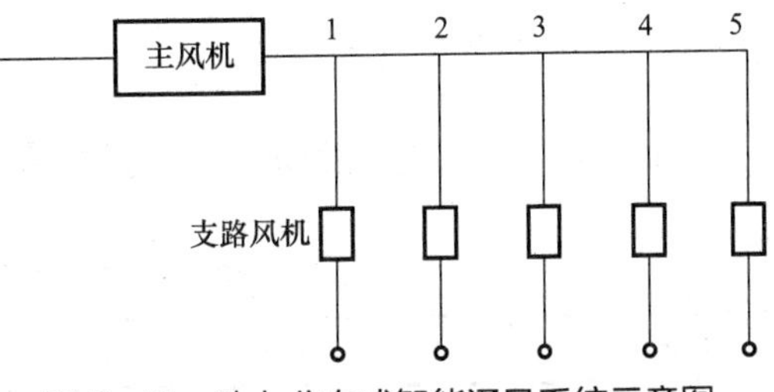

图 5-12　动力分布式智能通风系统示意图

主风机往往是直流无刷风机，这种风机的电机为内置控制系统的直流无刷外转子电机，具有 0～100% 无级调速，零电流软启动功能，比传统风机节能可达 50%。因此主风机的调控非常简单便捷，只需要对应的控制信号即可调整风机转速从而调整风量。

支路风机往往选择智能变风量模块，模块自带通信信号接口，可通过传感器感应室内的空气品质，然后分别返回一个信号至模块，模块根据信号自动调整风量大小或开关，也可以根据各功能房间的风量、时间运行曲线自动变风量运行。同理，支路风机可根据负压病区相邻压差的要求，自动调节风量，同时联动主风机调速运行，保障房间压差梯度。

（2）系统特点

动力分布式智能通风系统采用高效率、低噪声、无级调速的高性能风机，以及不影响配电品质的可靠的无级调速技术，采用高适应性的、个性化的调节策略，动力分布式控制器，低阻抗的管网设计，高可靠度、高能效的分布式动力（主、末端风机群）

配置和专用的调试技术等。

系统特点为：

1）调节灵活：各单元式空间独立按需自动调节，互不影响；

2）优越的平衡性和稳定性：自动适应管道压力、巡航调速，便于水力平衡；

3）高安全性：气流有序，压差可靠；

4）高节能性：动态通风、高效运行、节能降资；

5）智能运行：按需全自动化运行，无须人工干预。用户只需一键启停；用户可选用“平疫”一键切换系统或“正负压”一键切换系统；

6）适用性强：医用级打造、模块化设计、安装便捷、调试简单、寿命周期长；

7）兼容性强：支路风机与各种变频主风机及EC主风机均可进行系统耦合，并采用动力分布式控制器联动运行。

3. 应用场合及技术参数

（1）动力分布式智能通风系统应用场合如表5-3所示。

动力分布式智能通风系统应用场合　表5-3

建筑类型	区域	系统设置
医疗建筑	标准病房	平送竖排的动力分布式智能通风系统； 竖送竖排的动力分布式智能通风系统——下出风； 竖送竖排的动力分布式智能通风系统——直出风
	门诊医技	平送平排的动力分布式智能通风系统； 平送竖排的动力分布式智能通风系统
	负压病房，发热门诊，生物安全实验室	平送平排的动力分布式智能通风系统
办公建筑		平送平排的动力分布式智能通风系统
酒店建筑		竖送竖排的动力分布式智能通风系统——下出风； 竖送竖排的动力分布式智能通风系统——直出风
住宅建筑		竖送竖排的动力分布式智能通风系统——下出风

（2）动力分布式智能通风系统技术参数如表5-4所示。

动力分布式智能通风系统技术规格　表5-4

产品	参考产品名称	技术规格
新风主机	数字化节能空气处理机组	采用EC无刷直流电机，0～100%无级调速，自带0～10V通信接口，按需配置功能段（表冷、除湿、加湿、电热、过滤、杀菌等），与排风联动。自带动力分布式通风系统专用控制器
排风主机	数字化节能风机	采用EC无刷直流电机，0～100%无级调速，自带0～10V通信接口

续表

产品	参考产品名称	技术规格
智能变风量模块	分布式智适应动力模块	适应范围内压力无关型。新风自带保温层。内置消声静压装置。自带密闭阀，整机断电时自动关闭复位。自带 0～10V 接口，485 通信接口，故障报警接口
模块控制器	液晶控制面板	0～10V 输出，485 输出，可接入中央控制。负压病房使用时调节精度不低于 50 档
正负压控制系统（用于负压病房等）	智能正负压控制系统	配置电子压差显示，自动控压调节，保持房间压力稳定
集中控制系统	智能通风控制管理系统	采用上位机，集中控制软件

注：系统作用半径宜小于 80m，最大不应超过 120m；支路数量要求宜小于 30 个，最大不应超过 50 个。

4. 案例及应用效果

（1）项目概况：贵州省贵阳市息烽县某医院综合住院大楼，总建筑面积 28933m^2。总楼层为 18 层，地下 2 层，地上 16 层。

（2）系统类型：动力分布式智能通风系统，主要应用于病房。

（3）应用效果：在能耗大幅下降的前提下，实现室内高环境品质，病患及医护满意度处于较高水平（图 5-13、图 5-14）。

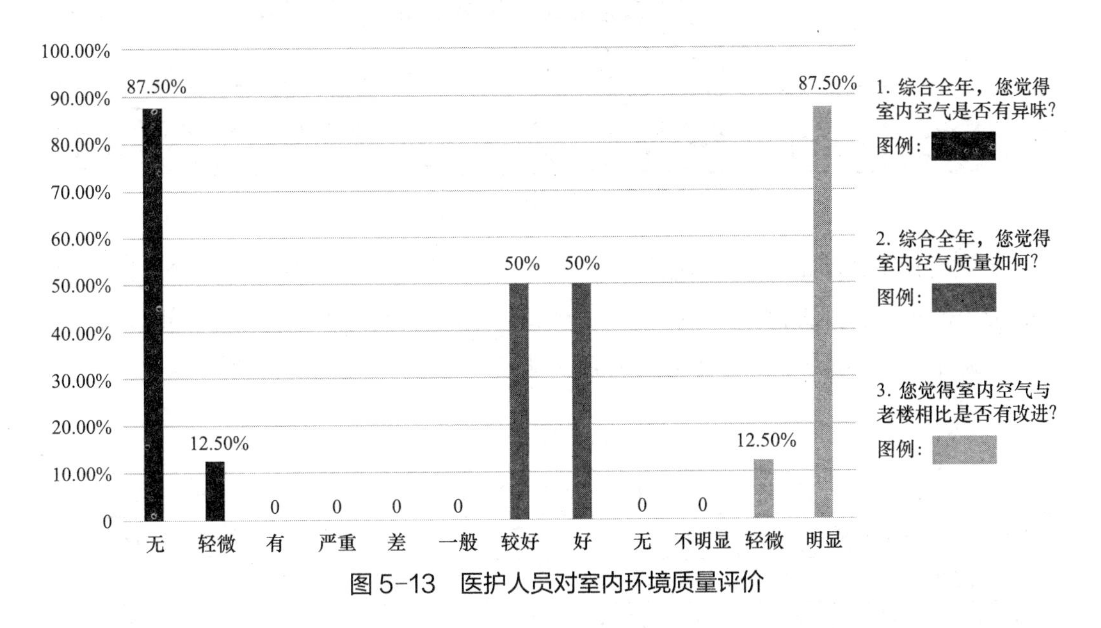

图 5-13　医护人员对室内环境质量评价

（4）病房标准层节能效果分析：

1）病房标准层环控效果。室内空气质量、房间压差梯度、通风设备运行情况，通过环控系统均可视化实时显示（图 5-15）。

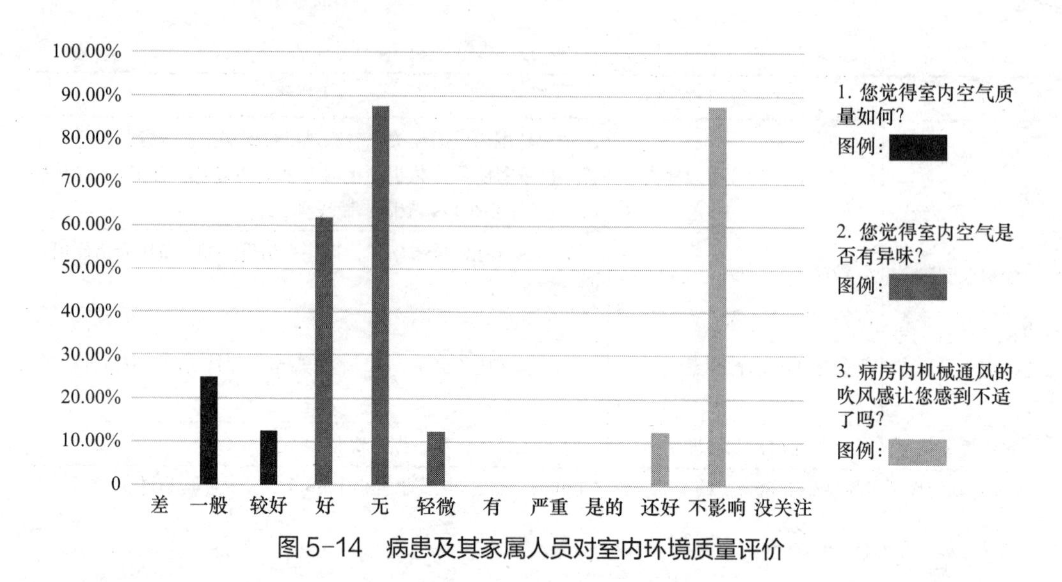

图 5-14 病患及其家属人员对室内环境质量评价

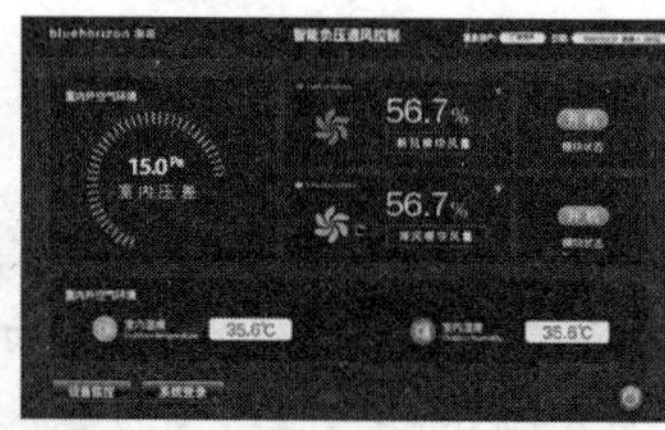

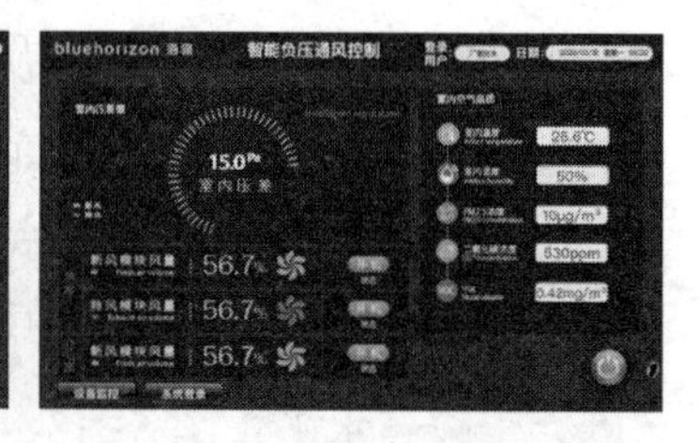

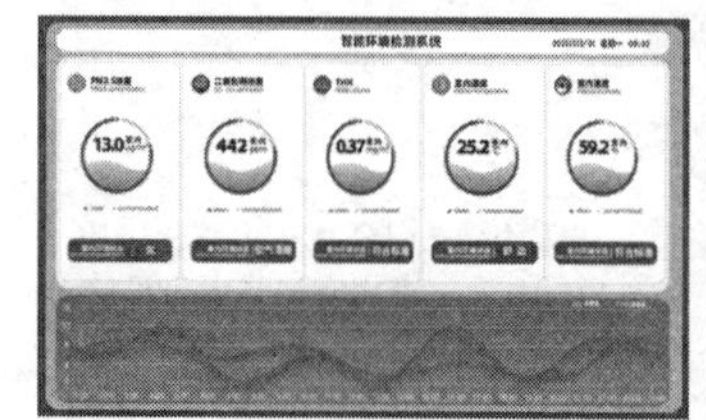

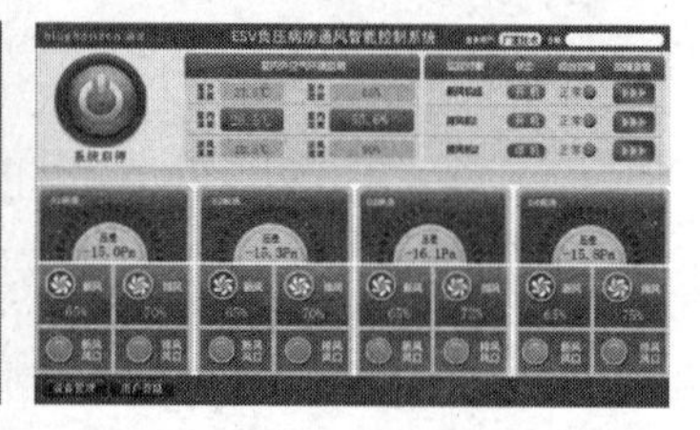

图 5-15 可视化实时显示

2）病房标准层节能效果。将病房标准层动力分布式智能通风系统（主风机与支路风机均选用 EC 直流无刷风机）与传统通风系统（选用交流定频风机）做能耗对比：

① 服务于三～五层、八～十五层的新、排风机组总功率如表 5-5 所示。

新、排风机组总功率　　表 5-5

系统类型	新、排风机组额定功率（kW）	末端支路风机额定功率（kW）	总额定功率（kW）
动力分布式智能通风系统	26.87	7.62	34.49
传统通风系统	39.51	0	39.51

注：主风机的风压未按最不利末端选型，由支路风机动态补偿余压。

② 新、排风机能耗分析。动力分布式智能通风系统：通风系统的运行时间每年按 365d 计算，病房层每日运行时间按 24h 计算。系统年运行能耗：34.49 × 24 × 365 × 0.6=

181279.44kWh［0.6 为主风机与支路风机智能联动调速功效比（数据为本项目能耗采集分析）］。传统通风系统：通风系统的运行时间每年按 365d 计算，病房标准层每日运行时间按 24h 计算。系统年运行能耗：39.51 × 24 × 365 =346107.6kWh。

综上可知：新、排风机能耗节能率约为 47.6%。

③ 空调能耗分析。传统交流风机采用定风量运行；EC 直流无刷风机可实现 0～100% 无级调速，能够自动检测室内污染物浓度调节机组运行风量，实现按需供应，调速功效比为 0.6。同时，当新风机组风量变化时，机组所需空调负荷也会变化。下面按夏季工况和冬季工况分别进行节能分析：

夏季工况：

根据贵阳市（息烽县隶属贵阳市）室外设计参数，参照《医院通风设计指南》的相关负荷数据，经计算 1000m^3/h 新风量处理到室内等焓状态点确需 4.2kW 冷负荷。三～五层、八～十五层的新风系统总风量为 82500m^3/h，则夏季工况新风总冷负荷为：82500 ÷ 1000 × 4.2=346.5kW。

空调系统夏季的运行时间每年按 60d（结合贵阳地域气候特性），病房标准层每日运行时间按 24h 计算。本项目夏季空调冷水系统能效比约为 3.5。

夏季工况，病房标准层的动力分布式智能通风系统相对于传统通风系统，在运行阶段节约空调负荷能耗：（346.5 ÷ 3.5 × 24 × 60）×（1−0.6）=57024kWh。

冬季工况：

根据贵阳市（息烽县隶属贵阳市）室外设计参数，参照《医院通风设计指南》的相关负荷数据，经计算 1000m^3/h 新风量处理到室内设计工况，则冬季新风热负荷确需 10.4kW 热负荷，则冬季工况新风总冷负荷为：82500 ÷ 1000 × 6.7=552.75kW。

空调系统冬季的运行时间每年按 120d（结合贵阳地域气候特性），病房标准层每日运行时间按 24h 计算。本项目冬季空调热水系统能效比约为 3.0。

冬季工况，病房标准层的动力分布式智能通风系统相对于传统通风系统，在运行阶段节约空调负荷能耗：（552.75 ÷ 3.0 × 24 × 120）×（1−0.6）=212256kWh。

④ 新、排风系统综合节能分析。从风机节能和空调负荷节能分析可知，病房标准层新、排风系统每年总节能约为：346107.6−181279.44+57024+212256=434108.16kWh，综合节能率约为 42.5%。

5. 动力分布式智能通风系统设计方法

采用动力分布式智能通风系统，主要是为了消除通风管网阻力不平衡问题，减小输配系统能耗，满足动态通风需求。通过合理应用新风，改善室内空气品质的同时降低通风空调能耗，从而提高建筑通风空调供暖系统能源利用效率。在进行动力分布式智能通风系统设计时，应符合国家现行有关标准的规定。

（1）系统选择

采用动力分布式智能通风系统，一是为了保证管网阻力平衡，二是为了实现动态通风。当管网系统较大、各环路阻力严重不平衡时，建议采用动力分布式智能通风系统。更重要的是，为实现动态通风而采用动力分布式智能通风系统，可以解决室内空气品质或受控空间有压力梯度要求的问题。

（2）通风量计算

在进行通风计算时，首先要明确通风的目的。平时，通风的首要目的是解决室内空气质量问题，即卫生通风；疫情时，通风的首要目的是解决单元空间压差梯度问题，即安全通风。除此以外，在进行通风空调设计时，还需要注意是否有热舒适通风、除湿等要求。

考虑到动态通风需求，在进行动力分布式智能通风系统设计时，应确定系统、末端的典型通风量和最大通风量。确定系统、末端的典型通风量和最大通风量是为了进行管网设计与风机选型。通风管网设计主要以典型通风量进行管网设计，兼顾其他通风需求工况。在风机选型时，保证风机在典型通风量下高效运行，并以最大通风量作为选择依据。

（3）风管设计

1）管道类型与尺寸

支干管和支管宜选用圆管，主要原因如下：

① 圆管多为工厂预制，标准化程度较高，可实现装配式施工、快速组装，同时降低了矩形风管咬口漏风量风险较大等问题；

② 圆管与支路风机连接宜采用内衬钢丝的圆形软管，相对于帆布而言，阻力小，工程质量和系统效果更易保障；

③ 圆形风管内气流组织比矩形风管更好，解决了矩形风管截面宽、高比例不合理时，气流输配有效截面较小的问题。

主干管宜选用矩形风管。主干管受吊顶空间或井道空间限制，可选用矩形风管。

管道尺寸设计时应以典型通风量下的工况为主，兼顾其他工况下管道工作风速与压力。若有多个典型通风量的工况，应以高风量下的典型通风量工况进行风管设计。这是因为以典型通风量工况下的风管设计能够使管网性能最佳，并保证典型通风量工况下设计的管网能够适应动态通风的变化，避免风速与噪声过大。

2）管道流速

管道内空气流速应符合现行国家标准《民用建筑供暖通风与空气调节设计规范》GB 50736 的规定，在条件允许时，干管管路风速宜取下限值，支路管路风速宜取上限值（主要考虑减小各环路阻力不平衡率，保证系统的稳定性，即干管管路尺寸宜大些，支路尺寸宜小些，但同时需兼顾干管管路的安装空间与末端噪声控制需要）。

3）水力计算

动力分布式智能通风系统进行动态通风，其工况可为多种，为此选择典型通风量以及最大通风量的工况进行阻力平衡计算，以便风机选型。动力分布式智能通风系统优先选用支路风机来消除系统不平衡，以实现输配系统节能。通风系统各环路的压力损失应进行压力平衡计算。各并联环路压力损失的相对差额不宜超过15%。计算的工况分别为系统典型通风量、最大通风量。当通过调节管径仍无法达到要求时，宜在末端装设支路风机或调节阀门，并优先考虑装设支路风机。

4）风机选型

为满足动态通风需求，主风机与支路风机均需要选择可调速风机。为保障系统的稳定性，主风机选择性能曲线为平坦型的，支路风机选择性能曲线为陡峭型的。主风机的压力以最大通风量计算下的干管阻力损失作为额定风压，以满足最大通风需求。支路风机根据最大通风量工况下主风机的选型匹配压力，以满足最不利状况的使用需求。

动力分布式智能通风系统的风机选型设计主要为零压点、主风机和支路风机的选择。

①零压点的选择。零压点是指动力分布式智能通风系统的主管上出现的零静压点。零压点的位置选取对系统的输配能耗、风机的选型、运行控制等都有影响。零压点的位置与管道空气压力分布线的斜率有关，管道空气压力分布线的斜率越大，零压点越靠近主风机，反之则远离主风机。零压点的位置理论上可以在最不利环路与最有利环路之间的任一点，但不同的零压点，通风系统的风机总能耗不同，因此在确定最优的零压点时需要通过系统输配能耗的综合优化分析确定。

零压点确定原则：

a. 宜以输配能耗为目标进行动力分布式送风系统零压点的优化分析，零压点宜在干管1/2处。

零压点的位置直接涉及通风主机设备压力选择和分布式动力模块压力与转速设定。零压点越靠近通风主机设备，通风主机设备需提供的压力越小，而分布式动力模块提供的压力越大。对于同样风量需求的若干末端，远离通风主机设备的分布式动力模块转速越大。考虑到目前分布式动力模块高转速下的噪声问题，需将远离通风主机设备的分布式动力模块转速降下来并控制在一定范围内，解决的技术措施为将零压点往后推移至主管的1/2处。在当前的系统设计半径下可较好地控制远端分布式动力模块的噪声问题。

b. 动力分布式排风系统的零压点宜在管路干管的最远端，以保障排风主管路为负压。

② 主风机选择。确定零压点后，按照设计工况下主风机需要克服新风进风口至零压点之间的管网阻力，根据水力计算，得到总阻力，风量按照系统新风量的综合最大值计算，依据风量与风压即可进行主风机的选择。主风机的性能要求能够调速；出口余压不应过大，但风量的变化范围宽；在部分负荷条件下的运行高效率区较宽。主风机应选择性能曲线较为平坦的风机。典型风量日逐时变化曲线可参考典型场景人员数量变化趋势与设计人均新风量确定（图 5-16）。

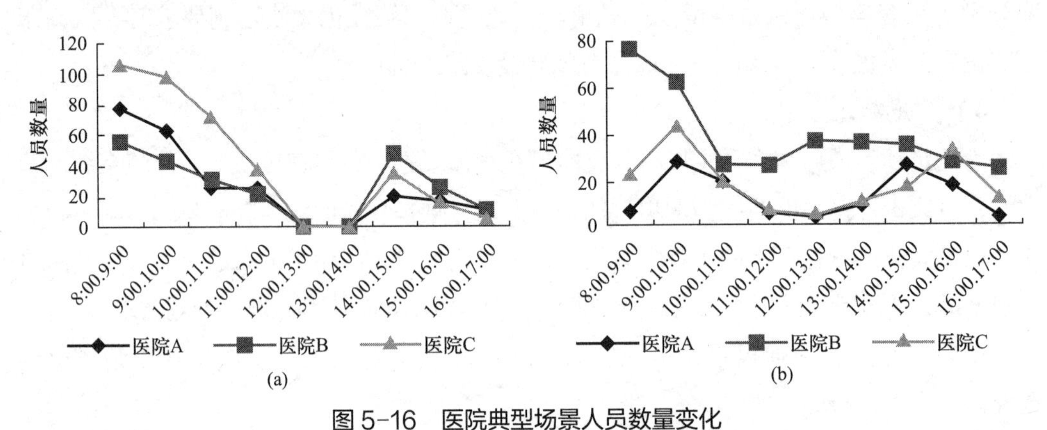

图 5-16　医院典型场景人员数量变化

（a）挂号缴费处人员变化；（b）候诊区人员数量变化

③ 支路风机选择。支路风机的选择直接涉及各个支路风量的调节性能，因此支路风机的合理选择是系统可靠运行的前提。支路风机的选择取决于支路风量、压力损失及支路的调节能力。支路的风机风量按照支路所负担区域逐时风量的综合最大值进行设计。

设计选型步骤为：利用干管零压点，推算各支管入口处的静压。对各支管进行水力计算，进而确定支路风机所需提供的静压，再根据各支路流量进行各支路风机的选型。保证实际运行过程中末端流量可调，采用解析算法或支路起点静压曲线分析法进行分析，使得支路风机在流量变化范围内的工况点在高效率区内，风机的转速调节范围宜为最大转速的 40%～80%。支路风机应选择性能曲线比较陡峭的风机。

（4）自动控制

自动控制包括末端控制与系统控制。末端控制主要是指通风末端的自主控制，包括客观控制法、主观控制法、客观控制与主观相结合控制法。系统控制主要包括系统水力稳定性的控制（系统风量控制）、热舒适通风控制、新风温湿度参数的控制。当热舒适通风条件允许时，在夏季室外空气温度低于室内空气温度时，即进行热舒适通风，此时新风量加大，室内空气质量能够达到要求。控制方案可选用总风量法或干管静压设定控制法。

动力分布式智能通风系统与动力集中式智能通风系统的对比分析如表 5-6 所示。

动力分布式智能通风系统与动力集中式智能通风系统对比分析　　表 5-6

项目		动力集中式智能通风系统	动力分布式智能通风系统
系统配置	系统组成	通风系统：主风机、末端风阀、风口、低阻抗的管网。 配套控制系统：空气品质传感器 / 压差传感器、控制面板、智能通风控制器、集中控制台	通风系统：主风机、支路风机、风口、低阻抗的管网。 配套控制系统：动力分布式控制器、空气品质传感器 / 压差传感器、控制面板、智能通风控制器、集中控制台
	系统主机	通常采用 EC 直流无刷风机（可实现 0～100% 无级调速、效率较高、噪声低、智能化程度高、零电流启动对电网无冲击）	通常采用 EC 直流无刷风机（可实现 0～100% 无级调速、效率较高、噪声低、智能化程度高、零电流启动对电网无冲击）
	输配系统	通过调节风阀开度，改变支路阻抗，以此调节末端风量	通过动态通风、按需二次输配调节风量
	末端系统	末端采用手动调节阀，调试阶段工作量大且平衡效果难以保障	末端支路风机可以实现风量按需供应。系统平衡性较好
	控制系统	无法实现分室独立自动调适； 无法实现末端支路输配风量与主风机联动调节； 可选用中央集中控制系统或预留 BA 接口	可实现分室独立自动调适； 可根据支路风机的运行风量参数，联动调节主风机； 可选用中央集中控制系统或预留 BA 接口
系统调试	难易与周期	系统服务于多房间时，需手动调试，并多次修正各房间风量，同时系统稳定性较差。调试难度大、周期长	系统服务于多房间时，可选择自动调试运行，无须人工干预。调试难度小、周期短
系统效果	运行节能	主风机的风压根据最不利环路确定，其他支路的资用压头富余，越靠近动力源，富余量越大；对于富余压头，采用阀门消耗，实现管网阻力平衡，造成了很大的能量浪费； 可有效减少空调运行负荷，每年空调使用将减少 30d； 可根据末端污染物浓度调节主风机，实现节能运行。相较于传统通风系统，节能率可达 30%	主风机的风压不一定设计到最不利末端，不足的余压由支路风机自动补偿； 可有效减少空调运行负荷，每年空调使用将减少 30d； 可根据末端污染物浓度，调节主风机和支路风机，相较于传统通风系统，系统风机多处于低速运行工况，节能率可达 50%； 可以关闭部分支路风机，主风机同时按需降速运行，实现良好的节能效果
	安全稳定	通过手动调节法对风量进行分配。通常风量分配不均，且稳定性较差，梯度压差较难实现，容易造成交叉感染	支路风机内置自适应控制器，在一定压力范围内能实现压力无关，保障输配风量均匀、稳定，不会造成交叉感染； 气流有序流动，空气按清洁区→半污染区→污染区流动，形成梯度压差，不会造成交叉感染
系统运行管理	方便性与先进性	无法实现分室控制和管理，运维管理较为不便； 有相邻压差需要的房间，实现一键保压自动运行较困难。若采用平疫结合通风系统，则转换周期较长。如此加大了系统使用和管理难度	通过专业控制系统可对建筑的所有系统实时监控、调节及管理，运行管理方便； 有相邻压差需要的房间，可实现一键保压自动运行、平疫一键切换自动运行及正负压一键切换自动运行

5.1.3 智能通风系统相关设备研发及应用

1. 智能平疫转换系统[①]

智能平疫转换系统采用平疫转换动力模块及自控系统，通过接收系统命令，自动控制动力模块在平时运行模式与疫情运行模式之间智能切换。平时模式以最小新风量运行，回风风阀开启，风机启动，盘管水阀开启，机组以风机盘管模式处理房间热湿负荷；疫情模式回风风阀关闭，风机关闭，通过一次风调节室内冷热负荷，并且通过排风模块跟踪室内压力，维持房间压力在设定范围，平时与疫情模式可就地切换，也可以通过上位机系统远程控制平疫转换。系统特点：平时模式节能舒适；疫情模式安全高效；平疫模式一键切换。

该设备研发时间：2021 年 1 月；主要技术指标：室内压力梯度控制、室内冷热负荷控制、平时模式与疫情模式一键切换。执行标准：《传染病医院建筑设计规范》GB 50849-2014；应用场景：医疗净化场所、办公室，在南沙医院等项目上得到了应用。

2. 智能新、排风系统[①]

智能新、排风系统由新风系统和排风系统有机结合，新风系统根据房间空气质量（如 CO_2 浓度，有机挥发物浓度或 $PM_{2.5}$ 综合空气质量），智能控制功能房间的新风量，排风系统根据分区压力设定值，智能连锁控制排风量，使功能房内空气达到较高的空气品质，形成由清洁区到过渡区再到污染区的气流组织，压力梯度由清洁区到过渡区再到污染区依次降低。

智能新、排风系统的特点：系统灵活多样，可以根据需要设计不同的新、排风系统，末端设备可分为带冷源、不带冷源；风机动力型、非风机动力型；单风道型、定风量型、平疫结合型、快速反应型、普通型。智能化及信息化程度高，自动化控制程度高，联网控制、就地控制，信息量丰富，房间控制器多功能，自由编程，可根据房间不能功能设置个性化操作要求，传感器参数多样化。

该设备于 2021 年 1 月研发；主要技术指标：室内压力梯度控制、室内空气品质控制；主要应用场景：医疗净化场所、办公室。

---

① 资料来源：皇家空调设备工程（广东）有限公司。

3. 间歇式智能风量调节模块[①]

间歇式智能风量调节模块设置于工作区的新风支管或者排风支管，由恒风量调节器、旋转密闭阀及设备箱体构成。对应恒风量调节器，配套硅胶气囊，可在一定的压差范围内自动调整风量大小，保证风量恒定；自带档位阀片，可根据设计风量大小进行档位设置。对应旋转密闭阀为电动密闭阀，可达到国标标准建筑通风风量调节阀中密闭阀的要求。间歇式智能风量调节模块有单档位及双档位两种，可满足医院平疫结合运行的要求。平时工况，间歇式智能风量调节模块仅单通道对应密闭阀开，按照低设计风量运行，满足平时工况风量要求。疫情工况，间歇式智能风量调节模块双通道对应密闭阀都开，按照高设计风量运行，满足疫情工况风量要求。具体参数如表 5-7、表 5-8 所示。

间歇式智能风量调节模块-单档位　　表 5-7

序号	设备型号	排风量（m^3/h）	压差范围（Pa）	控制级别	配置 1	配置 2	电源（V/Ph/Hz）	功率（W）	安装方式
1	HF-E-100	45	50～250	1 挡开 / 关	自带恒风量调节器	自带电动密闭阀	220/1/50	10	吊装
2	HF-E-100	60	50～250	1 挡开 / 关	自带恒风量调节器	自带电动密闭阀	220/1/50	10	吊装
3	HF-E-100	75	50～250	1 挡开 / 关	自带恒风量调节器	自带电动密闭阀	220/1/50	10	吊装
4	HF-E-100	90	50～250	1 挡开 / 关	自带恒风量调节器	自带电动密闭阀	220/1/50	10	吊装
5	HF-E-250	100	50～250	1 挡开 / 关	自带恒风量调节器	自带电动密闭阀	220/1/50	10	吊装
6	HF-E-250	120	50～250	1 挡开 / 关	自带恒风量调节器	自带电动密闭阀	220/1/50	10	吊装
7	HF-E-250	135	50～250	1 挡开 / 关	自带恒风量调节器	自带电动密闭阀	220/1/50	10	吊装
8	HF-E-250	150	50～250	1 挡开 / 关	自带恒风量调节器	自带电动密闭阀	220/1/50	10	吊装
9	HF-E-250	200	50～250	1 挡开 / 关	自带恒风量调节器	自带电动密闭阀	220/1/50	10	吊装
10	HF-E-450	250	50～250	1 挡开 / 关	自带恒风量调节器	自带电动密闭阀	220/1/50	10	吊装

① 广州同方瑞风节能科技股份有限公司。

续表

序号	设备型号	排风量（m³/h）	压差范围（Pa）	控制级别	配置1	配置2	电源（V/Ph/Hz）	功率（W）	安装方式
11	HF-E-450	280	50～250	1挡开/关	自带恒风量调节器	自带电动密闭阀	220/1/50	10	吊装
12	HF-E-450	300	50～250	1挡开/关	自带恒风量调节器	自带电动密闭阀	220/1/50	10	吊装
13	HF-E-450	330	50～250	1挡开/关	自带恒风量调节器	自带电动密闭阀	220/1/50	10	吊装
14	HF-E-450	350	50～250	1挡开/关	自带恒风量调节器	自带电动密闭阀	220/1/50	10	吊装
15	HF-E-450	400	50～250	1挡开/关	自带恒风量调节器	自带电动密闭阀	220/1/50	10	吊装
16	HF-E-750	450	50～250	1挡开/关	自带恒风量调节器	自带电动密闭阀	220/1/50	10	吊装
17	HF-E-750	500	50～250	1挡开/关	自带恒风量调节器	自带电动密闭阀	220/1/50	10	吊装
18	HF-E-750	550	50～250	1挡开/关	自带恒风量调节器	自带电动密闭阀	220/1/50	10	吊装
19	HF-E-750	600	50～250	1挡开/关	自带恒风量调节器	自带电动密闭阀	220/1/50	10	吊装
20	HF-E-750	650	50～250	1挡开/关	自带恒风量调节器	自带电动密闭阀	220/1/50	10	吊装
21	HF-E-750	750	50～250	1挡开/关	自带恒风量调节器	自带电动密闭阀	220/1/50	10	吊装

间歇式智能风量调节模块-双档位　　表5-8

序号	设备型号	排风量（m³/h）	压差范围（Pa）	控制级别	配置1	配置2	电源（V/Ph/Hz）	功率（W）	安装方式
1	HF-E-200/2	90	50～250	2档开/关	自带恒风量调节器	自带电动密闭阀	220/1/50	20	吊装
2	HF-E-200/2	120	50～250	2档开/关	自带恒风量调节器	自带电动密闭阀	220/1/50	20	吊装
3	HF-E-200/2	150	50～250	2档开/关	自带恒风量调节器	自带电动密闭阀	220/1/50	20	吊装
4	HF-E-200/2	180	50～250	2档开/关	自带恒风量调节器	自带电动密闭阀	220/1/50	20	吊装
5	HF-E-200/2	200	50～250	2档开/关	自带恒风量调节器	自带电动密闭阀	220/1/50	20	吊装
6	HF-E-500/2	240	50～250	2档开/关	自带恒风量调节器	自带电动密闭阀	220/1/50	20	吊装

续表

序号	设备型号	排风量（m³/h）	压差范围（Pa）	控制级别	配置 1	配置 2	电源（V/Ph/Hz）	功率（W）	安装方式
7	HF-E-500/2	270	50～250	2 档开 / 关	自带恒风量调节器	自带电动密闭阀	220/1/50	20	吊装
8	HF-E-500/2	300	50～250	2 档开 / 关	自带恒风量调节器	自带电动密闭阀	220/1/50	20	吊装
9	HF-E-500/2	400	50～250	2 档开 / 关	自带恒风量调节器	自带电动密闭阀	220/1/50	20	吊装
10	HF-E-500/2	500	50～250	2 档开 / 关	自带恒风量调节器	自带电动密闭阀	220/1/50	20	吊装
11	HF-E-900/2	550	50～250	2 档开 / 关	自带恒风量调节器	自带电动密闭阀	220/1/50	20	吊装
12	HF-E-900/2	600	50～250	2 档开 / 关	自带恒风量调节器	自带电动密闭阀	220/1/50	20	吊装
13	HF-E-900/2	650	50～250	2 档开 / 关	自带恒风量调节器	自带电动密闭阀	220/1/50	20	吊装
14	HF-E-900/2	700	50～250	2 档开 / 关	自带恒风量调节器	自带电动密闭阀	220/1/50	20	吊装
15	HF-E-900/2	800	50～250	2 档开 / 关	自带恒风量调节器	自带电动密闭阀	220/1/50	20	吊装
16	HF-E-900/2	900	50～250	2 档开 / 关	自带恒风量调节器	自带电动密闭阀	220/1/50	20	吊装
17	HF-E-1500/2	1000	50～250	2 档开 / 关	自带恒风量调节器	自带电动密闭阀	220/1/50	20	吊装
18	HF-E-1500/2	1100	50～250	2 档开 / 关	自带恒风量调节器	自带电动密闭阀	220/1/50	20	吊装
19	HF-E-1500/2	1200	50～250	2 档开 / 关	自带恒风量调节器	自带电动密闭阀	220/1/50	20	吊装
20	HF-E-1500/2	1300	50～250	2 档开 / 关	自带恒风量调节器	自带电动密闭阀	220/1/50	20	吊装
21	HF-E-1500/2	1500	50～250	2 档开 / 关	自带恒风量调节器	自带电动密闭阀	220/1/50	20	吊装

该设备于 2018 年研发；关键技术指标：风量；阀前后压差范围（需满足 50～250Pa）；电动密闭阀电机功率；电动密闭阀可靠性。执行的标准：《建筑通风风量调节阀》JG/T 436-2014，《空调变风量末端装置》JG/T 295-2010。申请专利：《一种电动式恒风量阀》ZL 2018 2 1836841.6，并被评为广东省高新技术产品，《广东省高新技术产品》批准文号：粤高企协 {2019}11 号。应用场景：医院普通病房楼、传染病房楼、普

通门诊、发热门诊、PCR 实验室等；曾在平湖医院项目、广州健康驿站医护保障中心、新疆维吾尔自治区第六人民医院等项目得到了应用。

4. 连续式智能风量调节模块①

连续式智能风量调节模块设置于工作区的新风支管或者排风支管，由直流无刷 EC 风机、旋转密闭阀及设备箱体构成。对应直流无刷 EC 风机，0～10V 控制，可实现风机 0～100% 无极调速，可根据目标值（房间压差或者空气品质）调整风机风量大小，保证目标值恒定；自带风量测量功能，可实时反馈实际过风量大小。对应旋转密闭阀为电动密闭阀，可达到国家标准建筑通风风量调节阀中密闭阀的要求。连续式智能风量调节模块对应不同风量有 A/B/C/2A/2B/2C 共 6 个系列，可满足医院平疫结合运行的要求。平时工况，连续式智能风量调节模块按照低设计风量运行，按照平时目标值进行风量调节。疫情工况，连续式智能风量调节模块按照高设计风量运行，按照疫情工况目标值进行风量调节。详细参数如表 5-9、表 5-10 所示。

连续式智能风量调节模块—150Pa 余压参数表　　表 5-9

序号	设备型号	送风量（m³/h）	风压（Pa）	风机类型	启动方式	配置	电源（V/Ph/Hz）	功率（W）	安装方式
1	ITB-E-A（P）	100	150	直流无刷 EC 风机	0～10V 控制，0～100% 无极调速	自带电动密闭阀	220/1/50	15	吊装
2	ITB-E-A（P）	150	150	直流无刷 EC 风机	0～10V 控制，0～100% 无极调速	自带电动密闭阀	220/1/50	20	吊装
3	ITB-E-A（P）	200	150	直流无刷 EC 风机	0～10V 控制，0～100% 无极调速	自带电动密闭阀	220/1/50	25	吊装
4	ITB-E-A（P）	250	150	直流无刷 EC 风机	0～10V 控制，0～100% 无极调速	自带电动密闭阀	220/1/50	30	吊装
5	ITB-E-A（P）	300	150	直流无刷 EC 风机	0～10V 控制，0～100% 无极调速	自带电动密闭阀	220/1/50	40	吊装
6	ITB-E-B（P）	350	150	直流无刷 EC 风机	0～10V 控制，0～100% 无极调速	自带电动密闭阀	220/1/50	50	吊装
7	ITB-E-B（P）	400	150	直流无刷 EC 风机	0～10V 控制，0～100% 无极调速	自带电动密闭阀	220/1/50	50	吊装
8	ITB-E-B（P）	450	150	直流无刷 EC 风机	0～10V 控制，0～100% 无极调速	自带电动密闭阀	220/1/50	60	吊装
9	ITB-E-B（P）	500	150	直流无刷 EC 风机	0～10V 控制，0～100% 无极调速	自带电动密闭阀	220/1/50	70	吊装

① 资料来源：广州同方瑞风节能科技股份有限公司。

续表

序号	设备型号	送风量（m³/h）	风压（Pa）	风机类型	启动方式	配置	电源（V/Ph/Hz）	功率（W）	安装方式
10	ITB-E-B（P）	600	150	直流无刷 EC 风机	0～10V 控制，0～100% 无极调速	自带电动密闭阀	220/1/50	90	吊装
11	ITB-E-C（P）	650	150	直流无刷 EC 风机	0～10V 控制，0～100% 无极调速	自带电动密闭阀	220/1/50	100	吊装
12	ITB-E-C（P）	700	150	直流无刷 EC 风机	0～10V 控制，0～100% 无极调速	自带电动密闭阀	220/1/50	130	吊装
13	ITB-E-C（P）	750	150	直流无刷 EC 风机	0～10V 控制，0～100% 无极调速	自带电动密闭阀	220/1/50	150	吊装
14	ITB-E-C（P）	800	150	直流无刷 EC 风机	0～10V 控制，0～100% 无极调速	自带电动密闭阀	220/1/50	170	吊装
15	ITB-E-2B（P）	850	150	直流无刷 EC 风机	0～10V 控制，0～100% 无极调速	自带电动密闭阀	220/1/50	190	吊装
16	ITB-E-2B（P）	900	150	直流无刷 EC 风机	0～10V 控制，0～100% 无极调速	自带电动密闭阀	220/1/50	210	吊装
17	ITB-E-2B（P）	1000	150	直流无刷 EC 风机	0～10V 控制，0～100% 无极调速	自带电动密闭阀	220/1/50	240	吊装
18	ITB-E-2B（P）	1200	150	直流无刷 EC 风机	0～10V 控制，0～100% 无极调速	自带电动密闭阀	220/1/50	240	吊装
19	ITB-E-2C（P）	1250	150	直流无刷 EC 风机	0～10V 控制，0～100% 无极调速	自带电动密闭阀	220/1/50	260	吊装
20	ITB-E-2C（P）	1300	150	直流无刷 EC 风机	0～10V 控制，0～100% 无极调速	自带电动密闭阀	220/1/50	280	吊装
21	ITB-E-2C（P）	1400	150	直流无刷 EC 风机	0～10V 控制，0～100% 无极调速	自带电动密闭阀	220/1/50	300	吊装
22	ITB-E-2C（P）	1600	150	直流无刷 EC 风机	0～10V 控制，0～100% 无极调速	自带电动密闭阀	220/1/50	340	吊装

连续式智能风量调节模块—300Pa 余压参数表　　表 5-10

序号	设备型号	送风量（m³/h）	风压（Pa）	风机类型	启动方式	配置	电源（V/Ph/Hz）	功率（W）	安装方式
1	ITB-E-A（P）	100	300	直流无刷 EC 风机	0～10V 控制，0～100% 无极调速	自带电动密闭阀	220/1/50	25	吊装
2	ITB-E-A（P）	150	300	直流无刷 EC 风机	0～10V 控制，0～100% 无极调速	自带电动密闭阀	220/1/50	50	吊装
3	ITB-E-A（P）	200	300	直流无刷 EC 风机	0～10V 控制，0～100% 无极调速	自带电动密闭阀	220/1/50	50	吊装
4	ITB-E-B（P）	250	300	直流无刷 EC 风机	0～10V 控制，0～100% 无极调速	自带电动密闭阀	220/1/50	60	吊装

续表

序号	设备型号	送风量（m³/h）	风压（Pa）	风机类型	启动方式	配置	电源（V/Ph/Hz）	功率（W）	安装方式
5	ITB-E-B（P）	300	300	直流无刷 EC 风机	0～10V 控制，0～100% 无极调速	自带电动密闭阀	220/1/50	70	吊装
6	ITB-E-B（P）	350	300	直流无刷 EC 风机	0～10V 控制，0～100% 无极调速	自带电动密闭阀	220/1/50	90	吊装
7	ITB-E-B（P）	400	300	直流无刷 EC 风机	0～10V 控制，0～100% 无极调速	自带电动密闭阀	220/1/50	90	吊装
8	ITB-E-B（P）	450	300	直流无刷 EC 风机	0～10V 控制，0～100% 无极调速	自带电动密闭阀	220/1/50	110	吊装
9	ITB-E-B（P）	500	300	直流无刷 EC 风机	0～10V 控制，0～100% 无极调速	自带电动密闭阀	220/1/50	130	吊装
10	ITB-E-C（P）	600	300	直流无刷 EC 风机	0～10V 控制，0～100% 无极调速	自带电动密闭阀	220/1/50	170	吊装
11	ITB-E-C（P）	650	300	直流无刷 EC 风机	0～10V 控制，0～100% 无极调速	自带电动密闭阀	220/1/50	170	吊装
12	ITB-E-2B（P）	700	300	直流无刷 EC 风机	0～10V 控制，0～100% 无极调速	自带电动密闭阀	220/1/50	210	吊装
13	ITB-E-2B（P）	750	300	直流无刷 EC 风机	0～10V 控制，0～100% 无极调速	自带电动密闭阀	220/1/50	240	吊装
14	ITB-E-2B（P）	800	300	直流无刷 EC 风机	0～10V 控制，0～100% 无极调速	自带电动密闭阀	220/1/50	240	吊装
15	ITB-E-2B（P）	850	300	直流无刷 EC 风机	0～10V 控制，0～100% 无极调速	自带电动密闭阀	220/1/50	240	吊装
16	ITB-E-2B（P）	900	300	直流无刷 EC 风机	0～10V 控制，0～100% 无极调速	自带电动密闭阀	220/1/50	260	吊装
17	ITB-E-2B（P）	1000	300	直流无刷 EC 风机	0～10V 控制，0～100% 无极调速	自带电动密闭阀	220/1/50	260	吊装
18	ITB-E-2C（P）	1100	300	直流无刷 EC 风机	0～10V 控制，0～100% 无极调速	自带电动密闭阀	220/1/50	260	吊装
19	ITB-E-2C（P）	1200	300	直流无刷 EC 风机	0～10V 控制，0～100% 无极调速	自带电动密闭阀	220/1/50	280	吊装
20	ITB-E-2C（P）	1250	300	直流无刷 EC 风机	0～10V 控制，0～100% 无极调速	自带电动密闭阀	220/1/50	300	吊装
21	ITB-E-2C（P）	1300	300	直流无刷 EC 风机	0～10V 控制，0～100% 无极调速	自带电动密闭阀	220/1/50	340	吊装

该设备于 2018 年研发。主要技术指标：风量；机外静压；风机电机功率；电动密闭阀可靠性。执行标准：《建筑通风风量调节阀》JG/T 436-2014、《空调变风量末端装

置》JG/T 295-2010。申请专利：《一种变风量风机箱》ZL 2019 2 1508507.2，并被评为广东省高新技术产品，《广东省高新技术产品》批准文号：粤高企协{2019}11号。该设备应用场景：医院普通病房楼、传染病房楼、普通门诊、发热门诊、PCR实验室等；曾在平湖医院项目、广州健康驿站医护保障中心、南海人民医院感染楼等项目得到了应用。

5. 平疫结合末端用压差控制系统①

平疫结合末端用压差控制系统设置于有负压要求的末端房间，用于控制新、排风支管末端的智能变风量模块，由压差控制面板、微压差传感器构成。压差控制面板为3.5寸液晶彩色触摸屏，安装方式为86底盒安装，电源为AC 220V，包含有微压差传感器接口及2个RS 485通信接口，可与楼宇控制通信对接；压差控制面板触摸屏界面包含房间压差实时显示、被控制智能变风量模块风量显示，可设置房间正负压设定目标值，包含平疫结合选择开关，可实现平疫结合一键切换，可实现末端的智能变风量模块的整体配套控制。对应微压差传感器电源为DC 24V，传感器传输信号为0～10或4～20mA或RS 485通信信号。

主要技术指标：房间压差、变风量模块风量。执行标准：防触电保护，接地保护措施测试满足《家用和类似用途电自动控制器 第1部分 通用要求》GB 14536.1-2008。应用场景：新、排风支管配套智能变风量模块并且有压差控制需求的房间；曾在平湖医院项目、广州健康驿站医护保障中心、南海人民医院感染楼等项目得到了应用。

6. 动力分布式智能通风系统②

动力分布式智能通风系统是指促使空气流动的动力分布在各支管上的系统，可调节风机转速，满足动态通风量需求。该系统由主风机、支路风机、风口、低阻抗管网及专用控制系统组成，采取动力分布式通风技术措施，解决通风管网不平衡问题，满足动态通风需求，减少风阀能损，提高建筑通风空调供暖系统能源利用效率、节能减排，同时可有效建立空间单元压力梯度，保障空气安全。动力分布式智能通风系统自带动力分布式智能控制器，因此主风机可根据支路风机的转速变化自行联动调速，满足动态通风和压力梯度需求。

该设备于2010年1月研发。主要技术指标：新风处理—降温、除湿、加热、加湿、过滤净化、杀菌等；新、排风量的调节—0～100%无级调节；系统作用半径宜小

---

① 资料来源：广州同方瑞风节能科技股份有限公司。

② 资料提供：重庆海润节能技术股份有限公司。

于80m，最大不应超过120m；支路数量要求宜小于30个，最大不应超过50个。执行规范：《民用建筑供暖通风与空气调节设计规范》GB 50736-2012、《公共建筑室内空气质量控制设计标准》JGJ/T 461-2019、《公共建筑节能设计标准》GB 50189-2015、《绿色建筑评价标准》GB/T 50378-2019、《综合医院建筑设计规范》GB 51039-2014、《传染病医院建筑设计规范》GB 50849-2014、《建筑设计防火规范（2018年版）》GB 50016-2014。申请专利：《动力分布式通风系统》ZL 2016 2 0008174.7。该设备荣获证书：建筑行业科技成果评估证书、全国质量检验信誉保障产品（中检协证明（2021）CAQIDCHZGGZM03-17号）。应用场景：医疗建筑（病房楼、门诊楼、医技楼、感染楼及疗养院等）、办公建筑、酒店建筑及居住建筑等场合；曾在息烽县人民医院、四川省公共卫生综合临床中心、贵州省职工医院、北京民政总公司养老院、重庆沙坪坝井双医院、太原怡佳·天一城等几百余项目中得到应用。

7. 分布式智适应动力模块[①]

分布式智适应动力模块主要应用于动力分布式通风系统的支路上，内置智适应计算模组。该模组可根据产品所在的支路管道风压变化，智能调节风机转速，实现恒定此支路风量在一定范围内，因此产品具备压力无关型功能。

产品结构特点如下：

（1）箱体特点

1）箱体采用双面喷塑钢板。

2）分布式智适应新风动力模块机箱内自带橡塑保温层，避免机内结露风险。

3）采用集成式吸声静音通风箱技术。

4）出风口配置电动密闭风阀，随风机的转动而自动开启，随风机的停止而自动关闭。

5）接口为圆形接口，提升安装质量，保障系统效果。

（2）风机特点

1）风机与电动机为一体化结构，电动机选用高效节能的外转子免维护直流无刷电动机。

2）配置智适应计算模组。

该设备于2010年7月研发。主要技术指标：风量，90～1200m^3/h；余压，0～300Pa；功率，23～289W；接口尺寸：ϕ125mm、ϕ160mm、ϕ200mm；质量：12～32kg；控制：自带故障报警接口及RS 485接口。执行标准：《工业通风机　用标准化风道

---

① 重庆海润节能技术股份有限公司。

性能试验》GB/T 1236-2017、《建筑通风风量调节阀》GB/T 436-2014、《通风机能效限定值及能效等级》GB 19761-2009。申请专利：《一种分布式智适应动力模块》ZL202021542418.2、《一种具有导流降噪的静音通风箱》ZL201921641328.6。荣获证书：《中国节能产品认证证书》（证书号：CQC14701113152）。应用场景：医疗建筑（病房楼、门诊楼、医技楼、感染楼及疗养院等）、办公建筑、酒店建筑及居住建筑等；曾于息烽县人民医院、四川省公共卫生综合临床中心、贵州省职工医院、北京民政总公司养老院、重庆沙坪坝井双医院、太原怡佳·天一城等 300 余个项目得到应用。

8. 迈尔智能通风控制系统①

迈尔智能通风控制系统从 2007 年诞生至今，经过 15 年以上医疗建筑工程应用与检验，目前已发展为第七代智能通风控制系统（截至本书出版日）。迈尔智能通风控制系统集成了“智慧环境正负压控制系统”与“智慧室内空气品质控制系统”两大智慧系统。“智慧环境正负压控制系统”包括“负压实时监控与传感子系统”“一键保压控制子系统”“平疫一键切换控制子系统”“动力分布式智能通风控制管理子系统”及“数字化新风机组功能段管理控制子系统”等控制系统。“智慧室内空气品质控制系统”包括“单元空间空气品质智能控制管理子系统”“动力分布式智能通风控制管理子系统”及“数字化新风机组功能段管理控制子系统”等控制系统。

该系统于 2007 年 3 月研发，执行标准：《智能建筑设计标准》GB 50314-2015、《民用建筑电气设计标准》GB 51348-2019、《公共建筑室内空气质量控制设计标准》JGJ/T 461-2019、《公共建筑节能设计标准》GB 50189-2015、《绿色建筑评价标准》GB/T 50378-2019。申请专利及软件著作权：《基于物联网云平台的室内暖通环境无线控制系统及其方法》ZL201911061854.X、《一种无线传感控制器装置和控制方法》ZL201911061859.2、《计算机软件著作权登记证书》（证书号：软著登字第 7528331 号）。应用场景：医疗建筑（病房楼、门诊楼、医技楼、感染楼及疗养院等）、办公建筑、酒店建筑、居住建筑等；曾于息烽县人民医院、四川省公共卫生综合临床中心、贵州省职工医院、北京民政总公司养老院、重庆沙坪坝井双医院、太原怡佳·天一城等 300 余个项目得到应用。

---

① 资料来源：重庆海润节能技术股份有限公司。

5.2 排风热回收装置

5.2.1 概述

医院的空调系统除了要控制室内温湿度以外，还需要防止内部交叉感染，即还需要视具体要求实施房间（或区域）压差控制、空气流向控制等。故医院一些典型场所的新（排）风量，相对于常规舒适性系统有明显增加。新风量的加大意味着新风负荷增加，运行能耗增加。我国幅员辽阔，室外空气状态差异较大。但大多情况下，新风负荷占总负荷的30%～70%（冬季往往占比更大，对于新风量更大或直流式系统其占比也更大），若按排风热回收装置效率50%～70%计算，可使整个建筑在设计日下的总负荷减少15%～50%（冬季往往更明显）。由此，将排风热回收技术应用于新风负荷较大的区域，特别是应用于全年、全天经常性使用的区域，其热回收经济效益则更明显。

按照工作原理不同，排风热回收装置可分为：转轮式热回收装置、板翅式热回收装置、热管式热回收装置、压缩冷凝机组、中间媒介式热回收系统、溶液吸收式全热回收装置、热泵式溶液调湿机组等等。按照回收热量的性质的不同，热回收分为全热回收和显热回收。全热回收装置有转轮式换热器、板翅式换热器、溶液吸收式换热器等。显热回收装置包括热管式换热器、中间热媒式换热器等。各种热回收设备各具特点，在热回收效率、设备费用、阻力特性等方面具有不同的性能，如表5-11所示。

热回收设备性能比较表　　表5-11

热回收方式	回收效率	冷热源需求	设备费用	维护保养	辅助设备	占用空间	交叉污染	自身耗能	风侧阻力（Pa）	使用寿命
转轮式热回收装置	高	需要	高	中	电机	大	有	有	100～170	中
板翅式热回收装置	较高	需要	中	中	无	大	有	无	25～370	中
热管式热回收装置	较高	需要	中	易	无	中	无	无	100～400	优
压缩冷凝机组	中	无需	高	高	压缩机	大	无	有	100～300	良
中间媒介式热回收系统	低	需要	低	中	无	中	无	有	100～500	良
溶液吸收换热器	高	需要	高	高	溶液	大	无*	有	较小	良
热泵式溶液调湿机组	高	无需	最高	高	溶液	大	无*	有	较小	良

* 当排风中含有有害物质、异味时，应判断溶液是否会导致新排风交叉污染。

如表5-11所示，上述热回收方式有各自的优缺点，但针对医院，特别是考虑平疫结合区域的排风热回收，应考虑使用场所空气污染物的种类及危害程度，避免排风中的污染物渗漏至新风系统中而造成室内空气污染，故必须选用新排风不接触、无交叉的显热回收方式。

本节主要介绍热管热回收、冷凝排风热回收、中间媒介式热回收等几种新排风不接触、无交叉感染风险的显热回收方式，对于转轮式、板式、板翅式等几种有排风泄漏交叉感染风险的热回收方式，在医院类项目基本不用，这里不做介绍。而对于溶液吸收式、热泵式溶液调湿两种全热回收技术，原则上慎用，需判断排风是否会通过溶液将污染物等传递给新风，造成新排风的交叉污染，这里做简要介绍。

5.2.2 热管热回收

1. 系统形式及工作原理

热管是蒸发-冷凝型的换热装置，靠工质在管内的状态变化实现热量传递。当热管一端受热时，管内工质汽化吸收热量（蒸发吸热），工质汽化后蒸气向另一端流动，在另一端遇冷凝结放出热量（液化放热），从而完成一个完整的热力循环过程，也完成了热量从高温向低温的传递过程（图5-17）。常用工质包括R410a，R134a，R123，R1234yf等。

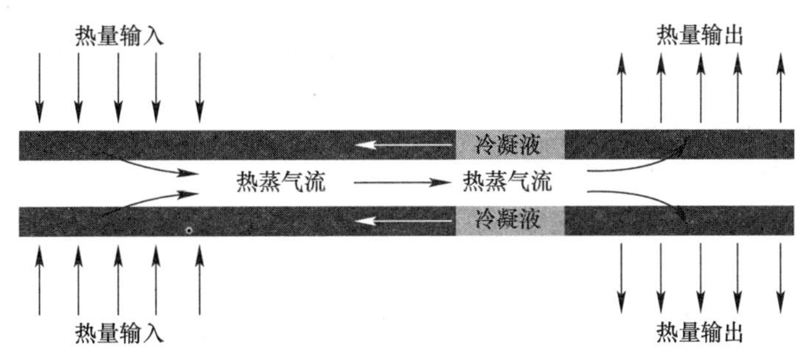

图5-17 热管热回收装置原理图

热管结构紧凑，没有转动部件，不额外消耗能量，维护成本低；运行安全可靠，使用寿命长；每根热管自成换热体系，便于更换；热管的传热是可逆的，冷热流体根据所处环境自行变换；冷热气流间的温差较小时，也能取得一定的回收效率；本身的温降很小，近似于等温运行，换热效率高。

基于热管上述特点，在空调通风领域，热管热回收机组可用于回收排风能量来预处理新风，节约新风处理能耗。常见的热管热回收新风机组有整体式和分体式两种。

整体式热管热回收机组如图5-18所示，新风、排风有各自独立的风通道，在新风和排风之间设有热回收热管。整体式机组主要用于新风、排风管路可布置在一起的场所。整体式热管热回收机组结构紧凑简单，单位体积换热效率高；换热流体通过换热器时的压力损失小；系统无任何转动部件，无附加动力消耗；通过改变热管式回收器的倾斜角度，可方便实现冷热流体的变换，配合季节转换装置，可便捷实现冬夏季工况切换。

当新风、排风管路无法布置在一起，或是布置在一起不合理时，可采用分体式热管热回收机组。分体式热管热回收机组简易原理如图 5-19 所示。分体式热管根据中间连接管路的长度，可选配循环动力系统，根据厂家样本信息，中间连接管路的距离不应超过 100m。

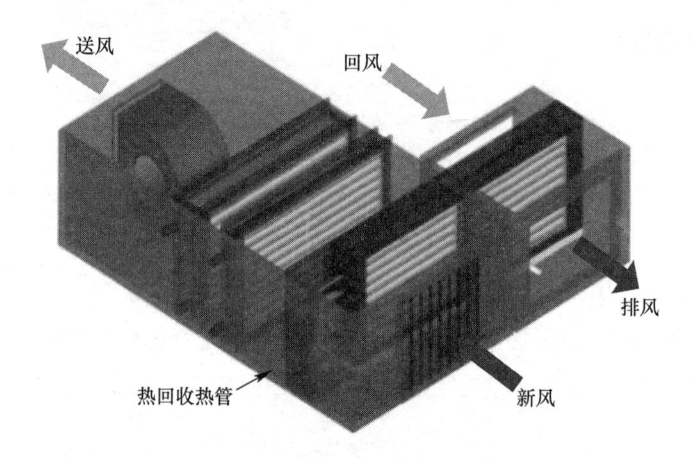

图 5-18　整体式热管热回收机组外形图

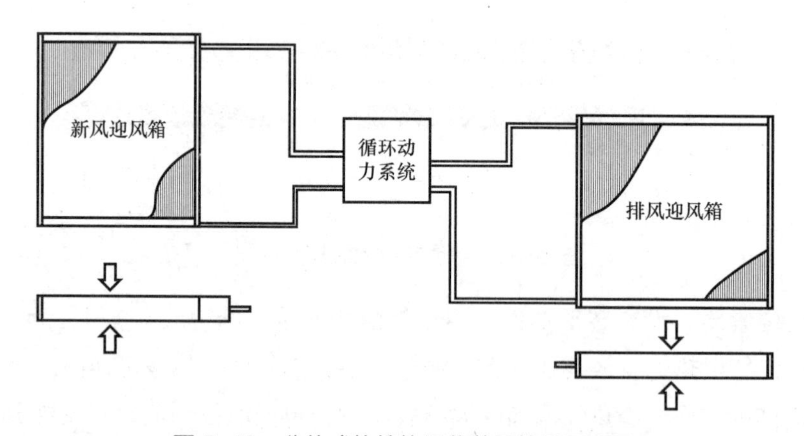

图 5-19　分体式热管热回收装置简易原理图

另外，除了热回收形式，还有一种 U 形除湿热管，就是将热管制作成 U 形盘管，设置在空调箱表冷器的前后，在夏季工况时，表冷器前的热管可实现对室外新风预冷并在此过程吸热蒸发，工质气体流入表冷器后的热管进行冷凝放热，对表冷器后的出风冷空气进行再热，避免表冷器后的新风过冷，整个过程避免了用其他热量来再热（图 5-20）。当一些场所在全新风送风，还需要有一定的相对湿度控制而又不希望送风过冷时，可考虑采用 U 形热管来实现。

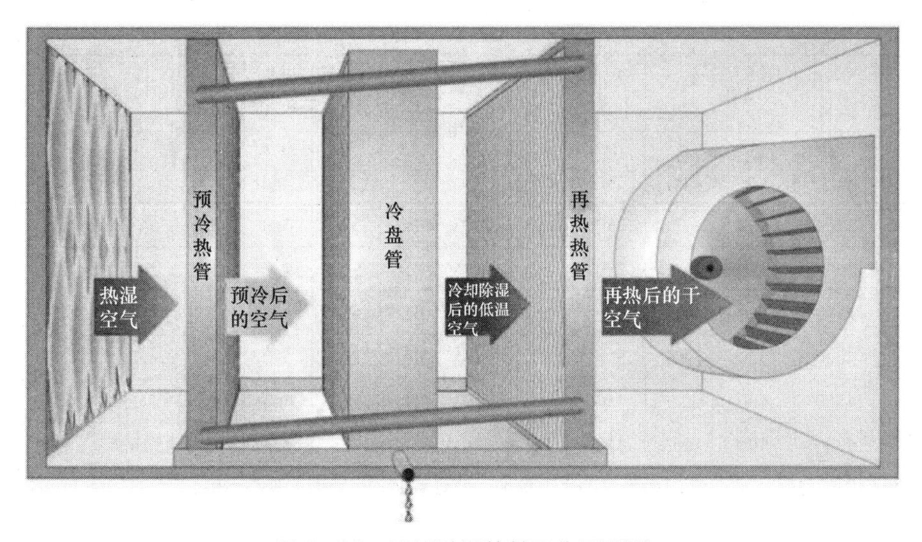

图5-20 U形除湿热管工作原理图

U形热管在预冷阶段去除了空气中的部分显热，对同一空调箱冷盘管，增加U形热管后，盘管去除空气显热和潜热的能力均有一定增加，热管实现了辅助除湿的目的；而对于表冷器出风后的再热，则提供了免费的再热热量，实现了“免费再热”，与热回收概念接近。

2. 应用场合及技术参数

值得注意的是，受设备严密性及系统启停等多工况影响，整体式的热管热回收机组不能完全避免新排风交叉，有排风泄漏带来的交叉感染风险。当严格要求新风不能被排风污染时，应采用分体式热管热回收机组。分体式热管热回收机组可广泛应用于严格限制空气交叉感染的场所，如新建、改建和扩建的发热门诊、传染病医院、负压隔离病房、ICU病房、一些特殊实验室等。

对于分体式热管热回收机组、U形热管机组等，参考上海新浩佳的样本，相关设备典型性能参数如表5-12～表5-15所示。

吊顶式分体热管机组性能参数表　　表5-12

机组型号ZKHRM-SC	风量（m^3/h）	送风机外余压（Pa）	送风机功率（Pa）	送风机外余压（Pa）	排风机功率（kW）	电源	送风机组重量（kg）	排风机组重量（kg）	回收冷量（kW）	回收热量（kW）	制冷量（kW）	制热量（kW）
1	1000	200	0.55	150	0.25	380V/50Hz	339	264	1.1	2.9	17.0	2.0
1.5	1500	200	0.55	150	0.32	380V/50Hz	447	367	1.6	4.3	25.5	3.0
2	2000	250	1	200	0.35	380V/50Hz	483	383	2.1	5.7	34.1	4.0

续表

机组型号 ZKHRM-SC	风量（m^3/h）	送风机外余压（Pa）	送风机功率（Pa）	送风机外余压（Pa）	排风机功率（kW）	电源	送风机组重量（kg）	排风机组重量（kg）	回收冷量（kW）	回收热量（kW）	制冷量（kW）	制热量（kW）
2.5	2500	300	1	250	0.55	380V/50Hz	500	410	2.7	7.2	42.6	5.0
3	3000	300	1.1	250	1.1	380V/50Hz	582	452	3.2	8.6	51.1	6.0
3.5	3500	350	1.5	300	1.1	380V/50Hz	622	492	3.8	10.0	59.6	7.0
4	4000	350	1.5	300	1.1	380V/50Hz	705	570	4.3	11.5	68.1	8.0
4.5	4500	400	2.2	350	1.5	380V/50Hz	753	603	4.8	12.9	76.6	9.0
5	5000	400	2.2	350	1.5	380V/50Hz	894	724	5.4	14.3	85.1	10.1

注：表格中的参数是对应 L_1/L_2 时电机功率及重量，如需增加其他功能，需重新确认。

吊顶式分体热管机组性能尺寸表　　表 5-13

机组型号 ZKHRM-SC	风量（m^3/h）	W（mm）	H（mm）	L_1（mm）	L_2（mm）	$a \times b$（mm）	$c \times d$（mm）	$e \times f$（mm）
1.0	1000	790	605	1250	950	710 × 525	266 × 288	259 × 182
1.5	1500	920	605	1250	950	840 × 525	266 × 288	300 × 182
2.0	2000	1075	610	1250	950	995 × 530	302 × 300	298 × 262
2.5	2500	1205	625	1250	950	1125 × 545	302 × 300	332 × 288
3.0	3000	1365	625	1300	1000	1565 × 545	232 × 262	232 × 262
3.5	3500	1520	625	1300	1000	1440 × 545	265 × 289	265 × 289
4.0	4000	1585	655	1300	1000	1505 × 575	331 × 289	331 × 289
4.5	4500	1710	655	1300	1000	1630 × 575	648 × 262	648 × 262
5.0	5000	1840	655	1300	1000	1760 × 575	648 × 262	648 × 262

落地式分体热管机组性能参数表　　表 5-14

机组型号 ZKHRM−SH	风量（m^3/h）	W（mm）	H（mm）	L_1（mm）	L_2（mm）	$a \times b$（mm）	$c \times d$（mm）	机组重量（kg）	机组重量（kg）	回收冷量（kW）	回收热量（kW）	制冷量（kW）	制热量（kW）
3	3000	1250	850	2300	2100	500 × 400	300 × 300	465	533	3.22	8.59	51.1	6.0
4	4000	1250	950	2300	2100	630 × 400	350 × 350	514	600	4.3	11.5	68.1	8.0
5	5000	1250	1050	2300	2100	800 × 400	400 × 400	527	621	5.4	14.3	85.1	10.1
6	6000	1450	1050	2300	2100	800 × 500	450 × 450	558	663	6.4	17.2	102.2	12.1
7	7000	1450	1150	2300	2100	800 × 600	450 × 450	612	729	7.5	20.0	119.2	14.1

续表

机组型号 ZKHRM-SH	风量（m^3/h）	W（mm）	H（mm）	L_1（mm）	L_2（mm）	$a \times b$（mm）	$c \times d$（mm）	机组重量（kg）	机组重量（kg）	回收冷量（kW）	回收热量（kW）	制冷量（kW）	制热量（kW）
8	8000	1550	1250	2400	2200	1000 × 500	500 × 500	660	790	8.6	22.9	136.2	16.1
9	9000	1550	1350	2500	2300	1000 × 630	500 × 500	718	829	9.6	25.8	153.2	18.1
10	10000	1650	1350	2500	2300	1000 × 630	550 × 550	734	850	10.7	28.6	170.3	20.1
12	12000	1750	1350	2500	2300	1000 × 800	600 × 650	820	943	12.9	34.4	204.3	24.1
15	15000	1950	1450	2900	2700	1200 × 800	650 × 650	959	1152	16.1	43.0	255.4	30.2
18	18000	2150	1650	2900	2700	1250 × 1000	700 × 700	1090	1239	19.3	51.6	306.5	36.2
20	20000	2150	1750	3000	2800	1400 × 1000	800 × 800	1154	1381	21.4	57.3	340.5	40.2
25	25000	2370	1970	3200	3000	1400 × 1200	800 × 800	1527	1787	26.8	71.6	425.7	50.3
28	28000	2370	2070	3400	3200	1500 × 1200	850 × 850	1690	1919	30.0	80.2	476.7	56.3
30	30000	2470	2070	3400	3200	1600 × 1200	900 × 900	1869	2105	32.2	85.9	510.8	60.3
40	40000	3000	2700	3400	3400	1600 × 1250	1100 × 1100	2336	2526	42.9	114.6	681.1	80.4
50	50000	3200	3200	3600	3600	2000 × 1400	1200 × 1200	2616	2840	53.6	143.2	851.3	100.5
60	60000	3500	3200	4200	4200	2200 × 1500	1250 × 1250	3270	3550	64.3	171.9	1021.6	120.6

U 形热管性能参数表　　表 5-15

机组型号 ZKHRM-DP	风量（m^3/h）	W（mm）	H（mm）	L（mm）	$a \times b$（mm）	$c \times d$（mm）	机组重量（kg）
03	3000	1250	650	2800	400 × 400	300 × 300	597
04	4000	1250	750	2800	500 × 400	350 × 350	673
05	5000	1250	850	2800	500 × 500	400 × 400	705
06	6000	1450	850	2800	600 × 500	450 × 450	740
07	7000	1350	1050	2800	600 × 600	450 × 450	802
08	8000	1450	1050	2900	650 × 650	500 × 500	947
09	9000	1650	1050	3000	800 × 600	500 × 500	1027
10	10000	1750	1050	3000	800 × 600	550 × 550	1078

续表

机组型号 ZKHRM-DP	风量（m^3/h）	W（mm）	H（mm）	L（mm）	$a \times b$（mm）	$c \times d$（mm）	机组重量（kg）
12	12000	1750	1150	3000	800 × 800	600 × 600	1132
15	15000	1950	1350	3300	1000 × 800	650 × 650	1402
18	18000	2050	1450	3300	1000 × 1000	700 × 700	1474
20	20000	2350	1450	3400	1000 × 1000	800 × 800	1737
25	25000	2350	1650	3600	1200 × 1000	800 × 800	2021
28	28000	2350	1850	3600	1250 × 1000	850 × 850	2192
30	30000	2570	1870	3800	1250 × 1200	900 × 900	2350
35	35000	2870	1870	3800	1500 × 1200	1000 × 1000	2600
40	40000	2970	1970	3800	1500 × 1500	1100 × 1100	2742
45	45000	3170	2070	4100	1500 × 1500	1100 × 1100	2854
50	50000	3200	2300	4100	1600 × 1600	1200 × 1200	3704
60	60000	3600	2400	4400	1800 × 1600	1400 × 1400	4269
70	70000	3600	2700	4500	2000 × 1800	1400 × 1400	4898
80	80000	3600	3200	4700	2200 × 1800	1400 × 1400	5425

3. 案例及应用效果

项目名称：上海市第六人民医院临港院区；

项目地点：上海市临港新片区；

项目总建筑面积 7.2 万 m^2，设计床位 600 个；

该项目占地面积 10hm^2（150 亩），设 42 个专业业务科室（其中临床科室 33 个、医技科室 9 个），是一所集医、教、研于一体的三级甲等综合性医院（图 5-21）。该院区拥有先进的医疗设备，包括：核磁共振、全身 CT、DSA、SPECT、乳腺 DR 和全自动生化分析仪等。同时，该院区致力于打造数字化医院，配备了包括 HIS、PACS、LIS、RIS、手术麻醉、临床路径管理、心电电生理、办公自动化、绩效考核等信息系统。

图 5-21 上海市第六人民医院临港院区

该项目平疫结合 ICU 病房，其新排风间设有分体式热管热回收机组，在平时和疫情时，均通过热管热回收系统回收排风能量，平疫转换通过新、排风机的变频控制即可实现，无论是平时还是疫情工况下，均大大节约了平疫结合 ICU 病房的新风处理能耗。

5.2.3 冷凝排风热回收

1. 系统形式及工作原理

冷凝排风热回收机组的工作原理是：冷凝排风热回收机组利用室内（含卫生间）排风的能量，通过制冷 / 制热循环，将排风能量转移至新风。夏季低温的室内排风可以大幅降低冷凝温度，提高设备的 *COP*；冬季室内温度相对较高的排风可以大幅提高蒸发温度，提高设备的制热能效。机组通过回收排风能量实现高能效运行，达到节能的目的。同时，因机组自带制冷 / 制热系统（如压缩机、冷凝器、蒸发器等一系列部件），无需集中冷热源，减少了空调水管路。

常见的冷凝排风热回收机组有整体式和分体式两种。

整体式冷凝排风热回收机组如图 5-22 所示，新风、排风有各自独立的风通道，夏季新风经过蒸发器，排风经过冷凝器；冬季通过四通阀转换，新风经过冷凝器，排风经过蒸发器。整体式冷凝排风热回收机组主要用于新风、排风管路可布置在一起的场所。

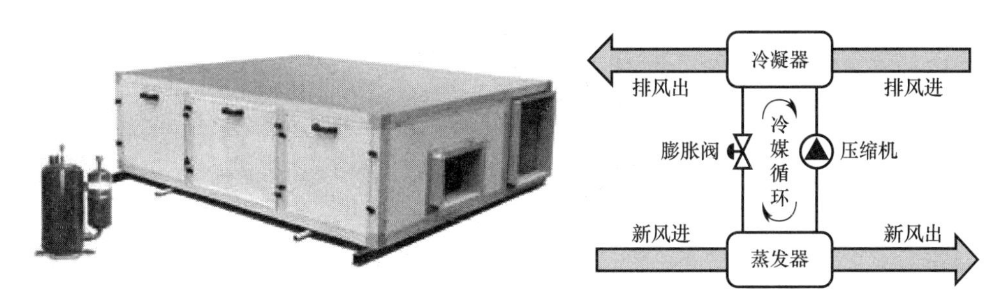

图 5-22　整体式冷凝排风热回收机组结构形式

当新风、排风管路无法布置在一起，或是布置在一起不合理时，可采用分体式冷凝排风热回收机组。分体式冷凝排风热回收机组如图 5-23 所示。分体式冷凝排风热回收机组中间冷媒管路的配管管路、室内外机高差等应根据厂家技术资料要求来实施。根据现有厂家资料，内外机高差应控制不超过 15～25m，总管长应控制不超过 30～50m。

当排风可以集中而新风需要分楼层设置时，可采用分体多联式冷凝排风热回收机组，其应用示意如图 5-24 所示。分体多联式冷凝排风热回收机组中间冷媒管路的配管管路、室内外机高差以及连接室内新风机的数量等应根据厂家技术资料要求来实施。根据现有厂家资料，其内外机高差、配管长度等同分体式要求一致，建议连接新风室内机数量控制在 3～5 台。

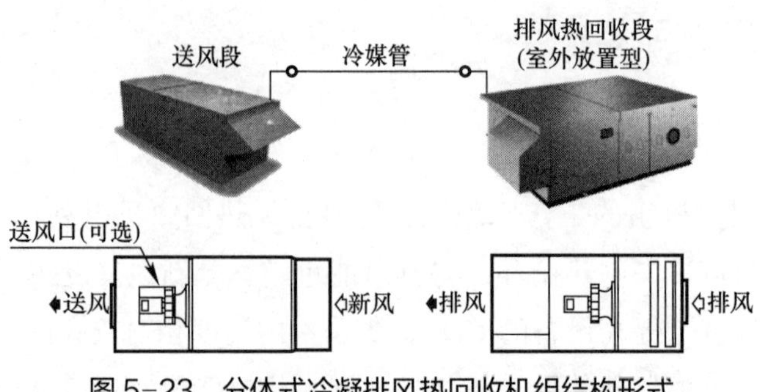

图 5-23　分体式冷凝排风热回收机组结构形式

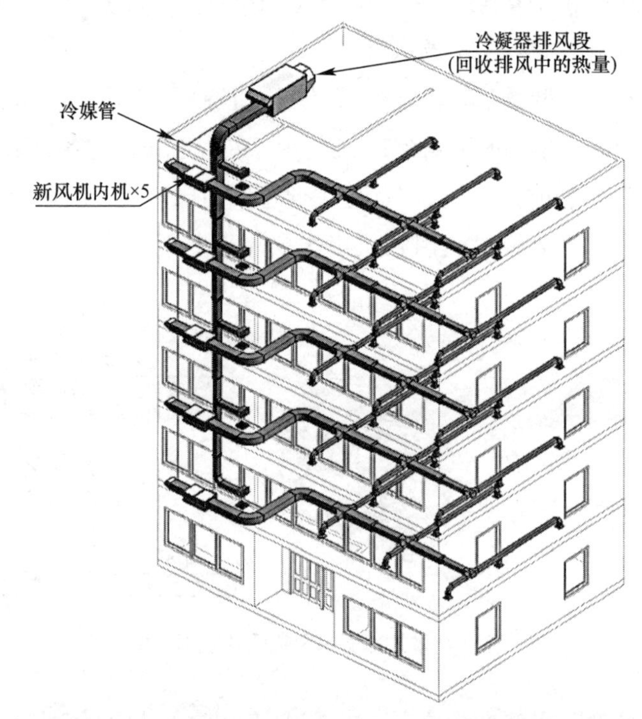

图 5-24　分体多联式冷凝排风热回收机组应用示意图

另外，除了冷凝排风热回收机组外，还有一种直膨式冷凝热回收三管制分体新风机。在室内相对湿度要求较高的区域，为了同时满足室内温度和湿度的控制要求，常规冷却除湿方式是在表冷器后增加热盘管实施再热，而直膨式冷凝热回收三管制分体新风机采用冷凝热回收的方式提供再热段所需的热量。冷凝热来自压缩机产生的高温高压冷媒，在其接往冷凝器的通路上设置冷凝再热阀增加回路，接出的旁路经过额外配置的再热盘管，将高温高压的冷媒变为低温高压的冷媒，由此利用获得的冷凝热用于加热经过表冷段降温除湿后的空气，达到利用废热的同时不增加整机功率的目的，降低冷凝温度，提升能效。可以通过表冷段后温度传感器和室内温度传感器来计算所需的再热量，实时控制冷凝再热阀的旁路开度。该处理过程能够将原本通过冷凝器排往室外的废热再利用，相比于常规用额外再热盘管或电加热的方式更为节能。

直膨式冷凝热回收三管制分体新风机也有整体式（图 5–25）和分体式（图 5–26）两种。

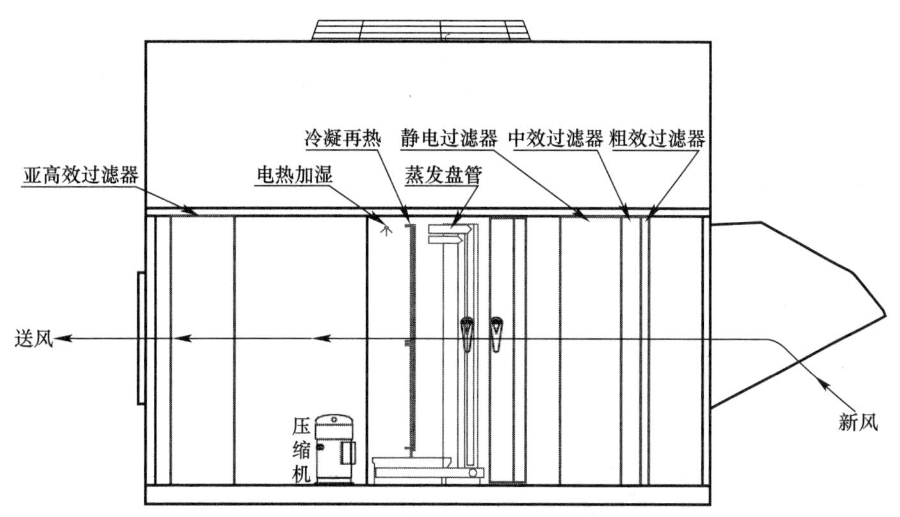

图 5–25　整体式直膨式冷凝热回收三管制分体新风机

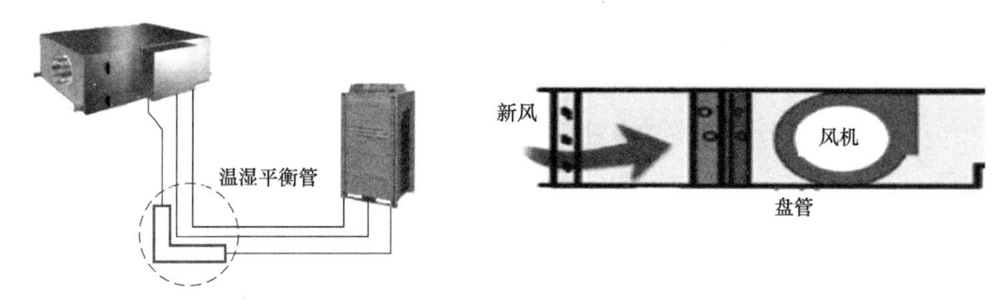

图 5–26　分体式直膨式冷凝热回收三管制分体新风机

2. 应用场合及技术参数

对于分体式的热回收机组，可广泛应用于严格限制空气交叉感染的场所，如新建、改建和扩建的发热门诊、传染病医院、负压隔离病房、ICU 病房、一些特殊实验室等。

上海泰恩特的分体式热回收机组的性能参数表如表 5–16 所示。

分体式热回收机组性能参数　　表 5–16

型号	新风量（m^3/h）	制冷能力（kW）	供暖能力（kW）	冷媒	噪声［dB（A）］	额定输入功率（kW）	制冷 *COP*	制热 *COP*	重量（kg）
TNF400WI-PR	5000	40.2	41.5	R410A	63	17.9	4.06	4.19	603
TNF800WI-PR	10000	80.9	82.4	R410A	64	35.0	4.05	4.12	1017

续表

型号	新风量（m^3/h）	制冷能力（kW）	供暖能力（kW）	冷媒	噪声［dB（A）］	额定输入功率（kW）	制冷 *COP*	制热 *COP*	重量（kg）
TNF1200WI-PR	15000	121.4	122.8	R410A	67	60.6	3.97	4.01	1517
TNF1600WI-PR	20000	164.7	167.9	R410A	67	82.0	3.66	3.73	1894
TNF2200WI-PR	25000	216.0	220.0	R410A	69	114.0	3.09	3.14	2183
TNF2600WI-PR	30000	260.0	262.0	R410A	71	144.0	3.10	3.12	2923
TNF2850WI-PR	35000	285.0	295.0	R410A	72	144.2	3.39	3.51	3034
TNF3250WI-PR	40000	325.0	340.0	R410A	74	180.5	3.05	3.19	3515

3. 案例及应用效果

图 5-27　上海临港医学检测中心

上海临港医学检测中心项目位于临港新片区秋山路新侨园区，总建筑面积约 2.1 万 m^2，是在原有研发办公楼的基础上进行改造设计（图 5-27）。楼内设有检测实验室、会议室、办公室以及配合闭环管理所需的员工宿舍、餐厅、休息区及隔离房间等。

作为国内率先建立的全流程自动化流水核酸检测实验室，未来这里还将拓展冷链物体检测、医院分子病理检测及服务于人群体检的其他分子诊断业务。届时将会大幅度提升临港新片区核酸检测能力，进一步满足临港新片区及上海市其他区域核酸检测需求，为企业复工复产、精准防控提供更好服务。该实验室秉承安全、科学、高效、绿色、经济等设计原则，在检测技术、功能设置、设计建设、运营管理等方面有众多创新点。

该项目中，对于核酸检测实验室、分子病理检测、宿舍楼等区域，大量采用冷凝排风热回收机组，机组采用分体形式，进、排风距离大于 20m，在严格防止新、排风交叉感染的同时，通过回收排风的能量来大大降低新风处理能耗，起到了良好的节能效果，整个项目实现了绿色、低碳、环保、节能运行。

5.2.4　中间媒介式热回收

1. 系统形式及工作原理

（1）系统简介

中间媒介式热回收是通过泵驱动中间媒介（工质）的循环来传递冷 / 热量的一种方

式。在空气处理装置的新、排风机组上各设一组换热盘管，并用中间环路将两组换热盘管连接起来，形成一个封闭的媒介环路。环路内的工质在循环泵的驱动下于两组盘管之间循环流动。在冬季，排风温度高于循环工质温度，排风将热量传递给工质，排风降温、工质升温；工质携带排风中的热量，通过循环管路到达新风盘管处进行热交换，工质将热量传递给新风，工质降温、新风升温；降温后的工质经过循环管路再次到达排风盘管处吸收热量，如此循环。在夏季，工艺流程相同，但热传递方向相反。其结构形式如图 5-28 所示。

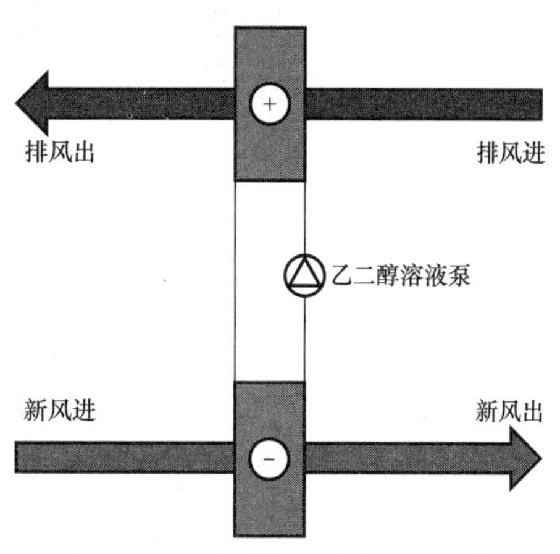

图 5-28　中间媒介式热回收装置结构形式

循环工质根据使用场合来确定，若始终在水的冰点以上运行，可以采用水为工质；若在冰点及以下运行，为降低水的冰点和提高传热性能，通常在水中加入一定比例的乙二醇，构成乙二醇溶液。乙二醇溶液的质量及容积百分比可视当地冬季室外最低温度而定，凝固点应低于当地冬季室外最低温度 4～6℃，具体配比如表 5-17 所示。

乙二醇溶液配比表　　表 5-17

冬季室外最低温度（℃）	3.4	1.2	−1.4	−3.8	−7.7	−10.1	−13.9	−18.3
凝固点（℃）	−1.4	−3.2	−5.4	−7.8	−10.7	−14.1	−17.9	−22.3
质量百分比（%）	5	10	15	20	25	30	35	40
容积百分比（%）	4.4	8.9	13.6	18.1	22.9	27.7	32.6	37.5

冷凝排风热回收机组环路受到长度限制，当超过长度限制时，可采用中间冷媒式热回收装置来扩大应用范围。因此，中间媒介式热回收一般采用分体式。系统主要由膨胀罐、循环水泵、温度计、闸阀、手动排气及补水阀（安装于最高点）、止回阀、泄污阀（安装于最低点）、压力表、软接头及循环水管组成，如图 5-29 所示。

中间媒介式热回收系统按新、排风主机的配套关系可分为一对一、一对多、多对一、多对多的形式，如图 5-30 所示。

（2）管路设计

中间媒介式热回收系统在进行媒介环路设计时，所选用的管材阀件一定要结合媒介的特性，如采用乙二醇水溶液作为热回收的中间媒介时，由于乙二醇溶液具有一定的腐蚀性，与锌接触时会发生化学反应，故环路系统中不应采用含锌的材料。环路应进行严格的水力计算，得出干管及各支管的管径，以及相应管段的沿程、局部阻力损失。各并联环路间应保持水力平衡，要求不平衡率≤15%。

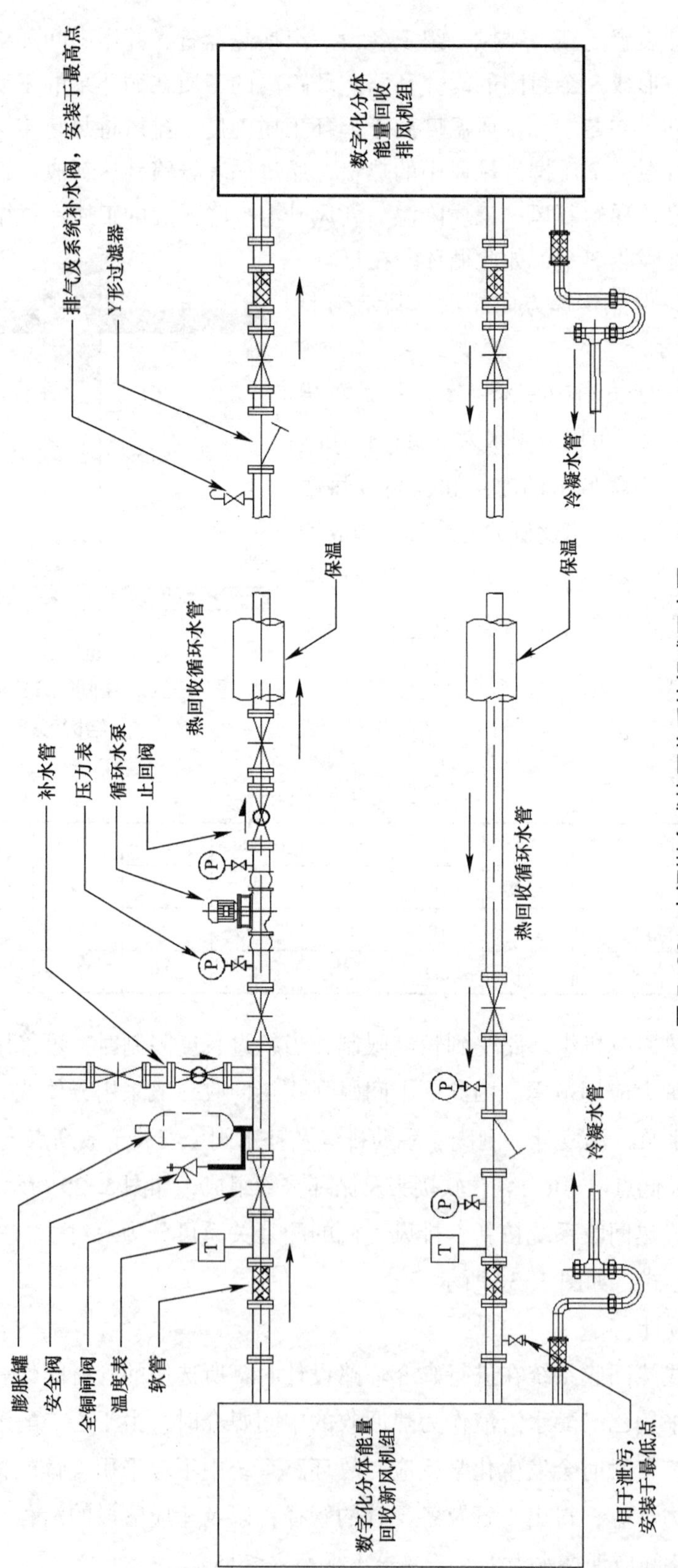

图5-29　中间媒介式热回收系统组成示意图

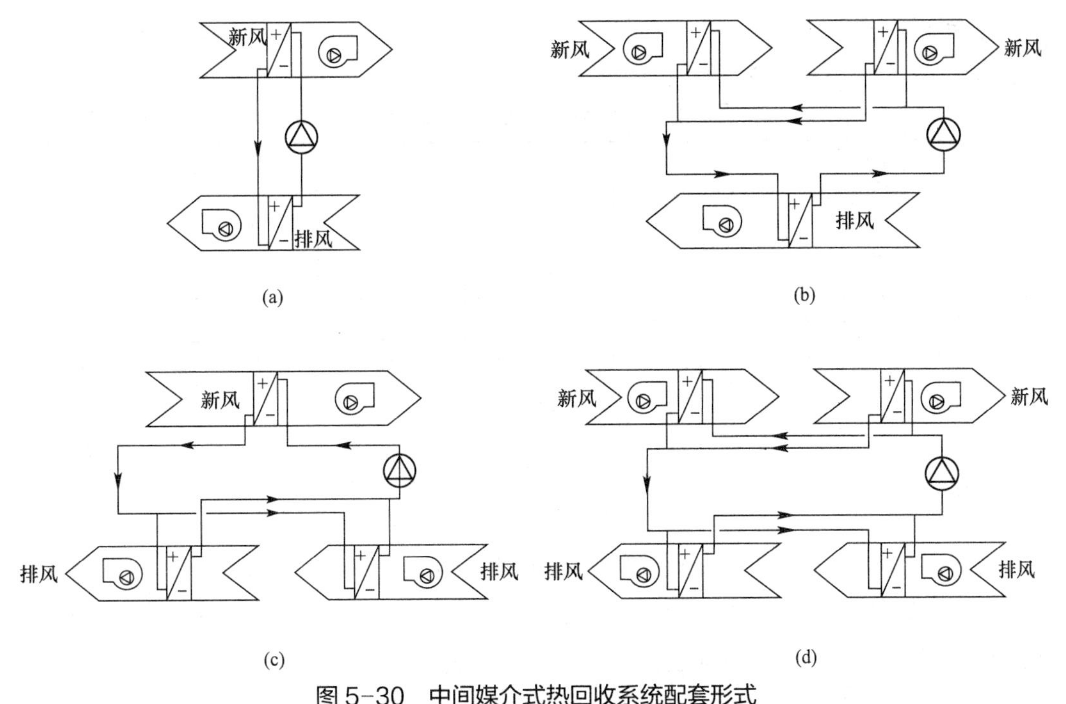

图 5-30　中间媒介式热回收系统配套形式

（a）一对一能量回收系统；（b）一对多能量回收系统；（c）多对一能量回收系统；（d）多对多能量回收系统

系统设计中，媒介循环泵的流量及扬程应满足热回收管路运行的要求，通过流量和扬程确定所需循环泵的型号。媒介循环泵的流量 Q 可按下式估算：

$$Q=(1.1\sim1.2)\sum_{i=n}^{1}Q_i$$

式中　Q_i——第 i 个排风机组热回收盘管的额定流量，m^3/h；

n——系统排风机总数。

媒介循环泵的扬程 H 可按下式估算：

$$H=(1.1\sim1.2)K(h_j+h_y+H_{xin}+H_{pai})$$

式中　H——循环泵扬程，m；

K——媒介溶液循环管路修正系数；

h_j——管路系统中的局部损失，m；

h_y——管路系统中的沿程损失，m；

H_{xin}——新风机组换热盘管的压力损失，一般为 1～3m，具体可见厂家样本；

H_{pai}——排风机组换热盘管的压力损失，一般为 1～3m，具体可见厂家样本；

注：管路系统的压力降（包含局部损失和沿程损失，即 h_j+h_y），设计初期可按 200Pa/m 估算。

媒介溶液循环管路修正系数 K 可查阅相关资料，对于常用的乙二醇水溶液，其 K

值可参照表 5-18。

乙二醇水溶液循环管路阻力修正系数 K 表 5-18

质量百分比（%） \ K \ 管道流速（m/s）	0.4	0.6	0.8	1	1.2	1.4
10	1.61	1.48	1.4	1.34	1.3	1.27
20	1.72	1.58	1.49	1.42	1.38	1.34
30	1.83	1.68	1.58	1.51	1.45	1.41
40	1.97	1.79	1.68	1.6	1.54	1.5
50	2.11	1.92	1.8	1.71	1.64	1.59

膨胀罐的设计是中间媒介式热回收系统设计的一个难点。膨胀罐应用于系统中，主要作用是缓冲因水泵启停压力波动和温度变化造成媒介溶液中水的体积膨胀或收缩。平层排平层送的一对一、一对二、二对一分体式热回收系统可不安装膨胀罐，其他形式均需安装膨胀罐。计算选型按照“选大不选小”的原则进行，可参照下式：

$$V=\frac{C\times e}{1-\frac{P_1}{P_2}}$$

式中 V——膨胀罐的体积，L；

C——系统中水总容量，L；

e——水的热膨胀系数（见表 5-19）；

P_1——膨胀罐的预充压力（绝对压力），Pa，一般为 1.5×10^5Pa；

P_2——系统运行的最高压力（绝对压力），一般情况下为预充压力 + 水泵扬程，Pa。

水在不同温度下相对于 40℃时其体积的膨胀系数 e 表 5-19

温度（℃）	系数 e	温度（℃）	系数 e
0	0.00013	45	0.0099
4	0	50	0.0121
10	0.00027	55	0.0145
20	0.00177	60	0.0171
30	0.00435	65	0.0198
40	0.00782	70	0.0227

计算后，膨胀罐的选型可参照表 5-20。

膨胀罐选型参考表　　表 5-20

型号	2L	5L	8L	12L	19L	24L	36L
直径（mm）	106	150	210	270	270	270	350
高度（mm）	200	320	320	300	400	450	560
预充压力（bar）	1.5	1.5	1.5	1.5	1.5	1.5	1.5
承压（bar）	10	10	10	10	10	10	10
耐温（℃）	99	99	99	99	99	99	99
接口	"G1""G3/4"						

注：表中压力为相对压力。

（3）热回收量计算与分析

1）夏季工况

① 夏季回收能量：

$$Q_{summer}=C\cdot m\cdot \Delta T\cdot \eta\cdot \beta\cdot t\cdot \delta$$

式中　Q_{summer}——夏季回收能量，kJ；

C——空气比热容，kJ/（kg·K）；

m——换热空气的质量流量，kg/h；

ΔT——送、排风温差（T_w-T_n），K（其中 T_w 为夏季空调室外计算干球温度，T_n 为室内温度）；

η——热回收效率（参见厂家样本，估算时可预先参照某厂家参数 61.9%）；

β——温度对效率平均影响修正系数，根据地区不同而不同，一般为 0.5～0.9；

t——系统夏季运行小时数，h；

δ——变风量运行系数，一般可取 0.6。

② 夏季能量回收节电量

$$P_{summer}=\frac{Q_{summer}}{3600\times COP}$$

式中　P_{summer}——夏季能量回收节电量，kWh；

COP——夏季空调系统能效比（非主机能效比），一般为 2.0～2.6。

2）冬季工况

① 冬季回收能量：

$$Q_{winter}=C\cdot m\cdot \Delta T\cdot \eta\cdot \beta\cdot t\cdot \delta$$

式中　Q_{winter}——冬季回收能量，kJ；

C——空气比热容，kJ/（kg·K）；

m——换热空气的质量流量，kg/h；

ΔT——送排风温差（$T_n-T'_w$），K（其中 T'_w 为冬季空调室外计算干球温度，T_n 为室内温度）

η——热回收效率（参见厂家样本，估算时可预先参照某厂家参数 61.9%）；

β——温度对效率平均影响修正系数，根据地区不同而不同，一般为 0.5～0.9；

t——系统冬季运行小时数，h；

δ——变风量运行系数，一般可取 0.6。

② 冬季能量回收节电量：

$$P_{winter}=\frac{Q_{winter}}{3600\times COP'}$$

式中 P_{winter}——冬季能量回收节电量，kWh；

COP'——冬季空调系统能效比（非主机能效比），一般为 2.3～2.8。

3）系统回收总节电量 P

$$P=P_{summer}+P_{winter}$$

中间媒介式热回收系统，新风与排风互不接触，无交叉感染风险；新、排风机组之间通过管道连接，对主机位置无严格要求且占用空间少；新、排风主机可以由数个分散在不同地点的对象组成，布置灵活方便；系统寿命长，运行成本较低，节能减排，经济效益可观。

2. 应用场合及技术参数

对于中间媒介式的分体式热回收机组，首先应关注其工作的极限温度范围以及选取相应的中间媒介（工质）。该机组可广泛应用于严格限制空气交叉感染的场所，如新建、改建和扩建的发热门诊、传染病医院、负压隔离病房、ICU 病房、一些特殊实验室等。

重庆海润的中间媒介式的分体式热回收机组的性能参数如表 5-21～表 5-23 所示。

ENH 系列数字化分体式能量回收新风机组主要性能参数（一）　表 5-21

机组型号		ENH010	ENH015	ENH020	ENH025	ENH030	ENH035	ENH040	ENH045
风量（m^3/h）		1000	1500	2000	2500	3000	3500	4000	4500
机外余压（Pa）		150/250/350/450/550							
热回收效率（%）		61.9	61.9	61.9	61.9	61.9	61.9	61.9	61.9
热回收水流量（L/s）		0.20	0.30	0.40	0.49	0.59	0.69	0.79	0.89
热回收水阻力（kPa）		17.3	16.1	14.9	29.0	24.1	26.4	30.2	25.4
冷量（kW）	4 排管	11.2	16.8	22.4	27.6	33.6	38.8	49.5	50.1
	6 排管	15.2	22.6	30.1	38.0	45.7	53.1	60.6	68.2

续表

机组型号		ENH010	ENH015	ENH020	ENH025	ENH030	ENH035	ENH040	ENH045
热量（kW）	4排管	13.4	20.0	26.6	33.0	41.8	47.3	57.2	58.9
	6排管	15.1	23.4	30.8	40.8	45.7	56.6	65.4	71.8
制冷水流量（L/s）	4排管	0.53	0.80	1.06	1.31	1.60	1.85	2.11	2.39
	6排管	0.72	1.08	1.43	1.81	2.18	2.53	2.88	3.25
制热水流量（L/s）	4排管	0.32	0.48	0.63	0.79	0.99	1.13	1.26	1.40
	6排管	0.36	0.56	0.73	0.97	1.09	1.35	1.56	1.71
制冷水阻力（kPa）	4排管	17.7	43.6	26.8	27.4	40.2	41.3	43.0	38.7
	6排管	36.0	55.5	42.4	30.2	45.1	39.1	30.2	33.5
制热水阻力（kPa）	4排管	6.1	5.5	5.5	8.8	7.6	9.0	10.4	7.9
	6排管	18.5	17.3	16.1	30.2	25.3	27.7	31.4	25.5
4排冷热水盘管进出水管径		*DN*25	*DN*25	*DN*25	*DN*25	*DN*40	*DN*40	*DN*40	*DN*40
6排冷热水盘管进出水管径		*DN*25	*DN*25	*DN*40	*DN*40	*DN*40	*DN*40	*DN*40	*DN*40
热回收盘管进出水管径		*DN*25	*DN*25	*DN*25	*DN*25	*DN*25	*DN*25	*DN*25	*DN*25
冷凝水管		*DN*32	*DN*32	*DN*32	*DN*32	*DN*32	*DN*32	*DN*32	*DN*32
机组噪声[dB（A）]		45	48	49	51	53	53	53	54
热回收量（kW）	夏季	1.23	1.85	2.47	3.08	3.70	4.32	4.93	5.55
	冬季	2.49	3.74	4.98	6.23	7.47	8.72	9.97	11.22

ENH系列数字化分体式能量回收新风机组主要性能参数（二） 表5-22

机组型号		ENH050	ENH060	ENH070	ENH080	ENH090	ENH100	ENH120	ENH150
风量（m^3/h）		5000	6000	7000	8000	9000	10000	12000	15000
机外余压（Pa）		150/250/350/450/550					250/350/450/550		
热回收效率（%）		61.9	61.9	61.9	61.9	62.9	61.9	61.9	61.9
热回收水流量（L/s）		0.99	1.19	1.38	1.58	1.78	1.98	2.37	2.97
热回收水阻力（kPa）		22.6	21.9	31.1	31.7	32.7	33.6	34.6	35.1
冷量（kW）	4排管	56.2	66.1	77.5	89.0	99.6	110.3	132.0	168.6
	6排管	75.9	90.6	105.9	120.6	135.8	151.8	180.0	227.3
热量（kW）	4排管	66.8	81.1	90.4	102.9	119.4	129.0	152.4	204.0
	6排管	82.2	91.6	106.2	125.1	142.4	159.7	210.0	228.0
制冷水流量（L/s）	4排管	2.68	3.15	3.69	4.24	4.74	5.25	6.29	8.03
	6排管	3.61	4.31	5.04	5.74	6.47	7.23	8.57	10.83
制热水流量（L/s）	4排管	1.59	1.93	2.15	2.45	2.84	3.07	3.70	4.86
	6排管	1.96	2.18	2.53	2.98	3.39	3.80	5.10	5.43

续表

机组型号		ENH050	ENH060	ENH070	ENH080	ENH090	ENH100	ENH120	ENH150
制冷水阻力（kPa）	4 排管	36.0	20.1	49.4	21.1	21.1	20.5	56.7	25.2
	6 排管	25.3	36.6	34.5	40.3	40.3	36.6	71.4	44.5
制热水阻力（kPa）	4 排管	7.6	7.6	9.8	10.4	10.4	11.3	36.0	12.4
	6 排管	23.8	23.1	32.3	32.9	32.9	34.4	43.6	35.5
4 排冷热水盘管进出水管径		*DN*40	*DN*40	*DN*50	*DN*50	*DN*50	*DN*50	*DN*50	*DN*65
6 排冷热水盘管进出水管径		*DN*50	*DN*50	*DN*50	*DN*65	*DN*65	*DN*65	*DN*65	*DN*80
热回收盘管进出水管径		*DN*32	*DN*40	*DN*40	*DN*40	*DN*40	*DN*40	*DN*50	*DN*50
冷凝水管		*DN*32	*DN*32	*DN*32	*DN*32	*DN*32	*DN*32	*DN*32	*DN*40
机组噪声［dB（A）］		54	56	56	60	61	60	61	62
热回收量（kW）	夏季	6.2	7.4	8.6	9.9	11.1	12.3	14.8	18.5
	冬季	12.5	14.9	17.4	19.9	22.4	24.9	29.9	37.4

ENH 系列数字化分体式能量回收新风机组主要性能参数　　表 5-23

机组型号		ENH200	ENH250	ENH300	ENH350	ENH400	ENH500	ENH600
风量（m^3/h）		20000	25000	30000	35000	40000	50000	60000
机外余压（Pa）		250/350/450/550						
热回收效率（%）		61.9	61.9	61.9	61.9	61.9	61.9	61.9
热回收水流量（L/s）		3.95	4.94	5.93	6.92	7.91	9.88	11.86
热回收水阻力（kPa）		34.5	31.5	35.5	33.4	36.6	38.7	39.4
冷量（kW）	4 排管	220.3	275.3	331.5	393.5	443.6	552.9	666.8
	6 排管	300.8	375.5	452.3	529.1	607.6	759.6	906.5
热量（kW）	4 排管	278.8	323.0	393.2	486.9	545.1	697.8	823.2
	6 排管	314.7	388.3	491.2	565.8	660.8	757.6	953.8
制冷水流量（L/s）	4 排管	10.49	13.11	15.78	18.74	21.13	26.33	31.75
	6 排管	14.32	17.88	21.54	25.20	28.93	36.17	43.17
制热水流量（L/s）	4 排管	6.64	7.69	9.36	11.59	12.98	16.61	19.60
	6 排管	7.49	9.25	11.70	13.47	15.73	18.04	22.71
制冷水阻力（kPa）	4 排管	22.6	23.4	25.5	28.9	31.3	35.6	34.5
	6 排管	38.9	37.5	35.6	41.2	46.3	38.9	45.6
制热水阻力（kPa）	4 排管	14.6	13.8	13.7	15.6	17.8	20.1	25.4
	6 排管	36.8	39.3	37.4	36.8	38.8	35.4	36.6
4 排冷热水盘管进出水管径		*DN*80	*DN*80	*DN*100	*DN*100	*DN*100	2 × *DN*80	2 × *DN*100
6 排冷热水盘管进出水管径		*DN*100	*DN*100	*DN*100	*DN*100	*DN*100	2 × *DN*100	2 × *DN*100
热回收盘管进出水管径		*DN*65	*DN*65	*DN*65	*DN*100	2 × *DN*65	2 × *DN*65	2 × *DN*100

续表

机组型号		ENH200	ENH250	ENH300	ENH350	ENH400	ENH500	ENH600
冷凝水管		*DN*40	*DN*40	*DN*40	*DN*40	*DN*40	*DN*40	*DN*40
机组噪声［dB（A）］		63	65	68	69	69	71	72
热回收量（kW）	夏季	24.7	30.8	37.0	43.2	49.3	61.7	74.0
	冬季	49.8	62.3	74.7	87.2	99.6	124.6	149.5

3. 案例及应用效果

中国人民解放军总医院（301 医院）创建于 1953 年，是集医疗、保健、教学、科研于一体的大型现代化综合性医院，直属于中国人民解放军联勤保障部队（图 5-31）。医院同时又是解放军医学院，以研究生教育为主，是全军唯一一所医院办学单位。

图 5-31　中国人民解放军总医院

医院设置 165 个临床、医技科室，233 个护理单元，拥有 8 个国家重点学科、1 个国家重点实验室、20 个省部级及全军重点实验室、33 个全军医学专科中心和研究所，形成了以综合诊疗为特色的 13 项专业优势。同时是全军重症监护示范基地和中华护理学会的培训基地。设有国际医学中心和健康医学中心，提供高端预防保健服务。

该项目新排风之间设置中间媒介式的分体式热回收机组，通过回收排风的能量，大大节约新风处理能耗，起到低碳、节能、节费的效果。

5.2.5　溶液吸收式全热回收

1. 系统形式及工作原理

溶液吸收式全热回收装置的循环介质是吸湿、放湿特性的盐溶液，如溴化锂、氯化锂、氯化钙及混合溶液等。利用溶液的吸湿和蓄热作用，在新风和排风之间传递能量和水蒸气，实现全热交换。在常温下，一定浓度的溶液的表面蒸汽压低于空气中的水蒸气分压力，因此空气中的水蒸气向溶液转移，使空气的湿度降低，而溶液因为吸收了水分和吸附热，使其浓度降低，温度升高。溶液温度升高，浓度降低后，其表面蒸气压就会升高，高到溶液表面蒸汽压大于空气中水蒸气分压力时，溶液中的水分蒸发转移到空气中，实现对空气的加湿过程。该热回收设备利用盐溶液的吸、放湿特

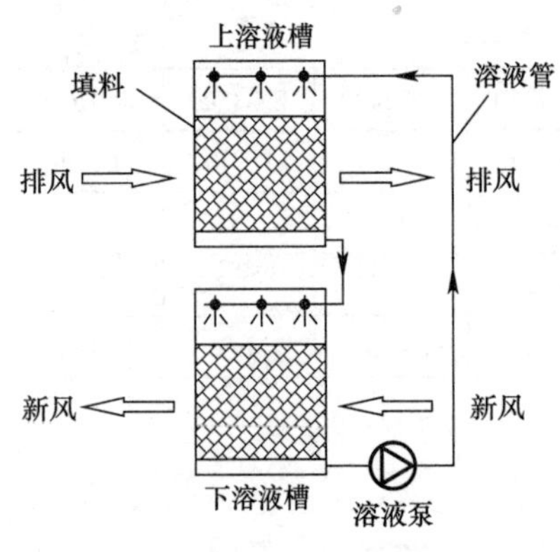

图 5-32　溶液吸收式热回收系统工作原理图

性，实现新风和室内排风之间的热量和水分的传递过程。溶液吸收式热回收系统工作原理如图 5-32 所示。

系统主要由热回收器和溶液泵组成，热回收器由填料和溶液槽组成，填料用于增加溶液和空气的有效接触面积，溶液槽用于储存溶液。溶液泵的作用是将溶液从热回收器底部的溶液槽内中输送至顶部，通过喷淋使溶液与空气在填料中充分接触。溶液全热回收装置分为上下两层，分别连接在通风或空调设备的排风与新风侧。冬季，排风的温湿度高于新风，排风经过热回收器时，溶液温度升高，水分含量增加，当溶液再与新风接触时，释放出热量和水分，使新风升温增湿。夏季与之相反，新风被降温除湿，排风被加热加湿。多个单级全热回收装置可以串联起来，组成多级溶液全热回收装置，新风和排风逆向流经各级装置并与溶液进行热质交换，可进一步提高全热回收效率（图 5-33）。但当装置的级数超过三级后，级数的增加对装置总的热回收效率已无大的影响。对于多级溶液全热回收装置，其系统全热热回收效率 η_n 可按下式进行计算：

$$\eta_n = \frac{n \cdot \eta_1}{1+(n-1) \cdot \eta_1} \times 100\%$$

式中　n——热回收装置级数；

η_1——单级热回收装置的全热回收效率，%。

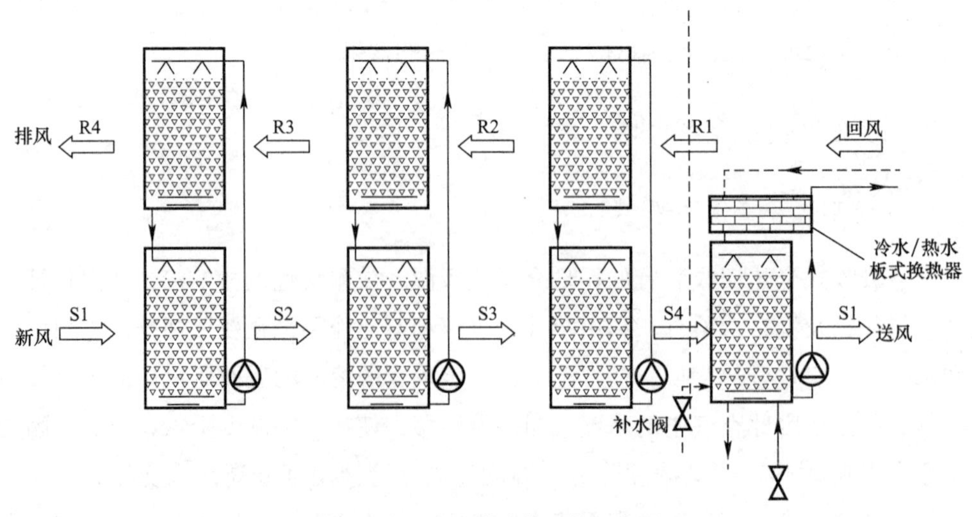

图 5-33　多级溶液热回收示意图

常用吸收溶液的性能及特点如表 5-24 所示。

常用吸收溶液特性　表5-24

性能特点	溴化锂	氯化锂	氯化钙	乙二醇	三甘醇
露点温度（℃）	-10～4	-10～4	-3～-1	-15～-10	-15～-10
浓度（%）	45～65	30～40	40～50	70～90	80～96
毒性	无	无	无	无	无
腐蚀性	中	较大	较大	小	小
化学稳定性	稳定	稳定	稳定	稳定	稳定
黏度	小	小	较小	较大	大
挥发性	不易	不易	不易	易	易
价格	较低	较低	低	高	高
主要用途	空调除湿，空调制冷	空调杀菌，低温除湿	城市气体，吸湿	一般气体，吸湿	一般空调，气体吸湿

2. 应用场合及技术参数

溶液吸收式全热回收设备的全热回收效率高，高效回收排风能量，大幅降低新风处理能耗，全热回收效率可达60%～90%；溶液热回收新风机组全热回收效率稳定，不受新、排风参数变化影响，热回收性能不衰减，使用寿命长。设备有净化空气的功效，因为喷洒的溶液可去除空气中很多微生物、细菌和可吸入颗粒物；新风和排风之间相互独立，一般来说交叉污染风险小（对于所使用的溶液种类、浓度、接触时间等，溶液是否可以有效杀灭排风中的病毒而避免通过溶液循环将病毒带入新风中，需要有相应的论证及国家权威检测报告，否则不建议将溶液吸收式热回收装置用于涉及疫情场合）；设备结构简单，维护、清洗较为方便，对于低温的热回收换热，无需考虑防冻措施，溶液在-40℃也不会结冰。

溶液热回收装置可模块化选用及安装，方便快捷，但该类型设备体积较大，会占用较多的建筑面积和空间；同时，回风中不能含有能与溶液发生反应的物质，否则不应采用。排风中含有有毒、有害物质，且可溶于吸收溶液并挥发的，也不应采用溶液热回收系统。故该系统可用在医院中一些如普通病房、诊室等相关区域。

5.2.6　热泵式溶液调湿热回收

1. 系统形式及工作原理

热泵式溶液调湿机组分为热泵式热回收型溶液调湿机组与热泵式预冷型溶液调湿机组两种。当室内排风量大于新风量的70%时，可优先考虑采用热回收型溶液调湿机组，新风先经过溶液式全热回收段，再经溶液调湿后送入室内。当可用于热回收的排风风量较少，或室内排风含有异味或有害物质不适合用于溶液热回收时，可考虑采用预冷型溶液调湿机组。本小节主要介绍热泵式热回收型溶液调湿机组。同时，现行国家标准《热泵式热回收型溶液调湿新风机组》GB/T 27943 对热泵式热回收型溶液调湿新风机组性能系数及相关测试做了规定。

热泵式热回收型溶液调湿机组的新风、排风处理流程如下：

新风流程：室外新风→溶液全热回收→溶液调湿→送入室内；

排风流程：室内排风→溶液全热回收→溶液再生→排除室外。

热泵式热回收型溶液调湿机组夏季及冬季运行原理分别如图 5-34、图 5-35 所示。

夏季供冷时，室外高温高湿的新风与室内低温低湿的排风在全热回收单元中，通过盐溶液作为换热媒介进行间接的全热交换，新风经初步降温和除湿后，再进入除湿单元中进一步降温、除湿到达送风状态点。调湿溶液在除湿单元中吸收水蒸气后浓度变稀，进入再生单元进行浓缩再生恢复吸水能力。热泵循环提供的制冷量用于降低除湿单元溶液温度以提高除湿单元的降温除湿能力，热泵冷凝器排热量用于再生单元中溶液浓缩再生，能源利用效率高。

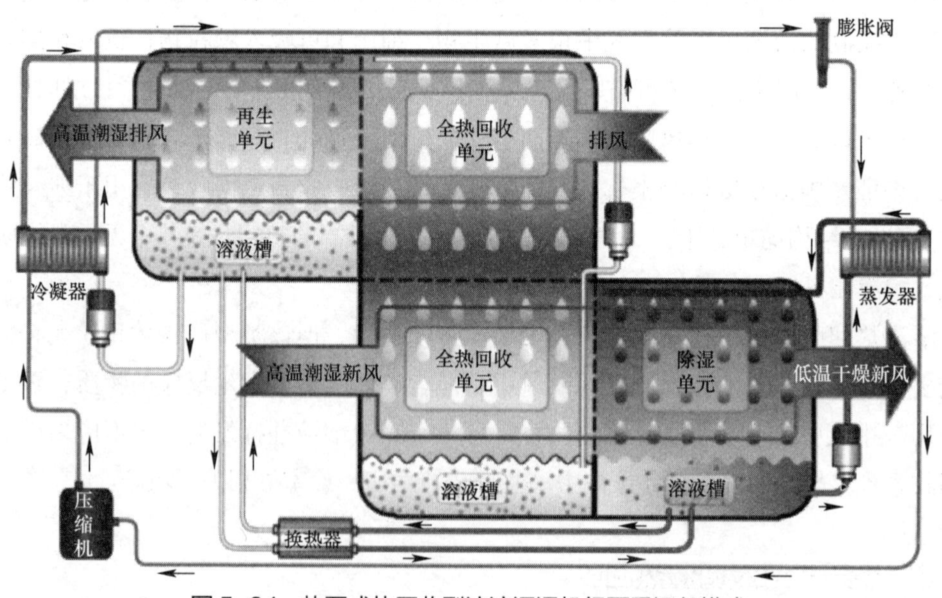

图 5-34　热泵式热回收型溶液调湿机组夏季运行模式

冬季供热工况，具体的运行流程详见图 5-35。热泵通过改变四通阀来改变制冷剂循环方向，实现蒸发器、冷凝器位置改变，蒸发器吸收除湿单元热量（排风热量）通过热泵循环提升后，利用冷凝器加热加湿单元实现对新风的加热加湿。

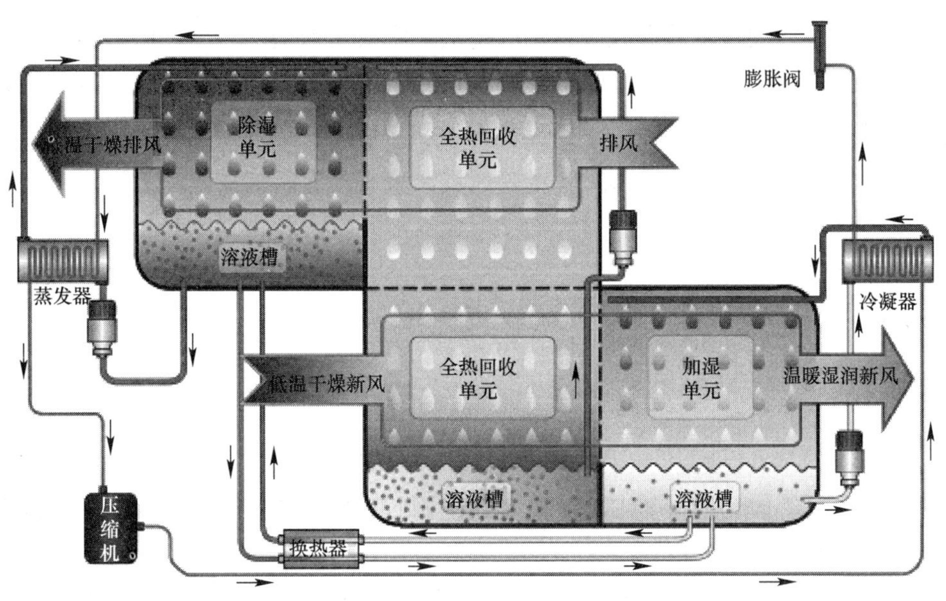

图 5-35　热泵式热回收型溶液调湿机组冬季运行模式

图 5-36 为华创瑞风的逆流式热回收型溶液调湿新风机组示意图，逆流式热回收型溶液调湿新风机组将溶液与气流逆流接触，进一步优化了热湿处理过程，降低了系统能耗，机组 *COP* 可达 6.0 以上。

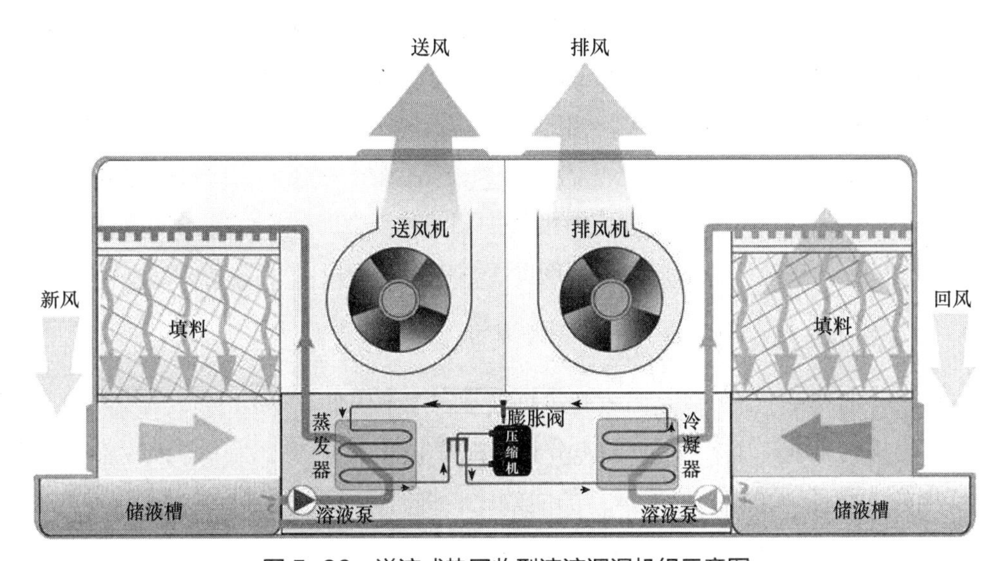

图 5-36　逆流式热回收型溶液调湿机组示意图

2. 应用场合及技术参数

热泵式溶液调湿机组分为热泵式热回收型溶液调湿机组与热泵式预冷型溶液调湿机组两种。当室内排风量大于新风量的 70% 时，可优先考虑采用热回收型溶液调湿机组，新风先经过溶液式全热回收段，再经溶液调湿后送入室内。当可用于热回收的排风风量较少，或室内排风含有异味或有害物质不适合用于溶液热回收时，可考虑采用预冷型溶液调湿机组。特别是对于新建、改建和扩建的发热门诊、传染病医院、负压隔离病房、ICU 病房、一些特殊实验室等区域，采用预冷型溶液调湿机组可严格防止交叉感染。

5.2.7 排风热回收相关设备研发及应用

1. 三管制热回收多联机[①]

该设备单模块 8～24HP（1HP=0.735kW），可四模块组合，系统最大容量 96HP；采用双四通阀 + 冷暖切换装置 F-KIT 盒实现热回收功能，节能减排，五维智能自适应轮换除霜；同时采用热管散热技术，可实现高温制热水。另外，该设备可支持五种不同应用场景（场景一：带 F-KIT 盒的三管制热回收多联机系统，室内机可自由冷暖；场景二：带 F-KIT 盒的三管制热回收两联供系统，室内机可自由冷暖，水模块单热；场景三：无 F-KIT 盒的三管制热回收系统，室内机单冷、单热，水模块单热；场景四：无 F-KIT 盒的普通两管制多联机系统，室内机制冷制热；场景五：无 F-KIT 盒的普通两管制两联供系统，室内机制冷制热、水模块单热）。

该设备于 2021 年 9 月研发，执行标准：《多联式空调（热泵）机组》GB/T 18837-2015；《多联式空调（热泵）机组能效限定值及能效等级》GB 21454-2021。产品获得 CCC、节能、能效备案、第三方检测报告、卓越产品评价证书等证书。应用场景：医疗、康养、酒店、学校、文体中心、游泳馆、公寓、洁净厂房、博物馆、办公等；曾在莫干山计庙坞酒店、北戴河国际旅游度假中心、武汉梦时代广场室内冰雪冒险乐园、中国移动（陕西西咸新区）数据中心二期等工程中得到应用。

2. 一体式 / 分体式冷凝排风热回收新风机[②]

一体式 / 分体式冷凝排风热回收新风机夏季利用室内低温排风冷却冷凝器，冬季利用室内高温排风加热蒸发器，一方面充分利用排风中的冷 / 热量，另一方面改善冷凝器 / 蒸发器侧的工作环境，提高机组运行的能效比。将新风处理到一定要求送到室内的同时，又将室内排风的能量进行了热回收，不但优化了机组的运行性能，更重要的是在保证室内空气品质的前提下，降低了使用期的能耗。排风侧采用离心风机，既作为冷

① 资料来源：青岛江森自控空调有限公司。

② 资料来源：上海泰恩特环境技术有限公司。

凝风机，又兼有室内排风的功能。新风、排风完全隔开、无交叉污染，特别是分体式设备，保证送风质量。新风部分和排风部分可实现连锁控制。冬季设备制热效果好，整机能效比可达 3.2。机组运行环境温度为 −15～45℃。

该设备于 2010 年 7 月研发。关键技术指标：排风量、制冷量、制冷消耗总功率、能效比、热泵制热量、热泵制热消耗总功率、性能系数；执行标准：《风管送风式空调机组能效限定值及能效等级》GB 37479−2019。应用场景：医院、疾控中心、方舱、学校、办公楼、体育馆、机场、厂房等；曾在金坛人民医院、武汉走马岭疾控中心、国家冬奥会高山滑雪等项目中得到应用。

3. DHP 热管、分体式热回收热管[①]

DHP 热管是一种热传递装置，安装于冷盘管两侧，对空气进行预冷和再热。热管前段将室外空气 / 混合空气进行预冷，然后进入表冷器进行降温降湿处理；热管后段对表冷器处理后的低温空气进行再热。因此，热管预冷过程节约了表冷器的冷量，热管再热过程节约了再热能量，同时提供了更优质的空气。

分体式热管是一种紧凑高效的传热装置，用于回收排风中的能量，预冷或预热室外空气，达到节能目的，同时又不存在交叉污染的风险。系统可用于排气温度高达 120℃的工艺性环境，以及从排气中预冷或预热外部空气的舒适性环境。由于热管系统的相变特征，这项独特的技术可以为工艺应用回收热量。

该设备于 2009 年 10 月研发上市。执行标准：《热回收新风机组》GB/T 21087−2020；荣获上海市节能产品证书。应用场景：医院、药厂、实验室、机场等；曾在上海浦东机场、恒瑞医药、上海建工医院、上海检测中心等工程中得到应用。

5.3　平疫结合场所空调系统

5.3.1　平疫结合通风空调系统

1. 系统形式及工作原理

（1）平疫结合通风空气处理设备产品形式

平疫结合通风空调系统由平行（上下或左右）通道的两组空气处理设备构成，上下层（或左右）空气处理通道的基本功能段布置：进风段 + 过滤段（粗效 + 中效 + 高

---

① 资料来源：上海新浩佳新节能科技有限公司。

中效，负压隔离病房模式更换为粗效 + 中效 + 亚高效）+ 加热段 + 冷却段 + 再热段 + 加湿段 + 风机段 + 混合段（调和出风）。一般采用相似可切换的功能段设计，可根据不同运行工况互为冗余，系统形式如图 5-37 所示。

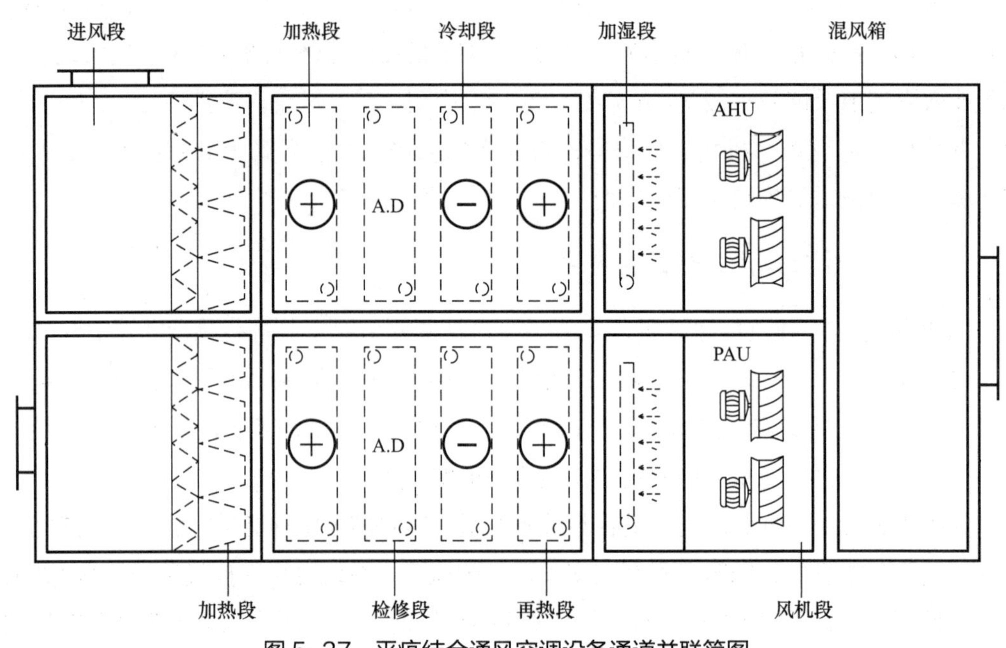

图 5-37 平疫结合通风空调设备通道并联简图

（2）工作原理

平疫结合通风空气处理设备充分运用模块化功能段框架、EC 风机、变频切换等矢量控制、自主传感、平衡分配运行的技术特性，结合风机墙、多通道等设备制造工艺，可便捷实现多种运行模式的切换。采用相似可切换的功能段设计，可根据不同运行工况互为冗余，有效避免“平”“疫”两套系统分割共存的弊端。

（3）产品特点

1）平疫结合通风空气处理设备可有效减少医疗卫生机构在平疫转化应急使用期间的施工作业量、缩短改造周期。

2）平疫结合通风空气处理设备灵活运用先进的模块化框架成形工艺，按项目工况需求，在有限的机房空间内，通过空气径流通道的旁通、分流、合并，伴以单（多）个风机多级（单级）运行、分流（合并）模块化各级热交换器、过滤器、加湿器单元等技术手段，实现平→疫状态下 1～5 倍额定容量切换运行目标。

3）平疫结合通风空气处理设备风机选型应结合适配通道结构特征，按需选用变频调节范围大，或者本身具有矢量控制—自主传感—平衡运行性能的内置智能控制模块的直流无刷式免维护型 EC 风机，结合风机墙模块化组合，合理配置不同通道内关联风机的并联、串联形式，实现平→疫状态下多级倍增送风量切换。各径流通道风机布置如图5-38所示。

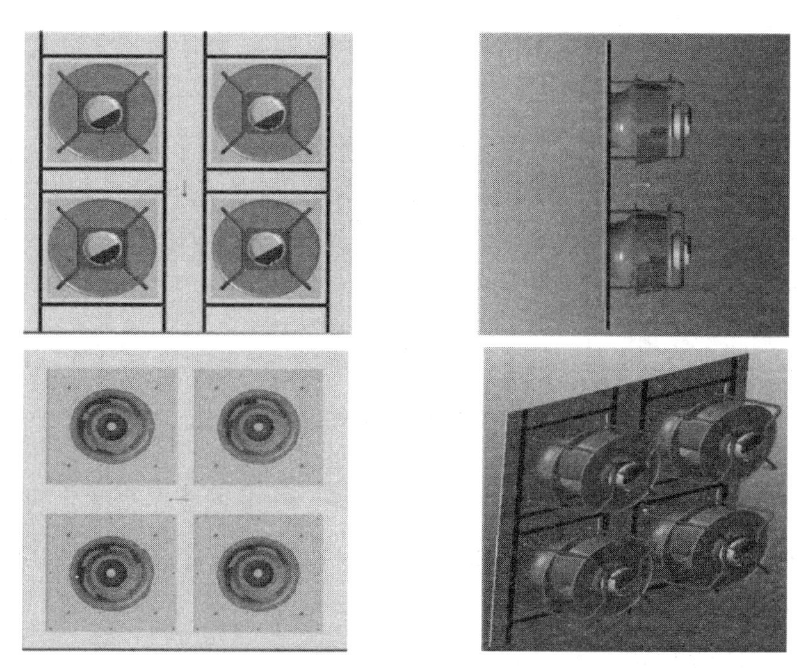

图5-38 平疫结合通风空调设备通道并联简图

4）平疫结合通风空气处理设备热交换器可按需设置一级或多级热交换器，切换或梯级运行；也可采用多工况校核计算方法，由一个热交换器按最大负荷工况选型、极限性能参数复核配置，1路供水汇总管对应2～3级回水汇总管，实现平→疫状态下热交换量倍增并可即时切换运行。

5）平疫结合通风空气处理设备的过滤加湿功能段，同样可根据各通道结构、模块化组合、分级调控特征，便捷实现不同医技环境运行模式的切换。

6）针对呼吸道传染病病房、负压隔离病房模式下系统全新风运行能耗大的特点，配套增加温湿度独立控制的运行模式，实现快速有效地将普通病房、诊室转化为适用负压隔离病房、传染病诊室等医技用房，同时又相对节能运行。

2. 应用场合及技术参数

平疫结合通风空气处理设备响应《综合医院平疫结合可转换病区建筑技术导则（试行）》中相关规定，适用于各地医疗资源布局中救治定点医院、重大疫情救治基地等建设项目中，在符合平时医疗服务的前提下，满足疫情时快速转换、开展疫情救治的需要，可充分利用发热门诊、感染疾病科病房等建筑设施，以呼吸道传染病疾控为导向，应用于方舱医院、临时应急医院、定点医院、危重症医院等救治场所。该类设备可服务于各类平疫结合通风空调系统，常见系统形式如图 5-39 所示。

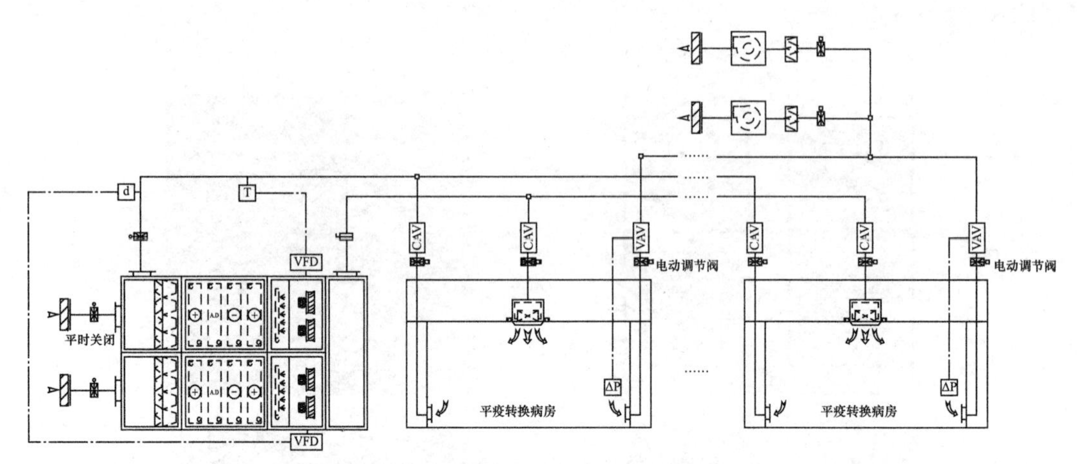

图 5-39　平疫结合通风空调系统常见形式

3. 案例及应用效果

以典型呼吸道传染病房为案例，进行案例分析。病房条件：某双人病房 25m^2，室内高度 3m（图 5-40）。

（1）压力值控制计算

$$L=0.827\times A\times \Delta P\ (1/n)\ \times 1.25$$

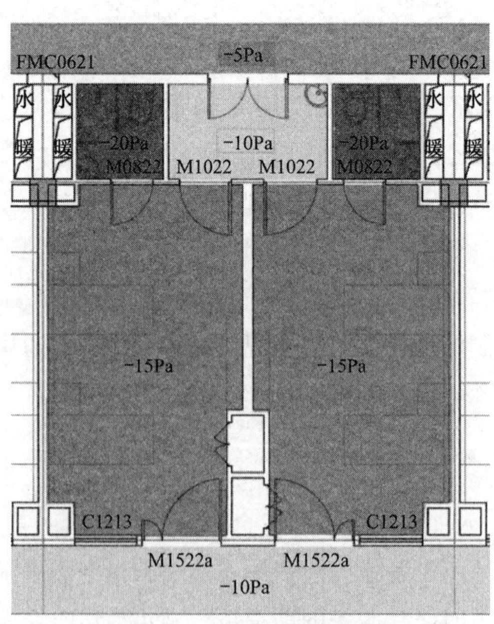

图 5-40　典型病房平面图

房间漏风量按上式计算，其中 A 是门的漏风面积。以病房为控制对象，当建立 -5Pa 压差时，新、排风量差值为 230m³/h。

（2）负荷计算

按房间温度 26℃、相对湿度 60% 计算，房间室内全热负荷为 1230W，显热负荷为 970W，湿负荷为 390g/h。

（3）不同模式下的空调系统送风参数（表 5-25）

不同模式下的空调系统送风参数　　表 5-25

工况	新风机组（下层空调箱）				空调机组（上层空调箱）						混风参数（℃/%）	送风CAV（m³/h）	排风VAV（m³/h）
	设备风量（m³/h）	新风量（m³/h）	送风参数（℃/%）	再热量（W）	设备风量（m³/h）	送风量（m³/h）	新风量（m³/h）	回风量（m³/h）	送风参数（℃/%）	再热量（W）			
普通病房	450	150	16.5℃/90%	—	450	300	0	300	21.1℃/80.6%	—	19.6℃/83.5%	450	—
非呼吸道传染病房		225	17.4℃/90%	—		225	0	225	21.8℃/77.3%	—	19.6℃/83.5%	450	680
呼吸道传染病房		225	17.4℃/90%	—		225	225	0	21.8℃/77.3%	190	19.6℃/83.8%	450	680
负压隔离病房	450	450	18.4℃/90%	—	450	450	450	0	27.2℃/70.5%	1200	22.8℃/70.5%	900	1130

（4）不同模式下的空调全压（表 5-26）

不同模式下的空调全压　　表 5-26

工况	变风量及变频比例			设计工况全压－最不利工况											实际工况	
	代号	设备风量（m³/h）	送风量（m³/h）	变频百分比	冷盘管阻力（Pa）	热盘管阻力（Pa）	G4+F5+F8初阻力（Pa）	G4+F5+F8终阻力（Pa）	加湿阻力（Pa）	机外余压（Pa）	高中效风口阻力（Pa）	全压－初阻力（Pa）	全压－终阻力（Pa）	CAV压力损失（Pa）	全压－初阻力（Pa）	全压－终阻力（Pa）
普通病房	AU	450	150	33%	130	20	1200	550	100	460	0	1010	1360	100	212	251
	HU	450	300	67%	130	20	1200	550	100	460	0	1010	1360	200	649	804

续表

工况	变风量及变频比例			设计工况全压－最不利工况											实际工况	
	代号	设备风量（m^3/h）	送风量（m^3/h）	变频百分比	冷盘管阻力（Pa）	热盘管阻力（Pa）	G4+F5+F8初阻力（Pa）	G4+F5+F8终阻力（Pa）	加湿阻力（Pa）	机外余压（Pa）	高中效风口阻力（Pa）	全压－初阻力（Pa）	全压－终阻力（Pa）	CAV压力损失（Pa）	全压－初阻力（Pa）	全压－终阻力（Pa）
非呼吸道传染病房	AU	450	225	50%	130	120	200	550	100	460	0	1010	1360	100	353	440
	HU	450	225	50%	130	120	200	550	100	460	0	1010	1360	200	453	540
呼吸道传染病房	AU	450	225	50%	130	120	200	550	100	460	0	1010	1360	100	353	440
	HU	450	225	50%	130	120	200	550	100	460	0	1010	1360	100	353	440
负压隔离病房	AU	450	450	100%	130	120	220	550	100	460	190	1220	1550	100	1320	1650
	HU	450	450	100%	130	120	220	550	100	460	190	1220	1550	100	1320	1650

变频技术的运用：由于新风机及排风机平时与疫情时风量不同，可采用变频技术，平时低频运行，疫情高频运行。系统的送风量和回风量，配合室内压差传感器和建筑门窗密封性等级，根据实际要求进行房间的正负压切换

EC风机墙的运用：风机均采用2台EC变频风机（大风量的系统可采用更多EC风机组成风机墙的构造），可实现台数＋变频的控制方式应对不同工况下的系统风量、系统压力损失要求。

（5）控制策略

普通病房模式：平时工况新风管变风量末端控制至150m^3/h、2h^{-1}。AHU仅室内循环，负担室内显热负荷。当室内负荷变化时，PAU与AHU侧空气处理通道送风比例通过阀门调节。定风量末端最小送风量根据房间换气次数设定。当末端节流至最小开度时，提高送风设定温度。房间压力控制为微正压，排风风机关闭；

非呼吸道传染病房模式：PAU定频运行，新风承担全部湿负荷。AHU仅室内循环，负担室内显热负荷。当室内负荷变化时，送风定风量末端做量调节。房间压力控制为负压，排风风机根据室内外压差值做变频控制。

呼吸道传染病房模式：新风已能承担全部室内负荷，系统切换为全新风直流模式。PAU定频运行，承担全部室内湿负荷。AHU提供剩余新风量，定频运行。送风处理至

室内露点温度，通过再热控制室内温度。房间压力控制为负压，排风风机根据室内外压差值做变频控制。

负压隔离病房模式：全新风直流模式。PAU 定频运行，承担全部室内湿负荷。AHU 提供剩余新风量，定频运行。送风处理至室内露点温度，通过再热控制室内温度。房间压力控制为负压，排风风机根据室内外压差值做变频控制。

5.3.2　平疫转换净化排风机组

1. 系统形式及工作原理

（1）系统形式

根据设计方案不同，平疫转换净化排风机组有以下几种形式：

1）单风机平疫转换净化排风机组：适用于平时和疫情时风量相差不大的系统（一般疫情时风量是平时风量的 2 倍左右），通过一台风机进行变风量双工况控制。宜采用直流直联风机，机组体积小。

2）双风机平疫转换净化排风机组：适用于平时和疫情时风量相差较大的系统（一般疫情时风量是平时风量的 2 倍以上），通过两台风机进行变风量双工况控制。宜采用直流直联风机，机组体积小。

3）双机组平疫转换净化排风机组：平时工况和疫情时各采用 1 台机组，适用于屋顶安装空间较大的场合，疫情工况可预留安装。

（2）工作原理及特点

平疫转换净化排风机组为双工况设计，分为平时工况运行和疫情时运行。平时工况运行时，排风由风机进行高空排放。疫情工况运行时，排风经粗、中效（选配）和高效过滤器由风机进行高空排放。机组配置变频控制柜，有利于负压隔离病房内负压的建立，便于调试（图 5-41、图 5-42）。

机组特点及设计要点：

1）机组风机应采用变频后倾风机，当疫情时风阻较大时，宜采用双风机形式，满足双工况运行。

2）对于单风机机型，变频电机带独立风扇，运行频率 15～50Hz。

3）对于双风机机型，为节约安装空间，宜采用直联直流风机，尺寸紧凑。

4）双风机系统，控制系统应设置轮时运行模式，以提高运行可靠性。

5）机组的耐压强度应参考空气处理机组标准，应大于 2000Pa。

6）内部切换风阀应采用密闭型，漏风小。

7）机组漏风率应严格控制在 0.5% 以下。

8）过滤器安装考虑框架密封性，采用压紧型装置。

9）自带变频控制柜，工厂调试完成。

图 5-41 平疫转换净化排风机组

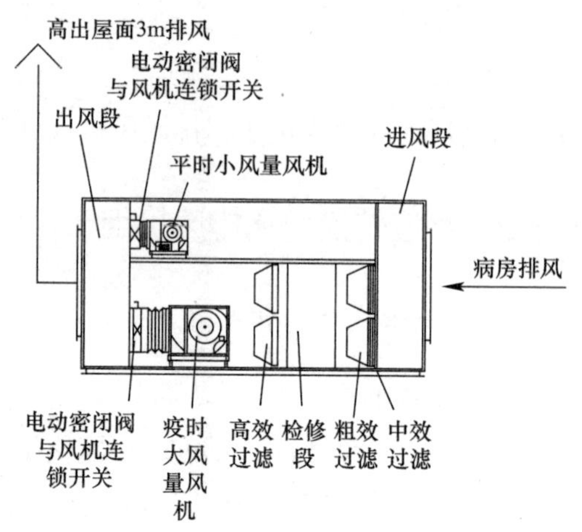

图 5-42 平疫转换净化排风机组原理图

2. 应用场合及技术参数

（1）应用场合

新建、改建和临时用医院负压隔离病房空调系统，也可适用于其他建筑的临时负压隔离病房。

（2）技术参数（表 5-27、表 5-28）

平疫转换净化排风机组性能表（一） 表 5-27

型号	02	03	04	05	08	10	12	15	18	20
疫情工况额定风量（m^3/h）	2000	3000	4000	5000	8000	10000	12000	15000	18000	20000
疫情工况机外静压（Pa）	500	500	500	500	500	500	500	500	500	500
疫情工况电机功率（kW）	1.5	2.2	3.0	4.0	7.5	11.0	11.0	15.0	15.0	18.5
平时工况额定风量（m^3/h）	350～2000	500～3000	700～4000	950～5000	1350～8000	1700～10000	2000～12000	2500～15000	3000～18000	3500～20000
平时工况机外静压（Pa）	200～350	200～350	200～350	200～350	200～350	200～350	200～350	200～350	200～350	200～350
平时工况最大电机功率（kW）	<1.1	<1.5	<2.2	<3.0	<4.0	<7.5	<11.0	<11.0	<15.0	<15.0

续表

型号			02	03	04	05	08	10	12	15	18	20
粗效过滤效率（≥5μm）(%)			80	80	80	80	80	80	80	80	80	80
中效过滤效率（≥1μm）(%)			90	90	90	90	90	90	90	90	90	90
高效过滤效率（≥0.5μm）(%)			99.97	99.97	99.97	99.97	99.97	99.97	99.97	99.97	99.97	99.97
机外噪声	平时工况	[dB(A)]	49	50	51	51	52	52	53	53	54	54
	疫情工况	[dB(A)]	60	61	62	63	64	65	66	67	68	69

平疫转换净化排风机组性能表（二）　表 5-28

型号			22	25	28	30	32	35	38	40	45	50
疫情工况额定风量（m^3/h）			22000	25000	28000	30000	32000	35000	38000	40000	45000	50000
疫情工况机外静压（Pa）			500	500	500	500	500	500	500	500	500	500
疫情工况电机功率（kW）			18.5	22.0	22.0	30.0	30.0	30.0	30.0	37.0	37.0	45.0
平时工况额定风量（m^3/h）			3500～22000	4000～25000	4500～28000	5000～30000	5500～32000	6000～35000	6500～38000	7000～40000	7500～45000	8000～50000
平时工况机外静压（Pa）			200～350	200～350	200～350	200～350	200～350	200～350	200～350	200～350	200～350	200～350
平时工况最大电机功率（kW）			＜15	＜18.5	＜22.0	＜22.0	＜30.0	＜30.0	＜30.0	＜30.0	＜37.0	＜37.0
粗效过滤效率（≥5μm）(%)			80	80	80	80	80	80	80	80	80	80
中效过滤效率（≥1μm）(%)			90	90	90	90	90	90	90	90	90	90
高效过滤效率（≥0.5μm）(%)			99.97	99.97	99.97	99.97	99.97	99.97	99.97	99.97	99.97	99.97
机外噪声	平时工况	[dB(A)]	55	56	57	58	59	60	61	62	63	64
	疫情工况	[dB(A)]	70	71	72	73	74	75	76	77	78	79

注：平时工况噪声值是指疫情工况风量是平时工况风量的 3 倍时，在消声室中的测试值，现场应用时应考虑机房反射回声影响。

图 5-43 武汉常福医院

3. 案例及应用效果

武汉常福医院项目总建筑面积 22 万 m^2，平时床位 1000 张（900 张普通床位，100 张传染病床位），疫情时新增紧急动员床位 1000 张，项目建设总投资约 25 亿元。该医院定位于平疫结合，以平为主，分级响应，快速转换，为 1000 床“战时”动员医院预留建设条件（图 5-43）。

医院普通病房日常是正压状态，转换成传染病房时则变为负压运行。该转换机制通过大小风机实现转换。住院楼每一层都设置独立风道与 2 套风机，平时运行小风机，当需要收治传染病人时，通过转换阀门运行大风机，增大风量，普通病房马上转成负压病房。此外，项目建设中的病房结构也会进行隔离改造，疫时可把病房区域的阳台打通，变成病患通道，实现“三区两通道”的部分功能。

由于采用双风机控制设计，调试时一次通过，对于平时和疫情时的房间负压控制可灵活调节。

5.3.3 正负压转换手术室空气处理机组

正负压转换手术室空气处理机组由净化空调机组与双排风机组构成（图 5-44），属于专门针对平疫结合正负压转换等手术室的末端空气处理机组。

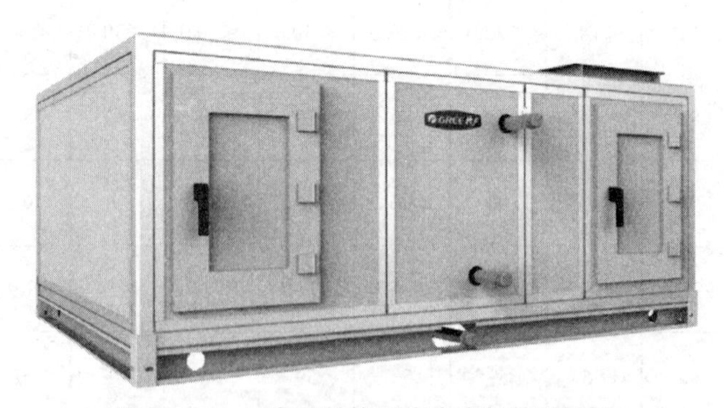
图 5-44 正负压转换手术室空气处理机组

1. 系统形式及工作原理

平时，系统运行为新风 + 回风工况，单排风机运行，为正压手术室；疫情时，关闭回风电动密闭阀，为全新风工况运行，同时双排风机开启，加大排风量，使排风量大于新风量，为负压手术室，可选配多种空气处理功能段，满足各类洁净手术室空气处理要求（图 5-45）。

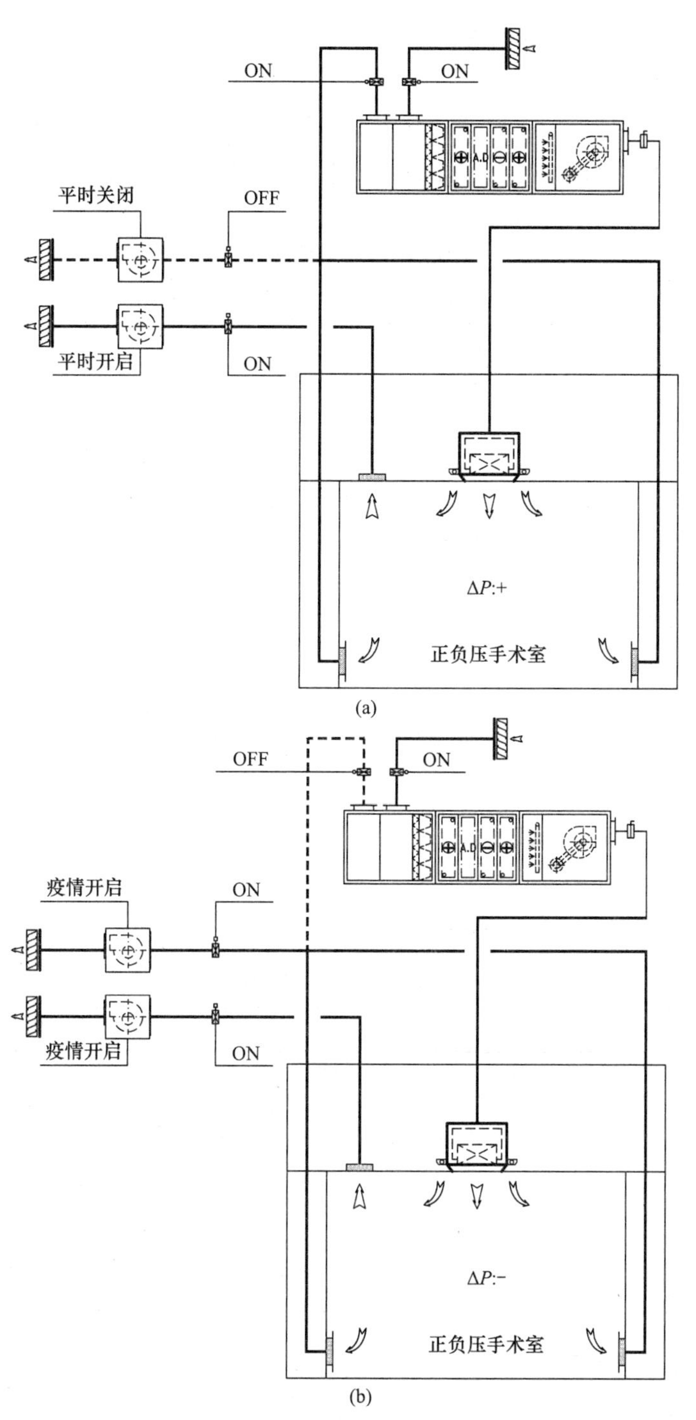

图 5-45　正负压转换手术室空气处理系统运行原理图

（a）平时；（b）疫情时

2. 应用场合及技术参数

（1）典型应用场合

应用于综合医院平疫结合区的手术室及各类需要正负压转换的场所。

（2）产品技术参数

正负压转换手术室空气处理机组的风量从 2420m^3/h 到 28880m^3/h，净化空调机组主要技术参数如表 5-29 所示，排风机组主要技术参数如表 5-30 所示。

净化空调机组主要技术参数　　表 5-29

机型代号	制冷量（kW）	制热量（kW）	风量（m^3/h）
0808	14	16.5	2420
1008	22.4	25	3800
1208	28	31.5	4800
1210	33.5	37.5	5900
1212	40	45	7080
1610	45	50	7600
1612-1	50.4	56.5	10200
1612-2	56	63	9800
2012	68	76.5	11800
1616	84	94.5	14800
2016	106.5	119	20000
2416-1	129	144.5	23800
2416-2	156.5	175.5	26800
2816	163	183	28800

排风机组主要技术参数　　表 5-30

机组规格	风量（m^3/h）	推荐风机全压（Pa）
0804	1552	400～1200
0805	1763	400～1200
0806	2715	400～1200
0807	3174	400～1200
0808	3879	400～1200
0908	4098	400～1200
1008	5136	400～1200
1208	6393	400～1200
1608	8908	400～1200
0910	5327	400～1200

续表

机组规格	风量（m^3/h）	推荐风机全压（Pa）
1010	6677	400～1500
1110	6813	400～1500
1210	8311	400～1500
1610	11482	400～1500
2010	15347	400～1500
1112	8909	400～1500
1212	11170	400～1500
1412	11824	400～1500
1612	15507	400～1500
2012	19687	400～1500
1614	16196	400～1500
1616	20708	400～1500
1816	23634	400～1500
2016	26560	400～1500
2416	32241	400～1500
2816	38092	400～1500

3. 案例及应用效果

武汉常福医院是武汉疫情发生之后，武汉市人民政府为健全公共卫生应急管理体系，提高应对突发重大公共卫生事件能力水平，新建的平疫结合医院，按照三级甲等医院的标准建设，总建筑面积 220000m^2，建成后将提供 1000 张病床，疫情时还可转换 1000 张床位，能满足周边地区 30 万规划人口的日常诊疗，全面提升防控和救治能力。

5.3.4 直膨式净化空调机组

直膨式净化空调机组是冷热源兼用一体化设备，由直膨式外机、直膨式空气处理机组两大部件组成。直膨式净化空调机组无需冷却塔、水泵及其他辅件，结构简单、安装便捷、占地空间小，空气处理段可灵活配置，广泛适用在医院、学校、商城、写字楼等多种快速改造及新建工程，尤其是发热门诊、手术室、实验室、隔离区等各类正负压洁净场所。

1. 系统形式及工作原理

（1）全直流变频直膨式机组

1）采用高效低温增焓系统，全直流变频技术，高效节能、控制精准。

① 低温增焓变频压缩机，0～420Hz调节能够与整机匹配，更大限度发挥性能。

② 双EEV增焓控制，可实现2400级精确调节，调节范围宽，系统运行更稳定。

③ 采用高反电动势的直流变频电机，实现5～90Hz范围内的无级调速，精度为1Hz，运行电流小，电机输入功率低，效率更高。

2）直流变频直膨式机组具备基础模块、风机、压缩机应急三种后备运转功能（图5-46），对于异常突发情况灵活控制，避免突然停机对客户的工作造成影响。

图5-46 全直流变频直膨式机组

（2）直膨式空气处理机组

直膨式空气处理机组室内机可根据实际需求，选择各区域独立处理或集中处理，可选配多种空气处理功能段，达到要求的空气处理效果，满足正负压、恒温洁净、全新风等需求。

2. 应用场合及技术参数

（1）产品应用形式

1）净化型直膨机组（图5-47）

可处理回风和混风工况，或采用全新风设计，多种方案可以选择，满足常规的温度控制和洁净需求，如门诊大厅等。

2）净化型恒温恒湿直膨机组（图5-48）

可处理回风和混风工况，或采用全新风设计，适合有恒温恒湿要求及高洁净度的场所，如ICU病房、洁净手术部、实验室等。

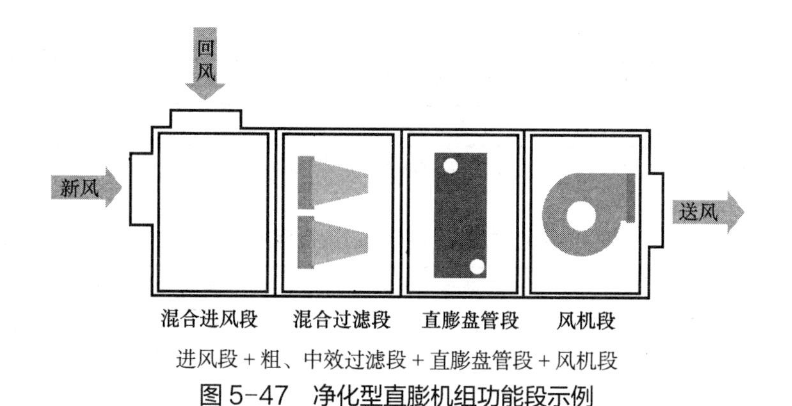

图5-47　净化型直膨机组功能段示例

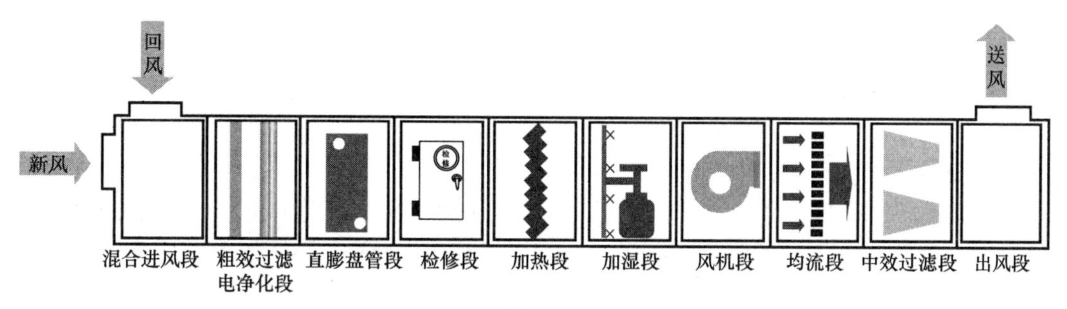

图5-48　净化型恒温恒湿直膨机组功能段示例

（2）产品技术参数

直膨式净化空调机组标准系列的冷量从5HP到58HP，风量从2420m^3/h到28880m^3/h，主要技术参数如表5-31所示，运行范围如表5-32所示。

直膨式净化空调机组主要技术参数　　表5-31

机型代号	制冷量（kW）	制热量（kW）	风量（m^3/h）	外形尺寸（mm）
0808	14	16.5	2420	850 × 2350 × 950
1008	22.4	25	3800	1050 × 2250 × 950
1208	28	31.5	4800	1250 × 2250 × 950
1210	33.5	37.5	5900	1250 × 2350 × 1150
1212	40	45	7080	1250 × 2650 × 1350
1610	45	50	7600	1650 × 2350 × 1150
1612-1	50.4	56.5	10200	1650 × 2450 × 1350
1612-2	56	63	9800	1650 × 2450 × 1350
2012	68	76.5	11800	2050 × 2450 × 1350
1616	84	94.5	14800	1650 × 2550 × 1750
2016	106.5	119	20000	2050 × 2650 × 1750
2416-1	129	144.5	23800	2450 × 2750 × 1750
2416-2	156.5	175.5	26800	2450 × 2750 × 1750

续表

机型代号	制冷量（kW）	制热量（kW）	风量（m^3/h）	外形尺寸（mm）
2816	163	183	28800	2850 × 2850 × 1750

注：规格参数如因产品升级改进而更改，恕不另行通知，请以铭牌参数为准。

直膨式净化空调机组运行范围 表 5-32

机型	类型	制冷	制热
直膨室外机	混风型	-5～55℃	-30～27℃
	全新风型	16～45℃	-7～16℃
直膨室内机（蒸发器进风温度）	混风型	16～32℃	10～27℃
	全新风型	16～45℃	-7～16℃

3. 案例及应用效果

中山大学附属第五医院凤凰山院区位于珠海市，是国内首个以应急方式建设的永久性传染病医院，是集医疗、教学、科研于一体的大型三级甲等综合医院，也是中山大学在珠江口西岸唯一的直属附属医院。项目建筑面积约 1.56 万 m^2，总床数 300 张，病房数约 160 间，手术室 2 间（图 5-49）。

图 5-49 中山大学附属第五医院凤凰山院区

该项目使用了变频全新风（热泵）恒温恒湿净化机组：采用直流变频制冷系统，具有热泵恒温恒湿功能；配置粗、中、高效三级过滤系统，用于新风过滤处理。出风口布置可调节风阀，满足风量调节及洁净消毒时，阀门关闭；风机变频调速，保证室内压差稳定，避免交叉污染。机组带有各种联动及协议，满足群控要求。项目使用至今，效果良好。

5.3.5 净化风机盘管机组

1. 产品形式及工作原理

净化型风机盘管机组根据不同净化使用场合，两种净化模块可根据需求灵活选配，创造舒适、健康、安全、环保的工作生活环境（图 5-50）。两大净化模块包括：CEP 离子体净化、光触媒净化模块。

CEP 等离子体模块主要由发生极与收集极组成（图 5-51）。发生极通过直流高压电量放电产生等离子体，在与收集极形成的电场中，等离子体中的离子向收集极运动，运动过程中能够与颗粒物、气溶胶、细菌残骸等碰撞使其荷电，在电场作用下收集颗粒物、气溶胶及细菌残骸。

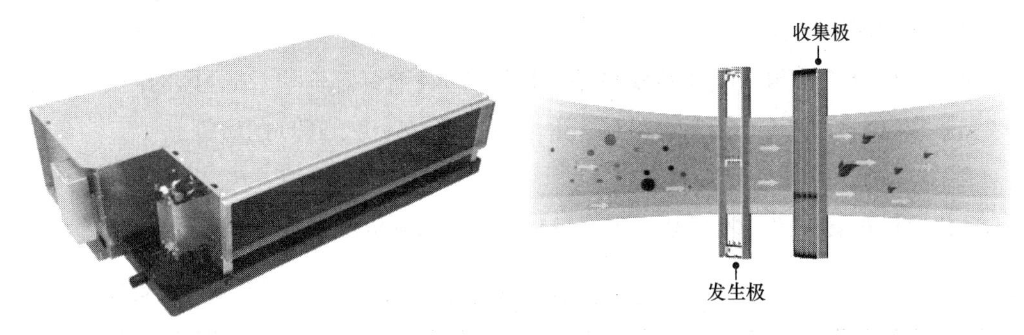

图 5-50　净化风机盘管机组　　　　图 5-51　CEP 等离子体模块

光触媒净化模块（图 5-52）中的纳米光催化剂 TiO_2 在 UVC 照射下受激生成“电子—空穴”对（一种高能粒子），这种“电子—空穴”对和周围的水、氧气发生作用后具有极强的氧化还原能力，能将空气中 VOC 直接分解成水和二氧化碳等无害物质，并破坏细菌的细胞壁，使其断裂或发生光化学反应，丧失繁殖能力，造成细胞死亡，而达到杀菌消毒、消除空气污染的目的。

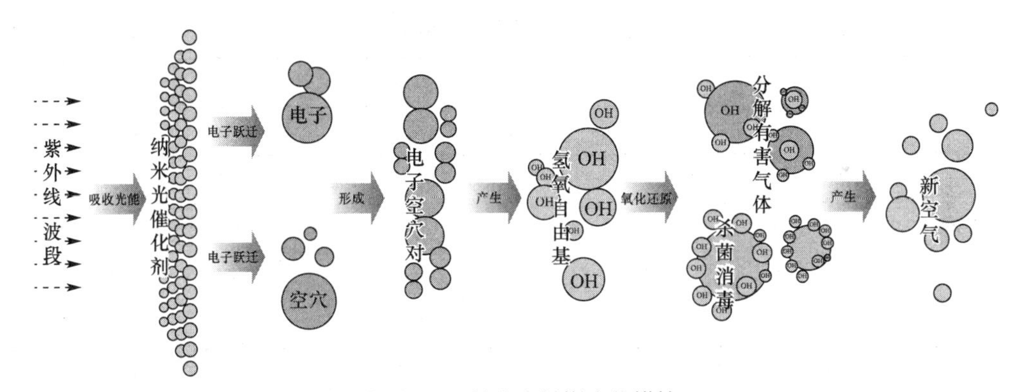

图 5-52　纳米光触媒净化模块

两种净化模块的功能对比如表 5-33 所示。

净化风机盘管净化模块功能对比　　表 5-33

净化模块	CEP 等离子体	光触媒
病毒杀灭率	99.9%	96% 以上
细菌杀灭率	99.99% 以上	96% 以上
去除有害气体	—	氨、TVOC、甲醛、苯净化效率 98% 以上
去除 PM2.5	99.8% 以上	—
清洗周期	零耗材，建议 3～6 个月清洗	建议 8000h 更换灯管

2. 应用场合及技术参数

（1）典型应用场合

净化风机盘管机组应用于疫情救治点医院以及综合医院平疫结合区的门诊区、急诊区、影像室、检验室、PCR 实验室、手术室、隔离病房、ICU 病房等。

（2）产品技术参数

净化风机盘管主要技术参数如表 5-34～表 5-36所示。

卧式暗装——标准型主要技术参数　　表 5-34

型号	FP- WA/G1								
	34	51	68	85	102	136	170	04	238
风量（m^3/h）	340	510	680	850	1020	1360	1700	2040	2380
制冷量（kW）	1.85	2.8	3.6	4.5	5.5	7.35	9.2	11	12.6
制热量（kW）	3.05	4.62	5.94	7.4	9	12.1	15.1	18	21
静压（Pa）	12/30/50 可选								

卧式暗装——3 排管主要技术参数　　表 5-35

型号	FP- WAS/G1								
	34	51	68	85	102	136	170	204	238
风量（m^3/h）	340	510	680	850	1020	1360	1700	2040	2380
制冷量（kW）	2.16	3.3	4.3	5	6.3	8.2	9.8	11.25	13.2
制热量（kW）	3.6	5.3	6.93	8.05	10.1	13.2	15.8	18.6	22
静压（Pa）	12/30/50 可选								

卧式暗装——3 + 1 排管主要技术参数　　表 5-36

型号	FP- WAT/G1									
	34	51	68	85	102	119	136	170	204	238
风量（m^3/h）	340	510	680	850	1020	1190	1360	1700	2040	2380
制冷量（kW）	2	3.3	4.3	4.8	6.3	7.2	8.2	9.5	11.25	12.6
制热量（kW）	2.6	3.4	4.1	4.8	5.5	6.3	7.3	9	9.9	10.8
静压（Pa）	12/30 可选									

3. 案例及应用效果

武汉常福医院是武汉疫情发生之后，武汉市人民政府为健全公共卫生应急管理体系，提高应对突发重大公共卫生事件能力水平，新建的平疫结合医院，按照三级甲等医院的标准建设，总建筑面积220000m²，建成后将提供1000张病床，疫情时还可转换1000张床位，能满足周边地区30万规划人口的日常诊疗，全面提升防控和救治能力。

该项目使用了大批净化风盘，有效解决了室内空气的交叉污染，项目投入使用至今，设备运行良好。

5.3.6 医用洁净空调机

医用洁净空调机根据目前主流的3种洁净空调系统类型（新风集中预处理系统、自取新风分散处理系统、温湿度独立控制系统），可提供新风预处理、预处理新风与回风混合循环处理、自取新风混合处理、新风独立处理、回风独立循环处理5种方案，每种方案均可灵活采用水冷式系统或直接蒸发式制冷系统两种冷源形式，满足各种医用洁净空调系统的要求。

1. 系统形式及工作原理

（1）新风集中预处理空调系统

多个手术室空调系统的新风，先经过专门的新风预处理机组进行集中过滤和热湿处理后，再分配到各手术室的循环处理机组进行二次过滤和热湿处理，然后送入各手术室（图5-53）。适用于新风湿负荷大的地区，或者手术室数量较多的大型洁净空调工程，尤其适用于具有中央冷热源的场合。

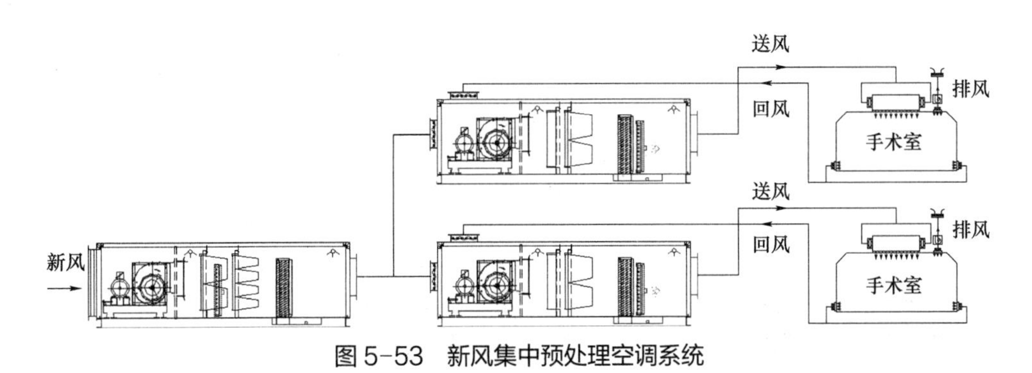

图5-53 新风集中预处理空调系统

（2）自取新风分散处理空调系统

净化空调机组自取新风，每间手术室净化空调系统的新风单独从室外引入，新风与回风采用一次混合方式（图5-54）。系统灵活简单，方便操作，适用于大部分地区，尤其适用于机组布置分散、没有或不方便进行新风集中处理的场合。

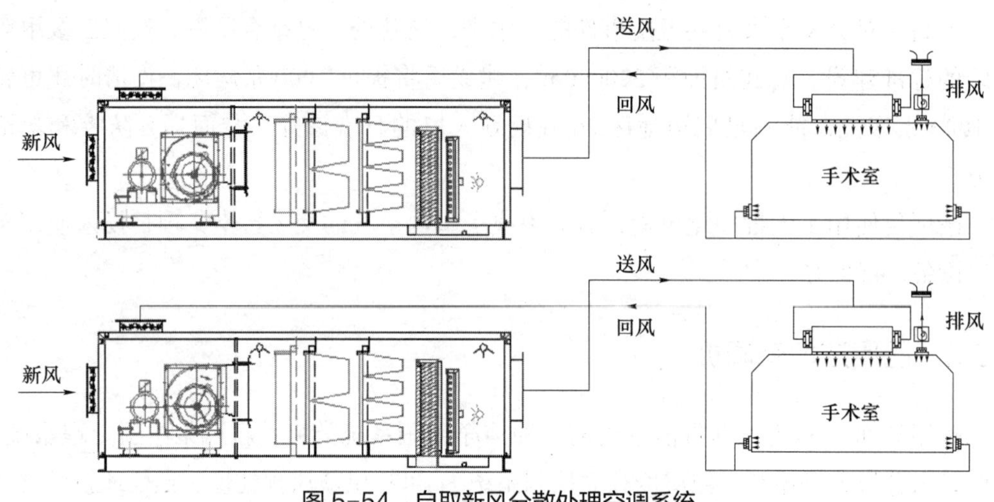

图 5-54　自取新风分散处理空调系统

（3）温湿度独立控制空调系统

采用热湿分开、独立处理的空调运行策略：利用新风去除室内的余湿、承担改善室内空气质量的任务；利用高温冷源去除室内的余热。新风机组承担所有的新风热湿负荷和室内湿负荷，需要把新风处理得非常干燥，除湿量很大，一般需要双级盘管除湿甚至双冷源分级深度除湿。新风双冷源深度除湿机组对空气进行深度除湿处理后，利用冷凝器的排热进行再热处理，可节约大量的电再热消耗。循环机组无需承担湿负荷，盘管实现干工况运行，不存在冷凝水的潮湿表面，从而完全杜绝霉菌的滋生，避免了送风的二次污染（图 5-55）。温湿度独立控制空调系统具有控制精确、高效节能、洁净无菌的特点，运行经济性好。

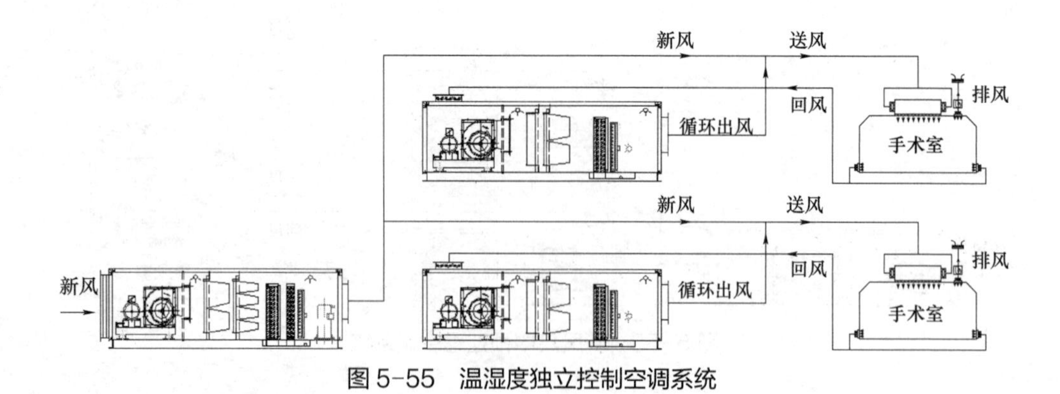

图 5-55　温湿度独立控制空调系统

2. 应用场合

医用洁净空调机产品主要应用于医院手术部和隔离病房、高洁净等级要求、无菌的洁净空调系统，同时也适用于医药卫生、生物工程、洁净厂房、食品饮料等对空气温度、湿度、洁净度有严格要求的场所。

3. 案例及应用效果

深圳市妇幼保健院是国家三级甲等保健院（图5-56），医院分为红荔院区和福强院区两个院区，占地面积约3.5万m^2，建筑面积约7万m^2，设计床位650张。福强院区手术室共19间，其中，Ⅰ级手术室1间，Ⅱ级手术室5间，Ⅲ级手术室9间，专科Ⅲ级手术室4间。

图5-56 深圳市妇幼保健院

5.3.7 平疫结合相关设备研发及应用

1. 直膨式组合空气处理机组[①]

该设备采用标准模块化设计，具有功能先进、组合灵活、安装便捷等特点。设计了进/混风段、过滤段、冷媒盘管段、热回收段、再热段、加湿段、消声段、均流段、检修段、送/排风机段、送/排风段等多种功能段。北方地区可选择热水或蒸汽加热段与冷媒盘管段组成双热源机组，机组最大承压能力-2500～2500Pa，正压不超过1000Pa下，机组漏风率不超过1%，多静压可选，立式、卧式、吊顶、室内、室外等多种放置方式可选。依据使用场景配置相应的智能化控制系统，满足舒适性、洁净性、工艺性等多种场景应用需求。通过专业的设计选型软件，提供最适合的机型，实现最优化设计。

该设备于2018年10月研发上市；主要技术指标：热力性能指标——风量、制冷量、制热量、输入功率、机外静压、箱体热传导系数、冷桥系数、漏风率、过滤器旁通漏风率、噪声；机械性能指标——机械强度等级；机组安全性能指标——绝缘电阻、电气强度、泄漏电流。

执行标准：《组合式空调机组》GB/T 14294-2008、《洁净手术室用空气调节机组》GB/T 19569-2004、《直接蒸发式全新风空气处理机组》GB/T 25128-2010、《空气调节装置机械性能》EN 1886-2007。申请专利：断冷桥复合型高强度铝合金框架、组合式空气处理机组模数化结构设计方法、低旁通漏风率且易于拆卸的过滤器安装框架结构。

应用场景：医疗、洁净厂房、轨道交通、商场、酒店、文体中心、游泳馆、博物

① 资料来源：青岛江森自控空调有限公司。

馆、数据中心等；该设备曾在成都市血液中心迁建一期、四川省肿瘤诊疗中心一期项目、阜城人民医院感染楼、滇东北区域医疗中心、复旦大学附属儿科医院改扩建工程、广州中山大学肿瘤防治中心黄埔院区、广德县档案馆、京东云小镇、小米武汉第二总部、福州马尾造船厂、贵阳苹果中国（贵安）数据中心项目、粤港澳大湾区南沙节点数据机房、中国移动（陕西西咸新区）数据中心等工程中得到应用。

2. 直膨式净化空调机组①

直膨式净化空调机组是自主研发的冷热源兼用一体化设备，由直膨式室外机、直膨式空气处理机组两大部件组成。直膨式净化空调机组无需冷却塔、水泵及其他辅件，结构简单、安装便捷、占地空间小，空气处理段可灵活配置。适用于医院、学校、商城、写字楼等多种快速改造及新建工程，尤其是发热门诊、手术室、实验室、隔离区等各类正负压洁净场所。

机组特点：

（1）采用高效低温增焓系统，全直流变频技术，高效节能、控制精准。

1）低温增焓变频压缩机，0～420Hz 调节能够与整机匹配，更大程度发挥性能。

2）双 EEV 增焓控制，可实现 2400 级精确调节，调节范围宽，系统运行更稳定。

3）采用高反电动势的直流变频电动机，实现 5～90Hz 范围内的无级调速，精度为 1Hz，运行电流小，电动机输入功率低，效率更高。

（2）具备基础模块、风机、压缩机应急三后备运转功能，对于异常突发情况灵活控制，避免突然停机对客户的工作造成影响。

机组风量从 2420m^3/h 到 28880m^3/h，可根据实际需求，选择各区域独立处理或集中处理，可选配多种空气处理功能段，达到需求的空气处理效果，满足正负压、恒温洁净、全新风等需求。

（1）采用高强度箱体结构设计，三重限位密封结构设计，有效的防冷桥措施，漏风率、箱体强度均达到欧洲标准最高一级水平。

（2）机械性能参数优于国家标准《组合式空调机组》GB/T 14294-2008 的要求，并取得 Eurovent 及 AHRI 双国际认证。

（3）采用知名品牌风机，在满足高静压设计的同时品质得以充分保证。

（4）制冷核心部件为格力自主研发，系统兼容性高，保障系统高效运行。

执行标准：《组合式空调机组》GB/T 14294-2008、《柜式风机盘管机组》JB/T 9066-1999、《风机盘管机组》GB/T 19232-2003、《空气处理机组安全要求》GB 10891-

① 资料来源：珠海格力电器股份有限公司。

1989。申请专利：《洁净空调系统及其控制方法》201610894019.4、《一种空调机组的控制方法和装置》201611062746.0、《一种大型末端机组检修门》201310719257.8 等。

应用场景：净化型直膨式机组可处理回风和混风工况，或采用全新风设计，多种方案可以选择，满足常规的温度控制和洁净需求，如门诊大厅等公共区域。净化型恒温恒湿直膨式机组满足不同洁净等级及温湿度控制需求，适合有恒温恒湿要求及高洁净度场所，如 ICU 病房、洁净手术部、实验室等。该设备曾在中山大学附属第五医院凤凰山院区应急医院、山西省儿童医院、武汉常福医院、中国人民解放军第 306 医院等项目中得到应用。

3. 正负压转换手术室空气处理机组①

正负压转换手术室空气处理机组由净化空调机组与双排风机组构成，属于专门针对平疫结合、正负压转换等手术室的末端空气处理机组。系统平时运行新风 + 回风工况，单排风机运行，为正压手术室；疫情时关闭回风电动密闭阀，为全新风工况运行，双排风机开启，加大排风量，使排风量大于新风量，为负压手术室。系统可选配多种空气处理功能段，满足各类洁净手术室空气处理要求。机组风量为 2420～28880m^3/h，可根据实际需求选择各区域独立处理或集中处理，可选配多种空气处理功能段，达到需求的空气处理效果，满足正负压、恒温洁净、全新风等需求。

应用场景：综合医院平疫结合区的手术室；在武汉常福医院项目、中山大学第五附属医院凤凰山院区等项目中得到应用。

4. 云变频冷凝再热恒温恒湿机组②

该设备由变频压缩机、室外换热器、室内换热器 1（除湿盘管）、室内换热器 2（再热盘管）、电子膨胀阀、电动球阀等组成，可实现综合 *COP*=6.0，节约 70% 的电加热运行费用、宽范围运行（制冷：−10～52℃，制热 −20～24℃）、精密恒温恒湿（±1℃、±5%）、无回油循环、智慧云平台等功能。该设备利用冷凝热（废热）替代电加热，应用气液两相冷媒平衡技术业电动球阀 + 电子膨胀阀实现了再热量的精确可调。搭建云平台实现通过服务器可监控机组数据、对机组进行固件升级等功能。精密恒温恒湿机组通过特殊手段实现运行期间无回油循环，利用 PID 调节压缩机输出。深度除湿，最低出风温度可低至 5℃，可替代转轮除湿。

该设备于 2019 年 12 月研发。主要性能参数如表 5–37 所示。执行标准：《洁净手

---

① 资料来源：珠海格力电器股份有限公司。

② 资料来源：南京天加环境科技有限公司。

术室用空气调节机组》GB/T 19569-2004。

云变频冷凝再热恒温恒湿机组主要性能参数　　表 5-37

性能参数		工况条件
制冷量	45kW	室内 34℃ /28℃，室外 34℃ /-
制冷输入功率	15.6kW	室内 34℃ /28℃，室外 34℃ /-
制热量	51kW	室内 7℃ /-，室外 7℃ /6℃
再热量	20kW	室内 34℃ /28℃，室外 34℃ /-
综合 COP	6.0	全新风制冷工况 10℃ /8℃、13℃ /12℃、34℃ /28℃

发明专利：《一种可超低温运行制冷的直膨空调系统》201911063610.5、《一种可实现冷凝全热回收并精确调节热回收量的空调系统》201910660631.9、《一种冷凝再热恒温恒湿系统及其控制方法》201910451331.x、《一种恒温恒湿空调系统湿度控制》201910956420.x、《一种空调器风扇控制方法》201910196729.3、《一种能够防止回液的空调器及其控制方法》201910454629.6、《一种基于相对湿度和含湿量的恒温恒湿空调的模糊控制方法》202110409118.X、《一种过渡季制冷节能的恒温恒湿空调机组及控制方法》202110925210.1。

该设备荣获 2021 年中国制冷展产品创新奖。应用场合：洁净手术室、PCR 实验室、动物房、精密仪器实验室等；曾在合肥疾控中心、罗田疾控中心、北京大学第三医院、三门峡中心医院、郑州中心医院、河南大学医学院、滨州人民医院、宇通移动 PCR 核酸检测实验车、戴纳移动 PCR 核酸检测实验车等项目和装备中应用。

5. 一种平疫转换空调机组 ①

平疫转换空调机组避免了传统变风量系统中新风量被动跟随的问题，避免了“平”“疫”2 套系统共存的无效冗余。根据医疗新风换气要求，传统变风量系统只能通过调整系统新风比保证所需新风量，独立平疫转换新风变风量系统可以避免原控制策略增加的新风负荷，在新风直流模式下，只有经流新风需要再热处理，且送风参数高于普通新风机组，减少了一定量的再热损失。结合卫生防疫及经济性要求，对“平”“疫”共用新风机组构造形式、风机形式、表冷器及机组控制进行适配设计，灵活运用模块化成形工艺，在有限空间内通过旁通、分流、合并，伴以单(多)个风机分级运行、分流(合并)模块化各级换热器、过滤器单元等方法，实现平疫切换运行目标。

平疫转换空调机组可满足普通病房、负压病房和负压隔离病房的不同规范要求，

① 资料来源：上海新晃空调设备股份有限公司。

采取弹性的设计原则，保证该系统在平时运行经济性及舒适性的前提下，采用模块化快速配置转换技术措施，使服务区域的温湿度、新排风量、洁净度、压力梯度及气流组织等满足传染病医院的使用要求，可避免“平”“疫”2套系统共存，达到病房平时节能运行、疫情时可提供安全可靠的传染病医治环境的研制目标。

该设备于2021年2月研发；关键技术指标：基本送风量、换热量（平时、疫时）。执行标准：《综合医院建筑设计规范》GB 51039−2014、《传染病医院建筑设计规范》GB 50849−2014。

6. 全效多联机（ZK-P（XP））①

该设备将氟系统室外机与组合式空调合二为一，搭载成熟的全变频外机、定制化选型软件，实现模块化功能自由组合，实现精准的“温、湿、净、氧、风、静、味”七维度控制。风量范围：2500～50000m^3/h，冷量范围：25.2～240kW。室外机采用直流全变频多联外机，核心部件采用进口品牌、无极变频、喷气增焓技术；多电子膨胀阀控制；压缩机PID及变频控制技术，根据房间温度和设定温度自动调节压缩机能力，精确控制房间温度。室内机数十个功能段、百余种定制方案自由选择；高效变频调速电动机；多种热回收节能解决方案；温湿度独立分控；PLC控制器PID算法，精准控制房间温湿度。

系统特点：

（1）安装维护更简单。连接铜管即可使用，系统简单，管路免维护。

（2）除湿更彻底。制冷剂直膨式系统，低温制冷剂（2℃）直接对空气降温除湿，除湿能力远优于冷水式空调系统，完全避免冷水式空调由于水温波动引起的湿度超标问题。

（3）系统更节能。温湿分控，系统采用集中新风，新风机组进行深度除湿，回风机组不需要二次除湿，干工况运行，不滋生细菌，减少了除湿后再热的能耗，系统整体节能超过30%。

该设备于2022年8月研发；主要性能指标：超高温湿度控制精度：温度±0.3℃，湿度±3%；节能30%或以上；高净化等级：可达百级净化等级。执行标准：《组合式空调机组》GB/T 14294−2008、《洁净室用空气处理》GB 19569−2004、《全新风直膨机组标准》GB/T 25128−2010、《风管机》GB/T 18836−2017。申请专利：《一种空调器控制方法》202210282798.8、《一种新型多级冷源组合式空调机组深度除湿温、湿度控制方式》CN202210705345.1。应用场景：航空航天、汽车制造、半导体电子、医疗卫生、

---

① 资料来源：青岛海尔空调电子有限公司。

生物制药、食品安全等场净化场景；该设备在青岛市公共卫生应急备用医院、成都三星堆考古挖掘仓等项目中得到应用。

7. 平疫结合通风空调设备[①]

该设备包括新风净化空调机组、净化风机盘管、净化排风机，通过系统模式切换，能够满足平时和疫情时通风、空调需求。平时运行时，新排风按照平时小风量运行，满足平时通风洁净需求，净化风机盘管对回风进行净化及温度控制，保证室内空气舒适卫生；疫情时关闭风机盘管系统，新、排风按照疫情时大风量全新风运行，净化新风和控制室内温度。同时控制排风量大于新风量，维持室内负压状态。空气洁净处理可根据实际需求选择多种净化绿色段，配置不同过滤等级的过滤杀菌功能段，实现空气的高效过滤、杀菌要求。

荣获证书：Eurovent 认证证书、AHRI 认证证书。应用场景：疫情救治点医院及综合医院平疫结合区的门诊区、急诊区、影像室、检验室、PCR 实验室、手术室、隔离病房、ICU 病房等。在武汉常福医院项目、中山大学第五附属医院凤凰山院区项目、中国人民解放军第 306 医院项目、山西省儿童医院项目等项目中得到应用。

8. 平疫转换净化排风机组[②]

该设备专为负压隔离病房设计，双工况运行，分为平时工况运行和疫情工况运行。平时工况运行时，排风经粗效和中效过滤后，由风机进行高空排放。疫情工况运行时，排风经粗中效和高效过滤器由风机进行高空排放。机组配置变频控制柜，有利于负压隔离病房内负压的建立，便于调试。对于风量变化不大的双工况，可采用 1 台风机进行双工况调节；对于风量变化较大的双工况，可采用双风机形式，独立运行，满足双工况运行。风机可采用后倾风机、机翼风机或数字化直流风机。双风机形式内部切换风阀应采用密闭型，漏风小。过滤器安装考虑框架密封性，采用压紧型装置。

该设备于 2020 年 3 月研发，主要技术指标：平时工况额定风量为 200～20000m^3/h，疫情工况额定风量为 500～50000m^3/h，机外静压为 100～1000Pa；电机功率为 0.55～37kW，噪声为 45～60dB（A），漏风率≤0.2%，机械强度为 2500Pa，过滤等级为 H14 高效。申请发明专利：《一种平战快速转换的安全型空调排风节能系统》CN202110154924.7。应用场景：新建、改建和临时用医院负压隔离病房空调系统，也适用于其他建筑的临时负压隔离病房；该设备在湖北武汉常福医院等项目中得到了应用。

---

① 资料来源：珠海格力电器股份有限公司。

② 资料来源：皇家动力（武汉）有限公司 / 上皇环境科技（上海）有限公司。

5.4　空气过滤与消毒设备

空气过滤与消毒设备在医疗建筑通风空调系统中发挥着非常重要的作用。空气过滤设备可以阻隔、捕捉和吸附空气气溶胶的颗粒物、致病微生物（细菌、病毒等多以颗粒物为附着载体）、放射性污染物、有毒有害化学污染物、VOC 有机挥发物等；空气消毒设备可以对空气和通风空调管道设备表面附着的致病微生物进行消毒灭活处理。针对医疗建筑不同场所室内空气环境需求，采用不同等级的空气过滤和消毒措施，可以大大改善室内空气品质，降低室内空气中致病微生物浓度，保持符合要求的室内空气洁净度和通风空调风管系统的清洁，从而有利于人们的健康，保证诊疗质量，降低院内感染风险；同时，保护室外大气环境。

5.4.1　空气过滤与消毒设备概述

1. 空气过滤器有关标准简介

（1）现行国家标准

国家标准《空气过滤器》GB/T 14295-2019、《高效空气过滤器》GB/T 13554-2020 分别于 2020 年 5 月 1 日、2021 年 2 月 1 日实施，与 ISO 16890、ISO 29463 等标准有些结合。

《空气过滤器》GB/T 14295-2019 规定了空气过滤器的术语和定义、分类与标记、一般要求、要求、试验方法、检验规则、标志、包装、运输和贮存等。术语和定义里定义了 PM_x 净化效率，即在额定风量下，空气过滤器去除流通空气中空气动力学当量粒径小于或等于 xμm 的颗粒物质量的效率，与国际标准 ISO 16890 接轨。在要求里明确在额定风量、工作电压下，静电式空气过滤器臭氧浓度增加量 1h 均值不应大于 0.05mg/m^3。在初始状态下，空气过滤器阻力、计重效率和计数效率应符合表 5-38 的规定。

空气过滤器额定风量下的阻力和效率　表 5-38

效率级别	指标					
	代号	迎面风速（m/s）	额定风量下的效率 E（%）		额定风量下的初阻力（Pa）	额定风量下的终阻力（Pa）
粗效 1	C1	2.5	标准试验尘计重效率	$50>E\geqslant 20$	$\leqslant 50$	200
粗效 2	C2			$E\geqslant 50$		
粗效 3	C3		计数效率（粒径≥2.0μm）	$50>E\geqslant 10$		
粗效 4	C4			$E\geqslant 50$		

续表

效率级别	指标					
	代号	迎面风速（m/s）	额定风量下的效率 *E*（%）		额定风量下的初阻力（Pa）	额定风量下的终阻力（Pa）
中效 1	Z1	2.0	计数效率（粒径≥0.5μm）	40>*E*≥20	≤80	300
中效 2	Z2			60>*E*≥40		
中效 3	Z3			70>*E*≥60		
高中效	GZ	1.5		95>*E*≥70	≤100	
亚高效	YG	1.0		99.9>*E*≥95	≤120	

该标准有四个附录，分别是：附录 A 空气过滤器阻力、计数效率和 PM_x 净化效率试验方法，附录 B 空气过滤器计重效率和容尘量试验方法，附录 C 空气过滤器消静电试验方法，附录 D 静电式空气过滤器臭氧浓度增加量试验方法。

按《综合医院建筑设计规范》GB 51039-2014，当室外可吸入颗粒物 PM_{10} 的年均值未超过现行国家标准《环境空气质量标准》GB 3095-2012 中二类区适用的二级浓度限值时，新风采集口应至少设置粗效和中效两级过滤器，当室外 PM_{10} 超过年平均二级浓度限值时，应再增加一道高中效过滤器。《环境空气质量标准》GB 3095-2012 规定二类区室外 PM_{10} 年均二级限值为 70μg/m^3。

《高效空气过滤器》GB/T 13554-2020 规定了高效空气过滤器（HEPA）和超高效空气过滤器（ULPA）的分类与标记、材料、结构与生产环境、技术要求、试验方法、检验规则、标志、包装、运输和贮存等。采用《高效空气过滤器性能试验方法 效率和阻力》GB/T 6165-2021 规定的试验方法（钠焰法或油雾法或计数法）进行试验，对高效过滤器的效率要求详见表 5-39，对超高效过滤器的效率要求详见表 5-40，设计文件中要求的效率需明确具体测试方法。

高效空气过滤器效率　表 5-39

效率级别	额定风量下的效率（%）
35	≥99.95
40	≥99.99
45	≥99.995

超高效空气过滤器效率　表 5-40

效率级别	额定风量下的计数法效率（%）
50	≥99.999
55	≥99.9995

续表

效率级别	额定风量下的计数法效率（%）
60	≥99.9999
65	≥99.99995
70	≥99.99999
75	≥99.999995

《高效空气过滤器》GB/T 13554—2020 的分级体系等同采用 ISO 29463 标准，以两位数字代表过滤器的分级效率，第一位数字代表效率值为几个 9，第二位数字为 0 或 5，代表效率值末位数字（在几个 9 之后）；例如，高效过滤器 65，代表其效率值为 6 个 9 之后再加一个 5，为 99.99995%。该标准未给出过滤器的初阻力，这是由于新材料的应用，使得高效过滤器阻力大大降低，不同材料的过滤器阻力差别较大，统一给出初阻力不利于新材料的推广应用。例如，PTFE 高效过滤器初阻力约为 80Pa，比常见玻璃纤维高效过滤器阻力低一半以上；对不同材质过滤器，可按其初阻力范围由表 5-41 确定其终阻力。

《高效空气过滤器》GB/T 13554-2020 规定的高效过滤器终阻力　　表 5-41

初阻力 ΔP（Pa）	计算终阻力（Pa）
$80>\Delta P$	160
$150>\Delta P\geqslant 80$	300
$250>\Delta P\geqslant 150$	500

《高效空气过滤器》GB/T 13554-2020 有 5 个附录，分别是：附录 A 高效空气过滤器常用规格型号，附录 B 高效空气过滤器扫描检漏试验方法，附录 C 高效空气过滤器其他检漏试验方法，附录 D 高效空气过滤器消静电试验方法，附录 E 高效空气过滤元件生命周期综合能效试验方法。

中国制冷空调工业协会标准《空气过滤器　分级与标识》T/CRAA 430-2017 将过滤器按其过滤效率分为 6 组。G 组：粗效过滤器，分 4 级；M 组：中效过滤器，分 2 级；F 组：高中效过滤器，分 3 级；Y 组：亚高效过滤器，分 4 级；H 组：高效过滤器，分 3 级；U 组：超高效过滤器，分 6 级。该标准与欧洲标准化协会标准 EN779：2012 和 EN 1882-1：2009 基本相对应，目前 EN779、EN 1882-1 已作废。

国家建设标准设计图集《空气过滤器选用与安装》20K307 于 2020 年 9 月 1 日实施，该图集介绍了编制说明、设计选用说明、空气过滤器性能参数、集中空调系统空气过滤器选用和安装、应用案例。

卫生行业标准《空气消毒机通用卫生要求》WS/T 648-2019 于 2019 年 7 月 1 日实施，规定了空气消毒机的分类、命名与型号、技术要求、检验方法、使用方法、铭牌和说明书。适用于利用物理因子、化学因子和其他因子消毒的空气消毒机。物理因子方法包括静电吸附、过滤技术和紫外线等方法，比如静电吸附式空气消毒机、高效过滤器（HEPA）、紫外线空气消毒器等；化学因子方法是利用产生的化学因子杀灭空气中微生物，达到消毒要求的空气消毒机，仅用于无人情况下室内空气的消毒，如二氧化氯空气消毒机、臭氧空气消毒机、过氧化氢空气消毒机、过氧乙酸空气消毒机等；其他因子方法是指利用其他因子杀灭空气中微生物，达到消毒要求的空气消毒机，如等离子体空气消毒机、光触媒空气消毒机等。安全性要求化学因子的空气消毒机的毒理安全性应符合《消毒技术规范（2002 年版）》的相关要求，物理因子和其他因子的空气消毒机运行时不得释放任何有毒有害物质，室内空气中臭氧浓度任何 1h 算术平均值需≤0.16mg/m^3，满足现行国家标准《室内空气质量标准》GB/T 18883 的有关要求。

（2）国内常用的国际标准简介

国内广泛应用的国际标准是欧洲标准《一般通风用空气过滤器》EN779：2012 和 2016 年底发布的《一般通风用空气过滤器检测标准》ISO 16890：2016。在 EN 779：2012 中对于粗效过滤器，采用人工尘计重效率将过滤器划分为 G1～G4 等级；对于中效采用 0.4μm 气溶胶粒径计数效率将过滤器划分为 M5～F9 等级；分级表格详见表 5-42。

《一般通风用空气过滤器》EN779：2012 对一般通风用空气过滤器的分级要求　表 5-42

分类	终阻力（测试值）(Pa)	人工尘平均计重效率 A_m（%）	0.4μm 粒子平均计数效率 E_m（%）	0.4μm 粒子最小计数效率（%）
G1	250	A_m<65		
G2	250	65≤A_m<80		
G3	250	80≤A_m<90		
G4	250	90≤A_m		
M5	450		40≤E_m<60	
M6	450		60≤E_m<80	
F7	450		80≤E_m<90	35
F8	450		90≤E_m<95	55
F9	450		95≤E_m	70

《一般通风用空气过滤器检测标准》ISO 16890：2016 针对不同粒径段的效率高低进行分级，既接近了大气污染评价指标，也可以更有针对性、以实际性能好坏为标准评估

过滤器效率高低。ISO 16890 根据计重效率，颗粒物综合效率 ePM_1、$ePM_{2.5}$、ePM_{10}，最低颗粒物综合效率 $ePM_{1,\ min}$、$ePM_{2.5,\ min}$，按表 5-43 所列 4 组过滤器进行分级。

《一般通风用空气过滤器检测标准》ISO 16890：2016 对一般通风用空气过滤器的分级　　表 5-43

分组	过滤效率限值（%）			级别报告值
	$ePM_{1,\ min}$	$ePM_{2.5,\ min}$	ePM_{10}	
ISO Coarse	—	—	< 50%	初始计重效率
ISO ePM_{10}	—	—	≥50%	ePM_{10}
ISO $ePM_{2.5}$	—	≥50%	—	$ePM_{2.5}$
ISO ePM_1	≥50%	—	—	ePM_1

过滤器等级为分组组别（Coarse，ePM_{10}、$ePM_{2.5}$、ePM_1）加效率级别（百分比数值），比如 ISO $ePM_{2.5}$ 80%，级别报告值大于 80%。

2. 空气过滤器寿命周期成本

空气过滤器的寿命周期成本（*LCC*）主要包括过滤器更换成本、阻力造成的能耗成本，对于通风空调系统中的空气过滤器，其在整个使用寿命周期内的成本中，能耗成本约占 70%，选取合适的空气过滤器能够大大降低过滤器的能耗支出，从而节省过滤器的 *LCC*。在综合考虑过滤器阻力与能耗关系的基础上，欧洲通风委员会于 2011 年发布了基于 EN779 标准的 EUROVENT 4/11 过滤器能效评价标准，并于 2018 年 11 月发布了基于 ISO 16890 标准的 EUROVENT REC 4-21 能效评价标准，如表 5-44 所示，该标准将过滤器能耗性能依据一定数值分级分为 A+～E 共 6 个等级。

EUROVENT REC 4-21 对一般通风用空气过滤器的能效分级　　表 5-44

M=200g（AC 细尘）	年度能耗值（kWh/a）（ePM_1≥50%，含最低效率）					
	A+	A	B	C	D	E
50%～55%	800	900	1050	1400	2000	>2000
60%～65%	850	950	1100	1450	2050	>2050
70%～75%	950	1100	1250	1550	2150	>2150
80%～85%	1050	1250	1450	1800	2400	>2400
>90%	1200	1400	1550	1900	2500	>2500
M=250g（AC 细尘）	年度能耗值（kWh/a）（$ePM_{2.5}$≥50%，含最低效率）					
	A+	A	B	C	D	E
50%～55%	700	800	950	1300	1900	>1900

续表

M=300g（AC 细尘）	年度能耗值（kWh/a）（$ePM_{2.5}$≥50%，含最低效率）					
	A+	A	B	C	D	E
60%～65%	750	850	1000	1350	1950	＞1950
70%～75%	800	900	1050	1400	2000	＞2000
80%～85%	900	1000	1200	1500	2100	＞2100
＞90%	1000	1100	1300	1600	2200	＞2200
M=400g（AC 细尘）	年度能耗值（kWh/a）（ePM_{10}≥50%）					
	A+	A	B	C	D	E
50%～55%	450	550	650	750	1100	＞1100
60%～65%	500	600	700	850	1200	＞1200
70%～75%	600	700	800	900	1300	＞1300
80%～85%	700	800	900	1000	1400	＞1400
＞90%	800	900	1050	1400	1500	＞1500

示例如下：针对 ePM_1 50%&55% 等级的过滤器，依据 EUROVENT 标准，在容尘 200g 后，记录其测试周期内平均阻力。通过阻力、风量与能耗计算年均能耗，若能耗不大于 800kWh，则可标定为 A+ 级能效过滤器。在通风空调系统中选用过滤器时，可以同时对其能效分级进行限定，从而选择更加节能的粗、中效过滤器产品。

随着过滤器更换阻力的增加，过滤器使用寿命得到延长，因而更换费用不断降低。与此同时，过滤器阻力的增加也意味着更高的能耗花费。因此，存在一定“建议终阻力”更换点，以实现过滤器更换费用与能耗费用的最优化。

3. 空气过滤器常用知识

（1）空气过滤器主要参数

1）尺寸

空调通风系统中最常用的过滤器，无论是框式、袋式还是 W 式，其名义尺寸通常为 610mm × 610mm，实际上就是发达国家 24″ × 24″的规格，净化系统末端用的高效过滤器以 610mm（24″）为主，有隔板玻纤高效过滤器常用尺寸有 484mm × 484mm × 220mm 和 630mm × 630mm × 220mm 两种。

2）额定风量

过滤器的额定风量是该过滤器可以通过的最大风量，它取决于过滤材料的面积，不是过滤器的迎风面积，过滤材料的面积经常是过滤器迎风面积的数十倍。目前，同样结构过滤器的额定风量均取决于过滤器的尺寸大小。同种结构、同样滤料的过滤器，当终阻力确定时，当过滤面积增加 50% 时，过滤器的使用寿命会延长 70%～80%；当过滤面积增加一倍时，过滤器的使用寿命会是原来的 3 倍左右。

3）初阻力和终阻力

《空气过滤器》GB/T 14295-2019 给出了空气过滤器的初阻力限值和终阻力建议值，大多数情况下，过滤器终阻力是初阻力的 2～4 倍。粗效过滤器常使用直径≥10μm 的粗纤维滤料，纤维间空隙大，过大的阻力有可能将过滤器的积灰吹落，此时阻力不再增高，但过滤效率为零。因此，要严格限制 G4 以下过滤器的终止阻力值。

4）过滤效率

过滤效率的确定与测试方法分不开，对同一只过滤器采用不同的测试方法进行测试，得出的效率值不一样；如果要知道具体的效率数据，需规定具体的试验方法和计算效率的方法。

（2）空气过滤器的应用

1）合理确定各级过滤器效率

妥善配置各级过滤器的效率，若相邻两级过滤器的效率相差太大，则前一级起不到保护后一级的作用；若两级相差不大，则后一级负担太小。合理的配置是每隔 2～4 档设置一级过滤器。末级过滤器的性能要可靠，预过滤器的效率和配置要合理，初级过滤器的维护要方便。

2）高效过滤器的选用

洁净度要求不高的洁净室不宜选用较高效率的高效过滤器；低发尘量下，较高效率的高效过滤器在低风速时对洁净度有明显的好处。对要求高洁净度的洁净室在选用较高效率过滤器的同时，要降低其迎面风速。

3）风速对过滤器的影响

对于高效过滤器，风速减少一半，粉尘的透过率会降低一个数量级（效率数值增加一个 9），风速增加一倍，透过率会增加一个数量级（效率数值降低一个 9）；高效过滤器的阻力与过滤风量呈正比关系，设计时应关注过滤器的风量—阻力曲线。

4）尽量选择过滤面积大的过滤器

过滤面积大，穿过滤材的气流速度就低，过滤器的阻力就小，同时能容纳的粉尘就多；过滤面积大小对过滤效率没有多大影响。

5）高效过滤器必须经过逐台测试

过滤器有漏点是致命伤，目测是看不出过滤器的漏点的。第三方检验报告和产品鉴定书仅仅代表送检样品的性能，不能保证实际使用的那批过滤器是合格品。

4. 空气消毒技术概述

（1）空气消毒概念

空气消毒是指杀灭密闭空间内空气中的悬浮微生物，使其达到无害化的处理措施。依据净化消毒技术对于微生物杀灭能力的不同，作用水平由高到低分为灭菌、高水平消毒、中水平消毒、低水平消毒。

针对环境空气中的悬浮微生物净化消毒技术，主要有物理阻隔过滤、物理法以及采用各类消毒剂的化学法等。大多数微生物不能单独在空气中独立存在，需要养分和水分生存和繁殖，常常附着在比其大数倍的灰尘颗粒表面；采用物理阻隔过滤，比如对于标称效率不低于 85%（0.1～0.2μm）的亚高效过滤器，其额定风量下的滤菌（包括病毒气溶胶）效率达到 98%；对于标称效率不低于 99.95%（0.1～0.2μm）的高效过滤器，其额定风量下的滤菌效率达到 99.997%。物理法包括高温热力消毒及紫外线照射杀菌技术；化学法包括过氧化氢熏蒸、臭氧熏蒸等。

（2）选择使用空气净化消毒技术需关注的主要问题

物理阻隔过滤器自身无法解决微生物在过滤材料上的滋生问题，即使过滤纤维经过复合添加抗菌剂处理，长时间使用过滤器积尘后，也无法避免微生物滋生；物理阻隔过滤器存在活性微生物风险，必须关注过滤器的安全更换及后续无害化处理问题。

紫外线灯管积尘会降低紫外线的杀菌效果，尽量选择不产生臭氧的 C 波段紫外线杀菌；与传统的热力及化学杀菌不同，紫外线照射杀菌有时是可逆的，有时会导致细菌耐药性变异问题。

气体熏蒸消毒技术在较大空间内采用时，必须考虑消毒剂的使用对人体健康、环境及微生物生态环境的影响，须根据消毒空间特性、环境影响等因素合理选择消毒剂种类。

5.4.2 新型纤维过滤器

1. 复合纤维高效空气过滤器（EnerGuard 高效过滤器）

（1）技术原理

目前市面上广泛应用的 HEPA 过滤器为玻纤材质，玻纤类别的产品具有纤维分布均匀、容尘量大、阻力均匀等特点，是过去数十年洁净行业最为常见的过滤材料。但玻纤过滤器在安装过程中可能因为不当操作造成损坏。以康斐尔为代表的过滤器厂家开发了新型纳米复合纤维类别材料 EnerGuard 高效过滤器，此类产品融合了玻纤与 PTFE 等传统滤材的优点，具有玻纤类产品的长寿命及 PTFE 滤膜类产品的低阻力特性，具备高效，低阻，高强度等特点。EnerGuard 滤料与传统玻纤滤料的显微对照如图 5-57 所示。

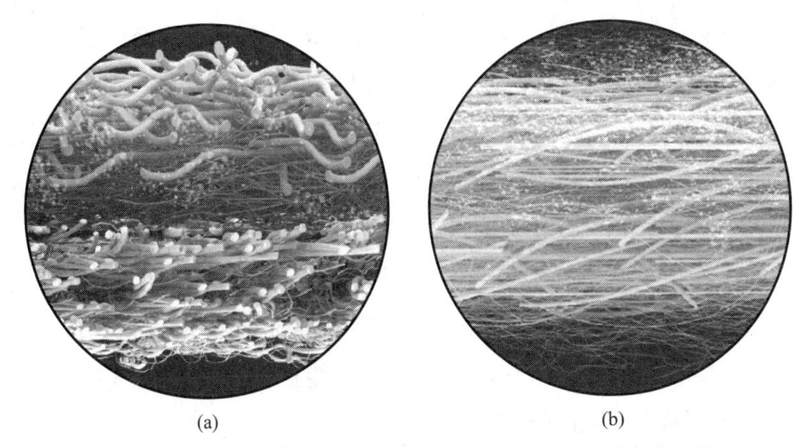

图5-57　EnerGuard 滤料与传统玻纤滤料的显微对照图

（a）EnerGuard 滤料；（b）传统玻纤滤料

（2）产品特点

1）深层纤维过滤结构，使得该产品具备玻纤过滤器效率稳定、气溶胶耐受性的特点；

2）复合纤维的材质类别增加了强度特性，易于搬运与安装，可减少因安装和验证过程中操作不当而造成的撕裂、刺穿和变形等极易导致微粒泄漏风险的现象；

3）全寿命周期平均阻力水平更低，可以明显增加节能效果；

4）可防止微生物污染，符合《微生物影响评估》ISO 846；

5）防潮、耐腐蚀，满足对于消毒介质和净化工艺所用化学品的耐受性测试。

（3）技术参数

EnerGuard 高效过滤器产品技术参数举例如表 5-45 所示。

EnerGuard 高效过滤器产品技术参数举例　　表 5-45

尺寸（$W\times H\times D$）（mm）	效率等级 EN 1822	风量 / 阻力（m^3/h）/（Pa）
305 × 610 × 90	H14	300/75
610 × 610 × 90		600/65
1219 × 610 × 90		1200/65
305 × 610 × 66		300/100
610 × 610 × 66		600/90
1219 × 610 × 66		1200/90

注：对于高效过滤器，厚度增加时，过滤器有效通风面积越大，截面风速越小，阻力越低。

2. ePTFE（eFRM）高效过滤器

（1）技术原理

玻纤滤料效率稳定，但玻纤材料比较脆弱，外力的撞击会造成滤纸的破损，从而引起过滤器的泄漏。所以在制造、运输、安装及测试过程中过滤器可能会损坏。

ePTFE 滤材是由聚四氟乙烯薄膜和其他辅助材料复合形成的滤材，将 PTFE（聚四氟乙烯）拉伸形成微孔状的薄膜，称之为 ePTFE。1988 年，日本大金集团（AAF 母公司）研发出了用于高效过滤的 ePTFE 复合材料，具备高效率与低阻力，满足过滤性能的同时利于节能环保。2012 年，日本大金又研发出新一代的 ePTFE 复合材料——eFRM。滤料纤维中过滤性能主要由细纤维确定，纤维直径越细过滤效率高；滤料的阻力主要取决于纤维之间的平均孔径，孔径越均匀空气流动性好，阻力低。ePTFE（eFRM）超细纳米纤维材质具有更光滑的孔径，能提供更佳的空气流动性能。eFRM 滤料与玻纤滤料的显微对照如图 5-58 所示。

（2）产品特点

eFRM 高效过滤器由于具备高效低阻特性，在平疫结合通风系统中应用，疫情暴发时，更换 eFRM 高效过滤器，其初阻力基本与中效过滤器相当，对通风空调系统影响较小，有利于在最快的时间内实现对负压隔离病房的要求。eFRM 高效过滤器产品特点如下：

1）绿色节能。超细纳米纤维材质具有更光滑的孔径，能提供更好的空气流动性能；提高过滤效率和降低运行阻力，过滤器面风速 0.45m/s 时运行初阻力最低可以达到 40Pa；与普通玻纤滤材相比，初阻力低 50%，利于运行节能。

性能参数	eFRM滤料	玻纤滤料
平均孔径	0.02~0.2μm	0.5~1.0μm
纤维直径	50~150nm	450~500nm

图 5-58　eFRM 滤料与玻纤滤料的显微对照图

2）超高效率。eFRM 滤料具有很高的纳米级微粒捕集效率，更细的纤维直径，更致密的结构，能实现高效低阻；过滤效率稳定，不依赖静电，能满足严苛的 PAO 扫描检漏测试。

3）耐腐蚀。eFRM 滤料能抗消毒剂（过氧化氢、二氧化氯等）和酸碱、有机物质（苯、乙醇等）的腐蚀损坏；有效阻止水分透过过滤器，降低病毒及其宿主的成活率。

4）高强度。生产、运输、安装、测试和使用过程中不易破损。

5）高安全性。很低的化学挥发性，不含其他杂质；对产品和生产工艺无污染，对生产人员无危害。

（3）技术参数

eFRM 高效过滤器产品技术参数举例如表 5-46 所示。

eFRM 高效过滤器产品技术参数举例　　表 5-46

代码	产品型号	高（mm）	宽（mm）	厚（mm）	滤料面积（m^2）	风量（m^3/h）	阻力（Pa）	效率等级 EN1822	包装体积（m^3）
MEGAcel Ⅰ eFRM 有隔板高效过滤器									
H208A012	MI.H13-610×610×292-GI-0H-EP01-PG00-M5-N0	610	610	292	24.59	3400	210	H13	0.11
H208A018	MI.H14-610×610×292-GI-0H-EP01-PG00-M5-N0	610	610	292	24.59	3400	250	H14	0.11
MEGAcel Ⅱ eFRM 无隔板高效过滤器									
H209A002	MII.H13-610×610×69-A1-EP11-PG11-M5-45-N0	610	610	69	11.53	600	45	H13	0.03
H209A012	MII.H14-610×610×69-A1-EP11-PG11-M5-50-N0	610	610	69	11.53	600	50	H14	0.03
MEGAcel Ⅲ eFRM 箱式高效过滤器									
H211A003	MⅢ.H13-242412-GI-5V-EP01-M5-N0	610	610	292	34.06	4000	200	H13	0.11
H211A006	M Ⅲ .H14-242412-GI-5V-EP01-M5-N0	610	610	292	34.06	4000	230	H14	0.11
MEGAcel Ⅴ eFRM V形（W形）高效过滤器									
H213A003	MV.H13-242412-GI-5V-25-EP01-PGAB-M5	592	592	292	33.05	3400	170	H13	0.10
H213A006	MV.H14-242412-GI-5V-25-EP01-PGAB-M5	592	592	292	33.05	3400	190	H14	0.10

注：表中阻力最大偏差范围为 ±15%；可根据客户需求制作非标尺寸。

5.4.3 改性活性炭过滤器

1. 技术原理

医疗建筑的核医学放射性诊断、治疗等会产生放射性气溶胶，检验科、病理科等实验室场所排风中会有有毒有害的气态化学分子污染物，从保护大气环境、保证人员健康角度出发，需要对放射性气溶胶、气态化学分子污染物进行净化处理，然后再环保达标排放。气态分子扩散进入穿越活性炭的空隙结构组织，分子会从高浓度的环境向低浓度环境扩散，介质的外表面积越大，分子扩散越迅速，只需要极短的路径便可以进入内孔结构，温度提高有利于扩散的进行；当遇到理化性质相互匹配的内表面时，两者相互作用，于是分子被捕获在介质的内表面上，上述过程称为物理吸附，发生这一过程的精确位置称为活性中心。由物理吸附产生的作用力在某些情况下比较微弱，也容易产生可逆反应，如环境温度升高，或更具有吸引力的物质进入时，原先的“暂住居民”就会被踢出，发生脱附。对于以物理吸附为主的传统活性炭过滤器，具有广谱性质，对多种气态物质有亲和力，用于空气处理的介质必须有足够多的微孔（埃米级别），才能有效吸附污染物分子。

如果仅是依靠物理吸附，很多极易挥发的小分子物种只能在少数能量最高的活性区域才有可能被拦截住，这样远远不能满足要求。要去除这类分子，过滤介质必须在生产过程中进行特殊的浸渍处理，有效增加活性中心的数量，这些活性中心与污染物发生强烈的化学反应。通过化学吸附的分子不会发生脱附现象，化学改性的过滤介质通常只针对一种或一类相近的污染物，是以活性炭为基材进行的改进处理。改性活性炭过滤器的作用原理如图 5-59 所示。

扩散

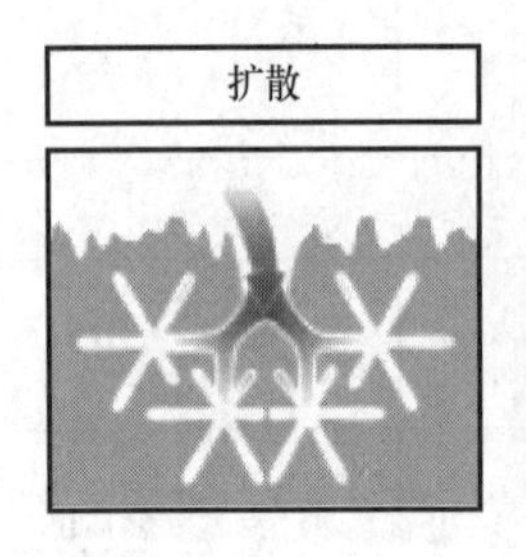

物理吸附

化学吸附

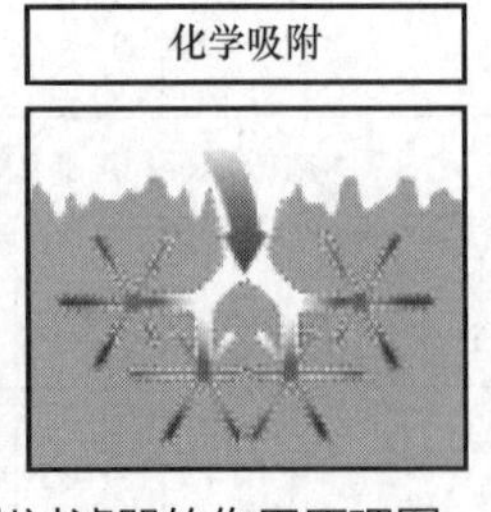

离子交换介质

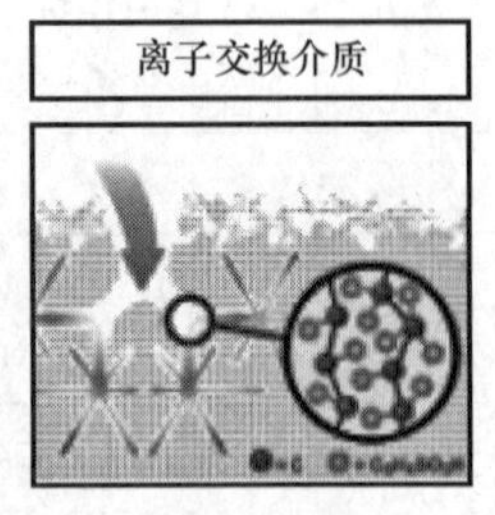

图 5-59 改性活性炭过滤器的作用原理图

改性活性炭过滤器是用于净化处理气态化学分子污染物，以下表述简称“分子过滤器”。

2. 产品特点

分子过滤器一般有袋式、板式、V 形、筒式等多种形式。分子过滤器以定制化为首要特征，按照不同客户的应用场景，根据气体种类、浓度、风量、阻力要求、安装空间等进行定制。分子过滤器通常设置在通风系统中，以空调箱为例，其断面风速为 2.5m/s，因此要求分子过滤器需具备快速动态吸附（RAD）的能力，才能保证对分子气体有很高的捕集效率。分子过滤器本身的二次污染，如粒子和气体的释放也需要管控，尤其是用在洁净室等受控环境的分子过滤器。

以生产分子过滤器的一家企业康斐尔为例，该公司拥有 City，Gigapleat，Camcarb，Acticarb，Procarb 五大系列产品，可以针对不同应用场景的需求适当采用（图 5-60、图 5-61）。

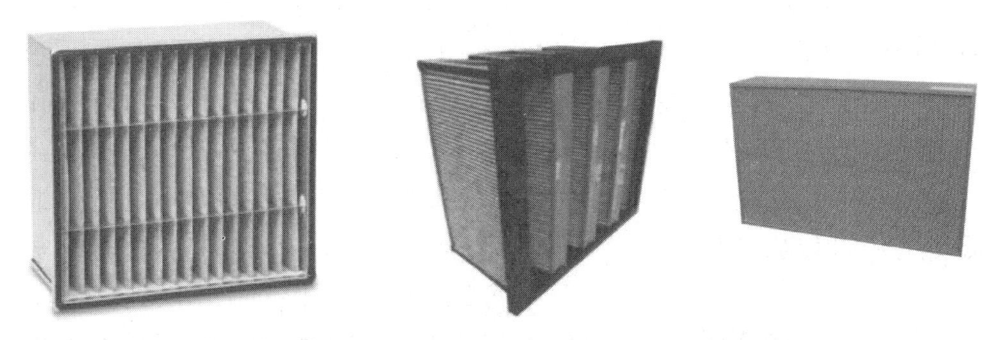

图 5-60　Gigapleat 系列法兰式、箱式、板式分子过滤器

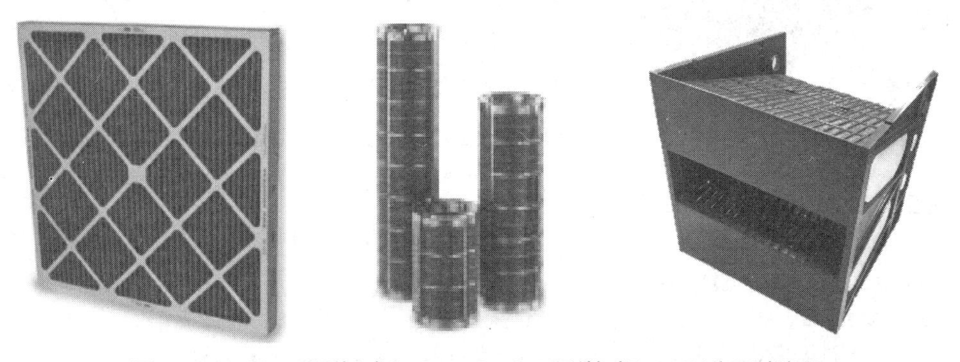

图 5-61　City 系列板式和 CamCarb 系列筒式和 V 形分子过滤器

分子过滤器的性能无法以阻力来衡量，这是区别于颗粒物过滤器很重要一点。因此，分子过滤器需要进行成品过滤器测试，以验证过滤器的去除效率和使用寿命。

3. 技术参数

分子过滤器的参数一般有风量、阻力、处理气体种类、浓度、去除效率、使用寿命等，所有这些称之为分子过滤器使用边界条件。一般单个过滤器风量为 2000～4000m^3/h，阻力为 50～400Pa，去除效率大于 90%，使用寿命在几个月到几年，按照不同的客户应用场景来决定。

5.4.4 中效低阻力回风口

1. 技术原理

《综合医院建筑设计规范》GB 51039—2014 第 7.1.11 条明确规定：集中空调系统和风机盘管机组的回风口必须设初阻力小于 50Pa、微生物一次通过率不大于 10% 和颗粒物一次计重通过率不大于 5% 的过滤设备。其条文说明明确："必须重视医院科室的回风对空调系统的污染，集中空调系统中 80% 以上的污染负荷来自回风，加强回风除尘、除菌是一项必要的措施。国内研究证明，如采用中效一级以上（相当于现行 GB/T 14295—2019 中的 Z3 级 / 中效 3 级）过滤器，使用风量在额定风量 60% 以下，一般能达到本条规定的要求"。颗粒物一次计重通过率不大于 5%（计重效率大于 95%），推荐选用 G4（EN779）效率过滤器，微生物一次通过率不大于 10%，推荐选用 F5（EN779）效率过滤器，因此按 EN779 空调系统回风口过滤器应选用 F5 级效率的过滤器。医院空调系统按规范设置回风口过滤器，可以提高回风空气品质，保护空调组件，降低致病微生物传播风险。

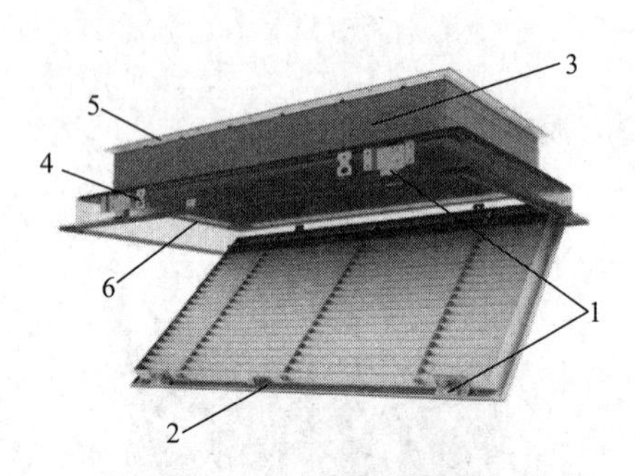

图 5-62 AP 型净化回风口的结构示意图

1—锁扣；2—插销；3—过滤器；4—吊耳（仅吊顶安装附带）；5—内外法兰；6—过滤器紧固条

妥思的 AP 型净化回风口（中效低阻力回风口）采用风口与过滤器组合设计，采用 Technostat® 精细双纤维驻极体过滤材料，阻隔式过滤，无源静电集尘，无臭氧发生；符合 GB/T 14295—2019 的中效 3 级（Z3 级）过滤效率要求，且符合 GB 51039—2014 的要求，额定风量下颗粒物一次计重通过率不大于 5%，微生物一次通过率不大于 10%，在 1m/s 的有效面风速下初阻力为 19Pa（图 5-62）。

2. 产品特点

（1）风口与过滤器贴和设计。

（2）可开式面板设计，更换过滤器简单便捷。

（3）回风口整体厚度为 126mm。

（4）风量范围 225～1440m^3/h。

（5）过滤器更换周期参见容尘量曲线，建议半年更换一次。

（6）可选抑制细菌和病毒型的过滤器。

3. 技术参数

（1）结构尺寸如图 5-63 所示。

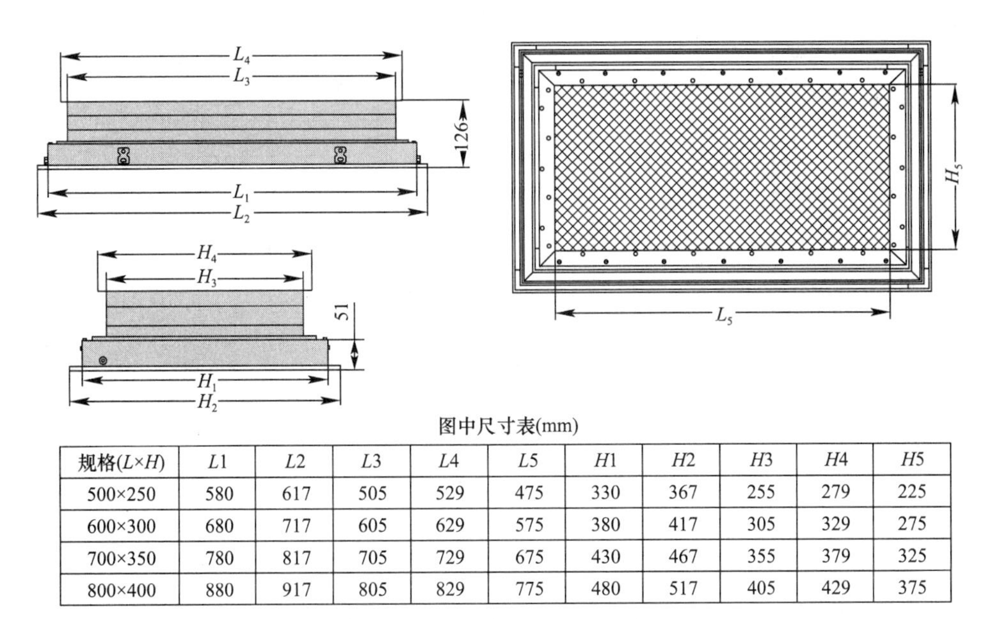

图中尺寸表(mm)

规格(L×H)	L1	L2	L3	L4	L5	H1	H2	H3	H4	H5
500×250	580	617	505	529	475	330	367	255	279	225
600×300	680	717	605	629	575	380	417	305	329	275
700×350	780	817	705	729	675	430	467	355	379	325
800×400	880	917	805	829	775	480	517	405	429	375

图 5-63 净化回风口的结构尺寸

（2）风量和压力损失如表 5-47 所示。

净化回风口的风量和压力损失 表 5-47

规格（mm）	风量（m^3/h）	压力损失（Pa）
500 × 250	225	8
	340	13
	450①	19
	560	24
600 × 300	325	8
	490	13
	650①	19
	810	24
700 × 350	440	8
	660	13
	880①	19
	1100	24
800 × 400	575	8
	865	13
	1150①	19
	1440	24

①建议风量值，标称的过滤效率在此工况下测定。

（3）容尘量和阻力曲线如图 5-64 所示。

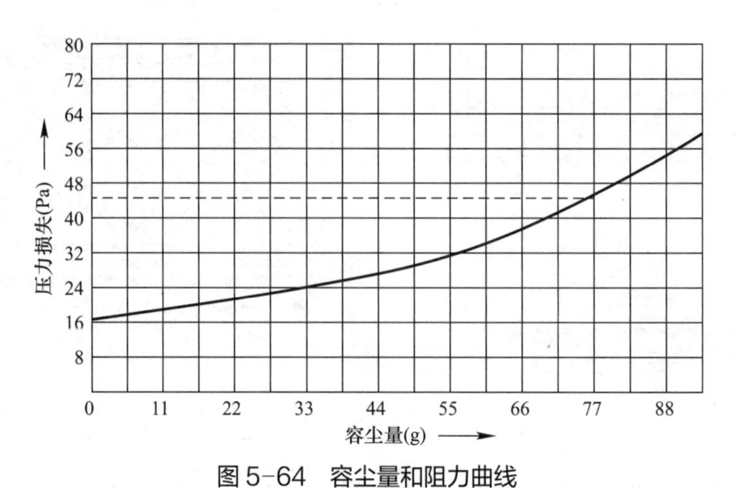

图 5-64 容尘量和阻力曲线

注：终阻力为 45Pa 时，容尘量约为 77g。

5.4.5 高效过滤排风口

1. 技术原理

（1）现行标准要求

《传染病医院建筑设计规范》GB 50849—2014 第 7.4.3 条规定：“负压隔离病房排风的高效空气过滤器应安装在房间排风口处。”其条文说明明确：“为了防止负压隔离病房之间的带菌空气互相污染，要求负压隔离病房排风的高效过滤器安装在房间排风口部，也便于更换、消毒。”《医院洁净手术部建筑设计规范》GB 50333—2013 第 8.1.14 条（强制性条文）规定：“负压手术室顶棚排风口入口处以及室内回风口入口处均必须设高效过滤器，并应在排风口处设止回阀，回风入口处设密闭阀。正负压转换手术室，应在部分回风口上设高效过滤器，另一部分回风口上设中效过滤器；当供负压使用时，应关闭中效过滤器处密闭阀，当供正压使用时，应关闭高效过滤器处密闭阀。”《传染病医院建筑施工及验收规范》GB 50686—2011 第 6.3.9 条规定：“排风高效过滤器的安装应具备现场检漏的条件；否则应采用经预先检漏的专用排风高效过滤装置。排风高效过滤器应有安全的现场更换条件，排风高效过滤器宜有原位消毒的措施。”《排风高效过滤装置》JG/T 497—2016 规定了排风高效过滤器装置的术语和定义、分类与标记、材料、要求、试验方法、检验规则、标志、包装、运输及贮存；该标准适用于三级及三级以上生物安全防护水平的设施中用于去除有害生物气溶胶的排风高效过滤装置，类似用途的排风高效过滤装置也可参照执行，不适用于去除放射性气溶胶的排风高效过滤装置。该标准要求排风高效过滤装置应有压力测量装置，应具备安装后高效过滤器检漏措施，应能对装置内各部位进行可靠消毒，应能有效识别漏点。

（2）工作原理

高效过滤排风口是排风隔离防护过滤装置，用于滤除空气中通过气溶胶传播的高致病性病原微生物，对其在房间原位进行过滤截留，将生物安全风险降到最低，保护设施、人员和周围环境的安全。为了适用于此类高度风险的应用场合，该设备应具备先进的 HEPA 过滤技术，压差监测、PAO 扫描捡漏测试和消毒等测试验证功能，满足《排风高效过滤装置》JG/T 497—2016 的性能验证要求。

高效过滤排风口构造、外观和原位消毒示意图如图 5-65～图 5-67 所示。

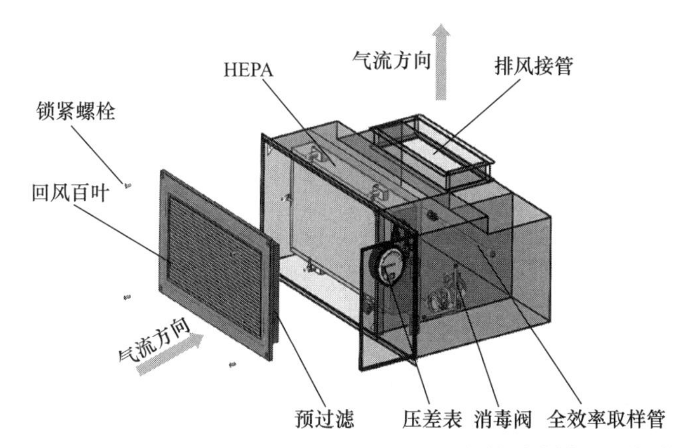

图 5-65　AstroSafe E-Ⅲ WMCH Hospital 高效过滤排风口构造原理图

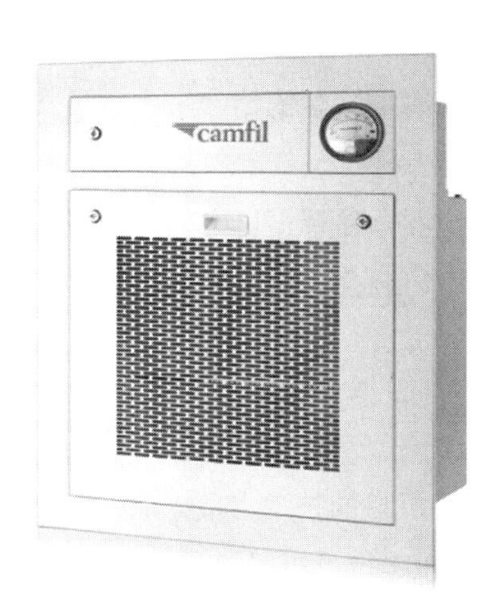

图 5-66　CleanSeal 高效过滤排风口外观图

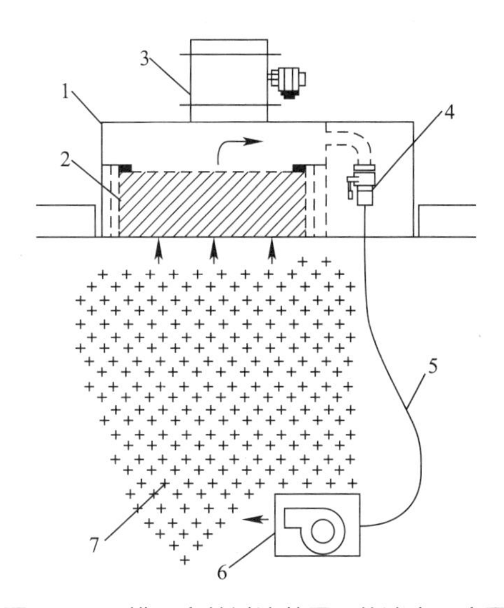

图 5-67　排风高效过滤装置原位消毒示意图

1—过滤装置；2—HEPA 过滤器；3—生物型密闭阀；4—气体消毒接口；5—消毒管路；6—气体循环消毒装置；7—气体消毒剂

2. 产品特点

（1）AstroSafe E-ⅢWMCH Hospital 高效过滤排风口装置的特点

1）在设计风量下，整套可通过现场的全效率检测，穿透率小于0.01%，满足ISO 14644对现场测试的要求。

2）整个箱体满焊，保证在长期使用中无泄漏，满足《排风高效过滤装置》JG/T 497—2016的密封性要求，在-1000Pa的压力下每分钟泄漏率小于0.1%。

3）配套eFRM的过滤器，可在消毒剂（VHP、臭氧、二氧化氯等消毒剂）的腐蚀下防止被破坏。

4）取样、压力和消毒检测可在洁净室内进行，即原位测试和原位消毒。

5）进风面板上安装预过滤器，箱体内安装HEPA过滤器。

（2）CleanSeal高效过滤排风口装置的特点

1）由箱体、进风面板、高效过滤器，下游扫描检漏装置、阻力监测装置等构成，可在房间侧进行过滤器更换、发尘扫描测试、压差监测、原位消毒等日常操作维护。

2）通过了《实验室设备生物安全性能评价技术规范》RB/T 199—2015的性能验证。

3）在不小于-1000Pa的压力下，实测气密性满足分钟泄漏率不大于设备净容积的0.1%。

4）配置NIFV非侵入式完整性验证系统。该系统在现场可与气溶胶发生器、光度计或激光粒子计数器进行快速气密连接，在不打开设备、不破坏设备内部压力密封界面的前提下，就能够对HEPA过滤段进行完整性扫描检漏测试。

5）扫描验证系统能有效识别过滤器漏点，漏点判定试验依据参考《排风高效过滤器装置》JG/T 497—2016，可对漏点的位置准确定位。

6）配置的测试罩可以进行气溶胶的现场注入与混合稀释，可方便地与设备和发尘仪连接，从而能够在室内侧进行上游PAO发尘及均匀混合，所有的气溶胶注入和采样口均采用快速气密连接口。

3. 技术参数

（1）AstroSafe E-Ⅲ WMCH Hospital 高效过滤排风口的技术参数

1）箱体采用满焊结构，箱体材质采用优质SUS304拉丝板或冷板喷塑。

2）箱体整体可承压±2500Pa，在60min内箱体无明显变形或者损坏，满足《排风高效过滤装置》JG/T 497—2016关于箱体承压能力的要求。

3）气密性箱体可在±2500Pa的气压下，保压15min后，每分钟泄漏率低于0.05%，符合ASME N510测试要求；同时可满足《排风高效过滤装置》JG/T 497—2016关于箱体气密性的要求，在 ±1000Pa 压力下，保压 60min，分钟泄漏率满足<0.1%。

4）在配备相应的测试罩时，可直接在洁净室内部完成 PAO 测试，即原位检漏功能，满足《传染病医院建筑施工及验收规范》GB 50686—2011。箱体内需要选配 H14 效率级别的 HEPA 过滤器。

5）过滤器安装限位设计，保证过滤器安装到位，不会出现左右移动，防止密封垫片损坏。

6）内置过滤器出厂时依据 EN1822 测试，保证其完整准确的效率。

7）设置压差检测。

8）整体性能满足 ISO 14644 或 IEST 对现场测试的要求，标准配置安全可靠的全效率检测方式，同时可选配光度计逐行线性扫描方式。

9）箱体配置消毒阀，配合使用测试罩上面的消毒阀形成循环回路，可对箱体内部及过滤器进行消毒处理。

10）建议使用具有耐消毒功能的 PTFE 过滤器。

11）标准尺寸如图 5-68 所示

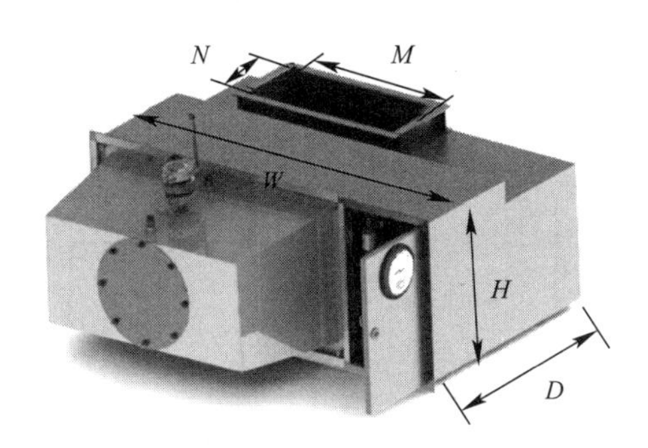

物料代码	额定风量（CMH）	箱体尺寸（mm）			接管尺寸（mm）		高效过滤器选型和尺寸（mm）			预过滤器选型和尺寸（mm）		
		W	H	D	M	N	W_1	H_1	D_1	W_2	H_2	D_2
E1210009	300	595	365	560	200	160	305	305	93	289	289	44
E1210010	600	670	615	560	400	160	610	305	93	594	289	44
E1210011	900	670	920	620	500	160	610	305	150	594	289	44

图 5-68　AstroSafe E-Ⅲ WMCH Hospital 高效过滤排风口标准尺寸

（2）CleanSeal 高效过滤排风口的技术参数

CleanSeal 高效过滤排风口标准尺寸如图 5-69 所示。

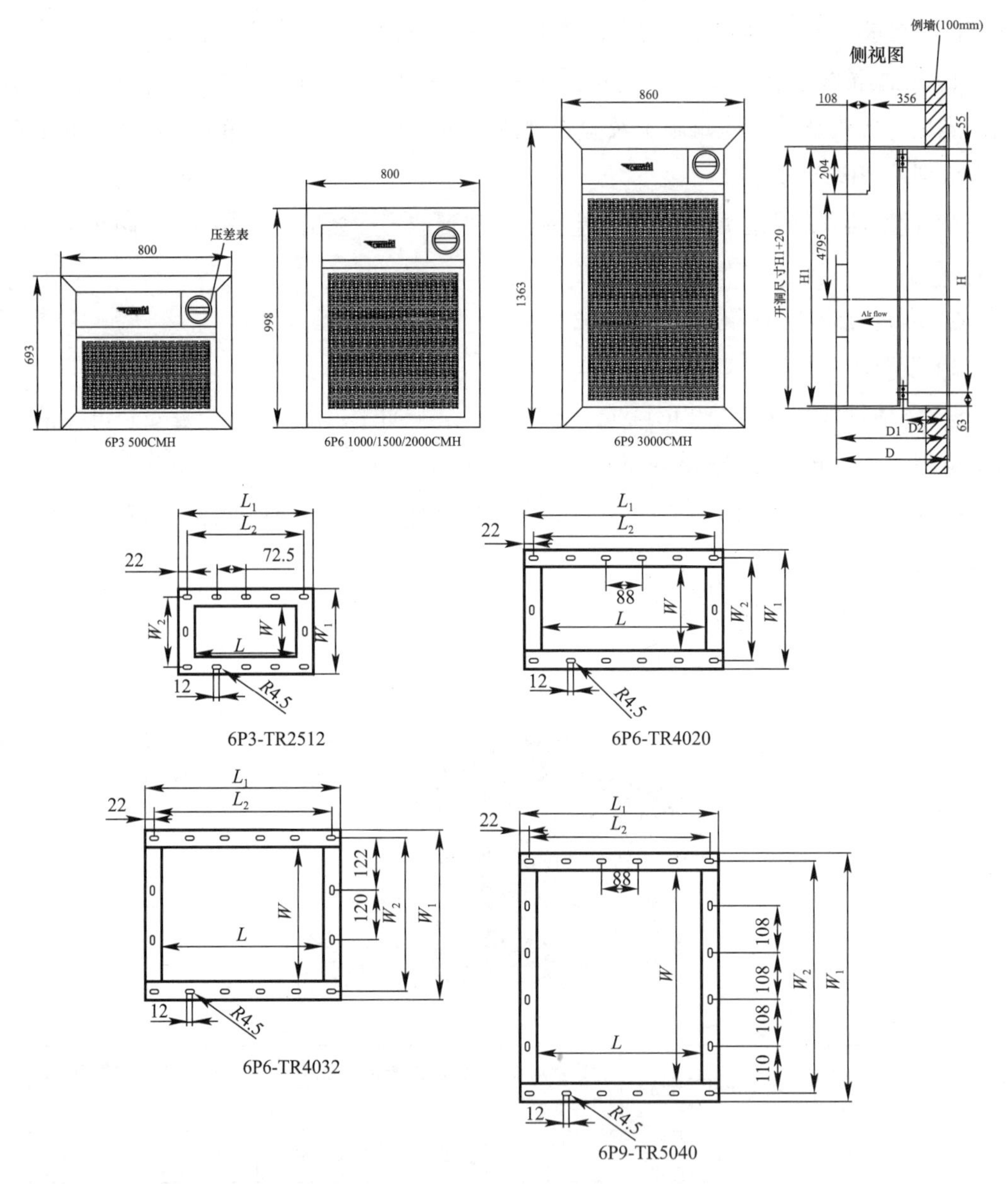

图中尺寸表(mm)

型号-接管-内尺寸-开洞尺寸	L			W			H		D		
	L	L_1	L_2	W	W_1	W_2	H	H_1	D	D_1	D_2
6P3-TR2512-660xH1-680x(H1+20) 500CMH	250	334	290	120	204	164	435	553	486	474	166
6P6-TR4020-660xH1-680x(H1+20) 1000CMH	400	484	440	200	284	244	740	858	486	474	166
6P6-TR4032-660xH1-680x(H1+20) 1500/2000CMH	400	484	440	320	404	364	740	858	526	514	206
6P9-TR5040-660xH1-680x(H1+20) 3000CMH	400	484	440	500	584	544	1045	1163	526	514	206

图 5-69　CleanSeal 高效过滤排风口标准尺寸

注：图中 L、W 为开孔尺寸，H，D 为箱体高度与深度。

5.4.6 袋进袋出高效空气过滤装置

1. 技术原理

袋进袋出式高效空气过滤装置（BAG-IN/BAG-OUT Filter Housing，简称 BIBO 高效单元）主要应用于高等级生物安全实验室（BSL3、ABSL3 级别及以上）排风处置系统，是高生物风险设施的专用高效空气过滤装置，在排风管道中进行过滤截留，防止病原微生物的外溢，保护人员和周围环境的安全；具备利用气密袋安全更换高效空气过滤器的条件。依据《实验室 生物安全通用要求》GB 19489—2008 中“应可以原位对排风高效过滤器进行消毒灭菌和在线检漏”的规定进行设计与工艺制造，可根据实验室风量和具体需要进行单台和多台、单级过滤和双级过滤的组合（图 5-70）。

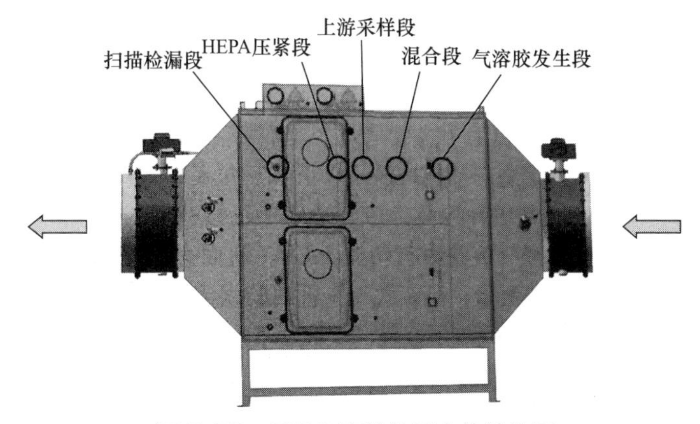

图 5-70 BIBO 高效单元立体结构图

BIBO 高效单元由气溶胶发生段、混匀段、上游气溶胶采样段、HEPA 压紧段、扫描检测段等部分组成。具备先进的 HEPA 过滤技术，BIBO 安全更换功能、气密隔离和控制、压差监测、气溶胶注入和均匀混合、原位扫描检漏和消毒等测试验证功能。

袋进袋出一般情况是在高效单元灭菌后进行过滤器更换时使用。箱体内的 HEPA 可能存在灭菌不彻底的隐患，将 HEPA 装进袋子，使用热熔钳切断封口，进行密封处理，防止由于 HEPA 灭菌不彻底而造成隐患，也是对操作人员的安全防护（图 5-71）。在高级别生物安全实验室系统不允许停机的情况时，采用单体组合式袋进袋出，确保在实验过程中实验室的正常负压值。即当发现其中一组 HEPA 需要更换时，关闭这组单元的前后密闭阀，利用袋进袋出的更换方式，对独立的单元进行 HEPA 更换，其他单元正常工作，保证系统的正常运行。核工业的实验室也常用这种方式。

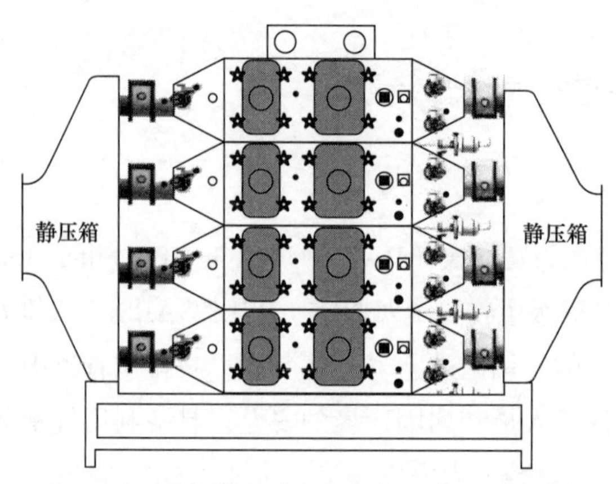

图 5-71 单体组合式 BIBO 高效单元袋进袋出

2. 产品特点

以 AAF 提供的一款 AstroSafe Ⅱ RPT Pro 产品为例做介绍，该产品的组成结构如图 5-72 所示。

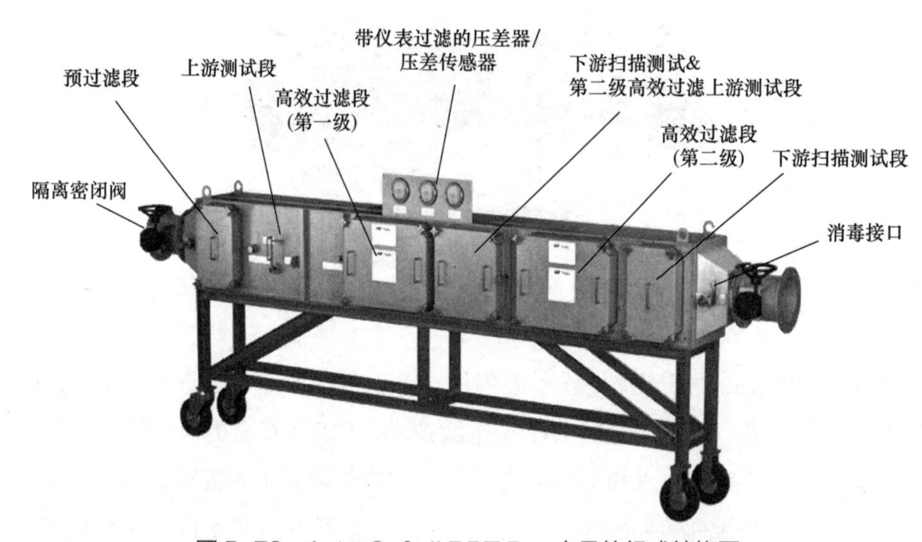

图 5-72 AstroSafe Ⅱ RPT Pro 产品的组成结构图

该产品具备以下主要特点：

（1）满足现行国家的标准的要求，可提供 CNAS 检验报告。

（2）在设计风量下，整套可通过现场的全效率检测，穿透率小于 0.01%，满足 ISO 14644 对现场测试的要求。

（3）模块化设计，在一个通道内可实现多个主过滤器并联，扩展性较强。

（4）整个箱体满焊，保证在长期使用中无泄漏，满足 JG/T 497 和 ASME N510 的密封性要求，在 -2500Pa 的压力下每分钟泄漏率小于 0.05%。在 -3500Pa 压力下气密性泄漏率达到 0.0028%。

（5）采用 MEGAcel Ⅰ eFRM HEPA 过滤技术，实现高效低阻；能通过严格的扫描泄漏测试，能实现现场 SAT 测试要求 PAO 逐点 0.01% 穿透率。

（6）每片 HEPA 出厂前进行逐点扫描测试，提供三维可视化逐点扫描测试报告和标签；可通过标检（EN 1822）对 HEPA 可追溯性验证。

（7）配置 PVC 手型过滤器更换袋，袋进 / 袋出安全更换功能。

（8）设计、制造、检测都符合 ASME、IEST、GB 19489、GB 50686、WS 233 等标准。

（9）每个高效过滤通道下游配手动式电动扫描检漏测试段，能原位对过滤器进行逐点扫描检漏。

（10）HEPA 压紧装置，可提供 1400 磅（635kg 力）持续性压紧力，确保机械密封的长期稳定的压紧，确保 HEPA 的密封性能。

（11）指针式压差表或压力变送装置，所有设备测压点设置微型高效过滤器等。

3. 技术参数

以 AAF 提供的一款 AstroSafe II RPT Pro 产品为例做介绍，该产品标准尺寸表如图 5-73 所示。

5.4.7　紫外照射杀菌（UVGI）技术

1. 技术原理

紫外照射杀菌（UVGI）主要通过特定波长的紫外线照射空气和物体表面，促使病原微生物 DNA/RNA 链断裂，消除其活性或传染性。紫外线杀菌灯实际是一种低压汞灯，利用较低压汞蒸气被激化而发出紫外光，其发光谱线主要有 2 条，一条是 254nm 波长，另一条是 185nm 波长，C 波段紫外线（UVC）波长为 200～275nm，又称消毒紫外线，细胞对 C 波段紫外线（UVC）的吸收最大，杀菌作用最好；185nm 波长紫外线能产生臭氧，臭氧对微生物具有强氧化作用，起到杀菌作用。

紫外线对细菌和病毒的杀灭与紫外线照射剂量有关，照射剂量 = 照射时间（s）× 照射强度（$\mu w/cm^2$），各种细菌和病毒所需杀灭的照射剂量有所不同，由于紫外线会杀死细胞，因此紫外线消毒时不能直接照射到人的皮肤，尤其是人的眼睛。在紫外线辐射强度为 $30000\mu w/cm^2$ 下，UVGI 技术对常见细菌和病毒的杀菌效率如表 5-48 所示。

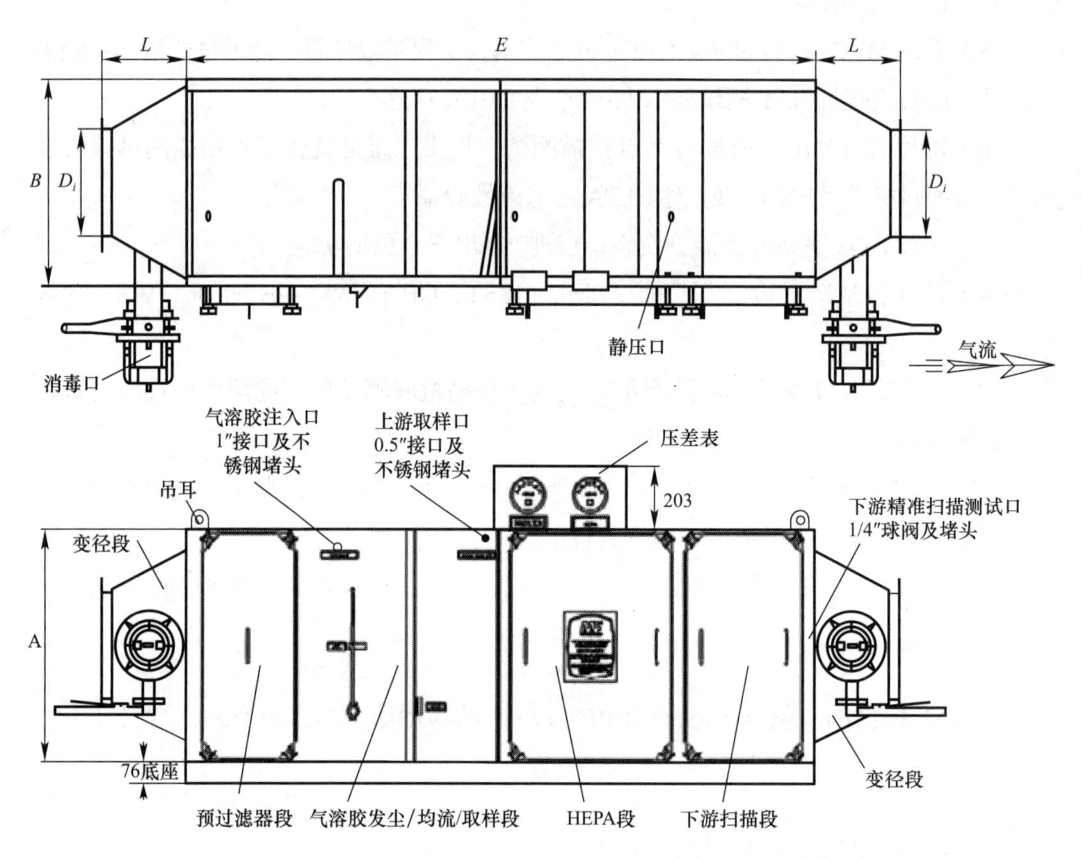

箱体型号	箱体尺寸(mm)			变径段尺寸L(mm)	法兰接口尺寸D_i(mm)	运输体积(m³)	承重(kg)	高效过滤器尺寸(mm)			过滤器数量
	高	宽	长					高	宽	深	
	A	B	E	L				H	W	D	
AIIRP.1H1W-BG-2CC	457	381	2089	292	ϕ200	1.75	170	305	305	292	1
AIIRP.1H1W-BG-2GC	762	381	2089	292	ϕ250	2.3	260	610	305	292	1
AIIRP.1H1W-BG-2GG	762	686	2089	292	ϕ350	3.5	340	610	610	292	1
AIIRP.1H2W-BG-2GG	762	1295	2089	394	ϕ500	6.5	590	610	610	292	2
AIIRP.1H3W-BG-2GG	762	1905	2089	495	ϕ600	9.5	790	610	610	292	3

图 5-73　AstroSafe II RPT Pro BIBO 高效单元标准尺寸

UVGI 技术对常见细菌和病毒的杀菌效率　表 5-48

种类	名称	100% 杀灭需用时间（s）
细菌类	炭疽杆菌	0.30
	破伤风杆菌	0.33
	痢疾杆菌	0.15
	大肠杆菌	0.36
	沙门氏菌属	0.51
	志贺氏菌属	0.28
病毒类	流感病毒	0.23
	噬菌胞病毒	0.20
	轮状病毒	0.52
	乙肝病毒	0.73
	爱柯病毒	0.73

注：紫外辐射强度为 30000μW/cm^2。

紫外线照射杀菌技术在消毒效果上可满足一般建筑使用环境对物体表面及小型封闭空间空气的消毒要求，ASHRAE 关于空气传播传染病的最新立场文件（2020 年 4 月～2023 年 4 月）中，明确采用紫外线辐照杀菌（包括在空气处理装置内设置紫外辐照 UVGI 设备）是证据等级为 A 级（A～E五个等级中的最高级别）的措施，即有充分证据表明采用该措施是有利的，推荐采用的程度为强烈建议。

2. 技术特点

（1）高效率杀菌。近距离高强度紫外辐射作用对细菌、病毒、真菌等的消杀一般在 1s 内能完成。

（2）杀菌广谱性。对几乎所有细菌、病毒都能达到高效率消杀。

（3）无二次污染。纯物理的消毒方法，不需要任何化学药剂，杀菌效果最好的 254nm 波长 C 波段紫外线不会产生臭氧，不会对空气、水及周围环境造成二次污染。

（4）运行维护简单、费用低。传统的紫外线杀菌消毒设备只有紫外线灯管和相应电源，用电功率与日常照明用灯具基本相当，运行能耗远低于绝大多数的消毒灭菌设备。价格便宜、安装简便、占用空间少。

3. 空气物理阻隔过滤与紫外线消毒灭菌（UVGI）的结合使用

在空气处理机组内安装紫外线灯管，对表冷器、空气过滤器进行辐照杀菌，可以抑制霉菌生长，避免堵塞，降低系统阻力，节约运行能耗；提高空调表冷器及过滤器的使用效果和使用寿命。UVGI 与中效过滤器组合使用，在达到过滤标准的同时，可达到更高的除菌效果；与高效过滤器组合使用，在达到过滤标准同时，可达到更高的无菌标准。

UVGI 技术能与空气过滤净化技术作用互补。过滤器可以滤除大多数对于 UVGI 具有抵抗力的微生物，例如孢子类微生物；最易穿透过滤器粒径范围内的微生物很容易被 UVGI 杀灭。过滤加 UVGI 是全面空气生物净化比较理想的解决方案。

5.4.8 干法 VHP 杀菌技术

1. 技术原理

通过气化过氧化氢发生器将浓度为 35% 的过氧化氢溶液完全气化，并通过管道运输或直接喷射的方式对密闭空间进行生物去污。过氧化氢在气化的过程中生成游离的羟基，对细胞成分（如脂类、蛋白质和 DNA）进行氧化破坏。气态过氧化氢在常温条件下具有杀灭细菌、真菌、病毒等各类微生物的能力，从而达到消毒的目的。

2. 产品特点

干法 VHP 灭菌技术的特点是房间及腔体内的过氧化氢气体始终维持在“冷凝点”以下进行生物去污。在达到预期的过氧化氢气体浓度条件下，始终控制循环过程中被生物去污空间的相对湿度，防止环境中产生湿度饱和，从而降低过氧化氢冷凝物形成的影响。干法灭菌的优势是在能够达到预期均匀的生物去污效果同时，使之降低对材料的影响，过氧化氢气体排残时间得到更好的优化。

VHP 灭菌系统的技术优势如表 5-49 所示。

VHP 灭菌系统的技术优势　　表 5-49

灭菌时间	灭菌时间短，最快 15min 可完成
灭菌效力	消毒效果达到 Log6 减少（ATCC12980/7953 嗜热脂肪芽孢杆菌）
人员安全	VHP 残留：＜1ppm 分解成水和氧气（对人员健康无影响）
设备稳定性	系统能满足高频次使用需求，并保持无故障运行
材料兼容性	干法 VHP 循环过程对绝大部分材料兼容，包括房间内的各类精密设备、电脑、房间天花板及地面。可查询 AAMI TIR17 技术标准

干法 VHP 灭菌技术适用于生物技术、生物医学、生物安全、医药等行业干燥、低温（室温）、常压 / 真空 / 正压条件下的空气及物体表面灭菌。

3. 技术参数

工作电源：AC220V±22V　　　50Hz±1Hz；

功率：2000W；

空气流量：≥20m³/h（含铂金催化分解）；

灭菌容积：不小于500m³；

注射速率：1～10g/min；

气化温度：≤100℃；

灭菌剂：35%食品级过氧化氢溶液；

杀灭率：对枯草杆菌芽孢、嗜热脂肪杆菌芽孢的杀灭能力达到5个对数以上；

工作方式：连续工作，具有管道循环、直接喷射消毒双模式；

外形尺寸：420mm×420mm×1100mm（长×宽×高）；

重量：55kg。

5.4.9　其他过滤净化产品

除了上述空气过滤和消毒空气净化方式外，还有静电式、光催化式、化学催化式、负离子式及复合方式等，对空气中的颗粒物、气态污染物、微生物等一种或多种污染物具有一定的去除能力。洁净空气量（CADR）是评价空气净化器净化能力的指标，空气净化器对不同的目标污染物有不同的洁净空气量，常用的是颗粒物洁净空气量$CADR_{颗粒物}$和甲醛洁净空气量$CADR_{甲醛}$；累积净化量（CCM）是评价空气净化器净化能力耐久性的指标，反映净化器滤网去除污染物的寿命，常用的是颗粒物累积净化量$CCM_{颗粒物}$和甲醛累积净化量$CCM_{甲醛}$。

《综合医院建筑设计规范》GB 51039-2014第7.2.4条（强制性条文）规定："洁净用房应采用阻隔式空气净化装置作为房间的送风末端"。其条文说明明确："从风险管理的角度出发，如采用非阻隔式空气净化装置，即使100%杀菌，微生物尸体与代谢物仍有可能加大感染与致敏风险，甚至危及病患的生命安全与健康。因此，要采用阻隔式空气净化装置，同时不应产生有害作用或物质。"《医院洁净手术部建筑技术规范》GB 50333—2013第8.3.5条（强制性条文）规定："非阻隔式空气净化装置不得作为末级净化设施，末级净化设施不得产生有害气体和物质，不得产生电磁干扰，不得有促使微生物变异的作用。"

由于静电式、光催化式、化学催化式、负离子式等空气净化方式，有可能产生臭氧、氮氧化物等次生污染物，而且长时间连续使用时净化效率可能存在不确定因素。因此，对医疗建筑应根据具体场所情况，合理慎重采用上述方式的空气净化方式，有关臭氧等次生污染物指标应满足相关标准的要求。

5.5 移动式设备

集成式移动式核酸检测实验室按加强级生物安全二级实验室设计，配备三个主实验室及缓冲间，在同一实验舱实现试剂准备、样本处理、扩增实验分析的三个主体功能，满足核酸检测流程要求。

实验室整体按加强型负压生物安全二级实验室进行设计、生产。疫情期间，我国涌现了数量较多的移动式设备生产商，本节介绍了其中 2 家设备的相关技术。

5.5.1 海润移动式 PCR 方舱实验室规格与系统配置

海润移动式 PCR 方舱实验室通常有两种规格，外形尺寸分别是：长 × 宽 × 高 = 13.7m × 2.98m × 2.89m（图 5-74）与长 × 宽 × 高 =17.5m × 2.98m × 2.98m（图 5-75）。

图 5-74、图 5-75 所示的系统配置如表 5-50 所示。

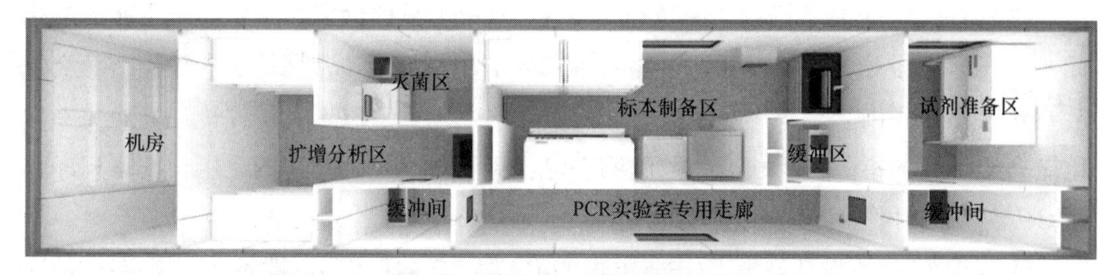

图 5-74　海润移动式 PCR 方舱实验室规格一剖面图

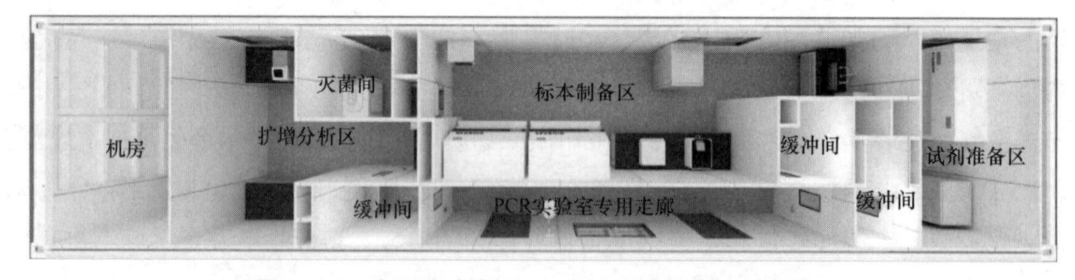

图 5-75　海润移动式 PCR 方舱实验室规格二剖面图

海润移动式 PCR 方舱实验室系统配置示例　表 5-50

功能分区	试剂准备区、标本制备区、扩增产物分析区、缓冲间、灭菌间、机房及 PCR 实验室专用走廊
舱体规格	外形尺寸：17.5m × 2.98m × 2.98m（$L \times W \times H$）； 舱体结构：6mm 钢质支撑架，2mm 优质钢板； 表面处理工艺：除锈、防锈、防水、三次喷涂工艺

续表

装饰系统	舱体内装饰面板：5mm 专用抗菌净化板隔断、2mmPVC 地板、无机板； 门窗系统：医用钢质门、钢化玻璃、互锁传递窗
空气处理系统	压差梯度：试剂准备区 10Pa、标本制备区 -20Pa、扩增分析区 -30Pa、灭菌间 -35Pa； 换气次数：≥$12h^{-1}$ 空气过滤系统：送风粗效、中效、亚高效过滤，排风高效过滤（H13） 空调形式与配置：全直流新风空调系统
给排水系统	洗手台：全自动无接触式洗手盆； 洗眼装置：洗眼器
电气及控制系统	UPS 电源供应时间：≥15min； 自控系统：温湿度集中控制、压力梯度监控、设备运行状态监控、配置呼叫、监控等基本功能

5.5.2　戴纳移动式 PCR 方舱实验室规格与系统配置

1. 规格参数

戴纳移动式 PCR 方舱实验室有三种规格，如表 5-51 所示。

戴纳移动式 PCR 方舱实验室规格　　表 5-51

核酸检测实验室规格尺寸（mm）	12100 × 2450 × 2896	13700 × 3000 × 2896	15000 × 3000 × 2896
检测仪器、设备	核酸提取仪 3 台、PCR 扩增仪 7 台、生物安全柜 2 台	核酸提取仪 5 台、PCR 扩增仪 10 台、生物安全柜 2 台	核酸提取仪 6 台、PCR 扩增仪 12 台、生物安全柜 2 台
通量（单检）	7000	10000	12000～15000

2. 围护结构材料

实验室为气密性实验舱，满足结构力学工程与密闭要求，满足长途运输及多次转运要求，舱体结构六面全保温围护，外围护结构为钢板复合聚氨酯保温结构，内墙体为玻镁复合板。

墙体采用钢复合聚氨酯保温结构，钢板厚度≥1.5mm，聚氨酯体积密度 35～42kg/m^3，导热系数≤0.028W/m・K；复合墙体厚度≥125mm。

吊顶与内墙采用双面钢复合洁净板，钢板厚度≥0.5mm，采用无水岩棉保温层，厚度为 50mm；实验舱体设计寿命不低于 10 年。

底部和顶部采用鹅颈槽与 12 号槽钢作为承重主结构，采用整体冲压钢板满焊密闭，钢板厚度≥1.5mm，底部和顶部采用复合聚氨酯保温层厚度≥100mm。

（1）舱体抗震等级为最大地震烈度：8 度；

（2）舱体六面采用全保温围护，满足硬物运输与吊装要求，且满足不少于 2 层叠加结构承载；

（3）独立舱体满足抗 10 级大风要求，并提供防台风加固方案；

（4）满足 −20～40℃工作环境负荷；

（5）防水防尘等级：IP55；

（6）荷载：舱体基本承重标准 20t，地面荷载≥350kg/m^2，顶部承载力大于 100kg/m^2，墙板承载力大于 50kg/m^2。

3. 主要技术指标

实验室为车载型实验室，配套牵引车使用，车辆为标准车辆，无须对车辆改装，配备独立能源供给能力，以提高实验室的灵活性；满足移动性实验与落地固定实验的要求；可随时移动至指定位置或城市进行检测，无安装要求。其主要技术指标如下：

（1）洁净等级：100000 级；

（2）换气次数不小于 12h^{-1}；

（3）静压差：洁净室与非洁净室之间压差应大于 10Pa，相邻不同洁净度级别洁净室之间的静压差应大于 5Pa，洁净区与室外应大于 12Pa；

（4）温度：18～26°C；

（5）相对湿度：30%～70%；

（6）噪声：≤60dB；

（7）照度：主要房间≥300lx，辅助房间≥200lx；

（8）悬浮粒子：100000 级洁净室等级；

（9）沉降菌：≤10 个。

4. 通风空调系统

根据方舱实验室具有流动性的特征，需要保证室内的温湿度情况，因此采用冬夏季的极端天气参数进行负荷计算。

（1）室外设计计算参数（按极端天气）：夏季室外干球温度 39℃，相对湿度 36%；冬季室外设计温度 −25℃；相对湿度 82%。

（2）舱内设计计算参数：夏季室内温度 24℃，相对湿度 60%；冬季室内温度 18℃；相对湿度 40%。

方舱实验室采用全新风空调系统，采用直膨式新风机组（图 5−76）。

实验舱各房间送风口和排风口应有防风、防雨、防鼠、防虫设计；空气流通应符合定向气流原则；各舱均独立进风、排风，不共用风道。

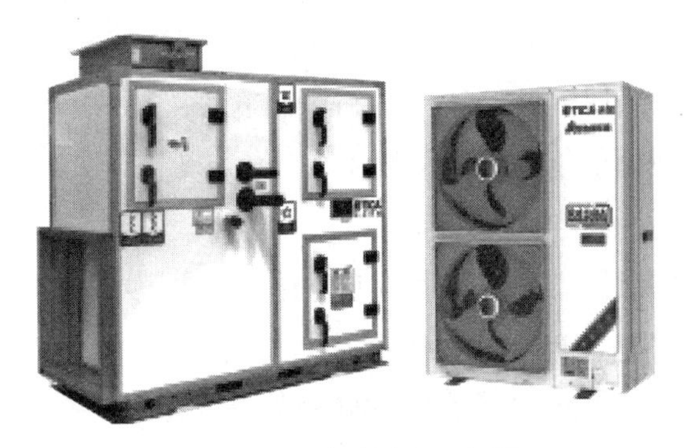

图5-76 直膨式新风机组

实验舱采用顶部送风、下部排风方式进行通风，新风口尽量远离排风口。送风配置粗、中、高效过滤装置，排风配置具有高效过滤装置，确保排放安全。配套生物安全密闭阀。

舱室内较为紧凑且会设置大量的仪器设备，有大的散热量，如1万通量舱体的样本间会有至少5台全自动核酸提取仪，以及小型离心机、低温冰箱、干热灭菌箱、生物安全柜等设备，散热量约为6.5kW；舱体的扩增PCR区会有约10台荧光定量PCR仪，散热量约为6kW（不一样通量的室内设备仪器不同，应根据室内设备散热量确定）。

舱体内需要考虑新风负荷及室内的仪器设备散热负荷。根据室内工艺的需求，换气次数至少为$20h^{-1}$。

12m长的方舱的新风空调机组新风量为$1500m^3/h$。在极端天气下，空调机组的夏季冷负荷为23kW，夏季再热量负荷为4kW，冬季热负荷为25kW。

16m长的方舱的新风空调机组新风量为$2400m^3/h$。在极端天气下，空调机组的夏季冷负荷为36kW，夏季再热量负荷为6kW，冬季热负荷为38kW。

5. 电气及自控系统

（1）电气系统

1）实验室配备3套电源系统或接口，包括外接市电、发电机供电、UPS供电3种方式，功率满足车内设备正常使用时的供电需求；为照明、门禁安防及紧急排风配备UPS电源，供电时间不小于15min；

2）各区域设计照度为：更衣及缓冲区域200lx、实验区域300lx；

3）所有实验工作房间均设有紫外线杀菌灯，并设延时控制；

4）选用的电线、电缆符合《额定电压1kV（V_m=1.2kV）到35kV（V_m=40.5kV）挤包绝缘电力电缆及附件》GB/T 12706、《单根电线电缆燃烧试验方法》GB/T 12666等；

5）设备、电器材料具有出厂合格证及安全认证标识或3C认证。

（2）自控系统

1）机电舱设置 4 路外接网线接口，1 路用于电话，2 路用于网络，1 路用于安防预留，舱内设交换机，使用单位按照需要可接外网；

2）由使用方负责外部弱电线接入；

3）所有室外门设有门禁装置，房间设有监控摄像头，并于弱电箱内设有存储装置；

4）在机电舱内设置一套独立的自控系统，用于系统的组态、编程、故障诊断等，同时为管理人员实现集中操作提供有效准确的数据，使实验室各个设备形成有效合理的运行秩序，以节约能源；

5）缓冲间墙上设置触摸操作屏，三个主实验区设置温湿度传感器和压差传感器；

6）配备应急照明、应急排风系统，具有一键报警及一键所有门解锁装置。

6. 产品特点及应用案例

方舱实验室的特点及适用场景如图 5-77 所示。

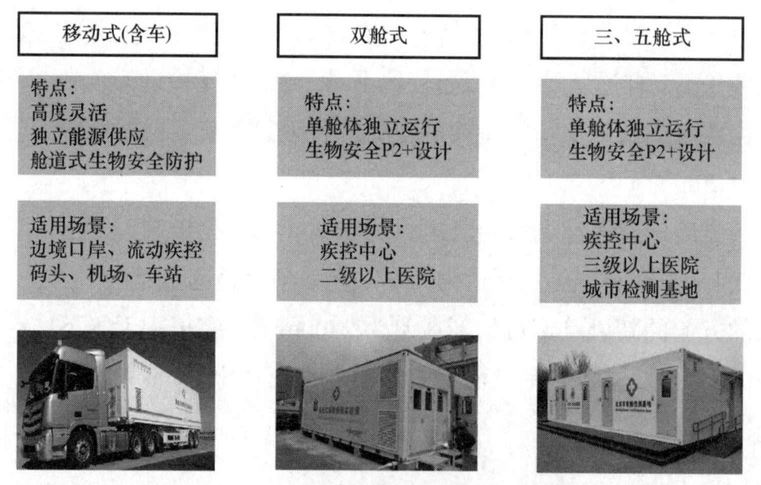

图 5-77　方舱实验室特点及适用场景

（1）适用范围广：可适用于几乎所有场所实验室，包括医院、疾控、海关、口岸、边远地区、机场、公共场所、商超、农贸市场、学校、展馆、大型活动场所等。

（2）安全性能强：实验室全面采用加强型生物安全二级实验室设计，具有稳定、单向的气流流向以及完全隔绝的物理环境，采用双原位高效过滤器［以往仅用于 P3（BSL-3）、P4（BSL-4）实验室上］，以保证实验室内、外环境安全。

（3）高度的机动性：移动 P2+ 实验室可以随时起吊、运输到需要的地区，到场安装只需要 2h。

（4）操作简单：采用智慧型实验室环境自控系统，一键启动，方便实验人员操作。

（5）灵活组装：可根据需要提供双舱、三舱（城市检测基地）、五舱等形式，可实现3万人份/天（不混检）的检测量。

5.5.3　移动实验室相关设备研发及应用

1. 模块化方舱实验室[①]

模块化方舱式实验室采用标准化模块化设计，由工厂生产，并在厂内完成第三方检验，通过整体运输直接交付用户，快速进行外部水电管线连接即可投入使用。针对移动型需求，模块化方舱式实验室可配套牵引车辆及柴发电源进行灵活机动部署，随时投入使用。模块化方舱式实验室将所有的公用设备、机电管线等高度集成在模块内，形成单个标准舱体，每个舱体可独立运行。根据不同的实验功能配置新风换气系统、洁净空调系统、生物安全防护系统。

该产品于2015年研发。宽度2.45m/3m，长度6～13.7m，可依据需求及工艺定制；实验舱体为钢结构复合保温舱，设计寿命不低于10年；抗震等级与最大地震烈度：8度；舱体基本承重标准20t，地面荷载≥350kg/m^2；舱体防护等级IP55；满足不少于2层叠加结构承载；全新风全排风的直流空调系统，其换气次数大于12h^{-1}，洁净等级为十万级，室内温度为18～26℃，湿度小于75%，噪声小于60dB（A），空调系统满足−20～40℃工作环境负荷；实验室通风系统采用P3级别双原位高效排风过滤装置、电动生物密闭阀，保证实验室生物安全。

执行标准：《方舱式核酸检测实验室通用技术规范》T/CIQA 16−2021、《移动式核酸检测实验室通用技术规范》T/CIQA 17−2021、《新型冠状病毒实验室生物安全指南（第二版）》《新型冠状病毒感染肺炎实验室检测技术指南（第四版）》、《实验室生物安全通用要求》GB 19489−2008、《生物安全实验室建筑技术规范》GB 50346−2011、《移动式实验室　生物安全要求》GB 27421−2015《实验室设备生物安全性能评价技术规范》RB/T 199−2015、《病原微生物实验室生物安全通用准则》WS 233−2017。

申请专利：《生物类集装箱式通用实验室》201621067844.9、《核酸检测实验室》202030258245.0、《一种新型的双回路送风器》202010700695.X、《一种新型的双回路送风器》202021432340.9、《一种新型的竖向风量平衡阀》202010699473.0、《一种新型的竖向风量平衡阀》202021430512.9、《一种密封连接组合实验室》201910785709.X。

应用场景：各类科研、检验实验室，需要快速部署或灵活机动的实验室；曾在首

① 资料来源：北京戴纳实验科技有限公司。

都医科大学世纪坛医院、黑龙江省第三医院、北京市海淀医院等医院和疾控中心项目中得到应用。

2. 装配式实验室实施技术[①]

由于实验室研发方向的多变性，实验室布局会随着研发方向的变化而调整，现代化的实验室建设一直在致力于一种可持续发展的模式，实验室具备柔性可调性，能够顺应各种实验室方向的变化。

装配式实验室实施技术是利用BIM可视化设计，采用综合吊架形式多变的固定构件、传力构件，将实验室水、电、通风、实验台吊架等整合至吊架的模块化框架内，将所有管线紧密有序地布置在综合吊架内，进行模块化配置，形成模块化综合吊架产品，在专业工厂分段生产，运输到项目现场后吊装到实验室内，现场提升采用整体机械提升，不插电组装作业。采用各种水电气通风路由均已经具备，方便改造，能够迅速适应各种实验的需求，满足实验方向的多变性。

该技术于2014年研发，相比传统的设计施工形式，BIM设计及装配式实验室实施技术将具备以下特点：

（1）准确，美观，所见即所得；

（2）施工时间大幅度减少，人工效率大幅度提高；

（3）安全性高，几乎没有高空作业；

（4）减少浪费，没有施工变更；

（5）更加环保，减少现场加工量；

（6）灵活性更高，保证将来实验室调整和改造的可能性和便利性。

执行规范：《化工实验室化验室供暖通风与空气调节设计规范》HG/T 20711-2019、《装配式室内管道支吊架的选用与安装》6CK208、《建筑机电工程抗震设计规范》GB 50981-2014。申请专利：《基于REVIT软件的无吊顶虚拟实验室动态监控视频架构和监控步骤》201710385818.3、《吊装组装系统》201620913197.2、《实验室安装的定位平台》201620913056.0等。荣获2018年获亚洲首个国际卓越奖（Go Beyond Award）。

应用场景：科研实验室、医技科室；该技术在国家人类遗传资源中心、科莱恩上海研发中心、沈阳市食品药品检验所、万华全球研发中心等项目中得到了应用。

---

① 资料来源：北京戴纳实验科技有限公司。

5.6 其　他

5.6.1 定、变风量阀

1. 定风量阀

（1）原理与分类

定风量阀有两种形式，常见的有机械式定风量阀，另外一种是采用变风量阀进行定风量控制。这里着重介绍机械式定风量阀，其由箱体、阀片、轴承、气囊和带弹簧片的凸轮结构组成，无需外部供电，在整个工作压差范围内，它依靠一块灵活的阀片在空气动力的作用下将风量恒定在设定值上（图 5-78）。

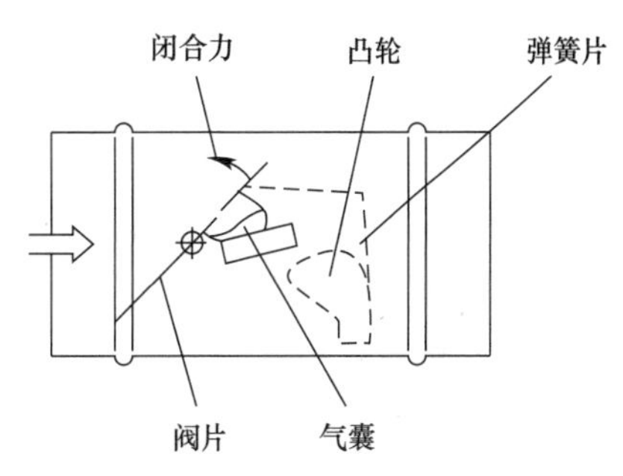

图 5-78　定风量阀结构示意图

气流流动产生动力，由自动充气气囊放大后，作用于阀片使其朝关闭方向运动。同时，弹簧片和凸轮产生反向作用力，这两个作用力自动平衡，从而保证风量保持在允许的误差范围内。

根据阀体和阀片所采用的材料不同，适用的场合也稍有区别。

（2）应用建议

首先，根据项目的要求和预算确定最合适的阀体形式。

1）RN 圆形和 EN 方形定风量阀：风量控制精度较高，工作压差范围大，可以配置执行器进行设定风量的调整，建议优先选择。RN 用于圆形风管，EN 用于矩形风管以及风量较大的风管（图 5-79）。

图 5-79　RN 圆形和 EN 方形定风量阀

2）低速 VFC 型定风量阀：适合应用在风速低、风量小的场景，VFC 是金属阀体，便于现场与风管插接连接，可以配置执行器进行设定风量的调整（图 5-80）。

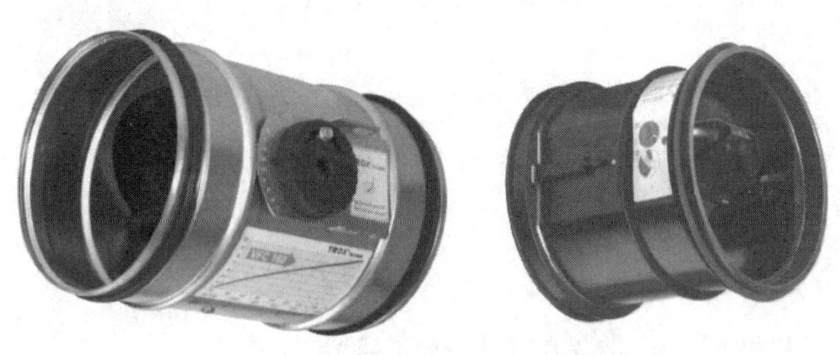

图 5-80 低速 VFC 型定风量阀

3）管内插式定风量阀：塑料阀体，适合应用在风速低、风量小的场景，内插式安装，内插至现场圆形风管内。安装在风管内之后，风量不可重新设定。适合应用在预算有限的项目。

确定阀体形式后，就是根据风量范围，结合风管尺寸确定规格尺寸，最后选择附件，如是否带执行器，是否需要消声外壳等。

2. 变风量阀

变风量阀由箱体，阀片，传感器，控制器等几个部分组成。其中，最常见的传感器形式是毕托管，国内主流品牌（如妥思、开思拓等）多采用这种形式（图 5-81）。

（1）风量控制

气流流经测孔，经软管进入压差送器，压差信号转换为电信号，由控制计算单元处理后，最后输出信号给执行器，将阀片转动到指定位置。压差变送器、计算单元以及执行器三个部件构成了通常意义的控制器。控制器的形式可以是一体式的，如常用的风量控制器（图 5-82）；也可以是分体式的，房间压力控制器多为这种形式。

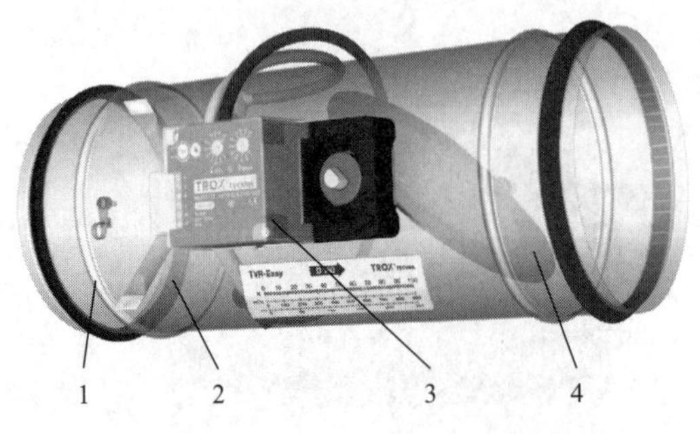

图 5-81 变风量阀结构示意图

1—阀体；2—毕托管；3—控制部件；4—阀片

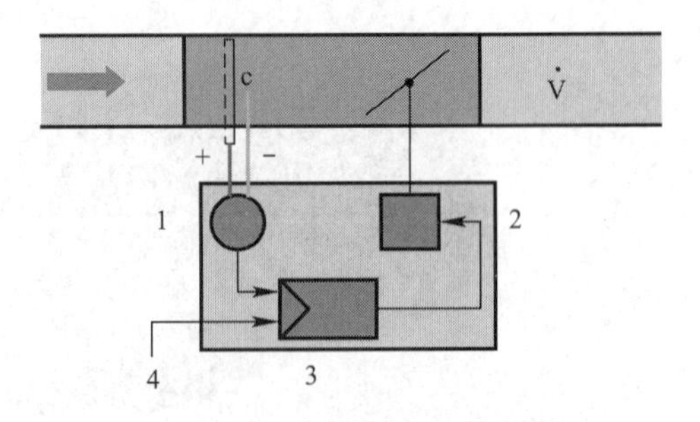

图 5-82 一体式风量控制器

1—压差变送器；2—执行器；3—计算单元；4—设定信号

EASY 型多工况风量调节器可以根据风管的公称尺寸选型，无需特殊工具就可设定风量，通过测试按钮可进行功能测试，并根据指示灯确认工作状态，具有简单、简便、简易、简捷等特点（图 5-83）。用作风量控制及风量切换，接线和操作简洁，学习成本较低。无需导入程序，与 BMS 集成，只需要接入 24V 电源就可以实现风量精确控制，这对一些改造或新建项目来说，容易实施，投资低。另外，现场可以通过旋转风量电位计实现风量的调整和重设。在平疫转换应用涉及的风量切换功能，也仅需通过一个简单的开关就可以实现（图 5-84）。

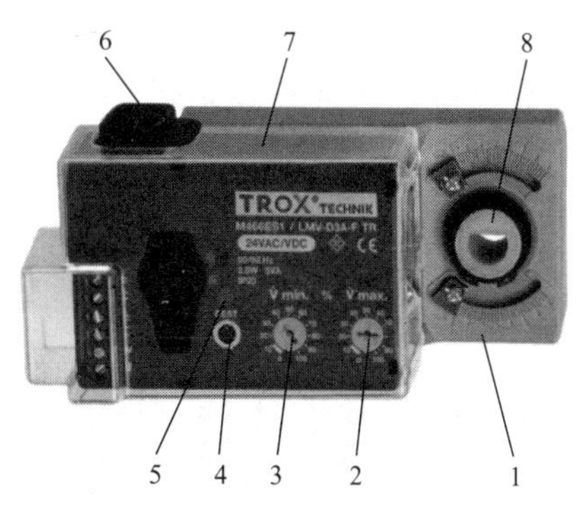

图 5-83　EASY 型多工况风量调节器

1—EASY 型控制器；2—最大风量电位计；3—最小风量电位计；4—指示灯；5—测试按钮；6—气管接口；7—保护罩；8—轴卡

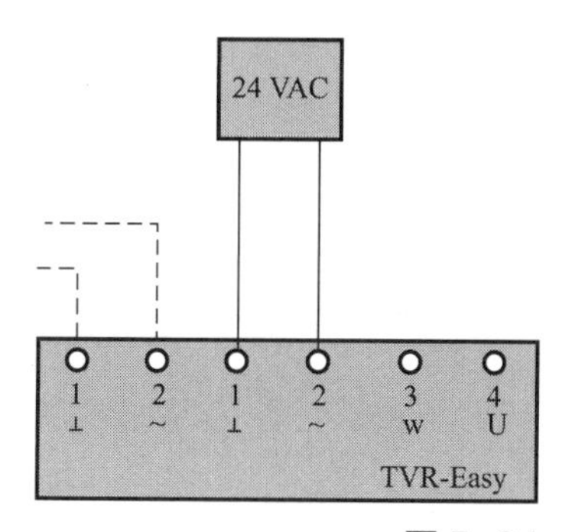

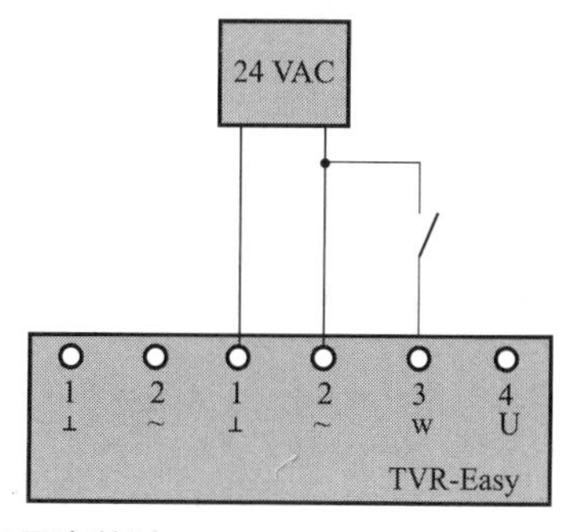

图 5-84　风量电位计

注：开关断开，小风量运行；开关闭合，大风量运行。

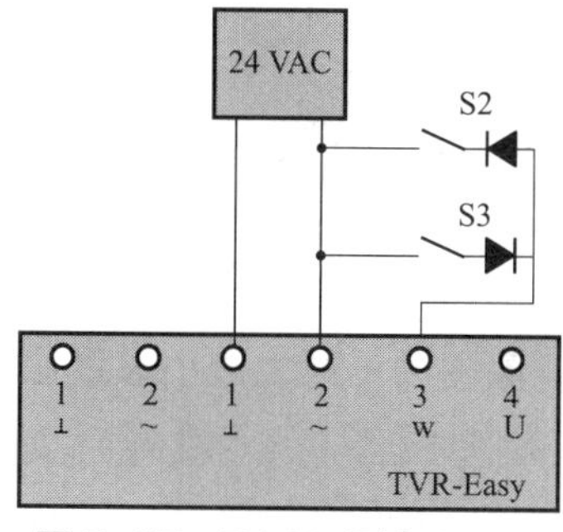

图 5-85　EASY 型多工况风量调节器气密关断功能

注：S2 闭合，阀片全关；S3 闭合，阀片全开；均断开，定风量运行。

在有消毒或其他目的，需要关闭单独房间通风空调的应用中，EASY 型多工况风量调节器容易实现完全关闭，配置具有气密关闭功能的阀体，同时实现气密关断功能（图 5-85）。

（2）压力控制

为了杜绝风险，有效隔离污染，除了保证换气次数外，气流流向更应得到严密控制。考虑到响应的速度以及系统的可靠性，首选分布式智能控制，由变风量末端实现房间风量和压力控制。压差变送器将房间或风管压力信号转换为电压信号，控制器通过电压信号获取实际压差值。控制器对比压差设定值和实际值，如有偏差，改变输出至执行器的信号，执行器相应地运转至指定位置（图 5-86）。

房间压力控制还可以与流量测量相结合，变风量末端既可以监测房间压差，也能监测实际的风量值，实现风量和压差的混合策略，控制更准确、迅速（图 5-87）。

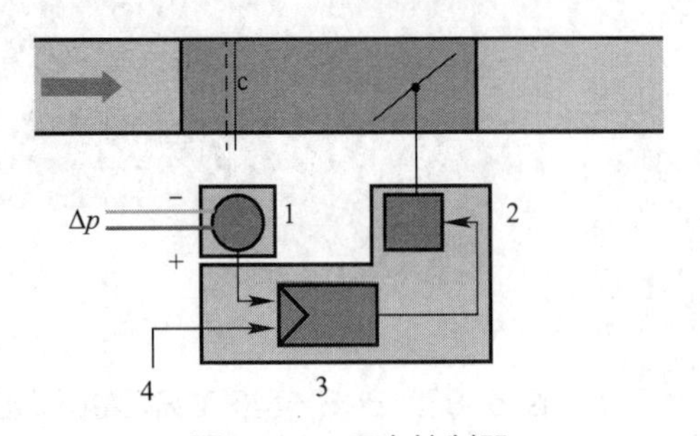

图 5-86 压力控制器

1—压差变送器；2—执行器；3—压力控制计算单元；4—开关切换信号

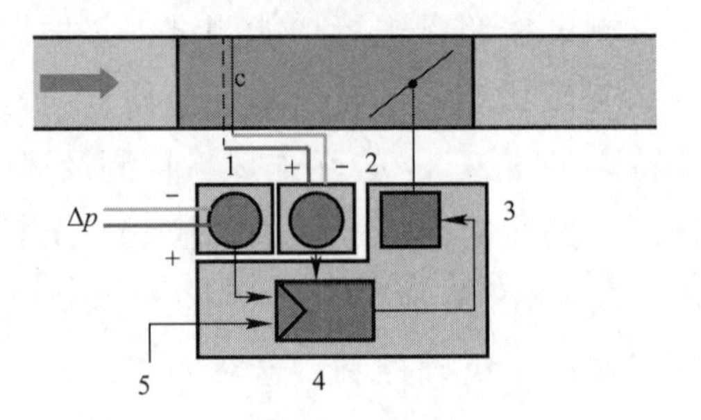

图 5-87 压力控制与流量测量相结合

1—房间压差变送器；2—风量压差变送器；3—执行器；4—压力控制器；5—开关切换信号

（3）应用建议

根据项目的要求确定合适的阀体形式和控制方式。

1）阀体形式的选择：

① 通常默认选用 TVR、TVJ 或 TVT 变风量末端（图 5-88）。TVR 用于圆形风管，TVJ/TVT 用于矩形风管以及风量较大的场所。其中，TVR 和 TVT 完全关闭时气密性达到《建筑通风风量调节阀》JG/T 436—2014 定义的“密闭型风阀”，甚至是“中密闭性风阀”标准。

图 5-88 变风量末端

图 5-89 TVE 型变风量调节器

② 在一些风量调节范围大（最大最小风量比最高达到 25∶1）、低风速（0.5m/s），或者是安装空间受限的场合可选用 TVE 型变风量调节器（图 5-89）。这种形式的变风量末端对入流条件没有要求，上游无需任何直管段，可以直接安装在弯头、三通等局部阻力部件之后。

选定阀体形式后，就是根据风量范围，结合

风管尺寸确定规格尺寸，最后选择附件，如何种控制、是否需要消声外壳等。

2）与定风量选型不同的是，变风量末端还必须匹配相应的控制部件：

① 出于保证换气次数考虑，需要对风量加以限定，或者有多工况风量切换需求的应用，可选择 EASY 型多工况风量调节器，通过房间面板或开关实现切换（图 5-90）。

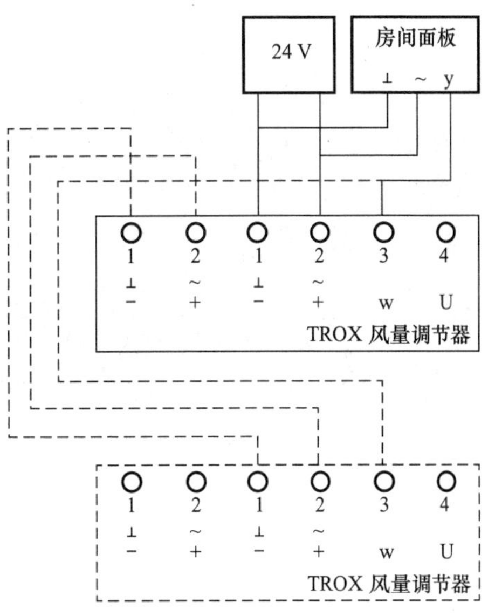

图 5-90　EASY 型多工况风量调节器接线原理图

② 对于负压隔离病房或洁净病房等对污染控制或室内环境有较高要求，或 PCR 实验室这类各个区域间有明确压力梯度要求的场所，可考虑回风采用配置了压力控制器的变风量末端。房间压力传感器测量目标房间与参考区域（如走廊）之间的压差，变风量末端配置的控制部件进行计算，并对房间风量进行调节，保证各房间的压差梯度。可以进一步结合风量测量，实际风量追踪控制以及上位系统监控（图 5-91）。

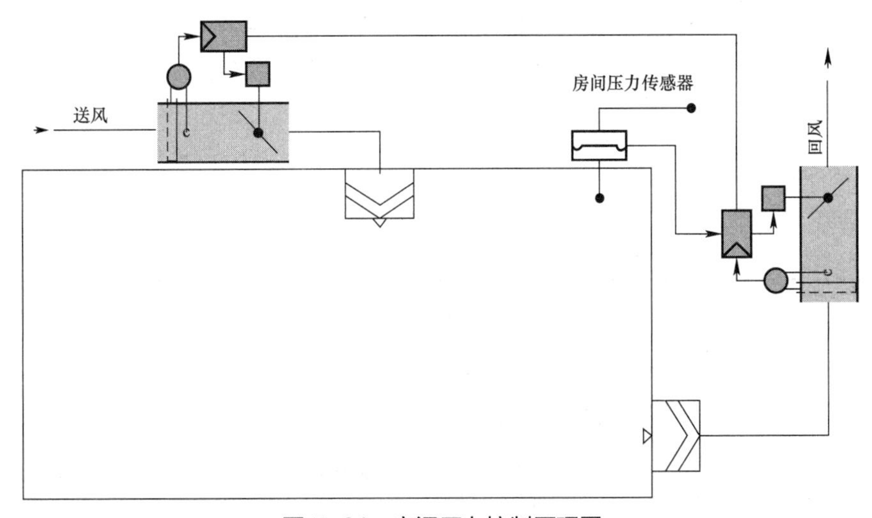

图 5-91　房间压力控制原理图

3. 项目案例

武汉同济航天城医院位于武汉市新洲区，总建筑面积 20.7 万 m^2，设计床位 1000；总投资 24.3 亿元，是新洲区首家平疫结合三甲医院；包含门诊楼、医技楼、住院楼、行政楼、感染楼 5 个单体，最高单体 13 层（图 5-92）。医院按照平疫结合原则设计，

图 5-92 武汉同济航天城医院

包含 200 张传染病床位和 800 张普通病床位。平时作为三级甲等全科医院使用，遇疫情可快速转换成拥有 1000 张床位的传染病救治医院。

该医院送风和排风均采用妥思多工况阀 TVR-EASY，共 1552 套，2021 年 4 月供货。平疫转换时通过开关按键即可实现一键切换，更有完全关闭功能，实现局部的气密关断。

5.6.2 密闭阀

综合考虑通风空调系统连接管道和其他末端设备的整体密封要求程度，建议根据《建筑通风风量调节阀》JG/T 436—2014 选择密闭型风阀，其中阀片泄漏量需满足密闭型风阀要求（表 5-52），阀体漏风量符合 C 级阀体要求（表 5-53）。

阀片泄漏等级与允许漏风量 表 5-52

阀片泄漏等级	允许漏风量 Q [m^3/（h · m^2）]
零级泄漏（阀片耐压 2500Pa 时）	0
高密闭型风阀	$\leqslant 0.15\Delta P^{0.58}$
中密闭型风阀	$\leqslant 0.60\Delta P^{0.58}$
密闭型风阀	$\leqslant 2.70\Delta P^{0.58}$
普通型风阀	$\leqslant 17.00\Delta P^{0.58}$

注 1. 本表为空气标准状态下，阀片允许漏风量。
2. ΔP 为阀片前后承受的压力差，单位为 Pa。
3. 住宅厨房卫生间止回阀阀片漏风量参考中密闭型风阀执行。
4. 阀片漏风量计算时，漏风面积按照风阀内框尺寸计算。

阀体泄漏等级与允许漏风量 表 5-53

阀体泄漏等级	允许漏风量 Q [m^3/（h · m^2）]
A 级阀体漏风量	$\leqslant 0.003P^{0.65}$
B 级阀体漏风量	$\leqslant 0.01P^{0.65}$
C 级阀体漏风量	$\leqslant 0.03P^{0.65}$

注 1. 本表为空气标准状态下，阀体允许漏风量值。
2. P 为标准状况下，阀体内承受的压力，单位为 Pa。
3. 阀体漏风量计算时，漏风面积按照风阀内框尺寸计算。

AK 型密闭阀适合于圆形风管，JZD-G 型密闭阀适合于矩形风管（图 5-93），其密闭性能满足 DIN EN1751—2014 及 JG/T 436—2014 中关于密闭型风阀的漏风量要求。

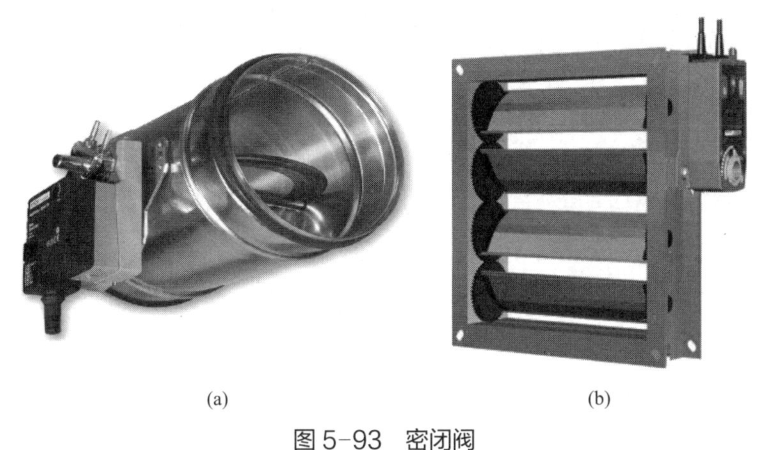

(a) (b)

图 5-93 密闭阀

（a）AK 型；（b）JZD-G 型

5.6.3 生物安全柜

生物安全柜是为操作原代培养物、菌毒株以及诊断性标本等具有感染性的实验材料时，用来保护操作者本人、实验室环境以及实验材料，使其避免暴露于上述操作过程中可能产生的感染性气溶胶和溅出物而设计的。按照 WHO《实验室生物安全手册》分类原则，生物安全柜可分为Ⅰ级、Ⅱ级和Ⅲ级。

1. 生物安全柜的系统形式与分类

Ⅰ级生物安全柜是有前窗操作口的生物安全柜，操作者可通过前窗操作口在生物安全柜内进行操作，用于对人员和环境进行保护，不要求对产品的保护。前窗操作口向内吸入的负压气流用以保护人员的安全；排出气流经高效空气过滤器过滤是为了保护环境不受污染。

Ⅱ级生物安全柜是有前窗操作口的生物安全柜，操作者可通过前窗操作口在生物安全柜内进行操作，对操作过程中的人员、产品及环境进行保护。前窗操作口向内吸入的负压气流用以保护人员的安全；经高效过滤器过滤的垂直气流用以保护受试样本；气流经高效过滤器过滤后排出是为了保护环境不受污染。Ⅱ级生物安全柜按排放气流占系统总流量的比例及内部设计结构分为 A1、A2、B1、B2 共四种类型。

（1）Ⅱ级 A1 型生物安全柜的特点：前窗操作口流入气流的最低平均流速为 0.40m/s；下降气流为生物安全柜的部分流入气流和部分下降气流的混合空气，经过高效过滤器过滤后送至工作区；污染气流经过高效过滤器过滤后可以排到实验室或经生物安全柜的外排接口通过排风管道排到大气中；生物安全柜内所有生物污染部位均处于负压状态或者被负压通道和负压风系统包围。

Ⅱ级 A1 型生物安全柜不能用于有挥发性化学品和挥发性放射性核素的实验。

（2）Ⅱ级 A2 型生物安全柜的特点：前窗操作口流入气流的最低平均流速为 0.50m/s；下降气流为部分流入气流和部分下降气流的混合空气，经过高效过滤器过滤后送至工作区；污染气流经过高效过滤器过滤后可以排到实验室或经生物安全柜的外排接口通过排风管道排到大气中；生物安全柜内所有生物污染部位均处于负压状态或者被负压通道和负压通风系统环绕。

Ⅱ级 A2 型生物安全柜用于进行以微量挥发性有毒化学品和痕量放射性核素为辅助剂的微生物实验时，必须连接功能合适的排气罩。

（3）Ⅱ级 B1 型生物安全柜的特点：前窗操作口流入气流的最低平均流速为 0.50m/s；下降气流大部分由未污染的流入气流循环提供，经过高效过滤器过滤后送至工作区；大部分被污染的下降气流经过高效过滤器过滤后通过专用的排气管道排入大气中；生物安全柜内所有生物污染部位均处于负压状态或者被负压通道和负压通风系统包围。如果挥发性有毒化学品或放射性核素随空气循环不影响实验操作或实验在生物安全柜的直接排气区域进行，Ⅱ级 B1 型生物安全柜可以用于以微量挥发性有毒化学品和痕量放射性核素为辅助剂的微生物实验。

（4）Ⅱ级 B2 型生物安全柜的特点：前窗操作口流入气流的最低平均流速为 0.50m/s；下降气流来自经过高效过滤器过滤的实验室或室外空气（即生物安全柜排出的气体不再循环使用）；流入气流和下降气流经过高效过滤器过滤后通过排气管道排到大气中，不允许回到生物安全柜和实验室中；所有污染部位均处于负压状态或者被直接排气（不在工作区循环）的负压通道和负压通风系统包围。

Ⅱ级 B2 型生物安全柜可以用于以挥发性有毒化学品和放射性核素为辅助剂的微生物实验。

Ⅲ级生物安全柜是具有全封闭、不泄漏结构的通风柜。人员通过与柜体密闭连接的手套在生物安全柜内实施操作。生物安全柜内对实验室的负压应不低于 120Pa。下降气流经高效过滤器过滤后进入生物安全柜。排出气流经两道高效过滤器过滤或通过一道高效过滤器过滤再经焚烧处理。

2. 工作原理和特点

目前从市场应用和综合考虑实际运用，大部分在流通和运用的是Ⅱ级生物安全柜，其中尤为以Ⅱ级 A2 型和Ⅱ级 B2 型最常见。

Ⅱ级 A2 型生物安全柜没有独立的进风系统，其新风补充完全来自前窗操作口的流入气流，流入气流与下降气流在负压通道内混合，经风机加压后送入正压混合腔，分别经送风过滤器和排风过滤器过滤后产生工作区的下降气流和排出安全柜的外排气流，此外排气流可根据实验品的性质，选择排放室内或经管道排放室外。

Ⅱ级 B2 型生物安全柜具有独立的进风口，内置送风机只负责安全柜下降气流的控制，工作区受污气流与前窗操作口的流入气流在负压通道内混合后，全部经排风 HEPA 或 ULPA 过滤后经专用管道和远程风机排放室外。Ⅱ级 B2 型生物安全柜排气应设置防回流系统，当安全柜的排放气流通过顶部排风管道送到建筑物外部时，应该采取预防措施来防止气体回流入安全柜。

NSF/ANSI 49 中明确规定Ⅱ级 A1、A2 型生物安全柜如果采用管道外排，应采用带有补风功能和警报系统的排风罩，而非采用密闭连接管路法兰口连接。直接连接被认为不可接受。当采用排风罩连接时，在远程风机的引导下，安全柜中经排风过滤器过滤后的排风被全部引入排风管道，排风罩开口间隙处同时有部分室内空气被引入排风罩。在排气系统远程风机故障期间，允许将经过过滤的排气再循环进入房间，并在气流切变 15s 内做出响应报警提示操作者。上述两种工况的运行状态应确保通过可见介质的验证。

Ⅱ级 A2 型生物安全柜如果用来进行含有少量挥发性有毒化学物质或微量放射性核素的微生物学研究工作，则必须通过连接排风罩及外排管道来排放空气。

3. 应用场合及技术参数

对于病毒筛查过程中的核酸检测，检测机构收到样本后，首先对样本进行核酸提取，而提取过程中的开盖、样品提取以及 PCR 扩增过程也是样品气溶胶发散的“高峰”，极易造成检测人员的被动感染，因此在整个检测过程中，需要对操作者、样品和环境进行湿度保护和“隔离”。生物安全柜正是集聚了此三项功能的一个综合防护设施，也正因为此特点，生物安全柜在疫情防控过程中，承担着防护者的重任。

典型应用场合：医院检验科、静脉用药配置中心、PCR 实验室、核酸检测等。

应用案例：火眼实验室（图 5-94）

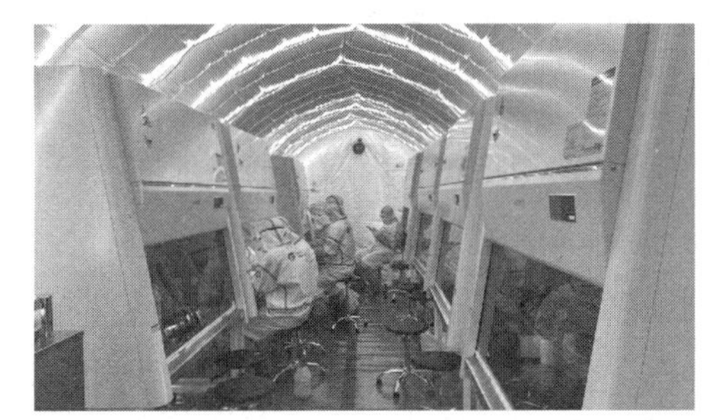

图 5-94 火眼实验室

5.6.4 文丘里阀

1. 文丘里效应与文丘里阀

文丘里效应也称文氏效应，由意大利物理学家文丘里（Giovanni Battista Venturi）

发现。该效应表现在受限流动在通过缩小的过流断面时，流体出现流速增大的现象，其流速与过流断面成反比。

文丘里阀是基于文丘里效应以流动连续性方程和伯努利方程为基础设计和制作的流量控制阀门。阀门由阀体、阀芯（节流体和弹簧组成）、阀杆、定位固定支架等组成（图 5-95），在绕流阻力（包括摩擦阻力和形状阻力）与弹簧压力共同作用下，节流体在阀杆做前后滑动运动。当阀前压力增大时，静压差作用力和绕流阻力增加，阀芯绕流体沿着气流方向移动压缩弹簧，降低过流面积，增加局部阻力系数；当阀前压力减小时，静压差作用力和绕流阻力降低，弹簧作用下阀芯绕流体向气流反方向运动，增加过流面积，从而降低局部阻力系数。通过弹簧压力和绕流阻力的平衡，根据阀前压力的变化动态的调节局部阻力系数，从而控制风量恒定。

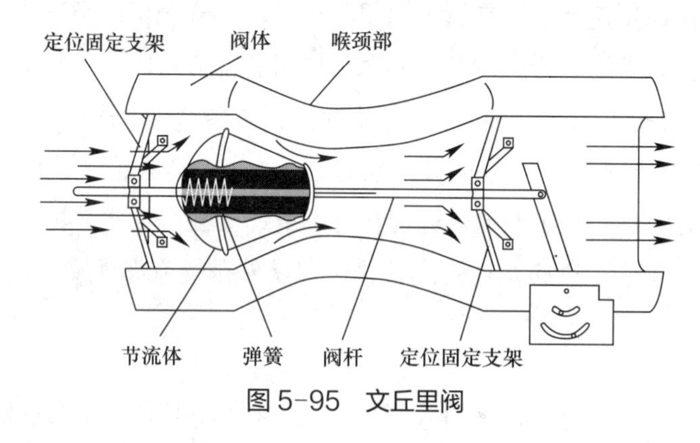

图 5-95 文丘里阀

根据压力无关范围，文丘里阀可分为低压文丘里阀（75～750Pa）、中压文丘里阀（150～750Pa）和高压文丘里阀（250～1500Pa）。按照流量控制方式，可分为定风量文丘里和变风量文丘里阀。

文丘里阀属于自力式（弹簧）压力无关型阀门。文丘里阀的阀芯无需外加动力，可由弹簧根据风管内静压的变化推动阀芯沿轴向移动，从而保持恒定的流量。

通常，文丘里阀在出厂前会进行标定（48 或 50 点），完成压力—推杆行程—流量标定的文丘里阀可快速执行所需流量控制要求，无需再通过任何形式的流量测量与校正，这就形成了前馈控制的文丘里阀的快速响应。

2. 系统形式及工作原理

（1）用于排风柜变风量控制

文丘里阀在医院的典型应用场景为病理科有排风柜的房间，病理科的主要任务是在医疗过程中承担病理诊断工作，在工作时会使用有害化学试剂，为了控制污染源，病理室部分房间需要配置排风柜。由位移传感器、变风量文丘里阀、变风量控制器和数显单元组成的开环控制系统，系统方框图如图 5-96 所示。位移传感器实时测量排风柜调节门开度，变风量控制器通过运算并实现对作为“执行器”的变风量文丘里阀的控制来确保所需排风流量，从而实现排风柜面风速稳定在设定值图（图 5-97）。

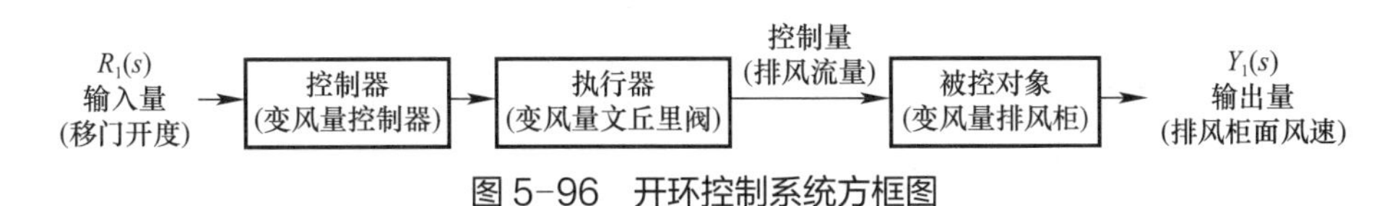

图 5-96　开环控制系统方框图

（2）房间压力控制

1）余风量控制系统

余风量控制系统适用于密封性较差、压力要求不严格的房间。其在医院的典型应用场景为病理科中取材、切片等有排风柜的房间及部分科研实验室。余风量控制是通过追踪实验室房间送、排风风量，调节房间的送风或 / 和全面排风风量来实现房间压力满足工艺要求的控制方式。余风量控制是典型的开环控制，其控制框图如图 5-98 所示。

余风量控制系统由变风量送、排风文丘里阀、房间压力控制器、房间显示单元组成，文丘里阀自带控制器，一般采用变风量送风文丘里阀的控制器作为房间压力控制器。图 5-99 为病理科余风量控制系统原理图。

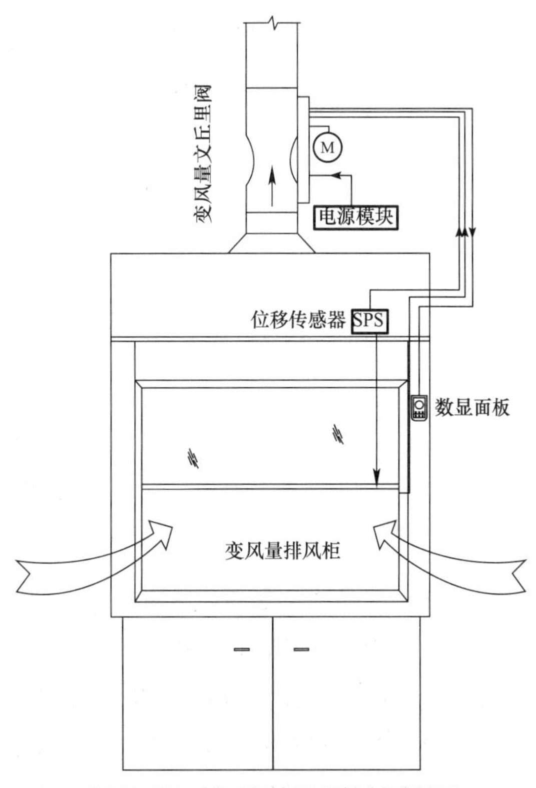

图 5-97　排风柜变风量控制原理图

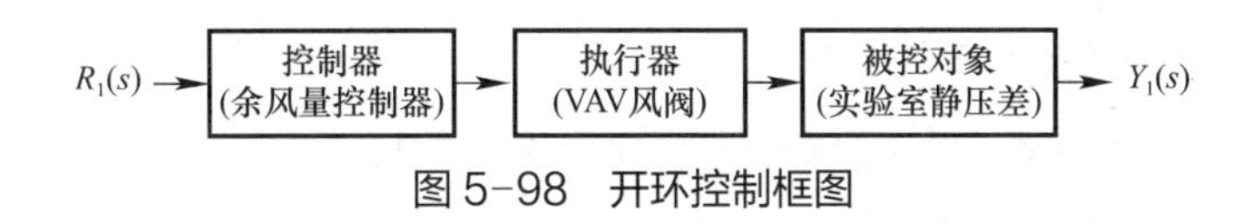

图 5-98　开环控制框图

2）直接压差控制系统

直接压差控制系统适用于密闭性好、需要严格压力控制的房间。其在医院的典型应用场景为 PCR 实验室、生物安全实验室、手术室、ICU、病房等。直接压差控制是通过追踪实验室房间压力设定值，调节房间的送风或 / 和全面排风变风量阀门开度来维持房间压力满足工艺要求的控制方式。直接压差控制是典型的闭环控制，其控制框图如图 5-100 所示。

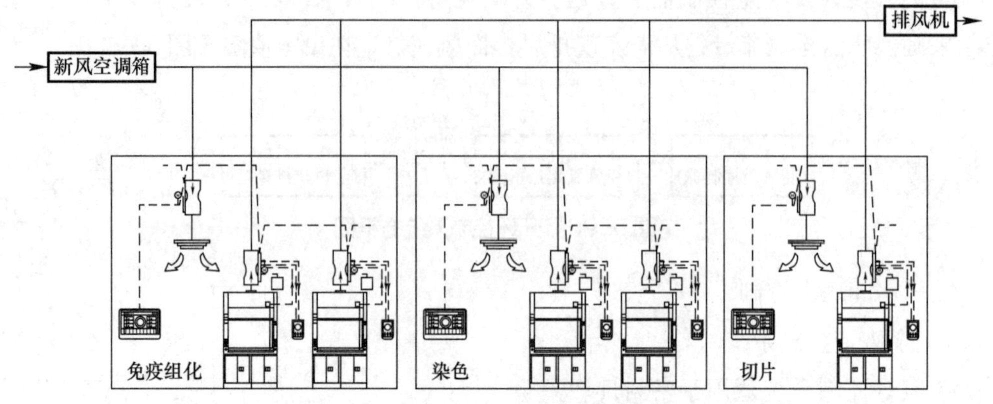

图 5-99 病理科余风量控制系统原理图

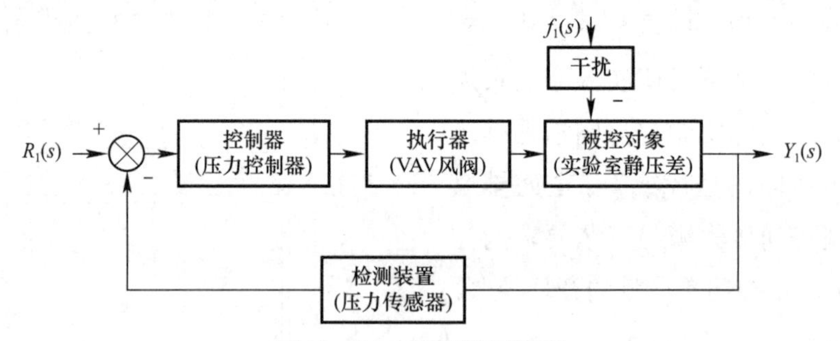

图 5-100 闭环控制框图

闭环控制系统是基于反馈原理建立的自动控制系统，具有抑制干扰和改善系统响应特性的能力，但是同时也给系统带来了振荡，这种振荡直接造成了直接压力控制的不稳定性和反复振荡给系统调试带来难度。

直接压差控制系统由变风量送、排风文丘里阀、房间压力控制器、房间压力传感器、房间显示单元等组成，文丘里阀自带控制器，一般采用变风量送风文丘里阀的控制器作为房间压力控制器。图 5-101 为 PCR 实验室直接压差控制系统原理图。

3）自适应余风量控制系统

自适应余风量控制系统具有较好的系统抗扰性和自适应性，可以提供更加稳定的房间压力。其在医院的典型应用场景为病理科、生物安全实验室、病房等。自适应余风量控制系统在余风量控制的基础上引入反馈控制回路，对被控对象进行反馈校正来提升系统的控制精度，是一种前馈—反馈复合控制，自适应余风量控制框图如图 5-102 所示。

通过前馈—反馈复合控制来增强压力控制的稳定性，自适应余风量控制可以通过在开门瞬间停止控制系统压差反馈的方式来防止因开关门造成房间压差波动和采用延

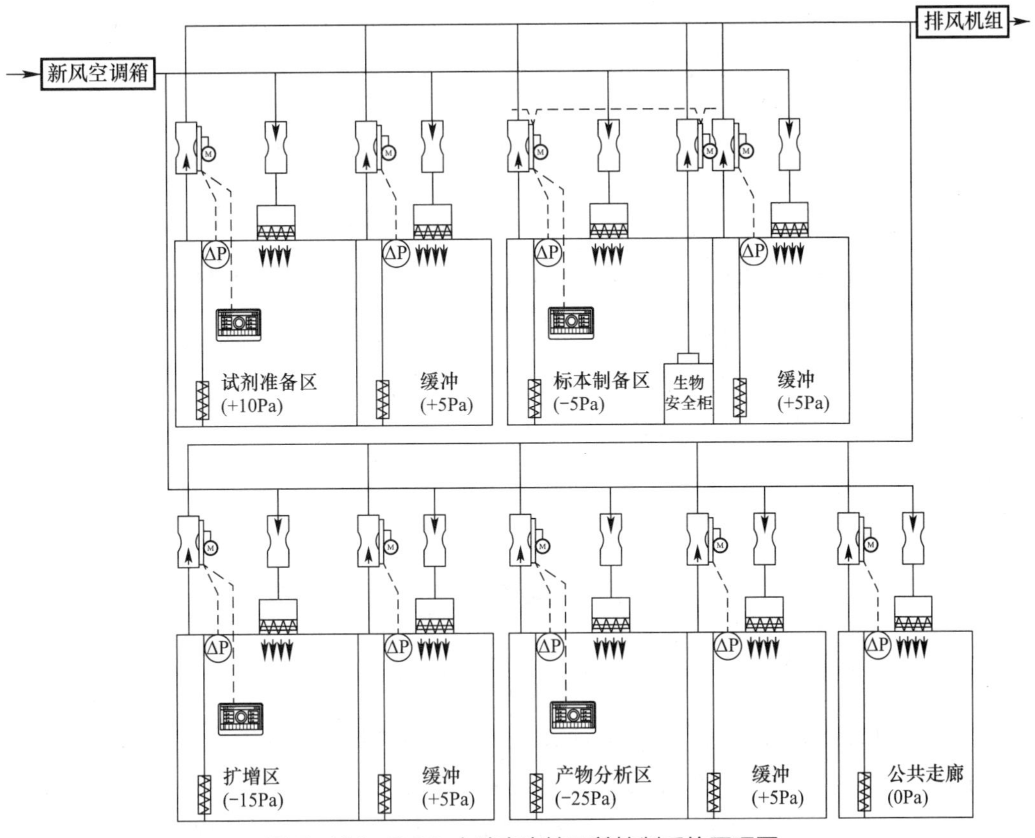

图 5-101　PCR 实验室直接压差控制系统原理图

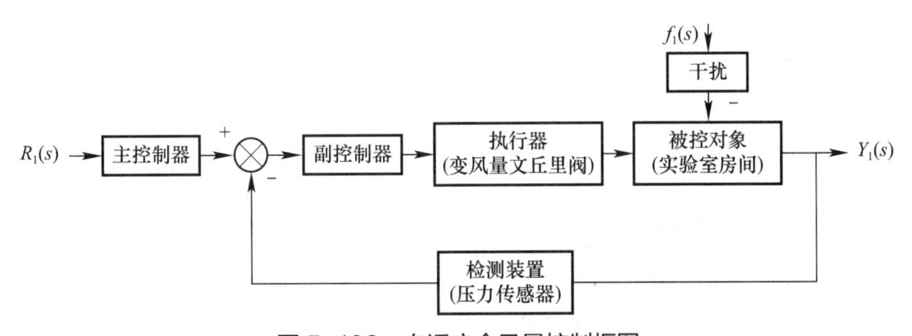

图 5-102　自适应余风量控制框图

迟变风量阀的响应时间消除房间开关门对压差的影响。高等级生物安全实验室或者负压隔离病房由于围护结构的密封性较高，细微风量变化就会导致明显的压力波动，因此此类房间适宜采用自适应余风量控制来提升系统的抗扰性和自适应性。

自适应余风量控制系统由变风量送、排风文丘里阀、房间压力控制器、房间压力传感器、房间显示单元等组成，文丘里阀自带控制器，一般采用变风量送风文丘里阀的控制器作为房间压力控制器。图 5-103 为负压隔离病房自适应余风量控制系统原理图。

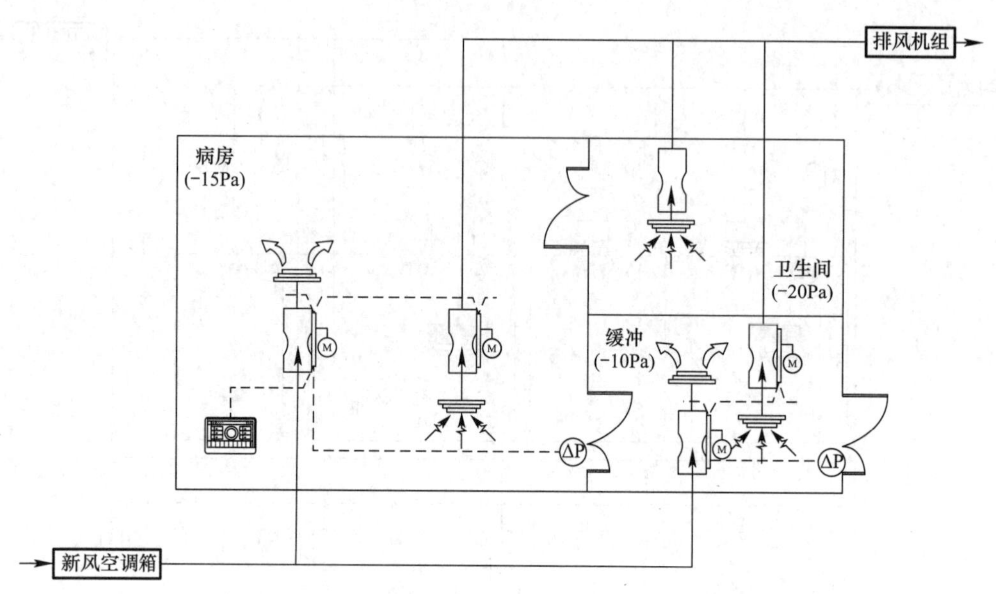

图 5-103 负压隔离病房自适应余风量控制系统原理图

3. 应用场合及技术参数

文丘里阀适用于通风柜的变风量控制及房间的压力控制。作为送、排风风量控制及调节阀门，文丘里阀在工作压力范围内风量与压力无关，风量控制精确到气流控制信号 ±5%，对命令信号变化的响应时间小于 1s，对风管静压变化的响应时间小于 1s，可根据不同工艺需求选择酚醛树脂喷涂或特氟龙喷涂，阀门安装前后无需直管。因此，医院理化类实验室、生物安全实验室、PCR 实验室、医院洁净区、病房等区域均可适用，在平疫转换中，也可以迅速、精准切换风量，改变房间正负压状态。图 5-104 为阀门尺寸示意图，表 5-54 为阀门主要技术参数。

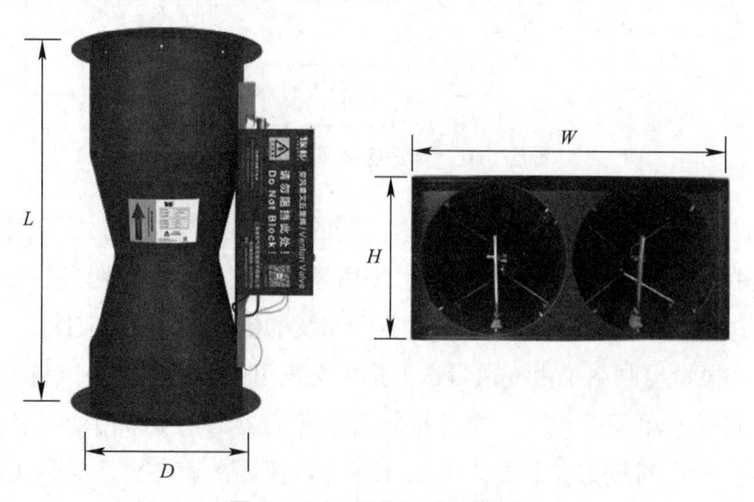

图 5-104 阀门尺寸示意图

阀门主要技术参数　　表5-54

规格（英寸）	风量范围（m^3/h）	单阀直径 D（mm）	长 L（mm）	宽 W（mm）	高 H（mm）
8	60～1180	200	594	—	—
10	85～1700	250	552	—	—
12	150～2500	300	681	—	—
14	340～4250	350	761	—	—
210	170～3400	250	629	514	257
212	300～5000	300	757	614	308
214	680～8500	350	838	762	381
312	450～7500	300	757	941	308
314	1020～12750	350	838	1143	381
414	1360～17000	350	838	1524	381

4. 案例及应用效果

（1）某医院PCR实验室

以已完工的某医院PCR实验室为例，实验室平面图如图5-105所示。实验室分为

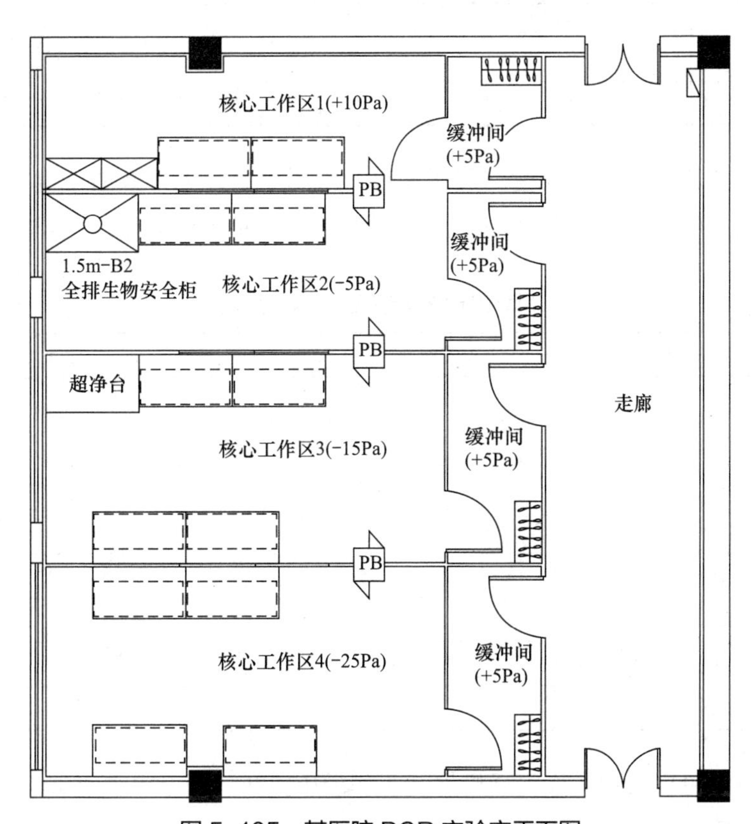

图5-105　某医院PCR实验室平面图

四个核心工作区，相关参数及设计要求如表 5-55 所示，面积为 89.5m²，实验室吊顶高度 2.8m。实验室整体采用夹芯彩钢板隔墙和吊顶，密封性较好。根据《生物安全实验室建筑技术规范》GB 50346—2011 及业主要求，实验室按照换气次数为 $15h^{-1}$，洁净度等级 7 级来设计。

实验室相关参数及设计要求　表 5-55

名称	面积（m^2）	吊顶高度（m）	换气次数（h^{-1}）	全面排风量（m^3/h）	生物安全柜排风量（m^3/h）	渗透风量（m^3/h）	送风量（m^3/h）	压力梯度（Pa）	控制策略	控制方式
核心工作区 1 缓冲间	2.9	2.8	15.0	121.8	—	12.2	134.0	+5.0Pa	定送变排	直接压差法
核心工作区 1	11.0	2.8	15.0	462.0	—	52.0	514.0	+10.0Pa	定送变排	直接压差法
核心工作区 2 缓冲间	4.5	2.8	15.0	189.0	—	18.9	170.1	+5.0Pa	定送变排	直接压差法
核心工作区 2	24.0	2.8	15.0	1008.0	1080.0	73.0	1007.0	−5.0Pa	定送变排	直接压差法
核心工作区 3 缓冲间	4.6	2.8	15.0	193.2	—	19.3	173.9	+5.0Pa	定送变排	直接压差法
核心工作区 3	24.5	2.8	15.0	1029.0	—	164.0	865.0	−15.0Pa	定送变排	直接压差法
核心工作区 4 缓冲间	3.6	2.8	15.0	151.2	—	15.1	136.1	+5.0Pa	定送变排	直接压差法
核心工作区 4	14.4	2.8	15.0	604.8	—	277.0	327.8	−25.0Pa	定送变排	直接压差法

通过对核心工作区 3 的流量与静压差进行现场测量并进行数据分析，来验证变风量控制下的实际应用效果。表 5-56 为不同设定静压下的实测静压差值。

不同设定静压差下的实测静压差　表 5-56

设定静压差（Pa）	实测静压差（Pa）	偏差（%）
−5	−5.11	2.20
−7.5	−7.52	0.27
−10	−10.2	2.00
−12.5	−12.3	1.60
−15	−14.5	3.33
−17.5	−17	2.86
−20	−19.5	2.50
−22.5	−21.5	4.44

从表中数据可以发现，设定静压值与实测静压值间的偏差小于 5%，证明文丘里阀控制系统对房间压力的有效控制。

（2）某医院科研实验室

为了对挥发性化学污染更好地进行源头控制，实验室通常会设置较多的局部排风装置，换气次数较高。同时，此类实验室对密封性并未做相应的技术要求，在围护结构形式和材料选择、门窗选择及机电设施等安装时会与相邻的房间或走廊之间留有较大面积的孔口，从而影响实验室的密封性能。针对此类密封性较差的理化实验室宜采用余风量控制方式。

以某医院科研实验室为例，实验室概况如表 5-57 所示。实验室面积 64m²，吊顶高度为 3m，实验室吊顶为轻质矿棉板（密封性较差），换气次数按照 $6h^{-1}$ 设计，实验室内布置 2 台 FGT-150（1.5m 宽）台式变风量排风柜，其工艺平面图如图 5-106 所示，实验室设置 2 扇 1.3m × 2.1m 钢制子母门（密封性较好），实验室风量平衡表如表 5-58 所示。

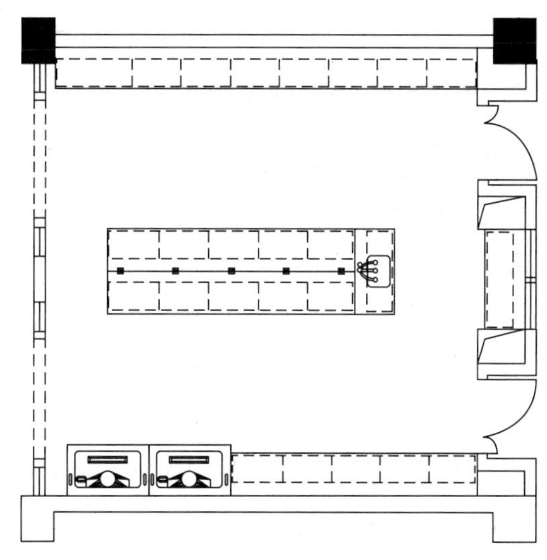

图 5-106　某医院科研实验室工艺平面图

某医院科研实验室概况　　表 5-57

实验室名称	面积（m^2）	吊顶高度（m）	换气次数（h^{-1}）	排风量（m^3/h）
有机前处理	64.0	3.0	6.0	1152.0

风量平衡表　　表 5-58

实验室计算参数	最小值	最大值	实际值
设备排风量（m^3/h）	600.0	3000.0	3000.0
全面排风（m^3/h）	552.0	0	
Σ 排风量（m^3/h）	1152.0	3000.0	3000.0
换气次数（h^{-1}）	6.0	15.6	15.6
余风量（m^3/h）	300.0		300.0
实验室送风量（m^3/h）	852.0		2700.0

由风量平衡表可知，当排风柜在最小排风量时（排风柜移门关闭时），不满足 $6h^{-1}$ 换气次数要求，此时实验室还需设置全面排风，当 2 台排风柜均使用时，实验室满足换气次数要求，此时应关闭全面排风。因此，全面排风量为 0～552m³/h，实验室整体排风量为 1152～3000m³/h，新风量为 852～2700m³/h，余风量为 300m³/h，换气次数为 6～$15.63h^{-1}$。

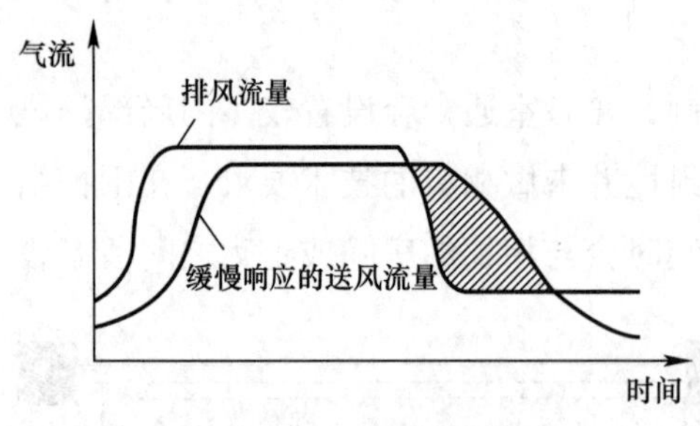

图 5-107　压差逆转图

在采用余风量控制时，系统中没有任何实时压力检测手段，因此在选型和调试时应特别注意避免压差逆转的情况发生。图 5-107 为送风阀门响应时间比排风阀门慢造成压差逆转情况，图中阴影部分为正压期间。

首先，应重点考虑所选用阀门的流量控制精度；其次，要注意匹配所选用阀门响应时间，避免出现压差逆转。该实验室采用文丘里阀作为流量控制阀门，文丘里阀的流量控制精度为 ±5%，此时可以考虑选择实际排风量（考虑同时使用率）的 10% 作为余风量值。在流量控制响应时间方面，文丘里阀的响应时间较蝶阀要快，文丘里阀的最快响应时间在 1s 以内，并且送、排风系统均为响应时间相同的文丘里阀，避免了送风阀门响应时间比排风阀门慢造成压差逆转情况。

（3）某医院负压隔离病房

以某医院负压隔离病房为例，其平面图如图 5-108 所示，病房为双人间，压力梯度如图中标注所示。

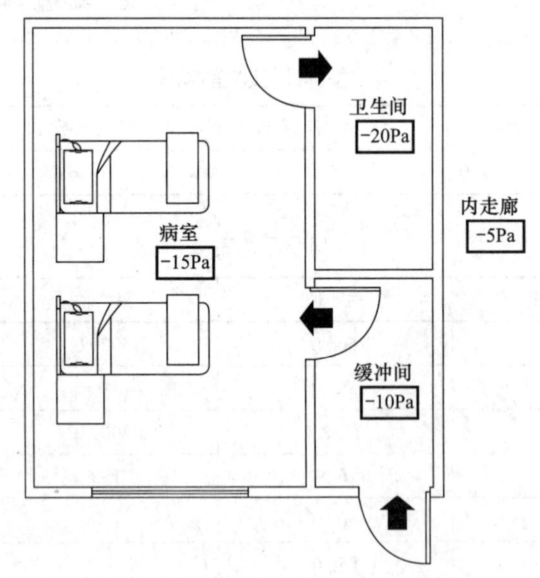

图 5-108　某医院负压隔离病房平面图

病房设计参数如表 5-59 所示，参照《医院负压隔离病房环境控制要求》GB/T 35428-2017 对医院负压隔离病房的环境控制要求，内走廊属于潜在污染区，同时考虑围护结构的密闭性，内走廊按照 -5Pa 来设计（尤其是当内走廊靠近清洁区时）。面积参数参考北京市《负压隔离病房建设配置基本要求》DB11/663-2009 负压隔离病房建设配置基本要求。

某医院负压隔离病房设计参数　　表 5-59

房间名称	室内净高（m）	面积（m^2）	人均新风量［m^3（h•人）］	压差（Pa）	换气次数（h^{-1}）	温度（℃）	相对湿度（%）
病室	2.6≤h<3	11（9min.）单人；9（7.5min.）人均（双人/多人）	≥40	−15	10～15	20～26	30～70
卫生间（病室）	2.6≤h<3	—	≥40	−20	10～15	20～26	30～70
缓冲间	2.6≤h<3	≥3	≥40	−10	10～15	20～26	30～70
内走廊	—	—	≥40	−5	10～15	20～26	30～70
清洁区	—	—	—	0 或正压	6～10	20～26	30～70

采用压差法计算漏风量：

$$L=0.827\times A\times(\Delta P)1/2\times 1.25=1.03375\times A\times(\Delta P)1/2$$

式中　L——漏风量，m^3/s；

0.827——漏风系数；

A——总有效漏风面积，m^2；

ΔP——压力差，Pa；

1.25——不严密处附加系数。

选用规格 1.0m × 2.1m 的门，门缝缝隙按照 3～4mm 计算，则有：

$$L=0.827\times A\times(\Delta P)1/2\times 1.25=1.03375\times A\times(\Delta P)1/2$$

$$=1.03375\times 6.2m\times 0.0035\times 5\times 0.5=0.056m^3/s=200m^3/h。$$

相邻区域保持 5Pa 压差，则房间排风量大于送风量 200m^3/h，根据房间换气次数计算送风量。表 5-60 为负压隔离病房的风量表。

负压隔离病房风量表　　表 5-60

房间名称	面积（m^2）	吊顶高度（m）	换气次数（h^{-1}）	送风量（m^3/h）	排风量（m^3/h）
卫生间	4	3.0	12	0	200
病室	20	3.0	15	900	1100
缓冲间	4	3.0	12	144	344

病房采用变风量送、排风文丘里阀，图 5-109 为负压隔离病房产品配置图，表 5-61 为阀门配置表。

由于文丘里阀的高精度控制特点，结合自适应余风量控制的抗扰性和自适应性，该负压隔离病房实际在使用过程中房间压力稳定性较好。

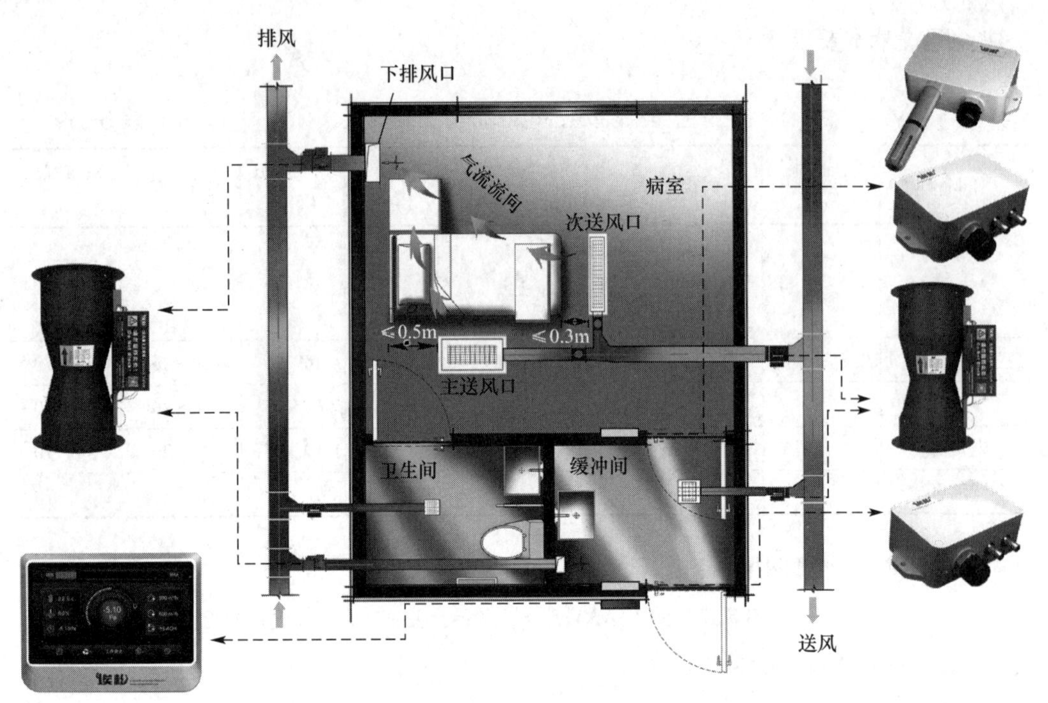

图 5-109 某医院负压隔离病房产品配置图

负压隔离病房阀门配置表 表 5-61

房间名称	送风阀门规格	排风阀门规格	备注
卫生间	—	CAV-108	8 寸定风量文丘里阀
病室	VAV-108	VAV-110	8 寸、10 寸变风量文丘里阀
缓冲间	VAV-108	VAV-108	8 寸变风量文丘里阀

5.6.5 医疗建筑其他相关设备研发及应用

1. 实验室变风量控制 / 变风量阀[①]

该产品是为药厂、洁净车间、实验室等对房间压差有控制要求的系统定制开发的一款压力无关型变风量末端。利用变风量末端控制送风量与排风量，实现风量与压力的控制或房间压差控制。现场调试可快速上手，无需通电阀，可以使用 NFC 接口与手机连接，设定后台程序量，通过云服务高效处理数据。运行时间可选，最快可以达到 2.5 s。变风量末端阀体的材料为镀锌钢板或不锈钢材质，可选防腐涂层，保证阀体可在特殊场合安全使用。产品设计和工艺采用欧洲标准，箱体和控制器集成一体化完美

① 资料来源：昆山开思拓空调技术有限公司。

匹配，具有高测量精度、快速响应等特点。控制器在欧洲定制。

该产品于2020年1月研发，产品特点：

（1）箱体采用德国工艺，高精度机床、先进的压铆技术，确保箱体漏风率≤1%。

（2）方形变风量阀片采用双层高强度钢板夹优质橡塑，圆形变风量阀片采用优质钢板包胶工艺，确保阀体漏风量≤0.5%，且阀片转动灵活。

（3）毕托管24个风量测量孔，测量均匀，测试范围广。

（4）阀片可完全关闭，关闭时满足气密性标准《建筑物通风 空气终端装置 阻尼器和阀门的气动试验》EN 1751：2014，方形变风量阀体满足等级3，圆形变风量阀体满足等级4。

执行标准：《空调变风量末端装置》JG/T 295−2010、《建筑物通网 空气终端装置 阻尼器和阀门的气动试验》EN 1751−2014。申请专利：《风阀（圆变风量）》CN306163575S、《风阀（方变风量）》CN306163576S。

应用场景：高等级实验室、药厂、医院、隔离病房、手术室；该产品在中生复诺健mRNA疫苗生产基地、四川前沿生物、深圳市第三人民医院、石药北京研发中心、苏州微超生物等项目中得到了应用。

2. 生物安全柜①

生物安全柜有前窗操作口，操作者可通过前窗操作口在安全柜内进行操作，前窗操作口向内吸入负压气流以保护操作人员的安全，经超高效过滤器过滤的下降气流用以保护安全柜内实验物品，气流经超高效过滤器过滤后排出安全柜以保护环境。生物安全柜可为悬浮生物或微粒化学药剂提供最佳洁净和物理防护屏障，在其内操作可适度减低人员、物品及环境受污染的风险。根据实验对象的不同，生物安全柜分为30%排放的A2型及100%排放的B2型。

随着人类社会的迅速发展，一些未知病菌、病毒的疫情不断出现，如SARA、MERS、新冠病毒等，人类需要对其研究，研制出抗体、血清蛋白、灭活疫苗等。再加之现代社会生物制品的推广运用，人类在整个实施过程中，不仅仅要保护受试样品，更需要保护操作者和操作环境。因此，生物安全柜作为操作人员最重要的防护屏障被广泛运用在生物实验室中。目前生物安全柜的功能已并不仅仅是一种操作保护屏障，更多的外设装置信号转换和物联网技术的融入已成为新一代信息技术在生物安全柜上运用的重要组成部分，并已作为硬件配置植入生物安全柜，即能实现万物互联、数据交换、指令发布、状态监控等功能。

---

① 资料来源：苏州安泰空气技术有限公司。

BSC-04-e 系列产品于 2020 年 1 月研发；主要技术指标：高效过滤器完整性：任何点的漏过率不超过 0.01%（PAO 法）；超高效过滤器过滤效率：≥99.999 5%，@0.12 μm；下降气流流速：0.35 ± 0.025 m/s；流入气流流速：0.55 ± 0.025 m/s；振动：≤5 μm（rms）；照度：平均照度≥900 lx，每个点照度≥430 lx；A 声级噪声：≤65 dB。执行标准：BSC-04 Ⅱ A2 生物安全柜执行“国械注准 20173541431”；BSC-04 Ⅱ B2 生物安全柜执行“国械注准 20173541433”；BSC-04 Ⅱ A2-e 生物安全柜执行“国械注准 20213220183”；BSC-04 Ⅱ B2-c 生物安全柜执行“国械注准 20213220249”；医疗器械注册证：国械注准 20173221431、国械注准 20173221433、国械注准 20213220183、国械注准 20213220249。

应用场景：医院检验科、静脉用药配置中心、PCR 实验室、核酸检测等；该产品在华大基因火眼实验室、上海药明康德、北京戴纳实验科技有限公司、北京协和医院、中南大学附属湘雅医院、上海交通大学医学院附属瑞金医院等项目中得到应用。

3. 机械式定风量阀[①]

调节器由箱体、阀片、轴承、气囊和带弹簧片的凸轮结构组成，无需外部供电，在整个工作压差范围内依靠一块灵活的阀片在空气动力的作用下将风量恒定在设定值上。气流流动产生的动力由自动充气气囊放大后作用于阀片，使其朝关闭方向运动。同时，弹簧片和凸轮产生反向作用力。这二个作用力自动平衡，保证风量保持在允许的误差范围内。

该产品于 1993 年研发，特点如下：共有 8 种规格，最大尺寸 Φ400，最大风量 5040 m^3/h；可通过外部的刻度盘设定风量，无需工具；控制精度高，最高风速 12 m/s，流量范围 4∶1；箱体的漏风量符合《建筑物通风　空气终端装置　阻尼器和阀门的气动试验》EN 1751：2014，满足等级 C；不限安装方向，可竖直安装或水平安装；工作温度范围 10～50 ℃，压差范围为 50～1000 Pa。

执行标准：《建筑通风风量调节阀》JG/T 436−2014、《建筑物的通风　空气终端装置　阻尼器和阀门的气动试验》EN 1751：2014。申请专利：《用于空调系统中的风量调节器》ZL02215752.2。

应用场景：病房送风、回风或排风等；该产品在北京积水潭医院、北京天坛新生儿医院、佛山市第一人民医院、甘肃省康复中心医院、荆州市中心医院、深圳市南山医院、新疆人民医院、云南省“双提升”工程、武汉市云景山医院等项目中得到应用。

---

① 资料来源：妥思空调设备（苏州）有限公司。

4. 圆形密闭阀[①]

该产品特点为：

（1）适合用于圆形风管，其密闭性能满足《建筑物通风　空气终端装置　阻尼器和阀门的气动试验》EN 1751：2014及《建筑通风风量调节阀》JG/T 436-2014中关于密闭型风阀的漏风量要求。

（2）依据不同场合的防腐性能要求，阀框与叶片可采用镀锌钢板或不锈钢板制作。

（3）依据控制要求，可选用气动、电动或手动执行机构。

（4）产品规格包含7种通风空调常规圆形风管尺寸：100mm、125mm、160mm、200mm、250mm、315mm、400mm。

该产品于1993年研发，主要技术指标为：

（1）叶片带有热塑弹性TPE密封材料，轴承为聚氨脂轴承；

（2）工作温度范围为10～50℃；

（3）阀框泄漏量满足EN 1751：2014中的C级；

（4）阀片泄漏量满足EN 1751：2014中的3级，其中规格尺寸200mm、250mm、315mm、400mm满足EN 1751：2014中的4级；

（5）最大工作压力可达1500 Pa，产品免维护。

执行标准：EN 1751-2014《建筑物通风　空气终端装置　阻尼器和阀门的气动试验》、《建筑通风风量调节阀》JG/T 436-2014。

应用场景：病房送风、回风或排风；该产品曾于中央援建香港医院、北京沃森生物、中国农大模式动物基础设施等项目得到应用。

5. 流量反馈型变风量蝶阀[②]

该产品为满足实验室通风对于风量控制阀门严苛要求而设计，其主要应用在对风量控制要求精度高的场所，如理化实验室、动物房、生物安全实验室、医院和GMP药厂的送、排风系统以及实验室通风柜、试剂柜和排风罩的排风系统中，用于精确控制其风量，广泛应用于理化类、生物类等各类型实验室。该产品于2016年1月研发，其特点为：

（1）阀门采用“文丘里”原理取压方式，风量控制精度±5%，调节比最高可达10：1。

（2）阀门采用模压一体成型，与排风接触的部件均采用高强耐腐蚀改性PP材质

---

① 资料来源：妥思空调设备（苏州）有限公司。

② 资料来源：上海埃松气流控制技术有限公司。

制作。

（3）阀门及控制盒满足国家标准的防火要求，通过 UL94-V0, 国标 V0 及《建筑材料及制品燃烧性能分级》GB 8624-2012 B1 防火等级认证。

（4）蝶阀通过不间断运行 100 万次疲劳测试，保证安全无忧使用。

（5）阀体有加强边框，保证使用多年绝不变形。

（6）阀门出厂均标配法兰，便于安装和维护。

（7）气流阻力小，工作压力范围 50～1000Pa。

（8）出厂前完成组装，并进行风量测试和标定。

（9）产品获 CE、FCC、RoHS 认证。

执行标准：《建筑通风风量调节阀》JG/T 436-2014；申请专利：《一种流量反馈型变风量蝶阀（蝶阀外观专利）》。

应用场景：理化实验室、动物房、生物安全实验室、医院和 GMP 药厂；在清华大学、同济大学、上海师范大学、上海科技大学物质科学与技术学院、浙江省食品药品检验研究院、浙江省疾病预防控制中心、青岛正大海尔制药有限公司、UPM 芬欧汇川（常熟）纸业有限公司等项目中得到应用。

6. 文丘里阀①

文丘里阀是基于文丘里效应以流动连续性方程和伯努利方程为基础设计和制作的流量控制阀门。埃松变风量文丘里阀有机械压力无关性、高调节比、快速响应、控制精准等特性，适用于生物类实验室、动物房、医院、隔离病房、理化类实验室、各类型制药厂房，实现对气流的精确控制。其特点为：

（1）阀门采用文丘里效应作为原理，48/60 点原厂标定。

（2）铝制阀体，不锈钢抛光阀杆、酚醛树脂、特氟龙喷涂可选。

（3）150～750Pa 工作压力范围内风量与压力无关。

（4）风量控制精度 ±5%。

（5）对信号变化响应时间小于 1s。

（6）对管道压力变化响应时间小于 1s。

（7）阀门自带原厂法兰，便于安装，易于维护。

（8）阀门安装无需直管段，对出入口条件无要求。

（9）产品获 CE、FCC、RoHS 认证、通过压力无关性测试。

执行标准：《建筑通风风量调节阀》JG/T 436-2014。申请专利及软件著作权：《一

① 资料来源：上海埃松气流控制技术有限公司。

种新型文丘里阀》;《一种双程杆文丘里阀》;埃松文丘里阀面风速控制嵌入式软件1.0。

应用场景:生物类实验室、动物房、医院、隔离病房、理化类实验室、各类型制药厂房;该产品曾在上海科技大学物质科学与技术学院、浙江华海药业总部、浙江华海药业二分厂、浙江海洋大学、西湖高等研究院、常州四药制药有限公司等项目中得到应用。

7. 机械式定风量阀[①]

机械式定风量阀为圆形或方形结构,用于暖通空调系统中定风量精确控制,机械式压力无关,无需外部动力,由阀体、阀片、轴承、气囊以及弹簧片的凸轮结构构成;风量控制精度高,调节比4∶1;风量可通过刻度盘现场设定,风量控制精度:5%;可水平或垂直安装,不受安装位置限制(1.5*D*出入口直管段);压差范围50~1000Pa间压力无关。

该产品于2016年1月研发;执行标准:《建筑通风风量调节阀》JG/T 436-2014。

应用场景:理化实验室、动物房、生物安全实验室、医院和GMP药厂。曾在清华大学、同济大学化学科学与工程学院、同济大学材料科学与工程学院、同济大学环境科学与工程学院、上海师范大学、上海科技大学物质科学与技术学院、浙江省食品药品检验研究院、浙江省疾病预防控制中心、青岛正大海尔制药有限公司、UPM芬欧汇川(常熟)纸业有限公司等工程中得到应用。

8. 蒸发冷却装配式集成冷水(热泵)机组[②]

应用自主研发专利《板管蛇形蒸发式冷凝器》技术,以空气和水为冷源,以冷水作为供冷介质,内置冷水系统的集中空调机组。

(1)该产品集成冷凝轴流风机、蒸发式冷凝器、壳管式蒸发器、压缩机、冷却水系统、冷水系统和定压补水装置于一体,不需要另外配套冷却塔和冷水系统,节省机房建筑空间和投资费用,只需外接水管和电源电缆即可投入使用。

(2)模块化设计及生产,蒸发式冷凝器由板管蛇形换热片→板管蛇形换热器模块→多组模块组合成整机,可满足不同冷量的需求。

(3)防结垢措施:预冷降温抑垢,增加过热去除段,降低冷凝温度,避免换热管表面形成硬垢;布水均匀抑垢,采用CFD仿真三维软件的布水系统在换热器表面形成均匀水膜,减少换热管表面干点的出现,有效防止硬垢的形成。

---

① 资料来源:上海埃松气流控制技术有限公司。

② 资料来源:广东申菱环境系统股份有限公司。

该产品于2020年1月研发，*COP*可高达5.0。执行标准：《蒸气压缩循环冷水（热泵）机组　第1部分：工业或商业用及类似用途的冷水（热泵）机组》GB/T 18430.1-2007、《蒸气压缩循环蒸发冷却式冷水（热泵）机组》JB/T 12323-2015。申请专利：《一种全过程节能蒸发冷凝空调机系统及其控制方法》ZL201410695125.0、《一种通道式蒸发冷凝器机械除垢装置》ZL201510215590.4。

应用场景：轨道交通、化工、电厂、冶金、机械、电子、宾馆、医院、商场、办公楼等；在石家庄地铁二号线、太原地铁二号线、杭州地铁10号线等项目中得到应用。

9. 恒温恒湿机组/变频恒温恒湿机①

恒温恒湿空调机采用智能化的控制模式，实现制冷、除湿、加热、加湿等功能，从而达到对室内环境温、湿度的精确控制。采用PID模糊控制方案，实现温度和湿度的同步精确控制，多级能量调节，室内温湿度波动小，温度精度达±0.8℃，湿度精度（±5%～8%）。冷热调节功能更全面，调节更精确，性能更突出。采用无级调速冷凝风机，实现室外低至-20℃制冷，最低可定制低至-40℃制冷。变频系列产品全系列机组达到一级能效，全变频自主控制，支持4G云平台功能，故障及运行状态实时记录功能，冷量可30%～120%无级调节。可实现365天×24h不间断运行，可根据环境负载机组自动调节，温度控制精度±0.5℃、湿度控制精度±5%。定频：机房空调的全年能效比*AEER*：3.50；变频：机房空调的全年能效比*AEER*：4.0以上。

该产品于2019年研发；执行标准：《单元式空气调节机》GB/T 17758-2010、《单元式空气调节机能效限定值及能效等级》GB 19576-2019；获节能认证证书CQC20701279112，型号：HF25NPG。

应用场景：电子、光学设备、仪器仪表、化妆品、胶片车间、医疗卫生、生物制药、档案馆、博物馆、图书馆、食品房、精密机械、各类计量、检测及实验室等对空气温、湿度精度要求较高的场合；该产品曾在盛虹炼化、中国石化工程、江苏斯尔邦石化等项目中得到应用。

10. 大温差水蓄冷系统、大温差磁悬浮冷水机组、高效末端、能源管理系统①

该系统为以水为介质，将夜间电网多余的谷段电力（低电价时）与水的显热相结合来蓄冷，以低温冷水形式储存冷量，并在用电高峰时段（高电价时）使用储存的低温冷水作为冷源的空调系统，是能充分利用峰谷价差获取社会和经济效益的技术。

---

① 资料来源：广东申菱环境系统股份有限公司。

技术优势：运行费用低，可利用消防水池作为蓄水池，冷源双备份，循环水流量变小，空调水系统的运行能耗降低；降低水泵的型号、减小冷水管管径等。

大温差水蓄冷系统搭配水蓄冷工程＋大温差磁悬浮冷水机组＋高效末端＋能源管理系统的特点如下：

（1）大温差磁悬浮冷水机组：具备无油高效、稳定可靠、宽域运行、低噪环保、节省费用等特点，机组可实现5%～100%负荷无极调节，出水温度控制，温度波动小，舒适性高，实现了全系列机组达到国家一级能效。

（2）高效末端：采用大温差末端＋干式盘管末端组合的方式，降低水阻力和末端水泵功率，实现送风温湿度控制。

（3）能源管理系统：可实现运行能效评测与运行能效数据分析，提供设备专业运维支持，确保系统持续高效运行。

该系统于2020年研发，*COP*可高达6.60。执行标准：《蓄能空调工程技术标准》JGJ 158-2018、《蒸气压缩循环冷水（热泵）机组　第1部分：工业或商业用及类似用途的冷水（热泵）机组》GB/T 18430.1-2007、《冷水机组能效限定值及能效等级》GB 19577-2015。申请专利：《新型同程布水自然分层水蓄冷装置》ZL201210416179.X。

应用场景：医院、制药厂、轨道交通、化工、电厂、冶金、机械、电子、宾馆、办公楼等；在广州白云山中一药业有限公司等项目中得到应用。

11. 磁悬浮离心式冷水机组（CCWG-EV）①

平疫结合暖通空调系统设计需要解决平疫功能快速转换、智能维护、负荷智能调节等问题，同时医院作为集中空调的使用大户，其不间断运行的特点对于集中空调运行的稳定性和节能性具有较高的要求。CCWG-EV系列磁悬浮离心式冷水机组是拥有完全自主知识产权及核心技术的无油变频离心机产品，具备无油高效、宽域运行、低噪环保等特点，应用了航天气动技术、磁悬浮轴承控制技术、微流道冷媒散热变频器技术、高效永磁同步电动机技术、全降膜蒸发技术等多项核心技术，实现了全系列机组达到国家一级能效。独有的断电后自发电模式和硬跌落超过300次的长寿命备降轴承保证整机长年运行的稳定可靠，可全面应用于机场、轨道交通、酒店、商业、新建或改造等多种建筑领域，为客户提供高效节能的绿色建筑解决方案。

该系统于2020年12月研发，特点如下：

（1）冷量范围：170～1800冷吨（全系列双一级能效）。

（2）*COP*：6.44～6.99（一级）。

① 资料来源：重庆美的通用制冷设备有限公司。

（3）*IPLV*：8.51～10.18（一级）。

（4）永磁同步电动机，电动机效率可达 0.97。

（5）工业级磁轴承，无需润滑油，零摩擦，功耗低。

（6）长寿命备降轴承（大于 10 次），无限制备降。

（7）自主变频器，应用微流道冷媒散热技术。

（8）水平对置叶轮，高效减小轴向力，提高轴承安全余量。

（9）补气增焓双级压缩，效率提高 6%。

（10）全降膜式蒸发器，冷媒用量减少。

执行标准：《冷水机组能效限定值及能效等级》GB 19577-2015、《蒸气压缩循环冷水（热泵）机组　第 1 部分：工商用和类似用途的冷水（热泵）机组》GB/T 18430.1-2007、《蒸气压缩循环冷水（热泵）机组　安全要求》GB 25131-2010。荣获认证：中国节能认证 CQC21701284960，CQC21701293920。

应用场景：机场、轨道交通、酒店、商业综合体、医院；该系统在常州第三人民医院、邯郸中心医院、衡南县人民医院等项目中得到应用。

12. 异温异速手术室送风单元[①]

异温异速手术室送风单元是针对传统送风装置温湿度控制不足而开发的一种新型送风方式。手术室宽口低速气幕送风装置由 3 个送风箱体组成，两侧气幕与主层流送风可有不同的尺寸以及温度速度组合。送风装置两侧采用宽口低速空气幕保护中间主层流送风气流，由于采用异温异速的送风方式，除了满足无尘无菌的控制外，两侧宽口低速空气幕笼罩可满足手术医生的舒适性需求，中间主层流覆盖患者，参与患者手术过程的体温管理，防止出现低温症。三个独立的送风装置并列，各自送风管上均配置与压力无关的定风量装置保障三个独立送风箱体在实现最佳风速的配比的前提下，从根本上改变了传统手术室同一送风装置的结构与同温同速的送风方式。

该产品于 2021 年 10 月研发，主要指标：洁净等级：ISO 6；电源：220V、50Hz；噪声：＜49dB；两侧送风温度：20～22℃，送风速度：0.5m/s；中间送风温度：24～25℃，送风速度：0.22～0.24m/s。

执行标准：《医院洁净手术部建筑技术规范》GB 50333-2013。申请专利：《一种手术室异温异速送风空调系统》CN214536760U。

应用场景：二级手术室。

---

① 资料来源：美埃（中国）环境科技股份有限公司。

13. 室内组合式血液病房层流送风系统[①]

室内组合式血液病房层流送风系统是一款一对一自循环洁净空气垂直层流送风系统净化装置，垂直层流的层流舱自循环装置分为两个箱体，采用独立的双风机并联，可以单独开启，互相切换，互为备用，维持 24h 运行。送风箱体的送风口面积不应小于 $6m^2$，取 3m（长）× 2m（宽）。风机箱体高度为 2.5m。气流组织采用上送风下侧回风。层流舱内净长度不大于 3m，采用床尾可以单侧回风。要求患者活动或进行治疗时，工作区截面风速不应低于 0.20m/s，患者休息时不应低于 0.12m/s；噪声应不大于 45dB(A)。此装置具有良好的风速均匀性，安静低噪，百级洁净环境，模块设计易安装等优点。

该产品于 2021 年 10 月研发，主要技术指标：洁净等级，ISO 5；电源，220V、50Hz；噪声，白天≤45dB、夜间≤40dB；送风速度，白天 0.25m/s、夜间 0.15m/s；送风均匀性，＜24%。

执行标准：《综合医院建筑设计规范》GB 51039−2014。

应用场合：血液病房、骨髓移植病房、脏器移植病房、烧伤病房等。

① 资料来源：美埃（中国）环境科技股份有限公司。

第6章

医用气体系统设计

医用气体是指由医用管道系统集中供应，用于病人治疗、诊断、预防，或驱动外科手术工具的单一或混合成分气体，在应用中也包括为排除病人体液、污物和治疗用液体而设置的使用于医疗用途的真空。医用气体系统一般由气源、管路与终端和监控系统组成。医用气体系统也被称为生命支持系统，对维系危重病人的生命、减少病人痛苦、促进病人康复、改善医疗环境、驱动多种医疗器械工具等具有非常重要的作用。医疗卫生机构一般会根据自身的医疗设施建设与服务需求，选择医用气体的种类与系统设置。常用的医用气体为医用氧气、医用空气、医用真空、医用氮气、医用二氧化碳以及医用合成空气和医用混合气体等。

平疫结合可转换病区医用气体种类的选择与系统设计，应以医疗建筑平疫结合可转换病区的总体规划、建筑设计与医疗设施设置为依据，在符合平时医疗服务要求的前提下，满足疫情时快速转换、开展疫情救治的需要。

6.1 医用气体气源

6.1.1 医用气体气源设备流量计算

应根据平疫转换区的功能布局，按平时和疫情时分别计算各种医用气体的气源设备的计算流量。根据平疫结合区的设计要求，医用气体终端设置应一次性设计安装完成。计算应根据终端设置数量，先按平时的同时使用系数计算平时气源设备流量；再按疫情时较高的同时使用系数，推荐值为0.8～1.0，设计按1.0的峰值同时使用系数计算气源设备流量。气源设备储备量除应满足相关标准的要求外，尚应满足平疫结合区疫情高峰时终端不间断使用的需求。

医用空气、医用真空及其他医用气体的气源设备计算流量，按照现行国家标准《医用气体工程技术规范》GB 50751计算，床位用气量按ICU取值。

医用氧气的气源设备计算流量，平时按照现行国家标准《医用气体工程技术规范》GB 50751计算。疫情时，除采用终端1.0的同时使用系数外，还应从末端患者需求出发，综合考虑使用有创、无创呼吸机及经鼻高流量等设备时需要的最大氧气流量。标准氧疗终端平均流量推荐值宜取 5～6L/min；高流量输氧终端平均流量推荐值宜取 15～25L/min；重症监护病房每个终端平均流量推荐值宜取 20～30L/min；护理单元氧气末端同时使用系数推荐值宜取 0.7～0.9；重症监护病房氧气末端同时使用系数推荐值宜取 0.8～1.0。

6.1.2 医用气体气源站

1. 医用氧气

（1）医用氧气可与医院其他区域合用气源站房，站房应设在平疫结合区外且远离医院污染区域。

（2）医用氧气气源应由主气源、备用气源和应急备用气源组成。备用气源应能自动投入使用，应急备用气源应设置自动或手动切换装置。制氧及供氧系统流程如图 6-1 所示，图中数字及字符含义如表 6-1 所示。

图 6-1 中数字及字符的含义　　表 6-1

1	无油螺杆空压机	7	氧气在线分析监测仪	A	普通压缩空气管
2	压缩空气过滤器	8	氧气储罐	CCA	净化压缩空气管
3	压缩空气储罐	9	细菌过滤器	OX	医用氧气管
4	压缩空气过滤器（一级）	10	氧气汇流排	OX1	医用氧气通用管路 - 接门急诊、病房
5	压缩空气过滤器（二级）	11	自动切换阀组	OX2	医用氧气专用管路 - 接洁净手术部
6	变压吸附式制氧机			OX3	医用氧气专用管路 - 接平疫结合区

（3）医用氧气主气源宜设置或储备能满足一周及以上的用氧量，应至少不低于 3d 用氧量；备用气源应设置或储备 24h 以上的用氧量；应急备用气源应保证生命支持区域 4h 以上的用氧量。上述用氧量为平疫结合区疫情时用氧量与医院其他区域用氧量之和。其中：

1）采用医用分子筛制氧机组作为主气源时，应设置备用机组或采用备用气源，同时设置应急备用气源，备用气源和应急备用气源应符合相关标准的规定。当平时与疫情时的计算流量差异不大且经技术经济比较合理时，为满足“平”“疫”转换响应时间的需求，设备系统应统筹考虑平时和疫情时的使用，合理配置并一次性设计安装完成。当计算流量差异较大时，若一次性设计安装，则会大大增加建设成本且造成设备长期

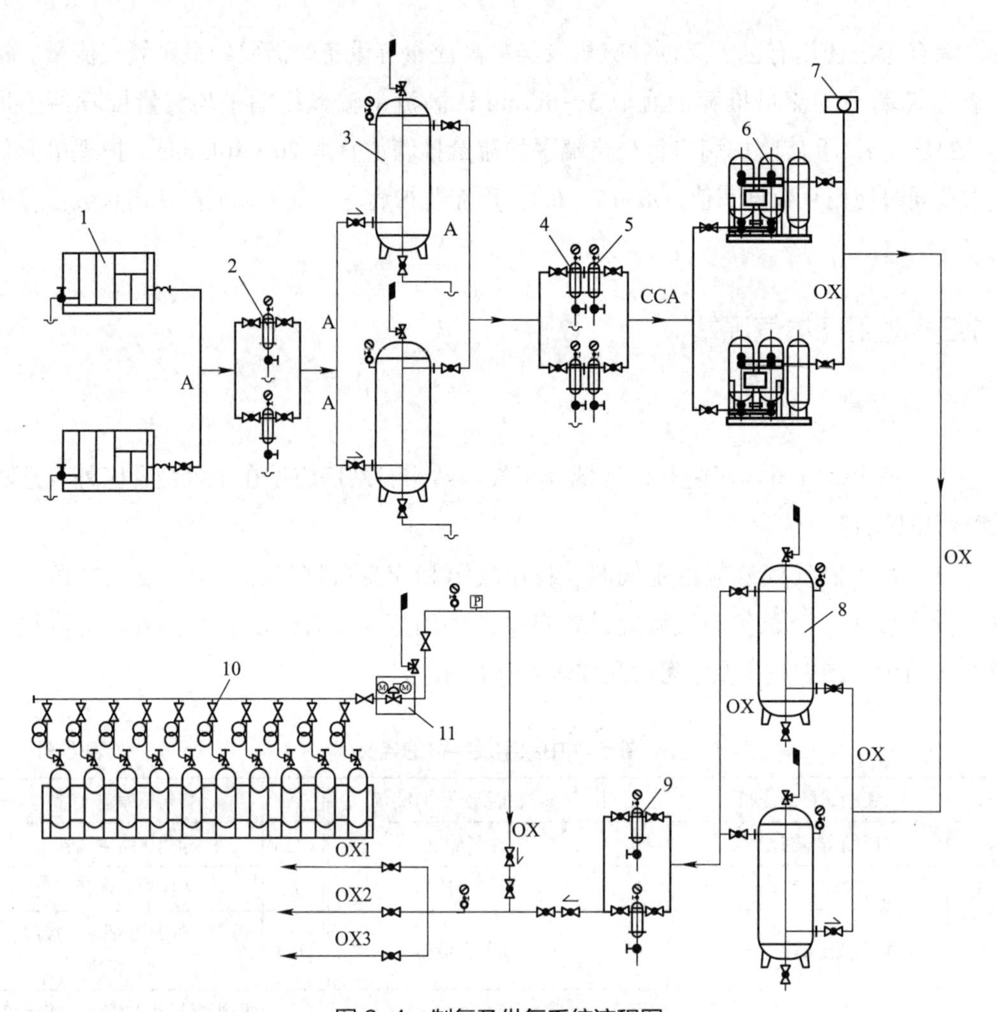

图6-1 制氧及供氧系统流程图

注：参考《医用气体工程设计》16R303。

闲置，而一次设计二次安装又很难满足“平”“疫”转换响应时间的需求，此时建议采用外购储备作为主气源方式。

2）采用医用液氧储罐、医用氧焊绝热气瓶汇流排及医用氧气钢瓶汇流排供应源时，应按疫情时的计算流量选择储罐或汇流排容量。应根据建设项目所在地的市场供应及运输情况结合平时计算流量，确定平时的储量。

（4）医用氧气供应源、医用分子筛制氧机组供应源，如果间断供应有可能会导致严重的医疗事故，因此，电力供应必须设置应急备用电源。

2. 医用空气

（1）医用空气可与医院其他区域合用气源站房，站房应设在平疫结合区外且远离医院污染区域。

（2）医用空气供应源应由进气消声装置、压缩机、后冷却器、储气罐、空气干燥机、空气过滤系统、减压装置、止回阀等组成。

（3）医用空气气源站应按平疫结合区疫情时的计算流量和医院其他区域的用气量之和进行系统设计，统筹考虑平时使用状况，进行设备台数或气瓶数量的选择及系统匹配，使各组系统轮流运行。

（4）医疗空气和器械空气供应源在单一故障状态时，应能连续供气。单一故障状态即设备或机组中单个部件发生故障，或者单个支路中的设备或部件发生故障的情况。若一个单一故障状态不可避免地会导致另一个单一故障状态时，则两者被认为是一个单一故障状态。部件维修、系统停水、停电也被视为一个单一故障状态。医疗空气和独立设置的器械空气供应源应设置应急备用电源。

（5）新建医用空气压缩机宜采用全无油压缩机系统，以降低管理难度、减少管理维护费用，避免造成管道系统污染、终端设备损坏等问题。

3. 医用真空汇

（1）医用真空气源站应设在平疫结合区的污染区内供其独立使用，防护要求与隔离区的防护等级一致。

（2）医用真空气源站应按疫情时的计算流量进行系统设计，统筹考虑平时使用状况进行设备及系统匹配，使各组系统轮流运行，并能在单一故障状态时连续工作，且应设置应急备用电源。

（3）真空泵不应使用液环式真空泵。真空泵吸入口应设置细菌过滤器，且应设备用过滤器。医用真空系统应保持站内密闭，医用真空泵的排放气体应经消毒处理后方可排入大气，排气口不应位于医用空气进气口的上风口附近，与空调通风口的进风口的间距不得小于 20m 且不低于地面 5m。医用真空系统产生的医疗废弃物应按《医疗废物管理条例》等的要求统一处理。

4. 其他医用气体

（1）其他医用气体可与医院其他区域合用气源站房，站房应设在平疫结合区外且远离医院污染区域。

（2）应根据平疫结合区的平面布局及医用气体终端设置设计医用氮气、医用二氧化碳、医用氧化亚氮及医用混合气体等供应源，并宜设置满足一周及以上，且至少不低于 3d 的用气或储备量。该用气量为平疫结合区疫情时用气量与医院其他区域用气量之和。

（3）上述医用气体汇流排在电力中断或控制电路故障时，应能持续供气。医用二氧化碳、医用氧化亚氮气体供应源汇流排，不得出现气体供应结冰情况，在采购或租用汇流排时，应落实保障措施。医用氮气、医用二氧化碳、医用氧化亚氮、医用混合气体供应源，均应设置排气放散管，且应引至室外安全处。平疫结合区麻醉或呼吸废气的处理与排放应满足相关标准的规定。

6.2 医用气体管路及终端

6.2.1 医用气体管路

医用气体管路设计应重点保障平疫结合区的供气可靠性。平疫结合区的医用气体管道均应由气源处单独接出，做好管网安全防护，防止因其他区域用气对本区域产生干扰，利于提高平疫结合区的用气安全，也便于在其他区域事故状况时，提供对“平疫结合”区单独供气的安全保障。

平疫结合区医用气体管道支管和干管的管径均应按疫情时的峰值流量设计；在疫情高峰期间使用时，可根据需要适当提高平疫结合区的供气压力至0.45～0.55MPa，以加大气体流量，保证用气需求。

1. 医用气体管路设计要求

（1）进入污染区的医用氧气、医用空气及其他气体的供气主管上应设置止回装置，止回装置应靠近污染区，医用真空管道及附件不得穿越清洁区；负压吸引管道以及附件应坡向总管和缓冲罐，坡度不应小于0.003。负压吸引系统的中间集污罐应设在污染区内。

（2）医用气体管道使用年限不应小于30年。医用气体在输送导管中的流速不应大于10m/s，避免气体在管道中流动摩擦发热，从而导致管道会因强度降低而破裂。医用真空管道应坡向总管和缓冲罐，坡度不得小于0.002；真空除污罐应设置在医用真空管段的最低点或缓冲罐入口侧，并应有旁路或备用；医用气体细菌过滤器不应设置在真空泵排气端。医用氧气管道设计中不应使用折皱弯头。

（3）医疗房间内的医用气体管道应作等电位接地；医用气体的汇流排、切换装置、各减压出口、安全放散口和输送管道，均应作防静电接地；医用气体管道接地间距不应超过80m，且不应少于一处，室外埋地医用气体管道两端应有接地点；除采用等电位接地外宜为独立接地，其接地电阻不应大于10Ω。

2. 医用气体管道阀门设置要求

（1）医用气体管道阀门的设置应充分考虑使用需要和安全要求。医用气体主干管道上不得采用电动或气动阀门，大于 $DN25$ 的医用氧气管道阀门不得采用快开阀门；除区域阀门外的所有阀门，均应设置在专门管理区域或采用带锁柄的阀门；同时，在各个病区及洁净手术部区内医用气体干管上应设置切断气源的装置，医用气体管道系统预留端应设置阀门并封堵管道末端。医用氧气、氮气、二氧化碳、氧化亚氮及其混合气体管道不宜穿过医护人员的生活、办公区，必须穿越的部位，管道上不应设置法兰或阀门。

（2）医用气体区域阀门主要用于发生火灾等紧急情况时的隔离及维护使用。关闭区域阀门可阻止或延缓火灾蔓延至附近区域，对需要一定时间处理后才能疏散的危重病人起到保护作用。一些特殊区域是否作为生命支持区域对待可根据医院自身情况确定。当一个重要生命支持区域的区域阀控制的病床数超过 10 个时，可根据具体情况考虑将该区域分成多个区域。

（3）区域阀门应尽量安装在可控或易管理的区域，如医院员工经常出入的走廊中容易看见的位置，一旦控制区域内发生紧急情况时，医院员工被疏散走出通道的同时可经过区域阀并将其关闭。如果安装在不可控的公共区域，可能会发生人为地恶意或无意操作而引发事故。区域阀门不应安装在上锁区域（如上锁的房间、壁橱内壁等）；也不应安装在隐蔽的地方（如门背后的墙上），否则在开门或关门时会挡住区域阀门，发生紧急状况时不易找到这些阀门。区域阀门的设置应满足以下规定：生命支持区域的每间手术室、麻醉诱导和复苏室，以及每个重症监护区域外的每种医用气体管道上，应设置区域阀门；区域阀门与其控制的医用气体末端设施应在同一楼层，并应有防火墙或防火隔断隔离；区域阀门使用侧宜设置压力表且安装在带保护的阀门箱内，并应能满足紧急情况下操作阀门需要。

3. 医用气体管路敷设要求

（1）医用气体管道的敷设应能保障其安全使用要求。敷设压缩医用气体管道的场所，其环境温度应始终高于管道内气体的露点温度 5℃以上，因寒冷天气可能使医用气体析出凝结水的管道部分应采取保温措施。建筑物内的医用气体管道宜敷设在专用管井内，且不应与可燃、腐蚀性的气体或液体、蒸汽、电气、空调风管等共用管井。医用氧气、氮气、二氧化碳、氧化亚氮及其混合气体管道的敷设处应通风良好；室内医用气体管道宜明敷，表面应有保护措施。局部需要暗敷时应设置在专用槽板或沟槽内，沟槽的底部应与医用供应装置或大气相通；医用气体管道穿墙、楼板以及建筑物基础时，应设套管，穿楼板的套管应高出地板面至少 50mm。且套管内医用气体管道不得有焊缝，套管与医用气体管道之间应采用不燃材料填实；穿过墙壁、楼板的氧气管道应敷设在套管内，并应用石棉或其他不燃材料将套管间隙填实。氧气管道不宜穿过不使用氧气的房间，必须通过时，在房间内的管道上不应有法兰或螺纹连接接口。

（2）埋地或地沟内的医用气体管道不得采用法兰或螺纹连接，并应作加强绝缘防腐处理；埋地敷设的医用气体管道深度不应小于当地冻土层厚度，且管顶距地面不宜小于 0.7m。当埋地管道穿越道路或其他情况时，应加设防护套管；氧气管道直接埋地敷设或采用不通行地沟敷设时，应遵循以下原则：

1）氧气管道严禁埋设在不使用氧气的建筑物、构筑物或露天堆场下面或穿过烟道；直接埋地或不通行地沟敷设的氧气管道上不应装设阀门或法兰连接点，当必须设阀门时，应设独立阀门井；

2）氧气管道采用不通行地沟敷设时，沟上应设防止可燃物料、火花和雨水侵入的不燃烧体盖板；严禁氧气管道与油品管道、腐蚀性介质管道和各种导电线路敷设在同一地沟内，并不得与该类管线地沟相通；

3）氧气管道不应与燃气管道同沟敷设，当氧气管道与同一使用目的燃气管道同沟敷设时，沟内应填满沙子，并严禁与其他地沟直接相通；当氧气管道与其他不燃气体或水管同沟敷设时，氧气管道应布置在上面，地沟应能排除积水；

4）埋地深度应根据地面上的荷载确定。管顶距地面不宜小于 0.7m；含湿气体管道应敷设在冻土层以下，并应在最低点设排水装置。管道穿过铁路和道路时应设套管，其交叉角不宜小于 45°；直接埋地管道应根据埋设地带土壤的腐蚀等级采取相应的防腐蚀措施。

（3）医用气体输送管道的安装支架应采用不燃烧材料制作并经防腐处理，管道与支吊架的接触处应做防静电腐蚀绝缘处理，医用气体在管道支架敷设应满足以下要求：

1）氧气管道架空时，可与各种气体、液体（包括燃气、燃油）管道共架敷设。共架时，氧气管道宜布置在其他管道外侧，并宜布置在燃油管道上面。供应洁净手术部的医用气体管道应单独设支吊架；除氧气管道专用的导电线外，其他导电线不应与氧气管道敷设在同一支架上。

2）架空敷设的医用气体管道，水平直管道支吊架的最大间距应符合表 6-2 的规定；垂直管道限位移支架的间距应为表 6-2 中数据的 1.2～1.5 倍，每层楼板处应设置一处。

医用气体水平直管道支吊架最大间距　　表 6-2

公称直径（mm）	10	15	20	25	32	40	50	65	80	100	125	≥150
铜管最大间距（m）	1.5	1.5	2.0	2.0	2.5	2.5	2.5	3.0	3.0	3.0	3.0	3.0
不锈钢管最大间距（m）	1.7	2.2	2.8	3.3	3.7	4.2	5.0	6.0	6.7	7.7	8.9	10.0

注：*DN*8 管道水平支架间距小于或等于 1.0m。

（4）埋地敷设的医用气体管道与建筑物、构筑物等及其地下管线之间的最小间距，均应符合现行国家标准《氧气站设计规范》GB 50030有关地下敷设氧气管道的间距规定。架空敷设的医用气体管道之间的距离应符合下列规定：

1）医用气体管道之间、管道与附件外缘之间的距离，不应小于25mm，且应满足维护要求；

2）医用气体管道与其他管道之间的最小间距应符合表6-3的规定。无法满足时应采取适当隔离措施，管道之间安全距离无法达到时，可用PVC绝缘管包起来，以防静电击穿；管道的支吊架固定卡应做绝缘处理，以防静电腐蚀而击穿管道。

架空医用气体管道与其他管道之间的最小间距（m）　　表6-3

名称	与氧气管道净距		与其他医用气体管道净距	
	并行	交叉	并行	交叉
给水管、排水管、不燃气体管	0.25	0.10	0.15	0.10
保温热力管	0.25	0.10	0.15	0.10
燃气管、燃油管	0.50	0.30	0.15	0.10
裸导线	1.50	1.00	1.50	1.00
绝缘导线或电缆	0.50	0.30	0.50	0.30
穿有导线的电缆管	0.50	0.10	0.50	0.10

6.2.2 管材与附件

医用气体管材一般选用紫铜管或不锈钢管，负压吸引和手术室废气排放输送管可采用镀锌钢管或非金属管。铜是国际公认的安全优质材料，具有施工容易、焊接质量易于保证、焊接检验工作量小、材料抗腐蚀能力强特别是抗菌能力强的优点。因此，目前国际上通用的医用气体标准中，包括医用真空在内的医用气体管道均采用铜管。但在国内，业内也有多年使用不锈钢管的经验。不锈钢管与铜管相比强度、刚度性能更好，材料的抗腐蚀能力也较好，但是在使用中有害残留不易清除，尤其医用气体管道通常口径小、壁厚薄，焊接难度大，总体质量不易保证，焊接检验工作量也较大。

管道、阀门和仪表附件安装前应进行脱脂处理。医用气体管道输送的气体可能直接作用于病人，对管材洁净度与毒性残留的要求很高，油脂和有害残留将会对病人产生严重危害，因此医用气体管材与附件应严格脱脂。

医用气体的管道附件包括弯头、三通、法兰等连接件，以阀门、过滤器、减压阀、安全阀、压力表、真空除污罐等。一般应满足如下要求：

（1）医用气体管道成品弯头的半径不应小于管道外径，机械弯管或煨弯弯头的半径不应小于管道外径的3～5倍；医用气体管道阀门应使用铜或不锈钢材质的等通径阀门，需要焊接连接的阀门两端应带有预制的连接用短管；压缩医用气体阀门、终端组件等管道附件应经过脱脂处理，并满足医用气体通过的有效内表面洁净度要求。

（2）医用气体中的化合物成分（如麻醉废气中的醚类化合物、氧气等），如与医用气体管道、附件材料发生化学反应，可能会造成火灾、腐蚀、危害病人等不可预料的严重后果。因此，与医用气体接触的阀门、密封元件、过滤器等管道或附件，其材料与相应的气体不得产生有火灾危险、毒性或腐蚀性危害的物质。医用气体管道法兰应与管道为同类材料。管道法兰垫片宜采用金属材质。

（3）医用气体减压阀应采用经过脱脂处理的铜或不锈钢材质；医用气体安全阀应采用经过脱脂处理的铜或不锈钢材质的密闭型全启式安全阀；医用气体减压装置应为包含安全阀的双路形式，每一路均应满足最大流量及安全泄放需要；医用气体压力表精度不宜低于 1.5 级，其最大量程宜为最高工作压力的 1.5～2.0 倍；医用真空除污罐的设计压力应取 100kPa。除污罐应有液位指示，并应能通过简单操作排除内部积液。

（4）医用气体细菌过滤器的过滤精度应为 0.01～0.2μm，效率应达到 99.995%；并应设置备用细菌过滤器，每组细菌过滤器均应能满足设计流量要求；细菌过滤器处应采取滤芯性能监视措施。

6.2.3 医用气体终端

对于平疫结合医院，平疫结合区各科室医用气体终端设置数量应满足不间断使用的需求；医用气体管终端应安全可靠，终端内部应清洁且密封良好，医用气体的终端组件、低压软管组件和供应装置的安全性能，应符合现行有关标准的规定，与医用气体接触或可能接触的部分应经脱脂处理；为从结构上防止插错而出事故，不同气体种类终端接头不得有互换性；医用气体终端组件还应满足以下要求：

（1）气体终端接头应选用插拔式自封快速接头，接头应耐腐蚀、无毒、不燃、安全可靠、使用方便，寿命不宜少于 20000 次。

（2）医用气体的终端组件、低压软管组件和供应装置的颜色与标识，应符合现行国家标准《医用气体工程技术规范》GB 50751 的有关规定；气体终端应采用国际单位制标准，接口制式应统一。医疗建筑内宜采用同一制式规格的医用气体终端组。

（3）医用气体终端组件的安装高度距地面应为 900～1600mm，终端组件中心与侧墙或隔断的距离不应小于 200mm。横排布置的终端组件，宜按相邻的中心距为 80～150mm 等距离布置。

（4）洁净手术室壁上气体终端装置应与墙面平齐，要做到缝隙密封，部位宜临近麻醉师工作位置。终端面板与墙面应齐平严密，装置底边距地 1.0～1.2m，终端装置内部应干净且密封。洁净手术部医用气体终端可选用悬吊式和暗装壁式各一套；横排布置真空终端组件邻近处的真空瓶支架，宜设置在真空终端组件离病人较远一侧。

医用供应装置的安装要求装置内不可活动的气体供应部件与医用气体管道的连接宜采用无缝铜管，且不得使用软管及低压软管组件；装置的外部电气部件不应采用带开关的电源插座，也不应安装能触及的主控开关或熔断器；装置上的等电位接地端子应通过导线单独连接到病房的辅助等电位接地端子上；装置安装后不得存在可能造成人员伤害或设备损伤的粗糙表面、尖角或锐边。

条带形式的医用供应装置中心线的安装高度距地面宜为1350～1450mm，悬梁形式的医用供应装置底面的安装高度距地面宜为1600～2000mm；医用供应装置安装后，应能在环境温度为10～40℃、相对湿度为30%～75%、大气压力为70～106kPa、额定电压为220V±10%的条件中正常运行。

6.3　医用气体监测报警系统

医用气体监测和报警系统主要有四个目的，分别对应的是临床资料信号、操作警报、紧急操作警报和紧急临床警报。

医用气体监测报警系统应设置气源、区域报警器和压力、流量监测。报警信号、压力、流量监测信号应接至楼控系统或医用气体集中监测报警系统。平疫结合区应在该区护士站或有其他人员监视的区域设置医用气体区域报警器，显示该区域医用气体系统压力，同时设置声、光报警。监测及数据采集系统的主机应设置不间断电源。

医用气体系统报警装置除设置在医用气源设备上的就地报警外，每一个监测采样点均应有独立的报警显示，并应持续直至故障解除。不同报警装置一般应满足以下要求：

（1）声响报警应无条件启动，1m处的声压级不应低于55dB（A），并应有暂时静音功能；视觉报警应能在距离4m、视角小于30°和100lx的照度下清晰辨别。

（2）报警器应具有报警指示灯故障测试功能及断电恢复自启动功能。报警传感器回路断路时应能报警；每个报警器均应有标识，标识应满足相关标准的要求。

（3）气源报警及区域报警的电源应设置应急备用电源。

6.3.1　医用气体气源报警

气源报警的主要目的是在气源设备出现任何故障时，通过气源报警通知相关负责人至现场处理故障。气源报警用于监测气源设备运行情况及总管的气体压力，为了能

24h 连续监控气源设备的运行情况，一般气源报警器可在值班室或其他任何 24h 有人员的地方安装，也可在负责医用气体维护人员的办公室或机房办公区域设第二个气源报警器。

医用气体气源报警装置应有以下报警功能：医用液体储罐中气体供应量低时应启动报警；汇流排钢瓶切换时应启动报警；医用气体供应源或真空汇切换至应急备用气源时应启动报警；应急备用气源储备量低时应启动报警；压缩医用气体供气源压力超出允许压力上限和额定压力欠压 15% 时，应启动超、欠压报警；真空汇压力低于 48kPa 时，应启动欠压报警。报警器应具备以下功能：

（1）气源报警器应对每一个气源设备至少设置一个故障报警显示，任何一个就地报警启动时，气源报警器上应同时显示相应设备的故障指示。

（2）气源报警应设置在可 24h 监控的区域，位于不同区域的气源设备应设置各自独立的气源报警器。

（3）同一气源报警的多个报警器均应各自单独连接到监测采样点，其报警信号需要通过继电器连接时，继电器的控制电源不应与气源报警装置共用电源。

（4）气源报警采用计算机系统时，系统应有信号接口部件的故障显示功能，计算机应能连续不间断工作，且不得用于其他用途。所有传感器信号均应直接连接至计算机系统。

6.3.2 医用气体区域报警

区域报警用于监测某病人区域医用气体管路系统的压力，应设置压缩医用气体压力超出或低于额定压力 20% 时的超压、欠压报警以及医用真空系统压力低于 37kPa 时的欠压报警；区域报警器应设置医用气体压力显示，每间手术室应设置视觉报警。

区域报警器应设在护士站或其他 24h 有人员监视的区域。安装位置应易观察，听得到报警信号。

6.3.3 医用气体就地报警

就地报警应能准确反映医用气体供应状况，当系统所需流量大于正常运行时气源机组的流量，或因设备故障机组输出的流量无法满足系统正常所需流量时，此时备用压缩机、真空泵或麻醉废气泵投入运行，同时启动备用运行报警信号表示没有备用机可用。一般应具备以下报警功能：

（1）当医用空气供应源、医用真空汇、麻醉废气排放真空机组中的主供应压缩机、真空泵故障停机时，应启动故障报警；当备用压缩机、真空泵投入运行时，应启动备用运行报警。

（2）医疗空气供应源应设置一氧化碳浓度报警，当一氧化碳浓度超标时应启动报警。

（3）当医疗空气常压露点达到 -20℃，器械空气常压露点超过 -30℃，牙科空气常压露点超过 -18.2℃时，应启动报警。

本章参考文献

［1］ 中国建筑标准设计研究院. 医用气体工程设计：16R303［S］北京：中国计划出版社，2017.

［2］ 中华人民共和国住房和城乡建设部. 医用气体工程技术规范：GB 50751-2012［S］. 北京：中国计划出版社，2012.

［3］ 中华人民共和国住房和城乡建设部. 综合医院建筑设计规范：GB 51039-2014［S］. 北京：中国计划出版社，2014.

［4］ 中华人民共和国住房和城乡建设部. 医院洁净手术部建筑技术规范：GB 50333-2013［S］. 北京：中国建筑工业出版社，2014.

［5］ 中华人民共和国住房和城乡建设部. 氧气站设计规范：GB 50030-2013 北京：中国计划出版社，2014.

［6］ 中华人民共和国住房和城乡建设部. 压缩空气站设计规范：GB 50029-2014［S］. 北京：中国计划出版社，2014.

第7章

工程设计案例

本书所收集的工程设计案例包括新建项目、改造项目、方舱医疗救治中心项目。由全国各地设计单位和设计人提供，工程项目分布在全国各地，基本涵盖了各类典型气候区。各个项目各有特点，设计方案、系统形式、表达方式都不尽相同，设计人对相关技术和各地政策规定的理解和掌握也存在差异，加之疫情来势汹汹，必须争分夺秒，以最快的速度建设、改造医疗救治工程项目，把疫情的影响减到最小。各设计单位和设计人都是在时间紧、任务急的条件下加班加点，在很短的时间内非常规条件下完成的工程项目设计，各工程设计案例表达方式、设计方案、系统设置、设计深度各不相同，有些工程设计案例技术方案、系统设置不一定是最优、最合理的，可能存在一些不足和需改进之处。

7.1 佑安医院改造工程

7.1.1 工程基本概况

该项目现状B楼8层改造总建筑面积约1100m^2；现状C楼一～八层改造总面积约10250m^2。床位数325床（发热门诊留观病床6张、急诊留观病床16张、B楼ICU19张、隔离病床3张、C楼4层36床可应急增加17床，C楼五～八层每层38床可应急增加19床）。

7.1.2 项目背景及约束条件

佑安医院是一所以感染和传染性疾病患者群体为服务对象，集预防、医疗、保健康复为一体的大型综合性专科医院。与新建应急医院不同，该项目为既有建筑的改造，不新建、不扩建，不仅为临时应急使用，还要满足医院平时永久性医疗功能提升的需求。

在整个工程改造周期过程中，佑安医院并没有停止正常的医疗工作，而是边设计、边施工、边正常医疗运营。因此在项目伊始制定了以下设计原则：

（1）冷热源系统不在改造范围：本次改造不新建、不扩建，仅对医疗功能区进行升级改造，空调面积不增加，原冷热源仍利用，增加的新风负荷等由直膨机组承担。

（2）该项目改造区域内的防烟排烟系统按原设计依据执行。由于新旧规范的差异，防烟排烟系统改造涉及建筑、结构、消防控制等专业，内容较多，改造周期长、难度大。经北京市重大项目建设指挥部办公室重大项目建设会议商讨，本次消防设计“本着减少拆改，满足应急使用需求为原则”，仅根据医疗工艺、隔断变化等对涉及的末端点位进行调整，防烟排烟系统仍以原设计为准，消防改造以《高层民用建筑设计防火规范》GB 50045—95（2005 年版）为准。

7.1.3　改造范围与内容

（1）B 楼八层原普通病房区改为 ICU（18 床）病房区、负压隔离病房（3 间，应急时为负压隔离病房，平时转为 ICU）及相关办公、值班等；

（2）C 楼一层改造为急诊区、发热门诊区、肠道门诊区、交费、药房等；

（3）C 楼二层改造为急诊留观（16 床）、急诊输液室、病毒筛查实验室、环氧乙烷灭菌室等；

（4）C 楼三层改造负压 ICU 病房（12 床）及相应辅助用房，手术室及相应辅助用房不做调整；

（5）C 楼四～八层病房层改造为负压病房，对应的病人走廊、医护走廊及医护办公区进行空调通风系统改造。

7.1.4　室内空气设计参数

该项目室内空气设计参数如表 7-1 所示。

佑安医院改造工程室内设计参数　　表 7-1

房间名称	夏季		冬季		新风量［m^3/（h·人）］	排风量或新风换气次数（h^{-1}）	噪声［dB（A）］	压力关系
	温度（℃）	相对湿度（%）	温度（℃）	相对湿度（%）				
急诊大厅	26	55	20	40		6	50	0
交费处	26	55	20	40		3	45	+
化验室	26	55	20	40		6	45	0
药房	26	55	20	40		3	45	+
肠道门诊大厅	26	55	20	40		3	50	0
肠道门诊	26	55	20	40		3	45	0

续表

房间名称	夏季		冬季		新风量［m^3/（h·人）］	排风量或新风换气次数（h^{-1}）	噪声［dB（A）］	压力关系
	温度（℃）	相对湿度（%）	温度（℃）	相对湿度（%）				
发热门诊	26	55	20	40		6	45	−
发热门诊留观	26	55	20	40		6	45	−
发热门诊候诊室	26	55	20	40		6	50	−
医护办公室	26	55	20	40		6	45	+
病毒筛查实验室	26	55	20	50		8	45	− −
环氧乙烷灭菌室	26	55	20	50		10	50	−
负压隔离病房	21～27	30～60	21～27	30～60		12	45	− −
重症监护（ICU）	21～27	30～60	21～27	30～60		12	45	+
C楼四～八层	26	55	20	40		6	50	− −

注："0"表示常压状态，"+"表示1～5Pa正压状态，"−"表示−10～−1Pa负压状态，"--"表示−10～−25Pa负压状态。

7.1.5 各改造区域暖通空调系统形式

该项目各改造区域暖通空调系统形式如表7-2所示。

佑安医院各改造区域暖通空调系统形式　　表7-2

改造区域	原系统	改造后的系统
急诊大厅、发热门诊、肠道门诊（改造）	风机盘管+新风机组（各区域合用一套新风机组）	风机盘管+新风机组+排风机（分功能区设置新风机组及排风机，其中发热门诊为负压系统）
急诊办公、急诊输液（改造）、急诊留观（新增）	风机盘管+新风机组（各区域合用一套新风机组）	风机盘管+新风机组+排风机（分功能区设置新风机组及排风机，其中急诊留观、输液为负压系统）
病毒筛查实验室（新增）	—	直流式全空气系统+生物安全柜排风
负压隔离病房（新增）	—	直膨式新风净化机组+排风机
正负压转换重症监护室ICU（新增）	—	直膨式新风净化机组+排风机
负压重症监护室ICU（改造）	直流式全空气系统+排风机	直流式全空气系统+排风机
负压重症监护室ICU辅助用房（改造）	一次回风全空气机组+排风机	直流式全空气系统+排风机
负压病房（改造）	风机盘管+新风机组+排风机	风机盘管+新风机组+排风机
负压病房辅助用房（改造）	风机盘管	风机盘管+新风机组+排风机

7.1.6 冷热源

（1）冷源：院区主冷源采用螺杆式冷水机组，制冷量 1122kW，共 3 台，供 / 回水温度为 7℃ /12℃。冷源位于 C 楼地下一层制冷站，为院区各楼诊室、病房区提供空调冷水。冷水系统采用一级泵变流量系统，冷水一级泵与冷水机组一一对应设置，其供回水总管之间设置压差旁通管，使冷源侧定流量运行；末端设备设两通调节阀，使系统变流量运行。

（2）热源：院区采用蒸汽锅炉提供的一次蒸汽作为热源，分别提供冬季空调供暖水、生活热水及消毒用蒸汽，锅炉房提供的蒸汽经院区蒸汽管网，接至 C 楼地下一层换热站，经汽-水换热器提供冬季供暖热水，供暖供 / 回水温度为 60℃ /50℃。供暖系统采用一级泵变流量系统。

（3）空调冷水、热水系统采用高位水箱定压，系统各设有一个膨胀水箱。两个膨胀水箱放在屋顶水箱间内。

7.1.7 供暖及空调水系统

（1）空调水系统不变，仍维持原一级泵系统，水泵各项参数根据换新冷水机组参数进行调整，原位换新；

（2）B 楼散热器系统不做调整，根据改造区域升级需求，仅对原铸铁散热器调整为辐射板散热器，以保证卫生、防疫要求；

（3）补水、膨胀、定压系统不做调整；

（4）空调冷凝水分区域排放，并随各区污水、废水排放集中处理。

7.1.8 空调风系统

1. 风机盘管加新风系统

（1）设置区域：急诊大厅、抢救室、交费处、化验室、肠道门诊大厅、肠道门诊、发热门诊、发热门诊留观处、发热门诊候诊室、医护办公室、急诊留观室、急诊输液室、C 楼四～八层病房等。

（2）风机盘管加新风系统空调冷负荷由风机盘管机组和新风共同承担，其中风机盘管机组负担大部分室内冷负荷，新风机组处理后的新风仅负担部分室内冷负荷。新风采自室外，处理后的新风直接送入各空调区。

（3）风机盘管空气处理过程夏季为：室内回风→粗效过滤→去湿降温→室内回风；冬季为：室内回风→粗效过滤→加热→室内回风。

（4）新风机组空气处理过程夏季为：新风→粗效过滤→中效过滤→去湿降温→室内→门窗缝隙及排风系统压（排）出；冬季为：新风→粗效过滤→加热→加湿→室内→门窗缝隙及排风系统压（排）出。

2. 净化空调系统

（1）设置区域：B楼八层ICU病房区、负压隔离病房区；C楼三层ICU病房区等。

（2）B楼空调制冷过程：新风→粗效过滤→中效过滤→风机→均流→亚高效过滤→去湿降温（冷媒盘管）→电再热→消声→送风。

（3）B楼空调加热过程：新风→粗效过滤→中效过滤→（电预热）→加热（热水盘管）→风机→均流→亚高效过滤→加热（冷媒盘管）→加湿→消声→送风。

（4）C楼空调制冷过程：新风→粗效过滤→中效过滤→风机→去湿降温（冷水盘管）→电再热→均流→亚高效过滤→送风。

（5）C楼空调加热过程：新风→粗效过滤→中效过滤→风机→加热（热水盘管）→加湿→均流→亚高效过滤→送风。

3. 空气处理

（1）加湿方式：洁净空调采用电极加湿，其他采用电极加湿。

（2）空气净化措施：新风机组设置粗效过滤、中效过滤、亚高效过滤器过滤（部分机组设）。粗效过滤器过滤效率不低于G4，初阻力≤50Pa，终阻力≤100Pa；中效过滤器过滤效率不低于F7，初阻力≤80Pa，终阻力≤160Pa。亚高效过滤器过滤效率不低于H11，初阻力≤120Pa，终阻力≤350Pa。ICU区域、负压隔离病房区域、C楼四～八层病房的排风口设置高效过滤器。

7.1.9 通风系统

（1）首二层非呼吸道传染病诊疗区的新风经新风机组送入室内，维持人员所需新风及部分房间（医护办公、药房、收费）正压，并压入公区、走廊，由公共区域排风、公共卫生间排风经排风竖井排至室外。

（2）首二层发热门诊、急诊留观等区域新风经新风机组送入室内，维持人员所需新风及室内负压要求，经各区域独立排风机排至室外，排风口设置在地面附近，室内气流组织为单向流动，排风机出口处设置高效过滤装置。

（3）PCR实验室设置独立的送排风系统。为了保证实验室内污染物不外泄，外部污染物不侵入实验室，整个实验室防护区的气流原则为：试剂准备区→样本处理区→

扩增区。核心实验室区域（试剂准备间、样本处理间、扩增间）独立设置一套新风系统，其他辅助区域设置一套新风系统。考虑到PCR实验室各核心房间压力等级不同，每个核心实验室区均单独设置排风机，排风机均设置在屋顶高空排放，室内送、排风口均设置高效过滤器。

（4）负压隔离病房采用直流通风形式，独立设置送排风系统，为了保证室内负压状态及各个区域的压力梯度，每间负压隔离病房的送、排风管道上均设置定风量阀及密闭阀。室内送、排风口均设置高效过滤器，排风通过屋顶风机高空排放。

7.1.10 负压隔离病房的负压控制及平疫转换方式

负压隔离病房作为疫情患者主要收治区域，对污染区域的气流流向有明确的要求，相邻相通不同污染等级房间的压差（负压）不小于5Pa。

各区域的压力梯度控制有严格的要求，主要有以下几点需要注意：

（1）房间的密闭性：要求采用密闭吊顶、密闭门窗。窗户等级有明确要求。

（2）风量的控制。

该项目负压隔离病房各支路送、排风管均设置定风量阀，通过室内送排风量差值控制室内压力梯度，设置微压差计定期检查校正并记录。

疫情期间患者主要收治在负压隔离病房或负压ICU病房，负压隔离病房暖通专业主要控制参数为换气次数要求，负压梯度控制及过滤等级设置。

负压隔离病房无净化等级要求，但要求换气次数不小于$12h^{-1}$，且新风送风应经过粗效、中效、亚高效过滤器三级处理。排风应经过高效过滤器过滤后排放。通过换气次数及过滤段设置对比净化房间等级，认为负压隔离病房新风处理级别可以等同于10万级净化房间。

ICU病房根据院方要求净化等级（10万级）确定换气次数为$12h^{-1}$，新风机组设置粗效、中效、亚高效过滤器三级处理。送风口设置高效过滤风口。排风口未做要求。

由此可见，负压隔离病房在净化等级及换气次数上基本等同，空调送风系统可以转化为ICU病房使用。

负压隔离病房正负压转换主要通过排风机风量变化及定风量阀来实现。该项目排风机采用变频风机，通过风机变频减少排风量，实现房间的正负压转换。

对于风阀的调节，本次改造中负压隔离病房的送排风管线均设置定风量阀，排风定风量阀根据房间正负压关系计算排风转换风量的变化设置两个控制值，通过排风机连锁定风量阀控制室内的正负压关系（图7-1）。

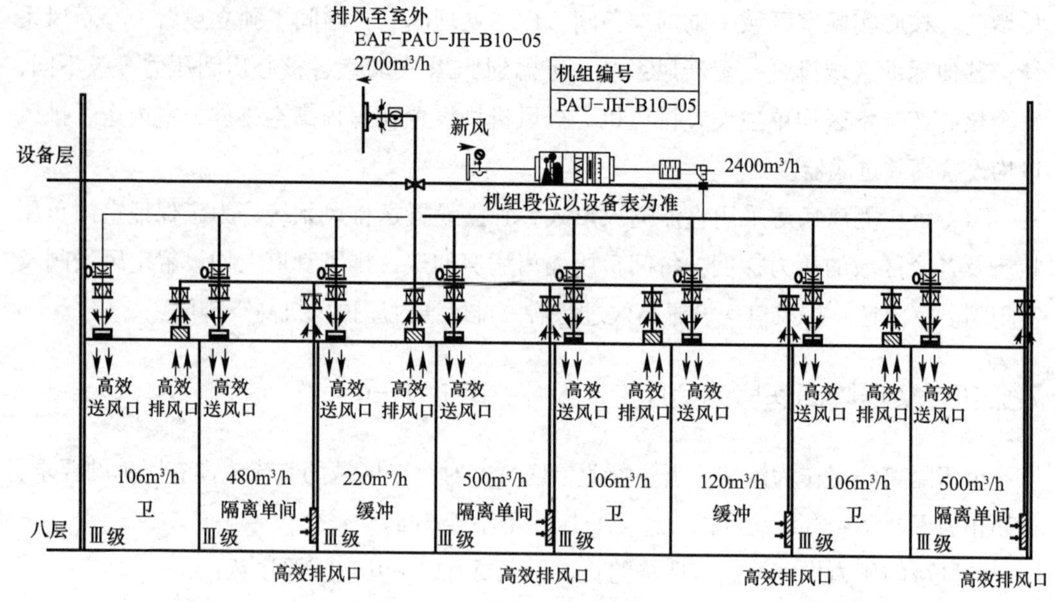

图 7-1 负压隔离病房通风平面图

用户单位：佑安医院

用户单位代表：李亚楠

设计单位：北京市建筑设计研究院有限公司

主要设计人：鲁东阳 刘 沛 张 杰 刘 弘 祁 峰 黄 晓

本文执笔人：鲁东阳

7.2 武汉市金银潭医院应急病房楼项目

7.2.1 建筑概况

武汉市金银潭医院是湖北省武汉市专门处理公共卫生事件的传染病医院，是湖北省肝病、结核病、艾滋病、血吸虫病、手足口病、人感染 H7N9 禽流感等定点收治医院，集临床、教学、科研于一体。医院为三级甲等专科医院，院方办院理念为大专科、小综合。医院位于武汉市金银潭大道以南，银潭路以西。

该项目为新建应急病房楼建设项目，位于金银潭医院院内西南角。地下 2 层，地上 10 层，其中裙房 2 层。建筑高度 46.30m，总建筑面积为 36 734m^2，地上建筑面积 23 396m^2，地下建筑面积 13 338m^2。地下室为车库及设备用房。地上一层、二层层高均为 5.4m，三～十层层高均为 4.4m。各层功能如下：一层设有呼吸道门诊（急性呼吸道和慢性呼吸道门诊)、住院大厅、内窥镜中心、放射科室、各主要出入口门厅、尸体解剖室等;二层设有非呼吸道门诊(肝病、HIV等科室门诊)、检验科(PCR实验室)、功能科室、弱电中心机房、应急指挥中心等;三~七层共设置有191床的普通传染病房。八~十层共设置45间负压隔离病房、1间分娩室。

本次应急病房楼建设项目在院区西南角空地独立建设236张传染病床位(含45间负压隔离病房),按平疫结合设计。

7.2.2 暖通空调专业设计范围

该项目暖通专业设计范围为:舒适性空调系统设计;通风系统设计;建筑防烟排烟系统设计;实验室工艺空调系统设计、医用气体系统设计。设计完成时间2020年8月,预计竣工时间2023年。

7.2.3 暖通空调专业设计重点难点及创新点

1. 空调通风系统平疫转换措施

该项目的设计难点之一在于病房层平疫转换的设计。八~十层按负压隔离病房标准建设,三~七层按普通传染病房建设,供呼吸道和非呼吸道病区分层使用。但是在平时,为了提高病床的利用率,负压隔离病房作为普通病房使用,由于业主在设计阶段明确不了哪一层作为非呼吸道病房使用,哪一层作为呼吸道病房使用,希望在设计时能够留有可转换的空间,今后院方根据业务的发展选择相应的运行模式。根据《传染病医院建筑设计规范》GB 50489—2014,非呼吸道传染病、呼吸道传染病及负压隔离病房要求的新风换气次数相差较大,特别是负压隔离病房建议采用全新风运行。不同的运行模式下,新风量、排风量要求不一样,设备配置不同,运行的能耗差别也非常大。

为了减少运行能耗,针对八~十层的负压隔离病房设计了三种运行模式:负压隔离模式、呼吸道模式及非呼吸道模式;三~七层普通传染病房则设置两种运行模式:非呼吸道模式和呼吸道模式。负压隔离病房平时采用风机盘管+新风的配置方案,疫情时采用全新风模式。为了能够满足三种运行模式并兼顾节能的需要,负压隔离病房设置了2台新风机组,其中1台为定频机组。全新风直流式及呼吸道模式下运行的空调新风机组采用EC风机。疫情时按全新风直流式空调方式运行,按换气次数为$12h^{-1}$设计新风量;呼吸道模式时新风量按换气次数为$6h^{-1}$设计。新风经粗效、中效、亚高效过滤器三级处理后送入室内,送风口设置在病床上部。负压隔离病房平时作为普通非呼吸道及呼吸道病房使用时,采用风机盘管加新风的方式。当负压隔离病房平时用于呼吸道病房时，新风量由变频空调新风机组提供，并保证换气次数大于 $6h^{-1}$。当负压隔离病房平时作为普通非呼吸道病房使用时，开启平时使用的定频空调新风机组，该新风机组新风量按换气次数为 $3h^{-1}$ 设计。平时的新风机组设置粗效、中效过滤。排风口设置在房间床头下部，排风口设置低阻高效过滤器。

2. 合理压差的控制及平疫结合的转换

为了达到控制污染物流向的目的，形成合理的压差至关重要，暖通空调专业需要与建筑、自控等相关专业密切配合。

（1）根据《传染病医院建筑设计规范》GB 50849—2014，负压隔离病房与其相邻、相通的缓冲间、走廊应保持不小于 5Pa 的负压压差。但是压差太大又会引起病人的不适。合理的压差除了与新、排风量的差值相关外，还与建筑围护结构的密封性有关。因此，应对相关门、窗提出相应的漏风量要求：门窗气密性等级不低于 $q_1 \leqslant 1.5m^3/(m \cdot h)$，$q_2 \leqslant 4.5m^3/(m \cdot h)$。

（2）为了实时显示并监测各部分的压差，在病房、走道等相关区域设置了压差显示装置，同时在每层护士站设置相应的自动控制系统。所有的压差信号、新风机组、排风机组、风机盘管及温湿度等参数均能在护士站显示并实时监控。

（3）为了便于管理和各工况的快速转换，保证平疫结合通风系统的可靠性，平疫结合医院的空调通风系统在非疫情期宜每个月按疫情工况运行一次，以检查各送、排风系统是否运行正常。这样可以保证疫情时通风系统能够正常运行，也可以及早发现存在的问题。

7.2.4 室内设计计算参数

该项目室内设计参数如表 7-3 所示。

武汉市金银潭医院室内设计参数 表 7-3

房间名称	夏季		冬季		新风量[m³/(h·人)]/(h⁻¹)	排风量(m³/h)	噪声要求[dB(A)]
	干球温度(℃)	相对湿度(%)	干球温度(℃)	相对湿度(%)			
诊室	26	≤60	20	40	3～6	大于新风 150 以上	≤45
放射科	26	≤60	20	40	2	大于新风 150 以上	≤50
办公室	26	≤60	20	35	40/2	保证微正压	≤40
非呼吸道病房	26	≤60	20	40	3	大于新风 150 以上	≤45
呼吸道病房	26	≤60	20	40	6/3	大于新风 200 以上	≤45
负压隔离病房	26	≤60	20	40	12/6/3	大于新风 200 以上	≤45

7.2.5 冷、热源系统设计

该项目冷热源为院区原有能源站的水冷式冷水机组及常压燃气热水锅炉。空调冷热源由设能源中心的冷水机组通过室外管沟集中供给，夏季提供6℃/13℃的冷水，冬季提供60℃/50℃的空调热水。

该项目舒适性空调设计冷负荷及热负荷如下：集中水冷空调系统冷负荷为3639kW，冷指标为155W/m^2；热负荷为3003kW，热指标为128W/m^2。

卫生热水利用院区原有能源站的燃气蒸汽锅炉提供。

7.2.6 空调末端系统设计

1. 多联机及精密空调系统

放射科、MRI、DSA、DR、消防控制室等设变频多联机空调系统（VRF）或风冷直膨式精密空调系统。VRF独立空调系统室外机分散设置于室外或裙房屋顶上。MRI核磁共振区自带空调通风系统，预留安装条件。

2. 全空气集中空调系统

门诊大厅等大空间采用全空气系统，空气处理设备采用组合式空调机组；送风方式采用上送下回的方式，同时设置平时及疫情时的排风机组，疫情时转换为全新风工况运行。

3. 风机盘管加新风系统

各诊室、治疗室、检查室、病房、办公室、休息室等小型用房均采用风机盘管加新风系统，风机盘管分室设置，实现各房间温度的独立调节与控制。

新风系统按楼层、防火分区与医疗科室单元进行分区，并兼顾传染性、不同压力梯度分区等空间分隔需求统筹设置。

裙房门诊楼内传染性普通门诊、医技用房统一按照有关呼吸道门诊、医技用房的相关要求进行设计，不考虑平疫转换。新风（排风）系统依照科室独立分区设置，满足换气次数不低于6h^{-1}的通风换气要求。呼吸道门诊和非呼吸道门诊区采用风机盘管加新风的空调方式，新风由每层独立设置的新风机组提供。

4. 空气过滤措施

裙房呼吸道门诊和非呼吸道门诊各诊室、会议室、办公室等新风机组均在进风管上设置粗效过滤器及蜂巢式高压静电空气净化装置（微生物一次通过净化效率大于

80%，$PM_{2.5}$ 一次通过净化效率大于 90%）。

三～十层清洁区、半污染区新风机组均在进风管上设置粗效过滤器（G4）及蜂巢式高压静电空气净化装置（微生物一次通过净化效率大于 80%，$PM_{2.5}$ 一次通过净化效率大于 90%）。八～十层负压隔离病房的新风机组设粗效（G4）、中效（H8）、亚高效过滤器（H13）三级过滤器。三～七层非呼吸道传染病房及呼吸道传染病房等污染区新风机组设粗效（G4）、中效两级空气过滤器（H8）。

三～十层的清洁区及半污染区内的诊室、会议室、办公室、护士站、配药室等新风机组均在进风管上设置粗效过滤器及蜂巢式高压静电空气净化装置（微生物一次通过净化效率大于 80%，$PM_{2.5}$ 一次通过净化效率大于 90%）。

一层解剖室及八～十层的隔离分娩室均采用全新风直流式空调系统，并设置独立的排风系统。新风经粗效、中效、亚高效过滤器三级处理后送入室内。送风口设置在上部，排风口设置在房间下部，排风口设置低阻高效过滤器（H14）。

八～十层负压隔离病房均在病房设置带扫描检漏装置及压差测量装置的高效排风口，此高效排风口平时可以不安装。

7.2.7 通风系统设计

1. 平疫转换通风系统设计

门诊医技用房，不做平疫转换，平时按 $6h^{-1}$ 换气设计。

三～七层普通传染病房平时均采用风机盘管 + 变频新风机组的模式，新风机组的频率根据呼吸道和非呼吸道病房需要选择。为适应平疫转换的需求，污染区的每个新、排风支管上均安装满足平疫转换的可调节型定风量阀；同时设置相应的护士站区域控制系统来一键式完成上述模式的转换。

平疫转换通风系统的开机顺序：污染区排风机→半污染区排风机→清洁区送风机→清洁区排风机→半污染区送风机→污染区送风机。关机顺序与开机顺序相反。

2. 医疗工艺通风系统设计

MRI 磁体间设置失超排放系统，排放管直接通向室外高处。

实验室等各通风柜、生物安全柜设压力无关型变风量排风系统（含局部通风和房间全面通风），排风量根据柜门的开启大小自动调节，始终保证通风柜门处风速大于等于 0.5m/s，排风机设于屋面，高空排放废气。同时，为保证房间的压力始终处于负压，设置联动的压力无关型变风量补风系统。

7.2.8　通风机空调节能设计

（1）普通机械通风风机的最大单位风量能耗小于 0.27W/（m^3·h），新风机组的最大单位风量能耗小于 0.24W/（m^3·h），空调风机的最大单位风量能耗小于 0.27W/（m^3·h），空调风管热阻均满足相关节能规范的要求。

（2）空调机组、风机盘管均设温控器，自动调节，适应各功能区负荷变化的需要。

（3）空调、通风系统设有完备的自动控制系统，实现空调、通风系统的智能化运行，可靠、节能。

（4）所有通风空调设备均采用低噪声设备，并采取合理的减振措施，减少噪声及振动对环境的干扰。

（5）门厅的空气处理机组过渡季节全新风运行，同时设置平时及疫情时的排风机箱。

用户单位：金银潭医院
设计单位：中信建筑设计研究总院有限公司
主要设计人：张　兵　印传军　陈焰华　陈　迪
本文执笔人：张　兵

7.3　杨凌示范区中心医院（公共卫生中心）传染病房楼

7.3.1　建筑概况、功能特征、约束条件

杨凌示范区中心医院（公共卫生中心）位于陕西省杨凌示范区，总建筑面积 169 862m^2，建设规模为 1000 床的三级甲等医院。包含 150 床的传染病房楼，地上 3 层、地下 1 层，总建筑面积 23 187m^2，建筑高度 14.7m。“口”字形平面，一层是门诊医技用房，二、三层为传染病房。850 床医疗综合楼地下 1 层，地上 11 层。总建筑面积 120 371.44m^2，建筑高度 48.4m，一～四层为医技、门诊，四层以上为住院部。行政办公楼及报告厅地上 5 层，建筑面积 3482.6m^2。宿舍及食堂地下 1 层，地上 4 层，建筑面积 7007m^2。二期综合服务楼为 2 层配套服务用房及地下停车场。

传染病房楼作为三甲医院传染病区的一部分，担负着传染病的诊断、治疗、研究的工作。一旦出现重大疫情，可将传染病房楼区域独立出来，作为专门应对突发公共卫生事件的医疗部门（独立的隔离病房区），发挥防控、治疗、研究、总体指挥的作用，这样既可以联系又可以分隔的布局模式，可以在平时将医疗资源有效利用，又可以在突发疫情时有效地分隔，使得社会医疗资源发挥最大的使用效率。本次重点介绍

传染病房楼，传染病房楼于2021年2月已经完成设计，工程总投资10 878万元。

本项目一层由发热门诊、肠道、肝病门诊组成，其中包含8间ICU和2间负压手术室，二、三层均为病房，病房按负压病房考虑。传染病房楼设计原则为平疫结合统筹设计，避免“平”“疫”两套系统共存，采取符合平疫转换要求的通风空调措施。

7.3.2 暖通专业设计范围

暖通专业设计内容主要包括空调、通风、消防系统的配套设计，其中除ICU、手术室采用净化空调设计外，其余区域均按舒适性空调设计。ICU、手术室采用直膨式机组，保证全年使用，其余区域冷热源由院区动力中心提供，动力中心夏季采用一台磁悬浮冷机，两台离心式冷水机组，冬季利用市政热源，换热后为空调使用，过渡季可以利用生活热水锅炉房为本项目提前供暖，满足医院特殊需要。

医用气体系统包含如下：

（1）医用氧气供应系统：包含供氧主设备及后备紧急氧气汇流排、本系统所有阀门、气体管道及各用气点气体终端设备；

（2）医用真空供应系统：包含真空吸引站设备、本系统所有阀门、气体管道及各用气点气体终端设备；

（3）医用空气供应系统：包含压缩空气站设备、本系统所有阀门、气体管道。

7.3.3 暖通空调专业在本项目上的特点、难点、创新

1. 项目特点

传染病房楼设计原则为平疫结合统筹设计，避免“平”“疫”两套系统共存，采取符合平疫转换要求的通风空调措施。

2. 项目难点

（1）主楼净化空调区域设有一套专用的热泵系统，可以满足全年供冷、供暖需求，由于离传染病房楼远（接近350m），因此传染病房楼的两间手术室和ICU设置4台直膨式机组，可以减少输送能耗。

（2）由于业主要求采用市政供暖，为满足医院提前和延后供暖需要，本项目利用生活热水间歇使用的特点，设置两台锅炉，一用一备，可以满足过渡季医院供暖的需求。

3. 项目创新

（1）根据项目特点，按夜间负荷选择一台磁悬浮冷机，另外两台采用常规冷机，既节约了投资，又能保证系统高效运行。

（2）由于项目东西长约 500m，地下室层高低，机房层高 4.5m，项目采用大温差供冷（7℃ /13℃），冬季采用大温差供暖（60℃ /45℃）。

（3）医院有大量的内区房间，过渡季内区需要供冷，本项目设有冷却塔免费供冷系统。

（4）项目按平疫结合设计，平时，各个区域的新风按 $3h^{-1}$ 运行，空调新风机组、排风机均按变频设置，此时可以降低风机电耗 70% 左右，降低能耗 20% 左右；疫情时转换为额定工况运行，具体运行策略如图 7-2 所示。

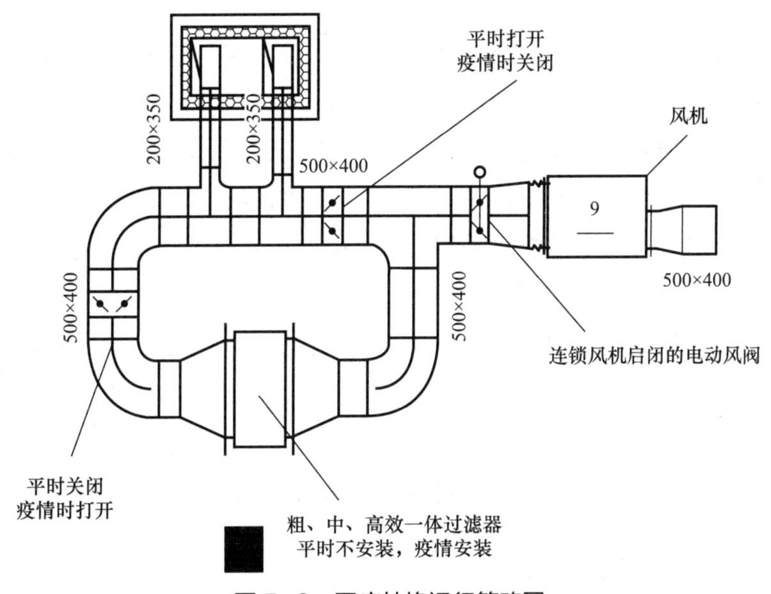

图 7-2　平疫转换运行策略图

7.3.4　室内设计参数

负荷计算时除发热门诊、ICU、负压手术室按上述新风量计算外，其余部分均按 $3h^{-1}$ 计算。

本项目室内设计参数如表 7-4 所示。

扬凌示范区中心医院（公共卫生中心）传染病房楼室内设计参数　　表 7-4

房间名称	夏季		冬季		新风
	温度（℃）	相对湿度（%）	温度（℃）	相对湿度（%）	
诊室	25～27	40～60	21～22	40～45	污染区、半污染区 $6h^{-1}$，清洁区 $3h^{-1}$
病房	25～27	45～65	22～24	40～45	
候诊	25～27	40～60	20～21	40～45	
药库	16	<60	16	<60	
办公	25～27	40～60	20～22	40～60	
Ⅲ级洁净手术室	22～25	50～60	22～25	35～45	15～20m^3/（m^2·h）
ICU	24～27	24～27	22～25	35～45	$12h^{-1}$

7.3.5　冷、热源系统设计

本项目空调面积 9721m^2，夏季设计冷负荷为 1065kW，冬季设计热负荷为 935kW。平均冷指标为 115.6W/m^2，平均热指标为 96.2W/m^2。

空调热媒采用供 / 回水温度为 60℃ /45℃的热水，空调冷源采用供 / 回水温度为 7℃ /13℃的冷水，均由一期动力中心内换热系统集中供给。ICU、手术室采用直膨式机组，保证全年使用。动力中心夏季采用一台 4219kW 的磁悬浮离心式冷水机机，两台 4084kW 的离心式冷水机组，冬季利用市政热源，换热后为空调使用，考虑到有提前和延后供暖的需要，生活热水锅炉设置一用一备，两台 2800kW 的常压热水锅炉，在优先满足生活热水的前提下，给空调提供一次热源。冷水泵、冷却水泵采用变频泵，补水采用软化水，定压采用落地膨胀水箱定压。

医院有大量的内区房间，过渡季内区需要供冷，本项目设有冷却塔免费供冷系统。

7.3.6　空调末端及通风系统设计

（1）一层候诊区采用吊装空调机组，气流组织为上送上回。

（2）小房间采用风机盘管 + 新风的空调系统。

（3）负压手术室各采用一台医用净化空气处理机组；专用送风天花装置，上送侧下排风，全新风。

（4）ICU 区域采用两台净化空调机组，高效送风口送风，高效排风口排风，机组采用全新风机组。

（5）本项目污染区、半污染区、清洁区新风和排风系统独立设置；根据压力梯度要求，压差 5Pa 时，计算风量差为 133m^3/h。另根据规范要求，不小于 150m^3/h。因此，本项目维持压力梯度风量均按大于 150m^3/h 取值。本项目按平疫转换设计，污染区、半污染区、清洁区新风和排风系统独立设置；污染区压力为 −15Pa，污染区与相邻缓冲间压力为 −10Pa，半污染区（医护走道）压力为 −5Pa，半污染区和清洁区缓冲走道压力为 0Pa，清洁区压力为 10Pa。清洁区新风按换气次数 $3h^{-1}$ 设计，根据清洁区保持正压，每个房间送风量大于排风量 $150m^3/h$；污染区、半污染区新风按换气次数 $6h^{-1}$ 设计，保持负压，每个房间排风量大于送风量 $150m^3/h$；ICU 新风按换气次数 $12h^{-1}$ 设计，排风量大于送风量 $150m^3/h$；负压手术室按Ⅲ级洁净手术室考虑，新风按换气次数不小于 $15h^{-1}$ 设计，排风量大于新风量 $300m^3/h$ 设计。

（6）ICU、负压手术室为直流式空调新风系统，手术室按Ⅲ级考虑，新风按 15～$20m^3/(m^2 \cdot h)$ 设计，其他区域按前面设计说明中室内参数要求设计。洁净度的保证：通过三级过滤，医用净化新风机组初步过滤（粗效 G4+ 中效 F8+ 亚高效 H11），医用净化空气处理机组两级过滤（粗效 G4+ 中效 F8），送风末端高效过滤（H13）。

（7）污染区、半污染区上送风，下排风，同一个通风系统，房间到总送排风系统主干管之间的支管风道上设置电动密闭阀，并可单独关断，进行房间消毒。每个送风、排风支管上均设有定风量阀，以保证每个房间的送排风量。

（8）运行策略：平时各个区域的新风按换气次数 $3h^{-1}$ 运行，空调新风机组、排风机均按变频设置，此时可以降低风机电耗 80% 左右，降低能耗 20% 左右，疫情时额定工况运行。污染区、半污染区的送风经过粗效（G2）、中效（M6）、亚高效过滤器（ISO15Y）三级处理，平时可仅设粗效和中效过滤器；疫情时排风机处应经过粗效（G2）、中效过滤器（M6）、高效过滤处理后排放，平时排风不设过滤器，风机旁通运行；清洁区的送风机设粗效（G2）和中效过滤器（M6），排风机运行策略如图 7−3 所示。

（9）送风系统、排风系统内的各级空气过滤器设压差检测、报警装置。送风（新风）机组出口及排风机组进口设置与风机联动的电动密闭风阀。半污染区、污染区的排风机应当设置在室外，并设在排风管路末端，使整个管路为负压，排风口高于屋面不小于 5m，风口设锥形风帽高空排放。

（10）水系统的平衡措施及调节手段：空调冷、热水管为同程布置；风机盘管回水管上设电动两通阀，每层的水平分支回水管上设平衡阀；空调及新风机组回水管均设电动两通调节阀。

（11）舒适性空调采用湿膜加湿，净化空调采用电极加湿。

7.3.7 暖通空调专业节能设计主要措施

（1）采用高效的冷水机组。

（2）水泵耗电冷热水耗电输热比满足规范要求。

（3）空调机组、风机配变频器。

（4）采用集中空调的建筑，房间内的温度、湿度、风速等参数符合现行国家标准《公共建筑节能设计标准》GB 50189 的设计计算要求。

（5）采用集中空调的建筑，新风量符合现行国家标准《公共建筑节能设计标准》GB 50189 的设计要求。

（6）空调水系统采用一级泵变流量两管制冷、热水系统。

（7）空调水管道、风管道的保温满足节能要求。

（8）采用节能设备与系统。暖通系统的多联式空调热泵机组的制冷综合性能系 $ILPV(C)$，风机的单位风量耗功率 W_s 等均按照要求进行计算，且均满足要求。

（9）建筑物处于部分冷热负荷时和仅部分空间使用时，采取有效措施降低通风空调系统能耗。

（10）室内采用调节方便、可进行室温控制、提高人员舒适性的空调末端。

（11）设置室内空气质量监控系统，保证健康舒适的室内环境。

（12）对空调通风系统按照现行国家标准《空调通风系统清洗规范》GB 19210 的规定进行定期检查和清洗。

（13）建筑通风、空调、照明等设备自动监控系统技术合理，系统高效运营。

（14）对建筑耗电、冷热量、燃料消耗量、补水量进行计量。

设计单位：中国建筑西北设计研究院有限公司
主要设计人：贾永红　王　谦　王艳红
本文执笔人：贾永红

7.4　西平县第二人民医院异地新建项目（含人民医院传染病区）传染病楼

7.4.1　项目概况

1. 总体规划

本项目总用地面积 60250.73m²，总建筑面积 77653.79m²，其中地上建筑面积 60751.11m²，地下建筑面积 16902.68m²，包括门诊医技病房综合楼、传染病楼、业务综合楼、垃圾收集站、医疗气体站、污水处理站、地下车库。

2. 平疫结合要求

院区内传染病楼与北侧门诊病房综合楼统一规划、设计、建设，构建平疫结合的服务格局，要求既能满足医院服务区域内非传染性疾病治疗需求，又能提供传染性疾病专业、定点的医疗服务，同时当疫情大规模暴发时，传染病楼能够迅速转化为定点收治单位，做到集中隔离、快速治疗。

3. 传染病楼建筑概况

传染病楼建筑面积13 151.49m^2，地上7层，地下1层；建筑高度32.40m，一层层高5.40m，二～七层层高4.20m，建筑一层室内外高差为0.30m。传染病楼地上部分功能：一层为发热门诊、肠道门诊及肝病门诊，二层为肠道病房，三层为呼吸道发热确诊病房，四层为疑似病例病房，五～六层为确诊病房，七层为确诊病房及重症监护室。

根据院方要求，传染病楼按平疫结合要求设计。传染病房楼于2020年12月完成设计，本楼工程投资6614万元。

7.4.2 设计范围、设计约束条件、设计难点及措施

1. 设计范围

传染病楼配套通风、空调系统设计。

2. 设计约束条件

（1）平时非呼吸道传染病多于呼吸道传染病；疫情期间若是烈性呼吸道传染病发病时，全部启用为呼吸道隔离病区。

（2）传染病楼平时按非呼吸道传染病区和呼吸道传染病区运行，疫情期间顶层重症监护病房按负压隔离病房转换，其他楼层病房按负压病房转换，转换后房间内排风口均需设高效过滤器。

（3）传染病楼空调冷、热源，生活热水热源由院区能源中心集中供应。

3. 设计难点及措施

（1）设计难点

本设计的难点在于如何以合理的技术措施实现传染病楼的平疫转换功能。对于传染病楼，通风空调系统的设计，平时工况应符合《传染病医院建筑设计规范》GB 50849等的标准相关规定，疫情时期，非呼吸道传染病区需转换成负压病区，通风空调系统的设计又应符合《综合医院平疫结合可转换病区建筑技术导则（试行）》的相

关规定，因此通风空调系统需要兼顾以下要求：

1）传染病楼的非呼道传染病区平时新风量要求换气次数不小于 $3h^{-1}$，转换后负压病房的新风量要求换气次数不小于 $6h^{-1}$。

2）传染病楼的室内排风口平时不需设高效过滤器，转换后下排风口要求设高效过滤器，下排风口带原位消毒功能。且送风、排风系统的各级空气过滤器应设压差检测、报警装置。

3）传染病楼的半污染区、污染区新风机组空气处理为粗效、中效两级过滤；转换后，为保护排风高效过滤器并改善患者环境，新风机组空气处理为粗效、中效、亚高效三级过滤。

4）以适当的设备投资，实现平时节能运行，疫情时快速转换。

（2）基于设计难点采取的措施

1）由于“平”“疫”不同工况下，病房内新、排风量不同，所以，送风支管采用多工况恒风量阀（电动控制），按照平时工况调整设定风量，当需要转换时，再按负压病房要求的新风量重新设定调整。同理，排风支管采用多工况调节阀，可实现多挡位调节，以与“平”“疫”两种工况的新风量变化协调。

2）病房卫生间设置恒风量排风阀，以保证病房内到卫生间的定向气流。

3）病房层集中新、排风系统的送、排风量的改变，通过采用变频风机与其协调，如图 7-3 所示。

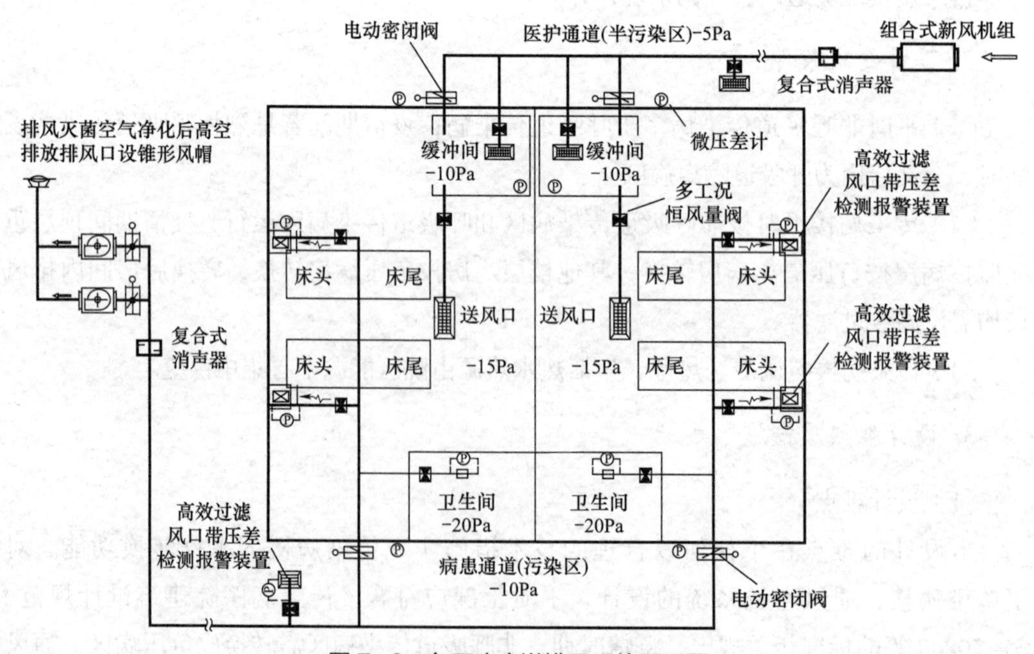

图 7-3　负压病房送排风系统原理图

4）风管设计、风机选型时，风量、风压考虑“平”“疫”两种工况新风量的变化以及各级空气过滤器的终阻力等因素。

5）通风系统设计时，每6～8个房间划为一个新风、排风系统，既能保证通风效果，同时风管的规格适中，在优化综合管线布置中，容易满足医疗空间净高控制的要求，节省排风井面积，高效利用建筑空间。

7.4.3 设计创新点

（1）根据传染病房静态隔离原理，在非呼吸道病区选用多工况恒风量阀，在房间门关闭的状态下，保证两种工况下新、排风量恒定；系统送、排风量的改变通过变频风机调节，实现平时节能运行，疫情时快速转换。

（2）CT、DR等房间单独设置多联机空调系统，空调机组均采用环保制冷剂，根据房间使用要求灵活控制，实现节能运行。

（3）对新风机组、风机盘管等空调末端设备进行能耗监测，实现远程控制、室内温度管理，达到节能降耗的目的。

7.4.4 系统设计

1. 室内设计参数

房间内设计参数按《传染病医院建筑设计规范》GB 50849-2014的要求执行，如表7-5所示。房间内温度、湿度的控制不仅要满足医护人员、病患舒适性的要求，同时适宜的温度、湿度还对病菌微生物起到抑制作用。

室内设计参数　　表7-5

房间名称	夏季		冬季		新风量（h^{-1}）
	温度（℃）	相对湿度（%）	温度（℃）	相对湿度（%）	
病房	26	50～60	22	40～45	6
诊室	26	50～60	20	40～45	6
候诊室	26	50～60	20	40～45	6
试验室	26	45～60	22	40～50	6
药房	26	45～60	20	40～45	6
药品储藏室	26	60以下	16	60以下	3
放射室	26	50～60	24	40～45	6
管理室	26	50～60	20	40～45	3

诊室、病房新风量换气次数不小于 $6h^{-1}$，清洁区每个房间送风量应大于排风量 $150m^3/h$。污染区每个房间排风量应大于送风量 $150m^3/h$。

2. 冷、热源

传染病房楼的供暖采用供 / 回水温度为 60℃ /45℃的热水，制冷采用供 / 回水温度为 7℃ /14℃的冷水，均由院区能源中心集中供给。

3. 通风空调系统设计

（1）新风、排风系统按清洁区、半污染区、污染区分别独立设置。

（2）半污染区、污染区排风系统由风管引到屋面高空排放。排风口高于屋面不小于 3m，风口设锥形风帽高空排放，排风口与送风系统取风口的水平距离不应小于 20m。

（3）卫生间排风与本层病区统一考虑，避免共用竖井排风。

（4）新风机房、管井设在清洁区，避免维修人员进入污染区工作，防止交叉感染。

（5）呼吸道门诊与肠道、肝炎门诊空调系统分开设置，并保证气流组织流向。

（6）门诊大厅空调采用全新风直流系统，并设回风口，根据需要可回风工况运行。

（7）病房、医护办公室小空间采用新、排风 + 风机盘管系统。

（8）CT、DR 房间设置多联式空调系统。可根据房间使用要求灵活使用，做到节能运行。

（9）空调冷凝水在清洁区、半污染区采用分区集中收集，污染区病房内空调冷凝水直接排放至病房卫生间地漏附近，并随各区污水、废水集中处理。避免跨区、跨房间收集，降低交叉感染的风险。

4. 气流组织及压差控制

（1）根据医护人员、病患流线确定气流组织流向，即：清洁区→半污染区→污染区；另外，不同污染等级的房间的压差值要符合要求，均不应小于 5Pa。

（2）房间气流组织应防止新、排风短路，新风口位置应使清洁空气首先流过房间内医务人员可能的工作区域，然后流过传染源进入排风口，如图 7-4、图 7-5 所示。

（3）送风口设置在房间上部，呼吸道传染病区内病房、诊室等污染区的排风口应设置在房间下部，房间排风口底部距地面不应小于 100mm。

（4）房间内送、排风支管上设多工况恒风量阀，能适应不同工况运行，且能保证各区压力梯度的要求。

（5）房间内送、排风支管上设电动密闭阀，可单独判断，进行房间消毒。

（6）病房与医护走道、缓冲间均设微压差计。监测与其相邻相通的缓冲间、走廊压差，应保持不小于 5Pa 的负压差。

（7）室内设风机盘管，送风口、回风口的布置应避免对新风送风口的干扰。

5. 空气处理要求

（1）清洁区新风经粗效、中效（G4+F8）两级过滤。新风机组采用组合式空调机组，清洁区新风处理功能段：粗效→袋式中效→微静电处理单元→表冷（加热）→干干蒸汽加湿段→风机段。

（2）半污染区、污染区房间新风经粗效、中效、亚高效三级过滤（G4+F8+H11）。半污染区和污染区新风处理功能段：粗效→袋式中效→微静电处理单元→表冷（加热）→干蒸汽加湿段→风机段→亚高效。

（3）排风经高效过滤器过滤处理后，高空排放，在风机入口前设电子灭菌装置。

（4）室内风机盘管回风口设置板式微静电空气净化器。要求初阻力小于 50Pa、微生物一次通过率不大于 10% 和颗粒物一次计重通过率不大于 5%。

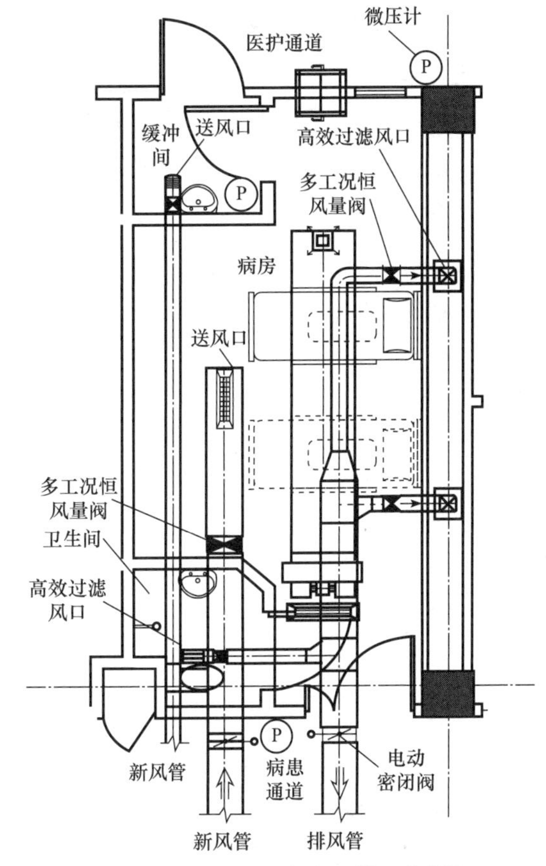

图 7-4　负压病房新风、排风大样图

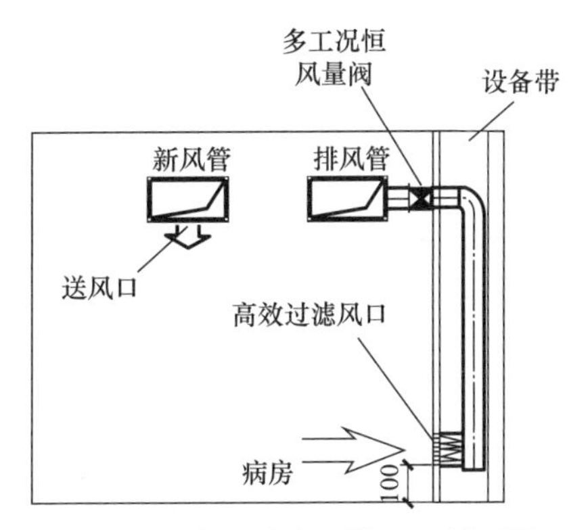

图 7-5　负压病房下排风口剖面图

（5）冬季新风采用干蒸汽加湿（由院区锅炉房提供），满足医疗卫生要求。

6. 节能控制措施

（1）对空调系统末端设备（如风机盘管、组合式空调机组）进行能耗监测，集中管理，分散控制，对各设备和参数进行实时监控，远程启 / 停控制与监视，参数与设备非常状态的报警。

（2）风机盘管采用三速开关调节送风量，风机盘管回水管上设置电动两通阀，根据室内温度控制开启。

（3）新风机组根据送风温度采用电动调节阀调节水量，控制新风机组的送风温度。冬季或过渡季可根据送风湿度比例调节加湿量。新风机组的风机与入口段的新风阀连锁：新风机组开启，电动风阀开启；新风机组停止运行，电动风阀关闭。

（4）定风量全空气处理机组采用电动调节阀，根据回风温度比例调节水量。冬季或过渡季可根据回风相对湿度比例调节加湿量。空调机组的电动新风阀与空调机组的风机连锁控制：空调机组开启，电动风阀开启；空调机组停止运行，电动风阀关闭。

（5）机械排风系统选用数字化直流变速排风机组，根据系统风量变化调节转速，集中控制通风量。

用户单位：西平县第二人民医院
用户单位代表：陈进元
设计单位：河南省建筑设计研究院有限公司
主要设计人：孙　璐　王其庆　孙　微　董学军
　　　　　　曹沛源　郭占伟　王文才　马新发
本文执笔人：河南省建筑设计研究院有限公司
　　　　　　孙　璐
　　　　　　河南省建筑职业技术学院　张　珂

7.5 辽阳市结核病医院（胸科医院）及辽阳市传染病医院合并选址重建项目

7.5.1 工程概况

1. 建筑概况

本项目共 11 个子项，总建筑面积 71 023m^2，总床位数 800 床。设计完成时间 2021 年 3 月，预计竣工时间 2023 年 2 月，总投资 5.3 亿元。

2. 功能特征

本医院为二级医院，疫情期间定位负责本市疫情救治，除了机关办公楼、地下车库、附属配套设备用房外，中央供应室、肠道门诊医技楼、传染病门诊医技楼、结核病门诊医技楼，以及传染病房楼、结核病房楼、发热门诊及烈性病房楼建筑格局均按“三区两通道”设置。

按各功能区分别设置各自的机械通风系统，可方便实现疫情时迅速转换的可能，并切断传播途径，保护医护人员的安全。

7.5.2 暖通空调专业特点、难点、创新

1. 特点

（1）能源选择特点

集中供热成本较低，有可靠的集中热源供热时，优选市政热源。

本项目处于辽宁省辽阳市太子河畔，远离市区，据住建部门反馈资料，此区域市政热网无法扩容，不能满足项目使用，且无区域供冷、中深层地热能用能规划。项目地处山地，场地面积受限，太子河防洪线在场地红线内，且水温、水量、水质不稳，不具备良好的浅层地能应用条件，而市政燃气管网可以适配此项目供热使用，综合考虑选择燃气热源供热系统。

空调供热与生活热水共用一次热源，在地下设备用房设置集中能源站，部分设备用房采用 VRF 空调，其他区域供热、空调负荷均由集中能源站供给，通过室外热力外线与各单体相连。

经限额设计，最终选取可靠性高、控制灵活的常压燃气锅炉及高效水冷冷水机组方案。

（2）防感染及污染物传播气流组织特点

本项目医疗场所均按“三区两通道”设置，分别设置独立的通风系统，压力梯度由清洁区至半污染区至污染区逐步降低，缓冲间及不同区之间最小压力差 5Pa，严控气流方向从清洁区流向污染区。

诊室新风送风口在医生侧，排风口在患者侧；病房新风送风口在病床尾部医护站立处，排风口在患者床头处（呼吸道传染病区排风口在下部，其他排风口在上部）。

（3）平疫结合设计

本项目为传染病医院，其通风、空调系统方案接近疫情期间的通风要求，疫情时，可通过较小的转变实现疫情防控使用。

2. 难点

平疫结合设计；新风取风口与排风口的合理设置；新风机房及排风机房的合理布置；诊室等污染、半污染区气流组织的合理设置；各区及缓冲间压力梯度的合理设置。

3. 创新

污染区及半污染区机械通风系统设置溶液热回收系统，避免气流交差感染，同时降低运行能耗。清洁区设置显热回收新风换气系统，降低运行能耗。

7.5.3 主要设计计算参数

本项目主要设计计算参数如表 7-6 所示。

主要设计计算参数　　表 7-6

房间名称	夏季		冬季		新风量	噪声标准[dB(A)]
	温度(℃)	相对湿度(%)	温度(℃)	相对湿度(%)		
传染病房(非呼吸道)	26	≤65	22	40	$3h^{-1}$	≤45(昼间) ≤40(夜间)
诊室(非呼吸道)	26	≤65	22	40	$3h^{-1}$	≤45
候诊(非呼吸道)	25	≤65	20	40	$3h^{-1}$	≤55
传染病房(结核病)	26	≤65	22	40	$6h^{-1}$	≤45(昼间) ≤40(夜间)
诊室(结核病)	26	≤65	22	40	$6h^{-1}$	≤45
候诊(结核病)	25	≤65	20	40	$6h^{-1}$	≤55
负压隔离病房	26	≤65	20	40	$12h^{-1}$	≤45(昼间) ≤40(夜间)
负压病房	26	≤65	22	40	$6h^{-1}$	≤45(昼间) ≤40(夜间)
药房	26	≤65	20	40	$3h^{-1}$	≤50
办公室	26	60	20	40	$30m^3$/(人·h)	≤45
餐厅	26	60	20	40	$20m^3$/(人·h)	≤55
地下车库	—	—	—	—	$5h^{-1}$	≤45
地下站房	—	—	16	—	4～$10h^{-1}$	—

7.5.4 冷热源系统设计

空调供热与生活热水共用一次热源，在地下设备用房设置集中能源站，除了下述采用 VRF 的空调区域外，其他区域供热、空调负荷均有集中能源站供给，通过室外热力外线与各单体相连。放射科 CT、DR 等诊室采用 VRF 空调系统，MRI 采用恒温恒湿空调机，系统与机组配套。

冷热源系统技术方案：

（1）因资金有限，经过限额设计经济比较，采用燃气锅炉加水冷冷水机组形式，同时燃气锅炉提供生活热水一次热源。

常压燃气锅炉及水冷冷水机组设置在地下一层设备用房内，冷却塔置于结核病医技楼屋面，其中为了保证医院项目供热稳定及安全性，锅炉考虑一台备用。

（2）热源承担总热负荷12401kW，冷源承担总冷负荷7797kW。

（3）热源一次侧水温90℃/65℃，经换热后供空调供热60℃/45℃，供生活热水60℃。

（4）采用室外热力管网把集中冷、热送至各单体，为一级泵变流量系统，末端风机盘管采用双位电动调节阀，新风机组采用动态平衡电动调节阀。

（5）选用3台2637kW（750RT）变频水冷冷水机组；选用4台4.2MW低氮燃烧常压燃气热水锅炉，3用1备，可保证任一台故障时，其余机组可保证100%空调及生活热水负荷。

（6）空调及生活热水一次侧共用热源，4台变频循环泵，锅炉及循环水泵均设一台备用。循环水泵均变频控制。

7.5.5 空调末端系统设置

（1）空调系统设置区域：1～7号楼的功能房间及地下设备用房内中央供应室设置空调系统，夏季制冷、冬季供热。

（2）放射科DR、CT设置VRF空调系统；MRI设置直膨式恒温恒湿专用空调；数据机房采用直膨式专用空调；PCR及负压隔离病房采用全新风（直流）系统，手术室、中央供应室等净化空调采用一次回风全空气系统；其他部位空调均采用风机盘管加新风系统。

（3）空调区均采用冷热水型AHU、PAU、FCU，两管制系统。

（4）新风机组及空气处理机组均布置在清洁区，设置粗、中效过滤段，其中净化空调系统在末端风口处设置高效过滤风口。污染及半污染区风机盘管回风口设置低阻高效过滤器。洁净手术室及负压隔离病房排风口设置高效过滤器。

（5）气流组织按气流从清洁区至半污染区至污染区流动，其压力逐步降低。结核病门诊污染区、烈性病房污染区、发热门诊污染区、负压隔离病房污染区的排风口均设置在下部，其他空间排风口设置在顶部。对于同一诊室空间，新风送风口在医生侧高位，排风口在病人侧低位。

7.5.6 机械通风系统设计

（1）设机械通风的区域：散发热量、异味、潮湿、污染物等房间（空间）设置通风设施，并设置机械通风。

（2）各层的总体气流流向与压力梯度分布趋势：压力分布趋势为清洁区到半污染区至污染区逐步降低，不同区之间压力梯度按不小于5Pa设置。气流按从清洁区到半污染区至污染区流动，同一空间按从医护区往患者区流动。

（3）特殊区域的机械通风系统设计：生物实验室采用通风柜的机械通风形式，排风经高效过滤后高空排放。胃肠镜检查、污物间设置负压排风，排风量为新风量+150m³/h，且排风口在污染源附近。

7.5.7 暖通专业节能设计主要措施

（1）机关办公楼采用新风换气机系统，可回收排风冷热量，降低室内新风负荷。

（2）门诊、病房楼半污染区及污染区，新风系统采用液体循环式热回收，回收部分显热，采用多对多的热回收系统。设置乙二醇热回收盘管段，可回收排风系统排出冷热量，热回收效率大于40%，降低室内新风负荷，又可避免空气交差感染。

（3）选择质量百分比为45%的乙二醇水溶液，凝固点约 −25℃。在循环液体供回水管之间设电动三通调节阀，根据排风盘管回水温度和新风盘管出风温度调节开启度的防结霜措施。

（4）选用变频水冷冷水机组，*COP*=6.53（＞5.394），*IPLV*=8.88（＞7.93），平时及低负荷时均可高效运行，冷却塔变频调节。

（5）末端空调系统均采用变流量系统，风机盘管设双位型电动两通阀，空调机组及新风机组设VGP动态热量平衡电动调节阀，分集水器设置压差旁通阀。补水定压采用补水泵变频补水定压。

（6）纯生活热水制热时，燃气锅炉低负荷运行一台。

（7）锅炉房独立设置，另设置空调换热站及生活热水换热间。一次网水温90℃/65℃，空调热水二次网水温60℃/45℃。热水循环泵均变频控制。

（8）水泵均选用高效水泵，循环水泵耗电输冷比及耗电输热比均满足现行国家标准《公共建筑节能设计标准》GB 50189的要求。

7.5.8 平疫转换设计

1. 供暖通风与空气调节平疫转换设置原则

（1）新风、排风系统按清洁区、污染区及半污染区每层独立设置。

（2）根据医院平时使用功能及疫情时定位设置相应规模的疫情转换系统。

（3）风管按疫情风量设置，机房按疫情通风设备考虑安装位置，并按平时通风安装设备。

（4）疫情时按需要改装高效过滤风口及更换疫情通风设备，实现平疫转换。

（5）对于平时排风机设置在室内污染区的，疫情期间按需求把排风机移到屋面室外，排风管可通过室外风管升至屋面。排风机出口与新风机取风口的水平距离或竖向距离满足疫情通风要求。

2. 住院部平疫转换

（1）烈性病房楼中负压病房区及半污染区平时最小新风量按换气次数 $6h^{-1}$ 计算。

（2）结核病病房楼病房区及半污染区平时最小新风量按换气次数 $6h^{-1}$ 计算。

（3）病房双人间送风口设于病房医护人员入口附近顶部，排风口设于病人床头下侧。单人间送风口宜设在床尾的顶部，排风口设在与送风口相对的床头下侧。

（4）平时病房及其卫生间排风不设置风口过滤器。疫情时的负压病房及其卫生间的排风在房间排风口部安装高效过滤器。

（5）平时，病房与其相邻相通的缓冲间、缓冲间与医护走廊均保持负压差，疫情时负压差不小于 5Pa。负压病房在疫情改造时在医护走廊门口视线高度安装微压差显示装置，并标示出安全压差范围。

（6）病房内卫生间只设排风，保证病房向卫生间定向气流。

（7）结核病房及负压病房、负压隔离病房等呼吸道传染病房每间病房及其卫生间的送风、排风管上安装电动密闭阀。

（8）ICU 为小隔间设置形式，平时参照负压病房设置，采用风机盘管加新风形式，最小新风量为换气次数 $6h^{-1}$，排风量比新风量大 $150m^3/h$，排风口在病人床头下部，底距地 0.1m，送、排风支管设电动风阀，疫情期间通过加大新风机组及排风机组风量，并把风口更换为高效过滤风口，满足新风换气次数 $12h^{-1}$ 及负压要求。风机盘管回风口设置低阻高效过滤器。

（9）传染病病房按非呼吸道病房设计，新风按换气次数 $3h^{-1}$ 设计风道，按三区分别设置独立系统，因医院疫情期间定位及资金原因，不考虑平疫转换。

3. 门急诊及医技科室平疫转换

（1）结核病门诊及医技楼污染区平时设计最小新风量按换气次数 $6h^{-1}$，且排风口在下。

（2）结核病门诊及医技楼 DR、CT、MR 等放射检查室，设计最小新风量按换气次数 $6h^{-1}$，且排风口在下，满足疫情转换需求。其中 MR 设置直膨式恒温恒湿机，DR、CT 设置多联机空调系统，新风系统与大楼空调系统共用冷热源。

（3）PCR 实验室各房间设置独立的新风及排风系统，按增强型二级生物实验室设计，送风口及排风口均设置高效过滤器。严控各房间压力梯度，保证空气压力依次按标本制备区、扩增区、分析区递减，且分析区负压度最大。

（4）结核病门诊楼半污染区、污染区的排风系统排风机均设置在屋面室外，风机在排风管路末端，整个室内管路为负压。

（5）平时新风均为粗、中效两级过滤，排风未设过滤。

（6）疫情时，可通过风口改为高效过滤风口，或更换新风机组增设高效过滤、排风机组增设粗、中、高效过滤，并调整新风机组及排风机组风机压头参数实现平疫转换。

（7）肠道门诊及传染病门诊按非呼吸道门诊设计，新风按换气次数 $3h^{-1}$ 设计风道，按三区分别设置独立系统，因医院疫情期间定位及资金原因，不考虑平疫转换。

4. 手术室平疫转换

设置4间手术室，平时为结核病医院使用，功能为Ⅲ级万级负压手术室，其回风、排风口均设高效过滤，疫情时可直接使用。

5. 卫生通过设计

（1）设计原则：相邻区域保证不小于5Pa的压差，压力从清洁区到半污染区及污染区递减，使得气流方向从清洁区流向半污染区及污染区，并满足各区域最小新风要求。

（2）污染区强制卫生进入，医护流线基本流程：一更→二更→缓冲（洗手）→污染区。

（3）污染区强制卫生退出医护流线基本流程：污染区→缓冲（洗手）→脱衣（一脱、二脱）→淋浴（更衣）→缓冲（洗手）。

（4）半污染区强制卫生通过，医护流线基本流程：清洁区→更衣→卫生通过区→缓冲（洗手）→半污染区。

用户单位：辽阳市卫生健康委员会
用户单位代表：尚　冰
设计单位：中国建筑东北设计研究院有限公司
主要设计人：侯鸿章　王中华　张　薇　王　霞　周慧鑫
本文执笔人：王中华　周慧鑫

7.6 湖北省鄂西南（宜昌）重大疫情救治基地项目

7.6.1 工程概况

本次设计项目为湖北省鄂西南（宜昌）重大疫情救治基地项目——医疗应急救治综合楼及配套设备机房改造工程（以下简称本项目）。本项目用地位于湖北省宜昌市点军区半头冲地块（宜昌中心人民医院江南院区土地红线内），本项目在依托宜昌市中心人民医院江南院区整体规划的基础上，设立一个平疫结合的湖北省鄂西南（宜昌）重大疫情救治基地。

本项目新建医疗应急救治综合楼建筑面积67 000m²，床位数600床，其中地上建筑面积47 000m²，地下建筑面积20 000m²，地下3层，地上19层。医疗应急救治综合楼地下2层、地上3层，通过连廊与原有门诊医技住院综合楼相连。本项目估算总投资58 380.93万元，项目预计完成时间为36个月。本项目设计完成时间2021年1月。

医疗应急救治综合楼充分考虑平疫结合，建成后不仅满足五龙片区及其周边的近期医疗需求，还兼顾平时医院运营和应对疫情的高效医疗模式。

7.6.2 空调负荷及冷热源

1. 空调冷、热负荷及指标

本项目空调冷、热负荷及指标如表7-7所示。

空调冷、热负荷及指标 表7-7

类别	数量	空调面积（m²）	指标
空调冷负荷	8924kW	47 000	190W/m²
空调热负荷	9500kW	47 000	190W/m²
冬季内区冷负荷	380kW		

2. 空调冷、热源

（1）本项目设置集中制冷机房，位于门诊医技住院综合楼的地下一层，采用3台制冷量为2988kW的离心式冷水机组供给7℃/12℃的冷水，为综合楼提供舒适性空调水系统。

（2）本项目空调热源来自原有门诊医技住院综合楼地下的锅炉房、换热站。热水供/回水温度60℃/50℃。热水经热水分集水器供至住院楼提供空调热源。

7.6.3 空调末端系统设计

1. 非净化全空气空调系统

非净化全空气空调系统设置区域为首层至四层医疗主街，其气流组织为上送上回，各全空气系统新风量均可调，最大新风比为100%，均为双风机系统，疫情时可实现全新风直流。

2. 全新风直流净化空调系统

五层 RICU 按洁净度 8 级设计，采用全新风直流净化空调系统。按 $12h^{-1}$ 换气次数，气流组织为高效送风口均匀上送，单层竖向百叶均匀下回。房间保持负压。洁净用房的送风末端设置高效过滤送风口。

3. 风机盘管 + 新风系统

诊室、办公、病房等区域分别设计风机盘管 + 新风系统 + 排风系统。新风系统水平服务设置，按防火分区及建筑功能分别设置新风及排风系统。新风机组均本层取风，排风均排至屋面经排风机排放。

7.6.4 平疫转换措施及运行策略

（1）通风空调系统应当平疫结合统筹设计，“平”“疫”共用一套通风系统。

（2）平疫结合区，机械送风（新风）、排风系统按清洁区、半污染区、污染区分区设置独立系统。

（3）平疫结合区的通风、空调风管按疫情时的风量设计布置。

（4）疫情时通风系统控制各区域空气压力梯度，使空气从清洁区向半污染区、污染区单向流动。

（5）平疫结合区疫情时清洁区最小新风换气次数 $3h^{-1}$，半污染区、污染区最小新风换气次数 $6h^{-1}$。

（6）清洁区新风经过粗、中效两级过滤，过滤器的设置应当符合现行国家标准《综合医院建筑设计规范》GB 51039 的相关规定。疫情时半污染区、污染区的送风至少经粗、中、亚高效三级过滤，排风高效过滤。

（7）送风（新风）机组出口及排风机组进口应当设置与风机联动的电动密闭风阀。

（8）送风系统、排风系统内的各级空气过滤器设压差检测、报警装置。设置在排风口部的过滤器，每个排风系统最少设置 1 个压差检测、报警装置。

（9）平时病房及其卫生间排风不设置风口过滤器。疫情时的负压病房及其卫生间的排风在排风机组内设置粗、中、高效空气过滤器；负压隔离病房及其卫生间、RICU 排风的高效空气过滤器安装在房间排风口部。

（10）疫情时，负压病房与其相邻相通的缓冲间、缓冲间与医护走廊宜保持不小于 5Pa 的负压差。负压病房各区域压差关系：清洁区相对半污染区为正压，污染区相对半污染区为负压；相对室外大气压，清洁区为 +5Pa，半污染区为 −5Pa，病房缓冲间为 −10Pa，病房卫生间为 −20Pa，污染区为 −15Pa，患者通道为 −10Pa（图 7-6）。

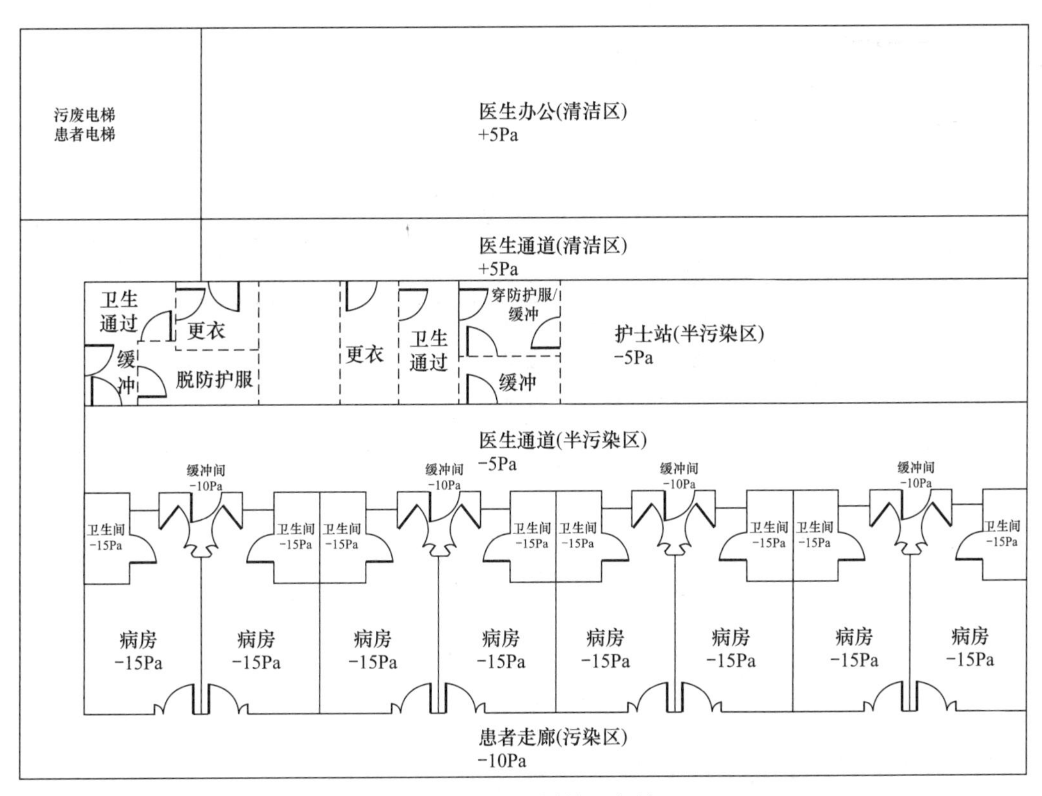

图 7-6 不同区域的压力关系

注：压力梯度参考《医院负压隔离病房环境控制要求》GB/T 35428—2017。

每间负压病房在疫情改造时宜在医护走廊门口视线高度安装微压差显示装置，并标示出安全压差范围。

疫情时通风系统定送定排，维持风量差，通过风量差、阀门等控制各区域空气压力梯度，使空气从清洁区向半污染区、污染区单向流动。

（11）空调机组、排风机“平疫共用”，利用平时全空气空调系统转化为全新风直流空调系统，空调机组考虑其冷、热盘管容量及防冻措施等；排风机设置变频设计，并选用性能曲线陡峭、风压变化大、风量变化小的风机，按疫情需求设置。

（12）负压病房是应对突发疫情而设，相应送、排风机连锁控制，开机时先开排风机，排风机正常运行后，再开启新风机组；关机时先关新风机组，再关闭排风机。作为疫情发生时使用的负压病房，送、排风管按疫情需求设置。

（13）平时病房内送新风，卫生间排风，病房内排风不开启；疫情发生时病房开启下排排风口。

（14）负压病房及其缓冲间内送、排风管支管上设置电动变风量调节阀，可三挡调节（低风量、高风量、关闭）。

7.6.5 平疫转换空调系统方案对比

平疫转换空调系统方案对比如表 7-8 所示。

平疫转换空调方案对比　　表 7-8

	平时功能	疫时功能	平时空调、通风系统	疫情时空调、通风系统	平时换气次数（h^{-1}）	疫情换气次数（h^{-1}）	建筑转换内容
一层	肠道门诊（感染科）	发热门诊	设置独立送、排风系统，空调系统为风机盘管＋新风＋排风系统	设置独立送、排风系统，空调系统为风机盘管＋新风＋排风系统	≥6	≥6［排风 +150m^3/（h・房间）］	—
二层	标准门诊	发热门诊	设置独立送、排风系统，空调系统为风机盘管＋新风＋排风系统	设置独立送、排风系统，空调系统为风机盘管＋新风＋排风系统	3	≥6［排风 +150m^3/（h・房间）］	增加改造卫生通过区域
三层	标准门诊	发热门诊 疫时指挥中心 医生办公休息	设置独立送、排风系统，空调系统为风机盘管＋新风＋排风系统	设置独立送、排风系统，空调系统为风机盘管＋新风＋排风系统	3	3［新风 +150m^3/（h・房间）］	增加改造卫生通过区域改造部分门诊诊室为指挥中心办公、医生办公休息
四层	标准门诊	发热门诊	设置独立送、排风系统，空调系统为风机盘管＋新风＋排风系统	设置独立送、排风系统，空调系统为风机盘管＋新风＋排风系统	3	≥6［排风 +150m^3/（h・房间）］	增加改造卫生通过区域
五层	RICU	负压急重症监护	全新风直流空调系统，房间微正压	全新风直流空调系统。房间负压最小送风量按换气次数 12h^{-1} 计算。空调系统设粗、中、高效三级过滤，高效过滤设在送风口	≥12	≥12	增加改造卫生通过区域
六～十八层	标准护理单元	负压病房	按疫情时同科室清洁区、半污染区分别独立设置送排风系统、污染区分层设置独立送、排风系统，空调系统为风机盘管＋新风＋排风系统（微正压）	空调通风系统同平时系统。疫情发生时新风机组及排风机按设计风量高速运行，末端调节各风管支管风量阀达到疫情设定值。（负压）	3（清洁区）	3［新风 +150m^3/（h・房间）］	拆卸预制墙体，增加轻质隔墙，增加改造卫生通过区域
					3（半污染区）	≥6	
					3（污染区）	按 6h^{-1} 或 60L/（s・床）计算，取两者中较大者	

续表

	平时功能	疫时功能	平时空调、通风系统	疫情时空调、通风系统	平时换气次数（h^{-1}）	疫情换气次数（h^{-1}）	建筑转换内容
十九层	负压隔离病房	负压隔离病房	全新风直流空调系统，房间负压	全新风直流空调系统。房间负压	≥12	按$12h^{-1}$或160L/s计算，取两者中较大者	—

用户单位：宜昌市中心人民医院
设计单位：中国中元国际工程有限公司
主要设计人：张　娜　索源志　刚　鑫
本文执笔人：张　娜

7.7 武汉云景山医院

7.7.1 建筑概况

武汉云景山医院位于武汉市江夏区郑店街，距离雷神山医院约10km，东侧为107国道，北侧为规划长途汽车站。总建筑面积25.2万m^2。总床位数1000张。预留应急床位1000张。医院定位围绕“医养融合、健康养老、平疫结合”的目标，建设集区域康复综合医院和疫情防控医院为一体的三级综合医院。同时，医院按照传染病医院建设标准设计，定位着眼提升重大疫情防控和应急医疗救治能力，疫情时期可转化为传染病医院。

本项目地上主要功能为医疗综合楼、行政办公楼及医护倒班宿舍。其中，医疗综合楼医技裙楼3层，高度为14.4m，塔楼为A、B、C、D栋住院楼，分别为13层、11层、9层、7层，高度分别为54.9m、46.2m、36.6m、29.4m；行政办公楼8层，高度为34.5m；医护倒班宿舍12层，高度为50.1m。地下室1层，主要功能为停车库、水疗区、洗衣房及设备用房等。医疗综合楼109 765m^2、行政办公楼10 000m^2、医护倒班宿舍18 000m^2。

7.7.2 暖通空调专业设计范围

本项目暖通空调专业设计包括空调系统设计，锅炉房设计，通风系统设计，防排烟系统设计，卫生环保设计，节能设计，绿色建筑设计，燃气系统设计，平疫转换设计。

注：人防通风设计由人防专项设计；净化空调设计由净化专项设计；医用气体设

计由医用气体专项设计；中心机房空调设计由数据机房专项设计；燃气系统由燃气公司二次深化设计，本次设计仅提供路由示意和燃气用量；锅炉烟囱由烟囱专业厂家二次深化设计，本次设计仅提供路由示意。

7.7.3 设计特点、难点、创新、运行效果

本项目平疫结合通风空调系统采用简易、适用、经济及节能的技术措施，实现其快速转换，满足平时及疫情时的使用要求。同时避免项目中“平”“疫”2套通风空调系统共存。呼吸道传染病区在平面布局中应划分污染区、半污染区与清洁区，并划分洁污人流、物流通道。传染病房医疗工艺流程如图7-7所示。

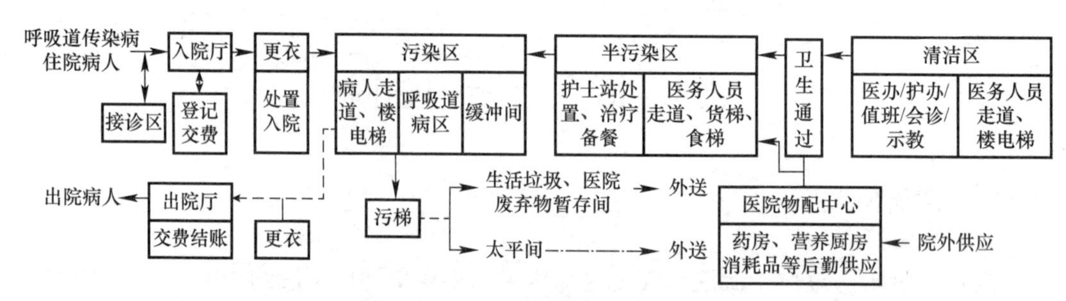

图7-7 传染病房医疗工艺流程图

本项目肛肠门诊及住院楼的设计均需考虑平疫结合，平疫结合通风空调系统在设计中需关注送排风量、过滤要求、压力梯度、气流组织、系统分区及控制等方面。

1.“平”“疫”工况空气处理过程

（1）平时工况

病房平时采用风机盘管+新风系统的空调末端形式，新风与风机盘管送风分别送入病房，其空气处理过程如图7-8所示。风机盘管承担室内冷、热负荷，新风只承担新风负荷。设计工况下，夏季室内温度 t_n=26℃、相对湿度 φ=55%，新风处理后状态点 L_1 经风机温升与风机盘管处理后的空气混合至室内状态点N；冬季室内温度 t_n=22℃、φ=40%，新风处理到室内温度22℃与风机盘管处理后的空气混合至室内状态点N。

（2）疫时工况

疫时为避免风机盘管对病房内气流组织的干扰，在保证安全和节能的前提下，宜采用全新风运行模式。其空气处理过程如图7-9所示。新风机组承担系统新风本身及室内冷热负荷总和。设计工况下，夏季室内温度 t_n=26℃、相对湿度 φ=55%，新风处理至状态点 L_1，经风机温升后沿热湿比线送入室内；冬季室内温度 t_n=22℃、相对湿度 φ=55%，新风加热处理到 R_1，再经过蒸汽加湿至 R_2，沿热湿比线送至室内状态点N。

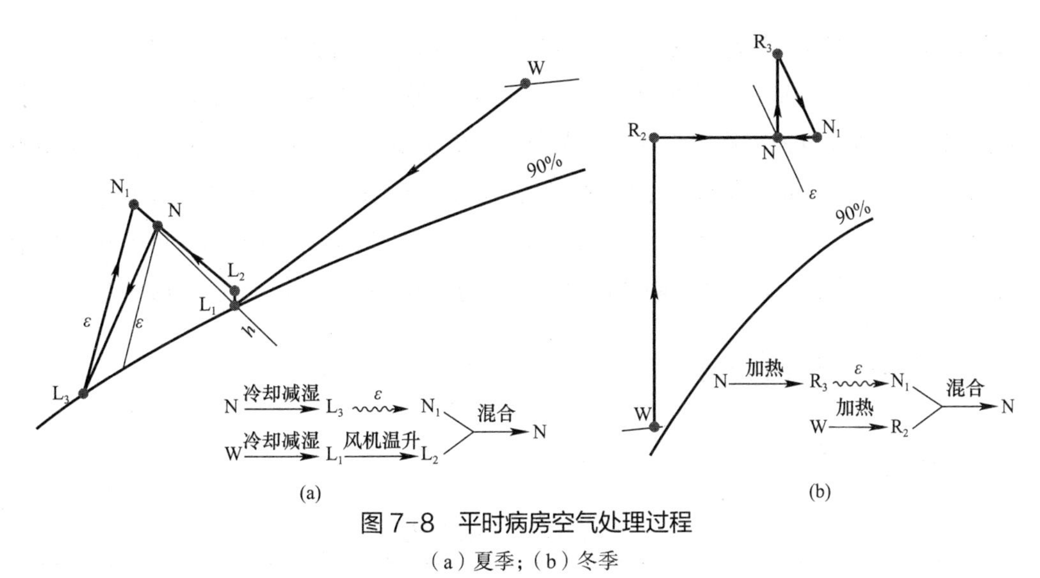

图7-8　平时病房空气处理过程

（a）夏季；（b）冬季

注：W 为室外状态点；N 为室内状态点，ε 为热湿比线；L_2 为新风机组送风状态点；L_3 为风机盘管出风状态点；N_1 为风机盘管出风进入空调房间沿室内热湿比线变到状态点。

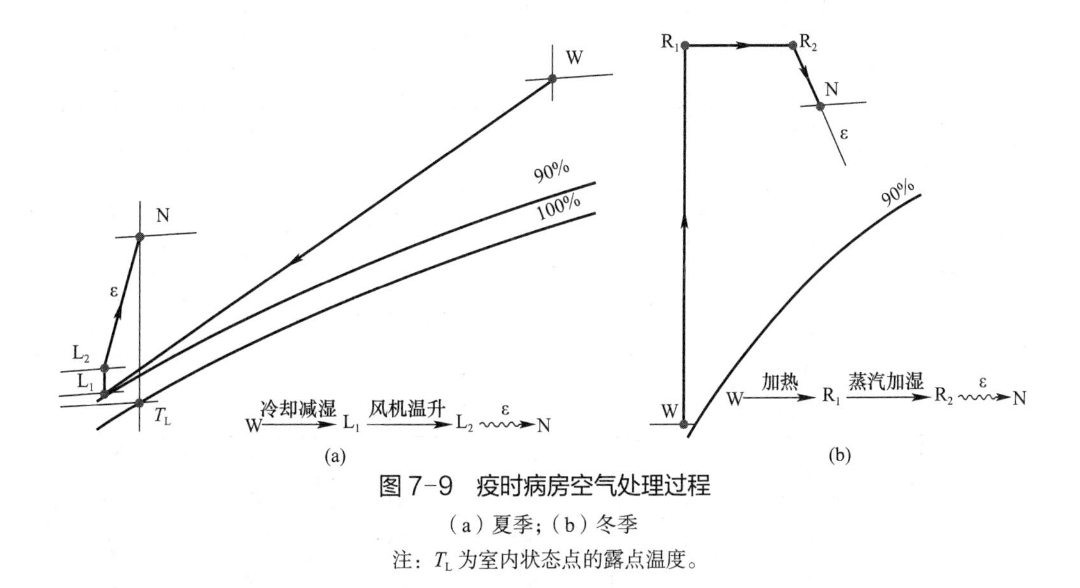

图7-9　疫时病房空气处理过程

（a）夏季；（b）冬季

注：T_L 为室内状态点的露点温度。

2. 疫时病房气流组织设计

室内吊顶标高 2.8m，主送风口：SB250×1000，240m³/h，v=0.27m/s；次送风口：SB100×300，120m³/h，v=1.1m/s；下排风口（2个）：DB200×500，265m³/h，v=0.74m/s。病人废气呼出量按 0.7L/min 计算。

由于新风机组及排风机组过滤器在使用过程中随着使用时间延长，其阻力也逐步增加，其通风系统风量会逐步减小。为灵活控制通风系统风量，满足“平”“疫”工况各病房的送、排风量及疫情时病房的负压要求，其通风系统风机应进行调速控制，即通风系统需采用变风量控制。与普通变风量（VAV）系统不同，平疫转换变风量系统中，疫情时每间病房新风量大小及每间病房在疫情时与相邻、相通的缓冲间、走廊的压差大小要求固定，其送、排风量大小不会出现频繁调节。在病房新风、排风支管上设置压力无关型多工况风量调节器（定风量阀）是控制病房新风量大小及病房与其相邻、相通的缓冲间、走廊压差的简单有效方法。本项目采用一体化数字新风机组与排风机组，调速控制采用定静压法，并自带控制柜，每个新风及排风系统的变风量控制、监测报警等独立完成。

7.7.4 主要设计计算参数

1. 主要房间室内设计参数（表 7-9）

主要房间室内设计参数　　表 7-9

区域	房间名称	夏季		冬季		新风量
		温度（℃）	相对湿度（%）	温度（℃）	相对湿度（%）	
医疗综合楼一层	发热门诊	26	≤60	20	≥40	$6h^{-1}$
	肠道门诊	26	≤60	20	≥40	$3h^{-1}$
	急救急诊	26	≤60	20	≥30	$3h^{-1}$
	影像中心	26	≤60	20	≥30	$2h^{-1}$
	儿科	26	≤60	20	≥30	$2h^{-1}$
	外科	26	≤60	20	≥30	$2h^{-1}$
	康复科	26	≤60	20	≥30	$2h^{-1}$
医疗综合楼二层	内科	26	≤60	20	≥30	$2h^{-1}$
	妇科	26	≤60	20	≥30	$2h^{-1}$
	内镜中心	24	≤60	20	≥30	$2h^{-1}$
	功能检查	26	≤60	20	≥30	$2h^{-1}$
医疗综合楼三层	输血科	26	≤60	20	≥30	$2h^{-1}$
	病理科	26	≤60	20	≥20	$3h^{-1}$
	五官科	26	≤60	20	≥30	$3h^{-1}$
	产科	26	≤60	22	≥30	$3h^{-1}$
	口腔科	26	≤60	20	≥30	$3h^{-1}$
	体检中心	26	≤60	20	≥30	$2h^{-1}$
	康复中心	26	≤60	22	≥30	$3h^{-1}$
综合医疗楼四～七层	住院部 ICU	25	≤60	24	≥40	$3h^{-1}$
综合医疗楼八～十三层	住院部病房	26	≤60	20	≥30	$2h^{-1}$
住院楼 B 栋四～十一层	住院部病房	26	≤60	20	≥30	$2h^{-1}$

续表

区域	房间名称	夏季		冬季		新风量
		温度（℃）	相对湿度（%）	温度（℃）	相对湿度（%）	
住院楼C栋一层	附属用房	26	≤60	18	—	30m³/（人·h）
住院楼C栋二～九层	住院部病房	26	≤60	20	≥30	$2h^{-1}$
住院楼D栋一层	附属用房	26	≤60	18	—	30m³/（人·h）
住院楼D栋二～七层	住院部病房	26	≤60	20	≥30	$2h^{-1}$
行政科研宿舍楼	餐厅	26	≤60	18	—	20m³/（人·h）
	多功能厅	26	≤60	18	—	20m³/（人·h）
	办公	26	≤60	18	—	30m³/（人·h）
	宿舍	26	≤60	18	—	30m³/（人·h）

2. 主要医疗用房通风换气次数（表7-10）

主要医疗用房通风换气次数　表7-10

房间名称	换气次数（h^{-1}）	房间名称	换气次数（h^{-1}）	房间名称	换气次数（h^{-1}）
放射	6～8	中心供应	6～10	检验	8～12
药房	6	污物清洗	12	候诊	6
诊室	6	化验	8	普通病房	6
负压隔离病房	12（12）	呼吸道传染病房	12（6）	非呼吸道传染病房	12（3）

注：括号内数值代表新风换气次数。

3. 疫情时病区压力控制值（表7-11）

疫情时病区压力控制值　表7-11

区域	房间功能	压差值（Pa）	区域	房间功能	压差值（Pa）
病房区	卫生间	-20	负压手术区	手术室	-20
	负压（隔离）病房	-15		复苏室/消毒打包/前室	-15
	封闭污染走廊	-10		走廊/存床/医护前室/无菌间	-10
	缓冲间	-10	医技检查区	检查室	-5
	半污染走廊	-5		医护走道	0
医护区	清洁区	10		医生办公	5
	一更	5	负压重症监护室（ICU）	病房区	-20
	二更/医护走道/医办/护士站	0		病人缓冲/污物/污洗/清洗槽/纤支镜/脱防护服	-15
	缓冲间	5		脱隔离服/治疗室/缓冲/设备间	-10

7.7.5 冷、热源系统设计

1. 空调系统形式选择

本项目地处武汉市，从节能、环保、经济适用、安全可靠等角度综合分析，采用以下空调系统：

（1）本项目采用集中空调系统，冷热源采用离心式（螺杆式）水冷冷水机组+燃气热水锅炉+燃气蒸汽锅炉。

（2）医疗综合楼一层影像中心工艺性空调采用独立风冷型恒温恒湿机房专用空调，舒适性空调采用独立多联机空调系统。

（3）医疗综合楼一层急诊、急救大厅采用独立多联机系统。

（4）医疗综合楼二层内镜中心、功能检查中心采用独立多联机系统。

（5）医疗综合楼三层体检中心采用独立多联机系统。

（6）综合医疗楼二层血透中心、二层中心供应、三层 ICU 及三层病理科过渡季节冷热源采用空气源热泵机组，夏季空调供 / 回水温度 6℃ /12℃，冬季空调供 / 回水温度 45℃ /40℃。

（7）综合医疗楼二层检验中心过渡季节冷热源采用空气源热泵机组，夏季空调供 / 回水温度 6℃ /12℃，冬季空调供 / 回水温度 45℃ /40℃。

（8）综合医疗楼二层静配中心过渡季节冷热源采用空气源热泵机组，夏季空调供 / 回水温度 6℃ /12℃，冬季空调供 / 回水温度 45℃ /40℃。

（9）综合医疗楼一层介入中心及三层手术部过渡季节冷热源及空调季节应急备用冷热源采用空气源热泵机组，夏季空调供 / 回水温度 6℃ /12℃，冬季空调供 / 回水温度 45℃ /40℃。

（10）住院楼 A 栋四～七层 ICU 过渡季节冷热源及空调季节应急备用冷热源采用空气源热泵机组，夏季空调供 / 回水温度 6℃ /12℃，冬季空调供 / 回水温度 45℃ /40℃。

（11）防监控中心、变配电房、电梯机房及弱电机房等有 24h 运行要求的设备房间采用配电房专用空调或分体空调。

2. 空调冷热源

空调系统冷热源选取情况如下：夏季冷源采用 3 台离心式水冷冷水机组，单台制冷量 4220kW；2 台 380V 螺杆式部分热回收式水冷冷水机组，单台制冷量 1370kW、热回收量 140kW。夏季空调末端供 / 回水温度为 6℃ /12℃，部分冷凝热回收供 / 回水温度为 40℃ /35℃。

冬季热源采用 4 台微压相变燃气热水锅炉，单台额定热功率 4.2MW，3 组换热量为4200kW的水-水板式换热器。冬季一次侧热水供/回水温度为90℃/70℃，二次侧热水供/回水温度为60℃/45℃。蒸汽供应采用2台蒸汽锅炉，单台额定蒸汽量4t/h，额定蒸汽压力1.0MPa。

3. 空调水系统

集中空调系统水系统：

（1）空调侧水系统采用主机变流量、负荷侧变流量采用一级泵两管制系统，机组蒸发器冷水允许最小流量不小于额定流量的50%，允许冷水流量每分钟变化率不小于额定流量的30%。

（2）空调侧水系统集、分水器间设压差旁通调节阀（常闭）及压差传感器，回水总管上设置流量传感器，DDC控制器根据压差反馈变化，变频调节空调冷（热）水泵，保证空调末端水系统压力稳定。当单台主机流量小于其额定流量的50%时，水泵停止降频，由DDC控制器开启并控制压差控制旁通阀的开度，确保空调末端水系统压力稳定。

（3）空调末端水系统按功能区域划分为7个空调环路。其中，综合医疗楼非净化区域1个环路、综合医疗楼手术部1个环路、综合医疗楼其他净化区域1个环路、住院楼A/B楼1个环路、住院楼C/D楼1个环路、行政办公楼1个环路、医护倒班楼1个环路。

（4）各环路水系统采用水平干管异程、垂直立管异程、各立管每层水平支管同程的敷设方式。各环路水平干管敷设于地下一层顶板，接至各空调水管井（立管）。

7.7.6 空调末端系统设计

各区域空调末端方式、气流组织形式及空调通风系统如表7-12所示。

各区域空调末端方式、气流组织形式及空调通风系统　　表7-12

区域	空调末端方式	气流组织形式	空调通风系统
综合医疗楼 一层门厅、一层住院门厅	卧式空调器+低速风道全空气系统+排风系统	条形风口顶部送风 单层百叶顶部回风 单层百叶顶部排风	采用一次回风全空气系统； 空调季节按实际新风比运行，过渡季节按100%新风比运行； 顶部设置机械排风系统，过渡季节高速运行、空调季节低速运行； 疫情时可转换为全新风直流式空调系统； 工作区风速≤0.3m/s
综合医疗楼 一层发热门厅	卧式空调器+低速风道全空气系统+排风系统	条形风口顶部送风 单层百叶顶部排风	采用全新风直流式空调系统； 设置机械排风系统，排风量大于新风量，保证区域压力梯度-5Pa； 工作区风速≤0.5m/s

续表

区域	空调末端方式	气流组织形式	空调通风系统
综合医疗楼 一层肛肠门厅、一层肝病门厅	风机盘管+新风系统+排风系统	条形风口顶部送风 门铰式风口顶部回风 单层百叶顶部排风	空调季节按功能区域运行空调系统； 设置机械排风系统，排风量大于新风量，保证区域压力梯度 -5Pa； 工作区风速≤0.3m/s
综合医疗楼 一层急诊门厅	薄型风管式室内机+新风系统+排风系统	条形风口顶部送风 门铰式风口顶部回风 单层百叶顶部排风	空调季节按功能区域运行空调系统； 设置机械排风系统，排风量大于新风量，保证区域压力梯度 -5Pa； 工作区风速≤0.3m/s
综合医疗楼 一层药库药房	风机盘管+新风系统+排风系统	条形风口顶部送风 门铰式风口顶部回风 单层百叶顶部排风	空调季节按功能区域运行空调系统； 设置机械排风系统，排风量小于新风量，保证区域压力梯度 +5Pa； 工作区风速≤0.2m/s
综合医疗楼 一层急诊、影像中心，二层内镜中心，二层功能检查，三层体检中心	薄型风管式室内机+新风系统+排风系统	条形风口顶部送风 门铰式风口顶部回风 单层百叶顶部排风	空调季节按功能区域运行空调系统； 设置机械排风系统，排风量小于新风量，保证门诊区域压力梯度 +5Pa； 工作区风速≤0.2m/s
综合医疗楼 一层儿科、外科、康复科，二层内科、五官科、口腔科，三层泌尿科、皮肤科、妇产科、康复中心	风机盘管+新风系统+排风系统	条形风口顶部送风 门铰式风口顶部回风 单层百叶顶部排风	空调季节按功能区域运行空调系统； 设置机械排风系统，排风量小于新风量，保证门诊区域压力梯度 +5Pa； 工作区风速≤0.3m/s
住院楼 A 栋四～七层 ICU	风机盘管+新风系统+排风系统	条形风口顶部送风 门铰式风口顶部回风 单层百叶低部排风	空调季节按功能区域运行空调系统； 设置机械排风系统，排风量大于新风量，依次保证医护走廊、缓冲、病房、卫生间等区域压力梯度 -5Pa、-10Pa、-15Pa、-20Pa； 工作区风速≤0.3m/s
住院楼 C 栋 一层大厅	风机盘管+新风系统+排风系统	条形风口顶部送风 门铰式风口顶部回风 单层百叶顶部排风	空调季节按功能区域运行空调系统； 过渡季节开启新风系统进行通风换气； 工作区风速≤0.3m/s
住院楼 C 栋 一层餐厅	风机盘管+新风系统+排风系统	条形风口顶部送风 门铰式风口顶部回风 单层百叶顶部排风	空调季节按功能区域运行空调系统； 设置机械排风系统，排风量小于新风量，保证区域一定正压力梯度； 工作区风速≤0.3m/s
住院楼 D 栋一～二层 各功能用房	风机盘管+新风系统+排风系统	条形风口顶部侧送风 门铰式风口顶部回风 单层百叶顶部排风	空调季节按功能区域运行空调系统； 过渡季节开启新风系统进行通风换气； 保证区域一定正压力梯度； 工作区风速≤0.3m/s

续表

区域	空调末端方式	气流组织形式	空调通风系统
住院楼 A-D栋 各层普通病房	风机盘管+ 新风系统+ 排风系统	条形风口顶部侧送风 门铰式风口顶部回风 单层百叶顶部排风	空调季节按功能区域运行空调系统； 设置机械排风系统，排风量大于新风量，依次保证医护走廊、缓冲、病房、卫生间等区域压力梯度 -5Pa、-10Pa、-15Pa、-20Pa； 疫情时可转换为负压病房； 工作区风速≤0.3m/s
行政楼各层办公用房	风机盘管+ 新风系统	条形风口顶部送风 门铰式风口顶部回风	空调季节按功能区域运行空调系统； 过渡季节开启新风系统进行通风换气； 保证区域压力梯度 +5Pa； 工作区风速≤0.3m/s

7.7.7　机械通风系统设计

1. 医疗区域通风

（1）不同污染等级区域压力梯度设置应符合定向气流组织原则，保证气流下述流向清洁区→潜在污染区→污染区。

（2）各医疗用房根据建筑功能平面及污染等级设置独立通风系统，新风空调器设置于各层清洁区机房内，排风风机设置于屋面。

（3）各医疗用房通风量根据表7-10计算。

2. 过滤器设置原则

（1）医疗综合楼、行政办公楼及宿舍新风及排风风管设置粗、中效过滤器（G2+F7）。

（2）住院楼污染区及半污染区排风风管设置粗、高效过滤器（G2+H13），新风风管设置粗、中、亚高效过滤器（G2+F7+H10）；清洁区排风风管设置高、中效过滤器（G8），新风风管设置粗、中效过滤器（G2+F7）。

（3）各区域风机盘管回风口设置静电空气净化装置用于过滤颗粒物（除尘），微生物一次通过率不大于10%，颗粒物一次计重通过率不大于5%。

3. 压差控制设计

（1）新、排风系统内各级空气过滤器应设置压差检测、报警装置。

（2）与新、排风管相连各支管设置多工况风量调节阀，可“平”“疫”工况风量转换及房间消毒时关断。

（3）缓冲间出入口应设置压差显示、传感器和报警，压差不足或异常时现场操作和远程自动报警及远程传输数据；风机和过滤器就地和远程显示压差和超、欠压报警及风机事故报警。

（4）机械通风系统按清洁区、半污染区、污染区分区设置独立系统并连锁控制。清洁区应先启动送风机，再启动排风机；半污染区、污染区应先启动排风机，再启动送风机；各区之间风机启动先后顺序为：污染区、半污染区、清洁区。排风和送风有先后启动顺序的设置，确保正压房间在排风启动时，送风机已提前启动。负压房间在送风机启动时，排风机已提前启动。保证整个病区的负压梯度不被破坏。

7.7.8 平疫转换设计

1. 平疫转换区域

综合医疗楼一层肛肠门诊及肝病门诊，疫情时转换为发热门诊；综合医疗楼四～七层正压 ICU，疫情时转换为负压隔离病房；住院楼 A 楼八～十三层、住院楼 B 楼四～十一层、住院楼 C 楼三～九层及住院楼 D 楼二～七层普通病房，疫情时转换为负压病房。

2. 空调通风系统平疫转换措施

（1）肛肠门诊及肝病门诊新风空调器及排风机按平时风量设置，预留疫情时设备安装及检修空间。新风空调器设置粗、中效过滤器及亚高效过滤器，排风机设置粗效及高效过滤器。

（2）正压 ICU 新风空调器采用数字调节型新风机组，平时新风小风量工况段运行（$3h^{-1}$），疫情时新风大风量工况段运行（$12h^{-1}$）。排风系统采用数字调节型排风机组，平时排风小风量工况段运行（$>3h^{-1}$），疫期排风大风量工况段运行（$>12h^{-1}$）。新风机组设置粗、中效过滤器及亚高效过滤器，排风机组设置粗效过滤器，房间下排风口部设置高效过滤器。

（3）平疫结合病区平时功能平面布局设计中，考虑疫情时设计要求，在疫情时转换时，结合走廊或房间设置缓冲间，增设卫生通过，实现清洁区、半污染区、污染区的物理分隔，快速将普通病区改造转换为传染病负压病区，达到医患分流、洁污分离的目的。

（4）普通病房区根据建筑“三区两通道”功能分区，设置独立的空调通风系统，满足疫情时普通病房向负压病房的有序转换。新风空调器采用数字调节型新风机组，平时新风小风量工况段运行（$3h^{-1}$），疫期新风大风量工况段运行（$6h^{-1}$）。排风系统采用数字调节型排风机组，平时排风小风量工况段运行（$>3h^{-1}$），疫期排风大风量工况段运行（$>6h^{-1}$）。新风机组设置粗、中效过滤器，机组内预留亚高效过滤器安装空间，排风机组设置粗效过滤器，机组内预留高效过滤器。

（5）新、排风风管规格根据疫情时要求风量设计，各支管设置多工况风量调节阀，可根据“平”“疫”工况转换调整阀位开度或房间消毒关断密闭。该项目A、B栋病房疫情时收治重症患者，均安装室内排风立管，C、D栋病房疫情时收治一般患者，在室内排风干管处预留接口，排风立管疫情时再安装进行平疫转换。

（6）空调水环路根据医疗工艺并结合建筑功能设置不同空调水环路，便于疫情时水系统有序转换。

（7）空调冷凝水分区汇集后随各区污水、废水集中处理后排放，充分满足“平”“疫”时期不同要求。

（8）医用气体供应系统平疫转换措施：医用气体按照疫情时平疫转换病房及应用救治病区进行设计，预留应急救治病区气源设备土建及安装条件，便于疫情时快速安装实施。

3. 平疫结合病区运行策略

平时及疫情时通风空调系统风量及阻力不同，为灵活控制通风系统风量，满足“平”“疫”工况各病房的送排风量及疫情时病房的负压要求，同时避免项目中两套设备系统共存，增加项目投资及设备机房管井面积，本项目新风机组及排风机组采用数字化多工况新、排风机组，同时对通风空调系统风机变频控制。平疫转换系统中，疫情时每间病房新风量与相邻、相通的缓冲间、走廊的压差大小相关。在病房新风、排风支管上设置压力无关型多工况风量调节器（定风量阀），控制病房平时、疫情时及关断消杀时的不同工况。

疫情时启动通风系统时时，清洁区先启动送（新）风机，再启动排风机；关停时，先关闭系统排风机，后关闭系统送（新）风机。半污染区、污染区先启动系统排风机、后启动送（新）风机，关停时先关闭系统送（新）风机、后关闭系统排风机。各区之间风机启动先后顺序为污染区、半污染区、清洁区。

在医院内人员密集及感染控制要求严格的场所（感染门诊、重症病房等）设置温度、相对湿度、二氧化碳浓度、$PM_{2.5}$浓度及菌落数等的监测装置，其监测系统纳入BA系。

用户单位：武汉云景山医院

用户单位代表：吕劲松

设计单位：中南建筑设计院股份有限公司

主要设计人：张银安　宋　涛　马友才　田　浩
李环环　彭　凯　吕中一
本文执笔人：宋　涛

7.8　四川省公共卫生综合临床中心第二住院楼

7.8.1　项目概况

1. 建筑概况

（1）项目背景：四川省公共卫生综合临床中心位于成都市双流区，为三级甲等综合性医院。院内设有综合诊疗救治区、传染病诊疗救治区、病原生物及新发传染病研究楼、生物实验楼、后勤配套区，可针对传染病特别是新发传染源开展监测预警、病原诊断、药物开发等研究，是四川省应对疫情的重要医疗资源。其中第二住院楼位于传染病诊疗救治区，为呼吸道传染病区。

（2）建筑指标：建筑面积 30 191m^2，建筑高度 37.95m，地上主楼 7 层（设有 4 层裙房）、地下 1 层，平时总床位数 190 床（其中发热门诊留观 16 床、住院病房 118 床、负压隔离病房 16 床、ICU40 床）。

（3）功能分区：主楼一层为结核门诊、影像科，二层为留观病房（含 4 间负压隔离病房），三、六、七层为住院病房（每层含 4 间负压隔离病房），四、五层为 ICU。裙房一层为发热门诊，二层为检验科，三层为呼吸内镜检查室，四层为负压手术部。地下室设有解剖室、告别区、汽车库、设备用房等。

2. 约束条件

（1）第二住院楼平时按呼吸道传染病区设计运行，疫情时可快速转换，平时负压病房全部转换为负压隔离病房、改造升级潜在污染区和污染区疫情应对措施，转换后可收治危重症患者或其他烈性传染病患者。

（2）建设方要求第二住院楼在 2021 年底提前于其他楼栋竣工，且能够独立运行，为 2022 年成都举办的“世界大学生运动会”增添疫情防控保障。为此本楼设置独立的冷热源系统。

（3）本项目为 EPC 模式，平疫转换设计需要各方协商，按《传染病医院建筑设计规范》GB 50849-2014 和《综合医院平疫结合可转换病区建筑技术导则（试行）》，综合考虑转换时间及成本、初投资、平时运行成本。

7.8.2 暖通专业设计范围

本项目暖通空调专业设计范围包括：冷热源系统设计（不含给水排水专业所需热源），舒适性集中空调系统设计、净化空调系统设计；MRI恒温恒湿空调设计，CT、DR等大型医技设备用房、垃圾被服机房、UPS间、电梯机房等的多联机空调或分体空调设计，机械通风系统设计，暖通消防设计等。

7.8.3 项目重点分析

1. 平疫快速转换

（1）平时负压病房转换为负压隔离病房

平时负压病房采用全新风直流式空调系统，新风换气次数 $6h^{-1}$，新风机组设粗、高中效两级过滤并预留亚高效过滤段。建筑平面布局平时已经按“三区两通道”设置。疫情时负压病房转换成负压隔离病房，新风换气次数 $12h^{-1}$，新风机组加设亚高效过滤，同时加装一台相同型号的新风机组并联运行，风机变频适应系统阻力变化。疫情时负压隔离病房按单人间使用，新风量按换气次数 $12h^{-1}$ 和 $576m^3$/（h·床）计算取大值。

平时负压病房及其卫生间设普通排风口，疫情时更换为高效过滤排风口。排风系统风量、阻力“平”“疫”工况均有较大变化，疫情时更换排风机。

新、排风的风管按疫情风量设计布置，机房布局充分考虑疫情时增设、更换设备所需的安装、检修空间。

（2）ICU平疫转换

ICU采用全新风直流式空调系统，适应“平”“疫”两种工况。新风设置粗、中、高效三级过滤，高效过滤设在末端送风口。

平时ICU床头下侧设中效过滤排风口，疫情时更换为高效过滤排风口，末端智能风量调节模块自动调节适应风口阻力变化（智能风量调节通风系统详本章后述）。

（3）潜在污染区、污染区疫情应对措施

医护通道、患者通道、诊室等潜在污染区、污染区，平时新风机组设粗、高中效两级过滤，并预留亚高效过滤段，疫情时安装到位，风机变频适应系统阻力变化。

平时设普通排风口，排风系统无过滤，疫情时排风机更换为带粗、中、高效三级过滤的组合式风机箱。

2. 平时负压病房空调系统形式选择

经过对比分析，本项目平时负压病房采用全新风直流式空调系统，未采用风机盘管加新风系统。

（1）病房不设风机盘管末端，可避免风机盘管带来的细菌滋生，通道和病房内也不需要再布置空调水管。大幅减少潜在污染区、污染区的检修维护工作量，降低病毒传播风险。

（2）风机盘管回风对病房的空气定向流动有干扰，而全新风直流系统上送、下排，更有利于实现室内合理的空气定向流动。

（3）经焓湿图分析，换气次数 $6h^{-1}$ 的新风量满足消除室内热湿负荷的要求。全新风直流新风机组盘管采用 8 排管以满足除湿需要，夏季需要小幅再热。再热量较小，选用电再热，安全可靠、运行控制简单。

（4）本项目设计施工周期非常紧张，全新风直流系统可一定程度降低末端和空调水系统施工安装工作量。

（5）全新风直流式空调系统无法实现各房间温湿度独立调控，电再热小幅度增加了能耗。有利的是病房均处于内区，无外围护结构，负荷特性一致，只要将室内温湿度参数控制在舒适区内，不能分室温控的问题影响不大。

3. 合理有序的压力梯度和空气定向流动

机械通风设计要使气流形成清洁区→潜在污染区→污染区的定向流动，在各区内相邻、相通不同污染程度的房间要保持合理有序的压力梯度，房间内也要形成定向空气流动。病房区、发热门诊压力梯度和空气定向流动设计如下。

（1）病房区压力梯度和流线如图 7-10 所示。

（2）发热门诊区域建立有序压力梯度需要注意以下方面：

1）房间的密闭性，涉及建筑专业、装饰专业和施工安装。本项目病房采用非密闭门、固定密闭钢窗、石膏板密实吊顶，患者走道、医护走道为矿棉板吊顶。尤其注意，要求施工安装中各种管线穿越墙体的孔隙必须进行严密封堵。

2）通风设计需进行区域风量平衡计算。房间门窗渗透风量按《洁净厂房设计规范》GB 50073—2013 中的缝隙法计算。计算结果显示，病房医护走道可不设排风，考虑到房间气密性的不确定性，本工程仍设置了少量排风口作为压差调试备用。

3）风量控制措施：平时使用的负压隔离病房和 ICU 区域新、排风采用智能风量调节通风系统（图 7-11），可方便快捷地设定房间风量、压差，可靠保证室内负压状态及相邻区域的压力梯度关系，并对施工具有一定的容错能力。控制原理如下：

① 控制系统通过微压差传感器实时检测压差变化，自动调节末端智能风量调节模块新、排风量，使压差保持在正常设定范围内。

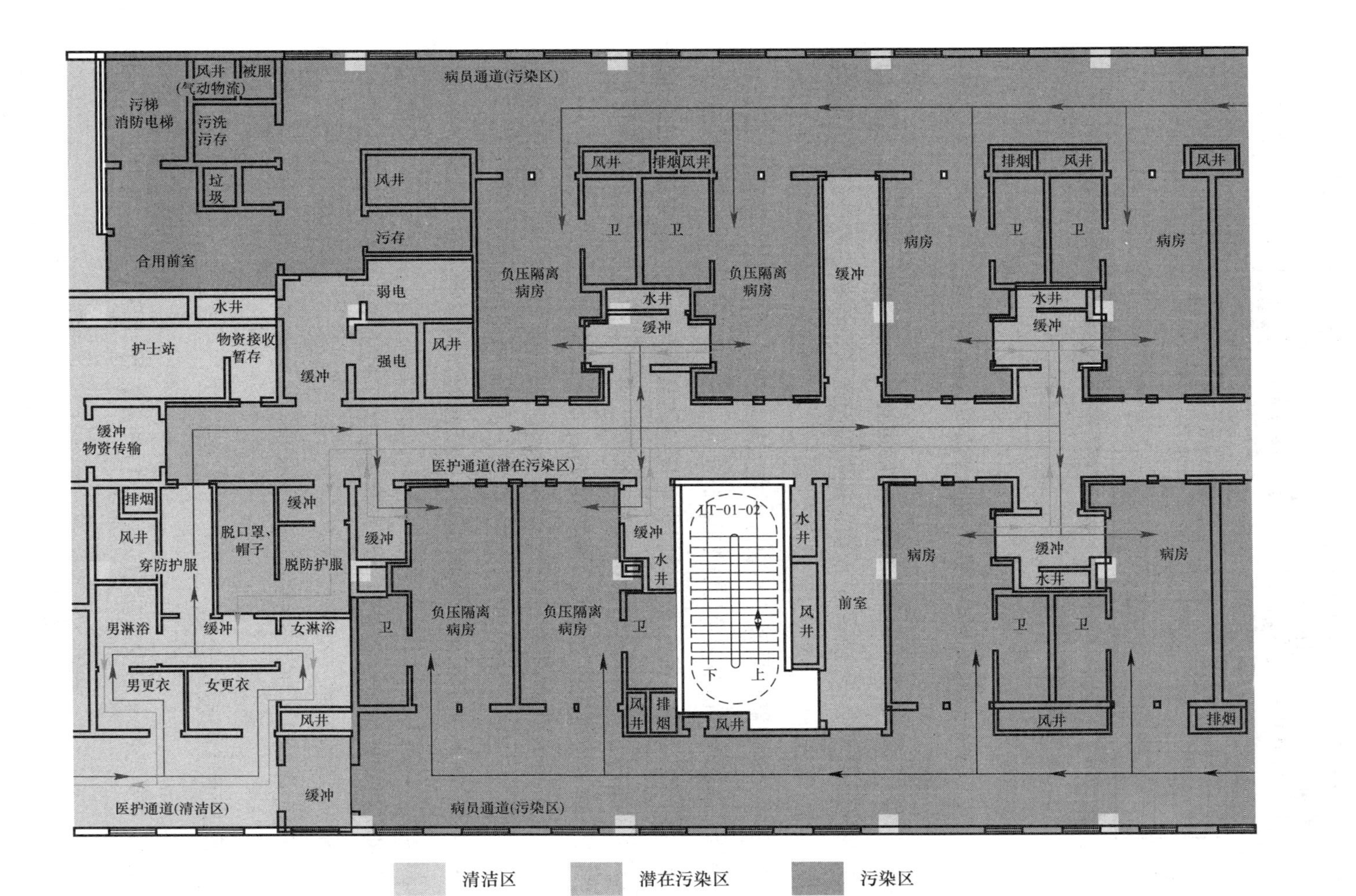

图 7-10　病房区压力梯度和流线

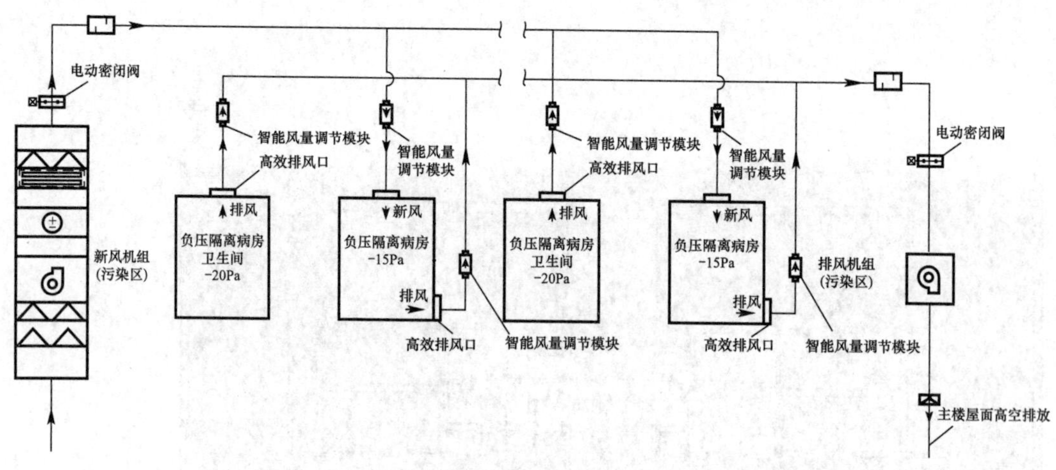

图 7-11 负压隔离病房智能风量调节通风系统示意图

② 新、排风主风机配置智能控制系统，叠加运算末端总的新、排风量，实现主风机与末端智能风量调节模块动态联动控制，排风机与送风机连锁启停，共同保障房间压力梯度。

③ 新、排风末端智能风量调节模块分别在医护通道设置手动控制面板，实现新、排风独立可调，满足换气次数及负压调节需求。

平时负压病房出于初投资考虑未设置智能风量调节通风系统，每间病房新、排风支管均设置定风量阀，并要求该阀能够现场二次设定风量以满足疫情转换时的风量变化。诊室等新、排风支管上设手动调节阀调节风量。

4. 其他

（1）本项目全新风直流式空调系统采用湿度优先的控制策略。对于传染病医院而言，相对湿度控制的重要性强于温度。

（2）新风机组功能段组合设计时，将盘管段放置于风机正压段，可避免冷凝水积存或排放不畅产生霉菌滋生二次污染。

（3）设有过滤器的新、排风系统均采用变频风机，且要求风机 *Q–H* 性能曲线陡峭。

7.8.4 主要房间室内设计参数

非净化区主要房间室内设计参数如表 7-13 所示，净化区设计基准值如表 7-14 所示。

非净化区主要房间室内设计参数 表7-13

	房间名称	夏季		冬季		新风量 (h^{-1})	噪声 [dB(A)]
		温度 (℃)	相对湿度 (%)	温度 (℃)	相对湿度（%）		
潜在污染区、污染区	诊室、抢救室	25	55	22	自然湿度	6	≤45
	门诊大厅	26	60	20	自然湿度	6	≤55
	负压病房	25	55	22	自然湿度	6（全新风直流）	≤40
	负压隔离病房	25	55	22	自然湿度	12（全新风直流）	≤40
	ICU	25	55	25	50	12（全新风直流）	≤40
	解剖室	25	55	22	自然湿度	12（全新风直流）	≤45
	走道、缓冲	26	60	20	自然湿度	6	≤50
	卫生通过	26	60	22	自然湿度	6	≤45
	MRI 检查室	22±2	60±10	22±2	60±10	6	≤50
	DR、CT、DSA	24	55	22	自然湿度	6	≤50
清洁区	办公	25	55	20	自然湿度	3	≤45
	示教会议室	25	60	20	自然湿度	3	≤45
	门厅、走道	26	60	18	自然湿度	3	≤50

注：1. 表中温度、相对湿度有 ± 要求的为恒温恒湿空调。
2. 考虑到ICU的特殊需求，结合成都地区冬季室外气象参数，舒适性空调冬季仅对ICU进行加湿。

净化区设计基准值 表7-14

房间名称	夏季		冬季		新风量 (h^{-1})	噪声 [dB(A)]
	温度（℃）	相对湿度（%）	温度（℃）	相对湿度（%）		
手术室	23	50	23	45	18	≤49
隔离 ICU	25	55	25	50	12	≤45
PCR 实验室	22	50	22	45	12	≤60

注：手术室净化等级为《医院洁净手术部建筑技术规范》GB 50333—2013中的Ⅲ级；隔离ICU净化等级为《综合医院建筑设计规范》GB 51039—2014中的Ⅲ级；PCR实验室为ISO的8级。

7.8.5 冷、热源系统设计

集中设置空调冷、热源，服务范围包含门诊、病房、ICU及手术部。另单独设置空气源热泵以保证ICU区过渡季节的运行。手术部面积较小，净化空调机组内设氟盘管段，过渡季节采用风冷直膨式机组作冷热源。

1. 集中空调冷、热负荷

集中空调冷热源服务区域的建筑面积为21950m^2，空调冷、热负荷如表7-15所示。

集中空调冷、热负荷 表 7-15

工况	冷负荷（kW）	冷负荷指标（W/m^2）	热负荷（kW）	热负荷指标（W/m^2）
平时运行	4096.2	186.6	3717.3	169.4
疫情改造后	4408.2	200.8	3992.3	181.9

2. 冷、热源配置

冷热源装机容量按疫情工况负荷确定，规格和台数搭配能满足平疫工况不同负荷率下高效运行。

选 2 台离心式冷水机组和 1 台螺杆式冷水机组，单机制冷量分别为 1934kW 和 811kW，离心式冷水机组 *COP*=5.99、*IPLV*=6.51，螺杆式冷水机组 *COP*=5.73、*IPLV*=6.20，冷水供 / 回水温度 7℃ /12℃，冷却水供 / 回水温度 32℃ /37℃。

选 3 台燃气常压间接式热水机组，单机制热量 1400kW，热水供 / 回水温度 60℃ / 50℃。

3. 空调水系统

空调水系统采用两管制一级泵负荷侧变流量系统（主机侧定流量），采用高位膨胀水箱定压、补水。

冷凝水分区集中收集，并随各区污水、废水排放集中处理。

4. 分散空调

一层影像科 MRI 采用风冷型恒温恒湿机房专用空调；CT、DR、DSA 等大型医技检查室设置多联机空调；地下室垃圾被服用房设置多联机空调；大型仪器的设备间、UPS 间、屋顶电梯机房等设置小型多联式空调或分体空调。

7.8.6 空调末端系统设计

1. 风机盘管加新风系统

（1）设置区域：诊室、抢救室、医护办公等。

（2）新风处理到室内等焓状态点，室内空调负荷由风机盘管承担。成都室外 PM_{10} 超过《环境空气质量标准》GB 3095-2012 规定的年平均二级浓度限值，新风采用粗效加高中效过滤处理。

（3）风机盘管机外静压 50Pa，回风口设置高效低阻物理阻隔式空气过滤器，设计工况回风口风速约 0.9m/s，初阻力≤15Pa，颗粒物一次计重通过率不大于 5%，微生物一次通过率不大于 10%。

（4）潜在污染区、污染区。

2. 一次回风全空气系统

（1）设置区域：门诊大厅。

（2）在呼吸道传染病流行时期，关闭回风主管电动密闭阀，采用全新风直流模式运行，在非呼吸道传染病流行时期可采用一次回风模式运行。盘管处理能力按全新风直流工况配置。

（3）空调机组功能段预留亚高效过滤段。

3. 全新风直流式空调系统

（1）设置区域：平时负压病房、负压隔离病房、ICU 等。

（2）平时负压病房、负压隔离病房空调机组功能段平时预留亚高效过滤段。

4. 净化空调系统

（1）设置区域：负压净化手术室、PCR 实验室、隔离 ICU。

（2）空气处理过程：

1）制冷：新风→粗效过滤→中效过滤→风机→均流→去湿降温（冷水盘管、冷媒盘管）→电再热→送风；

2）制热：新风→粗效过滤→中效过滤→风机→均流→加热（热水盘管、冷媒盘管）→电极加湿→送风。

3）房间送风口采用高效过滤（H13）风口。

7.8.7 机械通风系统设计

机械通风系统分楼层、按三区分别独立设置，清洁区新、排风局部采用竖向系统。重要功能区的排风机采用库房备用的方式应对突发情况。“项目重点分析”一节中已做介绍的通风系统本节不再阐述。

（1）清洁区医护办公、值班等空调新风送入各房间，维持房间微正压。房间独立卫生间和无外窗房间设机械排风排至室外，排风量略小于新风量。

（2）解剖室设计措施适应“平”“疫”两种工况。采用全新风直流式空调系统，独立设置排风系统，上送下排，排风接至主楼屋面风机高空排放，排风机组内设置粗、中、高效和活性炭过滤。

（3）PCR 实验室按增强型二级生物安全实验室设计，采用全新风净化空调系统，对应设置独立的全面排风系统，上送下排，排风口采用高效过滤排风口。医疗工艺方面，样本制备间采用Ⅱ级 B2 型生物安全柜，独立设置局部排风系统。房间全面排风支管和生物安全柜局部排风管道分别设置电动密闭阀，通过电动密闭阀互锁（生物安全柜开启时，房间排风关闭），来保证房间压力稳定，房间新风兼生物安全柜补风。排风均接至裙房屋面远离人员活动区排放。

（4）负压净化手术室采用全新风净化空调系统，独立设置排风系统，排风接至裙房屋面远离人员活动区排放。

（5）每间病房、诊室的新、排风支管均设置电动密闭阀，新风机出口、排风机入口均设置电动密闭阀。密闭性能不低于《建筑通风风量调节阀》JG/T 436—2014 中密闭型风阀的要求。

（6）气流组织

病房送风口设于医护人员入口附近或床尾顶部，排风口设于床头下侧，卫生间排风口设于上部；病房排风口距地不小于 0.1m，风速不大于 1.5m/s。诊室送风口设于医护人员工作区顶部，排风口设于病员侧下部。

平时潜在污染区、污染区的排风出口均按疫情时要求布置，排风机组均设在裙房或塔楼屋面设备机房的小屋面上。屋面各类型设备众多，进、排风口尽量保持适当水平距离，同时采用下进、上排的布置方式避免新风被污染，排风口高出小屋面不小于 3m 并高出进风口 6m 以上，设锥形风帽高空排放，锥形风帽口部设计风速为 8～10m/s。

用户单位：四川省疾病预防控制中心
用户单位代表：罗晓伟
设计单位：中国建筑西南设计研究院有限公司
主要设计人：康　宁　王继永　方　宇　蒲尧锦
　　　　　　胡　威　唐　灏　任　坤
本文执笔人：王继永

7.9 哈尔滨市第六医院迁建项目

7.9.1 建筑概况

本项目规划总用地面积为 10 0034.70m^2，总建筑面积为 102 983m^2，其中地下为 17 345.31m^2，地上为 85 619.64m^2，床位 1000 张，项目总投资为 99 881.71 万元。本工程于 2020 年 8 月完成设计。

本项目地上主要建筑有 7 栋，包括门诊医技楼、负压病房楼、非呼吸道传染病房楼、综合病房楼、行政管理及科研楼、生活保障楼、锅炉房。地下一层设停车场及设备用房。传染病房区位于基地北侧，综合病房区位于基地南侧，为保证不同类型患者均可有完整的诊疗过程，将门急诊、医技楼置于场地中心，从而使各分区独立、医疗流程高效，实现“平时有序分流，疫时有效隔离”的目的。

7.9.2 暖通空调专业设计范围

本项目暖通空调专业设计范围包括冷热源、供暖、空调、通风及防排烟系统。其中医用气体，洁净手术部、中心供应、ICU、CCU 及药物配置的洁净空调系统以及检验科、病理科的通风空调系统由专业医疗工艺厂家细化设计。本设计预留相应的风井、机房及电量。根据院方的使用要求，疫情期间，门诊医技楼停止使用，负压病房楼、非呼吸道传染病房楼、综合病房楼要满足平疫结合的使用要求。

7.9.3 本项目的重点、难点

本项目建设地点是哈尔滨市，位于严寒 B 区，冬季热源及防冻问题是本项目的重点及难点，具体如下：

（1）解决生活热水热源及过渡季供热热源。本项目供暖热源来自市政热网，生活热水热量及过渡季供热由院区自建锅炉房提供，锅炉房设置 2 台容量为 1.4MW 的燃气热水锅炉。

（2）解决冬季新风加热防冻问题。由于哈尔滨属于严寒 B 区，冬季通风室外计算温度为 −18.4℃，新风机组加热盘管容易冻裂。本设计采用了防冻机组，热水与乙二醇溶液进行换热，换热后的乙二醇溶液温度为 50℃ /35℃，防冻液进入新风机组对新风进行加热，有效避免了加热盘管冻裂。

（3）降低冬季通风运行能耗。哈尔滨冬季通风室外计算温度为 −18.4℃，冬季新风由 −18.4℃加热到 20℃，38.4℃温差下的新风加热量是非常巨大的，为了有效降低新风加热运行成本，本项目非呼吸感染病房楼及负压病房楼采用了间接热回收系统，热回收机组通过乙二醇溶液将排风的热量回收，用来对新风进行预热，有效降低了冬季运行能耗。

（4）降低非呼吸感染病房楼及负压病房楼外窗冬季冷风渗透带来的不利影响。由于非呼吸感染病房楼及负压病房楼疫情工况下排风换气量大，冬季外窗冷风渗透耗热量会比其他类型建筑大，在两侧病人走廊设置地热系统作为冬季供暖加强措施，保证了走廊温度要求。

7.9.4 主要设计计算参数

室内主要设计参数主要介绍负压病房楼、非呼吸道传染病房楼两栋楼参数，其他均按常规参数要求进行设计。

1. 非呼吸道传染病房楼

非呼吸道传染病房楼疫情期间可转换为负压病房楼，室内设计参数如表 7-16 所示。

非呼吸道传染病房楼室内设计参数　　表 7-16

房间名称		夏季		冬季		平时最小新风量（h^{-1}）	疫情期间最小新风量（h^{-1}）	噪声标准[dB（A）]	备注
		干球温度（℃）	相对湿度（%）	干球温度（℃）	相对湿度（%）				
清洁区	值班室	25	55	20	20	2	2	≤45	—
	医生办示教室	25	55	20	20	2	2	≤45	—
半污染区	护士站	26	55	22	35	3	6	≤45	排风量大于新风量 150m^3/h
	治疗室	26	55	20	35	3	6	≤45	排风量大于新风量 150m^3/h
	脱衣消毒二次防护	26	55	20	45	3	6	≤45	—
	医生走廊	26	55	20	35	根据风量平衡计算		≤45	—
污染区	病房	25	55	22	35	3	6	≤45	排风量大于新风量 150m^3/h

2. 负压病房楼

负压病房楼设置了两种工况，第一种工况满足呼吸道传染病房楼换气次数要求，第二种工况，满足负压隔离病房换气次数要求。室内设计参数如表 7-17 所示。

负压病房楼室内设计参数　　表 7-17

房间名称		夏季		冬季		第一工况新风量（h^{-1}）	第二工况新风量（h^{-1}）	噪声标准[dB（A）]	备注
		干球温度（℃）	相对湿度（%）	干球温度（℃）	相对湿度（%）				
清洁区	值班室	25	55	20	20	2	2	≤45	—
	医生办示教室	25	55	20	20	2	2	≤45	—

续表

房间名称		夏　季		冬　季		第一工况新风量（h^{-1}）	第二工况新风量（h^{-1}）	噪声标准[dB（A）]	备注
		干球温度（℃）	相对湿度（%）	干球温度（℃）	相对湿度（%）				
半污染区	护士站	26	55	20	35	6	6	≤45	—
	治疗室	26	55	20	35	6	6	≤45	排风量大于新风量 150m³/h
	检验室	26	55	20	35	6	6	≤45	排风量大于新风量 150m³/h
	办公室	26	55	20	35	6	6	≤45	排风量大于新风量 150m³/h
	脱衣消毒二次防护	26	55	20	45	6	6	≤45	—
	医生走廊	26	55	20	35	根据风量平衡计算		≤45	—
污染区	诊室	26	55	20	35	6	6	≤45	排风量大于新风量 150m³/h
	病房	25	55	20	35	6	12	≤45	保证压差要求

7.9.5　冷、热源系统

1. 冷、热负荷

本项目总建筑面积为 102 983m²，空调面积为 83 950m²，冷、热负荷如表 7-18 所示。

冷、热负荷　　表 7-18

夏季空调冷负荷（kW）	建筑面积冷负荷指标（W/m²）	空调面积冷负荷指标（W/m²）
5896	57.3	70
冬季空调通风热负荷（kW）	建筑面积空调通风热负荷指标（W/m²）	—
4801	47	—
冬季供暖热负荷（kW）	建筑面积供暖热负荷指标（W/m²）	—
6281.3	61.5	—

2. 冷源

（1）舒适性空调冷源

本项目舒适性空调冷源由电驱动冷水机组提供，制冷机房位于地下一层，设置 2 台电驱动变频离心式冷水机组，单台容量为 2989kW，变频调节。冷却塔选用方形横流式冷却塔，风机变频调速，设置在门诊医技楼四层屋面。冷水供 / 回水温度为

7℃/12℃，冷却水供/回水温度为32℃/37℃。

（2）洁净空调冷源

采用空气源热泵机组，夏季提供冷水，过渡季提供热水，洁净空调冷源由医疗工艺厂家深化设计。

3. 热源

（1）冬季热源

一次热源由市政热网提供，供/回水温度为99℃/60℃。换热站设置在地下一层，为本项目冬季供暖、新风加热、洁净空调提供热水。换热站内部工艺由热力公司配置与安装，换热机组服务区域和技术参数如表7-19所示。

换热机组服务区域和技术参数　　表7-19

编号	服务区域	总换热量（kW）	一次侧水温（℃）	二次侧水温（℃）	一次热源形式
HEU-01	散热器系统	5519.6	99/60	65/45	市政热网
HEU-02	地热系统	761.7	99/60	50/40	市政热网
HEU-03	空调热源	4801	99/60	60/45	市政热网

（2）过渡季热源

过渡季病房供暖热源来自于院区新建锅炉房，锅炉房设置2台1.4MW燃气热水锅炉，同时为生活热水提供热源。其中生活热水总热负荷为2.4MW，过渡季供热负荷为0.868MW。锅炉供/回水温度为80℃/60℃，经过换热器换热，过渡季供热的供/回水温度为55℃/47℃。

7.9.6 输配系统

空调冷水系统竖向不分区，采用一级泵变流量系统；冷却水水泵、冷水泵与冷水机组一一对应设置，变频调速控制。

7.9.7 空调末端系统设计

1. 全空气空调系统

门诊医技楼入口门厅、室内中庭、报告厅设置全空气空调系统。其中门诊医技楼入口门厅、室内中庭采用一次回风全空气空调系统，送风方式为分层空调方式，送风口采用远程投射喷口，同侧送风、同侧回风，冬季采用低温热水地面辐射供暖，空调系统辅助供暖，过渡季可全新风运行。末端机组采用组合式空调机组。

2. 风机盘管+独立新风系统

诊室、病房、功能科、办公室等小空间区域，设置风机盘管+独立新风系统，其中负压病房楼、非呼吸道传染病房楼采用卡式风机盘管，疫情期间，病房内的机械通风可满足室内温度要求，风机盘管停止运行，封堵卡式风机盘管风口，以防止风机盘管扰乱室内气流组织。新风由组合式新风机组提供。

7.9.8 供暖系统设计

（1）本项目各单体一层主要入口门厅设置低温热水地面辐射供暖系统，其他区域采用散热器供暖系统，按连续供暖设计。散热器系统形式为双管下供下回同程式或双管上供上回同程式。散热器主要采用压铸铝散热器，电气房间采用光管散热器。

（2）负压病房楼及非呼吸道传染病房楼建筑平面局部是“三区两通道”形式，病人廊靠外墙，并且有大量外窗，在通风系统运行时，整栋楼对室外是负压状态，为了减少外窗冷风渗透带来的影响，在病人走廊设置低温热水地面辐射供暖系统作为辅助供暖。

（3）负压病房楼、非呼吸道传染病房楼、综合病房楼一层主要出入口设置电辐射板；其他单体一层主要出入口及车库入口设置电热风幕。

7.9.9 机械通风系统设计

负压病房楼、非呼吸道传染病房楼、综合病房楼需要针对平疫结合进行设计，本节主要对负压病房楼、非呼吸道传染病房楼、综合病房楼通风系统进行阐述。

根据院方的使用及感控要求，综合病房楼、非呼吸道传染病房楼、负压病房楼是按照功能递进的原则进行设计的。非呼吸道传染病房楼、负压病房楼建筑平面是按照“三区两通道”的原则进行设计的，划分为清洁区、半污染区、污染区；综合病房楼物理分隔上没有设置“三区两通道”形式，病房有直接对外的外窗，疫情期间划分为清洁区、污染区。

1. 负压病房楼及非呼吸传染病房楼

（1）平疫转换功能定位及区域

1）负压病房楼设置了两种工况，第一种工况满足呼吸道传染病房楼使用要求，第二种工况满足负压隔离病房使用要求。

2）非呼吸传染病房楼疫情期间可转换为负压病房楼。

（2）平疫结合设置原则

1）暖通系统设置不但要作为平时传染病医院的永久功能使用，同时作为战略储备，一旦发生突发疫情，可立刻转换投入使用。

2）该医院处于严寒地区，冬季漫长、气温低，通风加热能耗量巨大，系统的设置要在满足不同使用情况下，尽量节能，降低运营费用。

（3）系统设置

1）新风系统及排风系统按照清洁区、半污染区、污染区独立设置，新风由组合式新风机组提供，污染区排风设置排风机组。

2）新风机组设置板式粗效（G4）及袋式中效（F8）过滤器；半污染区及污染区设置亚高效送风口（配置 H11 过滤器）；半污染区及污染区设置高效排风口（配置 H13 过滤器）。

3）风井、风管及设备按照疫情风量设计与安装。

4）本设计采用了防冻机组，热水与乙二醇溶液换热，换热后的乙二醇溶液温度为 50℃ /35℃，防冻液进入新风机组对新风进行加热，有效避免了加热盘管冻裂。

5）本设计采用了间接热回收方式，热回收机组通过乙二醇溶液将病房排风的热量回收，用来对病房新风进行预热，有效降低了冬季运行能耗。

6）病房内的送、排风口设置位置满足疫情防控的气流组织要求，排风口设置在病人床头下方，送风口设置在床尾及床侧吊顶处，保证医护人员处在气流上游，患者处在气流下游。同时，对于三人间的病房，排风口的设置避免了任一患者位于其他患者的气流下游，防止交叉感染。

7）污染区排风高空排放，排风口高于屋面 3m 以上。

8）病房送风分支与排风分支设置定风量阀与电动控制阀。

9）缓冲间及病房隔墙上、缓冲间与医护走廊之间的隔墙上设置微压差计（机械式）。

（4）转换措施

1）送风机组、排风风机采用变频风机，可方便快速调整风量以满足不同模式的风量及压差要求。

2）非呼吸道传染病房楼平时使用时可将送、排风口高效过滤器拆卸，集中安放，疫情期间快速安装高效过滤器。

3）疫情期间，卡式风机盘管停止使用，并进行封闭处理，避免了风机盘管对室内气流组织的影响，同时也避免了消杀死角。

2. 综合病房楼

（1）系统设置原则

1）新风系统及排风系统按照清洁区及污染区独立设置。新风量与排风量按照常规病房楼进行设计。

2）病房卫生间排风水平独立设置，避免竖向交叉感染。

（2）转换措施

综合病房楼疫情期间满足物理隔离要求，病房采用自然通风方式。

7.9.10 主要节能措施

（1）本工程的冷热源、空调和通风系统设置检测和监控系统，通过能量统计、台数控制、自动调节等手段实现节能。

（2）空调机组过滤器设有压差信号报警，当压差超过设定值时，机组自动报警。

（3）离心式冷水机组、全自动换热机组的自控系统，可根据实际运行工况自动调节机组出力，实现节能目的。

（4）冷水、冷却水和热水系统采用变流量系统，循环水泵变频调速。

（5）冷却塔选择变转速风机，根据冷却水出水温度控制冷却塔风机转速及开启台数。

（6）地热分、集水器设置自动温度控制阀，散热器分支管设置恒温阀，可实现分室温控调节。

（7）风机盘管设置温控三速开关+电动两通阀，可实现分室温控调节。

（8）所有空调机组、新风机组均设置动态平衡电动调节阀，大风量空调机组变频调速，可分楼层、分区或分房间运行，根据服务区域需求，自动调节和控制末端的供冷（热）量，达到节能运行目的。

用户单位：哈尔滨市第六医院
用户单位代表：郝英舒
设计单位：哈尔滨工业大学建筑设计研究院有限公司
主要设计人：刘婷婷　姜英南　张　磊　孙振宇
　　　　　　唐天跻　金玮漪　高泽昊　贺子恩
本文执笔人：刘婷婷　董英南

7.10 武汉市黄陂区人民医院中心院区

7.10.1 建筑概况、功能特征

本项目位于湖北省武汉市黄陂区，由急诊、门诊、住院、医技、保障系统等基本用房及行政管理、科研实验用房、院内生活服务等辅助用房组成。建设目标为具有应

对突发重大公共卫生事件能力水平，功能布局合理、符合医疗流程、平疫结合的现代化综合三甲医院。

本项目总用地面积144034.51m^2，总建筑面积240253.75m^2，设置平战结合床位数1200张（住院楼1000张、传染楼200张）。主要建设内容为：1栋5层门诊医技综合楼62387m^2，建筑高度29m；1栋17层住院楼65712m^2，建筑高度75m；1栋4层科研办公楼9628m^2，建筑高度29m；1栋6层值班公寓楼建筑面积12219m^2，建筑高度29m；1栋7层传染楼建筑面积16947m^2，建筑高度31.6m；后勤保障系统用房1346.48m^2、配套服务用房3640m^2。

7.10.2 暖通空调专业设计范围

本项目暖通空调专业设计范围：舒适性空调设计，通风及防火设计，节能、环保及卫生防疫设计，暖通空调专业抗震设计，暖通空调专业绿色建筑设计，生活热水一次侧设计，医用气体设计。

7.10.3 暖通空调专业在本项目上的特点、难点、创新

1. 医院建筑的节能高效运行

医院空调系统能耗巨大，采用节能高效的冷热源形式是重点。大楼集中空调冷热源采用电力驱动水冷冷水机组+真空燃气热水机组的冷热源方案。空调冷源设置如下：设计采用3台高压离心式水冷冷水机组+2台全热回收螺杆式水冷冷水机组。高压离心式冷水机组名义制冷工况性能系数（*COP*）不低于6.38；全热回收螺杆式冷水机组名义制冷工况性能系数（*COP*）为5.95。供/回水温度为6℃/13℃。供冷季优先利用全热回收螺杆式冷水机组制冷时的冷凝热作为生活热水首次加热热源，供/回水温度为45℃/40℃，接至生活热水热交换间装配式不锈钢生活蓄热水箱。设有空调冷热源机房能效优化控制系统，实现能源站能效最优。医技楼ICU/产房/CCU、医技楼手术室、医技楼中心供应、住院楼静配中心、住院楼NICU/PICU、传染楼手术室、传染楼ICU等区域采用空气源热泵机组作为备用及过渡季节冷热源。传染楼检验科、放射科；门诊医技楼急诊急救中心、影像中心、中心检验、档案病案；值班公寓楼食堂采用变制冷剂流量多联机空调系统（VRF）。

2. 系统运行方便日常管理

（1）空调冷水系统分为10个环路，分别为LG/H1传染楼、LG/H2门诊楼、LG/H3医技楼、LG/H4医技楼ICU/产房/CCU、LG/H5医技楼手术室、LG/H6医技楼中心供

应、LG/H7 住院楼、LG/H8 住院楼静配中心、LG/H9 住院楼 NICU/PICU、LG/H10 行政科研楼等环路，方便运行管理。

（2）设空气源热泵机组的医技楼 ICU/ 产房 /CCU、医技楼手术室、医技楼中心供应、住院楼静配中心、住院楼 NICU/PICU 等区域过渡季节或冬季大系统供热时，空气源热泵机组供冷，上述区域可根据需要通过阀门的切换进行供冷或供热。

3. 医院室内房间空气品质的保证

（1）空调、通风系统按照卫生要求保证足够的新风量，新风入口处设置满足中效过滤要求的平板静电空气净化器，微生物一次通过率不大于 10%，颗粒物一次计重通过率不大于 5%。风机盘管、多联室内机、空气处理机组回风口设满足中效过滤要求的微静电杀菌除尘回风口净化器。微生物一次通过率不大于 10%，颗粒物一次计重通过率不大于 5%；自带粗效滤网；臭氧增加量≤0.001mg/m^3。

（2）传染楼呼吸道病房送风系统设粗、中、亚高效三级过滤，排风系统设高效过滤器高空排放；消化科病房区送风系统设粗、中两级过滤并预留加装亚高效过滤器的条件，排风系统预留加装高效过滤器的条件。

（3）地下车库设置与排风机联动的 CO 浓度监测装置，有效控制地下车库污染物浓度。地下车库排风经竖井排至室外对人员无干扰区域。

（4）垃圾房、隔油间的排风系统上设置双极离子空气净化装置。

4. 平疫结合通风空调设计

作为平疫结合医院，空调通风系统平时使用需满足节能高效的需求，同时又能满足疫情时快速转换，实现安全可靠，满足传染病医院的相关要求，最大限度保护医护人员避免对周边环境的污染。

（1）病房通风采用动力集中式通风系统，平时和疫情时的主要差别表现在送排风量、过滤要求、压力梯度、气流组织、系统分区等方面。病房平时为微正压，疫情时转换为负压。病房平时通风空调系统对分区没有严格规定，新风过滤要求为粗效 + 中效过滤器，排风无过滤要求。病房疫情时通风空调系统要求按照清洁区、半污染区、污染区划分系统，室内通风气流组织形成从清洁区→半污染区→污染区的有序的压力梯度，实现空气定向流动，避免空气传播途径的交叉感染；病房新风过滤要求为粗效 + 中效 + 亚高效过滤器，病房排风过滤要求为粗效 + 高效过滤器。为维持系统平衡及控制系统风量，病房楼每层病房分为 2 个及其以上的新风、排风系统，新、排风系统承担病房数量不超过 10 间。每个房间的新风量、排风量平疫需求变化成固定的 2～3 倍关系，且各房间之间情况基本一致，各房间送排风管支路风管通过风管设计相对较容易实现水力平衡进而维持房间压差值。

（2）传染楼采用动力分布式通风系统，平疫结合传染病医院平时及疫情时设计标准的差异主要体现在房间压差值及新风换气次数的变化上，相应会造成房间新风量及排风量在平疫期间的取值变化较大。传染楼的每层的病房往往合为一个新风、排风系统。每个房间的新风量、排风量“平”“疫”需求变化较大，且各房间之间存在不一致的情况，各房间送、排风管支路风管仅通过风管设计难以水力平衡进而维持房间严格的压差值。“平”“疫”通风设计中应该首先确定病区各个房间平时和疫情时的清洁 / 污染分区属性，进而确定“平”“疫”状态下房间的压力，在其基础上设计机械送排风系统，实现实时动态通风。病区运行时通过调节送风量和排风量实现房间内的正压或负压，以及满足房间之间的压力梯度需求。

（3）新风机组安装在每层新风机房内，采用 EC 直流无刷新风机组；排风机设置在屋面，采用 EC 直流无刷排风机组。若平时与疫情时风量差别较大，可采用双风机设计，互为备用，提升可靠性。机组采取恒压送风设计，风机转速根据系统末端风量需求自动调整。EC 风机具有电动机效率高、低转速下效率降低幅度小、交流直接供电无变频器、小功率下效率高能耗低、体积小等优点。外转子免维护直流无刷电动机，电动机内置智能控制模块，可通过 0～10V 或 4～20mA 的控制信号，实现 0～100% 的无级调节。负压隔离病房在疫情期间最大风量工况运行，承担室内空调全部负荷。消化道转呼吸道用新风机组内置粗效过滤 + 平板静电空气净化器，预留安装亚高效过滤器段。排风机箱内预留安装粗效 + 高效过滤器段。传染病医院排风系统疫时高效过滤器建议采用一次抛弃型，容尘较少，阻力小。

7.10.4 室内设计参数

本项目主要房间的室内设计参数如表 7-20 所示。

主要房间的室内设计参数　　表 7-20

楼栋	功能区	夏季		冬季		新风量	噪声［dB（A）］
		温度（℃）	相对湿度（%）	温度（℃）	相对湿度（%）		
行政科研楼	办公	26	≤60	20	不控制	人均 30m^3/h	≤45
	教室	26	≤60	20	不控制	人均 24m^3/h	≤45
	大厅	27	≤65	18	不控制	人均 15m^3/h	≤55
	实验室	26	≤60	20	不控制	3h^{-1}	≤45
	科研用房	26	≤60	20	不控制	人均 30m^3/h	≤45

续表

楼栋	功能区	夏季		冬季		新风量	噪声[dB（A）]
		温度（℃）	相对湿度（%）	温度（℃）	相对湿度（%）		
值班公寓楼	食堂	27	≤65	18	不控制	人均 25m³/h	≤50
住院楼	病房（污染区）	26	≤60	20	不控制	$2.5/6h^{-1}$	≤40
	医护用房（半污染区）	26	≤60	20	不控制	$2.5/6h^{-1}$	≤40
住院楼	医生办公（清洁区）	26	≤60	20	不控制	$3h^{-1}$	≤45
	病案室	26	≤65	18	不控制	$2.5h^{-1}$	≤45
	药房	26	≤60	20	不控制	$2h^{-1}$	≤45
	办公	26	≤60	20	不控制	人均 30m³/h	≤45
传染楼	三层消化道病房（污染区）	26	50～60	20	40～45	$6/12h^{-1}$	≤45
	四层消化道病房（污染区）	26	50～60	20	40～45	$3/6h^{-1}$	≤45
	五～六层呼吸道病房（污染区）	26	50～60	20	40～45	$6h^{-1}$	≤45
	七层呼吸道病房（污染区）	26	50～60	20	40～45	$6/12h^{-1}$	≤45
	医护用房（半污染区）	26	50～60	20	40～45	$6h^{-1}$	≤45
	医生值班（清洁区）	26	≤60	20	≥30	$3h^{-1}$	≤45
	消化道大厅（污染区）	26	50～60	20	40～45	$3/6h^{-1}$	≤50
	呼吸道大厅（污染区）	26	50～60	20	40～45	$6h^{-1}$	≤50
	消化科诊室（污染区）	26	50～60	20	40～45	$3/6h^{-1}$	≤45
	呼吸科诊室（污染区）	26	50～60	20	40～45	$6h^{-1}$	≤45
	CT/DR 检查室（污染区）	25	50～60	22	40～45	$6h^{-1}$	≤45
门急诊楼	外区诊室	25	≤60	22	不控制	$2h^{-1}$	≤45
	内区诊室	25	≤60	22	不控制	$3h^{-1}$	≤45
	候诊区	26	≤60	20	不控制	$2h^{-1}$	≤55
	大厅	27	≤65	18	不控制	人均 20m³/h	≤55
	输液室	25	≤60	22	不控制	人均 40m³/h	≤45
医技楼	透析中心	25	≤60	22	不控制	$3h^{-1}$	≤45
	MRI 检查室	22±2	≤60	22±2	≤60	$3/6h^{-1}$	≤45
	CT 检查室	26	≤60	20	不控制	$3/6h^{-1}$	≤45
	控制室	26	≤60	20	不控制	$3h^{-1}$	≤45
	B 超	26	≤60	20	不控制	$3/6h^{-1}$	≤45
	心电图	26	≤60	20	不控制	$3/6h^{-1}$	≤45

注：传染楼三层消化道病房、七层呼吸道病房疫情时转为负压隔离病房。

7.10.5 冷、热源系统设计

1. 空调冷、热负荷

集中空调系统冷负荷根据各空调区逐时冷负荷综合最大值确定（表 7-21），计入各项有关的附加冷负荷，并考虑同时使用系数。电动压缩式机组的总装机容量以此为依据，不另作附加。

空调冷、热负荷 表 7-21

空调冷负荷（kW）	空调热负荷（kW）	空调面积冷指标（W/m²）	空调面积热指标（W/m²）	建筑面积冷指标（W/m²）	建筑面积热指标（W/m²）
18974	10596	159	89	112	63

夏季水泵、风机温升负荷为 380kW，总冷负荷为 19354kW。根据给水排水提资，生活热水设计小时供热量 6100kW。

2. 冷热源

根据各空调房间的使用要求，本项目采用以下几种空调方式：

（1）传染楼检验科、放射科；门诊医技楼急诊急救中心、影像中心、中心检验、档案病案；值班公寓楼食堂采用变制冷剂流量多联机空调系统（VRF）。

（2）DSA 扫描及设备间、MRI 的磁体间和设备间等房间对温湿度要求严格，采用独立的恒温恒湿专用空调。

（3）消防控制室、UPS 机房、屋顶电梯机房等设独立分体空调。

（4）大楼其余空调房间设计采用集中冷热源，采用电力驱动水冷冷水机组 + 真空燃气热水机组的冷热源方案。

空调冷源设置如下：空调冷源设计采用 3 台高压离心式水冷冷水机组 +2 台全热回收螺杆式水冷冷水机组。高压离心式水冷冷水机组单台机组设计工况制冷量 5310kW，名义制冷工况性能系数（*COP*）不低于 6.38；全热回收螺杆式水冷冷水机组设计工况制冷量 1572kW，名义制冷工况性能系数（*COP*）为 5.95。总装机冷负荷 19074kW。

空调热源设置如下：采用 3 台超低氮真空热水机组供空调热水用，单台额定供热量为 4200kW，供 / 回水温度为 60℃ /45℃。空调热水的总装机热负荷为 12600kW。热水机组热效率 η 不低于 94%，燃料为天然气。

生活热水热源设置如下：采用 3 台超低氮真空热水机组供生活热水用，单台额定供热量为 2100kW，供 / 回水温度为 85℃ /60℃。生活热水的总装机热负荷为 6300kW。热水机组热效率 η 不低于 94%，燃料为天然气。

供冷季优先利用全热回收螺杆式水冷冷水机组制冷时的冷凝热作为生活热水首次加热热源，额定供热量为1812kW，供/回水温度为45℃/40℃，接至生活热水热交换间装配式不锈钢生活蓄热水箱。

设2台燃气蒸汽发生器供中心供应蒸汽消毒用，额定蒸发量为1200kg，额定蒸汽压力为1.0MPa，饱和蒸汽温度为184℃。机组热效率η不低于94%，燃料为天然气。

（5）医技楼ICU/产房/CCU、医技楼手术室、医技楼中心供应、住院楼静配中心、住院楼NICU/PICU、传染楼手术室、传染楼ICU等区域采用空气源热泵机组作为备用及过渡季节冷热源。

（6）设备布置：冷水机组设置在地下一层制冷机房内，真空热水机组设置在地下一层锅炉房内。制冷系统冷却塔设于裙楼屋面。传染楼手术室、ICU空气源热泵机组布置在传染楼屋面。医技楼ICU/产房/CCU、手术室、中心供应空气源热泵机组布置在医技楼裙楼屋面。住院楼静配中心、LG/H9住院楼NICU/PICU空气源热泵机组布置在住院部屋面。变频多联机系统室外机就近布置在裙房屋面及室外地面。

3. 空调水系统

（1）空调水系统采用两管制一级泵变流量系统，水泵采用变频水泵，供/回水分/集水器间设置比例积分压差旁通阀平衡和稳定系统流量。

（2）空调冷水系统分为10个环路，分别为LG/H1传染楼、LG/H2门诊楼、LG/H3医技楼、LG/H4医技楼ICU/产房/CCU、LG/H5医技楼手术室、LG/H6医技楼中心供应、LG/H7住院楼、LG/H8住院楼静配中心、LG/H9住院楼NICU/PICU、LG/H10行政科研楼等环路。

（3）医技楼ICU/产房/CCU、医技楼手术室、医技楼中心供应、住院楼静配中心、住院楼NICU/PICU、传染楼手术室、传染楼ICU等区域水系统通过系统切换阀门与备用冷热源供回水管道连接。

（4）两管制一级泵系统空调冷水、热水的供、回水总管各与机房的分水器和集水器连接，在夏、冬两季分别向空调末端提供空调冷水和空调热水。

（5）空调水系统各环路每层支路采用同程式系统，立管采用异程系统。风机盘管由房间温度控制回水管上的动态平衡电动两通阀，并设有房间手动三挡风机调速开关。空调机组、新风机组回水管上设电子式压力无关型动态平衡电动调节阀。

（6）本项目空调侧系统采用落地式定压罐作为空调水侧的定压装置，膨胀管接至系统集水器。

（7）本项目备用空气源热泵系统采用机组内置定压补水装置作为空调水侧的定压装置，膨胀管接至系统回水总集管。

（8）空调水系统中所有设备、管道及配件工作压力均≥1.6MPa。

（9）设空气源热泵机组的医技楼 ICU/ 产房 /CCU、医技楼手术室、医技楼中心供应、住院楼静配中心、住院楼 NICU/PICU 等区域过渡季节或冬季大系统供热时，空气源热泵机组供冷，上述区域可根据需要通过阀门的切换进行供冷或供热。空调调冷水供 / 回水温度为 7℃ /12℃，空调热水供 / 回水温度为 45℃ /40℃。

7.10.6 空调末端系统设计

（1）门诊楼的入口大厅及医街、住院楼大厅、办公实验楼报告厅大厅、报告厅前厅、院史展厅、报告厅等场所采用可变新风比的一次回风全空气系统，根据装修采用侧送或顶送方式。空气处理机组回风入口设置满足中效过滤要求的微静电杀菌除尘回风口净化器。

（2）病房、门诊、医生办公、医技检查室、办公室等均采用风机盘管加新风系统，经处理的新风直接送入房间内。新风机组设在新风机房内（部分无条件设置机房的区域集中设在吊顶内）。新风机组新风入口处设置满足中效过滤要求的平板静电空气净化器。

（3）传染楼污染区及半污染区新风机设置在清洁区，传染楼诊室及病房新风系统设置电加湿器保证冬季相对湿度满足设计要求。

传染楼呼吸道病房送风系统设粗、中、亚高效三级过滤，消化科病房区送风系统设粗、中两级过滤并预留加装亚高效过滤器的条件。

（4）中心检验微生物实验室、PCR 实验室、HIV 实验室；医技楼 ICU、CCU、手术室、中心供应；住院楼静配中心、住院楼 NICU/PICU 等区域设净化空调系统。

（5）传染楼检验科、放射科；门诊楼急诊急救中心；医技楼影像中心、中心检验、中药制剂、药房；住院楼物资库房；办公科研楼总务库房；倒班公寓食堂；地下室太平间、核医学和放射治疗中心采用变制冷剂流量多联机空调系统（VRF）。室内机采用天花板内藏风管式室内机，新风系统采用带冷媒的新风处理机组。新风入口处设置满足中效过滤要求的平板静电空气净化器。多联室内机回风口设置满足中效过滤要求的微静电杀菌除尘回风口净化器。

（6）DSA 设备间、MRI 的磁体间和设备间设风冷恒温恒湿空气处理机组，室外机设在室外绿化处。

（7）对 24h 不间断工作的消防控制中心采用空气源热泵型分体空调；电梯机房、UPS 间采用单冷分体空调；配电房设降温机组。

7.10.7　通风系统设计

（1）地下室设备用房设置机械排风、进风系统，排除设备余热及废气。

1）变配电机房设有机械通风系统，以排除设备放出的余热。另配置两台空调器，当夏季机械通风无法满足降温要求时，开启空调器。地下变配电机房设有气体消防，通风管在其隔墙处设有信号关闭 / 开启的防火阀，并与其房间的气体控制阀联动。当气体消防系统启动时，联动关闭通风管上的防火阀；当火警解除后，信号开启防火阀，关闭上排风口支管上的电控风阀，打开下排风口支管上的电控风阀，启动相应的排风机进行强制排风，排风量不小于 $5h^{-1}$ 换气。

2）水泵房、热交换机房等均设有机械通风系统，以排除设备放出的余热。

3）制冷机房设有独立的机械通风系统，以排除设备放出的热量。平时排风系统兼作事故排风系统，排风口上、下分设。通风量按事故排风量保证换气次数≥$12h^{-1}$ 计算，事故排风下排风口上沿距室内地面≤1.0m，其下缘至地板距离为 0.3m，其上缘至地板不超过 1m。制冷机房设制冷剂 R134a 泄漏浓度报警器，并与事故排风机连锁，其手动控制装置设在制冷机房内及两个出口门外侧便于操作的地点。冷水机组制冷剂安全阀泄压管接至室外安全处。

4）锅炉房设独立的机械通风系统，维持锅炉燃烧、排除余热，并保证机房内的卫生要求，利用泄爆井对外开启百叶，自然进风。风机风量换气次数不低于 $12h^{-1}$，并采用防爆型排风机，排风机设置在地下室风机房内。锅炉间设燃气浓度报警器，并与事故排风机、燃气引入总管上的紧急切断阀连锁，事故排风机手动控制装置设在室内外便于操作的地点。

（2）地下一层 1～5 号变配电房 /10kV 变配电所 /PET/CT/SPECT/ 直线加速器治疗室，住院楼 UPS，门诊楼 UPS/DSA/ 控制室 / 设备间 /X 光室，医技楼 UPS/CT/MRI，传染楼 CT/DR/UPS，办公科研楼信息中心机房等房间设有柜式七氟丙烷灭火装置。上述场所的机械通风平时排除余热。当气体消防系统启动时，联动关闭通风管上的防火阀；当火警解除后，信号开启防火阀，关闭上排风口支管上的电控风阀，打开下排风口支管上的电控风阀，启动相应的排风机进行强制排风，排风量不小于 $5h^{-1}$ 换气。

（3）实验室、检验科在满足工艺通风的前提下，平时换气次数不小于 $10h^{-1}$，并保持污染区→缓冲区→洁净区合理的压力梯度。各科室的排风系统独立设置并且高空排放。

（4）污水处理站设独立的机械通风系统，换气次数不小于 $15h^{-1}$，排风管道上设置除臭杀菌的空气综合净化装置。

（5）放射科设独立的机械通风系统，新风量可按照换气次数≥$6h^{-1}$ 计算。

（6）门诊楼内区诊室、医技楼功能检查等内区房间需设排风系统，过渡季节加大排风量。

（7）平疫结合住院楼病房通风系统设计：

1）清洁区、半污染区、污染区的机械送、排风系统应按区域独立设置，送、排风系统风机设计连锁控制。不同污染等级区域压力梯度的设置应符合定向气流组织原则，应保证气流从清洁区→半污染区→污染区方向流动。

2）负压程度由高到低依次为病房房间、污染走廊。清洁区气压相对室外大气压应保持正压。病房内卫生间设排风，保证病房→卫生间定向气流。

3）病房及其他区域的通风系统的送排风量应能保证各区压力梯度要求。污染区、半污染区送、排风系统支管上设置多工况风量调节阀，可远程控制各房间的阀门运行工况。医生办公等清洁区送风系统支管上设置定风量调节阀。

4）污染区的排风机设置在屋面，设在排风管路末端，使整个排风管道保持负压。污染区病房排风与卫生间排风共用主风管。平时不安装疫时排风机，预留设备基础、配电等安装条件。平时病房排风支管上的风阀处于关闭状态，病房排风总管上多工况定风量阀设置在低风量挡位，开启平时排风机对病房卫生间进行排风。疫情时屋面平时排风机更换为疫时排风机，打开病房排风支管上风阀，并将病房排风总管上的多工况风量调节阀调至高风量挡位，对病房和病房卫生间同时进行排风。

5）污染区和半污染区平时送风量为2～$3h^{-1}$，疫情时转换为$6h^{-1}$；平时送风量大于排风量，室内维持微正压；疫情时污染区房间排风量大于送风量，不低于$150m^3/h$。清洁区医护值班室与走道设有送风系统，平时送风量取$2h^{-1}$，疫情时转换为$3h^{-1}$。

6）污染区/半污染区新风机组采用内设双风机的调速新风机组，平时单风机运行，根据平时风量需求调节风机转速。

7）污染区病房、走道用排风机组平时不工作。污染区卫生间、污洗间、污物暂存间、半污染区内区房间排风系统平时低速运行，疫情时加装高效过滤器后高速运行。

8）负压病房通风系统的送风机与排风机应连锁控制，启动通风系统时，应先启动系统排风机，后启动送风机；关停时，应先关闭系统送风机，后关闭系统排风机。

9）送、排风系统中，每间病房的送、排风支管上设置可单独关断的电动密闭阀，并在医护及运维人员方便操作处设有开关。

（8）传染楼通风系统设计

1）清洁区、半污染区、污染区的机械送、排风系统应按区域独立设置，送、排风系统风机设计连锁控制。不同污染等级区域压力梯度的设置应符合定向气流组织原则，应保证气流从清洁区→半污染区→污染区方向流动。

2）相邻相通不同污染等级房间的压差（负压）不小于5Pa，负压程度由高到低依次为病房卫生间、病房房间、缓冲间与半污染走廊。

3）传染楼病房、诊室、CT、DR 等房间设置动力分布式空调通风系统，上述房间送、排风系统支管上设分布式动力模块，与主风机连锁，当风机关闭时，连锁动力模块关闭。清洁区的送、排风量通过风机调速控制，清洁区内送、排风系统支管设定风量阀。

4）传染楼医护走道至缓冲间、缓冲间至病房、清洁区与半污染区之间的缓冲间、半污染区与污染区之间的缓冲间、污染区与清洁区之间的缓冲间、脱隔离服、脱防护服等主要区域设置微压差计，并标志明显的安全压差范围指示。

5）传染楼病房区半污染区、污染区的排风机应设置在室外，并应设在排风管路末端，使整个排风管道保持负压。病房区送风机设置在清洁区机房内。送风机组的出口及排风机组进口应设置与风机联动的电动密闭阀。

6）三层消化道病房新风量平时按 $6h^{-1}$ 设计，可调速至 $3h^{-1}$ 运行，疫情时转为负压隔离病房，可切换至 $12h^{-1}$；四层消化道病房新风量平时按 $3h^{-1}$ 设计，疫情时转为负压病房，可切换至 $6h^{-1}$；五～六层呼吸道病房新风量平时及疫情时均按负压病房 $6h^{-1}$ 设计；七层呼吸道病房新风量平时按 $6h^{-1}$ 设计，疫情时转为负压隔离病房，可切换至 $12h^{-1}$。

7）呼吸道及消化道病房及诊室、检查室设下排风口。

8）传染楼清洁区新风入口处设平板静电净化装置。

半污染区新风机设粗效过滤段、平板静电净化段，机箱内预留疫情时加装亚高效过滤器的条件，排风机箱内预留疫情时加装粗效和高效过滤器的条件。

消化道病房、诊室、检查室各送风系统平时设粗效过滤段、平板静电净化段，新风机箱内预留疫情时加装亚高效过滤器的条件；诊室、检查室排风机箱内预留疫情时加装粗效和高效过滤器的条件，病房下排风口预留疫情时加装高效过滤器的条件。

呼吸道病房、诊室、检查室送风系统在送风机组内设置粗效过滤段、平板静电净化段、亚高效过滤段；病房排风口处设高效过滤风口，诊室、检查室排风风机内设粗效和高效过滤器。

9）送排风系统的过滤器设置压差检测、报警装置。

10）所有通风系统均进行风量平衡计算，负压病房新风量根据房间换气次数选取，排风量为新风量 + 维持房间压力值的渗透风量。

11）除清洁区外所有通风系统风机为 EC 直流无刷风机，平时及疫情时根据房间功能切换不同风量及压头，满足呼吸道传染病负压病房及负压隔离病房的新风换气次数及压力梯度要求。

12）负压病房及负压隔离病房通风系统的送风机与排风机应连锁控制，启动通风系统时，应先启动系统排风机，后启动送风机；关停时，应先关闭系统送风机，后关闭系统排风机。

13）送、排风系统中，每间病房的送、排风支管上分布式动力末端自带单独关断的电动密闭阀，与模块风机自动联锁启闭，满足每个支路可单独关断的需求。

14）传染楼通风控制系统兼顾“平”“疫”两种工况的控制需求，可实现平时和疫情时运行状态的快速切换。病房与缓冲间之间或病房与医护走廊之间设置压差传感器。平时和疫情时的运行状态下，根据压差传感器的压差监测情况自动联动控制支路风量调节排风模块或手动控制风量排风模块的调节运行，进而联动主排风机的变风量运行。

15）末端动力分布式风量调节模块分室分别设置手动控制面板，实现新、排风独立可调，满足平时和疫情时在不同新风量时的压力梯度控制需求。

16）传染楼动力分布式通风系统的风机监控系统作为智能化集成系统的子系统，须预留与 BA 和 IBMS 系统集成的通信接口。

7.10.8 暖通空调专业节能设计主要措施

（1）空调系统的冷、热源机组能效均优于现行国家标准《公共建筑节能设计标准》GB 50189 的规定以及现行有关国家标准能效限定值的要求。离心式水冷冷水机组名义制冷工况性能系数（*COP*）6.38（≥5.9）；全热回收螺杆式水冷冷水机组名义制冷工况性能系数（*COP*）5.95（≥5.6）；真空热水机组热效率≥94%；空气源热泵机组的制冷性能系数 *COP*≥3.07；多联式空调机组的制冷综合性能系数 *IPLV*（*C*）≥6.0；分体空调采用转速可调型，能效不低于能效等级 2 级，即 *CC*≤4500W 为 5.0，4500W＜*CC*≤7100W 为 4.4，7100W＜*CC*≤14000W 为 4.0。

（2）锅炉房设置供热量自动控制装置，设置气候补偿器合理匹配供水流量、供水温度，有效控制一次水回水温。

（3）两台螺杆式水冷冷水机组采用全热回收型，在制冷的同时制取生活热水，减少燃气热水机组天然气的耗量。

（4）空调冷水循环系统采用大温差供回水，可减小输水管径、减少经常性的输送动力。空调冷热水系统循环水泵的耗电输冷（热）比比《民用建筑供暖通风与空气调节设计规范》GB 50736-2012 的规定值低 20%。空调冷水系统循环水泵耗电输冷比 *ECR*=0.0157（≤0.03179）；空调 / 供暖热水系统循环水泵耗电输热比 *EHR*=0.00641（≤0.01219）。

（5）空调通风风管内的风速设计取值既满足空调区域的噪声要求，又符合技术经济比较平衡，有效降低风机的输送动力。两管制定风量空气调节风系统风机的单位风量耗功率 W_s＜0.27W/（m^3・h），新风风机的单位风量耗功率 W_s＜0.24W/（m^3・h），通风系统风机的单位风量耗功率 W_s＜0.27W/（m^3・h），均符合现行国家标准《公共建筑节能设计标准》GB 50189 的规定。

（6）按建筑物的规模及功能特点，空调冷热水系统采用一级泵变频调速和台数控制。水系统采取相应的水力平衡措施。

（7）定风量全空气系统采用可调新风比措施，过渡季利用新风供冷，减少空调冷热源系统运行时间，达到节能的目的。

（8）将空调风（水）系统、通风系统设计成多种组合方式，便于在不同季节、不同使用条件下灵活选择运行方式。

（9）全空气空调系统可根据室内 CO_2 浓度调节新风量，在满足卫生要求的前提下节约能源、节省运行费用。

（10）空间高大的房间采用分层空调系统。

（11）采用集中空调，每个环路设热（冷）量计量设施。

（12）空调系统风管、供回水管采用难燃（B1 级）型闭泡橡塑绝热材料保温，导热系数为 0.032W/（m・K），风管绝热层的热阻为 0.86m^2・K/W。

（13）空调系统设有完备的自动控制系统，实现空调系统的智能化运行，可靠、节能。

（14）风机盘管由房间温度控制回水管上的动态平衡电动两通阀，空调机组、新风机组回水管上设电子式压力无关型动态平衡电动调节阀。自动调节冷热水流量，恒定室内温度湿度，确保室内舒适度，防止室内温度过高或过低，避免浪费能源。

（15）所有空调末端设计包括空气处理机组、新风机组、风机盘管均可独立启停。

用户单位：武汉市黄陂区人民医院中心院区
用户单位代表：李金奎
设计单位：中南建筑设计院股份有限公司
主要设计人：刘华斌　曹晓庆　马友才　陈　强　宋光前
王　哲　党淑红　王羽珊　尹银涛　江一峰
本文执笔人：曹晓庆

7.11　日照市公共卫生服务中心建设项目

7.11.1　工程基本概况

建筑面积：总建筑面积 17.5 万 m^2，其中地上建筑面积 14.0 万 m^2，地下建筑面积 3.5 万 m^2，总床位 960 床，其中负压病房 625 床；由公卫预防和物资储备中心（17

层)、检验检测中心(4层)、医院综合楼(12层)、感染病房1号楼(6层)、感染病房2号楼(6层)、皮肤病防治中心(6层)、地下车库等组成，全部为新建建筑。

建筑类别：检验检测中心为多层建筑，其他单体建筑均属一类高层公共建筑。

本项目2020年完成设计，2022年建成。

7.11.2 项目背景及约束条件

1. 项目建设背景

本项目为当地政府重点打造的民生工程、重大项目，响应和满足国家《公共卫生防控救治能力建设方案》，通过本项目的建设以大力提升所在城市公共卫生安全治理能力。

2. 项目承担职能及平疫结合转换设计

本项目为“防治结合”平疫结合综合性卫生服务应急中心，承担区域性的传染防治、研究、调度、物资储备、紧急救援和临床救治等工作。其中综合医院楼及感染病房1、2号楼承担“医疗救治”职能模块，平时为三级甲等综合医院及普通病房运行使用，小规模疫情时将感染病房1号楼转为呼吸道负压病房使用，中等规模疫情时将感染病房1、2号楼全部转为呼吸道负压病房，大规模疫情时综合医院楼也转换为疫情医疗救治功能；检验检测中心楼(疾控中心实验楼)承担“公共预防”职能模块，疫情时承担集中核酸检测等任务；公卫预防和物资储备中心楼承担“后勤办公生活保障”职能模块，平时为普通办公，疫情时转换为医护人员“后勤生活保障”楼。项目西侧、南侧为平疫结合广场，预留水电条件，更大规模疫情暴发时可快速完成方舱医院建设。

7.11.3 暖通空调专业设计内容

本项目暖通空调专业设计内容：空调系统设计、通风系统设计、防烟排烟系统设计、冷热源系统设计、医疗专项暖通空调设计(洁净手术部、平疫转换ICU、平疫转换手术室、病理中心、检验中心、PCR实验室、血站实验室、疾控实验室等)。

7.11.4 暖通空调专业在本项目上的特点、难点、创新

(1)本项目负压病房床位数达625张，且要求根据疫情的发展实现单层病房、单体楼、组团乃至全院区性平疫结合“平疫转换”，通风空调专业完全按照上述要求进行设计。

(2)为实现全院区“平疫转换”，通风空调系统投资较大且设备配置较高，在设计时充分利用这些“高配置”的通风空调设备让其发挥更大“价值”，在平时及疫情期间

均能实现优质的室内空气质量，为就诊患者和医护人员提供高品质、安全的室内空气质量环境。

7.11.5 室内空气设计参数

本项目主要房间室内空气设计参数如表 7-22 所示。

主要房间室内空气设计参数 表 7-22

房间名称	夏季		冬季		新风量 [m³/（人·h）]	新风量（h^{-1}）	噪声 [dB（A）]	压力关系
	温度（℃）	相对湿度（%）	温度（℃）	相对湿度（%）				
大厅	26	55	20	40		6	50	0
检验中心	26	55	20	40		4	45	−
药房	26	55	20	40		3	45	+
肠道门诊	26	55	20	40		3	45	−
发热门诊	26	55	20	40		6	45	−
普通门诊	26	55	20	40		2	45	+
病房	26	55	20	40		2	45	+
办公	26	55	20	40	30		45	+
PCR 病毒筛查实验室	26	55	20	50		12	45	−
负压隔离病房	21～27	30～60	21～27	30～60		12	45	−
呼吸道重症监护室（ICU）	21～27	30～60	21～27	30～60		12	45	−
负压病房	26	55	20	40		6	50	−

7.11.6 冷热源系统设计

1. 冷源设计

本项目周围有市政热力管网，供 / 回水温度为 100℃ /60℃；有市政燃气管网。

2. 冷、热源系统的服务区域（表 7-23）

不同冷、热源系统的服务区域 表 7-23

单体楼	普通区域冷热源	医疗专项区域冷热源
综合医院楼	水冷冷水机组供冷 + 市政热源供热	独立设置四管制空气源热泵机组
感染病房 1、2 号楼	水冷冷水机组供冷 + 市政热源供热	夏季供冷冬季供暖采用大楼冷热源，过渡季设两管制空气源热泵机组

续表

单体楼	普通区域冷热源	医疗专项区域冷热源
公卫预防和物资储备中心楼	水冷冷水机组供冷＋市政热源供热	独立的直膨式净化机组
检验检测中心楼	水冷冷水机组供冷＋市政热源供热	独立设置两管制空气源热泵机组
皮肤病防治中心	多联机空调	独立的直膨式净化机组

3. 冷、热负荷及指标

集中冷源水冷冷水机组所带区域冷负荷：10295kW，冷指标：109W/m^2；

市政热源所带区域热负荷：12047kW，热指标：116W/m^2；

四管制空气源热泵机组所带净化空调区域冷负荷：1380kW，冷指标：260W/m^2；

四管制空气源热泵机组所带净化空调区域热负荷：689kW，热指标：130W/m^2；

皮肤病防治中心多联机空调冷负荷：1300kW，冷指标：130W/m^2；

皮肤病防治中心多联机空调热负荷：1433kW，热指标：140W/m^2。

4. 冷、热源系统技术方案

（1）主冷源：采用3台（2大1小）磁悬浮变频离心式冷水机组，2台单台制冷量1200RT、1台单台制冷量700RT，机组供/回水温度为7℃/12℃，冷却塔选用3台横流式冷却塔，与机组一一对应，冷却水供/回水温度为32℃/37℃。

（2）主热源：采用市政热力管网（供/回水温度为100℃/60℃），经换热后提供60℃/45℃的供暖热水。

（3）皮肤病防治中心楼距离其他单体楼较远且为独立单位使用，冷、热源采用独立热泵多联机空调系统。

（4）公卫预防和物资储备中心楼中一～三层为“血站”单位所属用房，应单位要求设置独立热泵多联机。

（5）医疗专项区域冷热源：综合医院楼内医疗专项区域较多（包括洁净手术部、静配中心、ICU、病理中心、检验中心、PCR实验室等），净化区域较多，采用独立设置四管制空气源热泵机组，常年提供7℃/12℃及45℃/40℃的空调用冷、热水，净化空调再热采用热回收热水再热，大幅降低运行能耗；皮肤病防治中心楼本身为多联机空调，医疗专项区域采用直膨式空调机组；感染病房1、2号楼内医疗专项区域为平疫转换手术室及ICU，新风换气量大、运行能耗高，因此冬夏季接大楼冷热源提高能源效率，过渡季配置两管制空气源热泵机组。

7.11.7　空调末端系统设计

1. 各区域末端系统形式（表 7-24）

各区域末端系统形式　表 7-24

空调区域	末端空调系统形式
入口大厅、各层共享大厅、餐厅、报告厅等（大空间区域）	一次回风全空气系统 + 排风
普通诊室、病房等医疗用房	风机盘管 + 新风排风系统 按照医疗功能区划分新风排风系统
呼吸道负压病房	风机盘管 + 新风排风系统 新风换气次数 6h^{-1}，排风高空排放
呼吸道负压隔离病房	全新风直流全空气系统 + 排风系统 新风换气次数 12h^{-1}，排风高空排放
PCR 病毒筛查实验室	全新风直流全空气系统 + 排风系统 + 生物安全柜排风（均高空排放），Ⅳ级净化
呼吸道负压 ICU（平疫转换）	全新风直流全空气系统 + 排风系统，Ⅳ级净化，平时为普通 ICU，一次回风全空气 + 排风系统
呼吸道负压洁净手术室	全新风直流全空气系统 + 排风系统，Ⅲ级净化
正压洁净手术室	一次回风全空气 + 排风系统
静脉配置中心	TNP 药物配置区为一次回风全空气 + 排风系统，抗肿瘤药物及抗生素要求配置区为全新风直流全空气系统 + 排风系统 + 生物安全柜排风（均高空排放），Ⅲ级净化
理化实验室	风机盘管 + 新风排风系统，排风为变风量系统
普通办公	风机盘管 + 新风系统

2. 通风空调系统空气过滤设计

（1）感染病房 1、2 号楼内呼吸道负压病房区域新风机组内均按照规范要求配置粗、中、亚高效三级过滤。

（2）负压病房排风机组内配置高效过滤器。

（3）其他单体楼内新风机组、全空气机组内配置粗效过滤网 + 高压静电除尘装置 + 纳米光催化净化杀菌装置。

（4）手术室末端送风天花内设高效过滤器，集中新风处理机组内配置粗效、中、高中效三级过滤；正压手术室回风口设中效过滤器；手术室上顶排风口设中效过滤器。

3. 医疗功能区域平疫结合设计

（1）普通医疗功能区风机盘管 + 新风排风系统区域

按照新风换气次数 $4h^{-1}$ 配置各区域新风机组，在平时落地组合式新风机组采用一次回风系统形式，新风量为 $2h^{-1}$、回风量为 $2h^{-1}$，新风机组内配置粗效过滤器、高压静电除尘段、光催化杀菌段，对新回风的混合风进行过滤、杀菌、分解等空气净化处理，各房间均实现 $4h^{-1}$ 的高洁净度新风换气，可大幅提高室内空气质量，同时大幅降低新风能耗，新风机组负担新风空调负荷，室内空调负荷由风机盘管承担。

疫情期间关闭回风口，采用 $4h^{-1}$ 全新风系统运行，大量新风引入室内，充分稀释室内细菌、病毒等污染物，提高室内空气安全度。

（2）一次回风全空气空调系统

大空间区域采用一次回风全空气空调系统，机组内配置粗效过滤器、高压静电除尘段、光催化杀菌段，对新回风的混合风进行过滤、杀菌、分解等空气净化处理，提高室内空气质量。

疫情期间关闭回风口，采用全新风系统运行，大量新风引入室内，充分稀释室内细菌、病毒等污染物，提高室内空气安全度。机组盘管配置按照全新风工况配置。

（3）呼吸道负压病房区域平疫转换

呼吸道传染病房按照新风换气次数不小于 $6h^{-1}$ 设计，负压隔离病房按照新风换气次数不小于 $12h^{-1}$ 设计，每间病房新排风支管设连续式智能风量调节模块，新风排风机组按照 EC 直流风机配置，变频运行。平时作为普通病房使用时，新风换气次数按照 $3h^{-1}$ 运行。

（4）呼吸道负压 ICU 平疫转换

ICU 按照Ⅳ级净化空调系统设计。平时作为正压工况运行，净化空气处理机组为一次回风工况，送风换气次数为 $12h^{-1}$，下风口为回风口，排风总管处电动阀关闭、屋顶排风机组不运行。疫情时作为负压全新风工况运行，净化空气处理机组转换为全新风工况运行，新风换气次数为 $12h^{-1}$，下风口为排风口，回风总管电动阀关闭，排风总管电动阀打开、屋顶排风机组运行，保持室内负压。

7.11.8 机械通风系统设计

1. 普通医疗功能区

机械通风系统按照科室及功能区划分系统。

2. 呼吸道传染病医疗功能区

各层清洁区、卫生通过区、半污染区、污染区分别设独立的新风排风系统；整体气流组织压力梯度自清洁区、卫生通过区、半污染区、污染区依次降低。清洁区、卫生通过区、半污染区、普通负压病房区采用风机盘管加新风系统；负压隔离病房区采用全新风直流系统，同时设计排风系统保证足够负压值。

3. PCR 病毒筛查实验室

设置独立送排风系统，按照Ⅳ级净化空调系统进行设计，气流组织：试剂准备区→样本处理区→扩增区→产物分析区，样本处理区设有 B2 级生物安全柜，全排风高空排放。排风系统均设高效过滤器。

7.11.9 暖通专业节能设计主要措施

（1）集中空调系统冷源：本项目夏季集中空调系统总冷负荷大、运行时间长，在冷源机组配置方面采用 2 大 1 小三台机组配置，选用高效的磁悬浮变频离心式冷水机组，充分发挥机组高能效优势，机组 COP=6.23，机组 $IPLV$=11.64。

（2）普通医疗功能区利用部分室内回风与新风混合形成 $4h^{-1}$ 的新风换气，通过设置多级空气净化设备送出洁净度较高的新风至室内，室内风机盘管无需再配置其他空气过滤设备，在实现室内较高的空气质量的同时，降低新风能耗和室内风盘运行能耗。过渡季全新风运行。

（3）全空气处理机组选用 EC 直流风机，在回风中配置 CO_2 浓度传感器、温湿度传感器，根据室内人员密度变化、温湿度环境变化，控制新风量和机组变频运行。

（4）医疗综合楼净化空调系统采用热回收型四管制多功能空气源热泵机组，采用冷热回收技术，机组具备全年各季节同时稳定提供供冷用空调冷水及供热用空调热水，满足末端各专项区域相同季节不同供冷供热需求。净化空气处理机组供冷工况再热采用空调热水作为再热热源，取代电再热方式，降低运行能耗。

（5）洁净手术部净化区域采用新风集中处理方式，新风机组内设冷水降温除湿段 + 直膨深度除湿段，新风经过两级深度除湿后送至各个净化循环机组，承担新风冷负荷及室内大部分湿负荷。

用户单位：日照市公共卫生服务中心
用户单位代表：申仲豪
设计单位：同圆设计集团
主要设计人：魏曙光　李　刚　张兵兵
本文执笔人：魏曙光

7.12 武汉常福医院

7.12.1 建筑概况

本项目位于武汉市蔡甸区常福路以北，霞光三路以东。项目规划用地面积193877.8m^2，约合291亩，其中医疗用地面积120763m^2，预留用地73114.8m^2。项目规划总建筑面积220091.35m^2，其中地上建筑面积为137689.12m^2，地下建筑面积82402.23m^2，机动车停车位4226辆。本项目突出“专常兼备、平疫结合”的理念，主要建设内容为：设置1000床（传染病专科按100床设计，其他综合病区按900床设计）平疫结合的传染病专科医院包含的医疗业务用房、科研与教学用房、人防及地下车库；并为1000床“疫时”动员医院预留建设条件。常福医院地上布局5栋3～11层主体建筑、1栋垃圾站、1处液氧站、1处污水处理站、1层地下室，其中门诊楼为3层，医技楼为4层，住院楼为11层，感染楼为5层，后勤楼为7层。

本项目为武汉市公共卫生应急管理体系基础设施建设项目之一，处于医疗资源薄弱的新城区，周边无住宅用地。平时为综合医院，三级疫情响应时启用感染楼，二级疫情响应时启用住院楼、急诊楼、医技楼，一级疫情响应时再启用北侧预留空地建设1000张传染病床位，总投资约25亿元。

7.12.2 暖通空调专业设计范围

本项目暖通空调专业设计范围：舒适性空调系统设计，集中空调冷热源系统设计，通风系统设计，建筑防烟排烟系统设计，不含净化空调系统设计、实验室工艺空调系统设计、医用气体系统设计，配合专业设计单位完成净化空调、实验室工艺需求、医用气体系统的土建预留预埋工作。设计完成时间2020年10月。

7.12.3 暖通空调专业设计重点、难点及创新点

1. 通风空调系统平疫转换措施

考虑疫情时设备采购、运输、安装周期长，涉及人员范围广，为保证系统能迅速投入使用，并减少不必要的安装人员风险，本项目从减少平疫转换动作、加快转换速度的角度出发，采取以下平疫转换措施：平时和疫情时风量相同的空调新风机组和排风机设置工频风机或数字化节能风机，平时和疫情时新风量不相同但过滤要求相同的空调新风机组和排风机设置宽频变频风机或数字化节能风机，平时和疫情时风量不相

同且过滤要求不相同的空调新风机组和排风机设置 2 台机组。除负压隔离病房高效排风口外，风管系统和设备一次性安装到位。

2. 净化空调、急诊空调冷热源的解决方案

手术室等净化空调系统和急诊分别设置一套空气源热泵机组作为过渡季节备用的冷热源，共用水环路，主机设置在医技楼屋顶，在地下室通过电动蝶阀进行水路的切换。在过渡季节，主冷热源停运时，由备用冷热源供冷供热。

3. 水系统形式

集中空调冷、热源满足各种供能需求的前提条件是空调水系统要进行合理分区，满足供能的同时，最大限度降低水系统输送能耗。

本项目空调冷水采用一级泵变流量系统，水泵变频。空调热水采用二次换热系统，其中锅炉侧一次热源系统，水泵定频；二次侧设置板式换热器机组，水泵变频。

空调水系统均为两管制，在制冷站通过集分水器进行冬夏季节转换。采用一级泵变流量系统，分、集水器之间设置压差旁通调节阀，在水流量过低时利用旁通阀，保证单台变频水泵流量不会低于 35%。

7.12.4 室内设计计算参数

本项目主要房间室内设计计算参数如表 7-25 所示。

主要房间室内设计计算参数 表 7-25

序号	房间名称	夏季		冬季		新风量	排风量	噪声要求 [dB（A）]
		干球温度（℃）	相对湿度（%）	干球温度（℃）	相对湿度（%）	[m^3/（h · 人）] / （h^{-1}）		
1	入口大堂、候诊	26	≤65	18	35	30/2～3	新风量 -10%	≤50
2	会议厅，报告厅	26	≤65	20	35	15	新风量 -10%	≤45
3	诊室、检查室	26	≤60	20	35	40/3～6	新风量 ± 150m^3/h	≤45
4	处置室、换药	26	≤60	20	35	40/–	新风量 +15%	≤45
5	备餐	26	≤60	20	35	40/–	新风量 +10%	≤45
6	污洗、污物	–	–	–	35	–	12h^{-1}	≤45
7	更衣	26	≤60	22	35	40/2	新风量 +15%	≤45
8	淋浴	26	≤60	24	35	–	10h^{-1}	≤45
9	DSA、DR、CT	24	≤60	20	35	–/2	新风量 +10%	≤50
10	控制廊、控制室	26	≤60	20	35	40/2	新风量 -5%	≤50

续表

序号	房间名称	夏季		冬季		新风量	排风量	噪声要求[dB(A)]
		干球温度(℃)	相对湿度(%)	干球温度(℃)	相对湿度(%)	$[m^3/(h·人)]/(h^{-1})$		
11	MRI 磁体间	22	≤50	20	35	40/2	新风量 −12%	≤50
12	MRI 操作间	26	≤60	20	35	40/2	新风量 −5%	≤40
13	MRI 设备间	24	≤60	20	35	−/2	新风量 −5%	≤50
14	检验科、病理科实验室	26	≤60	20	35	−/6	变风量通风柜排风	≤50
15	病房(平疫转换)	26	≤60	20	35	40/2(3)~6	新风量 $\pm 150m^3/h$	≤30
16	药库	20	≤50	16	35	40/4	$6h^{-1}$	≤50
17	病案库	26	≤50	16	35	40/2	新风量	≤50
18	餐厅	26	≤65	18	35	25/2	新风量 +10%	≤50
19	办公室	26	≤60	20	35	40/2	新风量 −10%	≤40

7.12.5 冷、热源系统设计

本项目综合考虑疫情时使用情况，经过逐项逐时的冷负荷计算和热负荷计算，空调计算总冷、热负荷平时分别为 12454kW、9553kW，疫情时分别为 15846kW、12273kW。给水排水专业要求的生活热水热负荷为 3000kW。

空调制冷系统充分考虑高峰负荷、部分负荷的工况，制冷机组设置 3 台 3868kW 电制冷离心式冷水机组 +1 台 1393kW 电制冷螺杆式冷水机组。

空调冷水供 / 回水温度为 6℃ /13℃。空调冷水采用一级泵变流量设计，冷水泵变频控制，设置 6 台循环水泵（三用一备 + 一用一备）。

每台制冷机配备一台超低噪声型开式冷却塔，设置于后勤楼屋面，冷却水供 / 回水温度为 32℃ /37℃，冷却塔风机变频运行，根据冷却水温度变化确定风机转速变化。冷却水泵工频控制，设置 6 台循环水泵（三用一备 + 一用一备）。

冬季空调及生活热水热源采用低氮承压燃气热水锅炉，锅炉供 / 回水温度按 95℃ /70℃设计。锅炉一次热源水通过换热器分别提供空调及生活热水使用，共设置 3 台 4200kW+1 台 2800kW 的热水锅炉。对应 4 台热水锅炉，设置 4 台一次热水循环泵（三用一备 + 一用一备），定频控制。热水系统采用化学加药水处理方式。

空调供热系统设置 4 套 3200kW 水−水板式换热机组，二次侧供 / 回水温度为 60℃ /45℃。

手术室等净化空调系统和急诊分别设置一套空气源热泵机组作为过渡季节备用的

冷热源。在地下室通过电动蝶阀进行水路的切换。

7.12.6　空调末端系统设计

1. 多联机及精密空调系统

CT、DSA、MRI、DR、直线加速器治疗、消防及安防控制室、ICU、NICU、检验科等根据医疗工艺和运行管理要求，设置独立的变频多联机空调系统或恒温恒湿空调系统，其室外机就近布置在室外地面或屋顶。

2. 全空气集中空调系统

门诊大厅、门厅、报告厅等大空间全空气系统，空气处理理设备采用整装柜式空调机组或组合式空调机组；送风方式采用上送上回或者上送下回。疫情时转换为全新风工况运行。

3. 新风加风机盘管系统

各诊室、治疗室、检查室、病房、办公室、休息室等小型用房均采用新风加风机盘管系统，风机盘管分室设置，实现各房间温度的独立调节与控制。

新风系统按楼层、防火分区与医疗科室单元进行分区，并兼顾传染性、不同空气压力梯度分区等空间分隔需求统筹设置；新风系统同时不穿越防火分区。

传染病楼、住院楼、医技楼、门诊楼平疫转换区域房间依照“平疫结合、快速转换”原则设计。传染病楼平时以接诊呼吸道和非呼吸道传染病病人的小风量负压模式运行，疫情时以接诊呼吸道传染病病人大风量负压模式运行，住院楼、医技楼、门诊楼平时以接诊非传染病的普通模式运行，疫情时快速切换到大新风量与大排风量的负压模式运行。新风（排风）系统依照清洁区、半污染区、污染区独立设置；新风空调机组（机械送风）以及空调排风（机械排风）机组配置变频控制器，或者配置双风机，平时运行低速小风量或者小风机运行，疫情时切换至高速大风量或者大风机运行，同时末端房间内送、排风支管设置两工况定风量调节阀（电控），满足平时及疫情时的通风量需求。按照疫情时减少拆改，快速转换的原则，风管系统取疫情时和平时通风量的大值进行设计，除房间内高效过滤风口外，所有风管系统、新风空调机组、排风机组及其功能段一次性安装到位。

4. 空气过滤措施

所有风机盘管、室内机回风段均回风口均配中效过滤器，初阻力小于 50Pa、微生物一次通过率不大于 10% 和颗粒物一次计重通过率不大于 5%，平均效率不低于 F8。

净化装置与风机盘管连锁控制，同步启停。

非平疫结合区域的空调机组、新风机组设置 G3+F8（全截面静电吸附过滤模块），过滤能力需满足：$PM_{2.5}$ 一次净化效率≥90%，微生物一次通过率≤10% 且颗粒物一次计重通过率≤5%；净化装置与空调机组连锁控制，同步启停。组合式空调机组的净化模块安装在箱体内。其中高中效（F8）过滤器为复合型静电空气净化设备，无臭氧产生。

病房（护理单元）区域及需要平疫转换区域的新风系统的空调机组设置 G3+F8（袋式过滤器）+H11（板式过滤器），过滤能力需满足：$PM_{2.5}$ 一次净化效率≥90%，微生物一次通过率≤10% 且颗粒物一次计重通过率≤5%。新风机组过滤段为侧开式，可原位抽取更换。

平疫结合区域的污染、半污染区排风系统在排风机入口处设置高效过滤器及粗效过滤器（保护），过滤器可原位抽取更换。

送、排风系统的各级空气过滤器应当设压差检测、报警装置。

5. 空调水系统

本项目空调水系统分为：门诊、急诊、医技楼、后勤楼、感染楼、住院楼、净化空调 7 个水环路，各环路集水器回水支管上设静态流量平衡阀，每个空调水环路内部均为同程布置。每层由竖向立管接水平干管时，按风机盘管与空调机组分设水平支管。

每层空调水系统分为风机盘管和空调机组 2 个支路。每层的风机盘管回水支管上设置带温差控制的电子式压力无关型流量调节阀，每台空调机组回水管上设置带温差控制的电子式压力无关型流量调节阀，风机盘管回水管上设置电动两通阀。各层空调水管主管的过滤器前后设置压力表。

空调水系统采用高位膨胀水箱定压和补水。

病房区的空调水系统应该按疫情时 / 平时的最大负荷确定水管的管径，保证两种运行状况下均满足使用要求。

各凝结水系统按清洁区及半污染区、污染区分别设置冷凝水立管，且半污染区、污染区冷凝水立管不得与清洁区冷凝水立管串接。清洁区、半污染区、污染区空调的冷凝水分别集中收集，就近接至相应区域排水立管，排水立管采用间接排水的方式排入相应区域的污水排水系统，统一处理后排放。

7.12.7 空调通风系统设计

1. 感染楼空调通风设计

感染楼一层门诊分为呼吸道和非呼吸道区，二层为 ICU，三～五层病房分为负压病房和负压隔离病房，疫情时门诊全部转换为呼吸道门诊，病房和ICU全部转换为负压隔离病房。

空调新风排风分层分区设置。门诊分为清洁区、半污染区、呼吸道污染区和非呼吸道污染区4个区域，相应地空调新风排风各分为4套系统。二层及以上分为清洁区、半污染区、污染区3套系统。清洁区新风换气次数$3h^{-1}$；半污染区、污染区：非呼吸道新风换气次数$3h^{-1}$，呼吸道新风换气次数$6h^{-1}$，隔离病房新风换气次数$12h^{-1}$。

新风机组在本层清洁区内设置，半污染区、污染区排风机均在屋顶设置，采用数字化节能空气处理机组和数字化节能排风机，室内新排风采用分布式自适应动力新风排风模块。新风模块根据风量要求恒定送风量，排风模块根据压差要求动态调整排风量，新风排风模块输出风量数字信号，新、排风机组根据计算出所有负担的房间自适应动力模块总风量数据变频运行。

新风机组：清洁区设置粗、中效过滤装置，半污染区、污染区设置粗、中、亚高效过滤装置。半污染区排风口设置在房间上部，污染区排风口设置在房间下部，排风系统设置高效过滤装置：负压隔离病房房间设置高效排风口，非负压隔离病房在风机入口集中设置高效过滤装置。

感染楼空气系统平时与疫情时风量不同、过滤要求相同，空调机组和排风风机变频运行。呼吸道门诊疫情时直接使用。非呼吸道重新设置送、排风风量，风机根据总风量需求变频运行。

负压隔离病房疫情时直接使用。ICU和非负压隔离病房，平时房间内部高效过滤风口不安装滤芯，作为普通风口使用，屋顶排风机组设置高效过滤段；疫情时从普通负压病房转为负压隔离病房，房间内部高效过滤风口安装滤芯，排风机组的过滤段拆除；送、排风风量重新设置，风机根据总风量需求变频运行。

送、排风系统按清洁区、半污染区、污染区分区连锁启停。清洁区先启动送风机，再启动排风机；半污染区、污染区应先启动排风机，再启动送风机；各区之间风机启动先后顺序为污染区、半污染区、清洁区。停机顺序相反。

2. 住院楼、医技楼、门诊楼空调通风设计

住院楼护理单元、医技楼部分科室、门诊楼一层左侧急诊有平疫转换要求。依照建筑平面三区的划分，分别设置新风系统和排风系统，平时除门急诊外清洁区、半污染区和污染区均按$2h^{-1}$换气，门急诊按清洁区$2h^{-1}$换气，污染区、半污染区$3h^{-1}$换气，疫情时清洁区按满足+5Pa压力和$3h^{-1}$换气设计，污染区按$6h^{-1}$设计。

按楼层及清洁区、半污染区、污染区分别独立设置排风系统，保证各区域有合理压力梯度。不同功能区域设置不同的压力：清洁区+5Pa→缓冲间0Pa→潜污

区 −5Pa→缓冲间 −10Pa→污染区 −15Pa 或 −20Pa。

半污染区、污染区排风口距地 100mm 以上低位排风，排风系统风机均布置在屋面，高出屋面 3m 排放。负压隔离病房污染区排风口设置高效过滤器，排风机无需设置过滤装置；其他潜污区、污染区排风系统排风机设置高效过滤装置。

为适应平疫转换的需求，上述需“平疫转换”功能用房每个新、排风支管上均安装满足平疫转换的可调节型定风量阀；病房层的新、排风支管上安装电动密闭阀门，可单独关断，进行房间消毒。

平疫转换通风系统的开机顺序：污染区排风机→半污染区排风机→清洁区送风机→清洁区排风机→半污染区送风机→污染区送风机。关机顺序与开机顺序相反。

3. 医疗工艺通风系统设计

输液配置中心的抗生素药物配置的生物安全柜设集中的压力无关型变风量排风系统，排风量根据柜门的开启大小自动调节，始终保证通风柜门处风速≥0.5m/s，排风机设于屋顶，高空排放废气。同时，为保证房间的压力始终处于负压，设置联动的压力无关型变风量补风系统。

MRI 磁体间设置失超排放系统，排放管直接通向室外高处。

实验室、病理科等各通风柜、生物安全柜设集中的压力无关型变风量排风系统（含局部通风和房间全面通风），排风量根据柜门的开启大小自动调节，始终保证通风柜门处风速≥0.5m/s，排风机设于屋面，高空排放废气。同时，为保证房间的压力始终处于负压，设置联动的压力无关型变风量补风系统。

中心供应的污染区及高温灭菌锅上方设置独立的机械排风系统，排除消毒过程中产生的废热，排风机设在屋顶。中心供应低温灭菌间设置独立的排风机械系统，排风机设在屋顶；同时预留两根 *DN*32 的铜管直通屋顶，用于低温灭菌设备排除环氧乙烷。

尸体暂存间设独立的排风系统，排风量按换气次数 $12h^{-1}$ 设计，使房间保持负压，废气于屋面排放。

对于需要正负压转换的特殊病房，设独立的排风系统。

对于有压力控制压力梯度要求的介入治疗手术室、手术室、洁净走廊等均设独立的排风系统用来调节各功能区之间的压力梯度。

7.12.8 通风及空调节能设计

（1）严格按照现行国家标准《公共建筑节能设计标准》GB 50189 进行设计，减小建筑物的空调负荷，降低各类设备装机容量，节省设备投资，减少能源的消耗。

（2）普通机械通风风机的最大单位风量能耗小于 0.27W/（$m^3 \cdot h$），新风机组的最大单位风量能耗小于0.24W/（m^3·h），空调风机的最大单位风量能耗小于0.27W/（m^3·h），空调冷水系统的最大输送能效比0.00019（小于限值），空调热水系统的最大输送能效比0.005563（小于限值），空调风管热阻均满足相关节能规范的要求。

（3）空调机组、风机盘管均设温控器，自动调节，适应各功能区负荷变化的需要。

（4）空调、通风系统设有完备的自动控制系统，实现空调、通风系统的智能化运行，可靠、节能。

（5）所有通风空调设备均采用低噪声设备，并采用合理的减振措施，减少噪声及振动对环境的干扰。

（6）非传染病房区域空调机组及风机盘管均设静电除尘作为中效过滤器，减小空调风系统的阻力，降低输送能耗。

（7）通风空调系统均设必要的消声、减振设备。空调箱送回风管需要设置消声措施，当无设置消声设备条件时，风管内壁贴25mm厚玻璃棉+镀锌穿孔板降噪。

（8）垃圾房排风管设除臭装置，废气排放经除臭装置处理后满足《恶臭污染物排放标准》GB 14554—1993的要求。

（9）门厅、医疗街的空气处理机组过渡季节全新风运行。

（10）离心式冷水机组 *COP*≥6.31，螺杆式冷水机组 *COP*≥6.00，一体式双冷高效热泵机组 *COP*≥5.1，均较标准提高了6%；锅炉效率≥0.93，满足标准要求。

用户单位：武汉常福医院
设计单位：中信建筑设计研究总院有限公司
主要设计人：夏旭辉　昌爱文　陈焰华　刘付伟
　　　　　　黄杜钗　万东东　朱君隆
本文执笔人：夏旭辉

7.13 湖南省重大疫情救治基地南华大学附属第一医院项目——第四住院楼

7.13.1 工程概况

1. 建筑概况

本项目建设地址位于湖南省衡阳市南华大学附属第一医院内，地块位于衡阳市石鼓区船山路69号，交通便捷。项目位于南华大学附属第一医院的西北侧，西临蒸湘北路。第四住院楼总建筑面积 4832.46m^2（其中扩建部分面积：964.46m^2，改建部分面积：3868m^2）；扩建建筑功能：设备用房、走道、电梯等，改建建筑功能：诊室、病房等。

2. 功能分区

第四住院楼一层为染病门诊、负压手术室、留观病房、发热门诊，建筑面积 1180m^2；二～四层为负压隔离病房及隔离重症监护室（简称隔离 ICU），建筑面积 3444m^2，共可设 30 个隔离 ICU 床位，90 个隔离病房床位。传染病门诊严格按照“三区两通道”设计，“三区”之间相互无交叉，“两通道”之间也无交叉。清洁区为医务人员一般工作区，设置医护人员专用出入口，包括更衣、值班休息室、清洁区办公室、医务人员卫生间、淋浴间、洁净库房等。污染区为患者诊疗活动区，设患者入口，呼吸道门诊与肠道门诊入口相互独立。还设分诊、候诊、诊室、检查室、留观室、检验室、挂号取药室、污洗间、患者卫生间等。半污染区为清洁区与污染区之间的过渡区域，设有医护卫生通道及半污染区走廊等。

3. 建设目标

第四住院楼为湖南省第一批应急疫情救治医院，为重大疫情应急救治医院的样板工程。项目承担着平时作为传染病医院，疫情时作为重大疫情救治医院的重任。首层 13 间呼吸留观病房及一间肠道发热留观病房做平疫结合设计。平时作呼吸留观病房及肠道发热留观病房，疫情时作负压隔离病房。

7.13.2 暖通空调专业设计内容

（1）染病门诊、负压病房、负压隔离病房、隔离 ICU 空调系统设计；负压手术室独立设置空调系统设计；

（2）根据洁净区、半污染区、污染区分区域通风系统设计；

（3）根据洁净区、半污染区、污染区分区域排烟系统设计；

（4）楼栋各楼梯间采用自然排烟措施，未设置机械加压送风系统；

（5）首层 13 间呼吸留观病房及一间肠道发热留观病房平疫结合设计；

（6）项目无净化要求。

7.13.3 暖通空调专业设计难点

首层 13 间呼吸留观病房及一间肠道发热留观病房平时风量参数取值：平时空调系统采用风机盘管 + 独立新风形式。新风量按换气次数 6h^{-1} 设计。平时新风机组处理到室内状态等焓点。排风量按（新风量 +150m^3/h）计算。排风设置门铰式下排风口，平时使用时下排风口不设置高效过滤器。

疫情时风量参数取值：疫情时负压隔离病房空调形式采用全直流空调系统。新风量按满足室内负荷要求且不低于换气次数 12h^{-1} 设计。疫情时新风机组处理到过室内状态点的热湿比线与 90% 相对湿度线的交点。排风量按（新风量 +150m^3/h）计算。疫情时排风口安装高效过滤器。

平疫转换措施：因为层高受限，平疫转换房间无法实现同时设置两套管路的做法。因此平疫转换房间采用一套风管系统，风管系统支管上设置多工况定风量阀，风机盘管供回水管上设置关断阀门用于疫情时关闭水系统。平时与疫情时新风机组分别独立设置。平时设置一台风量为 3000m^3/h、制冷量为 40kW、制热量为 40kW 的六排管新风机组。疫情时设置一台风量为 6000m^3/h、制冷量为 100kW，制热量为 118kW 的八排管新风机组。排风机根据平时风量与疫情时风量计算选型。平时计算排风量为 5800m^3/h，疫情时计算排风量为 11200m^3/h，根据风量计算情况，选择两台 6000m^3/h 的排风机并联，平时运行一台，疫情时运行两台。

7.13.4　室内设计参数

1. 空调室内设计参数（表 7-26）

空调室内设计参数　表 7-26

房间类型	夏季温度（℃）	夏季相对湿度（%）	冬季温度（℃）	冬季相对湿度（%）	新风量（h^{-1}）	设备功率密度	照明功率密度	与邻室压力值	允许噪［dB（A）］
呼吸道诊室	26	60	20	—	6	13	9	−10Pa	≤40
肠道发热诊室	26	60	20	—	6	13	9	−10Pa	≤40
留观病房	26	60	20	—	6	15	9	−15Pa	≤40
负压隔离病房	26	60	20	—	12/ 全直流	15	9	−15Pa	≤40
隔离 ICU	26	60	20	—	12/ 全直流	13	9	−15Pa	≤40
清洁区用房	26	60	20	—	6	13	9	+5Pa	≤40
负压手术室（无净化要求）	26	60	20	—	全直流	20	9	+5Pa	≤40

2. 通风室内设计参数（表 7-27）

通风室内设计参数　表 7-27

房间类型	排风量（h^{-1}）	补风量
公共卫生间	15	自然补风

续表

房间类型	排风量（h^{-1}）	补风量
内部卫生间	10	自然补风
留观病房	26	新风量 +150m^3/h
负压隔离病房	26	新风量 +150m^3/h

7.13.5 冷热源系统设计

1. 能源现状及冷热源形式选择

本项目位于湖南省衡阳市老城区，天然气资源紧缺且价格昂贵，电力资源充足，附近无区域供冷 / 供热站点，项目位于老项目园区内，改造地热能利用的可能性不大。最终主冷热源方案采用涡旋式空气源热泵系统，负压手术室单独设置直膨式全新风热泵整体机。

2. 冷、热负荷及指标

夏季空调计算冷负荷 1354kW，负荷指标 281W/m^2。冬季空调计算热负荷：1083kW，负荷指标 224W/m^2。首层负压手术室，夏季计算冷负荷 10kW，冬季计算热负荷 8kW，屋顶单独设置一台直膨式全新风热泵整体机。

3. 冷、热源系统技术方案

涡旋式空气源热泵机组按夏季冷负荷选择主机。空气源热泵机组选择 3 台，单台机组制冷量为 455kW，制热量为 535kW。冬季考虑温度修正系数 0.8，融霜修正系数 0.8，修正后冬季主机提供总热量为 $535 \times 3 \times 0.8 \times 0.8=1027$kW，冬季供热量不足部分设置 60kW 的电辅热。电辅热带温控装置，分两挡投入运行。空调机组夏季供 / 回水温度 7℃ /12℃，冬季供 / 回水温度 45℃ /40℃。空调主机设置在屋顶。空调冷热水系统采用两管制一级泵变流量系统，平面水管采用同程式布置，立管采用异程式布置。空调水系统采用膨胀水箱定压方式，膨胀水箱放置于屋顶楼梯顶部。膨胀管接至水泵进水管。空调冷凝水根据清洁区、半污染区、污染区分区域分别独立收集、经给水排水专业处理后统一排放。

7.13.6 空调末端系统设计

空调风系统的划分原则以建筑平面布置、使用功能及防火分区为基础。

（1）诊室、洁净区等房间采用风机盘管加新风系统，便于对每个房间进行独立的温度控制。盘管送风口采用散流器形式，气流组织采用上送上回。新风机组设置板式粗效过滤段加平板静电过滤器，及高中效过滤段。风机盘管回风管设光氢等离子体空气净化消毒器。新风机组设置在屋面。

（2）负压隔离病房及负压隔离ICU设置全新风直流空调系统，送风口采用散流器形式，气流组织采用上送下回形式；负压隔离病房排风系统设置门铰式排风口，排风口设置在房间下部。

（3）首层13间呼吸留观病房及一间肠道发热留观病房平时采用风机盘管＋独立新风形式。盘管送风口采用散流器形式，气流组织采用上送下回。排风设置门铰式下排风口，平时使用时下排风口不设置高效过滤器。疫情时13间呼吸留观病房及一间肠道发热留观病房作负压隔离病房使用，其空调形式采用全直流空调系统。疫情时门铰式下排风口安装高效过滤器。平时工况与疫情工况新风机组，排风机组分别独立设置。新风支管及排风支管分别设置多工况定风量阀，风机盘管供回水管上设置关断阀门。

（4）负压手术室采用全直流新风系统，送风口采用散流器形式，气流组织采用上送下回形式；排风系统设置门铰式排风口，排风口设置在房间下部。

（5）新风机组的板式高压静电空气消毒净化器除菌率达到99%，TVOC去除效率达到97%，氡气去除效率达到30%（提供检测报告），材料环保无污染。风机盘管回风管的光氢等离子体空气净化消毒器的自然菌灭杀率达到90%；具备风动功能，实现与风机盘管联动运行；具备液晶显示计数器，外壳使用铝合金制作防止生锈。

（6）新风系统新风支管上设置定风量阀。医技用房排风支管、门诊及病房内区竖向排风各层支风管上设置定风量阀。新风系统、全空气系统的送、回风管上设阻抗复合消声器。

7.13.7 机械通风系统设计

清洁区、半污染区、污染区排风系统分别独立设置。

（1）左侧清洁区竖向4层合设一套送排风系统，排风换气次数不小于$6h^{-1}$，空调新风系统兼作排风系统的补风，新风量大于排风量$150m^3/h$以上，且保证房间5Pa正压值。排风经活性炭净味装置屋顶高空排放。

（2）半污染区分层设送排风系统，排风换气次数不小于$6h^{-1}$，空调新风系统兼作排风系统的补风，排风量大于新风量$150m^3/h$以上，且保证房间−5Pa压力值。排风经活性炭净味装置屋顶高空排放。

（3）污染区分层设送排风系统，排风换气次数不小于$12h^{-1}$，空调新风系统兼作排风系统的补风，排风量大于新风量$150m^3/h$以上，且保证房间−5Pa压力值。排风经活性炭净味装置屋顶高空排放。

（4）卫生间设排风系统，排风换气次数不小 $15h^{-1}$，保证房间 −20Pa 压力。

（5）负压隔离病房设送、排风系统，送风量与空调新风合用，换气次数不小 $12h^{-1}$，排风量不小于新风量 $+150m^3/h$，保证房间 −15Pa 压力。末端排风口设置高效过滤器，排风经活性炭净味装置屋顶高空排放。

（6）留观病房设送、排风系统，送风量与空调新风合用，换气次数不小 $6h^{-1}$，排风量不小于新风量 $+150m^3/h$，保证房间 −15Pa 压力。排风经活性炭净味装置屋顶高空排放。

（7）污物储存间设排风系统，排风换气次数不小 $15h^{-1}$，保证房间 −10Pa 压力。排风经活性炭净味装置屋顶高空排放。

（8）处置室设排风系统，排风换气次数不小 $15h^{-1}$。排风经活性炭净味装置屋顶高空排放。

（9）医技用房排风支管、门诊及病房内区竖向排风各层支风管上设置定风量阀。

7.13.8 节能设计

（1）空调系统采用温度自动控制，根据室内的负荷的变化自动调节空调负荷。

（2）所有末端风机盘管均设置带温控电动两通阀，立柜式空调机组设置恒温变风、变水控制器，根据室温先变频变风量，当送风量降至下限时再调节电动两通调节阀变水量。

（3）本项目各栋每层均设置超声波热计量装置。实施按量收费，从管理上实现节能。

（4）所有空调通风设备采用高效节能设备。

（5）首层平疫结合区域平时空调系统采用风机盘管＋独立新风形式，疫情时空调形式采用全直流空调系统；避免平时能耗过大。

（6）二～四层负压隔离病房与隔离 ICU 竖向分区域设置末端空调机组，根据末端使用情况分区域启停末端空调机组。

用户单位：南华大学附属第一医院
用户单位代表：况岱平
设计单位：湖南省建筑设计院集团股份有限公司
主要设计人：杨　志　曹彦飞
本文执笔人：曹彦飞

7.14 肇庆市第一人民医院应急留置中心建设项目

7.14.1 建筑概况

本项目位于广东省肇庆市端州区，总建筑面积25778.180m^2，主要建设内容是在医院内的全科医生临床培训基地楼的基础上加建12层，并新增连廊工程、原医疗街加装遮光棚等，加建后地下1层，地上16层，加建后建筑高度67.25m，为高层公共建筑，抗震烈度7度，耐火等级一级。建成后增加168间病房（平时），床位496张（平时）。152间负压病房（疫时），床位448张（疫时）。一、二层主要功能为门诊及技能实训室，三、四层为宿舍，五层为设备用房，六层为手术部，七层为ICU，八层为专家休息室（疫情时为医护休息室），九～十六层为病房。

目前肇庆市缺乏专门的留置医学观察病房，如出现重大传染病疫情，将没有专用的场所进行留置医学观察。该应急留置中心建成后将改善肇庆市重大传染病防控体系的不足，提升遇突发疫情的基础硬件配套水平，为辖区群众就医提供强而有力、专业的保障条件。本项目于2021年2月完成设计，项目估算总投资23561万元。

7.14.2 暖通空调专业设计内容

本次设计内容主要为五～十六层的空调通风系统设计，以及地下一层～十六层的防烟排烟系统设计，其中除六层手术室及七层ICU采用净化空调设计外，其余区域均为舒适性空调系统。舒适性空调夏季采用一台螺杆式冷水机组、一台离心式冷水机组作为冷源；冬季采用两台燃气真空热水锅炉作为热源。净化空调采用四管制模块化空气源热泵机组作为冷热源，满足净化空调全年特殊需求。净化空调冬季采用电极加湿，医用气体由医疗工艺专业进行设计。

7.14.3 暖通空调专业设计特点、难点及创新

（1）本项目九～十六层均为平疫结合病房，平时作普通病房，疫情时转换为负压病房，受限于建筑层高的影响，新风机组根据“平”“疫”两种不同的新风换气次数要求分别设置，新风管道根据疫情时的新风要求合一设计。新风支管上设电动密闭阀，便于单独关断，进行房间消毒；同时，新风支管上设置电动双位定风量阀，可根据房间“平”“疫”两种不同的新风量要求远程切换，减少平疫转换的时间及调试工作量。排风系统根据污染区、半污染区和清洁区分别设置。

（2）夏季空调冷水供/回水温度采用7℃/13℃大温差设计，减少输送系统能耗。

（3）净化空调冷热源采用四管制模块式空气源热泵机组，利用冷凝热回收作为净化空调夏季再热热源，减少运行能耗。

（4）清洁区与半污染区交接处房间，平时为普通诊室和医生办公室，疫情时为半污染区域用房，因土建条件有限，此区域平时用清洁区新风机组送新风，疫情时用半污染区新风机组送新风，为节约房间面积和减少对层高的影响，此区域新风管道共用管道，通过阀门进行切换。

7.14.4 室内设计参数

1. 空调设计参数（表7-28）

空调设计参数　　表7-28

房间类型	夏季空气温度（℃）	夏季相对湿度（%）	冬季空气温度（℃）	冬季相对湿度（%）	（h^{-1}）	
					平时	疫情时
诊室	26	60	20	—	2	6
医护办公	26	60	20	—	2	6
医护休息	26	60	20	—	2	6
护士站	26	60	20	—	2	6
抢救室	26	60	20	—	2	6
配药室	26	60	20	—	2	6
收费/药房	26	60	20	—	2	6
治疗室	26	60	20	—	2	6
仪器室	26	60	20	—	2	6
值班室	26	60	20	—	2	6
病房	26	60	20	—	2	6
电梯厅	27	60	20	—	2	6

2. 通风计算参数（表7-29）

通风计算参数　　表7-29

区块/房间	平时排风量	疫情时排风量	补风量
清洁区房间	新风量的80%	按+5Pa计算排风量并不小于新风量－150m^3/h	利用新风作为补风
换鞋	新风量的80%	按+5Pa计算排风量并不小于新风量－150m^3/h	利用新风作为补风
更衣室	新风量的80%	按+5Pa计算排风量并不小于新风量－150m^3/h	利用新风作为补风
沐浴间	新风量的80%	按+5Pa计算排风量并不小于新风量－150m^3/h	利用新风作为补风

续表

区块 / 房间	平时排风量	疫情时排风量	补风量
穿防护服、走道	新风量的 80%	按 +5Pa 计算排风量并不小于新风量 −150m³/h	利用新风作为补风
清洁区与半污染区间缓冲	新风量的 80%	按 0Pa 计算排风量	利用新风作为补风
半污染区	新风量的 80%	按 −5Pa 计算排风量并不小于新风量 +150m³/h	利用新风作为补风
半污染区与病房间缓冲	新风量的 80%	按 −10Pa 计算排风量并不小于新风量 +150m³/h	利用新风作为补风
病房	利用卫生间排风	按 −15Pa 计算排风量并不小于新风量 +150m³/h	利用新风作为补风
病房卫生间	$15h^{-1}$	按 −20Pa 计算排风量并与 $15h^{-1}$ 换气次数比较取大值	从病房自然补风
污染走廊	平时为阳台不排风	按 −10Pa 计算排风量并不小于新风量 +150m³/h	疫情时利用新风作为补风

7.14.5 冷、热源系统设计

（1）舒适性空调区域建筑面积 20565m²，平时空调计算冷负荷为 2571kW，疫情时空调计算冷负荷为 4806kW，平时空调计算热负荷为 1028kW，疫情时空调计算热负荷为 2022kW；平时冷负荷指标为 125W/m²，疫情时冷负荷指标为 234W/m²，平时热负荷指标为 50W/m²，疫情时热负荷指标为 98W/m²。

（2）净化空调区域建筑面积 2651m²，空调计算冷负荷为 683kW，夏季再热量为 210kW，空调计算热负荷为 252kW，冷负荷指标为 125W/m²，热负荷指标为 50W/m²。

（3）非净化空调区域冷源采用 1 台单台制冷量为 2812kW 的离心式冷水机组，1 台单台制冷量为 1407kW 的螺杆式冷水机组，冷水机组设置于地下室制冷机房内；同时采用 3 台单台处理水量为 400m³/h 的开式方形横流冷却塔，冷却塔设置于室外地面，冷却水供 / 回水温度为 32℃ /37℃；冬季采用 2 台供热量为 930kW 的低氮燃气真空热水锅炉提供空调热水，冬季热水供 / 回水温度设计温度为 60℃ /50℃，燃气锅炉设置于屋顶层锅炉房内。

（4）净化空调区域采用 6 台单台制冷量为 130kW、制热量为 140kW 的四管制模块式空气源热泵机组作为冷热源，满足净化空调全年特殊需求。

7.14.6 空调末端及通风系统设计

（1）诊室、病房、医护办公等小空间采用风机盘管加新风系统，新风及排风系统按清洁区、半污染区和污染区分别设置。各区之间压力梯度按如下考虑：清洁区 +5Pa、清洁区与半污染区之间的缓冲间 0Pa、半污染区 −5Pa、半污染区与污染区之间的缓冲间 −10Pa、负压病房 −15Pa、病房卫生间 −20Pa。各房间或区域排风量根据压力梯度进行计算且清洁区排风量不大于新风量减 150m³/h，污染区、半污染排风量不小于新风量加 150m³/h。清洁区及半污染区顶部排风。污染区侧下部排风，排风口采用可拆卸单层百叶风口，便于疫情时快速安装高效过滤器。病房新风口设置于床尾处，排风口设置于床头侧下部位。各房间新、排风支管上设置电动密闭风阀，可单独关断，便于房间消毒；同时，各房间新、排风支管如需平疫转换时设置电动双位定风量阀，不需平疫转换时设置定风量阀，便于疫情时快速切换并减少调试工作量。

（2）百级正压手术室每间各采用 1 台医用净化空调机组，采用洁净送风天花顶送，双侧下部回风，顶部排风。

（3）三间万级正压手术室共用 1 台医用净化空调机组，采用洁净送风天花顶送，双侧下部回风，顶部排风。

（4）万级正负压切换手术室采用 1 台医用净化空调机组，采用洁净送风天花顶送，正压手术时双侧下部回风，顶部排风。负压手术时全新风运行，双侧下部排风。

（5）洁净走廊及辅房共用 1 台医用净化空调机组，采用高效过滤器送风口顶送，顶部回风，顶部排风。

（6）污物走廊及辅房共用 1 台医用净化空调机组，采用高效过滤器送风口顶送，顶部回风，顶部排风。

（7）ICU 采用 1 台医用净化空调机组，采用高效过滤器送风口顶送，顶部回风或下部回风，侧下部排风。

（8）负压隔离 ICU 采用 1 台医用净化空调机组，采用高效过滤器送风口顶送，侧下部排风，全新风运行。

（9）空调水系统采用一级泵变流量系统，夏季与冬季空调循环水泵分别设置；空调循环水泵均设置变频器，根据供回水干管压差变频运行。

（10）非净化空调区域采用两管制系统；净化空调区域采用四管制系统。管道敷设方式均采用竖向异程，水平同程的方式，每层水平回水主管上设置静态平衡阀以减小水力失调，新风机组回水管上设置比例积分电动两通调节阀，根据室内负荷变化调节冷热水供水量；风机盘管回水管上设置带温控电动两通开关阀。

（11）九～十六层空调系统冷凝水根据清洁区、半污染区、污染区分别设置，并随各区废水收集处理达到排放标准后再排入市政管网。

7.14.7 暖通空调专业节能措施

（1）冷水机组 *COP* 及 *IPLV* 值、锅炉热效率均优于《公共建筑节能设计标准》GB 50189-2015 的规定以及现行有关国家标准能效限定值的要求。

（2）空调冷热水系统循环水泵的 *EC*（*H*）*R* 满足《公共建筑节能设计标准》

GB 50189-2015 的要求且比《民用建筑供暖通风与空气调节设计规范》GB 50736-2012 低 20% 以上。

（3）对各空调末端分别设置电动阀和温控装置。项目设置末端装置可独立启停且现场可调的主要功能房间数量比例达到 90% 以上。

（4）项目主要功能房间中人员密度较高且随时间变化大的区域设置 CO_2 浓度监控系统，与新风机组联动。

（5）地下车库设置 CO 监测系统，与通风风机联动。

（6）风机单位风量耗功率满足《公共建筑节能设计标准》GB 50189-2015 的要求。

（7）空调水系统采用一次泵变流量系统。

（8）空调风管、水管的热阻满足相关节能标准的要求。

（9）空调各层空调供水支管上均设置能量计量装置。

（10）对空调通风系统的耗电量、冷热量、燃气消耗量及补水量均设置了计量装置。

用户单位：肇庆市第一人民医院
用户单位代表：黄灿雄
设计单位：湖南省建筑设计院集团股份有限公司
主要设计人：杨　志　肖明亮
本文执笔人：杨　志

7.15　荆州中心医院二期项目

7.15.1　项目概况

本项目位于湖北省荆州市，二期总建筑面积为 33.9 万 m^2，设计床位数 2000 床，其中平疫结合床位 500 床。主要功能为综合门诊医技楼、住院楼、感染楼、医疗实训楼、科研教学楼等，其中涉及平疫转换功能的为 A 栋住院楼。A 栋住院楼建筑面积 3.1 万 m^2，地下 1 层，地上 16 层，建筑高度 66.6m。

二期工程一阶段设计完成时间：2020 年 11 月，二期总投资 17 亿元，竣工时间为 2022 年 12 月。

7.15.2　空调冷、热源

本项目空调冷、热源从一期室外能源站接来，总空调冷负荷 13282kW，总空调热负荷 9378kW，冷水供 / 回水温度为 6℃ /13℃，供暖供 / 回水温度 60℃ /45℃。本栋大楼内无蒸汽用汽点。能源站空调冷热水主管分两路接往感染楼和医技楼地下一层空调二级泵房，经二级泵加压后分别接往各楼栋。

CT、DR 等影像检查室、中心检验科等空调使用时间及负荷特点与其余区域不同，采用变频多联空调系统（VRV）。空调室外机就近设于一层室外地面或屋顶。

医技楼门诊手术和中心手术采用四管制冷热一体空气源热泵机组 1 台（内设两套压缩机可独立运行），作为空调主冷、热源。在额定工况下，机组的制冷量为 660kW，室外干球温度为 −1.9℃时制热量为 520kW。热泵机组安装在通风良好的门诊楼屋顶处。夏季可采用机组供热量（冷凝热回收）作为净化空调再热量。净化空调系统以四管制冷热一体空气源热泵为主冷热源，同时与大系统连接作为备用。

采用涡旋式空气源热泵机组 1 台，作为门诊楼三层血透中心过渡季节空调冷、热源。在额定工况下，机组的制冷量为 286kW，室外干球温度为 −1.9℃时制热量为 220kW。热泵机组安装在通风良好的门诊楼屋顶处。

采用涡旋式空气源热泵机组 2 台，作为感染楼二层负压手术室及 ICU 和三层 P2 实验室过渡季节空调冷、热源。在额定工况下，机组的制冷量为 286kW，室外干球温度为 −1.9℃时制热量为 220kW。热泵机组安装在通风良好的门诊楼屋顶处。机组的冷水供 / 回水温度为 7℃ /12℃，热水供 / 回水温度为 45℃ /40℃。

7.15.3 空调水系统

本项目空调水管路为两管制、二级泵水平同程闭式机械循环系统。夏季供 6℃ /13℃空调冷水，冬季供 60℃ /45℃空调热水。水系统分为 4 个主环路：A 号住院楼、B 号住院楼、感染楼、门诊医技楼。各楼栋新风和风机盘管分别设立管。

7.15.4 空调末端及通风系统

感染楼部分：一层呼吸道门诊区域新风换气次数 $6h^{-1}$，非呼吸道门诊区域新风换气次数 $6h^{-1}$；四～五层非呼吸道病房新风换气次数 $3h^{-1}$，六层呼吸道负压病房新风换气次数 $6h^{-1}$；七层负压隔离病房新风换气次数 $12h^{-1}$。感染楼空调系统按清洁区、半污染区和污染区分别设置，并设有序的压力梯度，以有效阻断病毒传播。保证气流从清洁区→半污染区→污染区方向流动，相邻相通不同污染等级房间的压差不小于 5Pa，负压程度由高到低依次为病房卫生间、病房房间、缓冲前室与医护走廊。排风量均按压力梯度计算确定。新、排风支管设定风量阀和电动密闭阀，其中呼吸道病房、门诊采用下排风，新风机组设粗、中效过滤，排风设高中效过滤后从屋顶排放；七层负压隔离病房新风采用粗、中、高效三级过滤，排风经过高效过滤后排放。

A 栋住院楼：涉及平疫转换的楼层为七～十五层，平时为普通病房，疫情时转为传染病房。平面预留“三区两通道”快速转换条件。疫情时，三人间病房改造为两人间，增加病人通道。通过开启和关闭部分房门，将医患流线分流，避免交叉，部分平时功能用房转为卫生通过，实现“三区两通道”布局。

空调新、排风系统兼顾平时及疫情时两种运行工况，医护人员办公区域为清洁区，平时和疫情时新风量换气次数均为 $3h^{-1}$；医护走廊为半污染区，病房及污物病患走廊为污染区，新风换气次数平时为 $2h^{-1}$，疫情时按 $6h^{-1}$ 和 60L/s（床·s）床计算取大值。清洁区和污染区分别设置新风系统和排风系统。清洁区设一台风量为 3000m^3/h 的组合式新风机组，机组设粗、中、亚高效三级过滤；受安装条件限制，半污染区和污染区共用一套新风系统，采用一台风量为 10500m^3/h 的组合式新风机组，机组设粗、中、亚高效三级过滤，风机为变频风机，平时新风量控制在 3500m^3/h，疫情时新风量为 10500m^3/h，新风管尺寸按照疫情时新风量计算。为保障医护人员的健康安全，各空间应设有序的压力梯度，以有效阻断病毒传播。保证气流从清洁区→半污染区→污染区方向流动，相邻不同污染等级房间的压差不小于 5Pa。

各房间的排风量可根据需要控制的压差及风量平衡计算，通过房门及窗户的风量采用压差法计算：

$$L=0.872A\times\Delta p^{0.5}\times1.25\times3600$$

式中 L——压差渗透风量，m^3/h；

0.872——漏风系数；

A——门、窗缝隙的总有效漏风总面积，m^2；疏散门缝宽度取 0.002～0.004m；

Δp——压差，Pa；

1.25——不严密处附加系数。

压差渗透风量如表 7-30 所示。

压差渗透风量表 表 7-30

门类型	门高（m）	门宽（m）	门缝隙（m）	单扇门面积（m^2）	双扇门面积（m^2）	压差（Pa）	单扇门渗透风量（m^3/h）	双扇门渗透风量（m^3/h）
缓冲间门	2.1	1.2	0.002	0.0132	0.0174	5	110	145
患者走道门	2.1	1.2	0.002	0.0132	0.0174	5	110	145
卫生间门	2.1	0.9	0.002	0.0120	0.0162	5	100	135
医护走道门	2.1	1.2	0.002	0.0132	0.0174	5	110	145
走道门	2.1	1.5	0.002	0.0144	0.0186	5	120	155

以其中一个病房为例，该病房疫情时为两人间，面积为20m^2，新风量为430m^3/h，压力梯度控制为：病房卫生间 -20Pa，病房 -15Pa，病患走廊 -10Pa，医护走廊 -10Pa。根据压差法计算，病房向卫生间渗透风量为110m^3/h，从病患走廊向病房内的渗透风量为145m^3/h，医护走廊向病房内的渗透风量为290m^3/h。根据风量平衡，病房内的排风量为755m^3/h，下排风口位于送风回流区病床床头下侧，卫生间排风为110m^3/h。清洁区、半污染区、污染区的排风系统分别独立设置。污染区排风系统每层划分为两个系统并单独设立管分别接屋顶排风机，每台排风机入口设高效过滤器（预留安装空间，疫情时安装）。排风井中的排风立管、每层水平排风管及屋顶排风机平时均安装到位，排风管尺寸按疫情时排风量计算。疫情时关闭卫生间平时排风系统，转换开启疫情专用排风系统。新、排风系统内各级空气过滤器设压差检测、报警装置。每间病房送、排风支管上均设电动密闭风阀，电动密闭风阀位于病房外侧。

用户单位：荆州中心医院
用户单位代表：钟　伟
设计单位：中南建筑设计院股份有限公司
主要设计人：高　刚　郭美晨　宋潞云　鲁芬豹
　　　　　　郭江涛　王春香　马友才
本文执笔人：高　刚

7.16 柳州市公共卫生应急中心和危重症救治中心项目

7.16.1 建筑概况

本项目位于柳州市北部生态新区。总建筑面积194166m^2，其中一期总建筑面积116418m^2，包括传染病楼、门急诊急救医技综合楼、综合住院楼北楼、污水处理用房，二期总建筑面积71681m^2，包括综合住院楼南楼、行政科研办公楼等。传染病楼8层，高37.8m；门急诊急救医技综合楼4层，高19.0m；综合住院楼北楼13层，高56.95m；地下室层高5.7m。

7.16.2 暖通空调专业设计范围

本专业设计内容主要包括空调、通风、消防系统的配套设计，其中除ICU、手术室采用净化空调设计外，其余区域均按舒适性空调设计。集中空调冷热源作为洁净手术室、消毒供应中心、静配中心、EICU、ICU、DSA 等净化空调区域的主供冷热源。空调热源采用集中空气源热泵，空气源热泵同时作为空调冷源，冷量不足部分由冷水机组提供。设计采用 3 台水冷离心式冷水机组、1 台水冷螺杆式冷水机组、6 台螺杆式空气源热泵机组。一期配置 2 台离心式冷水机组 +1 台螺杆式冷水机组 +4 台空气源热泵机组。其中 2 台空气源热泵为全热回收型空气源热泵，供冷的同时，回收热量用于净化空调的再热和生活热水的预热。过渡季节，集中空调冷热源停止运行时，其部分冷热源设备可切换到专供净化空调系统的运行模式，集中冷热源的其他冷热源设备和水泵则停止运行，降低集中冷热源的运行费用。

气体包含如下：

（1）医用氧气供应系统：包含供氧主设备及后备紧急氧气汇流排、本系统所有阀门、气体管道及各用气点气体终端设备；

（2）医用真空供应系统：包含真空吸引站设备、本系统所有阀门、气体管道及各用气点气体终端设备；

（3）医用空气供应系统：包含压缩空气站设备、本系统所有阀门、气体管道。

7.16.3　暖通空调专业设计特点、难点及创新点

1. 项目特点

传染病医疗建筑最重要的是隔离和防护，应保证各功能区之间的空气压力关系正常，防止交叉污染。空气压力梯度的关系为：气流从清洁区→半污染区→污染区流动。

通风系统中污染的空气应集中高空排放，且排风前应经过高效过滤处理，避免对周围环境的污染。

医疗建筑的空调、通风系统应按平疫结合进行设计，在满足疫情使用需求的同时，应兼顾平时的各种使用需求，包括平时使用的经济性、节能性等。同时还需要兼顾疫情时的转换速度和建设成本。

2. 项目难点

本项目的难点是如何做好平疫结合设计，平疫结合的总原则是：①满足疫情使用需求；②满足平时维护管理的便捷性、运行节能性等需求；③满足平疫转换速度、建设成本和战略储备等需求。

平疫结合措施需要做好以下几点：①空调系统与通风系统的结合；②平时系统与疫情时系统的结合；③战略储备和应用维护的结合。

3. 项目创新

（1）平疫转换措施：传染病楼内的传染性病房、医技用房依照“平疫结合、快速转换”原则设计，平时以接诊非传染病的普通模式运行，疫情时快速切换到大新风量与大排风量的负压模式运行。新风空调机组（机械送风）及空调排风（机械排风）机组均配置变频控制器或采用多组模块EC风机台数控制。

普通病房依照“平疫结合、经济实惠”原则设计，并预留疫情时的机电系统改造条件。平时以接诊非传染病的普通模式运行。疫情时，对机电系统进行改造，改造内容包括：①根据疫情时新风量与平时新风量差额增设新风机；②按“更换风机”方案调整排风机，风机箱体及风管不变；③送、排风系统增设定风量阀；④增设病房下部排风口、过滤器及排风立管。

（2）净化空调冷热源方案优化：集中空调冷热源作为洁净手术室、消毒供应中心、静配中心、EICU、ICU、DSA等净化空调区域的主供冷热源。其中2台空气源热泵为全热回收型空气源热泵，供冷的同时，回收热量用于净化空调的再热和生活热水的预热。过渡季节，集中空调冷热源停止运行时，其部分冷热源设备可切换到专供净化空调系统的运行模式，集中冷热源的其他冷热源设备和水泵则停止运行，降低集中冷热源的运行费用。

7.16.4 室内设计参数

本项目主要房间室内设计参数如表7-31所示。

主要房间室内设计参数 表7-31

序号	房间名称	夏季		冬季		新风量	排风量
		干球温度（℃）	相对湿度（%）	干球温度（℃）	相对湿度（%）	[m^3/（人·h）]/h^{-1}	
1	入口大堂、候诊	26	≤65	18	35	30/2～3	新风量 -10%
2	会议厅，报告厅	26	≤65	20	35	15	新风量 -10%
3	诊室、检查室	26	≤60	20	35	40/3～6	新风量 ±150m^3/h
4	处置室、换药	26	≤60	20	35	40/-	新风量 +15%
5	备餐	26	≤60	20	35	40/-	新风量 +10%
6	污洗、污物	—	—	—	35	—	12h^{-1}
7	更衣	26	≤60	22	35	40/2	新风量 +15%
8	淋浴	26	≤60	24	35	—	10h^{-1}
9	DSA、DR、CT	24	≤60	20	35	-/2	新风量 +10%

续表

序号	房间名称	夏　季		冬　季		新风量	排风量
		干球温度（℃）	相对湿度（%）	干球温度（℃）	相对湿度（%）	[m^3/（人·h）] / h^{-1}	
10	控制廊、控制室	26	≤60	20	35	40/2	新风量 -5%
11	MRI 磁体间	22	≤50	20	35	40/2	新风量 -12%
12	MRI 操作间	26	≤60	20	35	40/2	新风量 -5%
13	MRI 设备间	24	≤60	20	35	–/2	新风量 -5%
14	检验科、病理科实验室	26	≤60	20	35	–/6	变风量通风柜排风
15	病房（平疫转换）	26	≤60	20	35	40/2（3）~6	新风量 ± 150m^3/h
16	药库	20	≤50	16	35	40/4	6h^{-1}
17	病案库	26	≤50	16	35	40/2	新风量
18	餐厅	26	≤65	18	35	25/2	新风量 +10%
19	办公室	26	≤60	20	35	40/2	新风量

门诊医技用房，不做疫情转换：平时接诊非传染病患者依照换气次数为 2h^{-1} 设计，疫情时此区域不作使用。

污染区压力 -15Pa，污染区与相邻缓冲间压力 -10Pa，半污染区（医护走道）压力 -5Pa，半污染区和清洁区缓冲走道压力 0Pa，清洁区压力 10Pa。

7.16.5　冷热源系统设计

经过对空调区域进行热负荷和逐项逐时的冷负荷计算，本项目一期空调计算总冷负荷为 12980kW，冷负荷指标为 148.9W/m，总热负荷为 5280kW，热负荷指标为 60.6W/m，估算二期冷负荷为 5600kW、热负荷为 1900kW，一、二期合计冷负荷为 18580kW，合计热负荷为 7180kW。集中空调冷热源装机容量的确定，尚应考虑疫情时综合住院楼（A、B）楼转换成负压病房时的新风负荷增量，并按院区其他建筑不使用考虑。一、二期拟合建一套集中空调冷热源系统，一次设计，分期实施。

柳州的气候条件属于夏热冬暖地区，冬季热负荷较小，相对锅炉供热，空气源热泵的供热能耗更小，宜优先采用空气源热泵作为热源。柳州的过渡季节时间较长，宜加强自然通风措施降温，减少空调使用范围和时间，降低空调系统运行费用。对于通风条件较差的建筑内区，则采用冷却塔免费供冷系统，降低内区的空调能耗。结合柳州的气候特点，本项目集中空调冷热源采用空气源热泵 + 冷水机组的组合方案。空调热源采用集中空气源热泵，空气源热泵同时作为空调冷源，冷量不足部分由冷水机组提供。设计采用 3 台额定制冷量为 2813kW（800RT）的离心式水冷冷水机组、1 台额定制冷量为 1432kW（400RT）的螺杆式水冷冷水机组、6 台额定制冷量为 1547kW（440RT）的螺杆式空气源热泵机组。其中一期配置 2 台离心式水冷冷水机组 +1 台螺杆式水冷冷水机组 +4 台空气源热泵机组。

急诊区的冷热源由集中冷热源提供，夜间负荷减小时，开启部分冷热源设备及水泵，为急诊区和住院楼供冷供热，集中冷热源的其他冷热源设备和水泵停止运行，降低集中冷热源的运行费用。

放射科、MRI、DR、消防控制室等设变频多联机空调系统（VRF），其他区域设集中空调系统。

中心供应用蒸汽需求量为 3t/h，洗衣房用蒸汽需求量为 2.4t/h，净化空调加湿用蒸汽需求量为 1t/h。考虑到净化空调的蒸汽需求量较少且位置分散，本项目设置集中蒸汽锅炉为中心供应及洗衣房提供蒸汽，净化空调加湿采用电极加湿。设计采用 3 台额定蒸发量为 2t/h 的蒸汽锅炉。

空调冷水供 / 回水温度 6℃ /13℃，空调热水供 / 回水温度 45℃ /40℃，全热回收的热水供 / 回水温度 45℃ /40℃，空调冷却水供 / 回水温度 32℃ /37℃。

冷却塔采用 7 台单台冷却水量为 400m^3/h（进 / 出水温度 32℃ /37℃、湿球温度 28℃）的低噪声方形横流冷却塔。过渡季节，舒适性空调系统可利用冷却塔进行免费供冷，降低运行费用。冷却塔免费供冷系统的供 / 回水温度为 19℃ /24℃。

集中空调冷热水系统采用二级泵变流量系统。一级泵变流量，根据分、集水器之间的旁通流量控制水泵转速。二级泵变流量，根据对应环路的最不利点压差信号控制水泵转速。二级泵按传染病楼、住院楼 A 栋、住院楼 B 栋、门急诊急救医技综合楼内区、门急诊急救医技综合楼外区 + 行政科研楼、净化空调区 6 个区分别设置二级冷水循环水泵。

7.16.6 空调末端及通风系统设计

（1）放射科、MRI、DSA、DR、消防控制室等设变频多联机空调系统（VRF）或风冷直膨式精密空调系统。VRF、CRAC 独立空调系统室外机分散设置于屋面上。MRI 核磁共振区自带空调通风系统，预留安装条件。

（2）空调系统按医疗功能分区独立设置；且单一功能区内采用多组内外机系统共用互备，提高故障及检修维护期间的不中断供冷保障能力。

（3）门诊大厅、门厅、报告厅等大空间全空气系统，空气处理理设备采用整装柜式空调机组或组合式空调机组；送风方式采用上送上回。疫情时转换为全新风工况运行。

（4）洁净空调环境采用组合式净化空调箱机组，室内采用上送下（侧）回形式，送风末端为高效层流风口，洁净新风采用机组内自取或由采用集中预处理（深度除湿）的新风净化组合式空调机组供给。

（5）各诊室、治疗室、检查室、病房、办公室、休息室等小型用房均采用新风加风机盘管系统，风机盘管分室设置，实现各房间温度的独立调节与控制。

（6）新风系统按楼层、防火分区与医疗科室单元进行分区，并兼顾传染性、不同空气压力梯度分区等空间分隔需求统筹设置；新风系统同时不穿越防火分区。

（7）门诊医技楼内非传染性普通门诊、医技用房，依照“普通综合性医院”以接诊非传染病的运营要求进行设计，不考虑平疫结合且无传染性疫情设置要求：新风（排风）系统依照科室独立分区设置，房间内送排风末端支管设置单工况定风量调节阀（普通机械式），满足通风换气次数不低于 $2h^{-1}$。

（8）各科室空调排风均采用竖向风井负压高空排放，风机及尾气净化处理设备均设置在屋面。各病房护理单元内清洁区、半污染区、污染区的机械排风系统均按区域独立设置。排风机组均置于屋顶。所有病房区域的排风均采用下排风方式，每层排风支管均接至独立排风干管至屋顶并经过处理后集中排放，屋面污染、半污染区的排风机入口处设置集中高效过滤段，过滤器可原位抽取更换。排风口高出屋面 3m，并设伞形风帽。各病房排风（送风）支管上均设置电动密闭阀。

用户单位：柳州市公共卫生应急中心和危重症救治中心
设计单位：中信建筑设计研究总院有限公司
主要设计人：张再鹏 雷建平 陈焰华 胡 磊
周敏锐、黄立平、马利英
本文执笔人：张再鹏

7.17 仁济医院南院发热门诊项目

7.17.1 项目背景

上海市卫生健康委员会于 2020 年 3 月 20 日发布《关于加强本市发热门诊设置管理工作的通知》，文件要求“市级、区级综合医院和有条件的社区卫生服务中心应当设置发热门诊，未达到标准的，要立即进行改造。”同时还发布了《上海市发热门诊基本设置标准（试行）》作为发热门诊建设的依据。门诊或哨点作为疫情前锋“监测哨”，承担了疑似病例筛查、隔离点人员救治等重要工作。

7.17.2 建筑概况

上海交通大学医学院附属仁济医院南院积极响应上海市紧急预案，贴邻原感染门诊加建一栋含有住院病房的发热门诊，在疫情期间可接收并筛查疑似病例。

本次设计内容主要是加建的一栋发热门诊，包括传染门诊、住院病房和CT检查等功能。

本项目占地面积900m^2，总建筑面积1880m^2，无地下室。地上2层，建筑高度11.3m。

平面设计按照发热门诊三区布局要求设置：东北侧为清洁区，西南侧为污染区，衔接走廊为半污染区（缓冲区）。

7.17.3 暖通空调专业设计范围

本项目暖通空调专业设计范围包括：空调系统设计，通风系统设计，防烟排烟系统设计。

7.17.4 暖通空调专业设计重难点及创新点

根据规范、标准及院方意见，本项目考虑平疫结合设计。但前期因院方无法明确非疫情时的具体使用功能，在设计初期考虑到系统的灵活性，门诊、医技用房及病房的空调通风系统按能实现两种运行模式来设计，今后可根据实际情况选择相应的运行模式。第一种模式：新风换气次数按照3h^{-1}设计，适用于非疫情时非呼吸道门诊用途；第二种模式，按照《传染病医院建筑设计规范》GB 50849—2014中规定的“呼吸道传染病区”等级进行设计，新风换气次数调整为6h^{-1}，适用于非疫情时呼吸道传染疾病或疫情期间门诊的用途。新、排风机组可变频调节，排风系统变频同时控制房间和区域负压。

一、二层受到房间功能布局的限制，只能将空调机房设置于屋顶，为满足《综合医院平疫结合可转换病区建筑技术导则（试行）》《综合性医院感染性疾病门诊设计指南（2020年）》等相关文件中规定的“排风口与送风系统取风口的水平距离不应小于20m，当水平距离不足20m时，排风口应高出进风口，并不宜小于6m。排风口应高于屋面不小于3m”的要求，将排风系统设置于医院原感染门诊的屋顶，排风管贴外墙敷设。

7.17.5 室内设计参数

本项目主要房间室内设计参数如表7-32所示。

主要房间室内设计参数　　表7-32

房间名称	季节	室内温度（℃）	相对湿度（%）	新风量	噪声［dB（A）］	房间静压（Pa）
病患入口	夏季	26	60	$20m^3$/（人·h）（非呼吸道门诊工况）呼吸道门诊工况按 $6h^{-1}$	50	-10
	冬季	18	>30			
医办（清洁区）	夏季	25	55	$30m^3$/（人·h）（非呼吸道门诊工况）呼吸道门诊工况按 $6h^{-1}$	45	10
	冬季	20	>30			
护士站（半污染区）	夏季	25	55	非呼吸道门诊工况 $3h^{-1}$ 呼吸道门诊工况 $6h^{-1}$	45	-10
	冬季	20	>30			
更衣	夏季	26	65		45	-5
	冬季	22	>30			
CT控制室	夏季	25	55		45	-10
	冬季	20	>30			
诊室	夏季	25	55		45	-10
	冬季	22	>30			
CT检查室	夏季	22±2	55±5		45	-10
	冬季	22±2	45±5			
病房	夏季	26	55		40	-15
	冬季	20	>40			

7.17.6　冷热源系统设计

本工程空调冷源和热源集中设置，采用空气源热泵提供空调冷水和热水。

空调冷负荷为401kW，单位建筑面积冷负荷指标为213W/m^2；空调热负荷为308kW，单位建筑面积热负荷指标为164W/m^2。

配置两台单台制冷量为210kW的涡旋式空气源热泵机组。CT检查室及CT控制室采用变制冷剂流量分体多联式空调系统。

7.17.7　空调系统设计

1. 空调风系统

按相关规范要求，清洁区、半污染区、污染区的机械送、排风系统按区域独立设置。为方便运行控制，本项目在此基础上将污染区的隔离留观病房、医护走道、病患走道等区域的空调通风系统进行独立设置。

为实现平疫结合的需求，半污染区和污染区的新风系统采用变频控制。

在疫情时或者平时呼吸道门诊工况下：污染区门诊、医技用房及留观病房新风量换气次数按 $6h^{-1}$ 计算，排风系统排风量换气次数按 $8h^{-1}$ 计算，并且按规范每个房间排风量应大于新风量 $150m^3/h$；半污染区医技用房等房间的新风量换气次数在疫情期间按 $6h^{-1}$ 计算，排风系统排风量换气次数按 $7h^{-1}$ 计算。

在平时非呼吸道门诊工况下：污染区门诊、医技用房及病房的新风量换气次数按 $3h^{-1}$ 计算，排风系统排风量换气次数按 $5h^{-1}$ 计算；半污染区医技用房等房间的新风量换气次数在非疫情期间按 $3h^{-1}$ 计算，排风系统排风量换气次数按 $4h^{-1}$ 计算。

诊室、病房等房间内设置风机盘管，平时及疫情时均采用风机盘管加新风运行。

原设计一层靠东侧有三间负压隔离病房，设独立系统，按 $12h^{-1}$ 全新风进行设计，排风系统排风量换气次数按 $15h^{-1}$ 计算并选型。同时，保证房间气压相对于室外气压满足以下要求：卫生间 −20Pa，病房 −15Pa，缓冲间 −10Pa，污染走道 −10Pa，半污染走道 −5Pa。后来根据甲方统一要求，负压隔离病房取消，但设计上这三间病房的送、排风风管仍按负压隔离病房等级来确定，且送、排风系统独立设置，为今后再次升级系统预留条件。

留观病房的送风口和排风口布置为符合定向气流组织原则，送风口设置在房间上部并远离病床的床头位置，并且在送风支管设置定风量阀和电动密闭阀。

空调末端系统过滤器设置，各风机盘管回风口带超低阻高中效过滤器；疫情期间，半污染区和污染区的新风空调箱均设置粗、中、亚高效三级过滤器。非疫情期间，各新风空调箱可设置粗、中、高中效过滤。

CT 及其控制室采用空气源分体多联机，并设置集中新风空调器和排风系统，保持室内负压运行。

2. 空调水系统

根据建筑情况，集中冷源采用一级泵系统，变流量运行。根据医院规模和门诊医技、病房、办公等各功能场所使用需求情况，采用两管制异程式系统，各新风空调系统水路均设带流量计的动态平衡和电动两通调节一体阀调节平衡水量，控制送风温度；各风机盘管水路均设双温度控制阀，双温度控制阀同时检测室内回风温度和盘管的回水温度，根据回风温度、回水温度综合计算，调节双温度控制阀的开度来控制室温和调节并平衡水流量，在实现水力平衡时系统更好地节能运行。

7.17.8 通风系统设计

1. 换气次数（表 7-33）

主要房间通风换气次数　表7-33

<table>
<tr><th rowspan="2">房间名称</th><th colspan="2">排风</th><th colspan="2">送风</th><th rowspan="2">备注</th></tr>
<tr><th>换气次数（h^{-1}）</th><th>方式</th><th>换气次数（h^{-1}）</th><th>方式</th></tr>
<tr><td>卫生间</td><td>≥10</td><td>机械</td><td></td><td>自然</td><td></td></tr>
<tr><td>淋浴室</td><td>≥9</td><td>机械</td><td></td><td>自然</td><td></td></tr>
<tr><td>库房</td><td>3</td><td>机械</td><td>2</td><td>机械</td><td></td></tr>
<tr><td>空调区域－清洁区</td><td>渗透</td><td>自然</td><td>按卫生要求</td><td>机械</td><td></td></tr>
<tr><td>空调区域－半污染区</td><td>非呼吸道门诊工况：4
呼吸道门诊工况：压差控制</td><td>机械</td><td rowspan="2">非呼吸道门诊工况：3
呼吸道门诊工况：6</td><td>机械</td><td>大于新风 $150m^3/h$ 以上</td></tr>
<tr><td>空调区域－污染区</td><td>非呼吸道门诊工况：5
呼吸道门诊工况：压差控制</td><td>机械</td><td>机械</td><td>大于新风 $150m^3/h$ 以上</td></tr>
</table>

2. 通风系统

半污染区和污染区的排风口均设置高效过滤器，排风机设置于原感染门诊大楼屋顶，以便排风口满足高于新风取风口 6m 的要求，同时排风口高出屋面 3m。结构专业对排风立管采取必要的加强措施进行保护。排风口的高效过滤器在平时可以不安装。

医技用房的排风口设置于房间上部。为符合定向气流组织原则，留观病房的排风口在病床床头附近低位设置，并且在排风支管设置定风量阀和电动密闭阀。

卫生间、淋浴间等其他相关功能场所，按需设机械排风，并确保换气次数。

7.17.9　通风空调节能设计

（1）除风机盘管、通风器外，其他空调、通风机电设备均纳入 BAS 自动控制系统，实施自动启停和自动控制，按需使用，避免能源浪费。

（2）空调冷、热水泵均采用变频控制，在部分负荷时，在设定范围内变水量运行，可减少能耗。

（3）非疫情期间以及以非呼吸传染病运行工况时，新风机和排风机低频工况运行。在过渡季开窗通风换气，减少空调运行时间，实现节能减排。

用户单位：仁济医院

设计单位：上海建筑设计研究院有限公司

主要设计人：胡　洪　王泽剑

本文执笔人：王泽剑　胡　洪

文稿校审：乐照林

7.18 龙华区综合医院项目

7.18.1 项目概况

本项目位于深圳市龙华区观澜山办事处樟坑径片区，场地东侧为安清路，北侧为澜盛一路，西侧为澜盛二路。本项目总面积355924m^2，地上总面积224228.79m^2，其中七项设施用房180052.42m^2，架空设备用房3554.68m^2，宿舍8240m^2，地下室总面积（含人防）总面积115976.6m^2。

7.18.2 功能特征

本项目为新建1500床三级甲等综合医院，其中，门诊医技住院楼一～五层为门、急诊、医技及辅助用房；四、五层之间设有层高为2.195m的设备夹层；六层为架空绿化层，并设有员工餐厅；七层以上分为外科、内科、妇幼三个住院塔楼，建筑高度均在100m以内。综合楼及宿舍楼贴邻设置，综合楼功能为行政管理、科研用房、院内生活等，宿舍楼功能为值班宿舍、人才公寓等，建筑高度均在100m以内；地下根据地形变化分为2层半地下室及3层地下室，北区半地下及地下室各层均设有门诊、急诊、医技及辅助用房、保障用房等，南区地下一层设有人防中心医院，其余部分为地下车库及设备房。

7.18.3 暖通空调专业设计范围

本项目暖通空调专业设计范围：各栋建筑的空调通风系统设计，地下室停车库及设备用房的通风，防烟排烟系统设计，净化、防辐射、医疗气、蒸汽系统设计及污水处理站、垃圾站等。

7.18.4 暖通空调专业设计特点、难点

本项目体量较大，功能较复杂，为此设计了一个中央制冷站为整个大楼提供冷源，位于地下三层，设计为部分负荷蓄冰空调系统，总冷量为57823RTH，计算蓄冷量为10400RTH。

7.18.5 主要设计参数

本项目主要房间室内设计参数如表7-34所示。

主要房间室内设计参数 表7-34

房间名称	夏季		冬季		人员密度（m^2/人）	新风量	风速（m/s）	噪声[dB（A）]
	温度（℃）	相对湿度（%）	温度（℃）	相对湿度（%）				
大厅/走道	27	55	—	—	10	—	≤0.5	55
等候区	26	55	—	—	5	$30m^3$/（人·h）	≤0.25	45
普通病房	26	55	22	—	4（或按床位）	$40m^3$（人·h）（$2h^{-1}$）	≤0.25	45
普通检查、诊室	26	55	—	—	按人数	$40m^3$/（人·h）（$2h^{-1}$）	≤0.25	45
会议室	26	55	20	—	2.5	—	≤0.25	45
办公	26	55	20	—	8	$30m^3$/（人·h）	≤0.25	45
设备用房	＜40	—	≥10	—	—	按计算	≤0.5	—
公共卫生间	27	55	—	—	3	—	≤0.5	50
更衣	27	55	—	—	按人数	—	≤0.5	50
药房	26	50	—	—	按人数	$2h^{-1}$	≤0.5	50
配药房	26	55	—	—	按人数	$5h^{-1}$	≤0.3	45

7.18.6 冷热源系统设计

（1）本项目位于深圳，存在峰谷电价。

（2）冷热源系统设计：夏季空调冷源设计为部分负荷蓄冰空调系统，经逐时负荷计算，设计日空调最大冷负荷为16708kW（4750RT）①，总冷量约为57823RTh，计算蓄冷量为10400RTh。采用电制冷水冷冷水机组，选用2台（950RT、10kV）的双工况机组，蓄冰设备总蓄冰量10400RTh，蓄冰盘管配置容量（11448RTh），空调面积116058m^2，空调面积冷负荷指标为144W/m^2。本项目住院病房等区域需要24h空调，夜间设计日冷负荷为3622.5kW，为此设计有2台600RT基载主机，其中一台为变频全热回收机组，热回收量为1820kW。额定制冷工况冷水进/出温度为12℃/6℃，冷却水进/出水温度为32℃/37℃，热回收机组热回收工况热水进/出水温度为37℃/42℃。本项目按照住院病房、妇科、妇幼、儿科、血透及内镜区域考虑冬季供热考虑，总热负荷2657kW，热源设计采用空气源热泵机组，同时空气源热泵机组兼夏季供冷，提供冷负荷约为750RT，机组分别位于各住院楼屋顶。

（3）空调水系统：本项目冷水输配系统采用一级泵变流量＋二级泵变流量系统，一、二级泵均变频运行；冷水系统采用闭式机械循环两管制（部分医技区采用四管制），办公区域及普通医技用房仅夏季供冷，标准层病房及检查室等门诊区域冬季供

① 1RT≈3.517kW。

热、夏季供冷合用管道系统；冷水二级泵采用变频运行，根据各支路供回水压差，控制水泵运行频率。

7.18.7 空调末端系统设计

1. 普通空调风系统

（1）大堂等大空间场所采用单风道低速全空气系统，气流组织为上送上回，送回风管道均设消声器。送风系统考虑采用低速送风系统，充分利用过渡季的室外新风，并充分考虑过渡季节采用全新风运行及 CO_2 浓度控制新风量相结合的方式，以达至最大的节能效果。同时，在疫情时期全新风运行可减少疾病通过空调系统的传播。

（2）病房、门诊、办公采用风机盘管加新风系统；新风机组将处理过的新风送至房间新风系统，按区域分散设置。每个空调区域的新风支管设一个机械式定风量阀，向室内定量供应空调新风。

（3）空调设备送风总管均设置光氢离子消毒器对空气消毒净化，从而消除空气中的细菌和病毒。要求净化效率：甲醛、苯、TVOC，2h 内净化率大于或等于 90%，白葡萄菌净化率 30min 内大于或等于 99.9%。自然菌净化率 30min 内大于或等于 99.9%。自然菌净化率 60min 内大于或等于 97.1%，$PM_{2.5}$ 一次去除率 80% 以上。与机组联动 / 风机盘管联动。

2. 传染病区空调风系统

平时为传染病房的呼吸道传染区域采用直流全新风空气系统，最小换气次数（新风量）：半感染区为 $3h^{-1}$，感染区为 $6h^{-1}$，并开启排风系统。平疫结合传染病房采用风机盘管 + 新风系统，平时仅需满足人员新风量房间负荷需求即可，风机低频运行以满足节能需求，最小新风量应当按 $2h^{-1}$ 或 $30m^3$/（人 · h）计算，新风承担室内部分湿负荷，尽量使风机盘管产生较少冷凝水；疫情时风机盘管关闭，新风量加大，最小新风量换气次数半感染区为 $6h^{-1}$，感染区为 $12h^{-1}$，并开启排风系统，实现全直流新风系统运行。新风机组风量及冷量的计算，应按满足全新风运行时的设计需求，并且风机采用变频运行控制，机组设置粗、中、亚高效三级过滤。送风口设置在房间上部，病房、诊室等污染区的排风口设置在房间的下部，房间排风口底部距地不小于 100mm。同一个通风系统，房间到总送、排风系统主干管之间的支风道上设置电动密闭阀，并可单独关断，以便进行房间消毒。

采用机械排风排至屋顶高空排放，并在排风机组内设置粗、中、高效空气过滤器。排风量按房间压差要求计算，满足平时病房保证房间微正压；疫情时，负压病房与其相邻相通的缓冲间、缓冲间与医护走廊宜保持不小于5Pa的负压差；医护走廊门口视线高度安装微压差显示装置，标示出安全压差范围；压力梯度：清洁区（微正压）→半污染区缓冲（0Pa）→半污染区（−5Pa）→污染区缓冲间（−10Pa）→污染区病房（−15Pa）→卫生间（−20Pa）。

疫情时严禁使用风机盘管，通过联网控制器连接多台风机盘管，由护士站统一关闭，避免病人随意开启，造成空气污染。顶棚采用铝扣板，可将整块带有风口的铝扣板拆卸，换上密实的铝扣板，可将消毒后的风机盘管的送回风口“封闭”。

7.18.8 环保节能

（1）严格执行相关节能标准，从建筑设计上满足建筑的保温隔热性能达到节能要求指标。

（2）所有冷水机组、分体机组等空调制冷设备中的工质采用高效节能型环保制冷剂R134a、R410a等，以减少对大气臭氧层的破坏。

（3）空调冷负荷按逐项逐时冷负荷计算。

（4）采用变频水泵，可根据运行状况控制水泵，降低运行能耗。

（5）局部热源就地排除。电梯机房等局部产生较大散热量的房间，热源附近设有局部排风及分体空调，消除散热量，防止热量散发到室内，以减少冷负荷。

（6）设计考虑了方便控制室外新风量的措施，风柜的新风管装有调节阀；当夏季人员密度低时可以调低阀门开度；过渡季节，当室外空气比焓小于室内空气设计状态的焓值时，可采用室外新风为室内降温，可减少冷水机组的开启量，减少能耗；全空气机组的最大新风比为75%。

（7）水系统流速设计采用经济流速；设计均选用水阻合理的设备，控制系统水阻力，降低水泵能耗。

（8）发电机房的进、排风口由环保专业公司设计并安装消声装置，燃烧烟气由环保专业公司设计并安装油烟净化装置处理。

（9）空调通风系统均加设消声设备；空调通风系统设备均加设减振装置；所有与设备连接的风管及水管均采用不燃柔性连接，使设备振动与管道隔离，受设备振动影响的管道应采用弹性支吊架。

（10）冷水机组安装冷凝器自动在线清洗装置，保证冷水机组长期处于高效换热状态，确保机组运行*COP*不下降，控制器配置清洗计数功能。

（11）分体空调的能效比、性能系数应符合《房间空气调节器能效限定值及能效等级》GB 21455—2019表2中能效等级2级的规定。

（12）变制冷剂多联式空调（热泵）机组选用环保型制冷剂：R410a，其在名义制冷工况和规定条件下的制冷综合性能系数 *IPLV*（*C*）大于《公共建筑节能设计标准》GB 50189—2015 表 4.2.17 中的数值。

（13）可以实现分室控制，分户计费。

（14）所有设备均选用高效率、低噪声设备，选用低转速风机，以降低噪声和振动。

（15）制冷机组 *COP* 应满足相关节能标准要求，本项目选用的 1100RT 双工况离心式冷水机组制冷 *COP*≥4.6，制冰 *COP*≥3.8；600RT 的离心式冷水机组 *COP*≥5.487，热泵 *COP*≥3.0，满足国家相关标准的要求。

用户单位：龙华区综合医院
设计单位：香港华艺设计顾问（深圳）有限公司
主要设计人：李雪松　凌　云　高　龙　洪木荣
　　　　　　陶嘉楠　李良财
本文执笔人：凌　云

7.19 广西壮族自治区人民医院邕武医院病房项目

7.19.1 工程概况

该项目位于广西南宁市，平时作为普通病房，疫情时转化为负压隔离病房；项目总建筑面积为 13728m^2，病床数 200 床，其中 1 号平疫结合负压病房楼总建筑面积为 12911.87m^2，建筑高度 23.9m，地上 6 层，无地下室，一层为医技用房，二～五层为病房，六层为 ICU 病房及负压手术室；另建有配套服务用房 2 号车辆洗消场、3 号设备房、4 号门卫。项目于 2022 年 6 月 15 日通过工程竣工验收。

7.19.2 暖通空调专业设计范围

本项目暖通空调专业设计内容主要包括空调、通风、防烟排烟系统设计，各功能区按照使用功能分成多个空调、通风系统。

7.19.3 暖通空调专业特点及创新

（1）合理设计气流组织，清洁区、半污染区、污染区分区独立设置集中机械送、排风系统，送、排风量的差值维持气流方向从清洁区→半污染区→污染区，相邻分区之间压力梯度不低于 5Pa。

（2）采取有效空气过滤措施，避免携菌空气在室内交叉感染，或逸散至室外污染环境，送入室内的新风经过滤处理，排风经高效过滤器后排至高空，室外排风口与室外取风口之间保持合理间距；多联空调室内机回风口设置高效低阻过滤装置，病房预留移动式空气消毒机安装条件。

（3）空调通风系统采用机电一体化的集中自控系统，所有送、排风机组和空调机组均实现远程顺序启停、状态监控、故障报警、过滤器前后压差监控等，便于安全运行维护。

（4）空调通风设备充分考虑后期维保的便捷性，主要送、排风机组和空调主机及控制柜设置在清洁区或室外，便于运维人员安全操作维护。

（5）送、排风机组均采用变频调节措施，通过频率调节，满足平时和疫情时送、排风量和过滤级别的需求。在公共卫生间、病房卫生间另外设置一套平时排风系统，采用吊顶式排气扇和管道式换气机相结合的模式，自然补风，在每个房间支管上设置手动密闭阀；疫情时关闭平时通风系统、支管手动密闭阀，按全新风运转，实现整个病房楼的气流流向；平时关闭疫情排风机组，打开平时通风系统和支管手动密闭阀，将病房和工作区送风系统调节到低频运行。

（6）项目按照平疫结合设计，新风与空调采用不同的冷源，新风系统冷热源采用模块式空气源热泵，病房空调采用多联机空调，使得空调通风系统在平疫转换条件下使用更为灵活，运行更为高效节能。

7.19.4　主要设计参数

1. 平时空调室内设计参数（表 7-35）

平时空调室内设计参数　表 7-35

房间名称	夏季室内参数（℃）	夏季相对湿度（%）	冬季室内参数（℃）	冬季相对湿度（%）	新风标准	噪声标准[dB（A）]
病房	26	≤65	22	≥30	$2h^{-1}$	≤45
办公室	26	≤65	20	≥30	$40m^3/h$	≤45
走道	28	—	18	—	$10m^3/h$	≤45
治疗室	26	≤65	22	≥30	$2h^{-1}$	≤45
护士站	26	≤60	22	≥30	$40m^3/h$	≤45

2. 疫情时空调室内设计参数（表 7-36）

疫情时空调室内设计参数 表 7-36

房间名称	夏季室内参数（℃）	夏季相对湿度（%）	冬季室内参数（℃）	冬季相对湿度（%）	送风标准	噪声标准［dB（A）］
病房	26	≤65	22	≥30	$12h^{-1}$	≤45
治疗室	26	≤65	22	≥30	$12h^{-1}$	≤45
护士站	26	≤60	22	≥30	$6h^{-1}$	≤45
医护走道	28	—	18	—	$6h^{-1}$	≤45
病人走道	28	—	18	—	$6h^{-1}$	≤45
清洁区办公室	26	≤65	20	≥30	$40m^3/h$	≤45
清洁区医生通道	28	—	18	—	$6h^{-1}$	≤45
PCR 实验室	21～25	30～60	21～25	30～60	$\geq 13h^{-1}$	≤60
负压手术室（Ⅲ级）	21～25	30～60	21～25	30～60	$\geq 18h^{-1}$	≤49

7.19.5 冷热源系统设计

项目所在地建设时无峰谷电价政策、无区域能源站、无集中供冷供热，所有空调通风设备均采用市政电驱动。

1. 空调系统划分

（1）按照分别满足平时、疫时空调需求的原则，设置了两套空调系统。疫时，病房、医技用房、医护用房、ICU、手术室等各区域由全新风直流空调系统保证室内的温湿度和正负压气流方向，多联空调系统作为在高峰负荷时对所需冷量的补充；平时，病房的温湿度由多联空调系统保证，全新风系统调节至低风量状态，在满足病房和各区域新风换气次数要求前提下减少空调运行能耗。

（2）一层 CT、DR 分别设置单元式空气调节机，消防监控室设置冷暖型分体空调，电梯机房设置单冷型分体空调。

（3）一层 MRI 及其设备间采用磁共振专用恒温恒湿双机头精密空调，一层网络机房用恒温恒湿柜式精密空调。

（4）一层检验科 PCR 实验室、六层手术室及辅助用房设置全空气空调系统，其中 PCR 实验室、负压手术室及其辅助用房采用风冷直膨式医用洁净型恒温恒湿空气处理机组（全新风型）。

（5）病房、检查用房、办公室、休息室、检验科等，设置直流变频多联空调（热泵）系统供平时使用，共 15 套，总制冷量为 1043kW；疫时，上述房间均由集中空调系统的全新风空气处理机组进行供冷（热），集中空调冷（热）源为 2 组高效型模块式空气源热泵机组，每组9个模块，额定工况制冷量1170kW/台。模块式空气源热泵机组设在屋面层，制冷剂为R410A。

2. 冷热负荷及指标

本项目空调面积10258.23m^2，计算空调系统夏季最大冷负荷为3200kW，冬季热负荷为1600kW，计算冷负荷指标为247.8W/m^2，热负荷指标为163.4W/m^2。

3. 空调水系统

集中空调的水系统均采用一级泵两管制闭式定流量系统，夏季供冷的冷水供/回水温度为7℃/12℃，冬季供暖的热水供/回水温度为45℃/40℃。为满足空调水系统的水力平衡要求，空调冷（热）水系统采用水平同程式，在各层水平支干管设静态平衡阀，新风机组设比例积分电动调节阀；空调水系统采用膨胀水箱定压，膨胀水箱安装于屋顶层。

7.19.6 空调通风系统设计

（1）机械送风（新风）、排风系统按清洁区、半污染区、污染区分区设置独立系统，并设计启动顺序连锁。清洁区应先启动送风机，再启动排风机；半污染区、污染区应先启动排风机，再启动送风机；各区之间风机启动先后顺序为污染区、半污染区、清洁区。不同污染等级区域压力梯度的设置符合定向气流组织原则，保证气流从清洁区→半污染区→污染区方向流动，相邻相通不同污染等级房间的压差（负压）不小于5Pa，负压隔离病房与其相邻相通的缓冲间、缓冲间与医护走廊宜保持不小于5Pa的负压差，负压程度由高到低依次为病房卫生间、病房房间、缓冲间与医护走廊，其中病房应向卫生间保持定向流、不设定具体压差值。

（2）诊室、病房采用上送风下排风的送、排风口布置，排风口底部距离地面不小于100mm；每间负压隔离病房的送、排风支管上设置定风量阀、电动密闭阀，电动密闭阀并可单独关断，电动密闭阀开关就近设置于医护走道；送风系统送风出口设置与风机联动的电动密闭阀，排风系统风机吸入口设置与风机联动的电动密闭阀；排风机出口设止回阀、带尼龙网的防雨百叶风口。

（3）病房、其余检查用房、办公室、休息室等分别根据功能分区、使用区域分别设置冷暖多联空调系统。多联空调室内机采用暗藏风管式，室外机安装于屋面层，其中二～五层配药间、六层ICU及准备区室内机回风口采用电子式净化回风口，其余室内机回风口采用高效低阻过滤装置。

（4）各层按照疫情设置了全套送、排风系统，采用过滤型送排风机组为各区域送、排风；在公共卫生间、病房卫生间另外设置一套平时排风系统，采用吊顶式排气扇和管道式换气机相结合的模式，自然补风，在每个房间支管上设置手动密闭阀；疫情时关闭平时通风系统和支管手动密闭阀，保证气流不会互相串通，按全新风运转，实现整个病房楼的气流流向；平时关闭疫情排风机组，打开平时通风系统和支管手动密闭阀，将病房和工作区送风系统调节到低频运行。

（5）病房楼的多联机以满足平时使用需求为主，疫情时采用送风机组以全新风空调运行工况，多联机作为负荷高峰期补充；平时病房采用更为节能的多联机 + 新风的空调运行模式，送风机组调节至低频率低风量运行，满足平时新风量需求。

（6）PCR 实验室（基因扩增实验室）按照 8 级空气洁净度设计，在试剂准备室、样本制备室、产物扩增室、产物分析室分别设置送风、排风，气流组织为上送下排的方式，送风口采用高效送风口，排风口采用高效排风口，送、排风支管上设置定风量阀，送风机组选用风冷直膨式医用洁净型恒温恒湿空气处理机组，排风机组采用静音型高效排风机组；由于该 PCR 实验室样本制备间设有一台Ⅱ级 B2 型生物安全柜，需 100% 外排风，为了维持该房间呈稳定的负压状态，送风采用定风量阀进行定风量送风，该房间全面排风支管和生物安全柜外排风支管上分别设置互相连锁控制的电动智能风阀，两阀呈现开度互补比例调节，维持排风量的恒定，实现送、排风量的稳定差值，保证样本制备室的负压值。

（7）负压手术室按Ⅲ级洁净手术室进行设计，气流组织为上送下排，送风口采用阻漏式层流高效送风天花，排风口采用高效排风口，送、排风支管上设置定风量阀，送风机组选用风冷直膨式医用洁净型恒温恒湿空气处理机组，排风机组采用静音型高效排风机组。

7.19.7 节能环保措施

（1）采用高效率的空气源热泵、多联机、水泵、风机等设备。

（2）水泵耗电冷热水耗电输热比满足规范要求。

（3）采用节能设备与系统。本项目暖通系统的多联式空调热泵机组的制冷综合性能系 *ILPV*（*C*），风机的单位风量耗功率 W_s 等均按照要求进行计算，且均满足要求。

（4）设计的分体空调器为无蒸发耗水量的冷却技术，可根据房间的功能特点、使用时间划分空调区域，从而减少部分负荷运行时能耗，其能效等级不应低于《房间空气调节器能效限定值及能效等级》GB 21455—2019 中的能效等级 2 级（即节能评价值）。

（5）配置中央空调节能自动控制系统，以保证空调系统高效运行和便于管理，室内设带温度显示功能温控器，控制房间温度，以利于节能。

用户单位：广西壮族自治区人民医院
用户单位代表：江　渊
设计单位：华蓝设计（集团）有限公司
主要设计人：孙爱民　王　松　廖瑞海　梁增勇
刘国成　黄燕枫　杨　杰　罗　鑫
凌修慧　李林娟　刘沛鹭　陈　华
李　彬　黄伟鹏　王学鹏　陈椿阳
钟雨帆　庞显浪　廖志鹏
本文执笔人：孙爱民　凌修慧　王　松

7.20　遵义市播州区人民医院传染楼改建工程

7.20.1　工程概况与功能特征

本项目选址于贵州省遵义市播州区南白镇万寿南街 91 号遵义市播州区人民医院院内，拆除原有传染楼，在原址新建满足平疫结合要求的感染楼。总建筑面积 2356m^2，医院平时病床数量共 44 床，地上 3 层，无地下室，高度 12.3m，为多层公共建筑。

设计完成时间为 2021 年 2 月，竣工时间为 2022 年 1 月。工程总投资约 3600 万元。

本项目一层主要为肝肠传染门诊及医生办公，无结核门诊，仅有与室外相通的电梯直通结核病房区，建设方要求一层检验科十万级洁净度级别；二层为肠道、肝病住院病房；三层平时为结核病住院病房。疫情时一层转换为发热门诊与检验，二层、三层病房转换为发热负压病房，根据院方要求本项目在三层预留两间疫情时负压隔离病房。

7.20.2　室内空气设计参数

本项目主要房间室内空气设计参数如表 7-37 所示。

室内空气设计参数　　表 7-37

房间名称	夏季		冬季		新风	备注
	温度（℃）	相对湿度（%）	温度（℃）	相对湿度（%）		
肝肠诊室 / 病房	26	55	20	40	平时 3h^{-1}；疫情 6h^{-1}	
结核诊室 / 病房	26	55	20	40	6h^{-1}	

续表

房间名称	夏季		冬季		新风	备注
	温度（℃）	相对湿度（%）	温度（℃）	相对湿度（%）		
负压隔离病房	26	55	20	40	$12h^{-1}$	
检验室	25	55	20	40	$12h^{-1}$	10 万级洁净度
半污染区（护士站）	26	55	20	40	$6h^{-1}$	
清洁区办公	26	55	20	40	$3h^{-1}$ 并大于 150m³/h	

注：污染区压力 -15Pa，污染区与相邻缓冲间压力 -10Pa，半污染区压力 -5Pa，半污染区和清洁区缓冲压力 0Pa，清洁区走道 5Pa，清洁区办公压力 10Pa。

7.20.3 冷热源

（1）为同时满足平时与疫情时空调冷热源要求，按疫情工况计算空调冷热负荷。感染楼空调面积 1828m²，空调计算冷负荷为 375kW，空调计算热负荷为 318kW；单位空调面积冷指标为 205W/m²，单位空调面积热指标为 174W/m²。

（2）大楼集中空调采用模块化空气源热泵作为冷热源，设置 6 台单台制冷量为 65kW、制热量为 70kW 的模块化空气源热泵机组，置于屋顶通风良好处。空调冷水供 / 回水温度为 7℃ /12℃，空调热水供 / 回水温度为 45℃ /40℃。

（3）检验科采用全新风直流式直膨空调系统，装机制冷量为 28kW，制热量为 30.5kW。

（4）负压隔离病房采用全新风直流式直膨空调系统，装机制冷量为 32.5kW，制热量为 35.75kW。

7.20.4 空调与通风系统

（1）本项目按清洁区、半污染区、污染区分别设置新风与排风系统。污染区每层单独设置新风系统与排风系统。因项目较小，每层半污染区通风量较小，分层设置较困难，半污染区集中设置新风与排风系统；清洁区较小，仅有值班室，集中设置新风系统，无排风系统。表 7-38～表 7-40 为各个区域典型房间的空调通风形式。

门诊污染区空调与通风　　表 7-38

区域	空调形式	排风量	新风量	备注
肝肠诊室	风机盘管	新风量 +150m³/h	平时 $3h^{-1}$；疫情时 $6h^{-1}$	均设置下排风口
检验科	全新风直流式直膨空调	$15h^{-1}$	$12h^{-1}$	送风口设高效送风口，保证洁净度要求

医生防护区空调与通风 表7-39

区域	空调形式	排风量	新风量	压力说明
清洁区	风机盘管	外门窗缝溢出	$3h^{-1}$ 并大于 $150m^3/h$	保证 +5Pa 压差，保证气流流向医护通过区
一更	—	无	$15h^{-1}$	保证气流流向淋浴间
淋浴	—	$10h^{-1}$	无	保证气流流向二更
二更	—	$20h^{-1}$	$15h^{-1}$	保证气流流向半污染区内走道
肝肠半污染区（护士站）	风机盘管	新风量 $+100m^3/h$	$6h^{-1}$	保证 −5Pa 压差，保证气流流向污染区
发热半污染区（护士站）	风机盘管	新风量 $+100m^3/h$	$6h^{-1}$	保证 −5Pa 压差，保证气流流向污染区

病房污染区空调与通风 表7-40

区域	空调形式	排风量	新风量	压力说明
负压隔离病房	全新风直流式直膨空调	新风 $+200m^3/h$	$12h^{-1}$	保证 −20Pa 差压，全新风直流式空调
负压隔离病房卫生间	—	$150m^3/h$	无	保证 −25Pa 差压，病房气流流向卫生间
肝肠负压病房	风机盘管	新风量 $+150m^3/h$	平时 $3h^{-1}$；疫情时 $6h^{-1}$	保证 −15Pa 差压
发热负压病房	风机盘管	新风量 $+150m^3/h$	$6h^{-1}$	保证 −15Pa 差压
负压病房卫生间	—	$150m^3/h$	无	保证 −20Pa 差压，病房气流流向卫生间

（2）一～三层清洁区医生办公与值班设置风机盘管加独立新风系统，保证室内正压，由门缝压出排风。

（3）一层诊室污染区、二层肝肠病房污染区分别设置风机盘管加独立新风系统，分别设置相对应的独立排风系统，保证室内负压，排风引至屋面经高效过滤后高空排放。此两个区域新风机组和排风机组均设置双速风机，每个房间设置双位定风量阀，平时工况时按低挡位设置房间送、排风量，新风机组与排风机组均按低速运行；疫情时每个房间的定风量阀调整到高挡位，风机高速运行。

（4）三层结核病房区域属于呼吸病传染区，平时与疫情时新风量的换气次数均为 $6h^{-1}$，因此可按疫情工况设计送排风量，设置风机盘管加独立新风系统，同时设置相应的排风系统，保持室内负压，排风引至屋面经高效过滤 + 高空排放，风机平时与疫情时相同工况运行。

（5）一层检验室面积较小，单独设置全新风直流式直膨空调系统，并设置相对应的独立排风系统，按疫情工况设计，风机平时与疫情时相同工况运行。室内送风口设置亚高效过滤器，排风口设置高效过滤器，保证室内 10 万级洁净度等级要求。排风引至屋面经高效过滤后高空排放。

（6）清洁区、半污染区房间送风、排风口为上送上排。污染区诊室、检验科、负压病房、负压隔离病房送风、排风口均为上送下排，污染区的卫生间因考虑到淋浴产生的蒸汽排放，均设置上排风口。半污染区、污染区每个房间的送排风支管均设置电动密闭阀，可单独关断，进行房间消毒。

（7）各区域排风机与新风机连锁，污染区、半污染区应先启动排风机，再启动送风机。各区之间风机启动先后顺序为污染区、半污染区、清洁区。送风排风机入口均设置与之联动启闭的电动密闭阀。

（8）空气净化处理方式

（9）检验科新风机组同层设置，其他区域的新风机组均置于屋顶，设立管送至每层相应的区域。新风机组均设置粗、中效过滤段，粗效过滤器采用板式过滤器，中效过滤器采用静电过滤，半污染区与污染区除了设置粗、中效过滤外，预留亚高效过滤段，疫情时加装；半污染区、污染区排风均引至屋顶经高效过滤后高空排放。屋顶新风机组取风口与排风风机排风口水平距离不少于 20m，或者排风风口高于新风取风口 6m。粗效过滤 G4 终阻力≤100Pa，中效过滤 G7 终阻力≤150Pa；亚高效过滤 H11 终阻力≤300Pa；高效过滤 H13 终阻力≤400Pa。

7.20.5 空调水系统

（1）空调水系统为冷热合用的一级泵两管制水系统形式。

（2）空调水系统定压方式采用开式膨胀水箱定压，置于屋顶新风机房顶部。

（3）空调水循环系统均采用竖向异程，水平同程的敷设方式，在每根水平回水管上设置静态平衡阀以减小水力失调。

（4）组合式新风机组、吊顶式新风机组回水管上设置比例积分电动调节阀，根据室内负荷变化调节冷热水供水量；风机盘管回水管上设置带温控电动两通开关阀。

（5）冷凝水分区排至卫生间或清洁间地漏，随各区污废水排放集中处理。

（6）负压隔离病房的负压控制及运行策略

本项目负压隔离病房仅两间，与其连通的脱衣区、病人走廊、缓冲间等集中设置新风与排风系统，便于保证各个房间的压差控制。为了减小初投资，仅设置一套空调通风系统，同时满足平时与疫情时工况，按疫情工况设计。负压隔离病房与其相邻、相通的缓冲间、走廊压差，应保持不小于5Pa的负压差。负压程度由高到低依次为病房卫生间、病房房间、缓冲间与潜在污染走廊。清洁区相对室外大气压保证5Pa正压。因负压隔离病房与负压病房在同一层，负压隔离病房区相对于负压病房区同时保证不小于5Pa的负压差。负压隔离病房区压差控制图如图7-12所示。

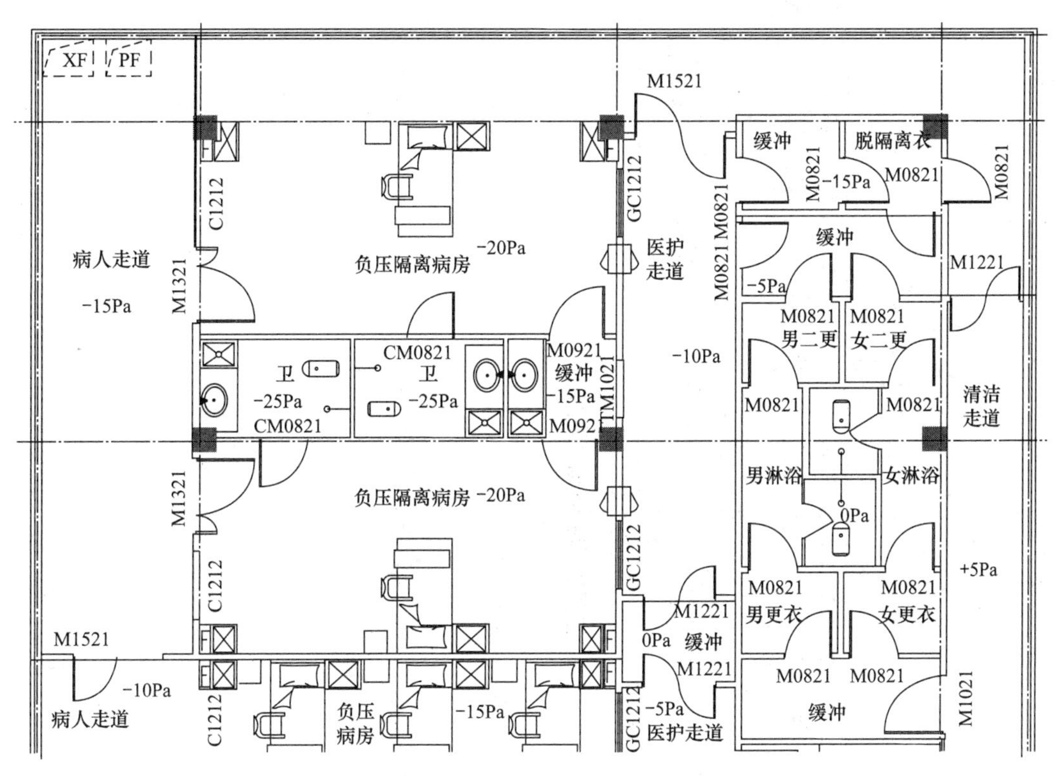

图7-12 负压隔离病房区域压力控制图

（7）负压隔离病房区域独立设置一套全新风直流式直膨空调系统，病房新风换气次数为$12h^{-1}$。为保证与相邻房间5Pa负压差，按门缝计算法，负压隔离病房排风量为新风量加$200m^3/h$，病房门窗均为密闭型。新风送风经粗、中、亚高效（预留亚高效过滤段，疫情时加装）过滤器三级处理，排风引至屋面经高效过滤后高空排放，同时房间内设置下排风口，房间内的高效过滤器设置在下排风口处。

（8）每间负压隔离病房与相应的卫生间、缓冲间等房间，送、排风支管上设置电动密闭阀。

（9）每间负压隔离病房设置压差传感器。在病房靠近医护区走道的门口设置房间压差检测和显示装置，实时显示病房压力状况，保证病房压力梯度。

（10）负压隔离病房平时与疫情同工况运行，全新风空调系统负担的每间房间均设置定风量阀，保证平时与疫情时每间房间的负压要求。新风排风系统如图7-13所示。

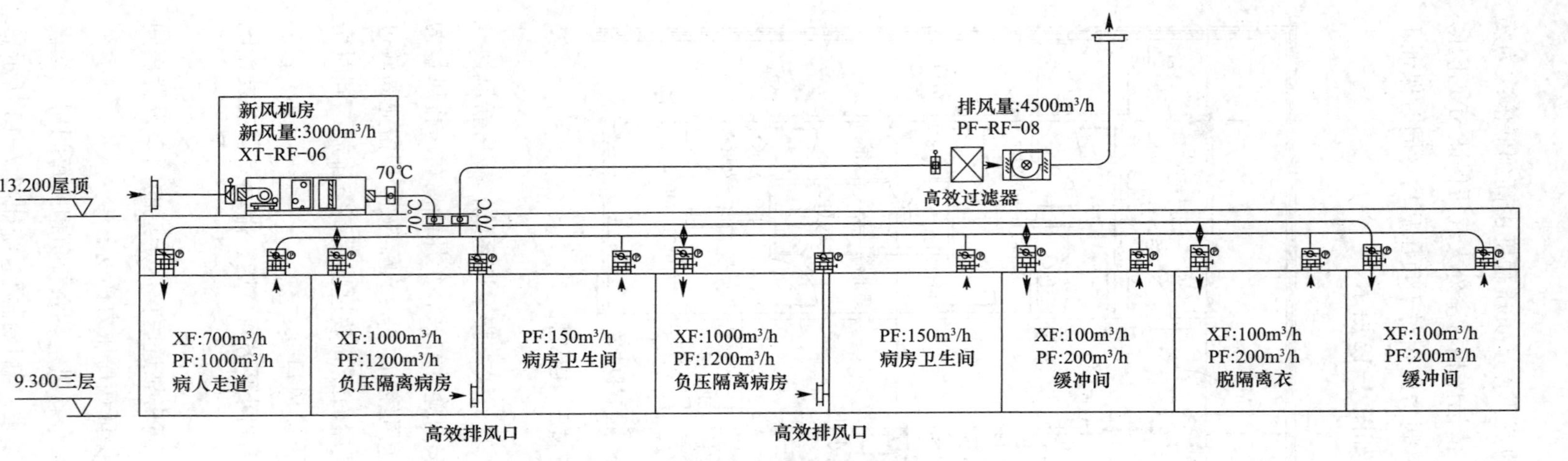

图 7-13　负压隔离病房通风系统图

用户单位：遵义市播州区人民医院

用户单位代表：陈胜勇

设计单位：湖南省建筑设计院集团股份有限公司

主要设计人：胡　蕾　丁学贵　黄　兵

本文执笔人：胡　蔷

7.21 广州中医院大学第一附属医院项目

7.21.1 工程概况

本项目位于广州市白云区机场路16号，是一所集教育、医疗、科研于一体的三级甲等综合性中医院。本次设计的广中医一附院重大疫情救治基地项目，属于广东省三个国家级重大疫情救治基地之一。涉及设计改造的有住院楼（5号楼）和传染病楼（6号楼）。

其中5号楼地上13层，建筑高度为44.1m。改造范围是八、九、十一、十二层及屋面层，总改造建筑面积4727.7m^2，共131个床位，其中八、九、十二层改造后为护理病房（负压病房），十一层改造后为2间Ⅱ级洁净手术室和5间Ⅲ级正负压转换手术室。

其中6号楼地上5层，建筑高度为19m，改造范围是首层、二、四、五层及屋面层，总改造面积3981.3m^2，共102个床位。改造后首层功能为发热门诊、肠道门诊、介入治疗科室，二、四、五层改造后功能为护理病房（负压隔离病房、医生办公室等），三层功能保留为实验室。

5号楼八、九、十二层平时作为普通病房使用，疫情时作为普通负压病房（留观病房）使用，十一层设置2间仅平时用的Ⅱ级手术室，5间正负压转换的Ⅲ级手术室；6号楼平时作为普通病房使用，疫情时作为负压隔离病房使用。建筑按功能要求平时增设了更衣区、缓冲区等功能区，疫情时通过关闭密封房门阻断通行，设置门禁系统确保单向通行，连通病房阳台形成患者走廊，以实现疫情时形成“三区两通道”的房间布局。

7.21.2 暖通空调专业设计范围

5号楼：八、九、十二层病房的空调、通风、防烟排烟系统设计，十一层手术室的洁净空调系统、防烟排烟系统设计。5号楼冷热源系统接入大楼原有冷热源系统。

6号楼：首层、二、四、五层负压隔离病房的空调、通风、防烟排烟系统设计，ICU病房的洁净空调系统设计，冷热源系统设计。

7.21.3 暖通空调设计重难点分析

5号楼土建主体设计时间为1998年，标准层层高3.2m，梁下净高2.45m；6号楼土建主体设计时间为1985年，标准层层高为3.3m，梁下净高2.65m。现有条件层高低、管井少，在尽量不影响主体结构安全性、确保疫情时通风系统可靠性的前提下，合理布置通风空调系统，提升功能区域的净高。

7.21.4 室内设计参数

1. 病房空调设计参数（表7-41）

病房空调设计参数　表7-41

房间名称	夏季		冬季		噪声标准［dB（A）］
	温度（℃）	相对湿度（%）	温度（℃）	相对湿度（%）	
值班室	26	65	18	30	≤45
办公室	26	65	18	30	≤45
医护走道	26	65	18	40	≤50
普通病房	26	65	18	40	≤45
治疗室	26	65	18	40	≤45
诊室、检查室	26	65	18	40	≤45
门诊	26	65	18	40	≤45
留观室	26	65	18	40	≤45
药房收费	26	65	18	40	≤45
医护走道	26	65	18	40	≤50
负压病房	26	65	18	40	≤45

2. 病房通风设计参数（表7-42）

病房通风设计参数　表7-42

功能分区	房间名称	静压（Pa）	排风换气次数（h^{-1}）	新风换气次数（h^{-1}）	换气次数差且≥150m^3/h
清洁区	医生办公室	+10	1	3	4
清洁区	一更、二更	+5	4	6	2
半污染区	医护走廊	−5	8	6	2
半污染区	医生办公室	−5	8	6	2
半污染区	缓冲间	−10	4	0	4
污染区	负压隔离病房	−15	18	12	6
污染区	留观病房	−15	12	6	6
污染区	病房卫生间	−20	8	0	8
污染区	病人走廊	−10	10	6	4
污染区	污物间、二脱	−15	6	0	6

3. 手术室设计参数（表 7-43）

手术室设计参数 表 7-43

房间名称	净化级别	平 / 疫最小静压差（Pa）		换气次数（h^{-1}）	自净时间（min）
		程度	对相邻低级别洁净室		
手术室 OR.15～19	Ⅲ	+/−	+15/−10	18～22	≤30
手术室 OR.20～21	Ⅱ	+	+15	≥24	≤20
术前准备	Ⅲ	+/−	+15/−0	18～22	—
疫情时病人准备	Ⅳ	+/−	−0/−15	12～15	—
设备间、药品间	Ⅳ	+	+15	12～15	—
医护间、换床间	Ⅳ	+	+5	12～15	—

房间名称	温度（℃）	相对湿度（%）	最小新风量		噪声［dB（A）］
			$m^3/(m^2 \cdot h)$	h^{-1}	
手术室 OR.15～19	21～25	30～60	18	6	≤49
手术室 OR.20～21	21～25	30～60	18	6	≤49
术前准备	21～25	30～60	18	6	≤49
疫情时病人准备	21～25	30～60	18	6	≤49
设备间、药品间	21～27	≤60	—	3	≤60
医护间、换床间	21～27	≤60	—	3	≤55

7.21.5 冷热源系统

5 号楼空调冷源采用本建筑原有空调冷源，每层冷水管由冷水管井内分出一组支管，供本层空调使用；冷水供 / 回水温度为 7℃ /12℃；各层冷水水平干管布置成异程式。

6 号楼采用冷剂式空调系统冷源：平时空调系统采用多联机空调系统；冷媒空调系统采用环为制冷剂；室内外机配比根据冷媒管长度机末端设备衰减按 0.9～1.2 考虑；疫情时采用空气源热泵直膨式新风机组。

7.21.6 空调末端系统

（1）5 号楼八、九、十二层病房空调采用风机盘管加新风系统；新风经过空调风柜处理后送入室内，新风机内含粗、中、高效过滤段、紫外线消毒段，新风经热湿处理、净化后送入室内各房间，风机盘管回风入口采用光催化电子空气净化消毒，包括静电式过滤器和光氢离子段。风机盘管采用顶送顶回，新风口设置于病房门口的顶棚上，排风口设置于病房床头的顶棚处。

（2）5号楼十一层手术室设置净化型循环空调机组和洁净新风机组，平时为自取新风加回风模式，疫情时为全新风模型。新风机组配置粗、中、高效过滤，循环机组配置粗、中效过滤，设置高效过滤送风口和中效过滤回风口。层流送风口设置于手术台正上方，回（排）风口设置于手术室对角，控制手术床上方的截面风速在合理范围，有效避免气流回流、湍流。排风口设置于手术床头部区域的顶棚上。洁净等级Ⅲ级及以上的手术辅房采用顶棚送风，侧墙下回风；洁净等级低于Ⅲ的走廊及辅房采用顶棚上送上回的气流组织。

（3）6号楼首层发热门诊区（挂号、诊室、候诊区、CT室、DR室、留观病房等房间）采用全新风空调系统，留观病房同时设置平时用的风管式室内机多联机系统。新风则采用直膨式新风机，新风机内含粗、中、高效过滤段、紫外线消毒段，新风经热湿处理、净化后送入室内各房间。送风口位于医生问诊区域的顶棚上，排风口设于病人就诊区的侧墙底部或病床头附近侧墙底部。

（4）6号楼首层肠道门诊采用多联机空调系统，新风采用直膨式新风机，新风机内含粗、中、高效过滤段，新风经热湿处理、净化后送入室内各房间。送风口位于医生问诊区域的顶棚上，排风口设于病人就诊区的侧墙底部。

（5）6号楼二、四、五层负压隔离病房疫情时采用全新风空调系统，多联机室内机停止运转；非疫情时期，病房内室内机开启，新风机低频率运转，提供新风；新风机采用直膨式新风机，新风机内含粗、中、高效过滤段、紫外线消毒段，新风经热湿处理、净化后送入室内各房间。ICU病房设置一台净化型空调机组，疫情时全新风运行（负压15Pa），平时新风量按$40m^3/h$每人（正压15Pa），机组配备G4+F8过滤网，排风和回风口均设置高效过滤网。送风口位于病房靠床尾的顶棚上，排风口位于病房床头的侧墙底部。

7.21.7 机械通风系统

（1）5号楼八、九、十二层按污染分区分别设置机械送风排风系统，留观病房疫情时采用全直流送、排风空调系统，平时采用风机盘管加新风系统。留观病房疫情时送、排风换气次数分别按$6h^{-1}$、$12h^{-1}$计算，其余各类房间的换气次数按表7-42设计，以保证各房间的压力梯度。新风经过粗、中效过滤及紫外线杀菌和热湿处理后送入房间，污染区、半污染区排风经过粗、中、高效过滤及紫外线消毒后高空排风，功能段集中设置在排风机内，排风机设于5号楼屋顶。

（2）5号楼十一层设置5间洁净等级为Ⅲ的正负压转换手术室，疫情时手术室空调风柜采用全直流运行，根据相邻房间压差及手术换气要求分别计算送排风量，疫情时手术室的新风换气次数按 $22h^{-1}$ 计算，排风换气次数按 $32h^{-1}$ 计算。层流送风口设高效过滤器，下回风兼下排风口设高效过滤器。排风机位于5号楼屋顶，风机内设有紫外线消毒功能段，经过滤消毒后高空排风。15、16号手术室为正负压转换手术室，疫情时空调通风系统运行如图7-14所示，平时空调通风系统运行如图7-15所示。

（3）6号楼首层发热门诊区各功能房间设置机械送、排风系统，诊室送风、排风换气次数分别按 $6h^{-1}$、$8h^{-1}$ 计算，其余各类房间的换气次数按表7-42设计，以保证各房间的压力梯度；新风机制冷量满足房间全新风运行时同时承担室内空调负荷。新风经过粗、中效过滤及紫外线杀菌和热湿处理后送入房间，污染区、半污染区排风经过粗、中、高效过滤及紫外线消毒后高空排风，功能段集中设置在排风机内，排风机设于6号楼屋顶。

（4）6号楼二、四、五层按污染分区分别设置独立的机械送、排风系统，负压隔离病房疫情时采用全直流送、排风空调系统，平时采用风管机加新风系统。隔离病房疫情时送、排风换气次数分别按 $12h^{-1}$、$18h^{-1}$ 计算，其余各类房间的换气次数按7.21.4节参数设计，以保证各房间的压力梯度。负压隔离病房内设置高效排风口，排风机设于6号楼屋面室外，排风机设置粗、中效过滤及紫外线杀菌消毒段，排风经杀菌过滤后高空排放。

7.21.8 自动控制要求

5号楼、6号楼污染区、半污染区的新、排风机变频控制。平时新风机低速运行，新风量满足人员最小风量及换气次数要求。疫情时新风机高速运行，新风量满足最小换气次数要求，同时承担室内冷负荷，屋面排风机高速运行，污染区、半污染区各功能房间的送、排风支管上设置机械式定风量阀和手动密闭阀，确保各房间的新风量满足设计要求，各房间的排风量维持房间的负压值。

用户单位：广州中医院大学第一附属医院
用户单位代表：颜邵民
设计单位：广州市城市规划勘测设计研究院
主要设计人：刘汉华　李　刚　彭汉林　郑民杰
　　　　　　袁建荣　闲少辉
本文执笔人：彭汉林　刘汉华

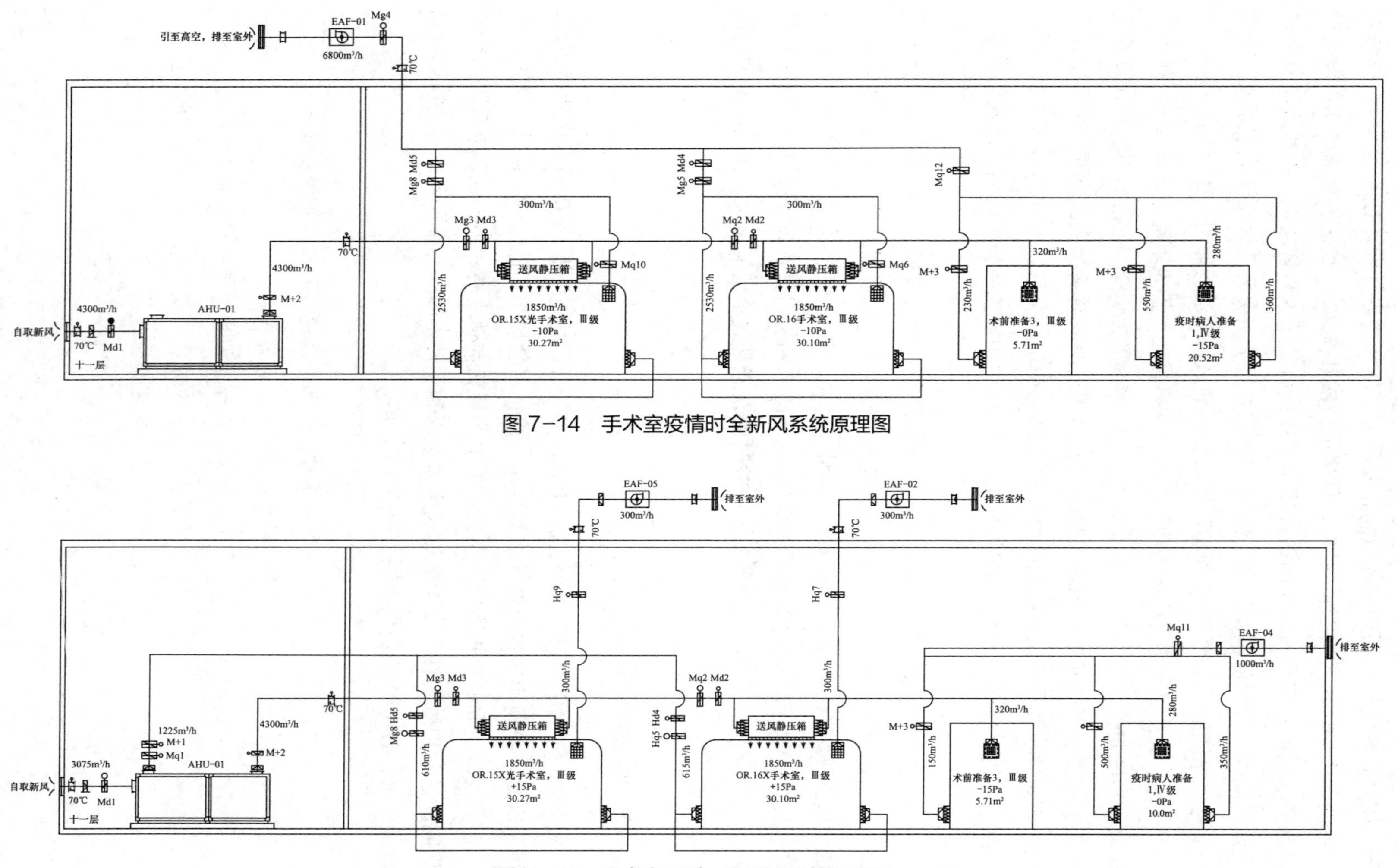

图 7-14　手术室疫情时全新风系统原理图

图 7-15　手术室平时一次回风系统原理图

7.22 广州市第八人民医院二期工程

7.22.1 项目概况

本工程位于白云区嘉禾尖彭路，建设总占地面积35000m²，规划建筑面积50000m²，设置床位800张。感染病住院楼建设用地位于医院西南侧，总建筑面积25746.8m²，其中地上建筑面积为14700.2m²，地下建筑面积为11046.6m²，建设规模为300床，其中约280个负压病床。感染病住院楼地上8层，地下2层，建筑高度为35.0m。感染病住院楼内布置了感染病门诊、影像和感染病护理单元等功能。

7.22.2 改造区域及范围

扩建医技楼：建设用地位于一期医技楼东南侧，总建筑面积8603m²，其中地上建筑面积6335.8m²，地下建筑面积2267.2m²。扩建医技楼地上5层，地下2层，建筑总高度23.95m。扩建医技楼内布置了介入中心、功能检查、检验科、病理科、研究所、P3实验室、病案室、库房等功能房间的暖通设计。

7.22.3 室内设计参数

本工程主要房间室内设计参数如表7-44所示。

主要房间室内设计参数 表7-44

房间名称		夏季		冬季		新风量标准	噪声标准[dB（A）]
		温度（℃）	相对湿度（%）	温度（℃）	相对湿度（%）		
手术室	Ⅰ、Ⅱ级	22～25	40～60	19～22	40～60	$6h^{-1}$	≤40
	Ⅲ、Ⅳ级	22～25	40～60	19～22	40～60	$4h^{-1}$	≤40
产房、新生儿		24～26	40～60	19～22	40～60	$4h^{-1}$	≤40
重病监护		≤21	40～60	≤21	40～60	15%	≤40
医疗功能用房		24～26	40～75	18～20	40～75	30m³/（人·h）	≤45
诊室、检查室		24～26	40～75	20～24	40～75	30m³/（人·h）	≤45
病房		25～26	40～75	19～23	40～75	30m³/（人·h）	≤45
大厅、走道		25～27	40～60	18～20	40～60	$4h^{-1}$	≤40
中心供应		25～28	—	20～23	—	30m³/（人·h）	≤45
办公用房		25～26	40～75	18～22	40～75	30m³/（人·h）	≤45
餐厅		26	40～65	18～20	40～65	20m³/（人·h）	≤50

7.22.4 空调系统

1. 制冷（供暖）机组

（1）感染病住院楼采用2台空气源涡旋热泵冷水机组（制冷量175kW、制热量200kW）+1台风冷螺杆式热泵冷水机组（制冷量350kW、制热量400kW）+3台风冷螺杆式冷水机组（制冷量350kW）。机组与配套水泵均设置在屋面。

制冷实际装机容量为1750kW，并能保证冷量的调节范围在10%（175kW）~100%（1750kW）之间都能使各机组及相应的水泵保持高效率的运行。供暖实际装机容量为800kW。

（2）扩建医技楼，地上区域：采用2台风冷螺杆式热泵冷水机组（制冷量210kW、制热量220kW）+2台风冷螺杆式冷水机组（制冷量300kW）。机组与配套水泵均设置在屋面。

制冷实际装机容量为1020kW，并能保证冷量的调节范围在20%（210kW）~100%（1020kW）之间都能使各机组及相应的水泵保持高效率的运行。供暖实际装机容量为440kW。

扩建医技楼地下区域：采用1台多联变频空调机组（制冷量107.4kW、制热量120kW）+1台多联变频空调机组（制冷量90kW、制热量100kW）+2台多联变频新风机组（制冷量28.5kW、制热量33.5kW）。机组设置在首层室外。

制冷实际装机容量为254.4kW。供暖实际装机容量为287kW。

2. 空调水系统

（1）感染病住院楼、扩建医技楼地上区域

根据相应的制冷机组配备冷水泵，其中各有一个备用水泵，提供冷水动力，供给末端设备。为了保证水管路的质量，在冷水管网安装过滤器及旁通式水处理装置，冷暖水共用一套管网系统。夏季制冷系统与冬季供暖系统共用一个管网，立管采用四管制，水平管采用两管制，空调冷热水由设置在空调主机通过水管网输送至每个服务区域。

水平回水干管设置压差式动态平衡阀，同时设置冷量计量装置。

（2）本项目空调水系统采用水平同程式，保证各病房远近之间阻力尽量平衡。

（3）冷水均采用一级泵（变频）变流量系统：冷水泵转速根据管网最不利环路末端压差和冷水机组最小允许流量确定。

3. 空调风系统

（1）感染病住院楼

感染病门诊、影像采用风机盘管加新风系统，新风采用定风量阀，经需经粗、中效二级过滤处理后直接送至风机盘管出风管混合后送入房间。每间没有外窗的房间设置排气扇排至排风管内，然后经排风机排入竖井，排出屋面。

三～六层的感染病房区域采用全空气系统，平时满足新风和回风混合处理通过送风管送到每个房间并且每个房间具有调节功能保证房间负压，疫情时，该设备实现全新风运作，对新风处理后送入室内，而回风管上的排风机实现全排风功能；负压病房换气次数符合《传染病医院建筑设计规范》GB 50849—2014 的要求。

七～八层的感染病护理单元小开间采用风机盘管加新风系统系统，新风经需经粗、中效二级过滤处理后直接送至风机盘管出风管混合后送入房间。每间房间设置排气扇，直接排入竖井或排至排风管内，然后经排风机排出室外。

新风处理技术：当室外空气品质不佳时，新风处理机组可根据需求选配不同功能段，对送入室内的新风进行多种预处理，以确保新风安全、洁净、新鲜，以实现对室内空气品质和湿度的调节。

（2）扩建医技楼

公共、普通区域采用风机盘管加新风系统，新风处理独立送入室内，无外窗的房间设置机械排风。

部分实验室区域采用全空气系统和负压设计，具体由专业公司负责设计，已预留用于独立排风处理的排风井。

消防控制中心设单冷分体空调器，电梯机房采用分体式空调器。

污物的处置室也要进行排风，排风的换气次数不小于 $6h^{-1}$，并要防止室外空气从排风口中倒灌进来。各末端机组均配置杀毒灭菌装置。

7.22.5　通风系统

（1）各区域通风系统根据表 7-45 所示参数设计。

各区域通风系统设计参数　　表 7-45

区　域	排风量（h^{-1}）	备　注
变配电室	15	室内负压
卫生间	15～20	室内负压
地下设备用房	7	室内负压
药库排风	3	室内负压
化验科室	3	室内负压
暗室	10	室内负压

续表

区 域	排风量（h^{-1}）	备 注
中心供应（分类清洗、消毒）	8	室内负压
ICU	不小于新风量的 90%	室内正压
临时观察、体液	3	室内负压
候诊厅	不小于新风量的 90%	室内正压
会议室	不小于新风量的 90%	室内正压
地下车库	按规范	自然与机械补风相结合

（2）卫生间每间设有排气扇及独立排风系统，排风机设在屋顶上，排风箱风量为新风总量的 90%，排风经排风竖井排至室外。

（3）地下变配电室按其发热量计算，夏天送冷风，室内循环，其他季节设机械送、排风系统。

（4）地下设备用房均设机械送、排风系统，把余热排至室外。

（5）污洗间设独立机械送、排风系统，把异味、臭气、湿气排至室外。

（6）地下车库按面积自然进风与机械送风相结合，按防烟分区设机械排风兼排烟系统，换气次数为 $6h^{-1}$。

（7）ICU、病理解剖标本室等设计机械排风除臭。

用户单位：广州市第八人民医院
用户单位代表：张海涛
设计单位：广州市城市规划勘测设计研究院
主要设计人：刘汉华　李　刚　吴哲豪　廖　悦　张湘辉
本文执笔人：刘汉华　吴哲豪

7.23 北京某综合三甲医院新建院区工程

7.23.1 工程概况

本工程位于北京市顺义区，总用地面积 190336.35m²，总建筑面积为 241740m²。工程性质：医疗卫生综合体，床位数：1000 床。功能分区：门诊、急诊、临床科室、医技科室、医疗管理、实验室、教学、宿舍等。

感染疾病科用房独立设置在医疗综合体东南侧地下一层下沉广场空间内，此区域相对独立，易于设置封控。感染疾病门诊总建筑面积约 1297m²，建筑四面均可通风采光。感染疾病门诊用房北侧距医疗综合体距离 10.15m，西侧距医疗综合体 22.9m，东侧、南侧临下沉广场。病患通过下沉广场到达感染疾病门诊。

7.23.2　设计思路

该院区是一所新建大型综合医院。按照平疫结合思考，综合医院与传染病专科医院的设计不同，其覆盖的病种更广，诊疗的对象范畴远远大于传染病专科医院。在设计时不仅要考虑疫情时的转换，亦要保证疫情时医院正常诊疗秩序不受影响。

经综合考虑，将该综合院区的平疫结合定位确定为疫情时应急筛查、患者在感染疾病科内负压隔离病房短暂滞留、等待转运至定点医院。疫情时仅感染疾病科及周边区域负担此功能，对此区域进行封控，其他区域正常运转，保证其他病人的正常诊疗。

在整体设计时，考虑了特殊情况的使用需求，调整了感染疾病科南侧室外场地布置，预留了 4000m^2 应急拓展场地，确保在院区内有诊疗需求时，可以新建应急诊疗中心，满足临时使用需求。满足《综合医院平疫结合可转换病区建筑技术导则（试用）》对于综合医院平疫结合设计的指导，对医院平时永久性医疗功能影响最小。

7.23.3　暖通空调系统

1. 感染疾病科室内空气设计参数（表 7-46）

感染疾病科室内空气设计参数　　表 7-46

房间名称	夏季		冬季		最小新风量［m^3/（人·h）］	排风量或新风小时换气次数（h^{-1}）	噪声［dB（A）］
	温度（℃）	相对湿度（%）	温度（℃）	相对湿度（%）			
挂号、取药	26	60	20	35	30	6	≤45
化验	26	60	20	40	30	6	≤45
留观、诊室	26	60	20	40	30	6	≤45
医护办公	26	60	20	35	30	6	≤45
CT 室	23	50	20	40	—	5	≤45
负压隔离病房	26	60	20	40	—	≥12	≤45
办公、生活	26	60	20	35	30	6	≤45
更衣	26	60	20	—	—	6	≤45
PCR- 准备	25	50	20	50	—	≥15	≤45
PCR- 制备	25	50	20	50	—	≥15	≤45
PCR- 扩增	25	50	20	50	—	≥15	≤45
清洗灭菌	—	—	—	—	—	≥10	≤50

2. 冷热源

冷源采用集中空调系统，由院区制冷机房内离心式冷水机组提供6℃/13℃的冷水，过渡季采用冷却塔供冷。其中PCR新风机组增设直膨段，CT室增设多联机系统。热源由院区内锅炉房提供60℃/45℃空调热水。

3. 压力梯度设计

为保证清洁区、半污染区、污染区的正常运行，由通风风量差来调整各区域压力梯度，相邻区域压差（负压）不小于5Pa。为保证缓冲区的防护效果，清洁区、半污染区、污染区压差分别不小于10Pa。

4. 空调风、水系统

感染疾病科的办公、诊疗区均为风机盘管+新风系统。PCR、检验、CT室采用多联机加新风系统。新风、排风管道设置电动风阀，便于调整风量、控制压力梯度。

感染疾病科的清洁区、半污染区、污染区分别设置送、排风系统，室外新风进入室内需经过粗、中、亚高效过滤器三级过滤处理，室内排风排出室外处设置高效过滤装置，经过滤后高处排放。防烟排烟系统按照相应规范设计，机房设置在清洁区便于维护、调试。冷凝水分区域排放，并随各区污水、废水排放至相应位置集中处理。

7.23.4 重点区域设计介绍

1. 负压隔离病房

（1）压力梯度设计

负压隔离病房作为呼吸道传染病房主要收治区域对污染区域的气流流向有明确的要求，相邻相通不同污染等级房间的压差（负压）不小于5Pa。负压隔离病房各区域压力梯度如图7-16所示。

（2）区域风量计算

负压隔离病房采用直流通风形式，独立设置送排风系统。在本项目中，由于负压隔离病房有直接与室外连接的门（G2），导致需要控制的压力梯度差较大，故风量迁入值（门窗渗透风量）与常规负压隔离病房相比偏大，通过区域风量平衡计算，负压隔离病房送风量为510m^3/h，排风量为700m^3/h。

（3）风口设计原则

负压隔离病房采用上送下侧回通风方式，在医护活动区域设置主次送风口，在病床送风口的另侧设置下侧排风口。风口设计原则参考《负压隔离病房技术指南》，医护

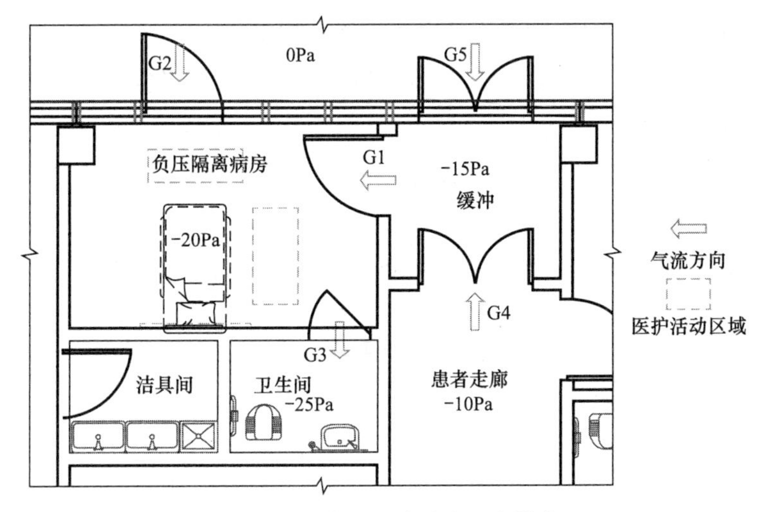

图 7-16 负压隔离病房压力梯度

区分别设置控制主次送风口的面积比例为 2：1。送风口的风速小于 0.3m/s；排风口顶距地面 0.6m，底边距地 0.1m，排风口的风速不大于 1m/s。

（4）气流组织验证

负压隔离病房气流组织应能满足新风气流从医护人员→病人→排风口流动路径的单向流原则，通过 CFD 数值模拟进行验证。气流组织基本满足从医护人员→病人→排风口流动路径的单向流动原则。

（5）压力控制策略

通过风量差控制压力梯度并设置微压差计。压隔离病房采用密闭吊顶、密闭门窗，送排风管道阀门均设置密闭阀，排风应经过高效过滤器过滤后高空排风。

2. PCR 实验室

（1）PCR 实验室采用全新风直膨式空调系统，冬季采用电热加湿方式。

（2）PCR 实验室各房间严格控制压力梯度，空气压力依次按标本制备区、扩增区、分析区顺序递减，分析区为负压。PCR 通风系统自成独立系统，送风经粗、中、高效处理后送入房间，平时设置在标本制备间内 A2 型生物安全柜排风采用排至房间内循环模式；疫情时设置在标本制备间内 A2 型生物安全柜排风采用外排模式，按增强型二级生物安全实验室设计。

（3）疫情时 A2 型生物安全柜排风外排模式开启时，空调风机变频，调节新风量送入，使生物安全柜的排风量与房间排风量的总和保持与房间的总送风量匹配，从而维持房间的压力。风管上安装电动调节密闭阀对风量进行控制。

（4）实验室区域气流组织方式为上送下排。

（5）放置冰箱、高压锅等设备的房间加设多联机系统。

（6）疫情时 A2 型生物安全柜排风外排设独立机械排风系统，经无害化处理好后排放，并与补风系统连锁。

（7）平时排风管道安装至生物安全柜上方吊顶内，预留排风机安装条件，疫情时安装到位，并调试投入使用。

（8）生物安全柜与排风系统的连接方式如表 7–47 所示。

生物安全柜与排风系统的连接方式　　表 7–47

生物安全柜级别		工作口平均进风速度（m/s）	循环风比例（%）	排风比例（%）	连接方式
Ⅱ级	A2	0.5	70	30	可排到房间或套管连接或密闭连接

设计单位：中国建筑设计研究院有限公司
主要设计人：忻　瑛　许乃曾　郭　力　吴　祥
本文执笔人：忻　瑛　郭　力　吴　祥

7.24　上海跨国采购会展中心集中隔离收治点项目

7.24.1　建筑概况

上海跨国采购会展中心是 2022 年上海春季疫情中普陀区第一个方舱医院，位于普陀区光复西路 2739 号，是通过将既有建筑改造为临时集中隔离收治点。基地东侧为中江路，南侧为光复西路，西侧北侧均为现状建筑。场地在南侧光复西路上有一个出入口，将其一层、二层改造为隔离空间。

设计按照“三区两通道”布局，医护休息会议区、指挥工作区、清洁物资暂存区等为清洁区，医护及保障人员进入病区时，由清洁区向北先进入卫生通过，经过更衣、穿防护服、缓冲后，进入会展建筑内部，即为污染区；从污染区离开时，经由一脱、二脱、淋浴、缓冲进入清洁区。所有开门方向均由清洁区开向污染区，卫生通过内部采用机械排风设施防止污染区空气外溢，最大限度保障医护和工勤人员的使用和安全需要。

7.24.2　暖通空调专业设计内容及范围

1. 通风系统

（1）隔离场所的通风系统：原则上尽量沿用原有的通风设备，不足的部分采取新增排风设备的措施，对于污染区的排风，增加高效过滤措施后高空排风。

（2）卫生通过区的通风系统：形成污染区负压，防止污染气体外泄。

2. 舒适性空调

医护人员使用的清洁区兼顾考虑热舒适性，设置分体空调；室外临时搭建的卫生通过区域，主要供医护人员使用，在部分区域设置分体空调。

防排烟维持原有系统，满足功能要求。

7.24.3　暖通空调系统改造的主要内容

（1）原会展空间采用的是全空气系统，作为隔离收治场所使用期间，通过风量平衡计算，仅部分开启，开启总风量为服务区域排风量的 50%。回风口关闭，全空气空调系统采用全新风运行，运行模式如图 7-17 所示。

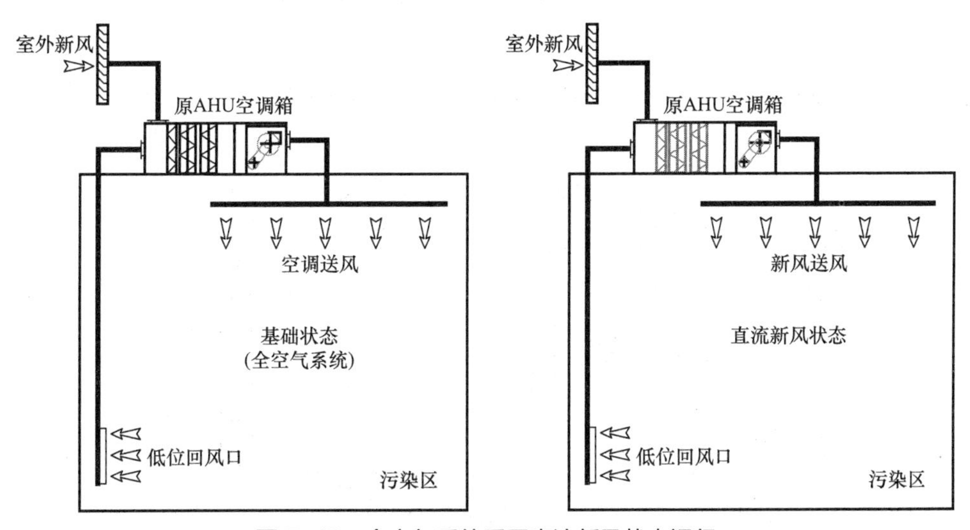

图 7-17　全空气系统采用直流新风状态运行

注：左侧为原全空气系统的状态，右侧为关闭回风后的直流新风状态。

（2）隔离收治相关区域的排风及卫生间排风风机全部开启，部分无排风系统区域增加排风风机，形成室内负压状态，并在风机侧增加粗、高效过滤器及除菌消毒装置，屋顶出口处高位排放。图 7-18 所示为其中一处利用原有排风设备的情形，作为隔离场所使用期间，风机常开运行，并更换过滤器并增加除菌段。图 7-19 所示为对于原排风量不足的空间，采取新增排风设备的措施。

（3）卫生通过区域（图 7-20）。

脱衣流线：一脱设置机械排风系统，一脱与二脱隔墙间设置低位连通，二脱与缓

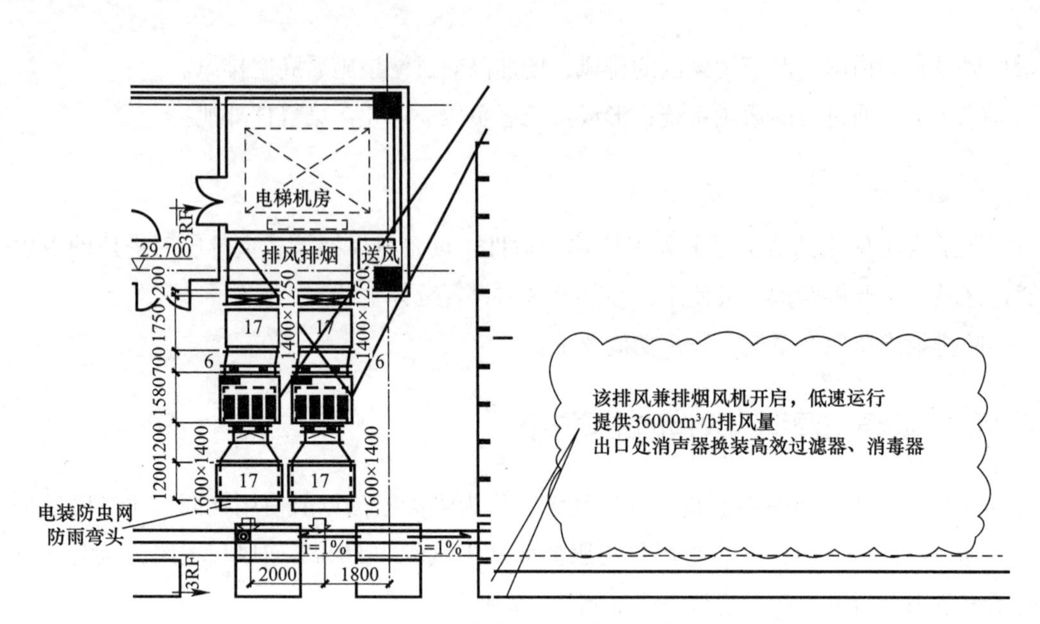

图 7-18　利用原有排风设备（更换过滤装置）

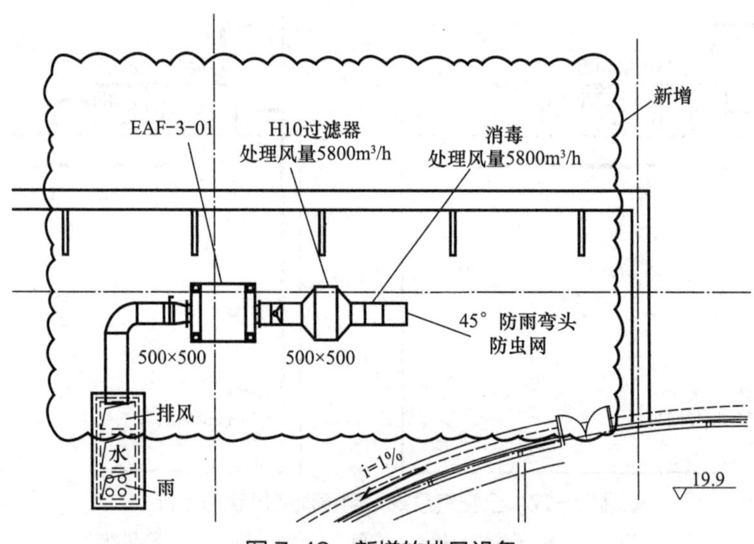

图 7-19　新增的排风设备

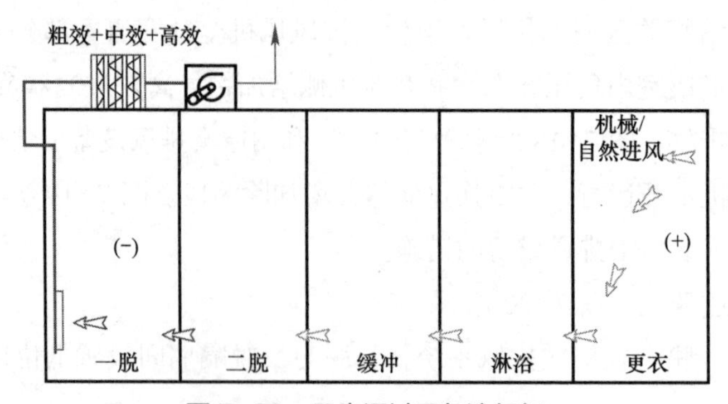

图 7-20　卫生通过区气流组织

冲间设置低位连通，缓冲间与淋浴间设置低位连通；气流由更衣室至缓冲间至二脱至一脱。排风口设置在低位，机械排风系统在排风机入口处设置粗、高效过滤器、杀菌消毒器，经处理后高空排放；排风机设置备用风机。

穿衣流线：医护经室外进隔离病区前通过的更衣间设置机械送风系统，与相邻房间隔墙设置高位连通风管，气流由更衣至穿防护服至缓冲间，连通管上设置密闭阀；如医护人员为室外直接进到穿防护服，也需设置机械送风和对应的连通管，保证气流组织由清洁区流向限制区。送风口在高位。机械送风系统在风机入口处设置粗、中效过滤器。送风机设置备用风机。

（4）新增的移动式淋浴间卫生间设置机械排风系统，排风末端接至移动式成品淋浴间或卫生间排风口，机械排风系统在排风机入口处设置粗、高效过滤器、杀菌消毒器，经处理后高空排放；排风机设置备用风机。

（5）高效过滤器的过滤等级为H10，过滤器初阻力≤210Pa，过滤器两端需设置压差报警装置，监测送、排风机运行状态和空气过滤器的压差信号，及时更换堵塞的空气过滤器，保证通风系统正常运行。过滤器需便于拆除或更换，排风出口远离新风口及敏感目标，竖向升高3m高位排放，与新风口水平距离不小于20m。

（6）粗、中效过滤器的过滤等级为G4+F7，过滤器初阻力≤170Pa，过滤器两端需设置压差报警装置，监测送、排风机运行状态和空气过滤器的压差信号，及时更换堵塞的空气过滤器，保证通风系统正常运行。

（7）病患收治区、卫生通过区域的通风系统24小时不间断运行。

用户单位：上海长风投资（集团）有限公司
用户单位代表：谢正良
设计单位：华建集团华东建筑设计研究院有限公司
主要设计人：陆琼文　马克超　周　寅　曹　斌　温勇萍
本文执笔人：曹　斌

7.25 武汉国利华通方舱医院通风空调系统设计

7.25.1 概述

武汉方舱医院是以野战移动类医院为模板，通过既有大空间建筑改造，实现快速集中收治轻症患者，有效控制传染源的临时应急医院。为确保避免方舱医院的交叉感染，收治进方舱医院的病人均是轻症患者，入院时均需进行其他传染病的排查，否则不能收治入院；方舱医院主要是利于大量轻症患者的集中看护观察和基本治疗控制，若病情加重则立即转到定点救治医院进行救治。

本文以武汉国利华通方舱医院的通风空调系统改造设计为例，阐释方舱医院的工程设计技术要点。

7.25.2 通风空调系统设计

1. 项目介绍

武汉国利华通方舱医院利用工业厂房改建而成，总建筑面积约 12000m^2，其中一层、二层、三层为病房区，四层为医疗库房和医生休息区。共设计床位 853 个，其中一层 283 个，二层 285 个，三层 285 个。项目设计及施工周期：三天。一层的平面布置如图 7-21 所示，西侧为护士站、治疗室、医生办公室、库房等医护功能区，东侧为公共卫生功能区，包括盥洗间、淋浴间、卫生间。中间为病房区，通过中间东西向公共走道将床位分为南北两大分区，并利用轻质隔墙将病房区划分成多个互不干扰的舱室，各舱室与外墙之间留出病人活动通道，病房内景如图 7-22 所示。东北角的电梯和楼梯不封闭，作为一～三层的竖向联系通道。

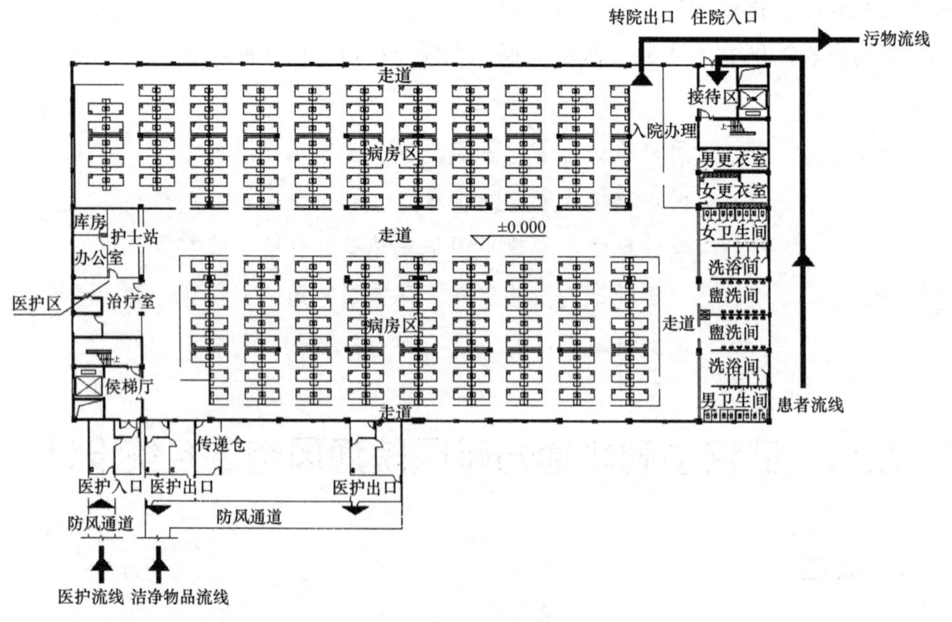

图 7-21　一层平面图

图7-22　病房内景图

一层西南角设有医护人员出入口，共设一处入口和两处出口。入口设置有一更、穿防护服间和缓冲间，两个出口分别设置有缓冲间、脱防护服间、脱制服间和一更。出入口分别通过室外连廊与医护人员的工作、生活区连接。一层东北角为病患出入口和医疗废物出口，设置有接待处、入院办理、更衣间，并在医疗废物出口处设置室外医废暂存点。

医护功能区为半污染区，其他各功能区均为污染区，医护人员休息、生活的清洁区不在本建筑内，通过室外连廊与本建筑进行连接。室外的患者进出舱通道、污物运输通道布置在本建筑的东北侧，室外的医护人员进出舱通道、洁净物品进出舱通道布置在本建筑的西南侧。

2. 通风系统设计

方舱医院的通风系统设计是设计工作的重中之重，主要原则是保证各功能区之间的压力关系正常，防止院内感染。因为医院收治的是同一类确诊病人，因此将防止医患之间的感染放在首位，而患患之间的医疗照护则通过细化分区来实现。

本项目的通风系统采用机械排风与自然进风相结合的方式。借鉴传染病医院负压病房 $6h^{-1}$ 换气次数的设计要求，在保证人员活动区换气次数的前提下确定病房区的排风量按 $150m^3$/（h·床）设计，公共卫生功能区的排风量按 $12h^{-1}$ 换气次数设计，每层的总排风量为 55000m3/h，病房区的进风采用自然进风的方式，维持室内负压。由于医护区与病房区仅仅采用轻质隔墙进行分割，气密性无法保证，因此医护区只送风，不排风，形成从医护区向病房区的气流流向，保证医护人员的安全。医护区送风量按 $12h^{-1}$ 换气次数设计，设置一套 $5500m^3/h$ 的送风风机，送风系统设粗、中、高效过滤器，进一步保证医护人员的安全。

室内气流组织：室内采用“U”字形气流流向。进风口利用西侧、西北侧和西南侧的高位侧窗自然进风，进风汇集到中间走道，由左至右流动。室内排风系统分散布置在病房区的两侧及公共卫生区，排风口布置在房间下部，距地 500mm，就近将病房区的污染空气排至室外，走道的进风向两边的病房区补风，从而形成“U”字形气流流向。进风口远离室外的患者、污物流线，远离污染源，保证了进风的安全性。排风系统根据污染物浓度模拟分析结果，采用分散布置室内排风口的方式，减少进、排风气流通路的路径，减少各舱室之间的气流干扰，让污染空气尽快排出（图 7-23）。

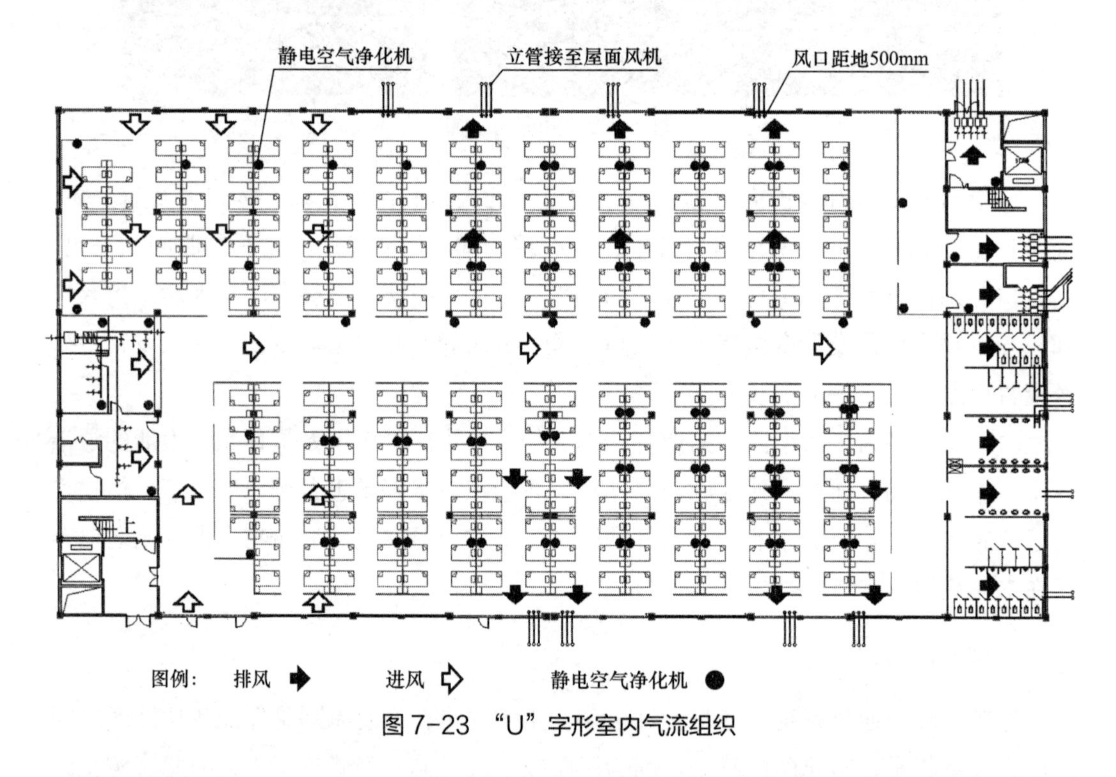

图 7-23 “U”字形室内气流组织

原方案的室内气流组织形式为“一”字形，即排风口集中布置在建筑物南侧和公共卫生区，建筑物北侧均为进风口，形成从北向南的“一”字形气流组织，如图 7-24 所示，“一”字形气流组织类似于穿堂风，以期利用穿堂风，加快室内的空气流动，从而快速排除室内的污染空气。原方案的病人呼吸高度处（1.1m）污染物浓度模拟结果如图 7-25 所示，假设每个人的呼出量为 $0.3m^3/h$，其中污染物浓度为 10^6ppm，南侧病房区的污染物浓度整体偏高，局部污染物浓度达到了 3000ppm，相当于病人呼出污染物被稀释了 33 倍，而北侧病房区的污染物浓度为 1000～1500ppm，相当于病人呼出污染物被稀释了 66～100 倍。优化方案的病人呼吸高度处（1.1m）污染物浓度模拟结果如图 7-26 所示，可以看出，在相同排风量的条件下，“U”字形气流组织的室内污染物浓度显著降低。

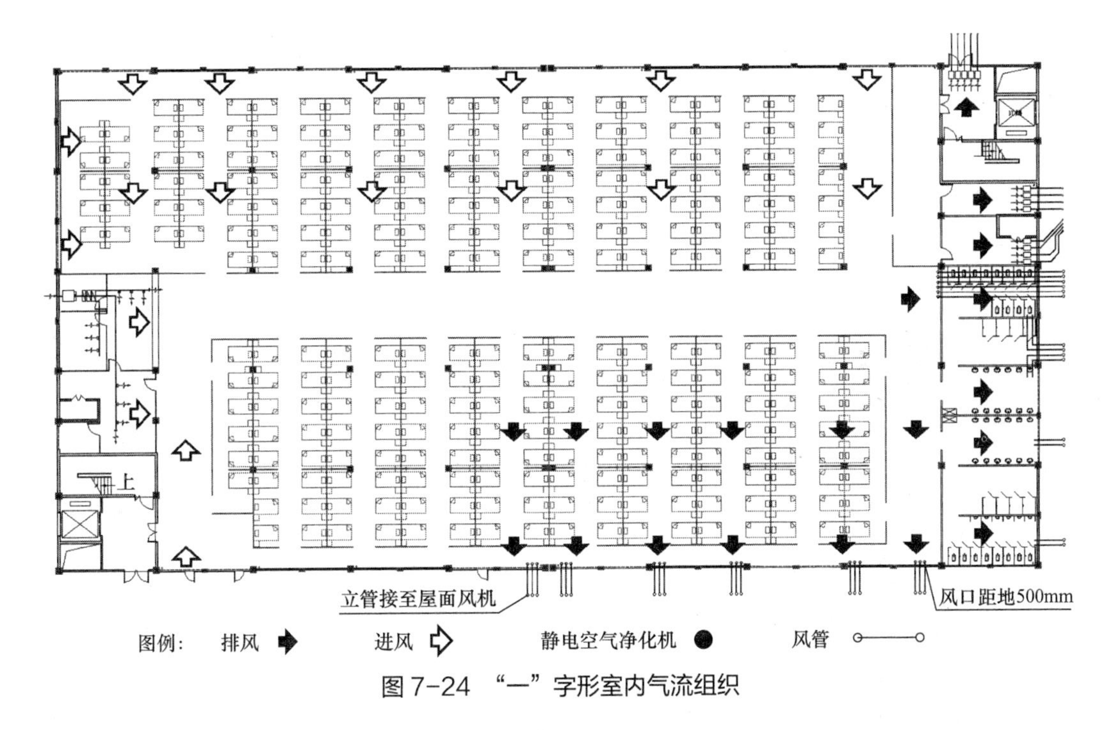

图 7-24 “一”字形室内气流组织

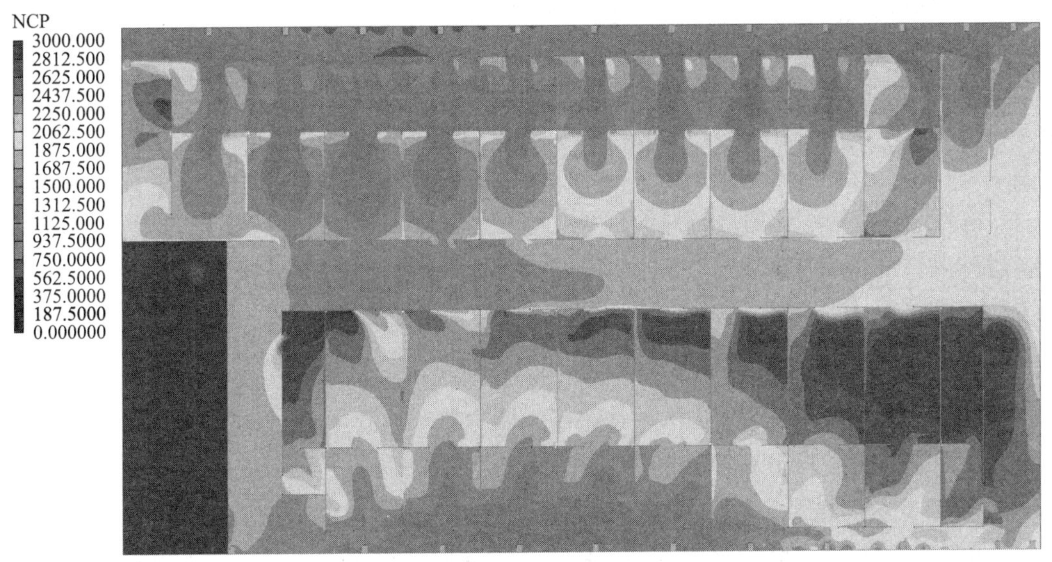

图 7-25 “一”字形气流组织下病人呼吸高度处（1.1m）污染物浓度分布云图

分析原因，“一”字形气流组织的排风路径较长，北侧病房区产生的污染物通过气流在南区与南区产生的污染物叠加，从而推高了南区的污染物浓度，增加了南区的感染风险。而“U”字形气流组织的排风路径较短，污染空气被就近排走，避免了污染物叠加的影响。因此，在排风量一定的情况下，尽可能缩短进、排风气流流程，让污染空气尽快就近排出，以减少排风对相邻病区的影响。

同时，南北病房区靠近外窗侧受到进风影响，浓度得到了有效稀释。污染物浓度模拟时均未考虑设置空气净化机组的影响，根据模拟结果分析，在病房区设置了一定数量的空气净化机组，可考虑为等效增加通风量。从图 7-26 可以看出，内部走道和东南侧靠近排风区域的浓度存在局部堆积现象，在此区域适当增加了空气净化机组的数量，有助于降低此区域的污染物浓度。

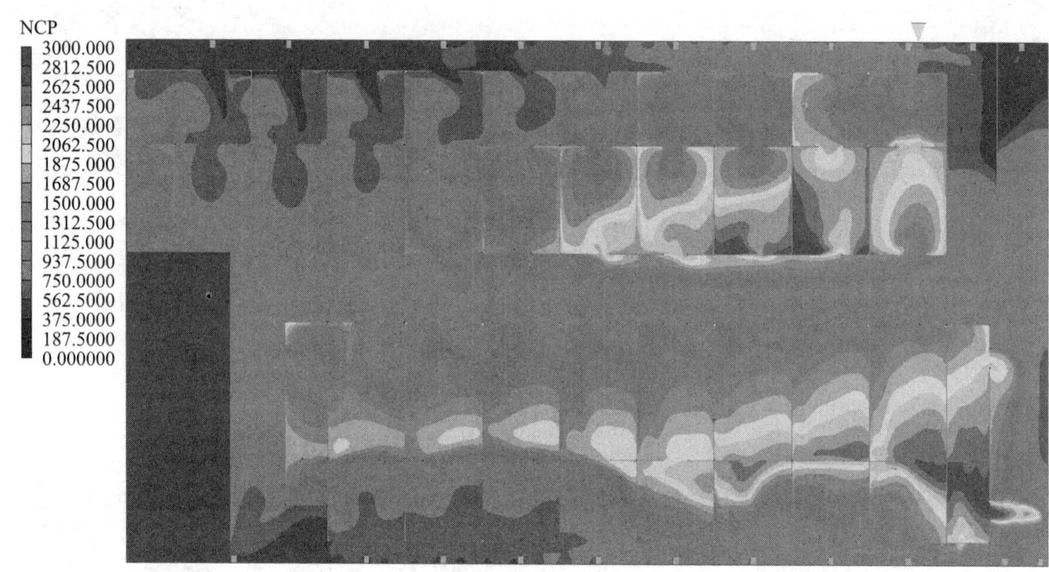

图 7-26 “U”字形气流组织下病人呼吸高度处（1.1m）污染物浓度分布云图

室外的气流组织：室外排风经三级过滤后高空排放，排风口高出屋面 3m，保证与各层进风口的垂直距离大于 6m，水平距离大于 20m。既确保进风系统清洁、不受污染，又保证排风的无污染高空排放，减少对周边环境的影响。

医护人员出入口部气流组织：医护人员入口口部设机械送风系统，在“一更”设置不小于 $30h^{-1}$ 换气次数的送风，各相邻隔间设置短管联通，气流流向从清洁区至污染区。医护人员出口口部设机械排风系统，在“缓冲区”、“脱防护服间”设置不小于 $30h^{-1}$ 换气次数的排风，各相邻隔间设置短管联通，气流流向从清洁区至污染区。医护人员出入口部要想通过精度调节送、排风之间的压差来实现压差控制，限于时间和条件在本项目中不可能实现，借用“人防工程防毒通道”的做法来设计医护人员出口的气流组织，借用“加压送风”来设计医护人员入口口部的气流组织是临时应急的可行办法。同时，医护人员出入口部采用多台风机并联运行的模式，风机均自带止回阀，可以通过开关控制的模式调节相应的压差关系（图 7-27）。

空气质量控制措施：在排风系统的风机入口处和机械送风系统的风机出口处均设置粗效过滤器（G4）+ 中效过滤器（F8）+ 高效过滤器（H12），保证送风的空气品质

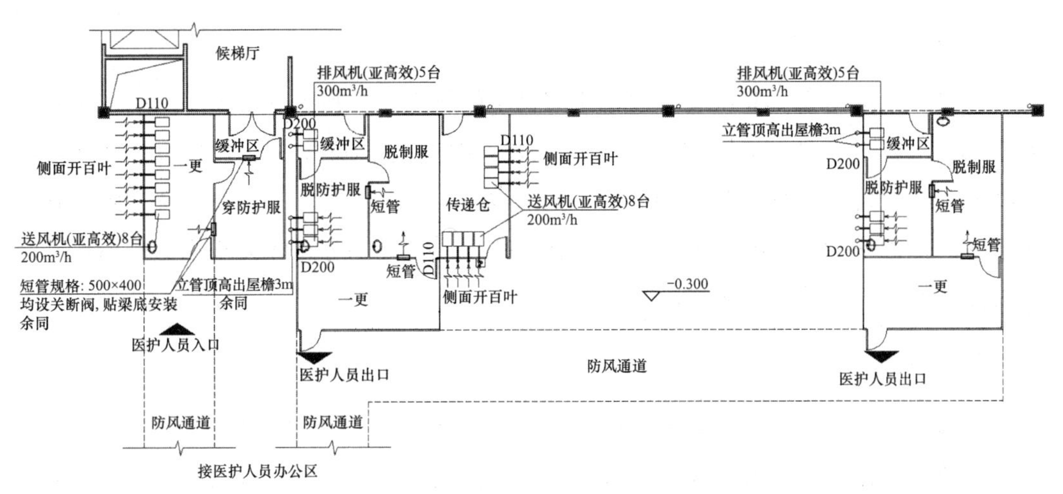

图7-27　医护人员出入口部大样图

和排风时对污染物的有效过滤。病区及护士站、病房主要通道设置高压静电空气净化机，杀灭细菌、病毒，净化病区空气。医护人员出入口部的排风机和送风机均内设空气过滤处理装置（亚高效）。

3. 空调系统设计

方舱医院的空调系统采用热泵型分体柜式空调器+电暖风机联合供暖的形式。外区沿着外墙布置5P[①]的分体柜式空调器，柜式空调器位置对着各舱室的出入口，保证各舱室的供暖效果。自然进风口处和中间不便于空调凝结水排放的公共走道采用电暖风机辅助供暖。末端设备的供暖热指标约为150W/m^2。考虑到医护区采用机械送风方式，直接将未经过热湿处理的新风直接送入室内会影响室内的舒适性。设计将室内圆形送风管的侧面开孔，利用孔口侧送风，避免冷风直吹人体，送风管大样如图7-28所示。同时加大医护区的分体式空调器装机容量，保证医护区的舒适性。

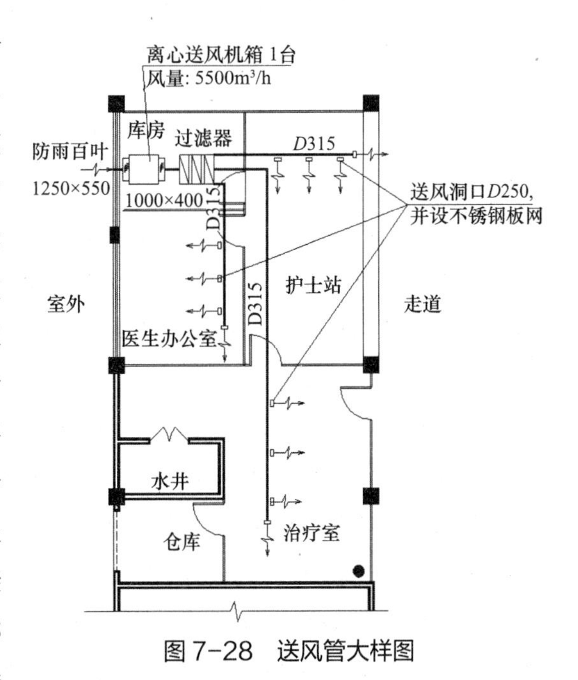

图7-28　送风管大样图

① 1P≈0.735kW。

4. 消防系统设计

病房、医护办公、走道等房间均采用自然排烟方式，利用外墙上的排烟窗进行自然排烟。一、二层的层高分别为 7m 和 6.3m，按高大空间进行自然排烟，排烟量按 $82000m^3/h$ 计算，自然排烟口的风速不大于 0.74m/s。三层层高 3.9m，设置有效面积不小于该房间面积 2% 的自然排烟口进行自然排烟。四层各房间的面积不超过 $100m^2$ 且有可开启外窗，可不设置排烟措施。

5. 其他技术措施

方舱医院的设计需要考虑系统的可快速建设性、设备的可得性、可维护性及操作的低风险性，完全不能按常规模式进行设计。本项目的过滤器及排风风机布置在屋面上，方便设备的后期维修和更换，保护维护人员的人身安全。

医护人员出入口部设置微压差计，方便医护人员评估其安全性，并通过控制风机运行台数调节相应的压差关系。考虑到系统的可快速建设性，送、排风管主要采用加厚 U-PVC 管替代，并取消所有的风阀及风口，各房间的送、排风支管接至过滤器静压箱，方便风量平衡。风阀及风口取消后，降低了维护、更换工作的风险性。

分体柜式空调器的室内机抬高布置，凝结水集中收集后，排至污水集中收集系统。

6. 设计感悟

（1）因地制宜，采用综合技术措施

本项目建设的同时，武汉市还在同时紧急抢建多个方舱医院，各类风管材料告急，过滤器告急、风机告急、施工人员告急，只有灵活采用各种综合技术措施，才能保证在极短的时间按时完成建设任务。本项目变通采用多根 U-PVC 水管替代传统风管，取消各类阀门和风口，竖向风管全部贴外墙安装，减少土建的配合工作量，最终保证了工程进度。

（2）密切联系生产、供应及施工各环节，团结协作

本项目的分体柜式空调器为爱心企业捐赠产品，企业原计划捐赠 2 匹的柜机，考虑到 2 匹柜机的数量较多，用于本项目并不合适，且安装工作量很大，经过与捐赠企业的密切沟通，最后改为 5 匹的柜机，保证了工程进度。

室外风管安装环节是整个项目的施工难点，在缺少保护措施、缺少施工作业面的情况下，与施工单位反复沟通，并根据现场施工条件反复修改图纸，保证了设计意图的实现和工程进度（图 7-29）。经与风机供应商、其他方舱医院的设计人员沟通，多个方舱医院的风机全部采用同一型号的产品，以方便风机生产和保证设备供应速度。

图7-29 室外工程安装实景图

（3）设计标准化、产品集成化势在必行

建设方舱医院，确实是关键时期的关键之举，是我国突发公共卫生事件防控与医疗救治的一个重大创新举措，进行全面的总结和综合系统功能提升后能够满足大量确诊轻症病人的临时救治需求。但是另一方面，临时应急建设的各类医疗设施只能满足基本的医疗救治要求，迫切需要结合各类临时应急医院建设经验，进一步总结建设实施和实际运行经验，站在建设国家突发公共卫生事件应急管理体系的高度，进行各项应急医疗救治设施的标准化建设和战略储备，才能更加从容和高质量应对今后可能发生的各类突发疫情和其他自然灾害。

在此，笔者结合临时应急医院的建设体验，提出“平急结合、床随人动”的防疫病房建设概念。“平急结合”包含两层含义，一是指防疫病房应满足平时和疫情时（应急时）两种状态的使用需求，平时可以作为普通病房使用，疫情时（应急时）可以灵活切换到负压病房等特殊状态运行，满足疫情时（应急时）的医疗救治需要。二是指防疫病房按民用建筑标准建设，平时以民用为主，应急时可以作为医疗设施的有益补充。“床随人动”是指防疫病房为模块化设计，是可以移动的，平时分散到各地医疗机构，发挥平时的治疗功能，疫情时（应急时）可以快速集结，满足医疗救治需要。要实现以上目标，需要根据负压病房的高标准、高质量建设要求以标准化设计、工厂化生产、装配化施工，一体化装修进行产品的深度集成，并预留与其他标准化模块的快速连接接口和信息化系统接口。

7.25.3 总结

鉴于方舱医院收治同一类确诊轻症病人的医疗救治特点，其通风系统的主要设计原则是保证各功能区之间的气流流向和压力关系正常，防止院内感染。并将防止医患之间的感染放在首位，而患患之间的医疗照护则通过细化分区来实现。

借用“人防工程防毒通道”的作法设计医护人员出口的气流组织，借用“加压送风”的作法设计医护人员入口的气流组织，通过多台风机并联运行的模式调节相应的压差关系，在临时应急情况下是切实可行的。

送、排风系统大风量高换气次数运行，并尽量缩短送、排风的气流通路和流程，可以通过新风的稀释作用较好地满足室内的空气品质要求，结合室内床位布置，在送、排风气流通路的后部增设高压静电空气净化机组，可进一步降低感染风险。送、排风系统加装粗、中、高效过滤器，可保证送风的清洁和排风的无污染高空排放，减少对周边环境的影响。

因地制宜、灵活设计空调和防烟排烟系统，才能在满足基本的空调供暖需求和消防安全的前提下，保证工程进度。

方舱医院为疫情流行期间的应急建设需要，时间短，任务重，责任性强，需要综合考虑系统的可快速建设性、设备的可得性、可维护性及操作的低风险性。

用户单位：武汉国利华通方舱医院
设计单位：中信建筑设计研究总院有限公司
主要设计人：张再鹏　陈焰华　雷建平
气流组织模拟：清华大学　张德银　赵　彬　刘　荔
执笔人：张再鹏

7.26　云南省重大传染病救治能力提升工程——镇雄县传染病医院

7.26.1　工程基本概况

镇雄县传染病医院是一所集医疗、科研、教学、预防、康复为一体的专科医院，担负着镇雄县乃至周边地区的诊治任务。建筑设计满足一段时期业务使用要求；体现以人为本、方便患者、加强院内疾病监测控制、预防院内交叉感染的设计理念，院区位于镇雄县人民医院西南侧。

该项目为新建应急病房楼建设项目。门诊医技住院综合楼为地下 1 层、地上 5 层的多层建筑，建筑面积 13265.26m^2，建筑高度 23.9m（一层层高 5.4m，二～五层层高 4.5m），耐火等级一级。镇雄县传染病医院为一栋地上 5 层、地下 1 层的公共建筑，地下一层为地下停车及设备用房；一层设有发热门诊、呼吸道门诊、结核门诊、肠道门诊、艾滋病门诊、医技等辅助用房；二层为肝炎、艾滋病病区；三层为消化道病区；四层为呼吸道病区；五层为手术室、负压病房等。床位 100 床，其中共设 3 个护理单元，ICU 2 间 3 床、负压病房 4 间，负压手术室 1 间。另外，医技检查区设置 CT、DR 各 1 间。

7.26.2　项目背景

镇雄县传染病医院是一所以感染和传染性疾病患者群体为服务对象，集预防、医疗、保健康复为一体的大型综合性专科医院，根据云南省人民政府办公厅文件《云南省重大传染病救治能力提升工程实施方案》，本次提升工程的总体定位是平疫结合的传染病医院，为应对突发公共卫生事件的医疗救治体系的重要设施，本次新建床位平时作为普通传染病床位使用，疫情时全部作为呼吸类传染病救治床位。

1. 满足平疫转换原则

因地制宜，结合既有设施进行选址及规划设计。按照传染病专科医院的标准进行建设，应满足疫情时使用要求。按照疫情时标准一次性设计安装到位。

2. 控制传染源、切断传染链原则

在总体规划和平面布局上明确功能分区，做到各部门洁污分区与分流。合理设计诊疗流程，重视医疗区内病患者诊疗活动区域与医护工作人员工作区域的相对独立。减少洁净与污染人流、物流的相互交叉与相互感染几率。

3. 保护环境、降低污染原则

规划与设计应充分重视医院内外环境的卫生安全，既要防止院区外对院内医疗区的干扰污染，更要加强管理与防范控制院区内污染源，避免造成二次污染。

7.26.3　暖通空调专业设计范围

在本工程中暖通专业设计的范围为：手术室净化空调系统设计、舒适性空调系统设计、通风系统设计、防排烟系统设计、医用气体系统设计。设计完成时间为 2021 年 3 月，竣工验收时间为 2023 年 1 月。

7.26.4　暖通空调专业设计重点、难点及创新点

该项目设计的第一个难点为病房需要平疫转换，第二个难点为昭通地区属于夏热

冬冷地区，冬季供暖为主。其中二～四层的病房平时作为普通传染病使用，疫情时作为负压病房使用，根据《传染病医院建筑设计规范》GB 50489-2014，非呼吸道传染病病房和呼吸道传染病病房新风换气次数相差较大，所以选取合适的换气次数尤为重要。冬季空气调节室外计算温度为 -5.2℃，不宜直接送入室内。

针对平时和疫情时的新风换气次数不同，平时非呼吸道病区的新风换气次数为 $3h^{-1}$，疫情时非呼吸道病区的新风换气次数为 $6h^{-1}$；平时呼吸道病区的新风换气次数为 $6h^{-1}$，疫情时呼吸道病区的新风换气次数为 $6h^{-1}$。为了满足平时使用要求和达到节能的目的，新风机全部采用变频电机，且送风管上安装定风量阀，排风管上安装变风量阀，护士站设置集中控制装置，所有阀门开闭信号与屋顶风机连锁，且护士站可直接观测每间房间的运行状况和压力梯度，屋顶风机根据阀门开闭情况和运行模式的切换可以调节风机电机转速来达到满足风量要求和节能的目的，新风机亚高效过滤段前后设置压力表，便于了解过滤器的堵塞情况。

采用空气源热泵机组供冷供热，不需要建设制冷机房，可实现制冷和制热需求，满足室内温湿度要求。室外新风冷负荷由组合式空调机组承担，室内风机盘管承担围护结构和渗透风量的冷负荷，组合式新风机组运行工况为全新风模式，供 / 回水设计温度为 45℃ /40℃，新风入口处增加电动密闭阀，防止风机未使用时冻坏设备。室内风机盘管送风口和新风口布置在床尾处，回风口处设粗效过滤网，便于日常维护管理。

7.26.5 设计原则

（1）根据项目所在地气候特点，结合建筑规模、能源利用特点等进行供暖、空调、通风、防烟排烟系统设计；各系统应遵循安全、简单、可靠的原则。

（2）清洁区、污染区、半污染区送、排风系统分别独立设置；明确医护人员作为第一保护对象。

（3）在半污染区、污染区，通风稀释室内污染空气，降低病菌浓度，降低区域内医护人员感染风险；为重症病人营造洁净环境，降低并发症死亡风险。

（4）不同污染等级区域负压真空度的设置符合定向气流组织原则，保证气流从清洁区→半污染区→污染区，各区域内相邻、相通不同污染等级房间的压差不小于 5Pa。压力梯度由低到高依次为：

病房区：病房卫生间→病房房间→留观患者走道→护理走道；

门诊区：诊室→门诊患者走道→药房、收费；

医生办公区：更衣休息→医护走道。

（5）根据建筑各分区使用功能、使用时间以及消防要求的不同，合理科学地设置通风系统、防烟排烟系统以及空调系统。在系统上把使用功能、使用时间不同的分区分别设置，在满足各功能分区环境舒适、消防安全的前提下，降低系统投资和运行费用，达到管理计费方便的目的。

7.26.6 平疫结合各功能区设计参数

1. 空调室外计算参数（表7-48）

空调室外计算参数（昭通台站） 表7-48

季节	干球温度（℃）		湿球温度（℃）	相对湿度（%）	室外平均风速（m/s）	大气压力（kPa）
	空调	通风				
夏季	27.3	23.5	19.5	—	3.0	80.20
冬季	-5.2	2.2	—	74	3.6	80.53

2. 室内空气设计参数（表7-49）

室内空气设计参数 表7-49

功能区	干球温度（℃）		相对湿度（%）		噪声标准（dB）
	夏季	冬季	夏季	冬季	
诊室	26	20	≤65	—	≤45
医生办公室	26	20	≤65	—	≤45
护士办公室	26	20	≤65	—	≤45
病房	26	20	≤65	—	≤45
DR、CT	26	20	≤65	—	≤45

3. 平疫结合传染病医院暖通设计参数（表7-50）

平疫结合传染病医院暖通设计参数 表7-50

运行工况	房间类型	过滤设计要求		换气次数（h^{-1}）	压差控制
		送风	排风		
疫情时	普通负压病房	粗效+中效+亚高效	高效	6	-5Pa
	负压隔离病房	粗效+中效+亚高效	高效	12	排风量比新风量大150m^3/h
	纤维支气管镜室等	粗效+中效+亚高效	高效	12	-5Pa

续表

运行工况	房间类型	过滤设计要求		换气次数（h^{-1}）	压差控制
		送风	排风		
平时	非呼吸道传染病房	粗效＋中效	—	3	排风量比新风量大 150m^3/h
	呼吸道传染病房	粗效＋中效	—	6	排风量比新风量大 150m^3/h
	负压隔离病房	粗效＋中效＋亚高效	高效	12	—
	纤维支气管镜室等	粗效＋中效＋亚高效	—	12	—

4. 空调负荷（表 7-51）

空调负荷表　　表 7-51

空调区域面积（m^2）	计算总冷负荷（kW）	计算总热负荷（kW）	计算总冷指标（W/m^2）	计算总热指标（W/m^2）
6752	294.66	1253.95	43.6	185.7

7.26.7 冷热源

冷、热源为设置在屋顶的 10 台空气源热泵机组（低温型，制冷量 130kW，制热量 140kW），供 / 回水温度为：夏季 7℃ /12℃，冬季 45℃ /40℃。与其配合使用的冷水泵 3 台（其中 1 台备用），冷水系统采用一级泵变流量系统，其供回水总管之间设置压差旁通管，使冷源侧定流量运行；采用两管制系统。风机盘管系统的总竖向立管为同程式，敷设在管井内，风机盘管和新风机组采用每层水平同程式，末端设备设两通调节阀，使系统变流量运行，每层风机盘管末端设置自动排气阀，立管顶端设置自动排气阀，空调水系统立管底部设泄水装置。DR、CT 室单独设置一套变频多联式空调系统，空调室外机至于设备平台。

7.26.8 空调水系统

（1）空调水系统为一次泵变流量两管制系统，采用水平异程、竖向同程的方式，各主要支路加装平衡阀及能量计量装置。

（2）风机盘管用手动调节“三速”开关来控制，用安装在室内的温度控制器调节冷水管上的电动两通阀。

（3）空调风柜及新风机组回水管处设有动态平衡电动调节阀。

（4）冷热水总供回水管之间设置压差旁通阀。

（5）空调冷、热水系统均采用全自动化学加药的水处理方式，实现阻垢、缓蚀和杀菌除藻的作用。系统补水由给水排水专业提供，采用软化水。主管设置排污脱气装置和化学加药装置。楼层末端支路供水管设置自动排气阀。

（6）空调水系统采用高位水箱定压，膨胀水箱放在屋顶水箱间内。

7.26.9 风系统

1. 空调风系统

（1）放射科CT、DR等发热量较大，且需要常年供冷的房间，设置变制冷剂流量多联式空调系统。

（2）医技、门诊、半污染区，污染区，病房等区域均设置风机盘管+新风系统，新风系统结合防火分区和建筑功能设置。风机盘管暗装在吊顶内，气流组织为上送上回。新风取自各层空调机房外墙百叶处，并远离排风口等污染空气发散源。

（3）舒适性空调新风处理方式：室外空气经过粗效、中效、高效过滤，水盘管冬季加热（夏季根据需求降温除湿）、风机加压后送入室内新风口。

2. 通风系统

通风系统形式如表7-52所示。

通风系统形式　　表7-52

区域	空调形式	通风形式
发热、呼吸道门诊	局部区域设置集中空调	机械送排风
医技	多联空调	机械送排风
结核病门诊	局部区域设置集中空调	机械送排风
肠道门诊	局部区域设置集中空调	机械送排风
艾滋病门诊	局部区域设置集中空调	机械送排风
半污染区	局部区域设置集中空调	机械送排风
污染区	局部区域设置集中空调	机械送排风

（1）传染科室设置机械通风系统：清洁区、半污染区、污染区的机械送、排风系统应按区域设置。建筑内通过污染区、半污染区排风管道不应再次穿越清洁区。机械送、排风系统应使院区压力从清洁区→半污染区→污染区依次降低，清洁区为正压区，半污染区、污染区为负压区。各区域内相邻、相通不同污染等级房间的压差不小于5Pa；清洁区气压相对室外大气压应保持正压。

（2）清洁区压差保持+5Pa，半污染区压差保持−5Pa，污染区压差保持−15Pa，其中污染区的负压隔离病房区域：病房保持−15Pa，卫生间保持−20Pa，缓冲前室保

持 -10Pa，半污染走廊保持 -5Pa，污染走廊保持 -10Pa。

（3）平疫结合区的门诊、急诊区、DR、CT 等放射检查室、非呼吸道传染病区，其平时设计最小新风量宜为 3h^{-1}，疫情时最小新风量宜为 6h^{-1}；平疫结合区的呼吸道传染病区，平时新风量不宜小于 6h^{-1}，疫情时不宜小于 12h^{-1}。气流组织应形成从清洁区至半污染区至污染区有序的压力梯度。清洁区送风量大于排风量 150m^3/h，污染区排风量大于送风量 150m^3/h。

机械通风系统参数如表 7-53 所示。

机械通风系统参数表 表 7-53

房间名称	压差（Pa）	排风			送风			备注
		换气次数（h^{-1}）		方式	换气次数（h^{-1}）		方式	
		平时	疫情时		平时	疫情时		
洁净区								
一更、二更、三更	+5	—	—	—	3	3	机械送风	送风系统设粗、中效不少于两级过滤
卫生间	−5	3	3	机械排风	—	—	渗透送风	
清洁区走道	+5	—	—	—	3	3	机械送风	
休息用餐区	+5	—	—	—	3	3	机械送风	
半污染区								
护士站	−5	大于送风		机械排风	3	6	机械送风	送风系统设粗、中、亚高效不少于三级过滤排风系统设高效过滤
半污染区通道	−5	大于送风		机械排风	3	6	机械送风	
缓冲间	0	3	6	机械排风	—	—	渗透送风	
卫生间	−5	3	6	机械排风	—	—	渗透送风	
脱衣间	−5	3	6	机械排风	—	—	渗透送风	
办公室	−5	大于送风		机械排风	3	6	机械送风	
配剂室	−5	大于送风		机械排风	3	6	机械送风	
污染区								
非呼吸道传染区病房	−15	大于送风		机械排风	3	6	机械送风	送风系统设粗、中、亚高效不少于三级过滤排风系统设高效过滤
呼吸道传染区病房	−15	大于送风		机械排风	6	6	机械送风	
抢救室	−15	大于送风		机械排风	6	6	机械送风	
非呼吸道传染区门诊室	−10	大于送风		机械排风	3	6	机械送风	
呼吸道传染区门诊室	−10	大于送风		机械排风	6	6	机械送风	
医技间	−10	大于送风		机械排风	3	6	机械送风	

续表

房间名称	压差（Pa）	排风			送风			备注
		换气次数（h^{-1}）		方式	换气次数（h^{-1}）		方式	
		平时	疫情时		平时	疫情时		
病房卫生间	−20	6	6	机械排风	—	—	渗透送风	送风系统设粗、中、亚高效不少于三级过滤排风系统设高效过滤
病房缓冲间	−10	6	6	机械排风	—	—	渗透送风	
清洁间	−10	6	6	机械排风	—	—	渗透送风	
消毒、打包	−10	6	6	机械排风	—	—	渗透送风	
污物处置室	−15	6	6	机械排风	—	—	渗透送风	
病人通道	−10	—	—	机械排风	3	3	机械送风	

（4）气流组织应防止送排风短路，送、排风口的定位应使洁净空气首先流过房间中医务人员可能的工作区域，然后流过传染源进入排风口，送风口应设置在上部。病房排风口应设置在床头下部，卫生间排风口设置于上部，病房排风口底距地不小于100mm，风速不宜大于1.5m/s；诊室、医技房间排风口设置于房间下部。

（5）清洁区送风系统应采用粗效、中效不少于两级过滤；半污染区、污染区应采用粗效、中效、亚高效不少于三级过滤，排风系统应采用高效过滤。病房送排风系统的过滤器宜设压差检测、报警装置，保证系统安全运行。

（6）病房、诊室、门诊医技房间送、排风管上应设置风道密闭阀，风道密闭阀宜设置与房间外，便于单独关闭房间送、排风支路进行房间内清洗、消毒。

（7）送、排风系统启停控制措施：

清洁区：启动时先开送风机，后开排风机；关闭时先关排风机，后关送风机；

污染区：启动时先开排风机，后开送风机；关闭时先关送风机，后关排风机。

送、排风机宜采用变频、手动调节措施。

7.26.10 平疫转换措施及运行策略

（1）疫情时设置机械通风系统，并控制各区域空气压力梯度，使空气从清洁区向半污染区、污染区单向流动；各功能房间根据污染程度设计压力梯度，使空气由相对清洁房间流向相对污染房间，污染程度较高的房间保持5Pa负压差。

（2）送风机、空调机组设置在清洁区内，半污染区、污染区的排风机设置在屋顶，排风机设置在排风管路末端，使整个管路为负压。

（3）送、排风系统连锁设计。清洁区先启动送风机，再启动排风机；半污染区、污染区应先启动排风机，再启动送风机；各区之间风机启动先后顺序为污染区、半污染区、清洁区。

（4）送风至少经过粗效、中效两级过滤，过滤器的设置符合现行国家标准《综合医院建筑设计规范》GB 51039 的相关规定。疫情时半污染区、污染区的送风至少经过粗效、中效、亚高效三级过滤，末级过滤器安装在各送风口处；排风经过高效过滤。

（5）送风和新风机组出口、排风机组进口设置与风机连锁的电动密闭风阀。同一个通风系统，房间到总送、排风系统主干管之间的支风道上设置电动密闭风阀，病房的风阀设置在病房外。

（6）采用 10 台空气源热泵作为冷热源，门诊、医技、病房等医疗用房均设置送、排风系统，根据负荷需求的情况，采用送风冷热处理、增设室内空调末端的方式，满足夏季制冷和冬季供暖需求。

（7）平疫结合区的通风、空调风管及风口按疫情时的风量设计布置，并兼顾平时运行。

（8）室内气流组织按疫情时设计，半污染区、污染区的送风口应设置在房间顶部，排风口设置在房间下部，排风口底边距地面高度不应小于 100mm。

（9）平疫结合区的通风、空调机房，满足疫情时设备安装、检修的空间要求。

（10）平疫共用的空调机组，冷热盘管的容量同时满足“平”“疫”需求，室外设计计算温度低于零度的地区采取防冻措施，风机参数满足疫情需求。当平疫合用风机时，采用变频调节或直流调速等措施以满足“平”“疫”不同风量的运行需求。

用户单位：云南省昭通市镇雄县人民医院
设计单位：云南省设计院集团有限公司
主要设计人：高孟军　丁骁捷　刘　霄
本文执笔人：高孟军

平疫结合医院室内设计参数

1. 平疫结合医院室内设计参数

平疫结合医院室内设计参数如附表 1-1 所示。

平疫结合医院室内设计参数　　附表 1-1

房间名称	夏季		冬季		新风量	噪声要求［dB（A）］
	干球温度（℃）	相对湿度（%）	干球温度（℃）	相对湿度（%）		
急诊大厅、诊室	26	60	20	40	3～$6h^{-1}$	≤45
交费、化验检验、药房、肠道、影像	26	60	20	40	$2h^{-1}$	≤50
医护办公室	26	60	20	35	$40m^3$/（人·h）/$2h^{-1}$	≤40
护士站	26	60	20	20		45
非呼吸道病房	26	60	20	40	$3h^{-1}$	≤45
呼吸道病房、发热门诊候诊、留观	26	60	20	40	$6h^{-1}$	≤45
病毒筛查实验室	26	55	20	50	$8h^{-1}$	45
环氧乙烷灭菌室	26	55	20	50	$10h^{-1}$	50
负压病房	26	55	20	40	$6h^{-1}$	50
负压隔离病房	26	20	21～27	30～60	$12h^{-1}$	45
各种试验室	26	55	20	50	2～$3h^{-1}$	45～50
重症监护室（ICU）	26	20	21～27	30～60	$12h^{-1}$	45
放射科	26		23	30	$4h^{-1}$	45
中心供应	26	60	20	35	$4h^{-1}$	50
核医学科	26	60	20	35	$6h^{-1}$	50
检验科	26	60	20	20	$5h^{-1}$	50
病理科	26	60	20	20	$6h^{-1}$	45
药房	26	50	18		$2h^{-1}$	45
药品储藏室	22	60	16	60	$2h^{-1}$	

注：1. 表中压力为洁净房间与室外大气的静压差为正压差，平疫结合医院应根据设计功能需求设置正压差或负压差。

2. 平疫结合区疫情时清洁区的最小新风量换气次数宜为 $3h^{-1}$，半污染区、污染区的最小新风量宜为 $6h^{-1}$。

3. 平疫结合区的门急诊区，其污染区平时设计的最小新风量换气次数宜为 $3h^{-1}$，疫情时的最小新风量换气次数宜为 $6h^{-1}$。

4. 平疫结合区的 DR、CT 等放射检查室平时设计的最小新风量换气次数不宜小于 $3h^{-1}$，疫情时的最小新风量换气次数不宜小于 $6h^{-1}$。

5. 平时病房最小新风量换气次数宜为 $2h^{-1}$，疫情时病房的新风量按以下设计：

（1）负压病房最小新风量应当按换气次数 $6h^{-1}$ 或 60L/（s·床）计算，取两者中较大值。

（2）负压隔离病房最小新风量应当按换气次数 $12h^{-1}$ 或 160L/（s·床）计算，取两者中较大值。

6. 平时重症监护病房最小新风量换气次数应当按 $12h^{-1}$ 计算，平疫结合的重症监护病房平时宜正压设计，疫情时应当转换为负压。

7. 污染区房间应保护负压，每间排风量应大于送风量 $150m^3/h$，清洁区每间送风量应大于排风量 $150m^3/h$。

2. PCR 实验室室内设计参数及空气流向和压差

（1）PCR 实验室室内设计参数（附表 1-2）

PCR 实验室室内设计参数　　附表 1-2

区域	洁净度等级	最小换气次数（h^{-1}）	与室外方向上相邻相通房间最小压差（Pa）	温度（℃）	相对湿度（%）	风速（m/s）	噪声[dB（A）]
试剂储存和准备区	8（10 万级）	12	10	18～26	40～60	≤0.15	<60
标本制备区	8（10 万级）	15	8	18～26	40～60	≤0.15	<60
扩增反应混合物配制和扩增区	8（10 万级）	15	−10	18～26	40～60	≤0.15	<60
扩增产物分析区	8（10 万级）	15	−15	18～26	40～60	≤0.15	<60
缓冲间	—	6	0	18～27	40～60	—	<60
PCR 专用走廊	—	6	5	18～27	40～60	—	<60

（2）集中式 PCR 实验室空气流向和压差（附图 1-1）

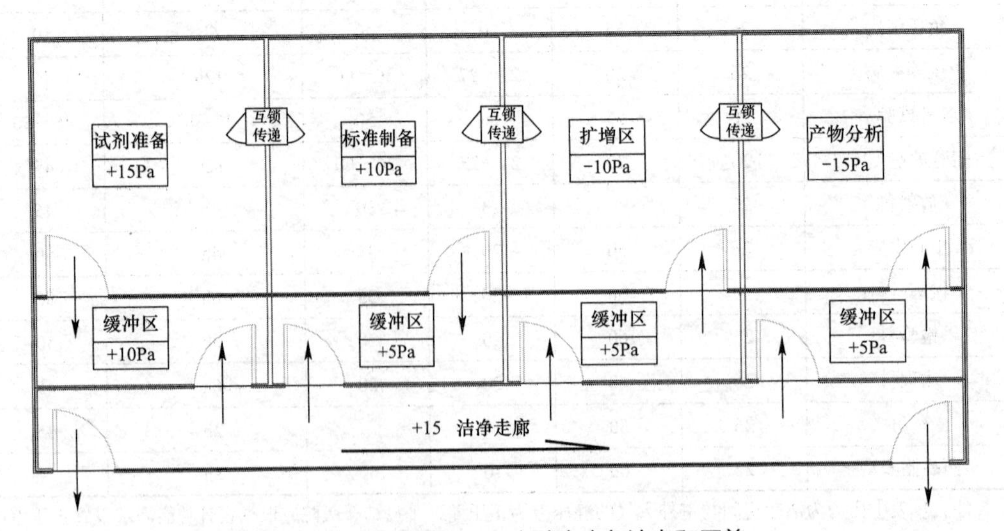

附图 1-1　集中式 PCR 实验室空气流向和压差

（3）平疫结合医院净化空调房间室内设计参数表（附表 1-3）

平疫结合医院净化空调房间室内设计参数　　附表 1-3

房间名称	洁净用房等级	夏季		冬季		新风量	正压差（Pa）	噪声［dB（A）］
		干球温度（℃）	相对湿度（%）	干球温度（℃）	相对湿度（%）			
Ⅰ级手术室	Ⅰ级洁净手术室（100 级）	22	50	22	50	$20m^3/(m^2 \cdot h)$	+20Pa	51
Ⅲ级手术室	Ⅲ级洁净手术室（10 万级）	22	50	22	50	$20m^3/(m^2 \cdot h)$	+20Pa	49
洁净区走廊	Ⅳ级洁净辅助用房（30 万级）	25	55	22	40	$2h^{-1}$	+10Pa	≤50
重症监护室（ICU）	Ⅲ级洁净手术室（10 万级）	25	50	22	50	$30m^3/(m^2 \cdot h)$	+20Pa	≤50

附录 2

严寒地区传染病医院、负压（隔离）病房最小换气次数选取建议

依据《综合医院建筑设计规范》GB 51039—2014 和《传染病医院建筑设计规范》GB 50849—2014，传染病房分三种：非呼吸道病房、呼吸道病房、负压隔离病房，它们的新风换气次数分别是≥$3h^{-1}$，≥$6h^{-1}$，≥$12h^{-1}$。新风是指建筑物外的空气，或在进入建筑物前未被空调通风系统循环过的空气。在严寒地区室外温度很低，甚至有极端天气的情况下，新风需要预热后才能送入各功能房间，因此换气次数对严寒地区传染病医院、负压（隔离）病房等建筑的热源容量需求与能耗影响巨大。

1. 严寒地区新风能耗情况

严寒地区全直流新风系统以及全送全排的机械送风模式会导致新风机组的热源前期的投资成本以及后期的运营成本非常高，给医院带来巨大运营压力。对于呼吸道传染病而言，房间内的通风量越大，空气中细菌、病毒的稀释效果就越好。但我国地域辽阔、气候条件多样，在严寒地区室外温度很低，甚至有极端天气的情况下，较大的通风量代表着较大的能耗代价。特别是传染类医疗建筑，通常都建设在远离主城区的区域，市政基础设施薄弱，尤其是集中供热、燃气等设施往往处于规划阶段，只能用电能替代。而传染类医疗建筑本身用电负荷就很大，再加上满足通风系统要求的电负荷，用电需求巨大，实际工程中外部电网情况很多都无法满足要求。因此，是否可以通过降低换气次数等技术手段达到降低能耗的目的是严寒地区迫切需要解决的问题。

工程案例一：长春市传染病医院扩建工程项目

该项目建筑面积合计 66699m^2（其中：结核楼建筑面积 36933m^2，综合楼建筑面积 29766m^2），用于收治传染病患者和应对突发性公共卫生事件。

传染病医院依据分区原则进行设计，其中清洁区新风负荷为 425W/m^2（新风换气次数 $9h^{-1}$），半污染区新风负荷 297W/m^2（新风换气次数 $6h^{-1}$），污染区新风负荷为

283W/m^2（新风换气次数 6h^{-1}），共采用 108 台新风机组（其中：结核楼 64 台，综合楼 44 台）。新风机组预热和制热需要的负荷常大，共计 11700kW，配备了两台 42MW 热水锅炉为新风机组提供制热所需的热水。在通常情况下，建筑面积 66699m^2 的非医院类项目一台 42MW 热水锅炉就能满足建筑的供暖需求。对于建筑面积不大的建筑，换气次数即使采取 12h^{-1}，热源容量过大的问题也不会太突出。但是像长春市传染病医院这样规模的项目，换气次数的选取导致新风机组能耗非常大，不仅初投资巨大，运行费用医院也无法承担。

工程案例二：白城中心医院可转换传染病区收治能力建设项目

本工程建筑面积 4873m^2，主要用于提升收治传染病患者的能力。

依据分区原则进行设计，其中清洁区新风负荷为 375W/m^2（新风换气次数 9h^{-1}），半污染区新风负荷为 210W/m^2（新风换气次数 6h^{-1}），污染区新风负荷为 205W/m^2（新风换气次数 6h^{-1}）。白城中心医院总用电功率为 1626kW（其中：新风电加热 711kW，风机电功率 219kW，其余用电 696kW）。新风机组运行的用电量和新风机组预热所需的总电量为 930kW，占整栋建筑用电量的 57%，巨大用电占比导致电气专业的用电量非常大，变压器的容量相应的也会增加。

工程案例三：吉林省传染病医院（吉林省结核病医院）改造负压隔离病房和 P2 实验室建设项目

本工程对医院门诊及住院部二层进行局部改造，改造面积合计 1474m^2（其中：2 间负压隔离病房 549m^2，1 间 P2 实验室 392m^2，附属用房 533m^2）。

改造区域分为清洁区、半污染区和污染区，机械送、排风系统按照上述区域分别独立设置。其中半污染区新风负荷为 313W/m^2（新风换气次数 6h^{-1}），清洁区新风负荷为 528W/m^2（新风换气次数 9h^{-1}）；污染区新风负荷为 312W/m^2（新风换气次数 6h^{-1}）；负压隔离病房新风负荷为 626W/m^2（新风换气次数 12h^{-1}）。

P2 实验室区域分为半污染区和污染区，机械送排风系统按照上述区域分别独立设置。半污染区新风负荷为 660W/m^2（新风换气次数 12h^{-1}）；污染区新风负荷为 626W/m^2（新风换气次数 12h^{-1}）。巨大的新风负荷已经远远超过正常的指标。

2. 换气次数对能耗的影响

根据《综合医院建筑设计规范》GB 51039-2014 和《传染病医院建筑设计规范》GB 50849-2014，三种传染病房通风空调系统设计区别如附表 2-1 所示。

三种传染病房通风空调系统设计主要区别　　附表 2–1

序号	内容	三种传染病房		
		非呼吸道病房	呼吸道病房	负压隔离病房
1	送排风	新风换气次数≥3h^{-1}； 清洁区、半污染区、污染区的机械送、排风系统应按区域独立设置	新风换气次数≥6h^{-1}； 上送下排，排风口置于床头附近，下缘靠近地面但高于地面 100mm，送风口远离排风口，设置于房间上部	新风换气≥12h^{-1}，采用全新风直流式空调系统
2	负压	清洁区为正压区，污染区为负压区； 污染区房间排风量应大于送风量 150m^3/h	清洁区、缓冲区、污染区形成有序的压力梯度； 清洁区房间送风量大于排风量 150m^3/h，污染区房间排风量大于送风量 150m^3/h	相邻、相同的缓冲间、走廊压差保持不小于5Pa的负压差； 病房应设置压差传感器，用来检测监视污染区及半污染区的压差

传统设计通常采用的换气次数如下：

（1）非呼吸道传染病的门诊、医技用房及病房设置散热器加新风系统，新风换气次数为 3h^{-1}。

（2）呼吸道传染病的门诊、医技用房及病房、发热门诊设置散热器加新风系统，新风换气次数为 6h^{-1}。

（3）负压隔离病房设置全新风直流式空调系统，新风换气次数为 12h^{-1}。

3. 严寒地区换气次数选取的合理性

有效的空气稀释控制需要换气次数，在这方面有很多争论。AIA 和 ASHRAE 建议肺结核病隔离病房和治疗室的最小换气次数为 6h^{-1}，大于 6h^{-1} 的换气次数可能使房间的细菌浓度更低，但还没有增加通风量而使传染的风险降低的准确数据。这说明负压隔离病房设置全新风直流式空调系统，新风换气次数为 12h^{-1}，并没有数据支撑；只是人为地认为增加通风量而使传染的风险降低，那么新风换气次数为 8h^{-1}、9h^{-1}、10h^{-1} 是否满足要求？

换气次数是指房间的排风量除以房间容积所得的值，即通过排风实现的可更换室内空气量的次数。显然，较大的换气次数有利于降低室内的病原微生物浓度，从而有利于病人健康和医护人员安全，不同换气次数下去除空气中污染物所需的时间如附表 2–2 所示。

不同换气次数下去除空气中污染物所需的时间　　附表 2–2

换气次数（h^{-1}）	达到相应排除效率需要的时间		
	90%	99%	99.9%
1	138	276	414
2	69	138	207

续表

换气次数（h^{-1}）	达到相应排除效率需要的时间		
	90%	99%	99.9%
3	46	92	138
4	35	69	104
5	28	55	83
6	23	46	69
7	20	39	59
8	17	35	52
9	15	31	46
10	14	28	41
11	13	25	38
12	12	23	35
13	11	21	32
14	10	20	30
15	9	18	28
16	9	17	26
17	8	16	24
18	8	15	23
19	7	15	22
20	7	14	21
25	6	11	17

从附表2-2中可以看出，随着换气次数的增大，污染物的排除效率也在增大，但换气次数达到6～$9h^{-1}$以后，换气次数的增加对排除空气中污染物的效果并不显著。

陈伟能在《传染病负压隔离病房空调系统设计探讨与实例》中阐述的试验也表明换气次数达到$10h^{-1}$后，换气次数的增加对减少室内的污染物浓度所需的时间并没有显著的效果。

其实只要维持了合理的压力梯度，就可以防止医生和患者之间的交叉感染，增加换气次数只是增大了稀释室内污染物浓度所需的时间。过大的换气次数并没有带来更好的效果，反而会导致空气干燥、微风速大、能耗激增等问题。

所以传染病负压隔离病房设置全新风直流式空调系统，新风换气次数为$10h^{-1}$也是有依据的。

美国CDC标准也指出，为了减少感染性粒子的浓度，在现有的卫生设施中，肺结核隔离病房和治疗室的换气次数应大于等于$6h^{-1}$，条件许可时，换气次数也可通过调整、改进通风系统或者通过使用辅助设备（如：通过固定的 HEPA 过滤系统或局部空气净化器装置再循环空气）进行适当降低。

为了控制医院内交叉感染、严防污染环境，我国已经发布或即将发布一些相关的标准和规定。2003 年，建设部、卫生部、科技部联合印发了《建筑空调通风系统预防“非典”确保安全使用的应急管理措施》，卫生部提出了《收治传染性非典型性肺炎患者医院建筑设计要则》，但其中对隔离病房的换气次数仍无明确规定。

《综合医院建筑设计规范》指出，对于呼吸道传染病病房，对单人病房或单一病种病房一般可采用回风设高效过滤器的空调末端机组，换气次数不低于 $8h^{-1}$，其中新风换气不低于 $2h^{-1}$，否则宜设全新风系统。

2020 年国家发展改革委、国家卫生健康委等部门联合发布《关于印发公共卫生防控救治能力建设方案的通知》，要求县级医院按照编制床位的 2%～5% 设置重症监护病床（负压隔离病房），发生重大疫情时可立即转换。在城市中重症监护病区（负压隔离病房）床位占比为医院编制床位的 5%～10%，已达到传染病医疗救治条件的地区，不再建设。说明国家层面对医疗建筑的能耗已经开始越来越重视。在冬季室外温度 −25℃的新风，通过巨大的能量加热到 25℃，温升 50℃；当换气次数 $12h^{-1}$，5min 就需要把室内空气换一次，如此高的能耗医院难以承受，同时还会导致房间内热湿环境的稳定性不好保证，最终影响病人的活动与康复。

4. 换气次数的影响因素

影响换气次数的因素主要有以下几个方面：

1）压差对换气次数的影响

根据《洁净厂房设计规范》GB 50073−2013 第 6.2.3 条：“压差 5Pa 时，换气次数 1～$2h^{-1}$；压差 10Pa 时，换气次数 2～$4h^{-1}$。”由此可见，压差越大，换气次数越大，合理的确定压差，对通风系统的节能有重要作用。

区域压差控制就是保证整个隔离病区内有序的梯度压差，实现从清洁区→半污染区→污染区的定向气流。为了防止传染性隔离病房内的空气扩散到医院内的其他场所，阻断对其他区域的污染，必须对隔离病房进行负压控制。负压控制主要是通过在封闭空间内使排风量大于送风量，通过调节送风量与回风量、排风量之间的差值，并结合控制手段来实现。为了严格防止室内空气向外部渗漏，要求设置缓冲间，并对围护结构的严密性提出更高的要求。

目前各国标准中关于房间负压值的规定也是众说纷纭，且负压值的大小与房间的密封程度紧密相关。澳大利亚 2007 年版指南推荐的隔离病区负压值如下（绝对压力）：隔离病房为 −30Pa，卫浴室为 −30Pa，前室为 −15Pa；美国 ASHRAE 2008 年版标准指出负压隔离病房与邻近房间由于功能不同，需要保持不同的压力，最小压差应为 2.5Pa；美国 CDC 和 HICPAC（the Healthcare Infection Control Practices Advisory Committee）于 2003 年发布的标准，用以维持负压、使气流流入房间所必需的最小压差值设定为 2.5Pa。我国相关设计规范中对于隔离病房负压值尚无明确规定，修订的国家标准《传染病医院建筑设计规范（讨论稿）》也没有明确标出具体的负压值。区域应维持有序梯度负压，负压程度由走廊→缓冲室→隔离病房依次增大。负压差最小为 5Pa。《医院隔离技术规范》WS/T 311－2009 要求：隔离病房应设置压差传感器，用来检测负压值，或用来自动调节不设定风量阀的通风系统的送、排风量。病室的气压宜为 −30Pa，缓冲间的气压宜为 −15Pa。

许钟麟在《空气洁净技术原理》中提出：负压隔离病房的新原理是“动态隔离”。用低负压（−5Pa）代替高负压，用负压洁净室的缓冲室和普通非木门代替密封门，用双送风口、循环风和动态气流密封负压高效排风装置代替全新风。

压差的大小不是目的而是实现目的手段和参照物，结合上述标准以及严寒地区室外环境的特殊情况，建议可以通过降低压差值来减少通风量，减少换气次数，降低严寒低区的建筑能耗。

2）气流组织

气流组织就是在房间内合理布置送风口和回风口，使经过净化和热湿处理的空气，由送风口送入室内后，在扩散与混合的过程中，均匀地消除室内余热和余湿，使工作区形成比较均匀而稳定的温度、湿度、气流速度和洁净度，以满足生产工艺和人体舒适的要求。为了最大限度地保护医护人员的安全，气流组织应保证送风首先流经医护人员，再经过患者，同时要使污染物的排除达到最佳的效果，保证室内空气的清洁，将医护人员感染的几率降至最低为布置的目标（附图 2-1）。

气流组织方式与换气次数是相互影响并且相互制约的。李猛在《传染性负压隔离病房气流组织与换气次数研究》中对比全室的平均污染物浓度发现，换气次数为 $10h^{-1}$ 的条件下矢流风口送风＋一个排风口排风的方式与换气次数为 $12h^{-1}$ 的条件下中间的顶送风口送风＋侧下两个排风口排风的方式相接近，说明在良好的气流组织方式下适当降低换气次数也可以达到很好的效果。天津大学赵越在《气流组织对负压隔离病房污染物扩散的影响研究》中提出顶送局部顶排及矢流局部侧排在换气次数为 $8h^{-1}$ 下的气流组织可达到顶送双侧换气次数为 $12h^{-1}$ 的净化效果，充分证实了气流组织在负压病房设计中的重要性。

气流组织是影响换气次数重要因素之一，单纯地撇开气流组织来谈换气次数是不切实际的，尤其是对传染性隔离病房而言。截至目前，仍未见研究报道不同气流组织形式以及不同换气次数与病人污染物扩散程度之间的关系，因此，有必要将隔离病房的换气次数与气流组织方式结合起来进行研究。

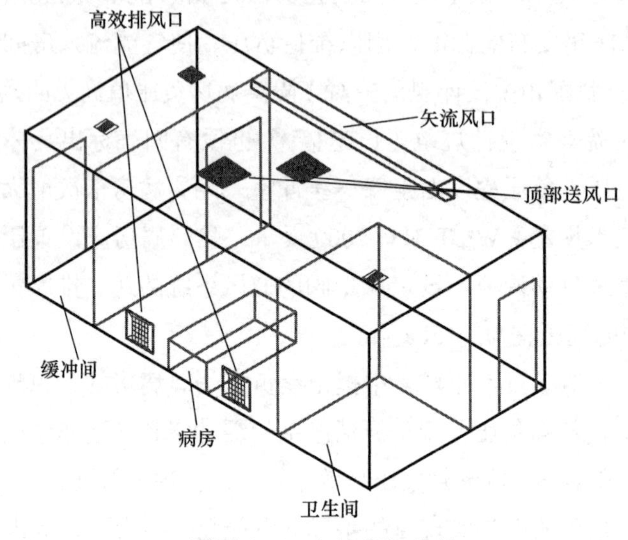

附图 2-1　气流组织方式

3）局部净化

通过局部净化来有效控制污染的源头控制法可以有效降低换气次数，在污染源附近利用隔间、帷罩、隔离病房等对细菌、病毒等进行捕获，这对污染控制起到很大的作用，更重要的是对于整个传染性隔离病房的运行费用会大大降低。

通过以上对换气次数的探讨，为避免在严寒地区换气次数过大导致的能耗激增问题，建议严寒地区传染病、负压隔离病房等换气次数可不取 $12h^{-1}$，根据所处的室外环境宜取 6～$10h^{-1}$。同时也可采用 CFD 等技术对室内气流组织和风速进行模拟分析，以进一步确定合理的换气次数。

5. 结论和建议

随着人们对病毒的认识逐渐深入，暖通空调系统的设计也应当与时俱进，根据不断变化的情况做出相应的调整，而不是墨守成规、一成不变。通风系统设计要在一定的边界条件实现并且落地执行。严寒地区的通风系统要找到切实可行的具体措施，不能只是强调通风净化而忽略室内温度、能耗等代价。因此从最小换气次数的角度分析严寒地区通风的节能措施，给出以下建议：

（1）换气次数直接影响环境中病毒、细菌的浓度，但随着换气次数的增加是否会降低传染风险至今没有准确数据，缺少依据支撑。

（2）我国幅员辽阔，气候变化大，严寒地区传染病医院、负压（隔离）病房的换气次数的确定应根据不同地区室外温度，采用不同的换气次数。严寒地区负压（隔离）

病房换气次数采用 $12h^{-1}$ 只是减少了稀释室内污染物浓度所需的时间。过大的换气次数并没有带来更好的效果，反而会导致空气干燥、微风速大、初投资高，运行能耗巨大、很难落地执行等问题。建议在严寒地区采用全新风直流系统并维持一定负压梯度的情况下，换气次数可适当降低，取 $6\sim10h^{-1}$ 为宜。

（3）为降低医疗建筑带来的巨大能耗，2020 年国家有关部门要求县级医院按照编制床位的 2%～5% 设置重症监护病床（负压隔离病房），在城市中重症监护病区（负压隔离病房）床位占比为医院编制床位的 5%～10%。建议医疗建筑中对负压隔离病房采取下限建设。

（4）确定合理的压差，可减少通风量从而减少换气次数，对通风系统的节能有至关重要的作用。

（5）换气次数和气流组织是密不可分、互相影响的。不同气流组织形式以及不同换气次数与病人污染物扩散程度之间的关系密不可分。

（6）通过局部净化来有效控制污染的源头控制法可以有效降低换气次数，节省能源。

本附录参考文献

[1] 中华人民共和国住房和城乡建设部，中华人民共和国国家质量监督检验检疫总局. 综合医院建筑设计规范：GB 51309-2014 [S]. 北京：中国计划出版社，2015.

[2] 中华人民共和国住房和城乡建设部，中华人民共和国国家质量监督检验检疫总局. 传染病医院建筑设计规范：GB 50849-2014 [S]. 北京：中国计划出版社，2015.

[3] 刘坡军. 韶关市某传染病医院通风空调设计 [J]. 制冷，2018，37（1）：55-58.

[4] 肖炜，徐炜妩，吴磊，吴建永. 新冠肺炎患者病房的通风设计 [J]. 中国医院建筑与装备，2020，21（11）：61-63.

[5] 唐丹，罗志焱. 广州市第八人民医院呼吸道传染病住院楼通风空调设计 [J]. 广东土木与建筑，2007（1）：49-51.

[6] 许钟麟. 隔离病房设计原理 [M]. 北京：科学出版社，2006.

附录 3

平疫结合医院暖通空调设计说明要点

1. 平疫结合医院项目概况：

（1）项目名称、建设规模，医院等级、说明是新建、改建还是扩建项目。

（2）建设地点：根据医院所在区域重大疫情救治规划中的定位，说明项目是综合医院可转换病区还是传染病专科医院平疫结合区。结合环评报告中常年主导风向、新风排风的位置设置清洁区及隔离区，说明隔离区与周围建筑间距。

（3）项目建设基本信息：建筑类别、建筑面积、建筑高度、层数（各层功能）、床位数、发热门诊留观病床数、急诊留观病床、ICU 床位数、应急床位数、负压病房数、负压隔离病房数及手术间数、正负压可转换手术间数（至少一间）。

2. 冷热源系统设计

在满足平时、疫时两种室内设计参数的条件下，应提供平时、疫时两种状况的冷热负荷计算。

对于综合医院可转换病区，往往是部分院区、部分科室、部分楼层进行平疫转换，疫情时无关科室往往停诊，因此要校核集中冷热源的装机容量是否能够满足疫情时的需求。

对于传染病专科医院平疫结合区，按平时、疫时两种状况的冷、热负荷进行冷热源设计计算，并取其较大值进行冷热源设计，或预留疫情时快速扩容冷、热源装机容量的可行性。

3. 空调形式

说明平疫结合区的空调形式［含负压隔离病房、重症监护病房（ICU）及正负压转换手术室］。

4. 空调水系统

为了保证平时、疫时两种运行状况下水系统管网均满足使用要求，应校核是否按平时 / 疫时的最大负荷进行水系统的水力计算，并提供当平疫转换而造成水系统管网的水力特性发生变化时的水力稳定措施。

5. 机械通风系统设计

说明平疫结合区机械通风（送风）空调及排风（含病房及其卫生间、PCR 实验室）的系统设计。

6. 平疫结合区新风量计算

（1）提供疫情时清洁区最小新风量，半污染区、污染区最小新风量计算；
（2）提供 DR、CT 等放射检查室平时及疫情时新风量计算；
（3）提供平时病房最小新风量计算及疫情时负压病房、负压隔离病房新风量计算；
（4）提供平时重症监护病房最小送风量计算。

7. 排风机设计

提供排风机风量计算。说明半污染区、污染区的排风机设置位置。

8. 风管设计

说明平疫结合统筹设计的通风空调系统，其通风、空调风管风量设计布置原则。

9. 压力梯度及气流流向控制

（1）说明平疫结合区的护理单元、重症监护病房、正负压手术室（至少一间）平时正压设计、疫情时转化为负压的技术措施。

（2）结合平疫结合区住院部“三区两通道”的布局方式，说明疫情时通风系统各区域空气压力梯度。说明疫情时负压病房与其相邻相通的缓冲间、缓冲间与医护走廊的负压差。说明每间负压病房安装微压差显示装置的位置及标示出安全压差范围。

合理的压差除了与新、排风量的差值相关外，还与建筑围护结构的密封性有关。因此应说明门窗气密性等级。

（3）图示说明清洁区、半污染、污染区房间送风、排风气流组织设计及气流流向。图示说明病房单人间、双人间送、排风口位置及病房卫生间的气流流向。图示说明重症监护病房气流组织设计及其回风口位置。核对人员活动区是否有半污染区、污染区排风系统的排出口，及说明该排风口与送风系统取风口的水平距离、垂直距离，说明排出口高出屋面的高度。

（4）PCR 实验室通风空调设计：图示说明 PCR 实验室的标本制备区、扩增区、分析区压力梯度，并保证分析区为负压。说明疫情时 PCR 实验室按生物安全实验室设计的级别。

10. 过滤器设计

过滤器的设置应当符合现行国家标准《综合医院建筑设计规范》GB 51039 的相关规定。说明清洁区新风、疫情时半污染区、污染区的送风及排风过滤的级数［含平时病房及其卫生间排风、疫情时的负压病房及其卫生间的排风、负压隔离病房及其卫生间、重症监护病房（ICU）排风、疫情时负压手术室等］及安装位置。说明各级空气过滤器设计压差检测、报警装置的位置、数量。

11. 电动密闭阀设计

说明送风（新风）机组及排风机组的电动密闭阀的位置及联动设计；说明每间病房及其卫生间的送风、排风管上电动密闭阀的位置及联动设计。

12. 平疫结合通风空调系统联动设计

平疫结合医院应在护士站设计平时通风空调设备运行状态显示及疫情时设备运行状态显示、电动密闭阀开关状态显示。应设计通风空调设备启动停止控制设计及正负压控制设计。应有过滤器压差报警设计。平疫结合医院清洁区、半污染区、污染区的机械送、排风系统应设计连锁：清洁区先启动送风机，再启动排风机；半污染区、污染区先启动排风机，再启动送风机。各区之间的风机启动先后顺序为污染区、半污染区、清洁区。

13. 平疫状态切换与联动

制定机组、风机、阀门等设备的连锁开关控制策略，以实现状态切换及压差控制。

（1）说明采用多机组组合空调方案时，状态切换技术措施；

（2）说明变频机组，新风支管及排风支管的风量控制措施；

（3）根据不同的空调房间不同的过滤要求，说明过滤器设计预留、拆除、更换或旁通切换措施。

14. 平疫结合设计

平疫结合医院的空调通风设计应优先满足疫情时的设计要求，平时设计应预留疫情时设备安装空间。说明疫情时使用，平时应安装到位的通风空调设备及管线。图示说明平时为全空气系统，疫情时转化为全新风直流系统的通风空调转化设计。由于疫情时新风需求增大及过滤级别需要增加的通风空调设备、管线、过滤器等的土建（机房位置、管井）水电配合条件。

15. 排放

说明空调冷凝水排水技术措施；说明尾气排放技术措施。

16. 运行维护

为了保证平疫结合通风空调系统的可靠性，说明平疫结合医院的空调通风系统在平时定期按疫情工况运行的次数，列出平疫结合医院通风空调系统运行维护的内容清单。

应当根据需要列出储备必要的设备及物资清单（如各区域送风、排风机组的易损零部件及空气过滤器等），说明污染区的排风机在院区库房储存备用的位置。

列出重点巡查监视的空气过滤器压差报警及气体压力报警的位置清单及巡查制度。对于不具备现场检漏条件的应说明采用经预先捡漏的专用排风高效过滤器。

应说明拆除的排风高效过滤器、医用真空系统产生的医疗废弃物的处理措施。

附录 4

平疫结合医院暖通空调常用设备

1 冷热源系统及设备				生产厂家代表
1-1 冷水机组（热泵）	1-2 多联机	1-3 装配式集成冷水机组	1-4 蓄能系统	
水蓄冷冷水机组 磁悬浮变频高效蒸发冷却式冷水机组 四管制螺杆风冷冷热水机组		蒸发冷却装配式集成冷水（热泵）机组 集成冷冻站蒸发冷却式冷水热泵机组	大温差水蓄冷系统	广东申菱
	三管制冷凝热回收室外机 YES-edge+ 系列			青岛江森
CVE 系列永磁同步变频离心机组 CCE 系列磁悬浮变频离心机组 CVP 系列永磁同步变频离心式热泵机组 CVS 系列光伏直驱变频离心机组 CVI 系列永磁同步变频离心式冰蓄冷双工况机组 LHVE 系列永磁同步变频螺杆机组 LHP 系列高效水源热泵螺杆机组 LMS 系列四管制风冷螺杆机组 LM 系列高能效螺杆式风冷（冷）热水机组 MR 系列热回收模块式风冷（冷）热水机组 B 系列全直流变频模块式风冷冷（热）水机组	GMV6S+人工智能多联机 光伏直驱变频多联机	YLZ 系列一体式冷站		珠海格力
磁悬浮无油变频离心式冷水机组 风冷磁悬浮冷水机组 满液式水冷螺杆冷（热）水机组 水冷涡旋式冷（热）水机组 高效离心式冷水机组 风冷满液螺杆式热泵机组 风冷螺杆式冷（热）水机组 风冷涡旋式冷（热）水机组	变频独立式多联机 变频组合式多联机 GHP 燃气多联机	满液式水冷螺杆一体化冷水机组 磁悬浮一体化冷水机组 蒸发冷一体化机组		南京天加

续表

1 冷热源系统及设备				生产厂家代表
1-1 冷水机组（热泵）	1-2 多联机	1-3 装配式集成冷水机组	1-4 蓄能系统	
模块化风冷冷（热）水机组 模块化变频风冷冷（热）水机组 四管制空气源热泵机组				南京天加
磁悬浮离心机组 变频直驱离心机组 高效变频水冷螺杆机组 变频螺杆高温热泵机组 水地源热泵螺杆机组 变频风冷螺杆机组 变频蒸发冷螺杆机组	MDV8系列多联机（顶出风） MDV8 Free系列多联机（侧出风）	高效集成冷站	冰蓄冷磁悬浮离心机组	广东美的
磁悬浮离心机 磁悬浮水地源热泵	物联多联机	集装箱式磁悬浮机房		青岛海尔

2 平疫结合场所通风空调系统及设备						生产厂家代表
2-1 平疫转换空气处理机组	2-2 通风控制系统	2-3 直膨机	2-4 恒温恒湿机	2-5 通风机	2-6 风机盘管	
		全新风深度除湿机组，循环控温直膨机组、自取新风恒温恒湿直膨机组、全新风恒温恒湿直膨机组	变频恒温恒湿机		大温差高效末端	广东申菱
	实验室房间通风控制系统					皇家空调（广东）
平疫结合型数字化空调机组/新风机组 数字化节能空气处理机组 数字化节能新风机组 数字化分体式液体循环能量回收新排风机组 数字化热泵热回收新排风机组	数字化智慧新风系统 双冷源温湿分控空调系统 房间压差控制系统 房间空气品质控制系统 护士站集中控制系统 中央监控系统	数字化直接蒸发式空调机组 数字化热泵热回收新排风机组 数字化双冷源空调机组 两管制/三管制/四管制热泵型直流变频单元式空调机组	医用精密空调机组 风冷式（水冷式）恒温恒湿空调机组 洁净手术室用恒温恒湿空调机组	数字化排风机组 数字化中（高）效过滤排风机组 数字化节能离心风机箱 高效过滤风口	净化型风机盘管 高静压型风机盘管 直流无刷风机盘管 干式风机盘管 大温差风机盘管 大风量风机盘管	同方瑞风

续表

2 平疫结合场所通风空调系统及设备						生产厂家代表
2-1 平疫转换空气处理机组	2-2 通风控制系统	2-3 直膨机	2-4 恒温恒湿机	2-5 通风机	2-6 风机盘管	
	实验室通风控制模块 通风控制系统	三效全新风直膨机组				北京戴纳
直膨式平疫转换组合空气处理机组						青岛江森
平疫转换净化新风机组HJAHU-PY系列	智慧平疫结合通风控制系统 智能分布式负压通风控制系统			数字化净化排风机组HJBFP-SJ系列 平疫转换净化排风机组HJBFP-PY系列 分布式自适应动力新排风机组HJBFP-FZD系列		皇家动力（武汉）
平疫结合通风空调设备		直膨式净化空调机组	恒温恒湿组合式空调机组		ZF系列风机盘管机组	珠海格力
组合式空气处理机组 “净韵”系列组合式空气处理机组 “云”变频冷凝热回收直膨空调机组 数码变容量直膨空调机组 变频直膨空气处理机组	恒温恒湿空调专用自动化控制系统 单控温空调控制系统	“云”变频冷凝热回收直膨空调机组 数码变容量直膨空调机组 变频直膨组合式空气处理机组 直膨组合式空气处理机组	“云”变频冷凝热回收直膨空调机组 数码变容量直膨空调机组 变频直膨组合式空气处理机组 直膨组合式空气处理机组 组合式空气处理机组	组合式空气处理机组 空气处理机组 吊顶式空气处理机组	健康型风机盘管 吊顶暗装式风机盘管 低噪直流无刷风机盘管	南京天加
数字化系列平疫转换空气处理机组	海润易赛迈尔智能控制系统	数字化系列直膨式空气处理机组		数字化节能风机		重庆海润

续表

2 平疫结合场所通风空调系统及设备						生产厂家代表
2-1 平疫转换空气处理机组	2-2 通风控制系统	2-3 直膨机	2-4 恒温恒湿机	2-5 通风机	2-6 风机盘管	
		MKZS 系列商用组空 MKZ*W 系列组空 - 冷冻水 MKZ*X 系列组空 - 直膨		MKS-D 系列吊式空调箱 MKS-L 系列立式空调箱 MKS-W 系列卧式空调箱 MKS/C（S）系列射流空调箱	卧式暗装风机盘管 直流无刷风机盘管 卡式风机盘管 立式明装座吊风机盘管	广东美的
平疫结合通风空气处理设备					平疫结合风机盘管 SGCR-EM 系列	上海新晃
ZK- 组合式空调机组 G- 柜式空调机组		ZK-P（XP）全效多联机组（舒适型）	ZK-P（XP）全效多联机组（恒温恒式型）		FP- 风机盘管	青岛海尔
		一体式 / 分体式冷凝排风热回收新风机组				上海泰恩特
紧凑型低噪音平疫病房送风机组			热管型温湿度独立控制空调机组			上海新浩佳
	负压隔离病房气流控制系统					上海埃松
高效排风净化单元 EHU			FFU-TCU（吊顶式恒温小单元）			美埃环境

3 空气过滤与消毒设备						生产厂家代表
3-1 中效过滤	3-2 亚高效过滤	3-3 高效过滤	3-4 超低阻回风装置	3-5 抗菌过滤器	3-6 其他	
		舱道式生物安全排风装置 双原位高效过滤器			袋进代出 BIBO	北京戴纳
			HFH 超低阻回风装置	CDZ 超低阻抗菌过滤器		烟台宝源

续表

3 空气过滤与消毒设备						生产厂家代表
3-1 中效过滤	3-2 亚高效过滤	3-3 高效过滤	3-4 超低阻回风装置	3-5 抗菌过滤器	3-6 其他	
中效无隔板过滤器系列 中效袋式过滤器系列	亚高效无隔板过滤器系列 W型无隔板亚高效过滤器系列	高效无隔板过滤器系列	风机盘管回风箱过滤器-FCU 风机过滤单元-FFU 空调回风口过滤装置-RAG	抑菌抗病毒纳米纤维过滤器系列		皇家动力（武汉）
低阻节能型W型中效过滤器； 低阻节能型袋式中效过滤器	亚高效密褶板式过滤器系列 W型密褶式亚高效过滤器系列	医用卫生级高效板式过滤器 低阻节能型箱式大风量高效过滤器	医院中、高效回风过滤单元	微生物抑制型高效过滤器	隔离区用排风原位验证高效过滤单元 隔离区排风用管道式BIBO过滤单元	康斐尔
超低阻力中效过滤器	超低阻力亚高效过滤器	eFRM高效低阻耐腐蚀高效过滤器	医院用超低阻回风装置及配套超低阻力过滤器	抗菌过滤器，杀菌高效过滤器	生物安全实验室中高等级隔离防护装置（BIBO）	
		高效过滤器 高等级隔离防护过滤系统 侧墙排风隔离防护过滤装置	超低阻力的回风口过滤器	抗菌过滤器		爱美克
全效多联机（恒温恒湿型）						青岛海尔
			回风净化风口			妥思
Nalfar中效纳米纤维袋式过滤器 M-MII低压损中效无隔板过滤器 M-MV低压损中效V型过滤器	M-SHII亚高效无隔板过滤器 M-SHI亚高效有隔板过滤器 M-SHVG亚高效V型过滤器	Histo低压损高效无隔板过滤器 Histo低压损高效V型过滤器 M-HII高效无隔板过滤器 M-HV高效V型过滤器	护风D除颗粒物回风口用过滤器 护风C除甲醛回风口用过滤器 Argenzil抗菌型回风口风过滤器	ArgenZil抗菌/杀菌过滤器系列 Vicurb抗菌抗病毒过滤器系列	袋进袋出（BIBO） 生物安全高效排风单元（BEHU） 室内排风净化单元（EHU） 空气消毒机	美埃环境

续表

4 热回收	5 风量调节 / 控制阀				6 实验室及相关设备		7 控制系统	生产厂家代表
	5-1 定风量阀	5-2 变风量阀（含文丘里阀）	5-3 密闭阀	5-4 动力性风量调节设备	6-1 实验室	6-2 生物安全柜		
	平疫定风量阀 平疫定风量调节阀	压差控制风量控制变风量阀 通风柜智能快速变风量模块 SFPP 系列分布式智能动力模块 SFPS 系列平疫转换动力模块	密闭阀					皇家空调（广东）
		生物安全型智能变风量阀	生物密闭阀				智慧实验室管理系统	北京戴纳
冷凝热回收							医疗数字化智能控制系统	青岛江森
	机械式定风量阀 电动双位定风量阀	CRF/CCF 多工况风量调节阀 RPVAV 系列文丘里变风量调节阀 RPVAV-D 通风柜变风量阀					智慧平疫结合通风控制系统 智能分布式负压通风控制系统	皇家动力（武汉）
				分布式智适应动力模块			易赛迈尔智能控制系统	重庆海润

续表

4 热回收	5 风量调节 / 控制阀				6 实验室及相关设备		7 控制系统	生产厂家代表
	5-1 定风量阀	5-2 变风量阀（含文丘里阀）	5-3 密闭阀	5-4 动力性风量调节设备	6-1 实验室	6-2 生物安全柜		
三管制热回收多联机							M-BMS控制系统	广东美的
					实验室用高效气体处理设备			康斐尔
			隔离密闭阀					
转轮热回收组合式空调机组							E+ 云控	青岛海尔
	机械式定风量阀	压差控制风量控制通风柜快速反馈变风量调节末端						昆山开思拓
洁净屏						生物安全柜		苏净安泰
	机械式定风量阀	变风量阀多工况风量调节器压力控制变风量末端	电动密闭阀					妥思
热回收热管，节能除湿热管								上海新浩佳

续表

4 热回收	5 风量调节/控制阀				6 实验室及相关设备		7 控制系统	生产厂家代表
	5-1 定风量阀	5-2 变风量阀（含文丘里阀）	5-3 密闭阀	5-4 动力性风量调节设备	6-1 实验室	6-2 生物安全柜		
	机械式定风量阀	文丘里阀 流量反馈型变风量蝶阀			智能变风量通风柜 智能组合式废气处理装置		通风柜变风量控制系统 实验室压力控制系统 智慧实验室管理系统	上海埃松
					异温异速洁净手术室实验室 无菌病房实验室			美埃环境